Springer-Lehrbuch

Springer

Berlin
Heidelberg
New York
Barcelona
Hongkong
London
Mailand
Paris
Tokio

Grundwissen Mathematik

Herausgeber der Grundwissen-Bände im Springer-Lehrbuch-Programm sind: F. Hirzebruch, H. Kraft, K. Lamotke, R. Remmert, W. Walter

Wolfgang Walter

Analysis 2

Fünfte, erweiterte Auflage

Mit 83 Abbildungen

Springer

Wolfgang Walter
Universität Karlsruhe
Mathematisches Institut I
76128 Karlsruhe, Deutschland
e-mail: wolfgang.walter@math.uni-karlsruhe.de

Mathematics Subject Classification (2000): 26-01, 26B05, 26B10, 26B12, 26B15, 26B20, 26B25, 26B30, 26B35, 26B99

Dieser Band erschien bis zur 3. Auflage (1991) als Band 4 der Reihe *Grundwissen Mathematik*

Die Deutsche Bibliothek – CIP-Einheitsaufnahme

Walter, Wolfgang:
Analysis / Wolfgang Walter. - Berlin; Heidelberg; New York; Barcelona; Hongkong;
London; Mailand; Paris; Tokio: Springer
(Springer-Lehrbuch)
2. . - 5. Aufl.. - 2002
ISBN 3-540-42953-0

ISBN 3-540-42953-0   Springer-Verlag Berlin Heidelberg New York
ISBN 3-540-58666-0   4. Aufl. Springer-Verlag Berlin Heidelberg New York

Springer-Verlag Berlin Heidelberg New York
ein Unternehmen der BertelsmannSpringer Science+Business Media GmbH

http://www.springer.de

© Springer-Verlag Berlin Heidelberg 1990, 1991, 1995, 2002
Printed in Germany

Einbandgestaltung: *design & production* GmbH, Heidelberg
Druck: Fa. Strauß, Mörlenbach
Bindearbeiten: Fa. Schäffer, Grünstadt
Gedruckt auf säurefreiem Papier   SPIN 11368687   44/3111ck - 5 4 3

Vorwort zur fünften Auflage

Die Neuauflage gibt dem Autor die Gelegenheit, einem von Studenten häufig geäusserten Wunsch nachzukommen: Lösungen zu den Aufgaben anzugeben. Das letzte Kapitel „Lösungen und Lösungshinweise zu ausgewählten Aufgaben" wurde auf mehr als das Doppelte erweitert, so dass man jetzt für die meisten Aufgaben vollständige Lösungen oder Anleitungen dazu findet.

An zahlreichen Stellen wurden Verbesserungen im Text angebracht. Dabei wurden auch Hinweise von Lesern verarbeitet, für die ich dankbar bin.

Ich danke dem Verlag für die gute Zusammenarbeit, die sich auch bei dieser Auflage bewährt hat.

Karlsruhe, im Januar 2002   *Wolfgang Walter*

Vorwort zur ersten Auflage

Mit dem vorliegenden zweiten Band ist diese Einführung in die Analysis abgeschlossen. Das Hauptthema ist die Differential- und Integralrechnung für Funktionen von mehreren Veränderlichen, also jener Stoff, der an den meisten Universitäten im zweiten und teilweise dritten Semester eines einführenden Analysis-Kurses behandelt wird. Es war meine Absicht, mit diesem Lehrbuch einen hilfreichen Begleiter der Vorlesung anzubieten, der auch im weiteren Studium als zuverlässige Quelle benutzt werden kann. Das Buch geht an verschiedenen Stellen über den Vorlesungsstoff hinaus und dient so der Vertiefung des Gegenstandes.

Auch dieser Band enthält zahlreiche historische Anmerkungen. Ihr Umfang ist jedoch deutlich geringer als im ersten Band, wo die Entstehungsgeschichte der Analysis beschrieben wird. In den Anwendungen, die zumeist der Physik und Astronomie entnommen sind, wird die zentrale Rolle der Analysis in den Naturwissenschaften sichtbar.

Im folgenden Streifzug durch das Buch wird auf Stellen hingewiesen, wo der Text von üblichen Darstellungen sachlich oder methodisch abweicht oder wo Dinge behandelt werden, die man vielleicht nicht erwarten wird. In den ersten beiden Paragraphen werden die Themen Grenzwert und Stetigkeit im Rahmen des metrischen Raumes abgehandelt. Auf das Problem der stetigen Fortsetzung von Funktionen und auf konvexe Mengen im $\mathbb{R}^n$ wird näher eingegangen. Die mehrdimensionale Differentialrechnung und ihre Anwendungen sind den folgenden beiden Paragraphen vorbehalten. Mit dem Morse-Lemma machen wir einen ersten Schritt in das höchst aktuelle Gebiet der Klassifikation von kritischen Stellen differenzierbarer Abbildungen. Die Paragraphen 5 und 6 behandeln Wege und Kurven und ihre Integrale sowie Riemann-Stieltjes-Integrale. Zu Beginn wird der allgemeine Begriff des Netzlimes (nach Moore-Smith) eingeführt. Später werden wir davon an vielen Stellen nützlichen Gebrauch machen, im besonderen bei den verschiedenen Integralbegriffen, welche allesamt als allgemeine Limites definiert werden können. Grundlegende Eigenschaften des Integrals wie die Linearität und die Gebietsadditivität müssen so nur einmal bewiesen werden. Beim Thema Wege und Kurven ist die Lehrbuchliteratur außerordentlich uneinheitlich. Ursache sind zwei verschiedene Vorstellungen (mit verschiedenen Anwendungen): einmal im mechanischen Bild der in der Zeit durchlaufene Weg, zum anderen die Kurve als geometrischer Ort oder als Punktmenge. Nach Meinung des Autors kann man keine dieser Vorstellungen unterdrücken, und so erscheinen hier Wege *und* Kurven.

In Paragraph 7 wird die Theorie des Jordan-Inhalts und des Riemannschen Integrals im $\mathbb{R}^n$ ausgebreitet. Zu den Besonderheiten gehört ein neuer Zugang zur Substitutionsregel, deren Schwierigkeiten wohlbekannt sind. Dazu wird zunächst das Lemma von Sard bewiesen; es hat für eine Reihe von Fragen der höheren Analysis große Bedeutung erlangt. Aus ihm erhalten wir dann die Substitutionsformel in der Verschärfung, daß sie für beliebige (beschränkte) Funktionen bezüglich des oberen und unteren R-Integrals gültig ist. Als Anwendungen findet man u.a. die Faltung und Elementares aus der Potentialtheorie. Die Approximation stetiger Funktionen durch C^∞-Funktionen (Friedrichs mollifiers) und durch Polynome (Weierstraßscher Approximationssatz) wird durch Faltungsintegrale bewerkstelligt; schon Weierstraß hat diesen Weg beschritten.

Bei den Integralsätzen der Vektoranalysis in Paragraph 8 beschränken wir uns auf den zwei- und dreidimensionalen Raum. Die Allgemeinheit der Substitutionsregel erlaubt es, Flächen in Parameterdarstellung allgemeiner zu definieren, als man es sonst meist findet. Der Begriff der k-dimensionalen Fläche im $\mathbb{R}^n$ und der Gaußsche Integralsatz im $\mathbb{R}^n$ werden jedoch behandelt.

Ein maßtheoretischer Zugang zum Lebesgueschen Integral wird in Paragraph 9 dargestellt. Dabei folgen wir dem von Carathéodory eingeschlagenen Weg, was zur Folge hat, daß die wesentlichen Beweise auch für den Übergang von einem beliebigen äußeren Maß zum entsprechenden Maßraum gut sind; die Darstellung beschränkt sich jedoch auf das Lebesguesche Maß. Das Lebesguesche Integral wird als Limes in der ‚natürlichen' (durch Verfeinerung der Zerlegung definierten) Ordnung eingeführt. Die Meßbarkeit des Integranden ergibt sich dann als Bedingung für die Existenz des Integrals. Es schließt sich eine kurze Theorie der absolutstetigen Funktionen an, welche durch den Hauptsatz abgeschlossen wird (der Kenner sei auf Satz 9.27 hingewiesen). Die im Vorwort zum ersten Band angedeutete Möglichkeit, das Lebesguesche Integral à la Riemann einzuführen, wurde nicht verwirklicht. Man bekommt auch bei diesem sicher interessanten Zugang nichts geschenkt. Schließlich war der Gesichtspunkt ausschlaggebend, daß die allgemeine Maß- und Integrationstheorie sowieso irgendwann bewältigt werden muß.

Der letzte Paragraph behandelt die Fourierschen Reihen. Im klassischen Teil der Theorie wurde ein neuer, von Chernoff (1980) gefundener und von Redheffer (1984) auf Sprungstellen erweiterter Zugang gewählt. Er hat den Vorteil außerordentlicher Kürze, wenn auch die Ergebnisse nicht ganz so allgemein wie beim Dirichletschen Weg sind. Die Darstellung zeigt, daß man auf diese Weise auch die Sätze über die gleichmäßige Konvergenz von Fourierreihen erhalten kann. Mit der L^2-Theorie der Fourierreihen schließt das Buch.

Beim Aufgabenteil haben sich die Gewichte verschoben. Neben den für das Verständnis erforderlichen Übungen werden auch anspruchsvollere Aufgaben angeboten, welche den Stoff ergänzen und weiterführen und mit Anleitungen versehen sind. Einige Beispiele: Die stetige Fortsetzung von gleichmäßig stetigen Funktionen nach Whitney, der Satz über implizite Funktionen für reelle Potenzreihen, das Hausdorff-Maß und sein Zusammenhang mit der Kurvenlänge.

Bei Verweisen wird der erste Band mit I bezeichnet; im übrigen bleibt es bei den dort genannten Regeln. Satz 2.9 ist der Satz im Abschnitt 2.9, die

Aufgabe 2.9 ist im Aufgabenteil am Ende von § 2 zu finden, und der Abschnitt I.11.15 befindet sich im ersten Band in § 11.

Zum Schluß bleibt mir die angenehme Aufgabe, all jenen zu danken, die mich mit Rat und Tat unterstützt haben. Dem Herausgebergremium verdanke ich viele hilfreiche Hinweise; das gilt im besonderen für Herrn Lamotke, der auch den Anstoß zur Aufnahme des Morse-Lemmas gegeben hat. Herr Prof. Dr. R.B. Burckel (Kansas State University) machte mich auf den neuen Beweis für den Satz von Arzelà in 7. 11 aufmerksam. Herr Prof. Dr. K. Hinderer (Karlsruhe) regte die sukzessive Bestimmung eines Extremums in 2.10 an und wies auf den Zusammenhang mit Methoden der Optimierung hin. Die Übertragung eines häufig schwer lesbaren Manuskripts in einen sauberen Text wurde – zum großen Teil in TEX – von Frau I. Jendrasik mit außergewöhnlicher Zuverlässigkeit und Sachkenntnis durchgeführt. Herr Dr. A. Voigt hat zur Formulierung der ersten Paragraphen beigetragen und das Sachverzeichnis angelegt. Am Lesen der Korrekturen – erschwert durch unterschiedliche TEX-Systeme – waren neben ihm Frau Dr. S. Schmidt und die Herren Priv.-Doz. Dr. R. Lemmert, cand.math. U. Mayer, Priv.-Doz. Dr. R. Mortini und Priv.-Doz. Dr. R. Redlinger beteiligt. Dabei erhielt ich manche wertvolle Anregung. Das Programmieren der meisten Tuschezeichnungen besorgte Herr cand.chem. D. Wacker. Dem Verlag danke ich für die zuvorkommende Zusammenarbeit.

Karlsruhe, im Januar 1990   *Wolfgang Walter*

Inhaltsverzeichnis

Hinweise für den Leser

Dieser Band schliesst an den Band „Analysis 1" an und übernimmt die dort eingeführten Bezeichnungen und die benutzte Organisation:

Das Buch ist in 10 Paragraphen unterteilt, deren Abschnitte durchnumeriert sind. Bei einem Verweis auf den ersten Band wird dem Zitat eine römische Eins vorangestellt, z. B. I.9.7. Ein Hinweis auf Satz 2.9 oder Lemma 2.9 bezieht sich auf den Abschnitt 2.9 des Buches, den man in § 2 findet. Das Zeichen □ zeigt das Ende eines Beweises an.

Aufgaben findet man am Ende eines jedes Paragraphen, gelegentlich auch im laufenden Text, Lösungen oder Hinweise dazu am Ende des Buches.

Wenn beim Zitat von fremder Literatur eckige Klammern auftreten wie [LA, S.11] oder S. Saks [1937], so ist damit ein Verweis auf das Literaturverzeichnis am Ende des Buches verbunden.

Anregungen aus dem Leserkreis sind dem Autor immer willkommen.

§ 1. Metrische Räume. Topologische Grundbegriffe

In diesem Paragraphen werden verschiedene Grundbegriffe aus Topologie, Analysis und Funktionalanalysis eingeführt und einige einfache Sätze bewiesen. Zunächst werden wir, dem in Band I geübten Brauch folgend, den historischen Hintergrund etwas aufhellen. Die hier behandelten Begriffe haben sich in einem Zeitraum von knapp 100 Jahren, etwa von der Mitte des vorigen Jahrhunderts bis um 1930, herauskristallisiert. Dieser Prozeß kann hier nur in groben Zügen geschildert werden; weitere Einzelheiten sind einem späteren Band dieser Reihe über Funktionalanalysis vorbehalten.

Die Beschreibung von Punkten der Ebene und des Raumes durch Paare (x, y) und Tripel (x, y, z) von reellen Zahlen geht auf DESCARTES und FERMAT, die Begründer der analytischen Geometrie, zurück (um 1637). Durch algebraische Beziehungen zwischen x und y werden ebene Kurven beschrieben; Gleichungen von der Form $f(x, y) = 0$ und damit Funktionen von zwei (oder auch drei) Variablen wurden also von Anfang an betrachtet. Auch wenn gelegentlich mehr als drei Variablen auftraten, so wurde darüber kein weiteres Wort verloren. CAUCHY schreibt im *Cours d'Analyse* (1821) häufig $f(x, y, z, \ldots)$, die Schreibweise $f(x_1, \ldots, x_n)$ tritt dagegen kaum auf.

Etwas ganz anderes ist es, eine Menge von n-Tupeln $(x_1, \ldots, x_n)$ als ein eigenständiges mathematisches Gebilde, als eine „Mannigfaltigkeit" in einem „Raum" aufzufassen. Bis um die Mitte des vorigen Jahrhunderts hat man sich dabei, von Ausnahmen abgesehen, auf Punktmengen im $\mathbb{R}^2$ oder $\mathbb{R}^3$ beschränkt, welche geometrische Objekte darstellen, also Kurven, Flächen und Körper. Erst die Riemannsche Geometrie betrachtet abstrakte geometrische Gebilde in einem n-dimensionalen Raum. In seinem Habilitationsvortrag von 1854, der 1868 unter dem Titel *Über die Hypothesen, welche der Geometrie zugrunde liegen* (Math. Werke, S. 272–287) veröffentlicht wurde, führte RIEMANN den „Begriff einer n-fach ausgedehnten Größe" ein, die er auch Mannigfaltigkeit von n Dimensionen nennt. Damit erhalten n-Tupel und Mengen von n-Tupeln als Punkte und Mannigfaltigkeiten ein eigenständiges Leben.

Auch algebraische Probleme führten dazu, abstrakte „Größen" zu betrachten. In unserem Zusammenhang ist besonders die Theorie der Auflösung von linearen Gleichungen interessant. Bereits LEIBNIZ hat 1693 Systeme von drei linearen Gleichungen betrachtet und dabei die uns vertraute Indexschreibweise benutzt (Math. Schriften 2, S. 229, 238–240, 245). Im 18. Jahrhundert werden dann auch Systeme mit n Unbekannten behandelt. Den entscheidenden Schritt macht HERRMANN GÜNTHER GRASSMANN (1809–1877, Gymnasiallehrer in Stettin, vgl. [LA, S. 11]): In seiner *Ausdehnungslehre* von 1844 (noch deutlicher in der Überarbeitung von 1862) führt er „extensive Größen" und die Regeln für das Rechnen mit ihnen, kurz gesagt, den *n*-dimensionalen reellen Vektorraum ein; Näheres dazu findet der Leser in [LA, besonders S. 10–15 und 127–128].

Festzuhalten bleibt, daß um 1850 neben den reellen und komplexen Zahlen und Funktionen und den geometrischen Begriffen der ebenen und räumlichen Geometrie neue, abstrakte mathematische Gebilde mit spezifischen, definierenden Eigenschaften Einzug in die Mathematik halten. Aber es war doch noch ein gewaltiger Schritt, völlig neutrale, eigenschaftslose Elemente und Ansammlungen von solchen zum Gegenstand einer mathematischen Theorie zu machen. Genau dies hat GEORG CANTOR (1845–1918), der Schöpfer der Mengenlehre, getan, und es ist kein Wunder, daß er ob solcher sinnentleerter Gebilde angegriffen, ja als Verderber der Jugend[1] bekämpft wurde. Cantor hat in Halle gelehrt, ab 1869 als Privatdozent und von 1879 an als Ordinarius. Zu seinen Förderern gehörten sein Lehrer WEIERSTRASS und GÖSTA MITTAG-LEFFLER (1846–1927, Professor in Stockholm, Schüler von Weierstraß, Begründer der bedeutenden Zeitschrift *Acta Mathematica*). Sein ärgster Widersacher wurde LEOPOLD KRONECKER (1821–1891), der ebenfalls sein Lehrer in Berlin war. Mit Cantors Arbeit im 77. Band von Crelles Journal aus dem Jahre 1874 beginnt die Mengenlehre. Dort wird neben der Abzählbarkeit des „Inbegriffs" aller reellen algebraischen Zahlen (das Wort Menge war noch nicht da) ein ungleich wichtigeres Resultat, die Nicht-Abzählbarkeit der reellen Zahlen, bewiesen. Vier Jahre später erscheint, wieder in Crelles Journal (Band 84), Cantors *Beitrag zur Mannigfaltigkeitslehre*. Er beginnt mit der Definition der Mächtigkeit. „Wenn zwei wohldefinierte Mannigfaltigkeiten *M* und *N* sich eindeutig und vollständig, Element für Element einander zuordnen lassen …, so möge für das Folgende die Ausdrucksweise gestattet sein, daß diese Mannigfaltigkeiten *gleiche Mächtigkeit* haben, oder auch, daß sie *äquivalent* sind" (Ges. Abh., S. 119). Dann nimmt er sich unter ausdrücklichem Bezug auf Riemann (und Helmholtz) die neuen geometrischen Gebilde, die „*n*-fach ausgedehnten, stetigen Mannigfaltigkeiten" vor und zeigt, daß sie allesamt die gleiche Mächtigkeit haben, nämlich die der reellen Zahlen oder eines reellen Intervalls. Man kann also z.B. ein Quadrat bijektiv auf ein Intervall abbilden! Dieses überraschende, paradox erscheinende Ergebnis zeigt, daß man die Dimension einer Mannigfaltigkeit nicht auf dem Weg über die Mächtigkeit erfassen kann. Cantor (und auch Dedekind, mit dem er einen regen Gedankenaustausch pflegte) vermutete, daß so etwas nur bei unstetigen Abbildungen auftritt, daß also ein Homöomorphismus (eine in beiden Richtungen stetige Bijektion) nur zwischen Mannigfaltigkeiten von gleicher Dimension existieren kann. Doch waren seine Beweisversuche noch unvollkommen. Erst L.E.J. BROUWER hat 1911 (Math. Ann. 70, 161–165) diese Vermutung bestätigt.

Von hier aus entwickeln sich Cantors Entdeckungen in zwei verschiedene Richtungen. Ein Weg führt in die reine Mengenlehre, in die Hierarchie der

---

[1] „Es übersteigt nicht das erlaubte Mass, wenn ich sage, dass die Kroneckersche Einstellung den Eindruck hervorbringen musste, als sei Cantor in seiner Eigenschaft als Forscher und Lehrer ein Verderber der Jugend", schreibt A. Schoenflies in Acta math. 50 (1927), S. 2.

Mächtigkeiten und Wohlordnungstypen und ins Dickicht der Antinomien. Der zweite Weg führt in die Topologie. In mehreren Arbeiten, welche alle zwischen 1879 und 1884 in den Mathematischen Annalen erschienen sind, wird die „abstrakte" und die „topologische" Mengenlehre gleichermaßen ausgebaut. Wir verfolgen nur das zweite Thema. Aufbauend auf dem Umgebungsbegriff werden zunächst die Grenzpunkte, wir sagen heute Häufungspunkte, einer Punktmenge P definiert. Die Menge aller Grenzpunkte bildet ihrerseits eine Menge, die Cantor die *Ableitung* von P nennt und mit P' bezeichnet (diese Bezeichnung hat sich nicht gehalten). Darauf aufbauend werden nun die topologischen Grundbegriffe definiert. Eine Menge P heißt *abgeschlossen, in sich dicht* oder *perfekt*, wenn $P' \subset P$, $P \subset P'$ oder $P = P'$ ist. Cantor führt weitere Begriffe ein, insbesondere den Zusammenhang einer Menge (etwas anders, als wir es heute tun). Schließlich erklärt er das *Kontinuum*, diesen historisch belasteten Begriff, als eine zusammenhängende perfekte Menge. Dabei unternimmt er einen Streifzug durch die abendländische Philosophie (Ges. Abh., S. 190–194) und liefert so seinen Gegnern Munition für spöttische Bemerkungen. Zu den abgeleiteten Begriffen gehören die Grenzmenge (der Rand) und die abgeschlossene Hülle einer Menge, während offene Mengen erst 1902 von LEBESGUE eingeführt werden (Ann. Mat. Pura Appl. (3) 7 (1902), S. 242). Die meisten Sätze über diese Begriffe im vorliegenden Paragraphen gehen auf Cantor zurück. Dabei ist zu beachten, daß er bei alledem die stetigen n-dimensionalen Mannigfaltigkeiten im Auge hatte; der abstrakte metrische Raum war noch nicht in Sicht.

Welche Fragestellungen veranlaßten nun die Mathematiker, Räume von unendlichen Dimensionen einzuführen, eine Zahlenfolge als einen Punkt in einem Folgenraum und eine stetige Funktion als einen Punkt in einem Funktionenraum anzusehen? Solche neuen Konzepte setzen sich durch, wenn sie es gestatten, Überlegungen zu vereinheitlichen und zu vereinfachen. Treibende Kraft waren vor allem zwei Problemkreise. Beim einen handelt es sich um sogenannte *Fredholmsche Integralgleichungen 2. Art*, etwa

$$\text{(IG1)} \qquad y(t) + \int_0^1 K(t,s)y(s)ds = g(t) \quad \text{in } [0,1] \ .$$

Gegeben sind der „Kern" K und die rechte Seite g, gesucht ist eine stetige Lösung y. Zum anderen geht es um Probleme der *Variationsrechnung*, typisch etwa

$$\text{(Var)} \qquad F[y] := \int_0^1 f(t, y(t), y'(t))dt = \text{Min.} \quad \text{für } y \in Y \ .$$

Dabei ist f eine gegebene Funktion, Y eine gegebene Menge von Funktionen aus $C^1[0,1]$, und gesucht ist eine Funktion $y_0 \in Y$, für welche F ihr Minimum annimmt. Ein einfaches Beispiel:

$$F[y] := \int_0^1 (y^2 + y'^2)dt = \text{Min.} \quad \text{für } y \in C^1[0,1] \text{ mit } y(0) = 0 \ , \ y(1) = 1 \ .$$

Der Leser möge einige Versuche machen ($y = x^\alpha, \sin \frac{1}{2}\pi x, \ldots$). [Das Minimum wird für $y_0 = \sinh x / \sinh 1$ angenommen, es hat den Wert $F[y_0] = (e^2 + 1)(e^2 - 1)$ $\approx 1,3130$.]

Beide Probleme haben ihre Wurzeln in der mathematischen Physik, (IGl) hängt mit Rand- und Eigenwertaufgaben, etwa mit Schwingungen, zusammen, (Var) hat ähnliche Ursprünge, der Ausdruck $F[y]$ stellt häufig eine Energie dar.

Das Problem (IGl) kann man als Verallgemeinerung eines linearen Gleichungssystems auffassen. Setzt man etwa $y_i = y(i/n)$, $g_i = g(i/n)$, $k_{ij} = k(i/n, j/n)/n$, so führt eine Ersetzung des Integrals durch eine Riemannsche Summe auf das Gleichungssystem

$$(\text{IGl}_n) \qquad y_i + \sum_{j=1}^{n} k_{ij} y_j = g_i \quad \text{für} \quad i = 1, \dots, n \,.$$

HILBERT veröffentlicht zwischen 1904 und 1910 sechs grundlegende Arbeiten über Integralgleichungen und knüpft zunächst an diese Diskretisierung an. Dabei tritt wohl zum ersten Mal das innere Produkt von zwei Vektoren $x = (x_1, \dots, x_n)$ und $y = (y_1, \dots, y_n)$

$$\langle x, y \rangle = x_1 y_1 + x_2 y_2 + \dots + x_n y_n$$

auf. Ist der Kern K symmetrisch, $K(s, t) = K(t, s)$, so wird auch die Matrix (k_{ij}) symmetrisch, und man wird zu entsprechenden bilinearen und quadratischen Formen geführt. So wird Hilbert (in der dritten Arbeit 1906) dazu angeregt, unendliche bilineare Formen

$$\sum_{i,j=1}^{\infty} k_{ij} x_i y_j$$

zu studieren. Hier führt er Folgen $x = (x_1, x_2, x_3, \dots)$ mit konvergenter Quadratsumme $\sum x_i^2 < \infty$ ein und betrachtet, was wir heute das Innenprodukt im Hilbertschen Folgenraum l^2 nennen,

$$(x, y) = \sum_{i=1}^{\infty} x_i y_i \,.$$

ERHARD SCHMIDT (1876–1959, Schüler von Hilbert, Professor u.a. in Zürich und Berlin) hat dann in Verfolgung der Aufgabe, Hilberts Beweise zu vereinfachen, die zentralen geometrischen Begriffe des Hilbertraumes am Beispiel des (komplexen) Raumes l^2 eingeführt. In einer Arbeit[1] von 1908 findet man (mit Doppelstrichen!)

$$\|z\|^2 = \sum_{i=1}^{\infty} |z_i|^2 \quad \text{und} \quad (z, w) = \sum_{i=1}^{\infty} z_i w_i \quad \text{(ohne Konjugation von } w) \,.$$

Er nennt zwei Elemente z und w *orthogonal*, wenn $(z, \overline{w}) = 0$ ist und beweist für paarweise orthogonale Elemente $z^1, \dots, z^p$ einen „verallgemeinerten Satz des Pythagoras"

$$\|z^1 + \dots + z^p\|^2 = \|z^1\|^2 + \dots + \|z^p\|^2 \,.$$

---

[1] *Über die Auflösung linearer Gleichungen mit unendlich vielen Unbekannten.* Rend. Circ. Mat. Palermo 25 (1908) 53–77.

Konvergenzbetrachtungen werden vereinfacht durch den Begriff der *starken Konvergenz*. Eine Folge (z^k) von komplexen Zahlenfolgen konvergiert stark gegen z, wenn $\|z^k - z\| \to 0$ strebt. Entsprechend sind Cauchyfolgen definiert. E. Schmidt zeigt dann, daß jede Cauchyfolge einen starken Limes besitzt; daß der Folgenraum l^2 vollständig ist. Wir werden später bei den Fourierreihen auf den Raum l^2 zurückkommen.

Die Methode, Integralgleichungen durch Iteration zu lösen – bei (IGl) also als Limes einer gemäß $y_{k+1}(t) = g(t) - \int_0^1 K(t,s)y_k(s)ds$ definierten Folge –, reicht bis in die 70er Jahre des vergangenen Jahrhunderts zurück. Die dabei anfallenden Konvergenzbetrachtungen benutzen die gleichmäßige Konvergenz, und auch dabei drängt es sich auf, eine Funktion als ein Element eines Raumes zu betrachten. Noch zwingender ist diese Vorstellung bei den Variationsproblemen. Denn hier setzt man ja bei der Suche nach dem Minimum von $F[y]$ Argumente y ein, wie man das bei reellen Funktionen gewöhnt ist, mit dem einzigen Unterschied, daß das Argument y jetzt eine Funktion ist. In diesem Zusammenhang benutzt HADAMARD das Wort Funktional $F[y]$ (Funktional = Abbildung eines Funktionenraumes in $\mathbb{R}$ oder $\mathbb{C}$). WEIERSTRASS spricht wohl als erster davon, daß zwei in I definierte Funktionen f und g ε-benachbart (von nullter Ordnung) sind, wenn $|f(x) - g(x)| < \varepsilon$ für alle $x \in I$ ist, und VOLTERRA führt diese Gedanken weiter (um 1890). G. ASCOLI und C. ARZELA, zwei italienische Mathematiker, betrachten Mengen von stetigen Funktionen mit dem Ziel, Cantors topologische Resultate von n-dimensionalen Räumen auf Mengen von stetigen Funktionen zu übertragen. Im Jahre 1906 war es dann soweit: MAURICE FRECHET (1878-1937, französischer Mathematiker) führte in seiner Thèse *Sur quelques points du calcul fonctionnel* u.a. den durch drei Axiome bestimmten, abstrakten *metrischen Raum* ein. Mit dem Begriff des Abstandes bzw. der Metrik (er nennt es ‚écart‘) läßt sich eine Fülle von verschiedenen Konvergenz- und Stetigkeitsbetrachtungen in einfacher, einheitlicher und geometrisch anschaulicher Weise beschreiben! Aber wie steht es mit den Werkzeugen der Konvergenztheorie, dem Konvergenzsatz von Cauchy und dem Satz von Bolzano-Weierstraß? Sie werden, da sie nicht mehr allgemein gültig sind, als Definitionen eingeführt. FELIX HAUSDORFF (1868–1942, Professor in Bonn, schrieb grundlegende Arbeiten zur Mengenlehre, Topologie und zur Theorie der reellen Funktionen; er schied mit seiner Frau freiwillig aus dem Leben, um der drohenden Deportation zu entgehen) nennt in seinem Buch *Grundzüge der Mengenlehre* (1914) einen metrischen Raum *vollständig*, wenn jede Fundamentalfolge konvergiert (Fréchet hatte in seiner Thèse (S. 23) diese Eigenschaft mit der Formulierung „der Raum gestatte eine Verallgemeinerung des Theorems von Cauchy" umschrieben). Fréchet (Thèse, S. 6) nennt eine Menge *kompakt*, wenn jede unendliche Teilmenge einen Häufungspunkt enthält, und *extremal*, wenn sie außerdem abgeschlossen ist (das erste nennen wir heute relativ kompakt, das zweite kompakt; das Wort ‚extremal‘ sollte darauf hinweisen, daß eine auf einer solchen Menge stetige Funktion ihr Maximum und ihr Minimum annimmt).

Die sich nun zu einem immer mächtiger werdenden Strom entwickelnde Funktionalanalysis kann hier nicht beschrieben werden. Es wurde auch bald sichtbar, daß die meisten dieser neuen Ergebnisse sich in Räumen abspielten, welche neben der metrischen Eigenschaft eine Vektorraumstruktur besitzen, und daß der Abstand zweier Elemente x und y sich dabei aus der Differenz $x - y$ ableitet. Ein neuer Begriff, welcher den metrischen und den linearen Aspekt zusammenbringt, wurde 1920 von STEFAN BANACH (1892–1945, polnischer Mathematiker, Student und später Professor an der Universität Lwow, einer der Begründer der Funktionalanalysis) aus der Taufe gehoben[1]: der *normierte Raum*. Es muß erwähnt werden, daß unabhängig davon und nur wenige Monate später NORBERT WIENER eine ähnliche Definition gab. Daß unter den normierten Räumen jene von besonderer Bedeutung sind, deren Norm aus einem inneren Produkt entspringt, wurde schon durch Hilberts Untersuchungen über unendlichdimensionale quadratische Formen deutlich. Den dafür adäquaten Rahmen schuf 1929 JOHN VON NEUMANN (1903–1957, ungarischer, später in den USA wirkender Mathematiker, der auf zahlreichen Gebieten, von den Grundlagen bis hin zur Quantentheorie, Spieltheorie und Automatentheorie, wesentliche Beiträge geleistet hat und an der Entwicklung der Atombombe beteiligt war), indem er die Axiome für den *Hilbertschen Raum* angab (Math. Ann. 102 (1929), 370–427).

Ein vertieftes Verständnis für die Bedeutung und die Notwendigkeit dieser Begriffe kann nur aus einer Vertrautheit mit der Funktionalanalysis erwachsen; das mag die Lückenhaftigkeit unserer Darstellung entschuldigen. Eine eingehende Schilderung der historischen Entwicklung geben M. Bernkopf in zwei Artikeln *The Development of Function Spaces with Particular Reference to their Origins in Integral Equation Theory* (Arch. Hist. Exact Sci. 3 (1966) 1–96) und *A History of Infinite Matrices* (ebenda 4 (1968) 308–358), J. Dieudonné in seinem Buch *History of Functional Analysis* [1981] und H. Heuser in seinem Lehrbuch *Funktionalanalysis*, 3. Auflage [1992].

Im sachlichen Teil wird zunächst in 1.1–1.2 der $\mathbb{R}^n$, die Grundmenge der mehrdimensionalen Analysis, vorgestellt. Anschließend werden die topologischen Grundbegriffe behandelt, und zwar sogleich für metrische Räume. Auch Banach- und Hilberträume werden hier eingeführt. Den Schluß bilden einige geometrische Objekte, wobei wir uns auf den $\mathbb{R}^n$ beschränken. Bei einer ersten Lektüre können die Abschnitte 1.9 und 1.10 übergangen werden. Die dort behandelten Ergebnisse über Hilberträume werden erst bei den Fourierreihen in § 10 benutzt.

Zur Bezeichnung. Elemente eines (metrischen, normierten, ...) Raumes werden mit $x, y, a, b, \ldots$ (ohne Fettdruck) und Folgen in solchen Räumen mit $(x_k), \ldots$ bezeichnet. Im $\mathbb{R}^n$ werden wir jedoch, um Verwechslungen mit der Schreibweise $x = (x_1, \ldots, x_n)$ vorzubeugen, für Folgen gelegentlich hochgestellte Indizes verwenden, also (x^k) mit $x^k = (x_1^k, \ldots, x_n^k)$.

1.1 Der n-dimensionale euklidische Raum $\mathbb{R}^n$. Unter $\mathbb{R}^n$ verstehen wir (vgl. I.2.7) die Menge aller geordneten n-Tupel $x = (x_1, \ldots, x_n)$ mit reellen *Koordinaten* x_j. Erklärt man die Addition und skalare Multiplikation komponentenweise für $x, y \in \mathbb{R}^n$ und $\lambda \in \mathbb{R}$ durch

$$x + y = (x_1 + y_1, \ldots, x_n + y_n), \quad \lambda x = (\lambda x_1, \ldots, \lambda x_n),$$

---

[1] In seiner Dissertation *Sur les opérations dans les ensembles abstraits et leur application aux équations intégrales*, veröffentlicht in Fund. Math. 3 (1922) 133–187.

so wird $\mathbb{R}^n$ zu einem reellen Vektorraum mit dem Nullelement $0 = (0,\ldots,0)$. Die Elemente von $\mathbb{R}^n$ werden als Punkte, gelegentlich auch als Vektoren bezeichnet. Wir definieren

$$x \cdot y = x_1 y_1 + \ldots + x_n y_n \qquad \textit{inneres Produkt (oder Skalarprodukt)}$$

$$|x| = \sqrt{x_1^2 + \ldots + x_n^2} \qquad \textit{euklidische Norm oder absoluter Betrag}$$

(oder auch Länge von x) und nennen

$$|x - y| = \sqrt{(x_1 - y_1)^2 + \ldots + (x_n - y_n)^2}$$

den *euklidischen Abstand* der Punkte x und y. Für $x \cdot y$ wird auch $\langle x, y \rangle$, für $x \cdot x = |x|^2$ auch x^2 geschrieben.

Für beliebige $x, y \in \mathbb{R}^n$ und $\lambda \in \mathbb{R}$ gilt

(a) $|x| > 0$ für $x \neq 0$ *Definitheit,*

(b) $|\lambda x| = |\lambda||x|$ *Homogenität ,*

(c) $|x + y| \leq |x| + |y|$ *Dreiecksungleichung ,*

(d) $|x \cdot y| \leq |x||y|$ *Schwarzsche* oder *Cauchysche Ungleichung .*

In I.11.24 wurden (c) und (d) bewiesen, während (a) und (b) aus den Definitionen folgen. Aus der Dreiecksungleichung ergibt sich

(e) $|x - z| \leq |x - y| + |y - z|$,

(f) $\big| |x| - |y| \big| \leq |x - y|$.

Ersetzt man nämlich in (c) x, y durch $x - y$, $y - z$ bzw. $x - y$, y bzw. x, $y - x$, so erhält man (e) bzw.

$$|x| \leq |x - y| + |y| \quad \text{bzw.} \quad |y| \leq |x| + |y - x| .$$

Die beiden letzten Ungleichungen ergeben zusammen (f).

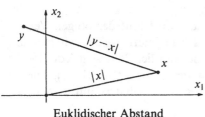

Euklidischer Abstand

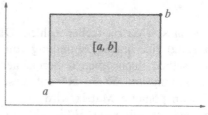

Intervall im $\mathbb{R}^2$

Vektoren der Länge 1 heißen *Einheitsvektoren.* Die n Einheitsvektoren

$$e_1 = (1, 0, \ldots, 0) , \quad e_2 = (0, 1, 0, \ldots, 0) , \quad \ldots , \quad e_n = (0, \ldots, 0, 1)$$

bilden die sogenannte *Standardbasis* des Vektorraumes $\mathbb{R}^n$.

(g) Jeder Vektor $x = (x_1, \ldots, x_n)$ läßt sich in der Form

$$x = x_1 e_1 + \ldots + x_n e_n$$

darstellen. Dabei ist $x_i = x \cdot e_i$.

Ungleichungen. Ungleichungen zwischen n-Tupeln werden koordinatenweise erklärt, d.h. für $a, b \in \mathbb{R}^n$ bedeutet

$$a < b \quad \text{bzw.} \quad a \leq b \iff a_j < b_j \quad \text{bzw.} \quad a_j \leq b_j \quad \text{für} \quad j = 1, \ldots, n .$$

Man beachte, daß zwei Punkte im Fall $n \geq 2$ nicht immer vergleichbar sind. Für $a = (1, 0)$, $b = (0, 1)$, $c = (2, 2)$ ($n = 2$) ist $a < c$, $b < c$, jedoch gilt weder $a < b$ noch $b < a$.

Intervalle. Unter einem n-dimensionalen Intervall verstehen wir das kartesische Produkt $I = I_1 \times \ldots \times I_n$ von n Intervallen $I_1, \ldots, I_n \subset \mathbb{R}$. Die Längen $|I_i|$ der einzelnen Intervalle nennt man die *Kantenlängen* von I. Sind alle Kantenlängen gleich, so ist I ein *Würfel*. Zwei- bzw. dreidimensionale Intervalle sind also achsenparallele Rechtecke bzw. Quader. Sind $a, b \in \mathbb{R}^n$ und ist $a < b$, so lassen sich die folgenden Intervalle wie im reellen Fall notieren:

$$(a, b) := \{x : a < x < b\} \equiv (a_1, b_1) \times \ldots \times (a_n, b_n) \quad \textit{offenes Intervall} ,$$

$$[a, b] := \{x : a \leq x \leq b\} \equiv [a_1, b_1] \times \ldots \times [a_n, b_n] \quad \textit{abgeschlossenes Intervall} ;$$

entsprechend sind die *halboffenen Intervalle* $[a, b)$ und $(a, b]$ definiert.

Matrizen und lineare Abbildungen. In der Analysis ist es meist irrelevant, ob man unter $x \in \mathbb{R}^n$ einen Zeilen- oder einen Spaltenvektor versteht. Wir benutzen, weil es im Druck einfacher ist, meist die Zeilenschreibweise. Bei Matrizenprodukten muß man sich jedoch festlegen. Es wird vereinbart:

Im Zusammenhang mit Matrizenprodukten sind Elemente des $\mathbb{R}^n$ immer Spaltenvektoren.

Es sei

$$C = (c_{ij}) = \begin{pmatrix} c_{11} & \ldots & c_{1n} \\ \vdots & & \vdots \\ c_{m1} & \ldots & c_{mn} \end{pmatrix}$$

eine $m \times n$-Matrix reeller Zahlen. Durch $x \mapsto Cx$ wird (mit der obigen Vereinbarung) eine lineare Abbildung von $\mathbb{R}^n$ nach $\mathbb{R}^m$ definiert, welche wir hier mit demselben Buchstaben C bezeichnen wollen. Bekanntlich läßt sich jede lineare Abbildung von $\mathbb{R}^n$ in $\mathbb{R}^m$ auf diese Weise darstellen, vgl. [LA, S. 66]. Die zu C transponierte Matrix wird mit $C^\top$, die $n \times n$-Einheitsmatrix mit E oder E_n bezeichnet. Für $x, y \in \mathbb{R}^n$ ist also $x \cdot y = x^\top y$.

1.2 Konvergenz und Cauchyfolge. Der absolute Betrag ermöglicht es, die Konvergenzdefinitionen für reelle und komplexe Folgen (I.4.3 und I.8.7) zu übertragen. Eine Folge (x^k) mit $x^k \in \mathbb{R}^n$ heißt also konvergent mit dem Limes $a \in \mathbb{R}^n$, wenn zu jedem vorgegebenen $\varepsilon > 0$ ein N existiert, so daß $|x^k - a| < \varepsilon$ für $k > N$ ist. Man schreibt dafür $\lim x^k = a$ oder $x^k \to a$ ($k \to \infty$). Entsprechend sind Cauchyfolgen und beschränkte Folgen erklärt: Die Folge (x^k) aus $\mathbb{R}^n$ ist eine Cauchyfolge, wenn es zu jedem $\varepsilon > 0$ einen Index N mit der Eigenschaft $|x^i - x^k| < \varepsilon$ für $i, k > N$ gibt.

Konvergenzfragen im $\mathbb{R}^n$ lassen sich mit Hilfe der Betragsabschätzung für $x = (x_1, \ldots, x_n)$

(B) $\qquad |x_j| \leq |x| \leq |x_1| + \ldots + |x_n| \qquad$ für $j = 1, \ldots, n$

auf die Konvergenz in $\mathbb{R}$ zurückzuführen; für $n = 2$ haben wir dieses Übertragungsprinzip bereits in I.8.7 kennengelernt.

Satz. *Eine Folge* (x^k) *in* $\mathbb{R}^n$ *ist – mit der Bezeichnung* $x^k = \left(x_1^k, \ldots, x_n^k \right)$ *– genau dann konvergent bzw. eine Cauchyfolge, wenn die* n *Koordinatenfolgen* $\left(x_1^k \right), \ldots, \left(x_n^k \right)$ *konvergent bzw. Cauchyfolgen sind. Im Falle der Konvergenz gegen* $a = (a_1, \ldots, a_n)$ *gilt*

$$\lim_{k \to \infty} x^k = a \iff \lim_{k \to \infty} x_j^k = a_j \quad \text{für} \quad j = 1, \ldots, n \,.$$

Beweis. Aus den nach (B) gültigen Ungleichungen

$$|x_j^k - a_j| \leq |x^k - a| \leq |x_1^k - a_1| + \ldots + |x_n^k - a_n|$$

und entsprechenden Ungleichungen mit x^i anstelle von a liest man die Behauptung unschwer ab. $\qquad\qquad\qquad\qquad\qquad\qquad\qquad\qquad\qquad\qquad\qquad\qquad\square$

Damit haben wir uns ein Werkzeug geschaffen, um Sätze über reelle Zahlenfolgen auf Folgen im $\mathbb{R}^n$ zu übertragen. Für eine konvergente Folge ergibt sich u.a., daß sie beschränkt ist, daß ihr Limes eindeutig bestimmt ist und daß jede Teilfolge und jede Umordnung konvergent ist mit demselben Limes. Auch die beiden Aussagen

(a) aus $x^k \to a$, $y^k \to b$ folgt $\lambda x^k + \mu y^k \to \lambda a + \mu b$ ($\lambda, \mu \in \mathbb{R}$);

(b) aus $x^k \to a$, $y^k \to b$ folgt $\langle x^k, y^k \rangle \to \langle a, b \rangle$ sowie $|x^k| \to |a|$

erhält man ohne Mühe aus den Rechenregeln von I.4.4. Ähnlich verhält es sich mit den beiden fundamentalen Sätzen I.4.13 und I.4.14.

Konvergenzkriterium von Cauchy. *Eine Folge im* $\mathbb{R}^n$ *ist genau dann konvergent, wenn sie eine Cauchyfolge ist.*

Satz von Bolzano-Weierstraß. *Jede beschränkte Folge im* $\mathbb{R}^n$ *besitzt eine konvergente Teilfolge.*

Der erste Satz ergibt sich, wenn man das Cauchykriterium für reelle Folgen I.4.14 koordinatenweise anwendet. Die Beweisidee beim zweiten Satz erklären wir anhand des Falles $n = 3$ und setzen dazu $x^k = (\xi_k, \eta_k, \zeta_k)$. Nach dem eindimensionalen Satz von Bolzano-Weierstraß I.4.13 gibt es eine

Teilfolge (p_i) von (k) mit $\xi_{p_i} \to \xi$ für $i \to \infty$,

Teilfolge (q_i) von (p_i) mit $\eta_{q_i} \to \eta$ für $i \to \infty$,

Teilfolge (r_i) von (q_i) mit $\zeta_{r_i} \to \zeta$ für $i \to \infty$.

Die Folgen (ξ_{r_i}), (η_{r_i}), (ζ_{r_i}) sind also konvergent. Nach dem Satz ist dann $(x^{r_i}) = \left((\xi_{r_i}, \eta_{r_i}, \zeta_{r_i}) \right)$ eine gegen (ξ, η, ζ) konvergierende Folge.

Nach dieser kurzen, auf den $\mathbb{R}^n$ zugeschnittenen Einleitung wählen wir für die weiteren Erörterungen einen größeren Rahmen, den metrischen Raum. In diesem zu Anfang unseres Jahrhunderts geschaffenen Begriff (vgl. Einleitung) sind große Allgemeinheit, unmittelbare Anschaulichkeit und Einfachheit der Beweisführung auf das glücklichste vereint. Von den Ergebnissen werden wir, soweit sie Banachsche und Hilbertsche Räume betreffen, an wichtigen Stellen in diesem Buch profitieren. Wir beginnen mit einigen allgemeinen Bemerkungen über Mengen.

1.3 Die Regeln von de Morgan. Ist $\mathscr{A} \subset P(X)$ ein System von Teilmengen einer Menge X, so heißt

$$\bigcup_{A \in \mathscr{A}} A := \{x : \text{ Es gibt ein } A \in \mathscr{A} \text{ mit } x \in A\} \qquad \textit{Vereinigung} ,$$

$$\bigcap_{A \in \mathscr{A}} A := \{x : \text{ Für jedes } A \in \mathscr{A} \text{ gilt } x \in A\} \qquad \textit{Durchschnitt}$$

des Mengensystems $\mathscr{A}$. Das System $\mathscr{A}$ heißt *disjunkt*, wenn für zwei verschiedene Mengen $A, B \in \mathscr{A}$ stets $A \cap B = \emptyset$ gilt.

Häufig treten „indizierte" Mengensysteme auf, etwa $\mathscr{A} = (A_1, A_2, A_3, \dots)$ oder allgemeiner $\mathscr{A} = \{A_\alpha : \alpha \in J\}$, wobei J eine ansonsten beliebige „Indexmenge" ist und lediglich vorausgesetzt wird, daß jedem $\alpha \in J$ eine Menge $A_\alpha \subset X$ zugeordnet ist. In diesem Fall werden Vereinigung und Durchschnitt von $\mathscr{A}$ in der Form

$$\bigcup_{\alpha \in J} A_\alpha \equiv \bigcup A_\alpha \quad \text{und} \quad \bigcap_{\alpha \in J} A_\alpha \equiv \bigcap A_\alpha$$

geschrieben. Im Fall $J = \{1, 2\}$ ist $\bigcup A_\alpha = A_1 \cup A_2$ und $\bigcap A_\alpha = A_1 \cap A_2$.

Hat X die Bedeutung einer im Laufe einer Erörterung fixierten „Grundmenge", so schreibt man für die Differenz $X \setminus A$ kurz A' und nennt A' das *Komplement* von A (bezüglich X). Es gelten die nach AUGUSTUS DE MORGAN (1806–1871, von 1826 bis 1866 Professor für Mathematik an der Universität London) benannten[1]

$$\textit{Formeln von de Morgan} \quad \left(\bigcup A_\alpha\right)' = \bigcap A_\alpha' \quad \text{und} \quad \left(\bigcap A_\alpha\right)' = \bigcup A_\alpha' .$$

1.4 Äquivalenzrelation. Es sei X eine Menge. Eine Eigenschaft R von Paaren $(x, y) \in X \times X = X^2$ wird auch *Relation* in X genannt. Durch die Relation R wird eine Untermenge von X^2 definiert, nämlich die Menge aller Paare (x, y), denen die Eigenschaft R zukommt. Ähnlich wie bei einer Funktion und ihrem Graphen (I.1.2) sind eine Relation und die durch sie definierte Menge zwei äquivalente Begriffe, und man kann eine Relation R auch *definieren* als eine Teilmenge von X^2. Beispiele für Relationen in der Menge $\mathbb{R}$ sind (i) die Kleiner-Relation $x < y$, (ii) die Gleichheitsrelation $x = y$, (iii) die Eigenschaft, daß $x - y$ ganzzahlig ist.

---

[1] A. de Morgan, *On the Syllogism and Other Logical Writings*, Ed. P. Heath, London. Routledge Kegan 1966, S. 119 (ersch. 1853).

Eine Relation $\sim$ heißt *Äquivalenzrelation*, wenn für $x, y, z \in X$ gilt

(a) $x \sim x$ *Reflexivität* ;

(b) aus $x \sim y$ folgt $y \sim x$ *Symmetrie* ;

(c) aus $x \sim y$ und $y \sim z$ folgt $x \sim z$ *Transitivität* .

Von den drei angegebenen Beispielen sind (ii) und (iii) Äquivalenzrelationen.

Ein System $\mathscr{A} = \{A, B, \ldots\}$ von Teilmengen von X bildet eine *Klasseneinteilung* oder *Partition* von X, wenn $\mathscr{A}$ disjunkt und X die Vereinigung von $\mathscr{A}$ ist. Man nennt in diesem Zusammenhang die Mengen $A, B, \ldots$ aus $\mathscr{A}$ auch *Klassen*.

Eine Partition $\mathscr{A}$ erzeugt eine Äquivalenzrelation $\sim$ in X, indem man vereinbart, daß $x \sim y$ genau dann gelten soll, wenn x und y in derselben Klasse liegen. Umgekehrt bringt eine Äquivalenzrelation $\sim$ eine Klasseneinteilung $\mathscr{A} = \{K_a, K_b, \ldots\}$ von X hervor, wobei K_a die Menge (Klasse) aller zu $a \in X$ äquivalenten Elemente bezeichnet, $K_a = \{x \in X : x \sim a\}$. Der Nachweis, daß aus $a \sim b$ folgt $K_a = K_b$ und aus $a \not\sim b$ (nicht äquivalent) folgt $K_a \cap K_b = \emptyset$, ist leicht zu erbringen. Die von dieser Partition $\mathscr{A}$ nach obigem Rezept erzeugte Äquivalenzrelation ist wieder $\sim$, wie man ohne Schwierigkeiten nachweist. Fassen wir zusammen:

Äquivalenzrelation und Klasseneinteilung sind zwei Seiten derselben Sache. Eine Äquivalenzrelation definiert in eindeutiger Weise eine Klasseneinteilung und umgekehrt.

Beispiele. Im obigen Beispiel (ii) ist $K_a = \{a\}$, in (iii) ist $K_a = a + \mathbb{Z}$ und $\mathscr{A} = \{a + \mathbb{Z} : 0 \leq a < 1\}$.

Im täglichen Leben begegnen uns Klasseneinteilungen nach bestimmten Merkmalen auf Schritt und Tritt. Man teilt die Menschen nach Geschlecht, nach Nationalität oder Religionszugehörigkeit, die steuerzahlenden Bürger nach Steuerklassen, Pflanzen und Tiere nach Arten ein.

In der Menge der Leser dieses Buches bedeute $a \sim b$: Es gibt einen Satz im vorliegenden § 1, den a und b nicht verstanden haben. Liegt eine Äquivalenzrelation vor?

1.5 Metrischer Raum. Es sei X eine Menge, deren Elemente im folgenden auch Punkte genannt werden. Ferner sei je zwei Punkten $x, y \in X$ eine reelle Zahl $d(x, y)$ zugeordnet, so daß für beliebige $x, y, z \in X$ gilt:

    (M1) $d(x, x) = 0$ und $d(x, y) > 0$ für $x \neq y$ *Definitheit* ,

    (M2) $d(y, x) = d(x, y)$ *Symmetrie* ,

    (M3) $d(x, z) \leq d(x, y) + d(y, z)$ *Dreiecksungleichung* .

Eine solche Funktion $d : X \times X \to \mathbb{R}$ wird als eine *Metrik* auf X, die Zahl $d(x, y)$ als *Abstand* zwischen den Punkten x und y und die mit dieser Metrik versehene Menge X als *metrischer Raum* (X, d) bezeichnet. Der für uns wichtigste metrische Raum ist der Raum $\mathbb{R}^n$, den wir mit dem euklidischen Abstand $d(x, y) := |x - y|$ metrisieren (metrisieren = mit einer Metrik versehen). Daß diese *euklidische Metrik* den Gesetzen (M1–3) genügt, ergibt sich leicht aus 1.1.

Wir beginnen nun damit, die wichtigsten metrischen Grundbegriffe einzuführen. Um dabei langatmige Erklärungen zu vermeiden, vereinbaren wir das folgende

Übertragungsprinzip. Alle bisherigen, auf dem Abstand zweier Punkte in $\mathbb{R}$ oder $\mathbb{R}^n$ basierenden Begriffe werden für den metrischen Raum übernommen, wobei lediglich der Abstand $|x - y|$ durch $d(x, y)$ zu ersetzen ist. Wir beginnen mit den Begriffen

Kugel, Sphäre, Umgebung. Die *offene Kugel* $B_r(a)$ mit dem *Mittelpunkt* $a \in X$ und dem *Radius* $r > 0$ ist die Menge aller Punkte $x \in X$ mit $d(x, a) < r$. Entsprechend ist die *abgeschlossene Kugel* $\overline{B}_r(a)$ durch $d(x, a) \leq r$ und die *Sphäre* (Kugeloberfläche) $S_r(a)$ durch $d(x, a) = r$ definiert. Im Raum $\mathbb{R}^n$ schreibt man statt $B_r(0)$ und $S_r(0)$ kurz B_r und S_r.

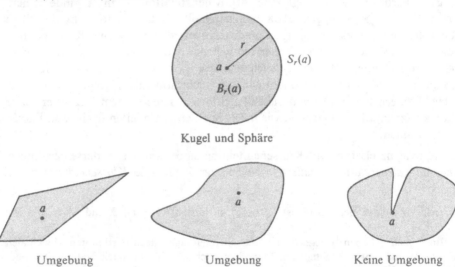

Kugel und Sphäre

Umgebung   Umgebung   Keine Umgebung

Jede Menge $U = U(a) \subset X$, zu der es ein $\varepsilon > 0$ mit $B_\varepsilon(a) \subset U$ gibt, heißt eine *Umgebung* von a. Ist $U(a)$ eine Umgebung von a, so nennt man $\dot{U}(a) := U(a) \setminus \{a\}$ *punktierte Umgebung* von a (man beachte: $\dot{U}(a)$ ist keine Umgebung von a). Die Kugel $B_\varepsilon(a)$ ist eine spezielle Umgebung, die sogenannte *ε-Umgebung* von a. Das System aller Umgebungen eines Punktes a wird mit $\mathscr{U}(a)$ bezeichnet und der *Umgebungsfilter* von a genannt.

Für eine nichtleere Menge $M \subset X$ erklären wir den

$$\textit{Durchmesser} \qquad \operatorname{diam} M := \sup\{d(x, y) : x, y \in M\}\,.$$

Für die leere Menge wird $\operatorname{diam} \emptyset = 0$ gesetzt. Ist $\operatorname{diam} M < \infty$, so heißt die Menge M *beschränkt*, andernfalls *unbeschränkt*. Offenbar ist M genau dann beschränkt, wenn ein $a \in X$ und ein $r > 0$ mit $M \subset B_r(a)$ existieren.

1.6 Konvergenz und Vollständigkeit. Eine Folge $(x_k)_{k=p}^{\infty}$ mit $x_k \in M \subset X$ wird kurz *Folge in* M genannt. Sie ist gemäß unserem Übertragungsprinzip *konvergent* mit dem Limes $a \in X$, wenn die Abstände $d(x_k, a)$ gegen 0 streben für $k \to \infty$. Dafür schreibt man wie früher

$$a = \lim_{k \to \infty} x_k \quad \text{oder} \quad x_k \to a \qquad \text{für} \ \ k \to \infty\,.$$

Eine Folge ist *divergent*, wenn sie nicht konvergiert, sie ist *beschränkt*, wenn ihre Wertemenge beschränkt ist, und ihre *Teilfolgen* und *Umordnungen* sind wie in I.4.5 definiert. Ein Punkt $a \in X$ ist *Häufungspunkt* einer Folge, wenn jede Umgebung von a unendlich viele Folgenglieder enthält. Schließlich ist (x_k) eine *Cauchyfolge (Fundamentalfolge)*, wenn zu jedem $\varepsilon > 0$ ein Index $N = N(\varepsilon)$ mit $d(x_i, x_k) < \varepsilon$ für $i, k > N$ existiert. Es gelten dann die folgenden einfachen Aussagen.

(a) Eine konvergente Folge hat nur einen Grenzwert.

(b) Jede konvergente Folge ist beschränkt.

(c) Jede Teilfolge und jede Umordnung einer konvergenten Folge bleibt konvergent mit ungeändertem Limes.

(d) Ein Punkt a ist genau dann Häufungspunkt einer Folge, wenn sie eine gegen a konvergierende Teilfolge besitzt.

(e) Jede konvergente Folge ist eine Cauchyfolge.

Die Beweise verlaufen wie im reellen Fall, vgl. 4.3, 4.5, 4.12 und 4.14 von Band I. Bei (a) benötigt man die Aussage, daß $B_\varepsilon(a)$ und $B_\varepsilon(b)$ disjunkt sind, wenn $d(a, b) \geq 2\varepsilon$ ist, bei (e), daß aus $x_i, x_k \in B_\varepsilon(a)$ folgt $d(x_i, x_k) < 2\varepsilon$. In beiden Fällen erweist sich die Dreiecksungleichung als die entscheidende Eigenschaft. Ähnlich ist es bei

(f) $|d(x, y) - d(x', y')| \leq d(x, x') + d(y, y')$ *Vierecks-Ungleichung.*

(g) Aus $x_n \to x$, $y_n \to y$ folgt $d(x_n, y_n) \to d(x, y)$.

Hier folgt (f) aus $d(x, y) \leq d(x, x') + d(x', y') + d(y', y)$ (zunächst ohne Absolutstriche), und (g) wird auf (f) zurückgeführt.

Im $\mathbb{R}^n$ ist bekanntlich auch die Umkehrung von (e) richtig: Jede Cauchyfolge hat einen Limes. So lautet gerade der wesentliche Teil des Cauchyschen Konvergenzkriteriums 1.2. Dies ist jedoch nicht für alle metrischen Räume richtig, wie einfache Beispiele zeigen (etwa $X = \mathbb{Q}$ oder $[0, 1)$ mit dem üblichen Abstand). Diese Tatsache gibt Anlaß zu der folgenden Definition.

Vollständigkeit. Ein metrischer Raum (X, d) heißt *vollständig*, wenn jede Cauchyfolge in X einen Grenzwert in X besitzt.

Bemerkung. Die Vollständigkeit ist, wenn man Analysis treibt, schlechthin unentbehrlich. Die Griechen entdeckten, daß $\mathbb{Q}$ nicht vollständig ist, sie fanden das Irrationale in Gestalt von Quadratwurzeln. Die Mathematiker der Renaissance rechneten unbekümmert mit irrationalen Zahlen, für sie war die Zahlenmenge vollständig, ein „Kontinuum"; vgl. die Einleitung zu §I.1. Bei unserem axiomatischen Aufbau wird die Vollständigkeit der reellen Zahlen durch das Vollständigkeitsaxiom (A 13) in I.1.6 garantiert.

Beispiele. 1. *Der Raum $\mathbb{R}^n$.* Der mit der euklidischen Metrik $d(x, y) = |x - y|$ versehene Raum $\mathbb{R}^n$ ist vollständig. Das ist gerade der Inhalt des Cauchy-Kriteriums aus 1.2.

2. Jede Teilmenge X von $\mathbb{R}^n$ wird, wenn man in ihr den Abstand durch $d(x, y) := |x - y|$ definiert, zu einem metrischen Raum. Dieser Raum ist genau dann vollständig, wenn X abgeschlossen ist. (Hier greifen wir der Entwicklung etwas vor; abgeschlossene Mengen werden in 1.12 eingeführt, und die Behauptung über die Vollständigkeit ergibt sich aus Corollar 1.14.)

3. *Der metrische Raum* $\overline{\mathbb{R}} = \mathbb{R} \cup \{\infty, -\infty\}$. Wir benutzen die schon in I.4.16 betrachtete Funktion f,

$$f(x) = \frac{x}{1 + |x|} \quad \text{für} \quad x \in \mathbb{R}, \quad f(-\infty) = -1, \quad f(\infty) = 1,$$

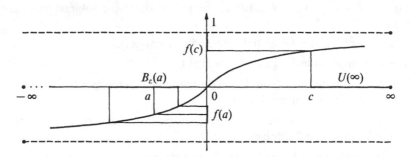

Umgebungen im metrischen Raum von Beispiel 3

welche die Menge $\overline{\mathbb{R}}$ bijektiv und monoton auf das Intervall $[-1, 1]$ abbildet. Durch

$$d(x, y) := |f(x) - f(y)| \quad \text{für} \quad x, y \in \overline{\mathbb{R}}$$

wird eine Metrik auf $\overline{\mathbb{R}}$ eingeführt. Für $a \in \mathbb{R}$ ist also $B_\varepsilon(a)$ die Menge aller $x \in \overline{\mathbb{R}}$ mit $|f(x) - f(a)| \le \varepsilon$. Man macht sich leicht klar, daß zu jedem $\varepsilon > 0$ positive Zahlen δ, δ' mit

$$B_\varepsilon(a) \subset (a - \delta, a + \delta) \quad \text{und} \quad (a - \delta', a + \delta') \subset B_\varepsilon(a)$$

existieren. Daraus folgt, daß die Umgebungsfilter $\mathscr{U}(a)$ in $\mathbb{R}$ und im metrischen Raum $\overline{\mathbb{R}}$ gleich sind, wenn man davon absieht, daß Umgebungen in $\overline{\mathbb{R}}$ zusätzlich noch die Punkte $\pm\infty$ enthalten können. Für $0 < \varepsilon < 1$ ist $B_\varepsilon(\infty) = \left(\frac{1}{\varepsilon} - 1, \infty\right]$, d.h. alle Intervalle $(c, \infty]$ mit $c \in \mathbb{R}$ und deren Obermengen bilden den Umgebungsfilter $\mathscr{U}(\infty)$. Analoges gilt für den Punkt $-\infty$. Eine reelle Zahlenfolge (x_k) konvergiert also genau dann bezüglich dieser Metrik gegen a, wenn $\lim x_k = a$ im üblichen Sinn von § I.4 ist; das gilt nach I.4.6 auch in den Fällen $a = \pm\infty$.

Aus I.4.16 ist bekannt, daß jede Folge in $\overline{\mathbb{R}}$ einen Häufungspunkt in $\overline{\mathbb{R}}$ besitzt. Jede Cauchyfolge in $\overline{\mathbb{R}}$ hat also einen Grenzwert in $\overline{\mathbb{R}}$, der metrische Raum $\overline{\mathbb{R}}$ ist vollständig.

4. *Diskrete Metrik.* Auf jeder Menge X läßt sich die durch $d(x, y) := 1$ für $x \ne y$ und $d(x, y) := 0$ für $x = y$ definierte diskrete Metrik einführen. Der Leser überzeuge sich selbst von der Gültigkeit der Eigenschaften (M1)–(M3). Die offene ε-Kugel $B_\varepsilon(a)$ enthält für $0 < \varepsilon \le 1$ nur das Element a, für $\varepsilon > 1$ dagegen alle Elemente von X. Daraus folgt: (i) Jede Cauchyfolge ist von einer Stelle an konstant. (ii) Es gilt $x_k \to a$ für $k \to \infty$ genau dann, wenn $x_k = a$ für fast alle k ist (d.h. bis auf endlich viele Ausnahmen). (iii) Der Raum ist vollständig (Beweis als Aufgabe!).

5. *Alle Wege führen nach (über) Rom.* Im Raum $\mathbb{R}^n$ wird durch

$$d_o(x, x) = 0, \quad d_o(x, y) = |x| + |y| \quad \text{für} \quad x \ne y$$

eine Metrik d_o definiert. In bezug auf diese Metrik gilt $\lim x_k = a \ne 0$ genau dann, wenn $x_k = a$ für fast alle k und $\lim x_k = 0$ genau dann, wenn $\lim |x_k| = 0$ ist (Beweis?).

Die entsprechende Konstruktion läßt sich in jedem metrischen Raum durchführen. Es sei (X, d) ein metrischer Raum und R ein fest gewähltes Element aus X. Dann handelt es sich bei der Funktion d_R,

$$d_R(x,x) = 0, \quad d_R(x,y) = d(x,R) + d(y,R) \quad \text{für } x \neq y \ (x,y \in X)$$

um eine Metrik. Man beweise dies und gebe, ähnlich wie im ersten Teil, Bedingungen für $\lim x_k = a$ (bezüglich d_R) an. Deutet man den Abstand als kürzesten Verbindungsweg, so führt der kürzeste Weg von x nach y über R(om), $d_R(x,y) = d_R(x,R) + d_R(R,y)$.

Durch die Verbindung einer metrischen Struktur mit der Vektorraumstruktur ergibt sich der normierte Raum und als Spezialfall davon der Innenproduktraum. Diese beiden Begriffe haben sich als außerordentlich fruchtbar erwiesen.

1.7 Normierter Raum und Banachraum. Es sei X ein Vektorraum über dem Körper $\mathbb{K}$; [LA; 1.1.2]. Dabei betrachten wir ausschließlich die Fälle $\mathbb{K} = \mathbb{R}$ *(reeller Vektorraum)* oder $\mathbb{K} = \mathbb{C}$ *(komplexer Vektorraum)*. Die Elemente des Vektorraumes heißen *Vektoren*, die Elemente des Körpers *Skalare*. Der Leser beachte, daß sowohl der Nullvektor als auch die skalare Null mit 0 bezeichnet wird.

Es gebe eine Funktion $|\cdot| : X \to \mathbb{R}$ mit den folgenden Eigenschaften ($x,y,z \in X$ und $\lambda \in \mathbb{K}$ beliebig):

(N1) $|0| = 0$ und $|x| > 0$ für $x \neq 0$ *Definitheit* ,

(N2) $|\lambda x| = |\lambda||x|$ *Homogenität* ,

(N3) $|x + y| \leq |x| + |y|$ *Dreiecksungleichung* .

Eine solche Funktion $|\cdot|$ heißt eine *Norm* auf X, und der damit versehene Vektorraum X wird mit $(X, |\cdot|)$ bezeichnet und reeller oder komplexer *normierter Raum* genannt. Gelegentlich werden Normen auch mit Doppelstrichen $\|\cdot\|$ bezeichnet.

Die Norm auf X erzeugt eine Metrik

(M) $$d(x,y) := |x - y| ,$$

welche X zu einem metrischen Raum macht. Metrische Begriffe im normierten Raum $(X, |\cdot|)$ beziehen sich immer auf diese „*kanonische*" Metrik. Die Konvergenz im Sinne der Norm wird (zur Unterscheidung von anderen Konvergenzbegriffen, welche hier keine Rolle spielen) auch *starke Konvergenz* genannt. Die Forderung der Vollständigkeit führt auf einen zentralen Begriff der Analysis: Ein (bezüglich der kanonischen Metrik) vollständiger normierter Raum heißt *Banachraum*.

Aus 1.5 (f) (g) leiten sich die beiden folgenden Eigenschaften ab:

(a) $\big| |x| - |y| \big| \leq |x - y|$,

(b) aus $x_n \to x$ folgt $|x_n| \to |x|$.

Das bereits in Aufgabe I.1.2 eingeführte Rechnen mit Mengen reeller Zahlen überträgt sich auf Mengen im normierten Raum X. Für $A, B, A_i \subset X$ und $\lambda, \mu, \lambda_i \in \mathbb{K}$ definiert man $A + B = \{a + b : a \in A, b \in B\}$ und $\lambda A = \{\lambda a : a \in A\}$, allgemein

$$\lambda_1 A_1 + \ldots + \lambda_p A_p = \left\{ \sum_{i=1}^{p} \lambda_i a_i : a_i \in A_i \right\} .$$

Offenbar ist die Summenbildung kommutativ. Für $(-\lambda)A$ schreibt man $-\lambda A$ und ähnlich $A - B$ statt $A + (-1)B$ sowie $a + B$ statt $\{a\} + B$. Es gilt

(c) $\lambda(A + B) = \lambda A + \lambda B$, $(\lambda\mu)A = \lambda(\mu A)$, $\lambda A + \mu A \supset (\lambda + \mu)A$.

Ein Vektor x mit $|x| = 1$ heißt *Einheitsvektor*. Die offene Kugel $B_r(a)$ wird durch die Ungleichung $|x - a| < r$ und die entsprechende abgeschlossene Kugel durch $|x - a| \leq r$ beschrieben. Statt $B_r(0)$ schreibt man kurz B_r. Offenbar ist $B_r(a) = a + B_r$ und

(d) $\lambda B_r = B_{\lambda r}$ und $B_r + B_s = B_{r+s}$ für $\lambda, r, s > 0$.

Insbesondere ist $B_r = rB_1$, wobei B_1 die *Einheitskugel* ist. Umgebungen des Nullpunktes heißen *Nullumgebungen*. Jede Umgebung eines Punktes a läßt sich in der Form $U(a) = a + U(0)$ schreiben, wobei $U(0)$ eine Nullumgebung ist.

Äquivalente Normen. Zwei verschiedene, über demselben Vektorraum X erklärte Normen $|x|$ und $\|x\|$ werden *äquivalent* genannt, wenn es positive Konstanten α, β gibt, so daß

(Äq) $\alpha|x| \leq \|x\| \leq \beta|x|$ für alle $x \in X$

ist. Man erkennt ohne Mühe, daß in der Menge aller normierten Räume über ein und demselben Vektorraum X hierdurch eine Äquivalenzrelation im Sinne von 1.4 definiert wird. So ergibt sich etwa aus (Äq) die entsprechende Ungleichung $\beta^{-1}\|x\| \leq |x| \leq \alpha^{-1}\|x\|$, also die Symmetrie der Relation. Äquivalente Normen erzeugen dieselben Nullumgebungen, also denselben Konvergenz- und Vollständigkeitsbegriff.

Beispiele. 1. *Der Raum* $\mathbb{R}^n$. Bei der Einführung des normierten Raumes hat der $\mathbb{R}^n$ offenbar Pate gestanden. Die Normaxiome (N1)–(N3) sind identisch mit den Eigenschaften 1.1 (a–c) der euklidischen Norm, und die zugehörige kanonische Metrik ist gerade die euklidische Metrik; vgl. 1.5. Nach Beispiel 1 von 1.6 ist der $\mathbb{R}^n$ ein Banachraum.

2. *Der Raum* $\mathbb{C}^n$. Die Menge $\mathbb{C}^n$ aller geordneten n-Tupel $z = (z_1, \ldots, z_n)$ mit komplexen Koordinaten z_j bildet einen n-dimensionalen komplexen Vektorraum. Durch

$$|z| = \sqrt{|z_1|^2 + \ldots + |z_n|^2}$$

wird auf $\mathbb{C}^n$ eine Norm erklärt. Die Zuordnung

$$z = (z_1, \ldots, z_n) \longleftrightarrow z^* = (\mathrm{Re}\, z_1, \mathrm{Im}\, z_1, \ldots, \mathrm{Re}\, z_n, \mathrm{Im}\, z_n)$$

ist eine Isometrie (bijektive Abbildung, welche die Abstände invariant läßt) zwischen $\mathbb{C}^n$ und $\mathbb{R}^{2n}$; es ist $|z| = |z^*|$. Konvergenzfragen in $\mathbb{C}^n$ lassen sich also auf den $\mathbb{R}^{2n}$ zurückführen. Insbesondere ist $\mathbb{C}^n$ vollständig, also ein komplexer Banachraum.

3. Der Raum $\mathbb{R}^n$ läßt sich auf mannigfache Weise normieren, etwa für $1 \leq p \leq \infty$ durch

$|x|_p := \left(|x_1|^p + \ldots + |x_n|^p\right)^{1/p}$ $(1 \leq p < \infty)$ *p-Norm* ,

$|x|_\infty := \max\{|x_1|, \ldots, |x_n|\}$ *Maximumnorm* ,

speziell

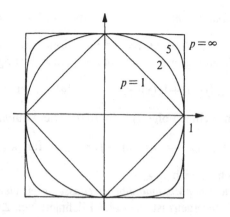

Die Einheitskugeln für die p-Normen

$$|x|_1 := |x_1| + \ldots + |x_n| \qquad \textit{Betragssummennorm (1-Norm)} \,.$$

Der Grund für die Bezeichnungsweise $|x|_\infty$ ist in der Beziehung $|x|_p \to |x|_\infty$ für $p \to \infty$ zu sehen (Aufgabe I.4.20). Die Normeigenschaften (N1) und (N2) sind leicht zu verifizieren. Die Dreiecksungleichung (N3) ist im Fall der p-Norm identisch mit der Minkowskischen Ungleichung I.11.24, und bei der Maximumnorm folgt sie aus der für alle $j = 1,\ldots,n$ gültigen Ungleichung

$$|x_j + y_j| \leq |x_j| + |y_j| \leq |x|_\infty + |y|_\infty \,.$$

Offenbar ist die 2-Norm gerade die euklidische Norm, also $|x|_2 = |x|$. Einen Einblick in die Beziehungen zwischen den obigen Normen erhält man (zumindest für $n = 2$) durch Betrachtung der Einheitskugel B_1. Man hat keine Mühe nachzuweisen, daß alle p-Normen äquivalent sind. Es besteht jedoch ein viel weitergehendes Ergebnis.

Satz. Alle Normen im $\mathbb{R}^n$ sind äquivalent.

Beweis. Es bezeichne $|\cdot|$ die Euklid-Norm und $\|\cdot\|$ eine weitere Norm im $\mathbb{R}^n$ (offenbar genügt es, diesen Fall zu betrachten). Aufgrund der Cauchy-Ungleichung 1.1 (d) folgt aus $x = \sum x_j e_j$ (Summen laufen von 1 bis n)

$$\|x\| = \left\| \sum x_j e_j \right\| \leq \sum |x_j|\, \|e_j\| \leq \beta |x| \qquad \text{mit} \quad \beta^2 = \sum \|e_j\|^2 \,,$$

d.h. es gilt die zweite Ungleichung von (Äq). Wenn kein positives α mit $\alpha|x| \leq \|x\|$ existiert, so gibt es eine Folge (x^k) im $\mathbb{R}^n$ mit $\frac{1}{k}|x| > \|x^k\|$. Wegen (N2) dürfen wir annehmen, daß $|x^k| = 1$ ist. Der Satz von Bolzano-Weierstraß 1.2 liefert uns eine bezüglich $|\cdot|$ konvergente Teilfolge, die wir wieder mit (x^k) bezeichnen. Ist x ihr Limes, so folgt aus $\|x^k - x\| \leq \beta|x^k - x| \to 0$, daß $\lim x^k = x$ in beiden Normen gilt. Nach (b) ist dann $\lim |x^k| = |x| = 1$, also $x \neq 0$, und $\lim \|x^k\| = \|x\| > 0$ im Widerspruch zur obigen Ungleichung $\frac{1}{k} > \|x^k\|$. Damit ist auch die erste Ungleichung von (Äq) bewiesen. $\qquad\square$

1.8 Die Maximumnorm. Es sei $D \neq \emptyset$ eine beliebige Menge. Im Raum $B(D)$ aller *beschränkten* Funktionen $f : D \to \mathbb{R}$ definieren wir die

$$\textit{Maximumnorm} \qquad \|f\|_\infty := \sup\{|f(x)| : x \in D\} \ .$$

Es ist leicht zu sehen, daß $B(D)$ ein reeller Funktionenraum und $\|\cdot\|_\infty$ eine Norm ist; die Dreiecksungleichung ergibt sich aus der Abschätzung

$$|f(x) + g(x)| \le |f(x)| + |g(x)| \le \|f\|_\infty + \|g\|_\infty \qquad \text{für alle} \ \ x \in D \ .$$

Es sei nun f der Limes einer Folge (f_k) in $B(D)$. Die Äquivalenz

$$\|f_k - f\|_\infty \le \varepsilon \ \ \text{für} \ \ k \ge k_o \iff |f_k(x) - f(x)| \le \varepsilon \ \ \text{für} \ \ k \ge k_o \ \text{und alle} \ \ x \in D$$

führt zu der wichtigen Einsicht:

Lemma. *Konvergenz nach der Maximumnorm ist dasselbe wie gleichmäßige Konvergenz in D.* (Gleichmäßige Konvergenz ist wie in I.7.1 definiert; vgl. 2.15.)

Ebenso einfach sieht man, daß jede Cauchyfolge (f_k) im Sinne der Maximumnorm gleichmäßig konvergent in D ist; vgl. das entsprechende Cauchy-Kriterium I.7.2. Ihr Limes $f = \lim f_k$ ist wieder eine auf D beschränkte Funktion, d.h. $B(D)$ ist ein Banachraum.

Beispiele. 1. Im Fall $D = \mathbb{N}$ haben wir den Banachraum l^∞ aller beschränkten reellen Folgen $x = (x_j)_{j=0}^\infty$ mit der Maximumnorm

$$\|x\|_\infty = \sup\{|x_j| : j \in \mathbb{N}\} \ .$$

Übrigens erhält man für $D = \{1, \ldots, n\}$ den Raum $\mathbb{R}^n$ mit der in 1.7 eingeführten Maximumnorm.

2. Wir wissen aus § I.4, daß die Menge K aller konvergenten Folgen und die Menge N aller Nullfolgen Untervektorräume von l^∞ bilden und daß $N \subset K \subset l^\infty$ gilt. Diese Unterräume werden durch die Maximumnorm normiert. In beiden Fällen handelt es sich um Banachräume. Beweis als Aufgabe; vgl. auch Aufgabe I.4.7.

3. Der Raum $C(I)$ der auf dem kompakten Intervall $I = [a, b] \subset \mathbb{R}$ stetigen Funktionen ist, da diese Funktionen beschränkt sind, ein Unterraum des Raumes $B(I)$. Er ist vollständig, denn der Grenzwert einer gleichmäßig konvergenten Folge von stetigen Funktionen ist stetig nach I.7.3. Damit haben wir ein wichtiges Ergebnis:

Satz. *Der mit der Maximumnorm $\|f\|_\infty = \max\{|f(t)| : t \in I\}$ versehene Funktionenraum $C(I)$ ist ein Banachraum.*

4. Versehen wir den Raum $C^1(I)$ der auf I stetig differenzierbaren Funktionen mit der Maximumnorm, so entsteht ebenfalls ein normierter Raum, jedoch *kein* Banachraum. Dazu betrachte man die durch $f_k(t) = |t|^{1+1/k}$ für $|t| \le 1$ definierte Folge (f_k). Die f_k gehören zu $C^1[-1, 1]$, und die Folge konvergiert gleichmäßig in $I = [-1, 1]$ gegen die Funktion $f(t) = |t|$, welche zwar stetig, jedoch nicht stetig differenzierbar in I ist (Aufgabe!).

5. Versieht man dagegen den Funktionenraum $C^1(I)$ mit der Norm

$$\|f\| := \|f\|_\infty + \|f'\|_\infty \ ,$$

so ist $\left(C^1(I), \|\cdot\|\right)$ vollständig, also ein Banachraum. Konvergenz einer Folge (f_k) nach dieser Norm ist dasselbe wie die gleichmäßige Konvergenz der Folgen (f_k) und (f_k'). Man beweise die Vollständigkeit und verwende dabei den Satz I.10.13 über gliedweise Differentiation. Übrigens folgt hieraus, daß die Normen $\|\cdot\|_\infty$ und $\|\cdot\|$ auf $C^1(I)$ nicht äquivalent sind.

1.9 Innenproduktraum und Hilbertraum. Es sei X ein Vektorraum über dem Körper $\mathbb{K}$, und es gebe eine Funktion $\langle \cdot, \cdot \rangle : X \times X \to \mathbb{K}$ mit den folgenden Eigenschaften ($x, y, z \in X$ und $\lambda, \mu \in \mathbb{K}$ beliebig):

(I1) $\langle x, x \rangle > 0$ für alle $x \neq 0$,

(I2) $\langle \lambda x + \mu y, z \rangle = \lambda \langle y, z \rangle + \mu \langle y, z \rangle$,

(I3) $\langle y, x \rangle = \overline{\langle x, y \rangle}$.

Hier bedeutet $\bar{z}$ die zu $z \in \mathbb{C}$ konjugiert komplexe Zahl. Wir merken an, daß $\langle x, x \rangle$ auch im komplexen Fall reell ist und daß (I3) im reellen Fall lautet $\langle y, x \rangle = \langle x, y \rangle$.

Aus (I2) und (I3) ergibt sich unmittelbar

($\overline{\text{I2}}$) $\langle x, \lambda y + \mu z \rangle = \bar{\lambda} \langle x, y \rangle + \bar{\mu} \langle x, z \rangle$.

Außerdem erhält man aus (I2-3) noch

(I4) $\langle 0, x \rangle = \langle x, 0 \rangle = 0$ für alle $x \in X$.

Eine solche Funktion $\langle \cdot, \cdot \rangle$ heißt ein *Innenprodukt* oder *Skalarprodukt* auf X, und der damit versehene Vektorraum X heißt ein *Innenproduktraum* oder *Prae-Hilbertraum*.

Wir zeigen nun, daß jeder Innenproduktraum ein normierter Raum ist, wenn die Norm durch

(N) $|x| := \sqrt{\langle x, x \rangle}$

definiert wird. Die Definitheit und Homogenität der Norm ergeben sich unschwer aus (I1)–(I3). Zum Nachweis der Dreiecksungleichung benötigt man eine nach HERMANN AMANDUS SCHWARZ (1843–1921, Schüler von Weierstraß, Professor u.a. in Göttingen und Berlin) benannte Ungleichung:

Für $x, y \in X$ gilt

$$|\langle x, y \rangle| \leq |x||y| \textit{Schwarzsche Ungleichung} \ ;$$

Gleichheit tritt genau dann ein, wenn x, y linear abhängig sind.

Beweis. Sind x, y linear abhängig, so ist $y = 0$ oder $x = \lambda y$, und es besteht offenbar Gleichheit. Andernfalls ist

$$0 < |x - \lambda y|^2 = \langle x - \lambda y, x - \lambda y \rangle = |x|^2 - \alpha \bar{\lambda} - \bar{\alpha} \lambda + |\lambda|^2 |y|^2$$

mit $\alpha = \langle x, y \rangle$. Wenn man hier $\lambda := \alpha / |y|^2$ setzt, ergibt sich die Behauptung $|\alpha| < |x||y|$.   □

Mit diesem Resultat erhält man nun die (quadrierte) Dreiecksungleichung

$$|x + y|^2 = \langle x + y, x + y \rangle = |x|^2 + \langle x, y \rangle + \langle y, x \rangle + |y|^2$$
$$\leq |x|^2 + 2|x||y| + |y|^2 = \big(|x| + |y|\big)^2 \ .$$

(a) Aus $x_n \to x$, $y_n \to y$ folgt $\langle x_n, y_n \rangle \to \langle x, y \rangle$.

Beweis. Nach 1.6 (b) ist die Folge (y_n) beschränkt, etwa $|y_n| \leq K$. Mit der Dreiecksungleichung und der Schwarzschen Ungleichung erhält man dann

$$|\langle x_n, y_n \rangle - \langle x, y \rangle| = |\langle x_n - x, y_n \rangle + \langle x, y_n - y \rangle|$$
$$\leq |x_n - x|\, K + |x|\, |y_n - y| \to 0\,. \qquad \square$$

Ein *vollständiger* Innenproduktraum (mit der durch das Innenprodukt erzeugten Norm und der kanonischen Metrik) heißt *Hilbertraum*.

Im Innenproduktraum läßt sich der Begriff der Orthogonalität einführen. Zwei Vektoren $x, y \in X$ heißen *orthogonal*, $x \perp y$, wenn $\langle x, y \rangle = 0$ ist. Eine Menge $\{x_\alpha \in X : \alpha \in J\}$ heißt ein *Orthogonalsystem*, wenn dessen Vektoren paarweise orthogonal sind, bzw. ein *Orthonormalsystem*, wenn zudem jeder Vektor die Länge 1 hat, $|x_\alpha| = 1$. Für orthogonale Vektoren gilt der

$$\textit{Satz von Pythagoras} \qquad |x + y|^2 = |x|^2 + |y|^2\,, \qquad \text{falls}\ \ x \perp y\,.$$

Der Nachweis dafür ist im obigen Beweis der Dreiecksungleichung enthalten.

Beispiele. 1. *Der n-dimensionale euklidische Raum* $\mathbb{R}^n$. Das in 1.1 definierte Produkt $x \cdot y = x_1 y_1 + \ldots + x_n y_n$ ist ein Innenprodukt auf $\mathbb{R}^n$, die davon gemäß (N) erzeugte Norm gerade die Euklid-Norm $|x|$. Dieser Raum, der n-dimensionale euklidische Raum, ist vollständig, also ein Hilbertraum.

2. *Der unitäre Raum* $\mathbb{C}^n$ (zur Bezeichnung vgl. [LA, 8.6.3]). Für $w, z \in \mathbb{C}^n$ wird durch

$$\langle w, z \rangle := \sum_{j=1}^{n} w_j \bar{z}_j$$

ein Innenprodukt auf $\mathbb{C}^n$ definiert; dabei ist $\bar{z}_j$ die zu z_j konjugiert komplexe Zahl. Die zugehörige Norm $|z| = \sqrt{\langle z, z \rangle}$ haben wir bereits in Beispiel 2 von 1.7 benutzt und dabei festgestellt, daß der Raum vollständig, also ein komplexer Hilbertraum ist.

3. *Der Raum* $C(I)$ der auf dem kompakten Intervall $I = [a, b] \subset \mathbb{R}$ stetigen reellwertigen Funktionen wird durch die Festsetzung

$$\langle f, g \rangle := \int_a^b f(t)g(t)dt$$

zu einem Innenproduktraum, der aber nicht vollständig ist; vgl. Aufgabe 13.

Der folgende Raum wird erst viel später bei den Fourierreihen benötigt. Wir führen ihn hier schon ein, weil er als Quelle für einfache Beispiele und Gegenbeispiele nützlich ist.

1.10 Der Hilbertsche Folgenraum l^2. Als ein Beispiel für einen unendlich-dimensionalen Vektorraum betrachten wir den Raum aller reellen Zahlenfolgen $x = (x_j)_{j=1}^\infty$ mit konvergenter Quadratsumme $\sum_{j=1}^\infty x_j^2 < \infty$. In diesem mit l^2 bezeichneten Raum wird durch

$$\langle x, y \rangle := \sum_{j=1}^{\infty} x_j y_j$$

ein Innenprodukt definiert, welches die Norm

$$\|x\| = \sqrt{\langle x, x \rangle} = \sqrt{x_1^2 + x_2^2 + x_3^2 + \ldots}$$

erzeugt. Die Schwarzsche Ungleichung $|\langle x,y \rangle| \leq \|x\| \|y\|$ ist in diesem Raum ein alter Bekannter, nämlich die Cauchysche Ungleichung aus I.11.24. Aus ihr folgt, daß die Reihe $\sum x_j y_j$ absolut konvergent, also das Innenprodukt $\langle x,y \rangle$ für $x,y \in l^2$ immer definiert ist. Der Nachweis, daß l^2 ein reeller Innenproduktraum ist, bereitet keine Schwierigkeiten (aus $x,y \in l^2$ folgt $x+y \in l^2$ mit Hilfe der Cauchyschen Ungleichung).

Etwas schwieriger ist es, die Vollständigkeit von l^2 zu begründen. Dazu sei (x^k) eine Cauchyfolge in l^2. Mit der Schreibweise $x^k = (x_1^k, x_2^k, \ldots)$ bedeutet dies also, daß es zu jedem $\varepsilon > 0$ ein $N = N(\varepsilon)$ gibt, so daß

$$\left| x^k - x^l \right|^2 = \sum_{j=1}^{\infty} \left(x_j^k - x_j^l \right)^2 < \varepsilon^2$$

für alle $k,l \geq N$ ist. Daraus folgt $\left| x_1^k - x_1^l \right| < \varepsilon$ für $k,l \geq N$, d.h. die Folge (x_1^k) der ersten Komponenten ist eine reelle Cauchyfolge, und es existiert $a_1 = \lim_{k \to \infty} x_1^k$.

Genauso zeigt man, daß für ein beliebiges, festes j der Limes

$$a_j := \lim_{k \to \infty} a_j^k \quad \text{existiert} .$$

Wir wollen nun zeigen, daß die Folge (x^k) gegen $a := (a_1, a_2, a_3, \ldots)$ strebt. Für festes m ist

$$\sum_{j=1}^{m} \left(x_j^k - x_j^l \right)^2 < \varepsilon^2$$

für alle $k,l \geq N$. Daraus folgt (für $l \to \infty$) zunächst $\sum_{j=1}^{m} \left(x_j^k - a_j \right)^2 \leq \varepsilon^2$ und daraus, da m beliebig war, $\sum_{j=1}^{\infty} \left(x_j^k - a_j \right)^2 = \|x^k - a\|^2 \leq \varepsilon^2$ für $k \geq N$. Es gilt also $\|x^k - a\| \to 0$ oder $x^k \to a$ für $k \to \infty$ in l^2. Mit x^k und $x^k - a$ ist schließlich auch $a = x^k - \left(x^k - a \right)$ Element des Vektorraumes l^2. Damit haben wir gezeigt, daß der Folgenraum l^2 ein reeller Hilbertraum ist.

Entsprechend wird im Raum aller komplexen Folgen $z = \left(z_j \right)_{j=1}^{\infty}$ mit endlicher Summe $\sum_{j=1}^{\infty} |z_j|^2$ ein Innenprodukt

$$\langle w,z \rangle := \sum_{j=1}^{\infty} w_j \bar{z}_j$$

eingeführt, welches diesen (ebenfalls mit l^2 bezeichneten) Raum zu einem komplexen Hilbertraum macht.

Wir beginnen nun mit der Entwicklung der wesentlichen topologischen Begriffsbildungen in metrischen Räumen.

1.11 Innerer Punkt, Randpunkt, Häufungspunkt. Es sei A eine Teilmenge des metrischen Raumes X und $A' = X \setminus A$ das Komplement von A. Gemäß unserem Übertragungsprinzip aus 1.5 heißt ein Punkt $a \in X$

– *innerer Punkt* von A, wenn es eine Umgebung U von a mit $U \subset A$ gibt;

– *Randpunkt* von A, wenn jede Umgebung von a (mindestens) einen Punkt aus A und einen Punkt aus A' enthält;

– *Häufungspunkt* von A, wenn jede Umgebung von a unendlich viele Punkte aus A enthält;

– *isolierter Punkt* von A, wenn es eine Umgebung U von a mit $A \cap U = \{a\}$ gibt;

– *äußerer Punkt* von A, wenn es eine Umgebung U von a mit $A \cap U = \emptyset$ gibt, d.h. wenn a innerer Punkt von A' ist.

Innere Punkte und isolierte Punkte gehören stets zu A, während das für Rand- und Häufungspunkte nicht der Fall zu sein braucht. Ein isolierter Punkt ist immer auch Randpunkt. Für die folgenden Punktmengen sind besondere Bezeichnungen eingeführt worden:

$A°$, das *Innere* von A, ist die Menge aller inneren Punkte von A.

∂A, der *Rand* von A, ist die Menge aller Randpunkte von A.

$\overline{A} = A \cup \partial A$ wird *abgeschlossene Hülle* von A genannt.

Für $A°$ und $\overline{A}$ sind auch die Bezeichnungen int A und cl A (engl. interior und closure) in Gebrauch. Gelegentlich wird die Menge aller äußeren Punkte von A, das ist die Menge int A', das *Äußere* von A genannt.

Satz. *Die drei Punktmengen* int A, $\partial A = \partial A'$ *und* int A' *(Inneres, Rand, Äußeres) sind paarweise disjunkt, sie haben X zur Vereinigung, und es ist $\overline{A} = (\text{int } A) \cup \partial A$. Das Äußere einer Menge ist also das Komplement der abgeschlossenen Hülle.*

Dies ergibt sich ohne Mühe aus den Definitionen.

Beispiele. 1. Für $A = (0,1] \subset \mathbb{R}$ ist $A° = (0,1)$, $\overline{A} = [0,1]$, $\partial A = \{0,1\}$; für $A = \mathbb{Q}$ ist $A° = \emptyset$, $\overline{A} = \partial A = \mathbb{R}$.

2. Für die Kugel $K = B_r(a)$ in einem normierten Raum ist $\partial K = S_r(a)$ und $\overline{K} = \overline{B}_r(a)$; vgl. aber Aufgabe 6.

3. Die Menge $A = \{1/n : n = 1, 2, \ldots\} \subset \mathbb{R}$ besteht nur aus isolierten Punkten, ihr einziger Häufungspunkt ist 0, und es ist $\overline{A} = \partial A = A \cup \{0\}$.

1.12 Offene und abgeschlossene Mengen. Eine Teilmenge A eines metrischen Raumes (X, d) heißt *offen*, wenn sie nur aus inneren Punkten besteht ($A = A°$), d.h. also, wenn es zu jedem Punkt $x \in A$ ein $\varepsilon > 0$ mit $B_\varepsilon(x) \subset A$ gibt. Die Menge A heißt *abgeschlossen*, wenn ihr Komplement $A' = X \setminus A$ offen ist.

Beispiele. 1. Jede offene Kugel $B_r(a)$ ist in der Tat eine offene Menge: Ist nämlich $x \in B_r(a)$ und $\rho = r - d(a, x)$, so ist $\rho > 0$, und es gilt $B_\rho(x) \subset B_r(a)$, wie man mit Hilfe der Dreiecksungleichung leicht bestätigt. Ähnlich leicht sieht man ein, daß jede abgeschlossene Kugel $\overline{B}_r(a)$ wirklich abgeschlossen ist. Ist nämlich $d(y, a) > r$, also $\sigma = d(y, a) - r > 0$, so ist $B_\sigma(y)$ disjunkt zu $\overline{B}_r(a)$ (Dreiecksungleichung).

2. Die leere Menge $\emptyset$ sowie der ganze Raum X sind sowohl offen als auch abgeschlossen, wie man der obigen Definition unmittelbar entnimmt.

3. Jede einpunktige Menge $A = \{a\}$ ist abgeschlossen. Ist nämlich $x \neq a$ und $r = d(x, a)$, so liegt $B_r(x)$ im Komplement A'. Also ist jedes $x \neq a$ innerer Punkt von A', d.h. A' ist offen.

4. Es sei d die diskrete Metrik auf der Menge X; vgl. Beispiel 4 von 1.6. In diesem Raum ist $B_r(a) = \{a\}$ für $r \leq 1$ und $B_r(a) = X$ für $r > 1$. Jede Teilmenge A von X ist offen und abgeschlossen, und jeder Punkt $a \in A$ ist sowohl ein innerer als auch ein isolierter Punkt von A. Es ist also $A = A° = \overline{A}$ und $\partial A = \emptyset$.

Von grundlegender Wichtigkeit ist der

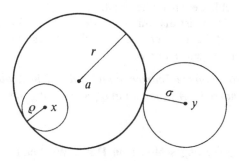

Zu Beispiel 1

Satz. (a) *Die Vereinigung beliebig vieler und der Durchschnitt endlich vieler offener Mengen sind offen.*

(b) *Der Durchschnitt beliebig vieler und die Vereinigung endlich vieler abgeschlossener Mengen sind abgeschlossen.*

Beweis. (a) Es sei G die Vereinigung von offenen Mengen G_α und $a \in G$. Der Punkt a ist also in einer dieser Mengen, etwa in G_β, enthalten. Da G_β offen ist, ist a innerer Punkt von G_β und damit auch von $G \supset G_\beta$, d.h. G ist offen. – Nun sei G der Durchschnitt von offenen Mengen $G_1, \ldots, G_m$. Ist a ein beliebiger Punkt von G, dann ist a innerer Punkt jeder Menge G_k, d.h. es gibt ein $\varepsilon_k > 0$ mit $B_{\varepsilon_k}(a) \subset G$. Setzen wir $\varepsilon := \min\{\varepsilon_1, \ldots, \varepsilon_m\}$, dann ist $B_\varepsilon(a) \subset B_{\varepsilon_k}(a) \subset G_k$ für alle k, also auch $B_\varepsilon(a) \subset G$. Die Menge G ist daher offen.

(b) ergibt sich aus (a) mit Hilfe der de Morganschen Regeln 1.3 für die Komplementbildung. Es sei $F = \bigcap_\alpha F_\alpha$ und F_α abgeschlossen, also F'_α offen für jeden Index α. Nach (a) ist $F' = \bigcup_\alpha F'_\alpha$ offen, also F abgeschlossen nach Definition. Entsprechend weist man die zweite Behauptung nach. $\square$

Bemerkung. Der Durchschnitt von unendlich vielen offenen Mengen ist i.a. nicht offen, die Vereinigung von unendlich vielen abgeschlossenen Mengen i.a. nicht abgeschlossen. Das kann man im Fall $X = \mathbb{R}$ an den beiden Beispielen $\bigcap_1^\infty \left(-\frac{1}{k}, \frac{1}{k}\right) = \{0\}$ und $\bigcup_1^\infty \left[\frac{1}{k}, 1\right] = (0, 1]$ erkennen.

Ist a innerer Punkt einer Menge A, so gibt es eine ε-Umgebung $B_\varepsilon(a) \subset A$. Da $B_\varepsilon(a)$ offen ist, ist jeder Punkt von $B_\varepsilon(a)$ innerer Punkt von A, also $B_\varepsilon(a) \subset A^\circ$. Somit erweist sich A° als offen. Ebenso ist auch $(A')^\circ$ offen, und durch Komplementbildung ergibt sich nach Satz 1.11, daß $\overline{A}$ und ∂A abgeschlossen sind. Wir haben also den wichtigen

1.13 Satz über Inneres, Rand und abgeschlossene Hülle. *Das Innere einer Menge A ist eine offene Menge, der Rand und die abgeschlossene Hülle von A sind abgeschlossene Mengen.*

Weiter sieht man leicht, daß jede offene Teilmenge G von A in A° liegt. In der Tat ist jeder Punkt $x \in G$ innerer Punkt von G, also von A. Durch Komplementbildung folgt, daß jede abgeschlossene Obermenge F von A auch

Obermenge der abgeschlossenen Hülle $\overline{A}$ ist.

Das Innere einer Menge ist also nichts anderes als die Vereinigung aller ihrer offenen Teilmengen, und die abgeschlossene Hülle ist der Durchschnitt aller ihrer abgeschlossenen Obermengen. Kurz gesagt:

Corollar. *A° ist die größte offene Teilmenge und $\overline{A}$ die kleinste abgeschlossene Obermenge von A. Insbesondere ist A genau dann offen bzw. abgeschlossen, wenn $A = A^\circ$ bzw. $A = \overline{A}$ ist.*

1.14 Charakterisierung der abgeschlossenen Hülle. Wir beginnen mit einem einfachen

Hilfssatz. *Der Punkt $a \in X$ ist genau dann ein Häufungspunkt einer Menge A, wenn es eine gegen a konvergierende Folge in A gibt, deren Glieder allesamt von a verschieden sind.*

Denn ist a ein Häufungspunkt von A, so enthält jede Kugel $B_{1/k}(a)$ mindestens einen Punkt $x_k \in A \setminus \{a\}$ ($k = 1, 2, \ldots$). Offenbar gilt dann $x_k \to a$ für $k \to \infty$. – Umgekehrt liegen, wenn (x_k) eine gegen a konvergierende Folge der beschriebenen Art ist, in jeder Umgebung $U(a)$ unendlich viele (untereinander verschiedene!) x_k. □

Satz. *Es bezeichne $H(A)$ die Menge der Häufungspunkte von A und $L(A)$ die Menge $\{x = \lim a_k : a_k \in A\}$ aller Limites von konvergenten Folgen in A. Dann ist $\overline{A} = L(A) = A \cup H(A)$.*

Beweis. Da $\overline{A}$ abgeschlossen ist, ist $G = X \setminus \overline{A}$ offen. Jeder Punkt $x \in G$ besitzt also eine Umgebung $U(x) \subset G$, und da $U(x)$ keinen Punkt von A enthält, ist $x \notin L(A)$ oder $L(A) \subset \overline{A}$. Da ein Punkt $a \in A$ Limes der Folge $a, a, a, \ldots$ ist, haben wir $A \subset L(A)$, und nach dem Hilfssatz ist $H(A) \subset L(A)$, also insgesamt $A \cup H(A) \subset L(A) \subset \overline{A}$. Nun sei $x \in \overline{A} \setminus A$, also $x \in \partial A$. In jeder Umgebung von x liegen dann Punkte aus A, und daraus folgt leicht, daß x ein Häufungspunkt von A ist. Damit ist die Behauptung $A \cup H(A) = L(A) = \overline{A}$ bewiesen. □

Die Menge A ist genau dann abgeschlossen, wenn $A = \overline{A}$ ist. Aus dem Satz ergibt sich damit das folgende

Corollar (Charakterisierung abgeschlossener Mengen). *Eine Teilmenge A eines metrischen Raumes X ist genau dann abgeschlossen, wenn sie alle ihre Häufungspunkte enthält, oder auch genau dann, wenn der Grenzwert jeder konvergenten Folge in A zu A gehört. Insbesondere sind Teilmengen ohne Häufungspunkte abgeschlossen.*

Für Mengen im $\mathbb{R}^n$ ergibt sich aus dem Corollar die

Folgerung. Sind die Mengen $A \subset \mathbb{R}^p$ und $B \subset \mathbb{R}^q$ beide offen oder abgeschlossen, so ist $A \times B$ eine in $\mathbb{R}^{p+q}$ offene bzw. abgeschlossene Menge. Insbesondere sind die n-dimensionalen offenen bzw. abgeschlossenen Intervalle (vgl. 1.1) offene bzw. abgeschlossene Mengen.

Beweis. Die Mengen A, B seien abgeschlossen. Es sei (c_k) mit $c_k = (a_k, b_k)$ eine konvergente Folge in $A \times B$ und $\lim c_k = c = (a, b)$. Nach Satz 1.2 ist $a = \lim a_k$,

$b = \lim b_k$, und nach dem obigen Corollar ist $a \in A$ und $b \in B$, also $(a, b) = c \in A \times B$. Demnach ist $A \times B$ abgeschlossen. – Der Fall offener Mengen ist nun aufgrund der Beziehung $(A \times B)' = (A' \times \mathbb{R}^q) \cup (\mathbb{R}^p \times B')$ einfach zu erledigen.☐

1.15 Metrischer Teilraum. Eine Teilmenge M eines metrischen Raumes (X, d) wird, indem man die Metrik übernimmt (d.h. auf M einschränkt), selbst zu einem metrischen Raum (M, d). Man spricht von einem *metrischen Teilraum* von (X, d). Die offenen Mengen des Teilraums nennt man *relativ offen*, genauer *offen in M* oder auch *M-offen*. Entsprechend verfährt man bei abgeschlossenen Mengen und Umgebungen von Punkten aus M. Eine Menge $D \subset M$ ist also M-abgeschlossen, wenn $M \setminus D$ offen in M ist. Im Fall $M = X$ stimmen die neuen Begriffe mit den ursprünglichen überein. Man beachte jedoch, daß i.a. M-offene oder M-abgeschlossene Mengen nicht offen oder abgeschlossen in X sind. Dazu einige

Beispiele. Es sei $X = \mathbb{R}$ und $M = (0, 2]$. Das Intervall $I = (1, 2]$ ist nicht offen, jedoch offen in M, die beiden Mengen $(0, 1]$ und $\{1/n : n = 1, 2, 3, \ldots\}$ sind nicht abgeschlossen, jedoch abgeschlossen in M. Eine ähnliche Aussage bezüglich der Menge $[0, 2]$ wäre sinnlos, da es sich um keine Untermenge von M handelt. Anhand der Folge $(1/n)$ zeigt man, daß der Teilraum M nicht vollständig ist.

Die relativ offenen und abgeschlossenen Mengen lassen sich in einfacher Weise charakterisieren.

Satz. *Eine Menge $D \subset M$ ist genau dann offen in M, wenn sie als Durchschnitt einer (in X) offenen Menge mit der Menge M darstellbar ist. Ist also M selbst offen, so ist $D \subset M$ genau dann offen in M, wenn D offen (in X) ist. Diese Aussagen bleiben richtig, wenn man überall „offen" durch „abgeschlossen" ersetzt.*

Beweis. Ist D offen in M, so gibt es zu jedem Punkt $x \in D$ eine offene Kugel $B(x)$ mit $B(x) \cap M \subset D$. Nun sei G die Vereinigung aller dieser Kugeln $B(x)$ mit $x \in D$. Dann ist $D = G \cap M$, und dabei ist die Menge G offen nach Satz 1.12 (a).

Nun sei umgekehrt $D = G \cap M$ mit einer offenen Menge G. Da G für jeden Punkt $x \in D$ Umgebung ist, ist D für jeden solchen Punkt eine M-Umgebung, d.h. D ist offen in M.

Die entsprechende Aussage für abgeschlossene Mengen erhält man mit Hilfe der Formeln 1.3 von de Morgan.   ☐

Kompakte Intervalle spielten in Band I an mehreren Stellen eine ausgezeichnete Rolle, so etwa bei den Sätzen 6.8 und 6.9, wonach eine stetige Funktion ihr Maximum annimmt und gleichmäßig stetig ist. Die Übertragung dieses Begriffes auf metrische Räume führt auf

1.16 Kompakte Mengen. Eine Teilmenge M eines metrischen Raumes (X, d) heißt *kompakt*, wenn jede Folge in M eine gegen einen Punkt aus M konvergierende Teilfolge enthält.

(a) Jede kompakte Menge ist beschränkt und abgeschlossen.

(b) Eine abgeschlossene Teilmenge einer kompakten Menge ist kompakt.

Beweis. (a) Die Abgeschlossenheit einer kompakten Menge ergibt sich aus Corollar 1.14. Ist die Menge M unbeschränkt, so wähle man einen Punkt a und eine Folge (x_k) aus M mit $d(x_k, a) \to \infty$. Dann gilt, wie man leicht sieht, auch $\lim d(x_k, b) = \infty$ für jedes $b \in X$. Die Folge (x_k) besitzt also keine konvergente Teilfolge, d.h. M ist nicht kompakt.

(b) ergibt sich auf einfache Weise mit Corollar 1.14. $\square$

Im $\mathbb{R}^n$ gilt auch die Umkehrung zu (a). Denn ist (x_k) eine Folge in $M \subset \mathbb{R}^n$ und ist M beschränkt und abgeschlossen, so existiert nach dem Satz von Bolzano-Weierstraß 1.2 eine konvergente Teilfolge, und ihr Limes gehört zu M nach Satz 1.14. Es besteht also der folgende

Satz. *Im $\mathbb{R}^n$ sind genau die beschränkten und abgeschlossenen Mengen kompakt.*

Bemerkungen. 1. Daß dieser Satz für nicht-vollständige Räume falsch wird, zeigen einfache Beispiele, etwa $M = X = (0, 1) \subset \mathbb{R}$. Aber auch im Banachraum ist der Satz i.a. falsch. Dazu zeigen wir, daß die abgeschlossene Einheitskugel im Folgenraum l^∞ nicht kompakt ist. Die Elemente $e_1 = (1, 0, 0, 0, \ldots)$, $e_2 = (0, 1, 0, 0, 0, \ldots)$, $e_3 = (0, 0, 1, 0, \ldots), \ldots$ bilden eine Folge mit $\|e_k\|_\infty = 1$ und $\|e_k - e_l\|_\infty = 1$ für $k \neq l$. Es kann also keine konvergente Teilfolge geben.

2. Man spricht auch von *Folgenkompaktheit*, um anzudeuten, daß der Begriff mit Hilfe von Folgen definiert wird. In allgemeinen topologischen Räumen wird ein anderer Kompaktheitsbegriff benötigt (vgl. die Bemerkung 1 in 2.14), der aber in metrischen Räumen mit dem der Folgenkompaktheit übereinstimmt.

Eine Menge wird *relativ kompakt* genannt, wenn ihre abgeschlossene Hülle kompakt ist. Im $\mathbb{R}^n$ sind nach dem obigen Satz genau die beschränkten Mengen relativ kompakt.

Kompaktheit ist ein fundamentaler Begriff für Existenzaussagen der verschiedensten Art. Ein erstes Beispiel dafür ist der Satz von Bolzano-Weierstraß 1.2, der in seiner Folgen-Version eben aussagt, daß eine beschränkte Menge relativ kompakt ist. Weitere Beispiele enthält der nächste Paragraph. Die folgende einfache, aber für die Verwendung der Kompaktheit typische Aufgabe sei zur Übung empfohlen.

Aufgabe. Es sei D eine kompakte Menge und $f : D \to \mathbb{R}$ nach oben unbeschränkt, $\sup f(D) = \infty$. Dann gibt es ein $a \in D$ mit der Eigenschaft, daß für jede Umgebung U von a gilt $\sup f(U \cap D) = \infty$.

1.17 Abstand zwischen Mengen. Umgebungen von Mengen. Der Abstand zweier nicht leerer Mengen A, B in einem metrischen Raum (X, d) wird definiert durch

$$d(A, B) := \inf\{d(a, b) : a \in A, b \in B\}\,.$$

Offenbar ist $d(A, B) = d(B, A)$. Ist $A \cap B \neq \emptyset$, so ist $d(A, B) = 0$; die Umkehrung ist jedoch im allgemeinen falsch. Im Falle einer einpunktigen Menge $A = \{a\}$ schreibt man einfach $d(a, B)$. Ist auch $B = \{b\}$ einpunktig, so ergibt sich $d(a, B) = d(a, b)$. Die neue Bezeichnungsweise führt also für einpunktige Mengen nicht zu Mißverständnissen. Statt $d(a, B)$ schreibt man auch dist(a, B).

Die Menge aller $x \in X$ mit $d(x, A) < \varepsilon$ wird ε-*Umgebung von A* genannt und mit A_ε bezeichnet ($\varepsilon > 0$). Es ist $d(A, B) = \inf\{\varepsilon > 0 : A_\varepsilon \cap B \neq \emptyset\}$ (Beweis?).

Beispiele. Für eindimensionale Intervalle $I = [a, b]$, $J = [c, d]$ mit $b < c$ ist $d(I, J) = c - b$, und dasselbe gilt für die entsprechenden offenen und halboffenen Intervalle. Es ist $d(x, \mathbb{Q}) = 0$ für jede reelle Zahl x. Im $\mathbb{R}^n$ (euklidische Metrik) sei B die offene oder abgeschlossene Einheitskugel und $e = (1, 1, \ldots, 1)$. Es ist $d(e, B) = \sqrt{n} - 1$. Im normierten Raum ist $(B_r(a))_s = B_{r+s}(a)$ für $r, s > 0$.

Lemma. *Sind die beiden Mengen A, B kompakt, so gibt es Punkte $a \in A$, $b \in B$ mit $d(A, B) = d(a, b)$; der Abstand „wird angenommen". Offenbar sind a, b Randpunkte von A bzw. B. Im $\mathbb{R}^n$ gilt die Aussage auch dann, wenn A kompakt und B abgeschlossen ist; insbesondere wird der Abstand $d(x, B)$ angenommen, wenn B abgeschlossen ist.*

Beweis. Nach Definition gibt es eine Folge $(a_n, b_n) \in A \times B$ mit $d(a_n, b_n) \to r = d(A, B)$. Wir gehen zu einer Teilfolge über, so daß die a_n konvergieren, und dann nochmals zu einer Teilfolge, so daß auch die b_n konvergent sind. Wir haben dann, wenn die Teilfolge wieder mit (a_n, b_n) bezeichnet wird, $a_n \to a$, $b_n \to b$ und $d(a_n, b_n) \to r$. Es gilt aber auch $d(a_n, b_n) \to d(a, b)$ nach 1.6 (g). Also ist $d(a, b) = r$.

Dieser Beweis bleibt im wesentlichen erhalten, wenn A eine kompakte und B eine abgeschlossene Menge im $\mathbb{R}^n$ ist. Wieder gilt $a_n \to a \in A$. Wegen $|a_n - b_n| \to r$ ist die Folge (b_n) beschränkt. Nach dem Satz von Bolzano-Weierstrass 1.2 gilt für eine Teilfolge $b_n \to b \in B$, also $|a - b| = r$.

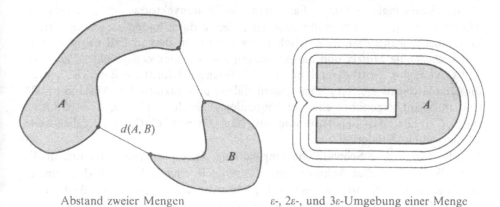

Abstand zweier Mengen ε-, 2ε-, und 3ε-Umgebung einer Menge

Für die ε-Umgebungen von Mengen A, C in einem normierten Raum gelten die Rechenregeln

(a) $A_\varepsilon = A + B_\varepsilon$ (B_ε ist die Kugel $B_\varepsilon(0)$).

(b) $\lambda \cdot A_\varepsilon = (\lambda A)_{\lambda\varepsilon}$, $(A_\delta)_\varepsilon = A_{\delta+\varepsilon}$, $A + C_\varepsilon = (A + C)_\varepsilon$, $A_\delta + C_\varepsilon = (A + C)_{\delta+\varepsilon}$ $(\lambda, \delta, \varepsilon > 0)$.

Mit den Regeln 1.7 (c)(d) leitet man (b) ohne Mühe aus (a) ab.

In den restlichen Abschnitten dieses Paragraphen behandeln wir einige geometrische Objekte und beschränken uns dabei auf den n-dimensionalen Raum.

1.18 Orthogonalität und Winkel im $\mathbb{R}^n$. In 1.1 wurde das innere Produkt zweier Vektoren $a, b \in \mathbb{R}^n$ durch $\langle a, b \rangle = a_1 b_1 + \ldots + a_n b_n$ definiert. Ist $\langle a, b \rangle = 0$, so sagt man, a, b sind *orthogonal* (oder stehen aufeinander senkrecht) und schreibt dafür $a \perp b$. Sind A, B Teilmengen von $\mathbb{R}^n$, so bedeutet $A \perp B$, daß $a \perp b$ für jedes $a \in A$ und jedes $b \in B$ gilt. Sind Vektoren $a_1, \ldots, a_k$ paarweise orthogonal ($a_i \perp a_j$ für $i \neq j$), so gilt der

$$\textit{Satz von Pythagoras} \quad |a_1 + \ldots + a_k|^2 = |a_1|^2 + \ldots + |a_k|^2 \,.$$

Den Fall $k = 2$, $|a+b|^2 = |a|^2 + |b|^2$ für $a \perp b$, beweist man durch Ausmultiplizieren von $\langle a + b, a + b \rangle$ und den allgemeinen Fall durch Induktion.

Die Vektoren $c_1, \ldots, c_k$ bilden ein *Orthonormalsystem* (kurz: sind orthonormal), wenn sie paarweise aufeinander senkrecht stehen und die Länge 1 haben, wenn also $\langle c_i, c_j \rangle = 0$ für $i \neq j$ und $= 1$ für $i = j$ ist. Ist dabei $k = n$, so handelt es sich um eine *Orthonormalbasis*. Wir benötigen die folgenden beiden Sätze; für die Beweise sei auf [LA, Abschnitt 5.2.3] verwiesen.

(a) Jedes Element $x \in \mathbb{R}^n$ besitzt bezüglich der Orthonormalbasis $c_1, \ldots, c_n$ eine eindeutige Darstellung

$$x = \lambda_1 c_1 + \ldots + \lambda_n c_n \quad \text{mit } \lambda_i = \langle x, c_i \rangle \,.$$

(b) Orthonormale Vektoren $c_1, \ldots, c_k$ ($1 \leq k < n$ lassen sich durch Hinzufügen geeigneter Vektoren $c_{k+1}, \ldots, c_n$ zu einer Orthonomalbasis $c_1, \ldots, c_n$ erweitern.

(c) *Orthogonale Matrizen.* Faßt man die Spaltenvektoren $c_1, \ldots, c_n$ zu einer Matrix $C = (c_1, \ldots, c_n)$ zusammen, so gilt: Genau dann bilden die c_i eine Orthonormalbasis, wenn $C^\top C = E$ (Einheitsmatrix) ist. In diesem Fall nennt man C eine *orthogonale Matrix* und die Abbildung $x \mapsto Cx$ eine *orthogonale Abbildung*. Mit C ist auch $C^\top$ orthogonal, und die Abbildung $C^\top$ führt die Basis $c_1, \ldots, c_n$ in die Standardbasis $e_1, \ldots, e_n$ über. Innenprodukt und euklidischer Abstand im $\mathbb{R}^n$ sind invariant gegenüber einer orthogonalen Abbildung C : $\langle x, y \rangle = \langle Cx, Cy \rangle$, $|x| = |Cx|$. Die erste Gleichung folgt aus $(Cx)^\top Cy = x^\top C^\top Cy = x^\top y$, die zweite ist hiervon ein Sonderfall.

(d) *Winkel.* Die Schwarzsche Ungleichung $|\langle x, y \rangle| \leq |x||y|$ setzt uns in die Lage, Winkel zwischen Vektoren einzuführen. Zu jeder Zahl $\alpha \in [-1, 1]$ gibt es genau ein $\theta \in [0, \pi]$ mit $\alpha = \cos \theta$; vgl. I.7.16. Also wird, wenn $x, y \neq 0$ ist, durch $\cos \theta = \langle x, y \rangle / |x||y|$ ein θ mit $0 \leq \theta \leq \pi$ eindeutig festgelegt. Man nennt θ den *Winkel* zwischen den Vektoren x und y. Es gilt

$$\langle x, y \rangle = |x||y| \cos \theta \,.$$

Aufgrund von (c) ist der Winkel invariant gegenüber orthogonalen Abbildungen. Sind x, y Einheitsvektoren in der euklidischen Ebene, so läßt sich durch eine Drehung erreichen, daß $x = (1, 0)$, also $\langle x, y \rangle = y_1 = \cos \theta$ ist. Hieran erkennt man, daß es sich bei θ um den elementargeometrischen Winkel handelt. Entsprechendes gilt im Fall $n > 2$, da man x und y durch eine orthogonale Abbildung auf die durch e_1 und e_2 aufgespannte Ebene abbilden kann.

Ein Beispiel: Der Winkel zwischen den Vektoren $(1,1,1)$ und $e_1 = (1,0,0)$ im Raum $\mathbb{R}^3$ errechnet sich aus $\cos\theta = 1/\sqrt{3}$ zu $\theta = \arccos 1/\sqrt{3} = 0,95532 = 54,74°$.

1.19 Unterräume und Ebenen im $\mathbb{R}^n$. Durch k linear unabhängige Vektoren $b_1,\ldots,b_k$ $(k \le n)$ wird im $\mathbb{R}^n$ ein

$$k\text{-dimensionaler Unterraum} \quad U = \mathrm{span}\,(b_1,\ldots,b_k) = \left\{ \textstyle\sum_{i=1}^k \lambda_i b_i : \lambda_i \in \mathbb{R} \right\}$$

aufgespannt; im Fall $k = n$ ist $U = \mathbb{R}^n$, und man nennt dann $b_1,\ldots,b_n$ eine *Basis* von $\mathbb{R}^n$. Aus den b_i kann man mit Hilfe des von E. SCHMIDT stammenden Orthogonalisierungsverfahrens orthonormale Vektoren $c_1,\ldots,c_k$ bestimmen, welche ebenfalls U aufspannen, $U = \mathrm{span}(c_1,\ldots,c_k)$. Ferner kann man die c_i nach 1.18 (b) zu einer Orthonormalbasis $c_1,\ldots,c_n$ erweitern.

Für ein beliebiges $x = \sum_{i=1}^n \lambda_i c_i$ bezeichnet

$$Px := \textstyle\sum_{i=1}^k \lambda_i c_i \quad \text{die } (orthogonale) \text{ Projektion von } x \text{ auf } U\,.$$

Für jedes $u \in U$ ist $(x - Px) \perp u$, wie man sofort nachrechnet. Ist umgekehrt $v = \sum_{i=1}^k \mu_i c_i$ ein Vektor aus U und $(x - v) \perp U$, so folgt $\langle x, c_i \rangle = \langle v, c_i \rangle$, also $\lambda_i = \mu_i$ oder $v = Px$. Ferner ist $d(x, U)$, der Abstand zwischen x und U, gleich $|x - Px|$. Denn aus dem Satz von Pythagoras ergibt sich für $u \in U$

$$|x - (Px + u)|^2 = |x - Px|^2 + |u|^2 > |x - Px|^2\,, \quad \text{falls} \quad u \ne 0 \text{ ist.}$$

Fassen wir zusammen:

(a) Die Projektion Px von x auf U ist durch jede der beiden Eigenschaften

$$(x - Px) \perp U \quad \text{und} \quad d(x, U) = |x - Px|$$

eindeutig charakterisiert.

Ist U ein k-dimensionaler Unterraum und $a \in \mathbb{R}^n$, so nennt man die Menge

$$E = a + U \quad \text{eine } k\text{-dimensionale Ebene}$$

oder einen k-dimensionalen *affinen Unterraum* von $\mathbb{R}^n$. Der Punkt a kann dabei durch jeden anderen Punkt aus E ersetzt werden, d.h. es ist $E = b + U$ für $b \in E$. Hingegen wird U durch E nach der Formel $U = E - E$ eindeutig bestimmt.

(b) Jedem $x \in \mathbb{R}^n$ ist ein $Px \in E$ mit den beiden gleichwertigen Eigenschaften

$$(x - Px) \perp (E - E) \iff d(x, E) = |x - Px|$$

zugeordnet. Der Vektor Px, die (orthogonale) Projektion von x auf E, ist durch jede dieser Eigenschaften eindeutig bestimmt.

Das ergibt sich aus (a) durch Parallelverschiebung. Zunächst ist $d = d(x, E) = d(x - a, U)$. Dieser Abstand ist gleich $|(x - a) - u|$ mit $u \in U$, also gleich $|x - e|$ mit $e = u + a \in E$ (vgl. Bild). In dieser Schlußkette kann man auch von e ausgehend zu u gelangen, d.h. mit u ist auch $e = Px$ eindeutig bestimmt. Schließlich ist die Aussage $(x - a - u) \perp U$ identisch mit $(x - e) \perp (E - E)$.

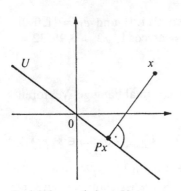
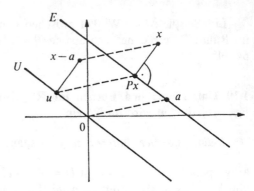

Projektion auf einen Unterraum,
$$d(x, U) = |x - Px|$$

Projektion auf eine Ebene,
$$d(x, E) = |x - Px|$$

Die eindimensionale Ebenen nennt man Geraden, die $(n-1)$-dimensionalen Ebenen auch Hyperebenen. Diese beiden Sonderfälle betrachten wir etwas genauer.

1.20 Gerade, Strecke, Polygonzug. Unter einer *Geraden* versteht man also die Menge der Punkte $x = a + \lambda b$ mit $b \neq 0$, wobei λ alle reellen Zahlen durchläuft. Es gibt genau eine Gerade, welche zwei vorgegebene Punkte c, d enthält; sie ist durch $x = c + \lambda(d - c) = (1 - \lambda)c + \lambda d$ gegeben. Beschränkt man hier λ auf $[0, 1]$, so erhält man die

Verbindungsstrecke $\overline{cd} = \{(1 - \lambda)c + \lambda d : 0 \leq \lambda \leq 1\}$

von c nach d. Sie besteht aus genau denjenigen Punkten auf der Geraden, welche von c und d einen Abstand $\leq |c - d|$ haben, welche also „zwischen" c und d liegen. Hat man mehrere Punkte $a, b, c, \ldots, f, g$, so bilden die einzelnen Strecken $\overline{ab}, \overline{bc}, \ldots, \overline{fg}$ zusammen einen

Streckenzug (Polygonzug) $P(a, b, \ldots, f, g) = \overline{ab} \cup \overline{bc} \cup \ldots \cup \overline{fg}$

mit den Eckpunkten $a, b, \ldots, g$, welcher die Punkte a und g „verbindet". Wir geben zwei Anwendungen dieser Begriffe.

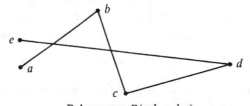

Polygonzug $P(a, b, c, d, e)$

Lot und Lotfußpunkt. Es sei E eine k-dimensionale Ebene im $\mathbb{R}^n$ ($k < n$), $x_0 \notin E$ und Px_0 die Projektion von x_0 auf E. Die durch die beiden Punkte x_0 und Px_0 gehende Gerade $G : x = x_0 + \lambda(Px_0 - x_0)$ nennt man das von x_0 auf E gefällte *Lot* und Px_0 den *Lotfußpunkt*. Es ist $\{Px_0\} = E \cap G$ und $G \perp (E - E)$.

Gebiete. Es sei $G \subset \mathbb{R}^n$ eine offene Menge. Für Punkte $x, y \in G$ schreiben wir $x \sim y$, wenn sich x und y durch einen Streckenzug in G verbinden lassen, wenn es also Punkte $a, b, \ldots, e$ mit der Eigenschaft $P(x, a, b, \ldots, e, y) \subset G$ gibt. Man stellt leicht fest, daß hier eine Äquivalenzrelation vorliegt. Die dadurch erzeugten Klassen (Teilmengen von G) heißen *Zusammenhangskomponenten* von G. Wenn es nur eine solche Komponente gibt, wenn sich also je zwei Punkte aus G durch einen Streckenzug verbinden lassen, dann nennt man G *zusammenhängend* oder ein *Gebiet*. Beispiele für Gebiete sind offene Intervalle, offene Kugeln, punktierte Umgebungen $\dot{B}_r(a)$ und Kugelschalen $B_r(a) \setminus \overline{B}_s(a)$ $(0 < s < r)$. Dagegen bilden zwei sich berührende Kugeln, etwa die Menge $B_1(0) \cup B_1(2e)$ mit $|e| = 1$ kein Gebiet. Die Gebiete in $\mathbb{R}$ sind genau die offenen Intervalle (a, b) mit $-\infty \leq a \leq b \leq \infty$.

Wenn man sich von G längs eines Streckenzuges in das Äußere von G bewegt, so trifft man auf einen Randpunkt. Genauer:

(a) Ist G offen, $a \in G$ und $b \notin G$, so enthält die Strecke $\overline{ab}$ einen Randpunkt von G.

Beweis. Die Punkte $x_t = (1 - t)a + tb$ liegen für kleine positive t in G, für $t = 1$ nicht in G. Ist s das Supremum aller Werte t mit der Eigenschaft, daß $\overline{ax_t} \subset G$ ist, so liegt $c = x_s$ nicht in G, denn andernfalls wäre $s < 1$ und $x_{s+\varepsilon} \in G$ für kleine positive ε, was der Definition von s widerspricht. Man sieht leicht, daß $c \in \partial G$ ist. $\square$

1.21 Hyperebenen und Halbräume. Eine Hyperebene im $\mathbb{R}^n$ ist eine $(n-1)$-dimensionale Ebene, also eine Menge der Form $H = a + U$, wobei U einen $(n-1)$-dimensionalen Unterraum bezeichnet. Nach 1.19 gibt es eine Orthonormalbasis $c_1, \ldots, c_n$ derart, daß $U = \mathrm{span}(c_1, \ldots, c_{n-1})$ ist. Ein Punkt $x = \sum_{i=1}^{n} \lambda_i c_i$ gehört genau dann zu U, wenn $\lambda_n = \langle x, c_n \rangle = 0$, und genau dann zu H, wenn $x - a \in U$, also $\langle x, c_n \rangle = \langle a, c_n \rangle =: \alpha$ ist. Die Hyperebene H läßt sich also, wenn wir c statt c_n schreiben, durch die folgende

Ebenengleichung in Hessescher Normalform $\quad \langle x, c \rangle = \alpha \quad$ mit $|c| = 1$

darstellen; sie ist benannt nach dem deutschen Mathematiker OTTO HESSE (1811–1874, Professor u.a. in Königsberg, Heidelberg und München). Umgekehrt sieht man leicht, daß bei vorgegebenem Einheitsvektor c die durch die Gleichung $\langle x, c \rangle = \alpha$ beschriebene Menge eine Hyperebene H ist. Denn ergänzt man c zu einer Orthonormalbasis $c_1, \ldots, c_{n-1}, c$ und setzt man $U = \mathrm{span}(c_1, \ldots, c_{n-1})$ sowie $a = \alpha c$, so ist $H = a + U$. Man bezeichnet c als *Normale* oder *Normalenvektor* zur Ebene H, denn nach 1.19 (b) ist $c \perp U = H - H$.

Wir berechnen nun den Abstand $d(x, H)$ und benützen die obigen Bezeichnungen $H = a + U$, $U = \mathrm{span}(c_1, \ldots, c_{n-1})$, $\alpha = \langle a, c \rangle$. Nach 1.19 ist, wenn Px die Projektion von x auf U bezeichnet, $x = \lambda_1 c_1 + \ldots + \lambda_{n-1} c_{n-1} + \lambda c = Px + \lambda c$, also $d(x, U) = |x - Px| = |\lambda| = |\langle x, c \rangle|$. Daraus folgt $d(x, H) = d(x - a, U) = |\langle x - a, c \rangle| = |\langle x, c \rangle - \alpha|$. Dieses wichtige Ergebnis wollen wir festhalten.

(a) *Abstandsformel.* Es sei $|c| = 1$ und $\langle x, c \rangle = \alpha$ die Gleichung einer Hyperebene H in der Hesseschen Normalform. Für beliebiges $x \in \mathbb{R}^n$ ist dann $d(x, H) = |\langle x, c \rangle - \alpha|$. Insbesondere hat H vom Nullpunkt den Abstand $|\alpha|$.

Durch eine Hyperebene H wird der $\mathbb{R}^n$ in zwei abgeschlossene *Halbräume*

$$H^+ := \{x : \langle c, x \rangle \geq \alpha\} \quad \text{und} \quad H^- := \{x : \langle c, x \rangle \leq \alpha\}$$

aufgeteilt. Die Abgeschlossenheit von H^+ ergibt sich mit Corollar 1.14, denn aus $x_k \to x$, $\langle x_k, c \rangle \geq \alpha$ folgt $\langle x, c \rangle \geq \alpha$ nach 1.2 (b). Damit kann man der Ebene H zwei Seiten zusprechen. Ein Punkt aus H^+ liegt auf der positiven Seite von H, ein Punkt aus H^- auf der negativen Seite. Dabei hat man es in der Hand, welche Seite von H man als positiv gewertet haben möchte. Schreibt man nämlich H in der Form $\langle d, x \rangle = \beta$ mit $d = -c$, $\beta = -\alpha$, so wechseln die Seiten. Insbesondere gibt es zu jeder Ebene zwei Hessesche Normalformen.

(b) Wir merken noch an, daß die Menge der Punkte $x \in \mathbb{R}^n$, welche einer Gleichung

$$\langle x, b \rangle = \beta \quad \text{mit} \ b \neq 0$$

genügen, immer eine Hyperebene ist. Setzt man nämlich $c = b/|b|$ und $\alpha = \beta/|b|$, so erhält man eine Hessesche Normaldarstellung $\langle x, c \rangle = \alpha$. Der Vektor b ist also ein (nicht normierter) Normalenvektor.

Im $\mathbb{R}^2$ fallen die Hyperebenen mit den Geraden zusammen. Man hat also zwei Darstellungen für eine Gerade G, die Parameterdarstellung $x = a + \lambda b$ oder, was dasselbe ist, $G = a + U$ mit $U = \{\lambda b : \lambda \in \mathbb{R}\}$, und die Hessesche Darstellung $\langle x, c \rangle = \alpha$. Hier ist $|c| = 1$, $b \neq 0$, und man erkennt leicht, daß $\alpha = \langle a, c \rangle$ und $b \perp c$ gilt. Im $\mathbb{R}^3$ nennt man die Hyperebenen schlicht Ebenen.

Beispiel. Im dreidimensionalen xyz-Raum wird durch die Gleichung

$$12x - 4y + 3z = 12$$

eine Ebene definiert. Dabei ist $b = (12, -4, 3)$ eine Normale, $|b| = 13$. Die entsprechende Hessesche Normalform lautet

$$\frac{12}{13}x - \frac{4}{13}y + \frac{3}{13}z = \frac{12}{13} \, .$$

Der Abstand des Nullpunktes zur Ebene beträgt also $12/13$.

1.22 Konvexe Mengen. Eine Menge $K \subset \mathbb{R}^n$ heißt *konvex*, wenn

$$\text{aus } x, y \in K \text{ folgt } \lambda x + (1 - \lambda)y \in K \quad \text{für} \ 0 \leq \lambda \leq 1 \, ,$$

d.h. wenn K mit zwei Punkten x, y auch deren Verbindungsstrecke $\overline{xy}$ enthält. Insbesondere ist der Raum $\mathbb{R}^n$ konvex.

Wir beginnen mit einigen einfachen Eigenschaften konvexer Mengen.

(a) Der Durchschnitt beliebig vieler konvexer Mengen ist konvex.

(b) Die abgeschlossene Hülle einer konvexen Menge ist konvex.

(c) Die ε-Umgebung einer konvexen Menge ist konvex.

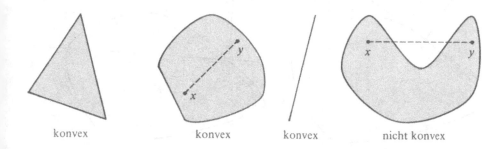

konvex   konvex   konvex   nicht konvex

Beweis. (a) Es sei etwa $K = \bigcap K_\alpha$ mit konvexen Mengen K_α. Aus $x, y \in K$ folgt $x, y \in K_\alpha$, also $\overline{xy} \subset K_\alpha$ für alle α, also $\overline{xy} \subset K$. – (b) Es sei K konvex und $x, y \in \overline{K}$. Dann gibt es $x_k, y_k \in K$ mit $x = \lim x_k$, $y = \lim y_k$. Für festes $\lambda \in (0, 1)$ ist $\lim(\lambda x_k + (1 - \lambda)y_k) = \lambda x + (1 - \lambda)y$. Da die Punkte $\lambda x_k + (1 - \lambda)y_k$ nach Voraussetzung in K liegen, ist $\lambda x + (1 - \lambda)y \in \overline{K}$. – (c) sei dem Leser zur Übung überlassen. □

Konvexe Hülle. Es sei M eine Teilmenge von $\mathbb{R}^n$. Aufgrund von (a) gibt es eine kleinste konvexe Obermenge K von M. Man erhält K als Durchschnitt aller konvexen Obermengen; dieser Durchschnitt ist nach (a) konvex. Ebenso existiert eine kleinste abgeschlossene und konvexe Obermenge K_1 von M. Denn der Durchschnitt aller abgeschlossenen, konvexen Obermengen ist sowohl abgeschlossen als auch konvex. Aus (b) folgt, daß $K_1 = \overline{K}$ ist. Man nennt K die *konvexe Hülle* von M und K_1 die *abgeschlossene konvexe Hülle* von M und schreibt $K = \text{conv} M$ und $K_1 = \text{cl conv} M$ (englisch closed convex hull).

Beispiele. 1. Jede offene oder abgeschlossene Kugel im $\mathbb{R}^n$ ist konvex.

2. Es sei $B \subset \mathbb{R}^n$ eine offene Kugel. Man zeige, daß jede der Bedingung $B \subset K \subset \overline{B}$ genügende Menge K konvex ist.

3. Jede k-dimensionale Ebene im $\mathbb{R}^n$ ist konvex.

4. In der x, y-Ebene sei M der Graph von $\arctan x$ im Intervall $[0, \infty)$. Dann ist $\text{conv} M = \{(x, y) : x \geq 0, 0 < y \leq \arctan x\} \cup \{(0, 0)\}$.

Das letzte Beispiel zeigt, daß die konvexe Hülle einer abgeschlossenen Menge nicht notwendig abgeschlossen ist.

Stützebene. Es sei K eine abgeschlossene, konvexe Menge. Man nennt eine (Hyper-)Ebene $H : \langle x, c \rangle = \alpha$, welche einen Randpunkt z von K enthält und die Eigenschaft hat, daß K ganz auf einer Seite von H liegt – also $\langle x, c \rangle \leq \alpha$ oder $\geq \alpha$ für alle $x \in K$ – eine *Stützebene (Stützhyperebene)* von K, welche K im Punkt z „stützt". Wir wollen die Existenz von Stützebenen nachweisen. Dazu sei $y \notin K$ ein beliebiger Punkt. Nach Lemma 1.17 gibt es ein $z \in K$ mit $d(y, K) = |y - z|$. Wir zeigen, daß die Ebene

(*) $H : \langle x, c \rangle = \alpha$ mit $c = y - z$ und $\alpha = \langle z, c \rangle$

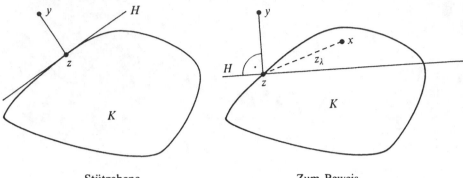

Stützebene   Zum Beweis

Stützebene ist und daß K im zugehörigen Halbraum H^- liegt. Offenbar gilt $z \in H$. Angenommen, es existiere ein $x \in K$ mit $\langle x, c \rangle > \alpha$. Die Punkte $z_\lambda = z + \lambda(x - z)$ liegen für $0 \le \lambda \le 1$ in K. Ihr quadrierter Abstand zu y hat den Wert $\phi(\lambda) = |z_\lambda - y|^2$. Ohne Mühe zeigt man, daß $\phi'(0) = 2\alpha - 2\langle x, c \rangle < 0$, ist, d.h. die Punkte $z_\lambda \in K$ liegen für kleine positive λ näher an y als z. Das ist aber ein Widerspruch zur Definition von z. Die in (∗) definierte Ebene H stützt also K in z. Nach 1.19 (b) ist $|x - y| > |z - y|$ für jeden Punkt $x \ne z$ aus H, und diese Ungleichung gilt wegen 1.21 (a) erst recht für $x \in H^-$. Hieraus und aus $K \subset H^-$ folgt, daß der „Lotfußpunkt" z eindeutig bestimmt ist.

Nun sei K_1 der Durchschnitt aller abgeschlossenen Halbräume, welche K enthalten. Nach (a) ist K_1 eine konvexe Obermenge von K. Wir haben soeben gesehen, daß zu jedem Punkt $y \notin K$ ein solcher Halbraum existiert, welcher K, aber nicht y enthält. Also ist $K_1 = K$.

Satz. *Eine konvexe, abgeschlossene Menge $K \ne \mathbb{R}^n$ ist der Durchschnitt aller abgeschlossenen Halbräume, welche K enthalten. Zu jedem Randpunkt z von K gibt es eine Stützebene, welche K in z stützt.*

Beweis. Die erste der drei Behauptungen wurde bereits bewiesen. Nun zur zweiten Behauptung. Es sei z ein Randpunkt von K und $z = \lim y_n$ mit $y_n \notin K$ Zu y_n gibt es einen Lotfußpunkt z_n und eine zugehörige Stützebene H_n, die wir in Hessescher Normalform

$$H_n : \langle x, c_n \rangle = \langle z_n, c_n \rangle =: \alpha_n \quad \text{mit} \quad c_n = (y_n - z_n)/|y_n - z_n|$$

schreiben. Offenbar gilt $\lim z_n = z$ und, wenn wir zu einer Teilfolge übergehen (Satz von Bolzano-Weierstraß 1.2), $\lim c_n = c$ mit $|c| = 1$. Für ein beliebiges $x \in K$ gilt

$$\langle x, c_n \rangle \le \langle z_n, c_n \rangle \Rightarrow \langle x, c \rangle \le \langle z, c \rangle =: \alpha \,,$$

d.h. die Ebene $H : \langle x, c \rangle = \alpha$ stützt K in z.

Corollar. *Die abgeschlossene konvexe Hülle einer beliebigen Menge M ist der Durchschnitt aller abgeschlossenen Halbräume, welche M enthalten. Wenn es keinen solchen Halbraum gibt, ist cl conv $M = \mathbb{R}^n$.*

1.23 Konvexe Funktionen. Zunächst wollen wir die Beziehungen zwischen den in I.11.17 besprochenen konvexen Funktionen und konvexen Mengen im $\mathbb{R}^2$ untersuchen. Dazu ordnen wir einer auf einem reellen Intervall J definierten Funktion f ihren

$$\text{Epigraph} \quad \text{epi}(f) := \{(x, y) : x \in J, f(x) \leq y\}$$

zu. Er besteht aus allen auf und oberhalb der Kurve $y = f(x)$ liegenden Punkten der Ebene.

(a) Die Funktion $f : J \to \mathbb{R}$ ist genau dann konvex, wenn ihr Epigraph eine konvexe Menge ist. Eine durch den Punkt $(x, f(x))$ mit $x \in J^\circ$ gehende Gerade ist genau dann eine Stützgerade zu $\overline{\text{epi}(f)}$ im hier besprochenen Sinne, wenn sie Stützgerade zu f im Sinne von I.11.17 ist.

Beide Tatsachen sind leicht einzusehen.

Wir führen nun den Begriff der konvexen Funktion von n Variablen ein. Eine Funktion $f : D \subset \mathbb{R}^n \to \mathbb{R}$ heißt *konvex*, wenn D nichtleer und konvex ist und

$$f(\lambda a + (1 - \lambda)b) \leq \lambda f(a) + (1 - \lambda)f(b) \qquad \text{für } a, b \in D \text{ und } 0 < \lambda < 1$$

gilt. Konvexität von f bedeutet also, daß für jede Gerade $g : x = c + \lambda d$ ($c, d \in \mathbb{R}^n$ mit $d \neq 0$) die dem Durchschnitt $D \cap g$ entsprechende λ-Menge $J = \{\lambda \in \mathbb{R} : c + \lambda d \in D\}$ leer oder eine einpunktige Menge oder ein Intervall ist und daß im zuletzt genannten Fall die Funktion $\lambda \mapsto f(c + \lambda d)$ auf J konvex im Sinne von I.11.17 ist.

Führen wir auch hier wieder den

$$\text{Epigraph} \quad \text{epi}(f) := \{(x, t) \in \mathbb{R}^{n+1} : x \in D, t \geq f(x)\}$$

ein, so besteht derselbe Zusammenhang wie im eindimensionalen Fall:

(b) Die Funktion $f : D \subset \mathbb{R}^n \to \mathbb{R}$ ist genau dann konvex, wenn ihr Epigraph eine konvexe Teilmenge von $\mathbb{R}^{n+1}$ ist.

Den Beweis wollen wir dem Leser überlassen.

Beispiel. Es sei A eine symmetrische $n \times n$-Matrix. Die Funktion $x \mapsto f(x) = x^\top A x = \sum_{i,j=1}^{n} a_{ij} x_i x_j$ ist genau dann konvex im $\mathbb{R}^n$, wenn die Matrix A positiv semidefinit ist. Die Funktion $\lambda \mapsto f(c + \lambda d) = c^\top A c + 2\lambda c^\top A d + \lambda^2 d^\top A d$ ist nämlich genau dann konvex, wenn $d^\top A d \geq 0$ ist. Da aber die Konvexität von f gleichbedeutend mit der Konvexität dieser Funktion für beliebige c und $d \neq 0$ ist, ist die Bedingung „$d^\top A d \geq 0$ für alle $d \in \mathbb{R}^n$" notwendig und hinreichend für die Konvexität von f.

Aufgaben

1. *Ableitung einer Menge.* Es sei M eine Teilmenge eines metrischen Raumes und M' die Menge der Häufungspunkte in M. Man zeige, daß M' abgeschlossen ist.

Cantor hat die Menge M' *Ableitung von M* genannt und auch höhere Ableitungen $M'' := (M')', \ldots$ betrachtet. Dieser Begriff spielte bei der Entwicklung der Mengenlehre eine wichtige Rolle.

Man berechne die Ableitungen der folgenden Mengen von reellen Zahlen:

(a) $\mathbb{Q}$;
(b) $\left\{ \dfrac{1}{m} + \dfrac{1}{n} : m, n \geq 1 \text{ und ganz} \right\}$;

(c) $\left\{ \dfrac{1}{m} + \dfrac{1}{n} + \dfrac{1}{p} : m, n, p \in \mathbb{Z} \text{ und ungerade} \right\}$.

2. Für die folgenden ebenen Mengen bestimme man das Innere, den Rand und die abgeschlossene Hülle. Welche der Mengen sind offen bzw. abgeschlossen?

(a) $\mathbb{N} \times \mathbb{Q}$;
(b) $\bigcup_{n=1}^{\infty} \left[\dfrac{1}{n+1}, \dfrac{1}{n} \right) \times (0, n)$;

(c) $\left\{ \left(\dfrac{1}{m}, \dfrac{1}{n} \right) : m, n \neq 0 \text{ und ganz} \right\}$;
(d) $\bigcup_{n=1}^{\infty} \overline{B}_{1/n} \left(\left(\dfrac{1}{n}, n \right) \right)$.

3. *Abstand von Mengen.* Für den in 1.17 definierten Abstand von Teilmengen eines metrischen Raumes beweise man:

(a) $d(A, B) = d(\overline{A}, \overline{B})$;
(b) $d(x, A) = 0 \iff x \in \overline{A}$;

(c) $d(A, C) \leq d(A, B) + d(B, C) + \operatorname{diam} B$;

(d) Man zeige anhand eines Beispiels in $\mathbb{R}$, daß die Aussage von Lemma 1.17 für abgeschlossene Mengen A, B im allgemeinen nicht richtig ist.

4. *Umgebungen von Mengen.* Es seien A, C nichtleere Mengen im normierten Raum X und δ, ε positive Zahlen. Man beweise die Regeln 1.17 (a)(b) und zeige:

(a) $\overline{(A_\varepsilon)} = \{ x : d(x, A) \leq \varepsilon \}$;

(b) $d(A_\varepsilon, C_\delta) = d(A, C) - (\delta + \varepsilon)$, falls die rechte Seite positiv ist, und $= 0$ sonst ;

(c) $\operatorname{diam} A = \operatorname{diam} \overline{A}$ und $\operatorname{diam} A_\varepsilon = \operatorname{diam} A + 2\varepsilon$.

5. *Rechnen mit Mengen.* Für Mengen A, B im normierten Raum X zeige man:

(a) Ist A offen, so ist $A + B$ offen.

(b) Sind A und B kompakt, so ist $A + B$ kompakt.

(c) Ist A abgeschlossen und B kompakt, so ist $A + B$ abgeschlossen.

(d) $\overline{A + B} \supset \overline{A} + \overline{B}$ mit Gleichheit, wenn eine der Mengen kompakt ist.

6. *Diskrete Metrik;* vgl. Beispiel 4 in 1.6. Man berechne für nichtleere Mengen $A, B \subset X$ die Umgebung A_ϵ für $\epsilon > 0$ sowie $\operatorname{diam} A$ und $d(A, B)$. Man zeige, daß die Aussagen (a)–(c) von Aufgabe 4 i. a. falsch sind.

7. Welche Teilmengen von $\mathbb{R}^n$ sind in bezug auf die in Beispiel 5 von 1.6 eingeführte Metrik d_0 offen bzw. abgeschlossen?

8. *Konvexe Mengen.* Man nennt eine endliche Summe $\lambda_1 x_1 + \ldots + \lambda_p x_p$, wenn $\lambda_i \geq 0$ und $\lambda_1 + \ldots + \lambda_p = 1$ ist, eine *konvexe Kombination* der Punkte $x_i \in \mathbb{R}^n$. Dieser Begriff kann physikalisch gedeutet werden. Sind die x_i Punkte im $\mathbb{R}^3$, welche mit Massen m_i behaftet sind, so ist $x = \left(\sum m_i x_i \right) / M$ ($M = \sum m_i$ ist die Gesamtmasse) der Schwerpunkt dieser punktförmigen Massenverteilung. Hier liegt eine Konvexkombination mit $\lambda_i = m_i / M$ vor. Man zeige:

(a) Ist $K \subset \mathbb{R}^n$ konvex und sind die $x_i \in K$, so ist jede Konvexkombination $\sum_1^p \lambda_i x_i$ aus K.

(b) Die konvexe Hülle einer Menge M ist gleich der Menge aller mit Punkten von M gebildeten Konvexkombinationen, $\operatorname{conv} M = \left\{ \sum_1^p \lambda_i x_i : x_i \in M, \lambda_i \geq 0, \sum \lambda_i = 1, p \geq 1 \right\}$.

Man kann also conv M als Menge aller möglichen Schwerpunkte von diskreten Massenverteilungen aus M ansehen.

(c) Für Mengen A, B im $\mathbb{R}^n$ ist conv $(A + B) = (\text{conv } A) + (\text{conv } B)$. Daraus folgt conv $A_\varepsilon = (\text{conv } A)_\varepsilon$.

(d) In der Ebene seien drei Punkte a_1, a_2, a_3 gegeben. Die Menge aller konvexen Kombinationen $\sum_1^3 \lambda_i a_i$ ist gleich dem von den drei Punkten aufgespannten Dreieck D. Dabei ergibt sich ein innerer Punkt von D genau dann, wenn alle $\lambda_i > 0$ sind.

Anleitung: (a) Induktion. (b) Man zeige, daß die angegebene Menge (i) konvex und (ii) Teilmenge von conv M ist. (c) wird mit (b) bewiesen.

9. Man bestimme die konvexe Hülle der folgenden ebenen Mengen:

(a) $\{(1/i, 1/j) : i, j = 1, 2, 3, \ldots ; i + j > 2\}$;

(b) graph x^3 ;   (c) graph $\dfrac{1}{1 + x}$ $(x \geq 0)$.

   10. Für das Produkt der Mengen $A \subset \mathbb{R}^p$ und $B \subset \mathbb{R}^q$ gelten die Formeln $\overline{A \times B} = \overline{A} \times \overline{B}$, $(A \times B)^\circ = A^\circ \times B^\circ$, $\partial(A \times B) = (\partial A \times \overline{B}) \cup (\overline{A} \times \partial B)$.

11. *Banachalgebren.* Ein Vektorraum X über $\mathbb{K}$ wird eine Algebra genannt, wenn in X eine Multiplikation definiert ist und die Gesetze $(x, y, z \in X, \lambda \in \mathbb{K})$

$$x(yz) = (xy)z \qquad\qquad\qquad Assoziativität ,$$

$$x(y + z) = xy + xz , \quad (x + y)z = xz + yz \qquad Distributivität ,$$

$$\lambda(xy) = (\lambda x)y = x(\lambda y)$$

gelten. Ist außerdem immer $xy = yx$, so heißt X eine kommutative Algebra. Beispiele für kommutative Algebren sind die in I.3.1 erklärten Funktionenalgebren.

Ist X außerdem ein normierter Raum bzw. Banachraum und besteht für die Norm des Produkts die Ungleichung

$$|xy| \leq |x| \cdot |y| \quad \text{für} \quad x, y \in X ,$$

so wird X eine *normierte Algebra* bzw. eine *Banachalgebra* genannt. Man zeige:

(a) Die in 1.8 eingeführten Räume $B(D)$ und $C(I)$ sind kommutative Banachalgebren.

(b) Die quadratischen $n \times n$-Matrizen bilden (mit der Matrizenmultiplikation) eine Algebra. Versieht man sie mit der Euklidnorm $|A| = \left(\sum_{i,j} a_{ij}^2\right)^{1/2}$, so entsteht eine Banachalgebra.

(c) Es sei H_r $(r > 0)$ die Menge aller Funktionen $u \colon [-r, r] \to \mathbb{R}$, welche eine für $x = r$ absolut konvergente Potenzreihenentwicklung $u(x) = \sum_{k=0}^\infty u_k x^k$ $(u_k \in \mathbb{R})$ besitzen. Man zeige, daß durch

$$\|u\|_r = \sum_{k=0}^\infty |u_k| r^k$$

eine Norm auf H_r definiert ist und daß H_r eine Banachalgebra ist (man beachte, daß die Endlichkeit der Norm vorausgesetzt ist und daß sich daraus die gleichmäßige Konvergenz der Reihe für $|x| \leq r$ ergibt).

12. Es sei X ein Innenproduktraum. Eine Hyperebene H ist definiert als Menge aller der Gleichung $\langle x, b\rangle = \alpha$ genügenden Punkte $x \in X$, wobei $b \in X$ mit $b \neq 0$ und $\alpha \in \mathbb{R}$ gegeben sind. Der zugehörige abgeschlossene Halbraum H^+ bzw. offene Halbraum H_0^+ ist durch die entsprechende Ungleichung $\langle x, b\rangle \geq \alpha$ bzw. $> \alpha$ definiert; ersetzt man hier $\geq$ und $>$ durch $\leq$ und $<$, so erhält man die Halbräume H^- und H_0^-. Man zeige, daß die

Mengen H, H^+, H^- abgeschlossen, die Mengen H_0^+, H_0^- offen sind und daß int $H^+ = H_0^+$ und int $H^- = H_0^-$ ist.

13. Man beweise die in Beispiel 3 von 1.9 aufgestellten Behauptungen über den Innenproduktraum $C(I)$. Für den Nachweis, daß der Raum nicht vollständig ist, setze man etwa $I = [-1,1]$ und $f_n(t) = 0$ für $t \leq 0$, $= nt$ für $0 < t < 1/n$ und $= 1$ für $t \geq 1/n$. Man zeige, daß eine Cauchyfolge vorliegt und daß eine stetige Grenzfunktion g die Eigenschaften $g(t) = 0$ für $t < 0$ und $g(t) = 1$ für $t > 0$ haben müßte.

14. *Der Raum $C^k(I)$.* Der Raum der im kompakten Intervall I k-mal stetig differenzierbaren Funktionen wird durch die Norm

$$\|f\| := \|f\|_\infty + \|f'\|_\infty + \ldots + \|f^{(k)}\|_\infty$$

ein Banachraum. Konvergenz nach der Norm bedeutet gleichmäßige Konvergenz aller Ableitungen bis zur Ordnung k. Mit der äquivalenten Norm $\|f\|^* = \sum_{i=0}^k \frac{1}{i!}\|f^{(i)}\|_\infty$ wird $C^k(I)$ zu einer Banachalgebra.

15. Die Menge $A \subset I$ (I kompaktes Intervall) sei abgeschlossen. Man zeige, daß die Menge $C_A(I)$ aller in I stetigen und auf A verschwindenden Funktionen mit der Maximumnorm ein Banachraum wird.

16. Es sei δ ein Stetigkeitsmodul (vgl. I.6.16 oder 2.3) und $C_\delta(D)$ die Menge aller Funktionen $f : D \subset \mathbb{R}^n \to \mathbb{R}$, welche einer Abschätzung (*) $|f(x) - f(y)| \leq L\delta(|x - y|)$ genügen. Man zeige: Für jedes $f \in C_\delta(D)$ gibt es eine kleinste Konstante $L = L_f$, so daß (*) gilt. Durch

$$\|f\| := |f(a)| + L_f \qquad (a \in D \text{ fest gewählt})$$

wird eine Norm definiert, welche $C_\delta(D)$ zu einem Banachraum macht.

Für $\delta(s) = s$ erhält man die lipschitzstetigen, für $\delta(s) = s^\alpha$ mit $0 < \alpha < 1$ die hölderstetigen Funktionen.

17. Es sei $BC(\mathbb{R})$ die Menge der stetigen und beschränkten Funktionen $f : \mathbb{R} \to \mathbb{R}$ und C_1 bzw. C_2 die Teilmenge aller Funktionen $f \in BC(\mathbb{R})$, welche für $t \to \infty$ und für $t \to -\infty$ einen Grenzwert besitzen bzw. den Grenzwert 0 besitzen, sowie C_0 die Menge aller stetigen Funktionen f, welche außerhalb einer beschränkten Menge identisch verschwinden. Offenbar ist $BC(\mathbb{R}) \supset C_1 \supset C_2 \supset C_0$. Legt man die Maximumnorm zugrunde, so erhält man in allen vier Fällen einen normierten Raum, der aber nur in den ersten drei Fällen vollständig ist.

18. Im $\mathbb{R}^n$ sei eine Gerade $g = \{a + \lambda b : -\infty < \lambda < \infty\}$ mit $|b| = 1$ gegeben. Man berechne die Abstandsfunktion $d(x, g)$.

19. Im Banachraum l^∞ der reellen beschränkten Folgen $x = (x_i)_1^\infty$ (Beispiel 1 von 1.8) sei neben der Maximumnorm $\|x\|_\infty = \sup |x_i|$ eine zweite Norm

$$\|x\| = \sup\left\{\frac{1}{n}|x_1 + x_2 + \ldots + x_n| : n = 1, 2, \ldots\right\}$$

definiert. Man zeige, daß $\|\cdot\|$ eine Norm ist, daß die Ungleichung $\|x\| \leq \|x\|_\infty$ besteht und daß die beiden Normen $\|\cdot\|_\infty$ und $\|\cdot\|$ nicht äquivalent sind.

20. Man zeige, daß durch $|x| = \max\left\{|x_1|, \frac{1}{2}|x_1 + x_2|\right\}$ eine Norm im $\mathbb{R}^2$ definiert ist, und skizziere die Einheitskugel.

§ 2. Grenzwert und Stetigkeit

Der mühsame Weg von vagen Vorstellungen über Grenzwert und Stetigkeit bis hin zur exakten ϵ-δ-Formulierung in der Weierstraßschen Schule wurde im ersten Band in § 6 nachgezeichnet. Die Übertragung dieser Begriffe auf den $\mathbb{R}^n$ war, nachdem der Abstand zwischen Punkten eingeführt war, naheliegend und unmittelbar einleuchtend. Und als dann zu Anfang unseres Jahrhunderts der abstrakte metrische Raum auftrat, gab es auch da keine Schwierigkeiten: Anstelle des Abstands $|a - b|$ zweier reeller Zahlen trat der Abstand $d(a, b)$ zweier Punkte des metrischen Raumes.

Bei der Übertragung der Sätze dagegen traten neue Probleme auf. Schwierigkeiten gab es etwa bei der Frage, ob eine Funktion von mehreren Variablen stetig ist, wenn sie in jeder einzelnen Variablen stetig ist. CAUCHY bejahte diese Frage. Er schrieb im *Cours d'Analyse* (in freier Übersetzung):

Sei etwa $f(x, y, z, \ldots)$ eine Funktion von mehreren Variablen $x, y, z, \ldots$, und nehmen wir an, in einer Umgebung eines speziellen Wertes $X, Y, Z, \ldots$ sei $f(x, y, z, \ldots)$ eine stetige Funktion von x, stetige Funktion von y, stetige Funktion von $z, \ldots$. Bezeichnen $\alpha, \beta, \gamma, \ldots$ unendlich kleine Größen, so zeigt man ohne Mühe, daß die Differenz

$$f(x + \alpha, y + \beta, z + \gamma, \ldots) - f(x, y, z, \ldots)$$

selbst unendlich klein sein wird. Es ist in der Tat klar, daß unter der obigen Hypothese die Beträge der Differenzen

$$f(x + \alpha, y, z, \ldots) - f(x, y, z, \ldots) \,,$$
$$f(x + \alpha, y + \beta, z, \ldots) - f(x + \alpha, y, z, \ldots) \,,$$
$$f(x + \alpha, y + \beta, z + \gamma, \ldots) - f(x + \alpha, y + \beta, z, \ldots)$$

gegen Null gehen, wenn die Beträge von $\alpha, \beta, \gamma, \ldots$ dies tun. ... Man kann also schließen, daß die Summe aller dieser Differenzen, d.h.

$$f(x + \alpha, y + \beta, z + \gamma, \ldots) - f(x, y, z, \ldots)$$

gegen Null konvergieren wird, wenn $\alpha, \beta, \gamma, \ldots$ gegen denselben Limes konvergiert [S. 45/46].

Das klingt überzeugend, und man wird sich fragen, wo denn der Fehler stecken soll. Übersetzt man aber das Ganze in die δ-ϵ-Sprache, so ist man in Nöten. Wie soll denn das zu ϵ gehörende δ bestimmt werden, wenn nachher etwa in der zweiten Differenz die Stetigkeit in y an einem Punkt $(x + \alpha, y, z, \ldots)$ herangezogen wird, dessen Lage unbekannt ist und durch eben dieses δ eingeschränkt wird? Cauchy hatte offenbar im Sinn, daß diese Differenz in y bei kleinem $|\beta|$ gleichmäßig klein ist, unabhängig davon, welchen Wert die „Parameter" $x, z, \ldots$ haben, wenn sie sich nur nahe bei $X, Z, \ldots$ befinden. Er setzte also, wenn wir ihn wohlwollend interpretieren, die gleichgradige Stetigkeit in y in bezug auf die Parameter $x, z, \ldots$ und Entsprechendes für die anderen Variablen voraus.

Ganz ähnlich liegen die Dinge bei mehrfachen Grenzwerten. Man betrachte etwa die beiden Limites

$$\text{(A)} \quad \lim_{(x,y) \to (0,0)} f(x, y) = \alpha \quad \text{und} \quad \text{(B)} \quad \lim_{x \to 0} (\lim_{y \to 0} f(x, y)) = \alpha \, .$$

Wenn etwa (A) gilt, dann ergibt (B) im allgemeinen keinen Sinn, da der innere Limes (bezüglich y) gar nicht zu existieren braucht. Ersetzt man diesen jedoch durch lim sup oder lim inf, dann gilt in beiden Fällen (B). Daß aber umgekehrt aus (B) nicht (A) zu folgen braucht, zeigen einfache Beispiele (man setze etwa $f = 0$ für $|x| \le |y|$ und für $y = 0$ und $f = 1$ sonst). Ähnlich liegen die Verhältnisse in der Differentialrechnung bei der Frage, ob die Existenz der einzelnen partiellen Ableitungen die Differenzierbarkeit einer Funktion nach sich zieht; vgl. § 3.

Eine wirklich exakte Darstellung der reellen Analysis bedarf des sicheren Fundaments der reellen Zahlen. Sie war also erst nach 1872 möglich (vgl. § I.6). Während es vorher neben den klassischen Werken von EULER und CAUCHY nur wenige Lehrbücher gab, beschert uns das letzte Viertel des Jahrhunderts eine Fülle neuer Werke über die Analysis. Eine kleine Auswahl: LIPSCHITZ (zweibändig, 1877 und 1880), DINI (1878), A. HARNACK (1881), P.M. PASCH (1882), GENOCCI-PEANO (1884), O. STOLZ (1893), in Frankreich die großen mehrbändigen *Cours d'Analyse* von C. JORDAN (1893) und anderen.

Dieses Aufarbeiten der Analysis erforderte neue, schärfere Begriffe. Man mußte zwischen der Stetigkeit in einem Punkt und der *gleichmäßigen Stetigkeit* auf einer Menge unterscheiden (E. HEINE 1872 für $n = 1$, vgl. § I.6), ebenso zwischen der *punktweisen* und der *gleichmäßigen Konvergenz* einer Funktionenfolge (§ I.7). Hinzu kam die *gleichgradige Stetigkeit* oder *Gleichstetigkeit* (engl. equicontinuity) einer Funktionenfamilie (f_α), welche bei Kompaktheitsfragen in Funktionenräumen benötigt wird (beide Ausdrucksweisen sind sprachlich nicht schön, aber die gleichmäßige Stetigkeit ist eben schon für etwas anderes vergeben). Auf diesen Problemkreis gehen wir hier nicht ein. Die Schwierigkeiten bei der mehrdimensionalen Differential- und Integralrechnung und die zu ihrer Überwindung geschaffenen neuen Begriffe und Theorien werden in den entsprechenden späteren Paragraphen besprochen.

Die stetigen Abbildungen von metrischen Räumen bilden das Hauptthema des vorliegenden Paragraphen. Die Ausdehnung der Theorie von einer reellen Variablen auf den metrischen Raum ist bei den Definitionen trivial und bei jenen Aussagen, deren Beweis auf dem Satz von Bolzano-Weierstraß beruht (Maximum einer Funktion, gleichmäßige Stetigkeit), einfach. An die Stelle des Intervalls $[a, b]$ tritt hier die kompakte Menge, das ist im Fall des Raumes $\mathbb{R}^n$ die abgeschlossene und beschränkte Menge. Wenn das Cauchy-Kriterium in die Überlegungen eingeht, wird die Vollständigkeit des Raumes benötigt. In einigen Fällen tritt jedoch aus sachlichen Gründen ein normierter Raum oder gar der Raum $\mathbb{R}^n$ an die Stelle des allgemeinen metrischen Raumes, etwa dann, wenn Funktionen addiert werden oder die Stetigkeit in einzelnen Variablen untersucht wird. An einer Stelle, nämlich beim Halbierungsverfahren, sind methodische Gründe der Anlaß, uns auf den $\mathbb{R}^n$ zu beschränken. Die entsprechenden Schlüsse ließen sich auch im kompakten metrischen Raum durchführen, doch würden sie dann komplizierter werden. Der Paragraph schließt mit der stetigen Fortsetzung, einem Problem, dessen volle Bedeutung für die Analysis erst in unserem Jahrhundert erkannt wurde. Was die Bezeichnung angeht, so handelt es sich bei den betreffenden Räumen immer um metrische Räume, sofern nicht ausdrücklich etwas anderes gesagt wird.

2.1 Grenzwert und Stetigkeit. Im folgenden sind X und Y metrische Räume; in beiden Räumen wird die Metrik mit d bezeichnet. Wir übernehmen die Definitionen aus §I.6, jedoch werden jetzt die Abstände durch die Metrik gemessen. Vorgelegt sei eine Funktion $f : D \to Y$ mit $D \subset X$. Dies faßt man übrigens häufig, wenn auch nicht ganz korrekt, in der Form $f : D \subset X \to Y$ zusammen.

Grenzwert. Es sei ξ Häufungspunkt von D. Man sagt, die Funktion f strebe gegen $\eta \in Y$ für $x \to \xi$ (in D) und schreibt dafür

$$\lim_{x \to \xi, x \in D} f(x) = \eta \quad \text{bzw.} \quad f(x) \to \eta \quad \text{für} \quad x \to \xi \quad (x \in D)$$

(der Zusatz $x \in D$ wird oft weggelassen), wenn man zu jedem $\epsilon > 0$ ein $\delta > 0$ angeben kann, so daß mit $\dot{B}_\delta(\xi) = B_\delta(\xi) \setminus \{\xi\}$ gilt

$$d(f(x), \eta) < \epsilon \quad \text{für alle} \quad x \in D \cap \dot{B}_\delta(\xi) \, .$$

Stetigkeit. Die Funktion f heißt stetig im Punkt $\xi \in D$, wenn es zu jedem $\epsilon > 0$ ein $\delta > 0$ gibt, so daß gilt

$$d(f(x), f(\xi)) < \epsilon \quad \text{für alle} \quad x \in D \cap B_\delta(\xi) \, .$$

Die Funktion f gehört zur Klasse $C(D) = C(D, Y)$, wenn sie in D, d.h. in jedem Punkt von D stetig ist.

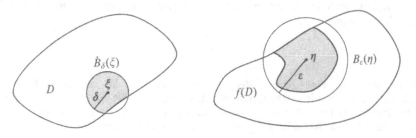

Zur Definition des Grenzwertes

Gleichmäßige Stetigkeit. Die Funktion f heißt *gleichmäßig stetig* in D, wenn zu jedem $\varepsilon > 0$ ein $\delta > 0$ existiert, so daß

$$d(f(x), f(y)) < \epsilon \quad \text{für alle} \quad x, y \in D \quad \text{mit} \quad d(x, y) < \delta$$

ist. Insbesondere ist dann $f \in C(D)$. Schließlich sagt man, f genüge in D einer *Lipschitzbedingung* mit der *Lipschitzkonstante* L, wenn

$$d(f(x), f(y)) \leq L d(x, y) \quad \text{für } alle \ x, y \in D$$

ist. Man nennt dann f *lipschitzstetig* in D und schreibt $f \in \text{Lip}(D)$. Aus der Lipschitzstetigkeit folgt die gleichmäßige Stetigkeit.

Zusammenfassung. Sind X und Y normierte Räume und wird die Norm in beiden Räumen mit $|\cdot|$ bezeichnet, so nehmen die Definitionen eine mit dem eindimensionalen Fall völlig übereinstimmende Form an. Dabei steht ... für den Satz „Zu vorgegebenem $\varepsilon > 0$ gibt es ein $\delta > 0$ mit der Eigenschaft":

$\lim\limits_{x \to \xi} f(x) = \eta \qquad : \ldots \ |f(x) - \eta| < \varepsilon$ für $|x - \xi| < \delta$, $x \neq \xi$, $x \in D$;

f stetig in $\xi \qquad : \ldots \ |f(x) - f(\xi)| < \varepsilon$ für $|x - \xi| < \delta$, $x \in D$;

f gleichmäßig
stetig in $D \qquad : \ldots \ |f(x) - f(y)| < \varepsilon$ für alle $x, y \in D$ mit $|x - y| < \delta$;

f lipschitzstetig in $D \iff |f(x) - f(y)| \leq L|x - y|$ für $x, y \in D$;

f hölderstetig in $D \iff |f(x) - f(y)| \leq L|x - y|^\alpha$ für $x, y \in D$ $(0 \leq \alpha \leq 1)$.

Beispiele. 1. *Abstandsfunktion.* Es sei A eine nichtleere Teilmenge des metrischen Raumes X. Die Abstandsfunktion $d(x, A) = \inf\{d(x, a) : a \in A\}$ (hier ist $Y = \mathbb{R}$) genügt der

Lipschitzbedingung $\qquad |d(x, A) - d(y, A)| \leq d(x, y) \quad$ für $x, y \in X$.

Zu $\epsilon > 0$ gibt es nämlich ein $a \in A$ mit $d(y, A) > d(y, a) - \epsilon$, und wegen $d(x, A) \leq d(x, a)$ ist

$$d(x, A) - d(y, A) < d(x, a) - d(y, a) + \epsilon \leq d(x, y) + \epsilon$$

aufgrund der Dreiecksungleichung. Also ist $d(x, A) - d(y, A) \leq d(x, y)$, und aus Symmetriegründen darf man hier x und y vertauschen.

2. *Stetigkeit der Norm.* In einem normierten Raum X genügt die Norm nach 1.7 (a) der Lipschitzbedingung

$$||x| - |y|| \leq |x - y| \quad \text{für} \quad x, y \in X.$$

3. *Projektion auf eine konvexe Menge.* Die Menge $K \subset \mathbb{R}^n$ sei abgeschlossen und konvex. In 1.22 haben wir gesehen, daß zu jedem Punkt $x \in \mathbb{R}^n$ ein eindeutig bestimmter nächster Punkt $u = Px \in K$ mit $|x - u| = d(x, K)$ existiert (für $x \in K$ ist $Px = x$). Wir wollen zeigen, daß die Abbildung $P : \mathbb{R}^n \to K$ der Lipschitzbedingung

(∗) $\qquad\qquad\qquad |Px - Py| \leq |x - y| \quad \text{für} \quad x, y \in \mathbb{R}^n$

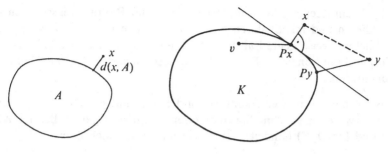

Abstandsfunktion   Projektion auf eine konvexe Menge

genügt, also insbesondere stetig ist. Die Abbildung P wird (metrische) *Projektion* auf K oder Lotfußpunktabbildung genannt; sie hat die Eigenschaft $P|K = \mathrm{id}_K$.

Offenbar gilt (∗), wenn x oder y aus K ist. Es sei also $x, y \notin K$. Aus 1.22 wissen wir, daß $\langle v - Px, x - Px \rangle \leq 0$ ist für alle $v \in K$. Das gilt insbesondere für den Punkt $v = Py$, d.h. es ist

$$\langle Py - Px, x - Px \rangle \leq 0 \, .$$

Aus Symmetriegründen kann man hier x und y vertauschen, $\langle Px - Py, y - Py \rangle \leq 0$, und durch Addition dieser beiden Ungleichungen folgt

$$\langle Py - Px, x - Px - y + Py \rangle \leq 0 \iff |Px - Py|^2 \leq \langle Py - Px, y - x \rangle \, .$$

Nach der Schwarzschen Ungleichung ist die rechte Seite $\leq |x - y||Px - Py|$, und daraus folgt (∗). □

Ohne Schwierigkeiten lassen sich die zentralen Sätze I.6.3 und I.6.4 und ihre Beweise übertragen; X und Y sind weiterhin metrische Räume.

Folgenkriterium. Grenzwert. *Der Limes von $f(x)$ für $x \to \xi$ in D (ξ Häufungspunkt von D) existiert genau dann, wenn für jede gegen ξ konvergierende Folge (x_k) in $D \setminus \{\xi\}$ die Folge $(f(x_k))$ konvergiert. In diesem Falle gilt dann stets*

$$\lim_{x \to \xi} f(x) = \lim_{k \to \infty} f(x_k) \, .$$

Stetigkeit. *Die Funktion $f : D \to Y$ ist genau dann stetig im Punkt $\xi \in D$, wenn für jede Folge (x_k) in D mit $x_k \to \xi$ stets $f(x_k) \to f(\xi)$ für $k \to \infty$ gilt.*

Konvergenzkriterium von Cauchy. *Ist Y ein vollständiger metrischer Raum, so existiert der Grenzwert $\lim_{x \to \xi} f(x)$ ($x \in D, \xi$ Häufungspunkt von D) genau dann, wenn es zu jedem $\epsilon > 0$ ein $\delta > 0$ mit der folgenden Eigenschaft gibt:*

$$d(f(x), f(y)) < \epsilon \quad \text{für alle} \quad x, y \in D \cap \dot{B}_\delta(\xi) \, .$$

Es folgen weitere einfache Sätze über Funktionen $f, g : D \subset X \to Y$.

(a) Ist $\xi \in D$ ein Häufungspunkt von D, so ist f genau dann stetig in ξ, wenn $f(x) \to f(\xi)$ strebt für $x \to \xi$. Ist ξ kein Häufungspunkt, also ein isolierter Punkt von D, so ist f an der Stelle ξ stetig.

(b) Ist Y ein (reeller oder komplexer) normierter Raum, so lassen sich Funktionen addieren und mit Skalaren multiplizieren. Die Funktion $h = \lambda f + \mu g$ ist in der üblichen Weise gemäß $h(x) = \lambda f(x) + \mu g(x)$ für $x \in D$ erklärt ($\lambda, \mu \in \mathbb{R}$ oder $\mathbb{C}$). Die Funktionen $f : D \to Y$ bilden also einen (reellen oder komplexen) Funktionenraum.

(c) Ist Y ein normierter Raum, so sind mit f und g auch $\lambda f + \mu g$ und $|f|$ stetig in ξ bzw. stetig, gleichmäßig stetig oder lipschitzstetig in D. Bei den Klassen $C(D, Y)$ und $\mathrm{Lip}(D, Y)$ handelt es sich also um Funktionenräume.

Hier folgt (a) unmittelbar aus der Definition, während sich (c) aus einfachen Abschätzungen, etwa bei $|f|$ aus $\big||f(x)| - |f(y)|\big| \le |f(x) - f(y)|$ ergibt.

Die nächsten beiden Sätze zeigen, daß man die Stetigkeit auch mit Hilfe von Umgebungen oder offenen Mengen erklären kann. Wir erinnern daran, daß eine Menge offen in D oder abgeschlossen in D oder D-Umgebung eines Punktes $\xi \in D$ ist, wenn man sie in der Form $A \cap D$ darstellen kann, wobei A offen oder abgeschlossen oder Umgebung von ξ (in X) ist.

(d) *Stetigkeitsdefinition mit Umgebungen.* Die Funktion f ist genau dann stetig in $\xi \in D$, wenn es zu jeder Umgebung $V = V(f(\xi))$ eine D-Umgebung $U = U(\xi)$ gibt mit

$$f(U) \subset V \, .$$

Auch das folgt sofort aus der Definition.

Satz. *Eine Funktion $f : D \to Y$ ist genau dann stetig in D, wenn das Urbild jeder offenen Teilmenge von Y offen in D ist, oder auch genau dann, wenn das Urbild jeder abgeschlossenen Teilmenge von Y abgeschlossen in D ist.*

Beweis. Es sei f stetig in D, die Menge $G \subset Y$ sei offen, und $\xi \in D$ sei ein Punkt mit $\eta = f(\xi) \in G$. Nach (d) besitzt ξ eine D-Umgebung $U = B_\delta(\xi) \cap D$ mit $f(U) \subset G$, woraus $U \subset f^{-1}(G) =: H$ folgt. Also ist ξ innerer Punkt von H bezüglich D. Da man für ξ jeden Punkt aus H wählen kann, ist H offen in D.

Wir nehmen nun umgekehrt an, daß das Urbild jeder offenen Menge $G \subset Y$ offen in D sei. Sind nun $\xi \in D$ und $\epsilon > 0$ beliebig vorgegeben, dann hat insbesondere die offene Kugel $G = B_\epsilon(f(\xi))$ ein in D offenes Urbild $H = f^{-1}(G)$. Wegen $\xi \in H$ gibt es ein $\delta > 0$ mit $B_\delta(\xi) \cap D \subset H$, also $f(B_\delta(\xi) \cap D) \subset G = B_\epsilon(f(\xi))$. Diese Inklusion besagt gerade, daß aus $d(x, \xi) < \delta$ folgt $d(f(x), f(\xi)) < \epsilon$, d.h. f ist stetig in ξ.

Die zweite Aussage des Satzes folgt aus der ersten, da eine Menge genau dann abgeschlossen ist, wenn ihr Komplement offen ist, und da $D \setminus f^{-1}(A) = f^{-1}(Y \setminus A)$ für jede Menge $A \subset Y$ gilt.   □

Im Fall $Y = \mathbb{R}$ erhält man, da (α, ∞) und $(-\infty, \alpha)$ offene Mengen sind:

(e) Ist $f : D \to \mathbb{R}$ stetig, so sind für jedes $\alpha \in \mathbb{R}$ die Mengen $\{x \in D : f(x) > \alpha\}$ und $\{x \in D : f(x) < \alpha\}$ offen in D und die entsprechenden Mengen mit $\ge$, $\le$ oder $=$ abgeschlossen in D.

2.2 Schwankung einer Funktion. Limes superior und Limes inferior. In diesem Abschnitt ist D eine nichtleere Teilmenge eines metrischen Raumes X und f eine reellwertige, auf D erklärte Funktion. Wie in I.6.15 definiert man

$$\omega(D) := \sup f(D) - \inf f(D) \quad \textit{Schwankung von } f \textit{ auf } D$$

und, wenn $\xi \in D$ ist,

$$\omega(\xi) := \lim_{r \to 0+} \omega(B_r(\xi) \cap D) \quad \textit{Schwankung von } f \textit{ im Punkt } \xi .$$

Die auftretende Differenz kann immer gebildet werden, da $\sup f(D) > -\infty$ und $\inf f(D) < \infty$ ist. Offenbar nimmt die Größe $\omega(D)$ bei Vergrößerung von D zu. Daraus folgt, daß $\omega(B_r(\xi) \cap D)$ eine monoton wachsende Funktion von r ist. Der Limes existiert also, und er ist genau dann unendlich, wenn f in jeder D-Umgebung von ξ unbeschränkt ist. Ist $|f(x) - f(\xi)| < \epsilon$ in einer D-Umgebung U von ξ, so folgt $\omega(U) \le 2\epsilon$, und umgekehrt ergibt sich aus dieser Ungleichung die Abschätzung $|f(x) - f(\xi)| \le 2\epsilon$. Diese Überlegung führt zum folgenden

Lemma. *Die Funktion f ist genau dann stetig in ξ, wenn $\omega(\xi) = 0$ ist.*

Wir kommen nun zu den in der Überschrift genannten Limesbegriffen und nehmen an, daß ξ ein Häufungspunkt von D ist. Eine Folge (x_k) aus D mit $x_k \ne \xi$ und $\lim x_k = \xi$ wird „zulässige Folge" genannt. Alle möglichen Grenzwerte $a = \lim f(x_k)$, wobei (x_k) eine zulässige Folge ist und die Werte $a = \pm\infty$ als Grenzwerte zugelassen sind, fassen wir zu einer „Grenzwertmenge" $L \subset \overline{\mathbb{R}}$ zusammen. Aufgrund der Definition des Häufungspunktes gibt es zulässige Folgen, und nach I.4.16 hat jede Zahlenfolge $(f(x_k))$ eine in $\overline{\mathbb{R}}$ konvergente Teilfolge. Die Menge L also nicht leer. Wie in I.12.22 definiert man

$$\liminf_{x \to \xi} f(x) := \inf L , \quad \limsup_{x \to \xi} f(x) := \sup L .$$

Bezeichnen wir diese beiden Zahlen mit L_* und L^*, so gilt

(a) Es gibt zulässige Folgen (ξ_k) und (η_k) mit $\lim f(\xi_k) = L_*$, $\lim f(\eta_k) = L^*$.

(b) Es ist $\lim_{x \to \xi} f(x) = a$ genau dann, wenn $L_* = L^* = a$ ist.

(c) Ist $L^* \in \mathbb{R}$ und wird $\epsilon > 0$ beliebig vorgegeben, so gibt es eine D-Umgebung U von ξ mit der Eigenschaft, daß $f(x) < L^* + \epsilon$ für $x \in U$ ist. Analoges gilt für den Limes inferior.

Das beweist man wie im eindimensionalen Fall. – Der Funktionswert $f(\xi)$ geht in die Berechnung von $\omega(\xi)$, nicht jedoch in L_* und L^* ein (er braucht gar nicht definiert zu sein!). Trotzdem besteht unter geeigneten Annahmen ein Zusammenhang zwischen diesen Größen; vgl. Aufgabe 7.

Beispiel. Es sei X die (x, y)-Ebene und $f(x, y) = xy/(x^2 + y^2)$ für $(x, y) \ne 0$. Führt man Polarkoordinaten $x = r\cos\phi$, $y = r\sin\phi$ ein, so ergibt sich $f(r\cos\phi, r\sin\phi) = \sin\phi\cos\phi = \frac{1}{2}\sin 2\phi$. Die Funktion ist also längs jedes vom Nullpunkt ausgehenden Strahls konstant, und man zeigt ohne Mühe, daß

$$\liminf_{(x,y) \to 0} f(x, y) = -\frac{1}{2} \quad \text{und} \quad \limsup_{(x,y) \to 0} f(x, y) = \frac{1}{2}$$

ist. Man gebe Zahlenfolgen mit den bei (a) genannten Eigenschaften an.

Der Ausdruck $\omega(0)$ läßt sich nicht bilden, da 0 nicht zum Definitionsbereich von f gehört. Setzt man jedoch $f(0,0) = 0$, so ergibt sich $\omega(B_r) = 1$ für jedes $r > 0$, also $\omega(0) = 1$. Die Funktion f ist also unstetig im Nullpunkt. Aus den Regeln 2.5 (b) ergibt sich, daß f an allen anderen Stellen im $\mathbb{R}^2$ stetig ist.

2.3 Stetigkeitsmodul. Eine Funktion $\delta : [0, \infty) \to \mathbb{R}$ heißt ein *Stetigkeitsmodul*, wenn sie monoton wachsend und nichtnegativ ist und für $s \to 0+$ gegen $\delta(0) = 0$ strebt. Der in I.6.16 aufgestellte Zusammenhang zwischen Stetigkeitsmoduln und der gleichmäßigen Stetigkeit besteht auch im allgemeinen Fall.

Lemma. *Es seien X, Y metrische Räume. Die Funktion $f : X \to Y$ ist genau dann gleichmäßig stetig in X, wenn eine Abschätzung*

$$(S_\delta) \qquad d(f(x), f(y)) \le \delta(d(x, y)) \qquad \text{für} \quad x, y \in X , \quad d(x, y) \le \alpha$$

besteht, wobei α eine positive Konstante und δ ein Stetigkeitsmodul ist. Ist die Bildmenge $f(X)$ beschränkt, so besteht diese Aussage auch ohne die Einschränkung „$d(x, y) \le \alpha$".

Im Fall normierter Räume X, Y handelt es sich dabei um die Abschätzung $|f(x) - f(y)| \le \delta(|x - y|)$. Für $\delta(s) = Ls$ $(L > 0$ konstant) erhält man die lipschitzstetigen Funktionen, während man wie im eindimensionalen Fall von *hölderstetigen Funktionen* spricht, wenn (S_δ) mit $\delta(s) = Ls^\alpha$ $(0 < \alpha < 1)$ gilt.

Beweis. Aus (S_δ) folgt offenbar die gleichmäßige Stetigkeit. Denn zu $\epsilon > 0$ gibt es ein $\eta \in (0, \alpha)$ mit $\delta(s) < \epsilon$ für $0 \le s < \eta$, und aus $d(x, y) < \eta$ erhält man dann die Abschätzung $d(f(x), f(y)) < \epsilon$.

Nun sei umgekehrt f gleichmäßig stetig in X und

$$\delta(s) := \sup\{d(f(x), f(y)) : d(x, y) \le s\} .$$

Trivialerweise besteht dann die Ungleichung (S_δ), und außerdem ist δ monoton wachsend. Zu gegebenem $\epsilon > 0$ existiert ein $\eta > 0$ derart, daß aus $d(x, y) \le \eta$ folgt $d(f(x), f(y)) \le \epsilon$. Daraus folgt aber auch $\delta(\eta) \le \epsilon$, und hieran erkennt man, daß $\lim_{s \to 0} \delta(s) = 0$ ist. Ist $f(X)$ beschränkt, so ist $\delta(s)$ endlich, also ein Stetigkeitsmodul. Ist $f(X)$ unbeschränkt, so gibt es sicher ein $\alpha > 0$ mit $\delta(\alpha) < \infty$, und $\delta_1(s) = \min\{\delta(s), \delta(\alpha)\}$ ist ein Stetigkeitsmodul, für den (S_{δ_1}) gilt. □

2.4 Komposition stetiger Funktionen. Es seien X, Y, Z metrische Räume und $f : D_f \subset X \to Y$ und $g : D_g \subset Y \to Z$ zwei Funktionen mit $f(D_f) \subset D_g$. Für die zusammengesetzte Funktion $h = g \circ f : D_f \to Z$ gilt dann der

Satz. *Ist f stetig in $\xi \in D$ und g stetig in $f(\xi)$, so ist $h = g \circ f$ stetig in ξ. Ist also $f \in C(D_f)$ und $g \in C(D_g)$, so folgt $h \in C(D_f)$.*

Zum Beweis benutzt man, genau wie in I.6.7, das Folgenkriterium: Aus $x_k \to \xi$ folgt $f(x_k) \to f(\xi)$ und daraus $h(x_k) = g(f(x_k)) \to g(f(\xi)) = h(\xi)$. □

Als erste Anwendung verallgemeinern wir den Zwischenwertsatz I.6.10.

Zwischenwertsatz für Gebiete. *Eine auf einem Gebiet $G \subset \mathbb{R}^n$ stetige, reellwertige Funktion f nimmt jeden Zwischenwert an, d.h. $f(G)$ ist ein Intervall oder eine einpunktige Menge.*

Beweis. Ist $\overline{ab}$ eine in G gelegene Strecke, so ist die Funktion $t \mapsto f(a + t(b - a))$ im Intervall $[0, 1]$ definiert und stetig; nach I.6.10 nimmt sie also jeden zwischen $f(a)$ und $f(b)$ gelegenen Wert an. Da man zwei beliebige Punkte $x, y \in G$ durch einen in G verlaufenden Streckenzug verbinden kann, ergibt sich, daß auch jeder Wert zwischen $f(x)$ und $f(y)$ angenommen wird. □

2.5 Stetige vektor- und skalarwertige Funktionen. Wir betrachten Funktionen $f : D \subset X \to Y$, wobei X nach wie vor ein beliebiger metrischer Raum, Y dagegen der Raum $\mathbb{R}^m$ oder $\mathbb{C}^m$ ist. Ist $m = 1$, so nennt man f *reell*- bzw. *komplexwertig*, während man für $m \geq 2$ auch von einer vektorwertigen Funktion spricht.

Grenzwert und Stetigkeit vektorwertiger Funktionen

$$f(x) = (f_1(x), \ldots, f_m(x)), \quad x \in D,$$

werden vollkommen beherrscht, wenn man das entsprechende Verhalten ihrer m skalarwertigen *Koordinatenfunktionen* $f_1, \ldots, f_m$ kennt.

Satz. *Die Funktion $f : D \to \mathbb{R}^m(\mathbb{C}^m)$ besitzt für $x \to \xi$ (ξ sei Häufungspunkt von D) genau dann einen Grenzwert, wenn jede Koordinatenfunktion $f_i := D \to \mathbb{R}(\mathbb{C})$ für $x \to \xi$ einen Grenzwert besitzt. In diesem Fall gilt*

$$f(x) \to \eta = (\eta_1, \ldots, \eta_m) \iff f_i(x) \to \eta_i \quad \text{für } i = 1, \ldots, m.$$

Die Funktion $f := D \to \mathbb{R}^m$ ist in $\xi \in D$ genau dann stetig, wenn jede Koordinatenfunktion f_i in ξ stetig ist.

Das ergibt sich, da man Grenzwert und Stetigkeit durch die Konvergenz von Folgen beschreiben kann, unmittelbar aus Satz 1.2.

Wir notieren noch einige Eigenschaften reellwertiger Funktionen.

(a) Ist $f : D \to \mathbb{R}$ stetig in $\xi \in D$ und ist $f(\xi) > 0$, dann gibt es eine Umgebung U von ξ, so daß $f(x) > 0$ sogar für alle $x \in U \cap D$ gilt.

(b) Mit $f : D \to \mathbb{R}$ und $g : D \to \mathbb{R}$ sind auch die Funktionen $f + g$, λf ($\lambda \in \mathbb{R}$), $f \cdot g$ und f/g stetig in $\xi \in D$ (letzteres nur für $g(\xi) \neq 0$). Dasselbe gilt für f^+, f^-, $|f|$, $\max(f, g)$, $\min(f, g)$.

Beweis. (a) Da f stetig in ξ ist, gibt es zu $\epsilon := f(\xi) > 0$ ein $\delta > 0$ mit $|f(x) - f(\xi)| < f(\xi)$ für alle $x \in B_\delta(\xi) \cap D$. Für diese x gilt dann $f(x) \geq f(\xi) - |f(x) - f(\xi)| > 0$.

(b) Man verwende das Folgenkriterium 2.1 in Verbindung mit den Rechenregeln I.4.4 für Zahlenfolgen. Im Falle f/g beachte man (a). □

Der Hauptgegenstand dieses Buches sind Funktionen, welche Punkte des $\mathbb{R}^n$ in den $\mathbb{R}^m$ abbilden. Bei Konvergenzfragen kann man sich dann – das ist der wesentliche Inhalt unseres Satzes – auf reellwertige Funktionen $f(x) = f(x_1, \ldots, x_n)$ beschränken. Mit Hilfe der Sätze (b), 2.1 (c) und 2.4 können wir nun eine Fülle von stetigen Funktionen angeben. So ist etwa für $n = 2$ und mit der Bezeichnung (x, y) statt (x_1, x_2) die Funktion $x^y = \exp(y \log x)$ stetig für $x > 0$, die Funktion $|\cos x^2 y|$ stetig in $\mathbb{R}^2$, für $n = 3$ die Funktion $(1 + \sin(xy + yz))^{1/3}$ stetig in $\mathbb{R}^3$. Eine besonders wichtige Funktionenklasse bilden die

2.6 Polynome in mehreren Veränderlichen. Man nennt etwa die Funktion $P(x, y) = 5x^2 y - 3x^2 + y - 1$ ein Polynon in x und y vom Grad 3, oder $Q(x, y, z) = xy^3 z - 2x^2 y^2 + 1$ ein Polynom in x, y und z vom Grad 5. Die allgemeine Definition folgt demselben Muster, benutzt aber ein paar nützliche abkürzende Bezeichnungen (vgl. Aufgabe I.2.6). Jede mit $x = (x_1, \ldots, x_n)$ und einem Multiindex $p = (p_1, \ldots, p_n)$ ($p_i \geq 0$ und ganz) gebildete Funktion

$$x \mapsto x^p := x_1^{p_1} x_2^{p_2} \ldots x_n^{p_n}$$

heißt ein *Monom*. Dabei ist $|p| := p_1 + \ldots + p_n$ der Grad des Monoms. Ein Polynom ist eine Linearkombination von Monomen, d.h. eine Funktion

$$P : \mathbb{R}^n \to \mathbb{R} \quad \text{mit} \quad P(x) = \sum_{|p| \leq k} a_p x^p, \quad a_p \in \mathbb{R}.$$

Dabei heißt k der *Grad des Polynoms*, falls mindestens ein a_p mit $|p| = k$ von Null verschieden ist. Wie in I.3.2 haben die konstanten Polynome $P(x) = a_0 \neq 0$ den Grad 0, während das Nullpolynom $P(x) \equiv 0$ den Grad -1 hat. Treten in der Summe nur Summanden mit $|p| = k$ auf, so wird P ein *homogenes Polynom* vom Grad k genannt. Für dieses ist $P(tx) = t^k P(x)$ (t reell).

Polynome vom Grad ≤ 1, das sind Funktionen der Form $f(x) = a + b_1 x_1 + \ldots + b_n x_n$, heißen *lineare* (oder auch affine) Funktionen. Sie sind offenbar lipschitzstetig. Ein Quotient zweier Polynome wird *rationale Funktion* genannt. Aus der Stetigkeit der Monome $x \mapsto x_i$ folgt durch wiederholte Anwendung von 2.5 (b):

(a) Jedes Polynom ist stetig in $\mathbb{R}^n$.

(b) Jede rationale Funktion ist stetig in allen Punkten, in denen der Nenner nicht verschwindet.

2.7 Stetigkeit bezüglich einzelner Veränderlichen. Streng zu unterscheiden von der Stetigkeit einer Funktion $f(x_1, \ldots, x_n)$ in mehreren Veränderlichen ist die sog. Stetigkeit in den einzelnen Veränderlichen x_j: Eine Funktion $f : D \subset \mathbb{R}^n \to Y$ (Y metrischer Raum) heißt im Punkt $(\xi_1, \ldots, \xi_n) \in D$ *stetig bezüglich* x_j, wenn die Funktion

$$t \mapsto f(\xi_1, \ldots, \xi_{j-1}, t, \xi_{j+1}, \ldots, \xi_n)$$

stetig an der Stelle $t = \xi_j$ ist. Es gilt lediglich:

(a) Ist f stetig in $\xi = (\xi_1, \ldots, \xi_n)$, so ist f dort auch stetig bezüglich $x_1, \ldots, x_n$.

Beweis. Ist $d(f(x), f(\xi)) < \epsilon$ für alle $x \in D$ mit $|x - \xi| < \delta$, so gilt dies insbesondere für die Punkte $x = (\xi_1, \ldots, \xi_{j-1}, t, \xi_{j+1}, \ldots, \xi_n) \in D$ mit $|t - \xi_j| < \delta$, denn es ist $|x - \xi| = |t - \xi_j|$. □

Die Umkehrung von (a) ist jedoch i.a. falsch.

Zwei Beispiele. 1. Es sei $f(x, y) = 0$ für $xy = 0$ und $f(x, y) = 1$ sonst. Diese Funktion ist im Nullpunkt unstetig, jedoch stetig bezüglich x und y.

2. Das Beispiel $f(x, y) = xy/(x^2 + y^2)$ für $(x, y) \neq (0, 0)$, $f(0,0) = 0$ wurde schon in 2.2 betrachtet. Diese Funktion ist nur im Nullpunkt unstetig. Sie ist jedoch dort (und damit überall im $\mathbb{R}^2$) stetig bezüglich x und y; es ist nämlich $f(x, 0) = 0$ und $f(0, y) = 0$ für alle x bzw. alle y.

2.8 Lineare Abbildungen. Es seien X und Y normierte Räume über demselben Körper $\mathbb{K}(= \mathbb{R}$ oder $\mathbb{C})$. Eine Abbildung $A : X \to Y$ heißt *lineare Abbildung* oder *linearer Operator*, im Fall $Y = \mathbb{K}$ auch *lineares Funktional*, wenn (statt $A(x)$ schreibt man häufig Ax)

$$A(x + y) = Ax + Ay \quad \text{und} \quad A(\lambda x) = \lambda \cdot Ax \quad \text{für} \quad x, y \in X \quad \text{und} \quad \lambda \in \mathbb{K}$$

ist. – Nehmen wir an, A sei an einer Stelle $\xi \in X$ stetig, es gelte also die ϵ-δ-Relation (die Norm wird in beiden Räumen mit $|\cdot|$ bezeichnet)

$$|A(\xi + h) - A\xi| \leq \epsilon \quad \text{für } h \in X, \quad |h| \leq \delta.$$

Da die linke Seite gleich $|Ah|$ ist, erkennt man, daß A auf der Kugel B_δ beschränkt ist, $|Ax| \leq \epsilon$ für $|x| \leq \delta$, und aus $|A(rx)| = r|Ax|$ $(r > 0)$ folgt, daß A auch auf der Kugel $B_{r\delta}$ und damit auf jeder Kugel beschränkt ist.

Es besteht die Äquivalenz

(∗) $\qquad |Ax| \leq L$ für $|x| \leq 1 \quad \Longleftrightarrow \quad |Ax| \leq L|x|$ für $x \in X$;

denn für $x \neq 0$ ist $A(x/|x|) = Ax/|x|$. Die kleinste Konstante L, für die (∗) gilt, bezeichnet man mit $\|A\|$,

(a) $\qquad \|A\| = \sup\{|Ax| : |x| \leq 1\} = \sup\{|Ax|/|x| : x \neq 0\}$,

und nennt sie die *Norm* oder genauer die *Operatornorm* von A. Die Norm ist die kleinste Lipschitzkonstante von A,

$$|Ax - Ay| \leq \|A\| \, |x - y| \quad \text{für} \quad x, y \in X.$$

Man sagt, wenn A lipschitzstetig ist, A sei ein *beschränkter linearer Operator*.

Satz. *Ist eine lineare Abbildung $A : X \to Y$ in einem Punkt stetig, so ist sie in ganz X lipschitzstetig, also beschränkt. Die Norm $\|A\|$ ist die kleinste Lipschitzkonstante von A.*

Besonders wichtig ist im Hinblick auf die Differentialrechnung in mehreren Veränderlichen der endlichdimensionale Fall.

Lineare Abbildungen von $\mathbb{R}^n$ in $\mathbb{R}^m$. Nach 1.1 wird eine solche Abbildung durch eine $m \times n$-Matrix $C = (c_{ij})$ erzeugt. Wir nennen

$$|C| := \left(\sum_{i=1}^{m} \sum_{j=1}^{n} c_{ij}^2 \right)^{1/2}$$

die *euklidische Norm der Matrix* bzw. *Abbildung* C (wenn man C als Vektor im $\mathbb{R}^{mn}$ auffaßt, so handelt es sich gerade um die euklidische Vektornorm von 1.1).

Ist C eine $m \times n$-Matrix mit den *Zeilen*vektoren $c_1, \ldots, c_m$ und D eine $n \times p$-Matrix mit den *Spalten*vektoren $d_1, \ldots, d_p$, so ist $B = CD$ eine $m \times p$-Matrix mit den Elementen $b_{ij} = c_i \cdot d_j$. Ferner gilt $|C|^2 = \sum |c_i|^2$, $|D|^2 = \sum |d_j|^2$. Aus der Cauchy-Ungleichung $|b_{ij}| \le |c_i||d_j|$ folgt also

$$|B|^2 = \sum_{i=1}^{m} \sum_{j=1}^{p} b_{ij}^2 \le \sum_{i=1}^{m} \sum_{j=1}^{p} |c_i|^2 |d_j|^2 = |C|^2 |D|^2 \, .$$

Für die Euklid-Normen von Matrizen gilt demnach

(b) $$\qquad\qquad\qquad\qquad |CD| \le |C||D| \, ,$$

wenn das Produkt definiert ist, insbesondere

(c) $$\qquad\qquad\qquad |Cx| \le |C||x| \qquad \text{für} \quad x \in \mathbb{R}^n \, .$$

Jede lineare Abbildung $C : \mathbb{R}^n \to \mathbb{R}^m$ ist also beschränkt. Jedoch ist $|C|$ i.a. nicht die Operatornorm; es gilt lediglich $\|C\| \le |C|$.

Beispiele. 1. Die identische Abbildung $E : \mathbb{R}^n \to \mathbb{R}^n$ wird durch die $n \times n$-Einheitsmatrix E vermittelt. Für sie ist $\|E\| = 1$ und $|E| = \sqrt{n}$.

2. Es sei J das reelle Intervall $[a, b]$ und X der Banachraum $C(J)$, versehen mit der Maximumnorm $\| \cdot \|_\infty$; vgl. 1.8. Das Integral

$$I(f) = \int_a^b f(x)dx \qquad \text{für} \quad f \in C(J)$$

ist nach Satz I.9.9 ein lineares Funktional, und aus der Abschätzung in I.9.12 folgt

$$|I(f)| \le (b - a)\|f\|_\infty \, .$$

Durch das Integral wird also ein beschränktes lineares Funktional $I : C(J) \to \mathbb{R}$ definiert. Das Beispiel $f(x) \equiv 1$ zeigt, daß in der obigen Ungleichung die Konstante $b - a$ optimal, also $\|I\| = b - a$ ist.

3. Im Raum $C(J)$ von Beispiel 2 betrachten wir den „Stammfunktion-Operator" S,

$$(Sf)(x) := \int_a^x f(t)dt \, .$$

Der Operator $S : C(J) \to C(J)$ ist linear und beschränkt mit der Norm $\|S\| = b - a$ (Beweis?).

4. Es sei X der Vektorraum aller reellen Zahlenfolgen $x = (x_1, x_2, \ldots)$ mit nur endlich vielen Gliedern $\neq 0$ (man überzeuge sich, daß ein Vektorraum vorliegt). Mit der Maximumnorm $\|x\|_\infty = \max\{|x_i| : i = 1, 2, \ldots\}$ wird X zu einem normierten Raum, der übrigens nicht vollständig ist (Beweis?). Durch $x \mapsto \sigma(x) = \sum x_i$ (die Summe ist endlich,

da nur endlich viele $x_i \neq 0$ sind) wird eine lineare Abbildung $\sigma : X \to \mathbb{R}$ definiert. Für das Element $x = (1, 1, \ldots, 1, 0, 0, \ldots)$ mit p Einsen ist $\sigma(x) = p$ und $\|x\|_\infty = 1$. Hier liegt also eine unbeschränkte lineare Abbildung vor. Das Beispiel zeigt, daß die Aussage von (c), wonach lineare Abbildungen vom $\mathbb{R}^n$ nach $\mathbb{R}^m$ immer stetig sind, sich nicht auf unendlich-dimensionale Räume verallgemeinern läßt.

Wir setzen die allgemeine Theorie fort und behandeln eine Gruppe von Sätzen zum Thema

2.9 Stetigkeit und Kompaktheit. Für eine Funktion, welche auf einem kompakten Intervall reeller Zahlen stetig ist, wurde in § I.6 u.a. bewiesen, daß sie ihr Maximum und ihr Minimum annimmt (Satz 6.8), daß sie gleichmäßig stetig ist (Satz 6.9), daß ihre Wertemenge wieder ein kompaktes Intervall ist (Zwischenwertsatz 6.10 mit 6.8) und daß, wenn sie injektiv (also monoton) ist, ihre Umkehrfunktion wieder stetig ist (Satz 6.11). Diese vier wichtigen Tatsachen über stetige Funktionen lassen sich auf beliebige kompakte Mengen verallgemeinern. Unsere Beweise haben die gleiche methodische Wurzel, nämlich die Möglichkeit, aus einer Punktfolge eine konvergente Teilfolge auszuwählen.

Im folgenden sind X und Y metrische Räume.

Satz. *Die Menge $D \subset X$ sei kompakt und $f : D \to Y$ sei stetig. Dann ist die Bildmenge $f(D) \subset Y$ kompakt.*

Beweis. Zu jeder Folge (y_k) in $f(D)$ gibt es eine Folge (x_k) in D mit $y_k = f(x_k)$. Da D kompakt ist, enthält die Folge (x_k) eine gegen einen Punkt $x \in D$ konvergierende Teilfolge. Die entsprechende Teilfolge der Bildpunkte y_k strebt wegen der Stetigkeit von f gegen $y := f(x)$. Damit haben wir eine gegen einen Punkt von $f(D)$ konvergierende Teilfolge von (y_k) gefunden, d.h. $f(D)$ ist kompakt. □

Für reellwertige Funktionen ergibt sich hieraus ein wichtiger Satz über Extremwerte. Zunächst führen wir eine Bezeichnung ein. Ist f eine auf einer beliebigen Menge D erklärte reellwertige Funktion, so nennen wir einen Punkt $a \in D$ mit $f(a) = \sup f(D)$ eine *Maximalstelle* und einen Punkt $b \in D$ mit $f(b) = \inf f(D)$ eine *Minimalstelle* von f. Die Funktion f nimmt also auf D genau dann ihr Supremum an, wenn es eine Maximalstelle a gibt; das Maximum hat dann den Wert $f(a)$ (entsprechend für das Infimum).

Satz über Extremwerte. *Eine reellwertige, auf einer kompakten Menge $D \subset X$ stetige Funktion f nimmt ihr Supremum und ihr Infimum an, d.h. es gibt eine Maximalstelle $x^* \in D$ mit $f(x^*) = \sup f(D)$ und eine Minimalstelle x_* mit $f(x_*) = \inf f(D)$.*

Das ergibt sich, da $f(D)$ nach dem obigen Satz eine kompakte Menge reeller Zahlen ist, aus dem nachstehenden, auch sonst nützlichen

Lemma. *Eine nichtleere, kompakte Menge reeller Zahlen besitzt ein größtes und ein kleinstes Element.*

Beweis. Eine kompakte Menge $C \subset \mathbb{R}$ ist beschränkt, also existiert $\eta = \sup C$. Für jede natürliche Zahl k gibt es ein $x_k \in C$ mit $\eta - \frac{1}{k} \leq x_k \leq \eta$. Wegen der Kompaktheit von C ist $\eta = \lim x_k \in C$. □

Der obige Satz beantwortet zwar die Existenzfrage, aber er gibt uns keinen Hinweis, wie man im konkreten Fall die Extremwerte einer Funktion findet. Ist D ein eindimensionales Intervall, so stellt das Fermatsche Kriterium I.10.3 ein brauchbares Mittel zur Lösung dieser Aufgabe dar. Im nächsten Paragraphen werden wir dieses Kriterium auf Funktionen von n Variablen verallgemeinern. Das Fermat-Kriterium benötigt die Differenzierbarkeit von f, und es liefert nur innere Punkte von D als mögliche Maximalstellen. Die Randpunkte von D müssen gesondert untersucht werden, und das ist bei mehreren Veränderlichen wesentlich schwieriger als im Fall eines eindimensionalen Intervalls, wo es nur zwei Randpunkte gibt. Im folgenden beschreiben wir ein Verfahren, welches die Aufgabe im Fall $D \subset \mathbb{R}^2$ auf den eindimensionalen Fall zurückführt und bei manchen konkreten Beispielen dem in § 3 beschriebenen Vorgehen vorzuziehen ist.

2.10 Extremwerte bezüglich einzelner Variablen. Wir bezeichnen wenn $f : D \to \mathbb{R}$ vorgegeben ist, mit $D^\bullet$ die Menge der Maximalstellen von f und allgemeiner, wenn B eine Teilmenge von D ist, mit $B^\bullet$ die Menge der Maximalstellen der Einschränkung $f|B$. Die Menge $B^\bullet$ besteht also aus allen Punkten $b \in B$ mit $f(b) = \sup f(B)$.

Es sei nun D eine Teilmenge von $X \times Y$, wobei X und Y beliebige Mengen sind, und es sei $f = f(x, y) : D \to \mathbb{R}$ gegeben. Für $a \in X$ sei D_a die Menge aller Punkte $(a, y) \in D$, also $D_a = D \cap (\{a\} \times Y)$. Die Menge $D_a^\bullet$ besteht dann gerade aus den Punkten (a, b) mit der Eigenschaft, daß b eine Maximalstelle der Funktion $y \mapsto g(y) := f(a, y)$ ist. Wir erwähnen, daß die Menge D_a leer sein kann und daß in diesem Fall auch $D_a^\bullet = \emptyset$ ist.

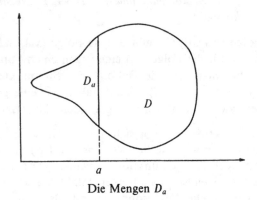

Die Mengen D_a

(a) Bei der Suche nach den Maximalstellen von $f : D \to \mathbb{R}$ kann man sich auf die Menge $D_1 = \bigcup \{D_x^\bullet : x \in X\}$ beschränken. Es gilt nämlich $D^\bullet \subset D_1^\bullet \subset D_1$ und

$$D^\bullet = D_1^\bullet , \qquad \text{falls } D^\bullet \text{ nichtleer ist.}$$

Zum *Beweis* sei $\alpha = \sup f(D)$. Da die Behauptung im Falle $D^\bullet = \emptyset$ richtig ist, nehmen wir an, daß $\alpha < \infty$ und $D^\bullet = f^{-1}(\alpha)$ nichtleer ist. Ist $(a, b) \in D^\bullet$, also $f(a, b) = \alpha$, so ist b offenbar eine Maximalstelle der Funktion $y \mapsto f(a, y)$, also $(a, b) \in D_a^\bullet \subset D_1$. Daraus folgt $\sup f(D_1) = \alpha$, also $(a, b) \in D_1^\bullet$. Damit ist die Behauptung $D^\bullet \subset D_1^\bullet$ bewiesen. Die Relation $D_1^\bullet \subset D^\bullet$ ergibt sich nun sofort aus $D_1 \subset D$ und der Gleichheit der Suprema.   □

(b) Besitzt f ein Maximum (d.h. ist $D^\bullet$ nichtleer), so ist die Menge $A = \{a \in X : D_a^\bullet \neq \emptyset\}$ nichtleer, und man kann zu jedem $a \in A$ einen Punkt $(a, \mu(a)) \in D_a^\bullet$ auswählen. Die

Maximalstellen von f ergeben sich dann aus den Maximalstellen der nur von x abhängigen Funktion

$$x \mapsto F(x) := f(x, \mu(x)) \quad \text{für} \quad x \in A$$

gemäß der Formel

$$D^{\bullet} = \bigcup \{ D_b^{\bullet} : b \text{ ist Maximalstelle von } F : A \to \mathbb{R} \} \ .$$

Das folgt sehr einfach aus (a), da b genau dann eine Maximalstelle von F ist, wenn $F(b) = f(b, \mu(b)) = \alpha$ gilt; man beachte, daß f auf $D_b^{\bullet}$ konstant gleich α ist. $\quad\square$

Beispiel. Gesucht sind das Maximum und die zugehörigen Maximalstellen der Funktion

$$f(x, y) = (x^2 + y^2)e^{-x-y^2}$$

im Bereich $D : -\frac{1}{2} \leq x \leq 1, \ 0 \leq y \leq 2$. Hier ist $X = Y = \mathbb{R}$ und $D_x = \{x\} \times [0, 2]$ für $-\frac{1}{2} \leq x \leq 1$. Zur Bestimmung der Maximalstellen von f auf D_x bilden wir die Ableitung der Funktion $y \mapsto f(x, y)$ (x fest), die man mit f_y bezeichnet (vgl. § 3),

$$f_y(x, y) = 2y(1 - x^2 - y^2)e^{-x-y^2} \ .$$

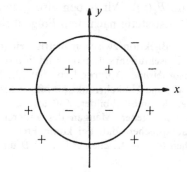

Das Vorzeichen von f_y

Nach dem Kriterium I.11.15 besteht $D_x^{\bullet}$ nur aus einem Punkt, $\left(x, \sqrt{1 - x^2}\right)$, und es ist

$$F(x) = f\left(x, \sqrt{1 - x^2}\right) = e^{-x-1+x^2} \quad \text{für} \quad x \in A = \left[-\frac{1}{2}, 1\right] \ ,$$

woraus sich $\sup F(A) = F\left(-\frac{1}{2}\right) = e^{-5/4} = \sup f(D)$ und $D^{\bullet} = \left\{\left(-\frac{1}{2}, \frac{\sqrt{3}}{2}\right)\right\}$ ergibt.

Bemerkung. Dieses Verfahren der schrittweisen Bestimmung von Extremwerten läßt sich auf mehr als zwei Variablen ausdehnen. In dieser Form stellt es eine Grundidee der (deterministischen) dynamischen Optimierung dar.

2.11 Satz über die gleichmäßige Stetigkeit. *Es sei $D \subset X$ kompakt. Dann ist jede stetige Funktion $f : D \to Y$ gleichmäßig stetig auf D.*

Der *Beweis* von I.6.9 ist übertragbar. Ist der Satz falsch, so gibt es ein „Ausnahme-ϵ" ϵ_0 und eine Folge (x_n, y_n) mit

(∗) $d(x_n, y_n) < \dfrac{1}{n}$ und $d(f(x_n), f(y_n)) \geq \epsilon_0$.

Man kann annehmen (Teilfolge), daß $\lim x_n = \lim y_n = \xi \in D$ existiert, und aus $\lim f(x_n) = \lim f(y_n) = f(\xi)$ ergibt sich ein Widerspruch zu (∗). $\square$

Die nun folgende Verallgemeinerung des Satzes I.6.11 über die Umkehrfunktion bewies C. Jordan in seinem *Cours d'Analyse* 1 [1893, S. 53].

2.12 Satz über die Stetigkeit der Umkehrfunktion. *Die Menge $D \subset X$ sei kompakt, und $f : D \to Y$ sei stetig und injektiv. Dann ist $f^{-1} : f(D) \to D$ stetig.*

Beweis. Es sei y ein beliebiger Punkt aus $E := f(D)$ und (y_n) eine gegen y konvergierende Folge aus E. Bezeichnen x und x_n die Urbilder von y und y_n, so wollen wir zeigen, daß $\lim x_n = x$ ist. Wegen der Kompaktheit von D besitzt (x_n) eine konvergente Teilfolge $(x_{n(k)})$; es sei etwa $x' = \lim_{k \to \infty} x_{n(k)}$. Wegen der Stetigkeit von f ist $f(x') = \lim f(x_{n(k)}) = \lim y_{n(k)} = y$, und wegen der Injektivität ist $x' = x$. Jede konvergente Teilfolge von (x_n) hat also ein und denselben Limes x. Daraus und aus der Kompaktheit von D folgt aber mit einem wohlbekannten Schluß, daß $\lim x_n = x$ ist (wäre $x_n \notin B_\epsilon(x)$ für unendlich viele n, so gäbe es einen Häufungspunkt außerhalb $B_\epsilon(x)$). Wir haben also gezeigt, daß aus $y_n \to y$ folgt $f^{-1}(y_n) \to f^{-1}(y)$, d.h. f^{-1} ist stetig nach dem Folgenkriterium 2.1. $\square$

Bemerkung. Man nennt eine Bijektion zwischen metrischen (oder allgemeiner: topologischen) Räumen, welche mit Einschluß ihrer Umkehrfunktion stetig ist, eine *topologische Abbildung* oder einen *Homöomorphismus*. Aufgrund von Satz 2.1 hat ein Homöomorphismus die Eigenschaft, daß er bzw. seine Umkehrfunktion offene Mengen des einen Raumes in offene Mengen des anderen Raumes abbildet, daß also die offenen Mengen des einen Raumes genau die Bilder der offenen Mengen des anderen Raumes sind. Man kann also den obigen Satz so aussprechen, daß bei kompaktem D eine stetige Injektion ein Homöomorphismus zwischen (den metrischen Räumen) D und $f(D)$ ist.

2.13 Das Halbierungsverfahren. Aus einem kompakten n-dimensionalen Intervall $[a, b]$ $(a, b \in \mathbb{R}^n, a < b)$ entstehen durch Halbieren einer Kante zwei kompakte Intervalle. Halbieren wir etwa die erste Kante, so handelt es sich mit der Bezeichnung $\gamma = \frac{1}{2}(a_1 + b_1)$ und $I' = [a_2, b_2] \times \cdots \times [a_n, b_n]$ um die Intervalle $[a_1, \gamma] \times I'$ und $[\gamma, b_1] \times I'$. Wir wählen eines der Intervalle aus und halbieren die zweite Kante, wählen wieder eines der entstehenden Intervalle aus und halbieren die dritte Kante, usw. Nach n Schritten erhalten wir ein kompaktes Intervall $[c, d]$ mit halbierten Kantenlängen, $d - c = \frac{1}{2}(b - a)$. Insgesamt ergeben sich 2^n solche Intervalle.

Unter einer *Intervallschachtelung* versteht man eine Folge (I_k) von „ineinandergeschachtelten" kompakten Intervallen $I_k = [a^k, b^k] \subset \mathbb{R}^n$ mit $I_{k+1} \subset I_k$ und $\lim |b^k - a^k| = 0$.

(a) Jede Intervallschachtelung zieht sich auf einen Punkt zusammen, d.h. es gibt ein $\xi \in \mathbb{R}^n$ mit $\bigcap I_k = \{\xi\}$.

Beweis. Aus $I_{k+1} \subset I_k$ folgt $a^k \leq a^{k+1} \leq b^{k+1} \leq b^k$ (dies sind Ungleichungen im $\mathbb{R}^n$; vgl. 1.1). Nach dem Monotoniekriterium I.4.7, angewandt auf die Komponen-

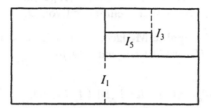

Das Halbierungsverfahren

tenfolgen $(a_1^k), (a_2^k), \ldots$, folgt daraus die Existenz von $\xi = \lim a^k$ sowie $a^k \leq \xi \leq b^k$ für alle k, also $\xi \in \bigcap I_k$. Daß dieser Durchschnitt nur einen Punkt enthalten kann, folgt aus $|b^k - a^k| \to 0$.

Aus einem Intervall $[a, b]$ läßt sich durch fortwährende Halbierung in infinitum eine Intervallschachtelung erzeugen. Hierauf beruht eine wichtige Beweismethode im $\mathbb{R}^n$, das sogenannte *Halbierungsverfahren*. Wir beschreiben dieses Verfahren, indem wir einen neuen Beweis für den Satz von Bolzano-Weierstraß geben (man vergleiche die Folgenversion in 1.2 und Satz 1.16).

Satz von Bolzano-Weierstraß. *Jede unendliche beschränkte Menge $M \subset \mathbb{R}^n$ besitzt einen Häufungspunkt.*

Ein „Intervall" ist im folgenden immer ein kompaktes Intervall im $\mathbb{R}^n$. Beim Beweis untersucht man bei jedem Schritt die Aussage „Das Intervall I enthält unendlich viele Elemente von M", die wir kurz mit $E(I)$ bezeichnen. Zuerst wird ein großes Intervall $J \supset M$ gewählt; für dieses gilt

(a) $E(J)$ ist richtig.

Dann wird bei fortwährender Unterteilung immer dasjenige Teilintervall I herausgesucht, für das $E(I)$ gilt. Das ist möglich, weil E bei einer Teilung erhalten bleibt:

(b) Gilt $E(I)$ und ist $I = I_1 \cup I_2$, so gilt $E(I_1)$ oder $E(I_2)$

(„die Eigenschaft E vererbt sich"). In der Tat müssen, wenn I unendlich viele Elemente von M enthält, in I_1 oder I_2 unendlich viele Elemente von M liegen. Man erhält auf diese Weise eine Schachtelung von Intervallen, welche die Eigenschaft E haben und sich auf den Punkt ξ zusammenziehen. In jeder Umgebung U von ξ liegen Intervalle I, für die $E(I)$ gilt. Also liegen unendlich viele Elemente von M in U, d.h. ξ ist Häufungspunkt von M.

Diese Beweismethode ist für jede Eigenschaft E durchführbar, wenn (a) und (b) gelten. Wir formulieren sie als abstraktes

Halbierungsprinzip. *Ist E eine Aussage, welche für alle kompakten Teilintervalle I eines kompakten Intervalls J erklärt ist, und gilt (a) und (b), so existiert ein Punkt $\xi \in J$ von der Art, daß in jeder Umgebung von ξ ein Intervall I liegt, für das $E(I)$ gilt.*

Für manche Anwendungen ist es bequem, das Prinzip für kompakte Mengen auszusprechen. Dazu sei D eine kompakte Menge im $\mathbb{R}^n$ und $K = K(D)$ die Menge aller nichtleeren kompakten Teilmengen von D.

Halbierungsprinzip für kompakte Mengen. *Es sei E eine Aussage, welche für Mengen $A, B, \ldots$ aus $K = K(D)$ erklärt ist, und es gelte*

(a) *$E(D)$ ist wahr;*

(b) *aus $E(A \cup B)$ folgt $E(A)$ oder $E(B)$ ($A, B \in K$).*

Dann gibt es einen Punkt $\zeta \in D$, so daß in jeder Umgebung von ζ eine Menge $A \in K$ liegt, für welche $E(A)$ richtig ist.

Die zweite Formulierung ist nicht allgemeiner als die erste, denn man kann ein J mit $D \subset J$ bestimmen und durch fortwährende Halbierung von J entsprechende Aufteilungen von D erzielen. Oder noch einfacher: Man betrachtet die Aussage $E^*(I)$ „$I \cap D$ ist nichtleer, und es gilt $E(I \cap D)$" und wendet das erste Halbierungsprinzip auf E^* an.

Fabrizieren wir ein paar Sätze mit dieser Beweismaschine. Dabei haben $D, J, \ldots$ die früheren Bedeutungen.

1. Verdichtungspunkte. Nach I.2.9 heißt eine Menge überabzählbar, wenn sie weder endlich noch abzählbar ist. Ein Punkt ζ heißt Verdichtungspunkt einer Menge $A \subset \mathbb{R}^n$, wenn jede Umgebung von ζ überabzählbar viele Elemente von A enthält. Jeder Verdichtungspunkt ist auch Häufungspunkt; das Umgekehrte ist i.a. falsch, da eine abzählbare Menge keinen Verdichtungspunkt besitzt.

Satz. *Jede überabzählbare Menge im $\mathbb{R}^n$ besitzt einen Verdichtungspunkt.*

Beweis. Da A als Vereinigung von beschränkten Mengen $A_k (k = 1, 2, \ldots)$ darstellbar ist, kann man annehmen, daß A beschränkt ist (wären alle Mengen A_k höchstens abzählbar ($k = 1, 2, \ldots$), so wäre auch A höchstens abzählbar nach I.2.9 (d)). Man wählt ein Intervall $J \supset A$ und betrachtet die Aussage

$$E(I) : A \cap I \quad \text{ist überabzählbar.}$$

Man sieht leicht, daß (a) und (b) gelten. Der Punkt ζ ist ein Verdichtungspunkt, da in jeder Umgebung von A Intervalle I liegen, für die $A \cap I$ überabzählbar ist. $\qquad \square$

2. Maximum einer stetigen Funktion. *Jede stetige Funktion $f : D \to \mathbb{R}$ nimmt ihr Supremum an.*

Für diesen Satz aus 2.9 geben wir einen neuen *Beweis.* Es sei $\eta = \sup f(D)$. Dann hat die Aussage

$$E(A) : \quad \text{Es ist } \sup f(A) = \eta$$

die Eigenschaften (a) und (b). Es muß $f(\zeta) = \eta$ sein. $\qquad \square$

3. Satz. *Ist $f : D \to \mathbb{R}$ eine beliebige Funktion und $\eta = \sup f(D)$, so gibt es ein $\zeta \in D$ derart, daß $\sup f(B_\epsilon(\zeta) \cap D) = \eta$ für jedes $\epsilon > 0$ ist.*

Hier wird man die Eigenschaft $E(A) : \sup f(A) = \eta$ benutzen.

4. Neuer Beweis des Satzes 2.11 über die gleichmäßige Stetigkeit. Es sei

$$s(x; \delta) = \sup\{|f(x) - f(y)| : y \in B_\delta(x) \cap D\}.$$

Wir betrachten die Aussage

$$E(A) : \sup_{x \in A} s(x;\delta) \geq \epsilon \quad \text{für alle} \quad \delta > 0 \, .$$

Offenbar gilt (b). Wir nehmen an, der Satz sei falsch. Dann gilt auch (a) mit einem geeigneten „Ausnahme-ϵ". An der Stelle ζ ergibt sich nun ein Widerspruch. Denn aufgrund der Stetigkeit von f gibt es ein δ mit $s(\zeta;2\delta) < \frac{1}{2}\epsilon$, und daraus folgt $s(x;\delta) < \epsilon$ für $x \in B_\delta(\zeta) \cap D$. Also war die Annahme (a) falsch, d.h. zu jedem ϵ gibt es ein δ mit $s(\delta,x) < \epsilon$ für alle $x \in D$.

Bemerkung. Cantor hat 1884 (Ges. Abh., S. 210 f.) das Intervallschachtelungsverfahren verallgemeinert und zum einheitlichen Beweis einer Reihe von Sätzen aus der Mengenlehre herangezogen. Er bemerkt, daß diese Beweismethode „ihrem Kern nach sehr alt ist", nennt u.a. Cauchy (*Cours d'analyse – Note troisième*), Weierstraß und Bolzano und rügt, „sie vorzugsweise oder ausschließlich auf Bolzano zurückzuführen, wie solches in neuerer Zeit beliebt worden ist" (S. 212).

Wir haben uns bei der Schilderung des Verfahrens auf den $\mathbb{R}^n$ beschränkt. Infolgedessen gelten die neuen Beweise für schon bekannte Sätze nur mit der Einschränkung, daß D eine kompakte Menge im $\mathbb{R}^n$ und nicht in einem beliebigen metrischen Raum ist. Das ist jedoch kein Mangel der Methode. Man kann vielmehr zeigen, daß ein Halbierungsprinzip auch im metrischen Raum gilt. Dazu benötigt man den auf F. Hausdorff (*Grundzüge der Mengenlehre*, S. 311) zurückgehenden Satz, daß eine kompakte Menge durch endlich viele Kugeln mit beliebig vorgegebenem Radius $r > 0$ überdeckt werden kann. Ein Beweis ist in Aufgabe 4 angedeutet. Aufgrund dieses Satzes kann man eine kompakte Menge D vom Durchmesser d in endlich viele kompakte Teilmengen zerlegen, deren Durchmesser alle $\leq d/2$ sind, und durch Fortsetzung dieses „Halbierungsverfahrens" eine Folge von ineinandergeschachtelten Mengen D_n konstruieren, die sich auf einen Punkt ζ zusammenziehen.

2.14 Offene Überdeckungen kompakter Mengen.

Es sei D eine Teilmenge eines metrischen Raumes X. Unter einer offenen Überdeckung von D verstehen wir ein System $\{G_\alpha : \alpha \in A\}$ offener Mengen $G_\alpha \subset X$ mit $D \subset \bigcup_{\alpha \in A} G_\alpha$. Je nachdem, ob die Indexmenge A endlich oder unendlich ist, sprechen wir von einer endlichen bzw. unendlichen Überdeckung.

Der folgende Satz drückt eine bemerkenswerte und anschaulich nicht evidente Eigenschaft kompakter Mengen aus: In einer beliebigen Überdeckung einer kompakten Menge D durch offene Mengen kann man immer endlich viele Mengen finden, welche bereits D überdecken. Unser Beweis stützt sich auf das Halbierungsprinzip, und aus diesem Grunde müssen wir uns auf Mengen im $\mathbb{R}^n$ beschränken. In den anschließenden Bemerkungen wird der allgemeine Fall diskutiert.

Überdeckungssatz von Heine-Borel. *Es sei $D \subset \mathbb{R}^n$ eine kompakte Menge. Dann gibt es zu jeder offenen Überdeckung $\{G_\alpha : \alpha \in A\}$ von D endlich viele Indizes $\alpha_1, \ldots, \alpha_p \in A$ mit $D \subset G_{\alpha_1} \cup \ldots \cup G_{\alpha_p}$.*

Der Satz gilt auch dann, wenn die G_α in D offene Teilmengen von D mit $D = \bigcup G_\alpha$ sind, denn nach Satz 1.15 gibt es offene Mengen G'_α mit $G_\alpha = G'_\alpha \cap D$.

Beweis. Es sei $G = \{G_\alpha\}$ eine offene Überdeckung von D. Eine Teilmenge A von D heiße „endlich überdeckbar", wenn es endlich viele G_α aus G gibt, deren Vereinigung A überdeckt. Wir führen einen Widerspruchsbeweis mit Hilfe des

Halbierungsprinzips 2.13 und nehmen an, D sei nicht endlich überdeckbar. Für die Aussage

$$E(A) : \quad A \text{ ist nicht endlich überdeckbar}$$

gilt dann (a) und, wie man leicht sieht, auch (b). Der Punkt ζ liegt in einer Menge G_β, und dieses G_β ist eine Umgebung von ζ. Jede Menge $A \subset G_\beta$ ist aber endlich überdeckbar, nämlich durch diese eine Menge G_β. Dieser Widerspruch zeigt, daß die Annahme (a) falsch war: D ist endlich überdeckbar.   □

Bemerkungen. 1. Aus der Bemerkung in 2.13 über das Halbierungsprinzip ergibt sich, daß der Überdeckungssatz auch für kompakte Mengen in metrischen Räumen gültig ist. Weiter läßt sich zeigen, daß auch die Umkehrung des Satzes richtig ist: Eine Menge $D \subset X$ ist genau dann kompakt, wenn es in jeder offenen Überdeckung endliche viele Mengen gibt, deren Vereinigung D überdeckt. Damit ergibt sich die Möglichkeit, die Kompaktheit durch die Heine-Borelsche Überdeckungseigenschaft zu *definieren.* In dieser Form werden kompakte Mengen in beliebigen topologischen Räumen erklärt.

2. *Historisches.* Der französische Mathematiker EMILE BOREL (1871–1956) bewies in seiner Dissertation (1895), daß *jeder* Überdeckung eines kompakten Intervalls $[a, b] \subset \mathbb{R}$ durch *abzählbar* viele offene Intervalle stets *endlich* viele Intervalle entnommen werden können, so daß diese für sich allein $[a, b]$ bereits überdecken. Er benutzte dazu eine Idee, die schon EDUARD HEINE (1821–1881) bei seinem Beweis (1872) der gleichmäßigen Stetigkeit einer stetigen Funktion $f : [a, b] \to \mathbb{R}$ verwendet hatte. Aus diesem Grunde wird der „Borelsche Überdeckungssatz" häufig (so auch hier) nach Heine und Borel benannt.

2.15 Gleichmäßige Konvergenz. Es sei D eine beliebige Menge und (f_k) eine Folge von Funktionen $f_k : D \to Y$; dabei sei Y ein metrischer Raum. Wenn die Folge $(f_k(x))$ für jedes feste $x \in D$ konvergiert, dann ist durch $f(x) := \lim_{k \to \infty} f_k(x)$ eine *Grenzfunktion* $f : D \to Y$ erklärt, und man sagt dann, daß die Funktionenfolge (f_k) *punktweise* auf D (gegen f) konvergiert. Die Funktionenfolge (f_k) konvergiert *gleichmäßig* auf D gegen f, wenn es zu jedem $\epsilon > 0$ einen Index k_0 gibt, so daß

$$d(f_k(x), f(x)) < \epsilon \quad \text{für alle } k \geq k_0 \text{ und alle } x \in D$$

gilt. Gleichmäßig konvergent (auf D) nennt man die Folge (f_k), wenn es eine Grenzfunktion f gibt, gegen die sie gleichmäßig auf D konvergiert.

Es ist evident, daß jede gleichmäßig konvergente Folge auch punktweise konvergiert, und es ist bekannt, daß die Umkehrung nicht gilt; vgl. I.7.1. In Verallgemeinerung von I.7.2 gilt das

Cauchy-Kriterium für gleichmäßige Konvergenz. *Ist Y ein vollständiger metrischer Raum, so konvergiert die Folge (f_k) von Funktionen $f_k : D \to Y$ genau dann gleichmäßig auf D, wenn es zu jedem $\epsilon > 0$ einen Index N gibt, so daß*

$$d(f_k(x), f_l(x)) < \epsilon \quad \text{für alle } k, l \geq N \text{ und alle } x \in D$$

gilt.

Der Beweis benutzt entscheidend die Vollständigkeit des Raumes Y und wird ansonsten wie in I.7.2 geführt.

Satz über die Stetigkeit der Grenzfunktion. *Es seien X, Y metrische Räume sowie $D \subset X$. Sind die Funktionen $f_k : D \to Y$ stetig im Punkt $\xi \in D$ und konvergiert die Folge (f_k) gleichmäßig auf D gegen $f : D \to Y$, dann ist die Grenzfunktion f stetig in ξ. Sind also die f_k in D stetig, so ist auch f in D stetig.*

Auch hier bereitet die Übertragung des Beweises aus I.7.3 keine Mühe.

Wir stellen nun noch einige hinreichende Kriterien für gleichmäßige Konvergenz vor. Für reellwertige Funktionen gilt der

2.16 Satz von Dini. *Es sei $D \subset X$ kompakt. Sind die Funktionen $f_k : D \to \mathbb{R}$ stetig in D und ist $(f_k(x))$ für jedes $x \in D$ eine monoton fallende Nullfolge, dann konvergiert die Folge (f_k) gleichmäßig auf D gegen 0.*

Beweis. Wir wählen $\epsilon > 0$ und betrachten die Mengen $A_k = \{x \in D : f_k(x) < \epsilon\}$. Nach 2.1 (e) sind die Mengen A_k offen in D, und offenbar ist $D = \bigcup A_k$. Aus dem Überdeckungssatz 2.14 folgt dann wegen $A_k \subset A_{k+1}$, daß es ein p mit $A_p = D$ gibt. Hiernach ist $f_k(x) \le f_p(x) < \epsilon$ für $k > p$. □

Die bisher für Funktionenfolgen formulierten Begriffe lassen sich auch für Funktionenreihen $\sum_{j=0}^{\infty} f_j(x)$, $x \in D$, aussprechen. Insbesondere heißt eine solche Reihe gleichmäßig konvergent auf D, wenn die Folge ihrer Teilsummen

$$s_k(x) = f_0(x) + \ldots + f_k(x) \, , \quad x \in D \, ,$$

gleichmäßig auf D konvergiert. Ähnlich wie im Fall $D \subset \mathbb{R}$ besteht auch jetzt ein hinreichendes

2.17 Weierstraßsches Majorantenkriterium. *Es sei D eine beliebige Menge. Erfüllen die Funktionen $f_k : D \to \mathbb{R}$ die Abschätzungen*

$$|f_k(x)| \le M_k \quad \text{für } x \in D \, ,$$

und ist die Reihe $\sum M_k$ konvergent, dann ist die Funktionenreihe $\sum f_k(x)$ absolut und gleichmäßig konvergent auf D.

Der zugehörige Beweis verläuft wie in I.7.5.

2.18 Potenzreihen in mehreren Veränderlichen. Mehrfache unendliche Reihen, die sich über alle Multiindizes $p = (p_1, \ldots, p_n) \in \mathbb{N}^n$ erstrecken, werden mit einem der drei Symbole

$$\sum_{p \in \mathbb{N}^n} b_p = \sum_{p \ge 0} b_p = \sum_{|p|=0}^{\infty} b_p = \sum_{k=0}^{\infty} \left(\sum_{|p|=k} b_p \right)$$

bezeichnet, während die vierte Summe bereits eine spezielle Art der Summierung darstellt (für $n = 2$ ist es die Summation nach Diagonalen, vgl. I.5.14). Um die Unabhängigkeit der Reihensumme von der Art der Summierung sicherzustellen, setzen wir Absolutkonvergenz voraus, etwa in der Form

(A) $$\beta_k = \sum_{|p|=k} |b_p| \,, \quad \sum \beta_k < \infty \,.$$

Wir haben es hier mit Potenzreihen

(P) $$\sum_{|p|=0}^{\infty} a_p x^p \quad \text{mit} \quad x = (x_1, \ldots, x_n)\,, \quad x^p = x_1^{p_1} x_2^{p_2} \ldots x_n^{p_n}$$

zu tun, also etwa für $n = 2$ und $x, y \in \mathbb{R}$ mit Reihen der Form $\sum a_{ij} x^i y^j$, wobei über alle $i, j \in \mathbb{N}$ summiert wird. Eine Konvergenztheorie für solche Potenzreihen findet man in Lehrbüchern über komplexe Analysis in mehreren Variablen, etwa bei H. Grauert und K. Fritsche, *Einführung in die Funktionentheorie mehrerer Veränderlicher*, Springer 1974. Wir beschränken uns hier auf einen einfach beweisbaren

Satz. *Es sei* $\alpha_k := \max\{|a_p| : |p| = k\}$ *für alle* $k \in \mathbb{N}$, *und die eindimensionale Potenzreihe* $\sum_{k=0}^{\infty} \alpha_k t^k$ *habe den Konvergenzradius* $r > 0$. *Dann konvergiert die mehrdimensionale Potenzreihe* (P) *für alle* $x \in \mathbb{R}^n$ *mit* $|x|_\infty < r$ *und sogar gleichmäßig für alle* $x \in \mathbb{R}^n$ *mit* $|x|_\infty \le t$, *wenn* $t < r$ *ist. Die durch die Potenzreihe dargestellte Funktion ist also stetig im Würfel* $|x|_\infty < r$.

Beweis. Es gibt $(k + 1)^n$ Multiindizes $p = (p_1, \ldots, p_n) \in \mathbb{N}^n$ mit $0 \le p_j \le k$ für $j = 1, \ldots, n$, also auch höchstens so viele mit $|p| = k$. Aus $|x|_\infty \le t$, $|p| = k$ folgt $|x^p| \le t^k$. Also ist

$$\sum_{|p|=k} |a_p x^p| \le \alpha_k (k+1)^n t^k =: \gamma_k t^k \quad \text{für} \quad |x|_\infty \le t \,.$$

Die Potenzreihe $\sum \gamma_k t^k$ hat ebenfalls den Konvergenzradius r; vgl. Beispiel 2 in I.7.6. Für $|x|_\infty \le t < r$ liegt also wegen $\sum \gamma_k t^k < \infty$ gleichmäßige und absolute Konvergenz vor, und die Behauptung folgt mit Hilfe des Weierstraßschen Majorantenkriteriums 2.17. □

Beispiele. 1. *Die verallgemeinerte geometrische Reihe.* Bilden wir das Cauchyprodukt der n geometrischen Reihen

$$\sum_{k=0}^{\infty} x_1^k \,, \quad \ldots \quad, \quad \sum_{k=0}^{\infty} x_n^k \,,$$

und dies ist nach I.5.15 für $|x_1| < 1, \ldots, |x_n| < 1$, also für $|x|_\infty < 1$ möglich, so erhalten wir die verallgemeinerte geometrische Reihe

$$\sum_{|p|=0}^{\infty} x^p = \frac{1}{(1 - x_1) \ldots (1 - x_n)} \quad \text{für} \quad |x|_\infty < 1 \,.$$

2. *Die verallgemeinerte Exponentialreihe.* Für Multiindizes $p = (p_1, \ldots, p_n) \in \mathbb{N}^n$ setzen wir $p! := p_1! \cdot \ldots \cdot p_n!$. Bilden wir das Cauchyprodukt der n Exponentialreihen

$$\sum_{k=0}^{\infty} \frac{x_1^k}{k!} \,, \quad \ldots \quad, \quad \sum_{k=0}^{\infty} \frac{x_n^k}{k!} \,,$$

und dies ist für jeden Punkt $x = (x_1, \ldots, x_n) \in \mathbb{R}^n$ möglich, so erhalten wir die verallgemeinerte Exponentialreihe

$$\sum_{|p|=0}^{\infty} \frac{x^p}{p!} = e^{x_1 + \ldots + x_n} \quad \text{für} \quad x \in \mathbb{R}^n .$$

2.19 Fortsetzung stetiger Funktionen. In diesem Abschnitt wollen wir die wichtige Frage untersuchen, unter welchen Umständen man eine gegebene stetige Funktion $f : D \to Y$ (X, Y metrische Räume, $D \subset X$) stetig auf den ganzen Raum X fortsetzen kann. Es handelt sich also um die Existenz einer stetigen Funktion $F : X \to Y$ mit $F|D = f$ oder $F(x) = f(x)$ für $x \in D$. Zunächst einige vorbereitende Bemerkungen.

(a) Eine stetige Fortsetzung auf die abgeschlossene Hülle $\overline{D}$ ist (wenn sie existiert) eindeutig bestimmt.

Denn ist $\xi \notin D$ ein Häufungspunkt von D und F eine stetige Fortsetzung auf $\overline{D}$, so gilt $F(\xi) = \lim_{x \to \xi} F(x) = \lim_{x \to \xi} f(x)$ (Limes in D).

(b) Ist $f : D \to Y$ gleichmäßig stetig, so existiert eine gleichmäßig stetige Fortsetzung auf $\overline{D}$. Ist f auf D lipschitzstetig, so ist auch die Fortsetzung lipschitzstetig mit derselben Lipschitzkonstante.

Denn bei gleichmäßiger Stetigkeit existiert der Limes $F(\xi) := \lim_{x \to \xi} f(x)$ für $\xi \in \overline{D}$ nach dem Cauchy-Kriterium 2.1, und es ist offenbar $F|D = f$.

Nun gibt es zu $\epsilon > 0$ ein $\delta > 0$, so daß in D aus $d(x, y) < \delta$ folgt $d(f(x), f(y)) \leq \epsilon$. Sind nun x, y Punkte aus $\overline{D}$ mit $d(x, y) < \delta$, so gibt es Folgen $(x_k), (y_k)$ in D mit $x_k \to x$ und $y_k \to y$. Für große k ist $d(x_k, y_k) < \delta$, also $d(f(x_k), f(y_k)) \leq \epsilon$, und für $k \to \infty$ folgt $d(F(x), F(y)) \leq \epsilon$. Damit ist die gleichmäßige Stetigkeit von F bewiesen. Genügt f in D einer Lipschitzbedingung, so zeigt man ganz analog, daß für die Fortsetzung F dieselbe Lipschitzbedingung besteht. □

(c) *Retrakt und Retraktion.* Eine Menge $D \subset X$ heißt ein Retrakt von X, wenn eine stetige Abbildung $P : X \to D$ mit $Px = x$ für $x \in D$ existiert. Die Abbildung P wird dann Retraktion genannt. Wenn die Menge D ein Retrakt ist, dann ist das Problem der stetigen Fortsetzung gelöst. In der Tat stellt $F = f \circ P$,

$$F(x) = f(Px) \quad \text{für} \quad x \in X$$

eine stetige Fortsetzung von f auf X dar.

Wir wissen aus 1.22 und 2.1, Beispiel 3, daß jede abgeschlossene konvexe Menge $D \subset \mathbb{R}^n$ ein Retrakt ist. Die Lotfußpunktabbildung $P : \mathbb{R}^n \to D$ mit $d(x, D) = |x - Px|$ ist stetig, also eine Retraktion. Jede auf einer abgeschlossenen konvexen Menge $D \subset \mathbb{R}^n$ stetige Abbildung mit Werten in einem beliebigen metrischen Raum besitzt also eine stetige Fortsetzung auf den $\mathbb{R}^n$.

Im Fall $X = \mathbb{R}$ ist jedes abgeschlossene Intervall, jedoch nicht die Menge $D = \{0, 1\}$, ein Retrakt (warum?); vgl. Aufgabe 5.

Beispiele. 1. Es sei $D = \mathbb{R} \setminus \{0\}$. Die auf D stetige Funktion $f(x) = \frac{1}{x} \sin x$ besitzt genau eine stetige Fortsetzung F auf $\mathbb{R}$ mit $F(0) = \lim_{x \to 0} \frac{1}{x} \sin x = 1$, während die auf D stetige Funktion $x \mapsto \sin \frac{1}{x}$ keine stetige Fortsetzung auf $\mathbb{R}$ besitzt, weil $\lim_{x \to 0} \sin \frac{1}{x}$ nicht existiert.

2. Es sei $\overline{B}_r$ die abgeschlossene Kugel $|x| \leq r$ in einem normierten Raum. Die Lotfußpunktabbildung P auf $\overline{B}_r$ wird durch die Gleichungen

$$Px = x \quad \text{für } |x| \leq r\,, \qquad Px = r\frac{x}{|x|} \quad \text{für } |x| > r$$

angegeben. Jede auf $\overline{B}_r$ stetige Funktion f hat also eine stetige Fortsetzung $F(x) = f(Px)$ auf den ganzen Raum.

Der erste allgemeine Fortsetzungssatz wurde 1915 von H. TIETZE (1880–1964, Professor in Brünn, Erlangen und München) bewiesen.[1] Er bezieht sich auf reellwertige Funktionen.

Fortsetzungssatz von Tietze. *Jede auf einer abgeschlossenen Menge eines metrischen Raumes stetige und reellwertige Funktion besitzt eine stetige Fortsetzung auf den ganzen Raum.*

Zusatz: Es gibt eine stetige Fortsetzung, welche dasselbe Supremum und Infimum wie die ursprüngliche Funktion hat.

Unser Beweis stützt sich auf ein

Lemma von Urysohn.[2] *Es seien A und B nichtleere, disjunkte, abgeschlossene Mengen in einem metrischen Raum X. Die Funktion*

$$\phi(x) = \phi(x; A, B) = \frac{d(x, B) - d(x, A)}{d(x, A) + d(x, B)}$$

ist dann in X definiert und stetig. Sie hat die Eigenschaften

$$\phi(x) = 1 \quad \text{für } x \in A\,, \quad \phi(x) = -1 \quad \text{für } x \in B\,, \quad |\phi(x)| \leq 1 \quad \text{in } X\,.$$

Das ergibt sich aus Beispiel 1 von 2.1 und 2.5 (b), da der Nenner wegen der Abgeschlossenheit der Mengen nirgends verschwindet.   □

Dieses Lemma löst also eine spezielle Fortsetzungsaufgabe. Ist f auf A gleich 1 und auf B gleich -1, so ist f stetig in $A \cup B$, und ϕ ist eine stetige Fortsetzung von f auf X mit Werten zwischen -1 und $+1$.

Der *Beweis* des Satzes von Tietze geht aus von einer stetigen Funktion f : $D \subset X \to \mathbb{R}$ (D abgeschlossen), deren Fortsetzung auf X konstruiert werden soll. Zunächst eine Vorbemerkung. Wir können annehmen, daß f beschränkt ist. Denn die Funktion $f^*(x) = \arctan f(x)$ hat diese Eigenschaft, und aus einer stetigen Fortsetzung F^* von f^* ergibt sich eine stetige Fortsetzung $F(x) = \tan F^*(x)$ von f. Ferner kann man, wenn $\sup f(D) = \eta < \infty$ und F eine Fortsetzung von f ist, zur stetigen Funktion $F_1(x) = \min\{F(x), \eta\}$ übergehen, welche ebenfalls f stetig fortsetzt. Der Zusatz macht also keine Mühe.

Im folgenden wird die Maximumnorm bezüglich der Menge $A \subset X$ mit $\|u\|_A = \sup\{|u(x)| : x \in A\}$ bezeichnet. Zu einer in D stetigen und beschränkten

---
[1] *Über Funktionen, die auf einer abgeschlossenen Menge stetig sind.* Journ. f. Math. 145 (1915), 9–14.

[2] P. Urysohn, *Über die Mächtigkeit der zusammenhängenden Mengen.* Math. Ann. 94 (1925) 290.

Funktion u konstruieren wir eine Funktion Tu auf die folgende Weise. Ist $u \equiv 0$, so soll $Tu \equiv 0$ sein. Ist $\alpha = \|u\|_D > 0$ und A bzw. B die Menge der Punkte aus D mit $u \geq \frac{1}{3}\alpha$ bzw. $u \leq -\frac{1}{3}\alpha$, so setzen wir

$$(Tu)(x) = \frac{\alpha}{3}\phi(x; A, B), \qquad \text{falls} \quad A \neq \emptyset \quad \text{und} \quad B \neq \emptyset \text{ ist},$$

wobei ϕ die im Lemma auftretende Urysohn-Funktion ist. Offenbar ist $Tu = \frac{1}{3}\alpha$ auf A und $Tu = -\frac{1}{3}\alpha$ auf B. Ist $A = \emptyset$ oder $B = \emptyset$, so setzen wir $Tu \equiv -\frac{1}{3}\alpha$ bzw. $Tu \equiv \frac{1}{3}\alpha$ (beide Mengen können nicht gleichzeitig leer sein). Der Operator T hat die beiden Eigenschaften

$$(1) \qquad \|Tu\|_X = \frac{1}{3}\|u\|_D \quad \text{und} \quad \|u - Tu\|_D \leq \frac{2}{3}\|u\|_D.$$

Die erste Relation folgt aus der Definition von ϕ. Die Ungleichung $|u(x) - Tu(x)| \leq \frac{2}{3}\alpha$ ist auf A richtig, da dort $\frac{1}{3}\alpha \leq u \leq \alpha$ und $Tu = \frac{1}{3}\alpha$ ist, auf B schließt man ähnlich, und auf der Restmenge ist $|u| \leq \frac{1}{3}\alpha$ und $|Tu| \leq \frac{1}{3}\alpha$.

Nun bilden wir, ausgehend von einer in D stetigen beschränkten Funktion v, die Funktion $Sv = v - T(v - f)$. Für sie gilt nach (1)

$$(2) \qquad \|Sv - f\|_D = \|v - f - T(v - f)\|_D \leq \frac{2}{3}\|v - f\|_D.$$

Wir bilden nun eine Folge (v_n) nach der Iterationsvorschrift

$$v_{n+1} = Sv_n \quad \text{mit } v_0 = 0, \quad \text{also } v_1 = -T(-f), \quad v_2 = v_1 - T(v_1 - f), \ldots$$

Aus (2) ergibt sich $\|v_1 - f\|_D \leq \frac{2}{3}\|f\|_D$, $\|v_2 - f\|_D \leq \frac{2}{3}\|v_1 - f\|_D \leq (\frac{2}{3})^2\|f\|_D, \ldots$, allgemein

$$(3) \qquad \|v_n - f\|_D \leq \left(\frac{2}{3}\right)^n \|f\|_D.$$

Es gilt also $\lim v_n = f$ gleichmäßig auf D. Die Funktionen v_n sind alle auf X definiert und stetig, und aus $v_{n+1} - v_n = -T(v_n - f)$ folgt mit (1) und (3)

$$\|v_{n+1} - v_n\|_X = \|T(v_n - f)\|_X = \frac{1}{3}\|v_n - f\|_D \leq C\left(\frac{2}{3}\right)^n$$

mit $C = \frac{1}{3}\|f\|_D$. Nun ist

$$\lim_{n \to \infty} v_n = \sum_{n=1}^{\infty}(v_n - v_{n-1})$$

(die n-te Teilsumme der Reihe ist gerade v_n), und auf diese Reihe ist wegen $\|v_{n+1} - v_n\|_X \leq C(\frac{2}{3})^n$ das Majorantenkriterium 2.17 anwendbar. Die Reihe ist also gleichmäßig konvergent in X, und $v = \lim v_n$ ist stetig in X. Da wir die Gleichung $v|D = f$ bereits nachgewiesen haben, ist der Beweis abgeschlossen. $\square$

Weiteres zum Problem der stetigen Fortsetzung wird in Aufgabe 8 mitgeteilt.

Da man Funktionen mit Werten im $\mathbb{R}^m$ komponentenweise fortsetzen kann, haben wir das folgende

Corollar. *Ist $D \subset X$ abgeschlossen und $f : D \to \mathbb{R}^m$ stetig, so existiert eine stetige Fortsetzung $F : X \to \mathbb{R}^m$.*

2.20 Landau-Symbole. In diesem Abschnitt stellen wir zwei auf EDMUND LANDAU (1877–1938, Professor in Göttingen, verlor 1933 aufgrund der Rassengesetze seine Venia legendi, später Gastprofessor in Cambridge) zurückgehende Notationen vor. Sie drücken lokale Wachstumseigenschaften einer Funktion f durch entsprechende Eigenschaften einer (einfacheren) Vergleichsfunktion g aus.

Die Funktionen f und g seien auf einer Teilmenge D eines metrischen Raumes mit dem Häufungspunkt ξ erklärt, f habe Werte in einem normierten Raum, g sei reellwertig und positiv. Dann schreiben wir

(a) $f(x) = o(g(x))$ für $x \to \xi$, wenn $\lim\limits_{x \to \xi} \dfrac{|f(x)|}{g(x)} = 0$ ist, und $f(x) = O(g(x))$, wenn $\limsup\limits_{x \to \xi} |f(x)|/g(x) < \infty$ ist, oder einfacher

(b) $f(x) = O(g(x))$ für $x \to \xi$, wenn es eine Konstante $C \geq 0$ und eine Umgebung U von ξ gibt mit

$$|f(x)| \leq Cg(x) \qquad \text{für} \quad x \in \dot{U} \cap D$$

Man sagt dann, die Funktion $f(x)$ sei *„klein o von $g(x)$ für $x \to \xi$"* bzw. *„groß O von $g(x)$ für $x \to \xi$"*. Die Buchstaben o, O sollen dabei an „Ordnung", nicht an „Null" erinnern.

Die Landausche Schreibweise wird sinngemäß auch für Grenzübergänge von der Form $x \to \pm\infty (D \subset \mathbb{R})$ und $n \to \infty$ verwendet. Ist beispielsweise (a_k) eine Folge reeller Zahlen, so bedeutet etwa $a_k = o(1)$ bzw. $a_k = O(1)$ für $k \to \infty$, daß (a_k) eine Nullfolge bzw. eine beschränkte Folge ist.

Schließlich definieren wir noch

$$f(x) = g(x) + o(h(x)) \quad \text{durch} \quad f(x) - g(x) = o(h(x))$$

und entsprechend für groß O.

Beispiele. 1. Es ist $\cos x = 1 + o(|x|) = 1 + O(x^2)$ für $x \to 0$.

2. Es gilt $\sqrt{1 + x^2} = O(x) = x + O\left(\frac{1}{x}\right)$ für $x \to \infty$.

3. Für jedes $x \in \mathbb{R}$ gilt $e^x = \sum_{k=0}^{n} \frac{x^k}{k!} + o(x^{n+1})$ für $n \to \infty$.

4. Eine Funktion $f : D \to \mathbb{R}^m$ ist in einem Punkt $\xi \in D$ genau dann stetig, wenn $f(\xi + h) = f(\xi) + o(1)$ für $h \to 0$ gilt.

5. Eine Funktion $f : J = (a, b) \to \mathbb{R}$ ist genau dann differenzierbar an der Stelle $t \in J$, wenn es eine Zahl α mit $f(t + h) = f(t) + \alpha h + o(|h|)$ für $h \to 0$ gibt. Es ist dann $\alpha = f'(t)$.

6. Ist $a_k > 0$, $\sum a_k < \infty$ und $b_k = O(a_k)$, so ist $\sum b_k$ absolut konvergent (Majorantenkriterium).

Aufgaben

1. Man zeige, daß im Vektorraum $C[0,1]$ durch

$$\|f\| := \sup\{|t f(t)| : 0 \leq t \leq 1\}$$

eine Norm definiert wird, daß aber kein Banachraum vorliegt. Die Norm ist also nicht äquivalent zur Maximumnorm. (Man betrachte etwa die Funktionen $f_n(x) = \min(n, 1/\sqrt{t})$.)

2. Man zeige, daß jedes in ganz $\mathbb{R}$ bzw. ganz $\mathbb{R}^n$ lipschitzstetige Polynom linear ist.

3. Man bestimme das Maximum der Funktion $f(x, y) = (x^2 + y^2) e^{-x - y^2}$ im Dreieck $-2 \leq y \leq x \leq 2$; vgl. das Beispiel in 2.10.

4. In einer unendlichen kompakten Menge $D \subset X$ suche man Punkte $a_1, a_2, a_3, \ldots$ auf die folgende Art: a_1 beliebig; a_2 mit möglichst großem Abstand von a_1; a_3 mit möglichst großem Abstand von a_1 und a_2; allgemein, wenn $a_1, \ldots, a_n$ schon gefunden sind und A_n die Menge $\{a_1, \ldots, a_n\}$ bezeichnet, $d(a_{n+1}, A_n) = \max\{d(x, A_n) : x \in D\}$. Man zeige, daß diese Konstruktion möglich ist und daß $\lim d(a_{n+1}, A_n) = 0$ ist. Man beweise den in der Bemerkung zu 2.13 erwähnten Satz, daß D mit endlich vielen Kugeln vom Radius r ($r > 0$ beliebig vorgegeben) überdeckbar ist.

Anmerkung. Deutet man die Punkte von D als Plätze (in einem Gasthaus, auf einem Campingplatz, ...) und $a_1, a_2, a_3, \ldots$ als die nacheinander belegten Plätze, so beschreibt die obige „Einzelgängermethode", wie Gäste, die gerne ungestört sein wollen, ihre Plätze aussuchen.

5. *Retrakte.* Man zeige, daß in $\mathbb{R}$ genau die abgeschlossenen Intervalle und die einpunktigen Mengen Retrakte sind.

6. *Stetigkeitsmodul.* Ist δ ein Stetigkeitsmodul, so existiert ein Stetigkeitsmodul $\delta^*(s) \geq \delta(s)$ mit

$$\delta^*(s + t) \leq \delta^*(s) + \delta^*(t) \qquad \text{für } 0 \leq s, t \leq 1 \, .$$

Anleitung. Man kann δ^* als Infimum aller linearen Funktionen $\geq \delta$ in $[0, 2]$ nehmen.

7. Es sei f eine reellwertige, auf D erklärte Funktion, $\xi \in D$ ein Häufungspunkt von D, und es bezeichne L_* bzw. L^* den Limes inferior bzw. superior von f für $x \to \xi$. Man zeige: Ist $L_* \leq f(\xi) \leq L^*$, so gilt $\omega(\xi) = L^* - L_*$.

8. *Stetige Fortsetzung.* Zur stetigen Fortsetzung einer Funktion sind verschiedene geistreiche Konstruktionen ersonnen worden. Wir geben einige Beispiele. Dabei ist X ein normierter Raum; f ist in (a) und (b) reellwertig, in (c) sind Funktionen mit Werten in einem Banachraum zugelassen.

(a) $D \subset X$ sei beliebig, und f sei reellwertig und lipschitzstetig in D, $|f(x) - f(y)| \leq L |x - y|$. Man zeige: Die Funktion

$$F(x) = \sup\{f(y) - L |x - y| : y \in D\} \qquad \text{für } x \in X$$

ist lipschitzstetig in X mit der Lipschitzkonstante L, und es ist $f(x) = F(x)$ in D. Hier liegt also eine Fortsetzung unter Erhaltung der Lipschitz-Eigenschaft vor.

(b) Man zeige, daß (a) auch gilt, wenn die Lipschitzbedingung durch eine Abschätzung $|f(x) - f(y)| \leq \delta(|x - y|)$ und in der Definition von F der Term $L |x - y|$ durch $\delta(|x - y|)$ ersetzt wird, falls der Stetigkeitsmodul die Eigenschaft $\delta(s + t) \leq \delta(s) + \delta(t)$ hat. Dieses Verfahren liefert bei kompaktem D eine stetige Fortsetzung unter Erhaltung des Stetigkeitsmoduls (z.B. bei Hölderstetigkeit), da die geforderte Abschätzung aufgrund der gleichmäßigen Stetigkeit von f nach Satz 2.3 und Aufgabe 6 existiert. Dieser Beweis geht auf H. WHITNEY (Transac. Amer. Math. Soc. 36 (1934), Fußnote S. 63) zurück.

(c) Die Menge $D \subset X$ sei abgeschlossen, und es existiere eine abzählbare, in D dichte Punktmenge $A = \{a_1, a_2, \dots\}$ (d.h. $\overline{A} = D$). Die Funktion $f : D \to Y$ (Y Banachraum) sei beschränkt und stetig. Man benutzt einen Ansatz

$$F(x) = \sum_{n=1}^{\infty} \lambda_n(x) f(a_n) \quad \text{mit } \lambda_n \geq 0 \text{ und } \sum \lambda_n \equiv 1 \text{ in } X \setminus D = D'$$

(es handelt sich also um eine unendliche konvexe Kombination der Funktionswerte $f(a_n)$). Sind die λ_n stetig in D' und ist die Konvergenz gleichmäßig, so ist F stetig in D'. Um zeigen zu können, daß für $x \to \xi \in \partial D$ die Funktion $F(x)$ gegen $f(\xi)$ strebt (das braucht man, um den stetigen Anschluß von F an f zu gewährleisten), muß man dafür sorgen, daß für x nahe beim Randpunkt ξ in der Summe nur Glieder mit a_n nahe bei ξ auftreten. Man zeige, daß man dies erreicht, wenn man

$$\mu_n(x) = 2^{-n} \phi \left(\frac{|x - a_n|}{d(x, D)} \right), \quad \mu(x) = \sum \mu_n(x), \quad \lambda_n = \mu_n/\mu$$

wählt, wobei ϕ eine für $t \geq 1$ verschwindende, sonst positive stetige Funktion ist, z.B. $\phi(t) = (1 - t)^+$. Man beweise den

Satz von Dugundji. *Ist X ein normierter Raum, Y ein Banachraum, $A \subset X$ abzählbar, $D = \overline{A}$ und $f : D \to Y$ stetig sowie auf beschränkten Teilmengen von D beschränkt, so läßt sich f stetig auf X fortsetzen.*

Dieser Satz wurde in etwas allgemeinerer Form 1951 von J. Dugundji (*An extension of Tietze's theorem,* Pacific J. Math. 1, 353–367) bewiesen.

9. (a) Die Menge $BC(D)$ (D metrischer Raum) der stetigen und beschränkten Funktionen $f : D \to \mathbb{R}$ ist bezüglich der Maximumnorm ein Banachraum.

(b) Die Funktion p sei auf D positiv, und es gelte $\alpha \leq p(x) \leq \beta$ in D mit $\alpha, \beta > 0$. Dann ist die

> *bewichtete Maximumnorm* $\|f\| = \sup\{p(x)|f(x)| : x \in D\}$

äquivalent zur Maximumnorm. Daraus folgt, daß $BC(D)$ auch bezüglich dieser Norm ein Banachraum ist.

10. Jeder metrische Raum kann isometrisch in einen Banachraum eingebettet werden. Das soll heißen: Ist (D, d) ein metrischer Raum, so existieren ein Banachraum $(X, |\cdot|)$ und eine Abbildung $S : D \to X$ mit $|S(x) - S(x')| = d(x, x')$ für $x, x' \in D$.

Anleitung. Man wähle $X = B(D)$ (vgl. 1.8) und als Bild von x die Funktion $S(x) = f_x$ mit $f_x(y) = d(y, x) - d(y, a)$ für $y \in D$, wobei a ein fest gewählter Punkt von D ist. Man zeige, daß f_x aus $B(D)$ ist und weise die Isometrie nach.

11. Man zeige: Die Funktion $f : D \subset X \to \mathbb{R}$ (X metrischer Raum) ist genau dann stetig, wenn für alle $\alpha \in \mathbb{R}$ die Mengen $\{x \in D : f(x) > \alpha\}$ und $\{x \in D : f(x) < \alpha\}$ offen in D sind. Man kann auch $D = X$ annehmen, da D ein metrischer Raum ist.

12. *Halbstetige Funktionen.* Für eine Funktion $f : D \subset X \to \overline{\mathbb{R}} = \mathbb{R} \cup \{\pm\infty\}$ betrachten wir die Ausdrücke

$$m_r(x) = \inf f(B_r(x) \cap D), \quad M_r(x) = \sup f(B_r(x) \cap D)$$

und

$$m(x) = \lim_{r \to 0+} m_r(x), \quad M(x) = \lim_{r \to 0+} M_r(x)$$

(diese Limites existieren, da m_r monoton fallend und M_r monoton wachsend ist). Die Funktion f heißt an der Stelle $x_0 \in D$ *nach unten* bzw. *nach oben halbstetig*, wenn $f(x_0) = m(x_0)$ bzw. $f(x_0) = M(x_0)$ ist. Entsprechend nennen wir die Funktion f in D nach unten bzw. oben halbstetig, wenn sie diese Eigenschaft in jedem Punkt aus D besitzt. Man zeige:

(a) Eine Funktion mit Werten in $\mathbb{R}$ ist genau dann (in x_0 oder in D) stetig, wenn sie nach unten und nach oben halbstetig ist.

(b) Die Funktion f ist genau dann nach unten halbstetig in D, wenn für alle $\alpha \in \mathbb{R}$ die Mengen $\{x \in D : f(x) > \alpha\}$ offen in D sind, und genau dann nach oben halbstetig, wenn alle Mengen $\{x \in D : f(x) < \alpha\}$ offen in D sind.

(c) Ist $\{f_\alpha\}$ eine (beliebige) Familie von in D nach oben halbstetigen Funktionen, so ist $f = \inf_\alpha f_\alpha$ ebenfalls nach oben halbstetig in D. Sind die f_α jedoch nach unten halbstetig in D, so ist $g = \sup_\alpha f_\alpha$ nach unten halbstetig in D.

13. Auf der Menge $D \subset \mathbb{R}$ betrachten wir die Funktion $f(t) = t^2$. Man zeige, daß f in den Fällen $D = \mathbb{N}$ und $D = \bigcup_1^\infty [n, n + 1/n^2]$ gleichmäßig stetig ist. Gilt das auch für $D = \bigcup_1^\infty [n, n + 1/n]$? Im ersten Fall berechne man die im Beweis von Lemma 2.3 auftretende Funktion $\delta(s) = \sup\{|f(t) - f(t')| : |t - t'| \le s\}$.

14. Auf dem Raum $C[0, a]$ $(a > 0)$ betrachten wir den ‚Stammfunktion-Operator' S, $(Sf)(t) = \int_0^t f(s)\,ds$.

(a) Man berechne $\|S^k\|$ für $k \ge 2$ in bezug auf die Maximumnorm (in Beispiel 3 von 2.8 wurde gezeigt, daß $\|S\| = a$ ist).

(b) Man lege in $C[0, a]$ die bewichtete Maximumnorm $\|f\|_{(\alpha)} := \max\{|f(t)|e^{-\alpha t} : 0 \le t \le a\}$ zugrunde und berechne die zugehörige Operatornorm $\|S\|_{(\alpha)}$.

15. Es sei $F = \{F_\alpha : \alpha \in A\}$ ein System von kompakten Mengen im $\mathbb{R}^n$ mit der Eigenschaft, daß endlich viele (beliebig ausgewählte) Mengen aus F immer einen nicht leeren Durchschnitt haben (dazu sagt man auch, F besitze die endliche Durchschnittseigenschaft). Dann ist $\bigcap\{F_\alpha : \alpha \in A\}$ nicht leer. (Beweis durch Zurückführung auf den Satz von Heine-Borel.)

16. Es sei $G \subset \mathbb{R}^n$ ein Gebiet und $f : G \to \mathbb{R}$ stetig. Man zeige: Besitzt die Bildmenge $f(G)$ keine inneren Punkte, so ist f konstant.

17. Für die folgenden Funktionen $f(x, y, z)$ bilde man den Limes bzw., wenn er nicht existiert, den Limes inferior und Limes superior für $(x, y, z) \to 0$:

(a) $\dfrac{|x| + |y| + |z|}{|(x, y, z)|}$; (b) $\dfrac{xy + yz + zx}{|(x, y, z)|}$; (c) $\dfrac{\sin(x^2 \sin y)}{x^2 y}$ $(xy \ne 0)$.

18. Die Abbildung $p : \mathbb{R}^n \to \mathbb{R}$ sei definiert durch $p(x) = x_1$ (Projektion auf die x_1-Achse). Man beweise oder widerlege: Ist die Menge $A \subset \mathbb{R}^n$ offen bzw. abgeschlossen bzw. kompakt, so ist die Bildmenge $p(A) \subset \mathbb{R}$ offen bzw. abgeschlossen bzw. kompakt.

19. Läßt sich die Funktion

$$f(x, y, z) = \frac{(1 - \cos xy)\sin xz}{x^3 y^2} \qquad \text{für} \quad xy \ne 0$$

stetig auf $\mathbb{R}^3$ fortsetzen? Wie lautet gegebenenfalls die Fortsetzung?

20. Man bestimme den Bereich absoluter Konvergenz und den Wert der Potenzreihe

$$f(x, y) = \sum_{m,n=0}^\infty \binom{m}{n} x^m y^n \,.$$

§ 3. Differentialrechnung in mehreren Veränderlichen

Im Eindimensionalen wird die Änderung einer Funktion „im Kleinen" durch deren Ableitung beschrieben, und der Mittelwertsatz zeigt, daß man daraus auch Schlüsse auf die Änderung „im Großen" ziehen kann. Die entsprechende Fragestellung bei mehreren Veränderlichen kann mit Hilfe einer einfachen, aber grundlegenden Formel auf den eindimensionalen Fall zurückgeführt werden. Dabei wird die Änderung einer Funktion von n Veränderlichen als Summe von n „partiellen" Änderungen in jeweils einer einzigen Variablen dargestellt. Für zwei Variable lautet diese Formel

$$\text{(Part)} \qquad \begin{aligned} f(x+h, y+k) - f(x,y) &= [f(x+h, y+k) - f(x, y+k)] \\ &+ [f(x, y+k) - f(x,y)] \,. \end{aligned}$$

Die erste Differenz auf der rechten Seite betrifft nur die Variable x, die zweite nur die Variable y. Hierdurch geleitet, wird man zunächst die Variable y festhalten, etwa $y = b$. Aus $f(x,y)$ entsteht dann eine Funktion $f(x,b)$ von einer Variablen x. Deren Ableitung $\lim_{h\to 0}[f(x+h,b) - f(x,b)]/h$ wird Ableitung von f nach x genannt und von EULER in seiner *Differentialrechnung* (1755) mit $\left(\frac{df}{dx}\right)$ bezeichnet. Entsprechend ist $\left(\frac{df}{dy}\right)$, die Ableitung nach y, erklärt. CAUCHY (*Calcul infinitésimal*, 1823, Werke II.4, S. 50 f.) läßt die Klammern weg und schreibt $\frac{df}{dx}$, aber auch $D_x f$. Durchgesetzt hat sich der Vorschlag von CARL GUSTAV JACOB JACOBI (1804–1851, Professor in Königsberg, ab 1844 an der Preußischen Akademie der Wissenschaften in Berlin, einer der großen Mathematiker des 19. Jahrhunderts), das d durch eine neue Type, ein rundes ∂ zu ersetzen, $\partial f/\partial x, \ldots$ Daneben schrieb man auch f'_x, f'_y, woraus dann das bequeme f_x, f_y geworden ist.

Kehren wir zurück zum Hauptproblem. Die partiellen Differenzen in der Gleichung (Part) lassen sich (näherungsweise) durch „partielle Differentiale" $f_x h = f_x dx$ und $f_y k = f_y dy$ angeben, und daraus entsteht dann das (*vollständige*) *Differential df* als Summe der partiellen Differentiale. Die Gleichung (Part) geht dann über in

$$f(x+dx, y+dy) - f(x,y) = df \equiv f_x dx + f_y dy \,,$$

wobei in der alten Auffassung dx und dy unendlich kleine Größen sind, während dann im 19. Jahrhundert diese Gleichung durch die entsprechende Limesbeziehung abgelöst wird; vgl. 3.8.

Verfolgen wir diese Entwicklung etwas genauer. Ausgangspunkt ist die Erfindung der analytischen Geometrie (FERMAT und DESCARTES, um 1637), welche den Mathematikern eine Fülle von neuen, durch Gleichungen zwischen x und y definierten Kurven bescherte. Die systematische Suche nach Wegen, solche Kurven zu analysieren und insbesondere ihre Tangenten zu konstruieren, führte um die Mitte des 17. Jahrhunderts zur Differentialrechnung; vgl. § I.10. Die Regel von Hudde (I, S. 225) betrifft Kurven in expliziter Form $y = f(x)$. Um 1652 hat RENE FRANCOIS DE SLUSE (1622–1685, Domherr zu Lüttich) diese Regel auf den Fall ausgedehnt, daß die Kurve durch eine Gleichung in impliziter Form $f(x, y) = \sum a_{ij} x^i y^j = 0$ (endliche Summe) bestimmt ist.

Die Regel von Sluse. Gesucht ist die Subtangente a, welche mit der Steigung (Ableitung) durch die Gleichung $y' = y/a$ verbunden ist; vgl. das Bild in I, S. 223. Man bringt die Glieder, welche nur y enthalten, mit minus auf die rechte Seite. Glieder, welche x und y enthalten, bleiben links und werden außerdem mit umgekehrtem Vorzeichen rechts aufgeschrieben. Jedes Glied auf der linken Seite wird mit der in ihm enthaltenen Potenz von x multipliziert, danach wird eine x-Potenz durch a ersetzt (etwa $4x^3 y^2 \Rightarrow 12x^3 y^2 \Rightarrow 12ax^2 y^2$). Glieder auf der rechten Seite werden mit der entsprechenden y-Potenz multipliziert. Durch Gleichsetzen beider Seiten erhält man a.

Beispiel: $py^2 + 2qxy^3 + sx^3 + t = 0$ (p, q, s, t sind Zahlen).

Links: $2qxy^3 + sx^3$ Rechts : $-py^2 - 2qxy^3$
$2qay^3 + 3sax^2 = -2py^2 - 6qxy^3$.

Was verbirgt sich hinter dieser Subtangentenregel? Die Ableitung der durch $f(x, y) = 0$ definierten Funktion $y = y(x)$ ergibt sich, wie wir in 4.5 sehen werden, aus der Gleichung $f_x + y'f_y = 0$, die Subtangente a also aus

$$af_x = -yf_y .$$

Die Regel von Sluse erzeugt genau diese Formel, links af_x und rechts $-yf_y$. In dieser Regel wird nicht nur ein erstes Auftreten von partiellen Ableitungen, sondern in dem zweimaligen Aufschreiben und partiellen Differenzieren der Glieder, welche x und y enthalten, eine Ahnung vom vollständigen Differential $df = f_x dx + f_y dy$ erkennbar.

LEIBNIZ berechnet das Differential als Summe der partiellen Differentiale ohne nähere Begründung, z.B.

$$d(x/y) = (y\,dx - x\,dy)/y^2 \quad \text{oder} \quad d(ax\sqrt{r}) = ax\,dr/2\sqrt{r} + a\sqrt{r}\,dx$$

(*Neue Methode der Maxima, Minima sowie der Tangenten*, 1684; OK 162, S. 8).
EULER erklärt in seiner *Differentialrechnung* das Differential als die Differenz $f(x + dx, y + dy, z + dz) - f(x, y, z)$ und schreibt, nachdem er zuvor die Beispiele $f = X(x) + Y(y) + Z(z)$ und $f = X(x) Y(y) Z(z)$ diskutiert hat:

§.212. Diese Beyspiele von Funktionen dreyer veränderlichen Größen x, y und z, deren Anzahl jeder nach Belieben vermehren kann, geben hinlänglich zu erkennen, daß das Differenzial jeder Funktion dreyer veränderlicher Größen x, y und z, wie darin auch immer diese Größen unter einander vermischt seyn mögen, allemal die Form haben werde: $p\,dx + q\,dy + r\,dz$; und dabey werden p, q, r entweder Funktionen von allen drey veränderlichen Größen x, y und z, oder nur von zweyen, oder auch nur von einer derselben seyn, je nachdem die gegebene Funktion von x, y und z selbst beschaffen ist.

CAUCHY argumentiert im *Calcul infinitésimal* zwar sorgfältiger, nennt aber keine Voraussetzungen für die Gültigkeit des Satzes 3.9. In einer späteren Formulierung (*Exercice d'analyse*, 1844, Theorem III; Werke II.13, S. 28) wird jedoch die Stetigkeit von f und df vorausgesetzt. Es ist auch hier ähnlich wie in § 2 bei der Stetigkeit: Eine genaue Definition des Differentials sowie entsprechende Sätze und Gegenbeispiele finden sich erst gegen Ende des 19. Jahrhunderts in den neuen Lehrbüchern.

Zweite und höhere Ableitungen entstehen, indem man $f_x, f_y, \ldots$ partiell differenziert, etwa $f_{xx} := (f_x)_x$, $f_{xy} := (f_x)_y$ usw. Alle einfachen Beispiele zeigen, daß man bei gemischten Ableitungen die Reihenfolge der Differentiation vertauschen darf. Bereits 1734 gibt EULER (Opera (1) 22, S. 39) einen ersten, noch unpräzisen Beweis der Formel $f_{xy} = f_{yx}$ an. Das Problem wurde erst 140 Jahre später von HERMANN AMANDUS SCHWARZ (1843–1921, Studium in Berlin, nach Professuren in Halle, Zürich und Göttingen 1892 nach Berlin als Nachfolger von Weierstraß berufen) gründlich untersucht. Die ersten Sätze seiner Arbeit aus dem Jahre 1873 vermitteln einen Eindruck, wie es noch um 1870 um die Exaktheit stand.

Ueber ein vollständiges System von einander unabhängiger Voraussetzungen zum Beweise des Satzes

$$\frac{\partial}{\partial y}\left(\frac{\partial f(x, y)}{\partial x}\right) = \frac{\partial}{\partial x}\left(\frac{\partial f(x, y)}{\partial y}\right) .$$

Für den, die Umkehrbarkeit der Differentiationsordnung betreffenden, in der Ueberschrift angeführten Fundamentalsatz der Differentialrechnung ist seit der Entdeckung desselben eine nicht unbeträchtliche Anzahl von wirklichen und vermeintlichen Beweisen veröffentlicht worden, ohne dass jedoch mit Grund behauptet werden könnte, es sei auch nur einer dieser Beweise gegenwärtig zu allgemeiner Anerkennung gelangt. Nicht einmal über die zum Beweise dieses Satzes nothwendigen Voraussetzungen scheint unter den mathematischen Schriftstellern Uebereinstimmung zu bestehen. (Werke, Bd. II, S. 275).

Schwarz zeigt dann, daß sich aus der Stetigkeit von f_x, f_y und f_{xy} die Existenz von f_{yx} und die Gleichung $f_{xy} = f_{yx}$ ergibt. Sein Beweis entspricht im wesentlichen unseren Überlegungen in 3.3.

In diesem Paragraphen werden wir zunächst die wichtigsten Eigenschaften der partiellen Ableitungen und ihre Beziehung zur n-dimensionalen Differenzierbarkeit untersuchen. Daran schließen sich jene Teile der Differentialrechnung an, welche mit Hilfe der Kettenregel unmittelbar auf das Eindimensionale zurückgeführt werden können. Hierzu gehört vor allem der Satz von Taylor. Die Differenzierbarkeit im Komplexen bildet den Abschluß des Paragraphen. Eine erste Untersuchung der holomorphen, d.h. im komplexen Sinn stetig differenzierbaren Funktionen führt auf die Cauchy-Riemannschen Differentialgleichungen und ihr geometrisches Äquivalent, die konforme Abbildung.

3.1 Partielle Ableitungen. Gradient. Der einfacheren Schreibweise halber behandeln wir zunächst reellwertige Funktionen $f(x, y)$, welche von zwei reellen Variablen x, y abhängen. Es sei etwa

$$f(x, y) = x^2 y \sin xy .$$

Unter der partiellen Ableitung f_x versteht man die Ableitung bezüglich der Variablen x, wenn man y festhält, d.h. als Konstante auffaßt; Analoges gilt für f_y, die partielle Ableitung nach y:

$$f_x(x, y) = 2xy \sin xy + x^2 y^2 \cos xy,$$

$$f_y(x, y) = x^2 \sin xy + x^3 y \cos xy.$$

Entsprechend sind höhere partielle Ableitungen definiert: $f_{xx} := (f_x)_x, f_{xy} := (f_x)_y$ usw., also im obigen Beispiel

$$f_{xx}(x, y) = (2y - x^2 y^3) \sin xy + 4xy^2 \cos xy,$$

$$f_{xy}(x, y) = (2x - x^3 y^2) \sin xy + 4x^2 y \cos xy,$$

$$f_{yx}(x, y) = (2x - x^3 y^2) \sin xy + 4x^2 y \cos xy,$$

$$f_{yy}(x, y) = -x^4 y \sin xy + 2x^3 \cos xy.$$

Die Definition der partiellen Ableitung einer Funktion $f : G \to \mathbb{R}$ mit $G \subset \mathbb{R}^2$ lautet also

$$f_x(\xi, \eta) = \lim_{h \to 0} \frac{f(\xi + h, \eta) - f(\xi, \eta)}{h} \qquad (h \text{ reell})$$

und entsprechend für f_y. Dabei ist vorauszusetzen, daß der Grenzwert gebildet werden kann, d.h. daß die Punkte $(\xi + h, \eta) \in G$ sind für kleine Werte von $|h|$. Das ist sicher der Fall, wenn (ξ, η) ein innerer Punkt von G ist. Wie im eindimensionalen Fall betrachten wir auch hier die Möglichkeit, daß eventuell nur eine einseitige Ableitung existiert. Ist z.B. G ein abgeschlossenes Intervall (= Rechteck) $[a, a'] \times [b, b']$, so versteht man unter $f_x(a, y)$ die rechtsseitige Ableitung. Das entspricht ganz den Verhältnissen im Eindimensionalen.

Der aus den partiellen Ableitungen f_x, f_y gebildete Zeilenvektor wird

$$\textit{Gradient} \qquad \operatorname{grad} f(x, y) = (f_x(x, y), f_y(x, y))$$

genannt. Im Gegensatz zum eindimensionalen Fall folgt aus der Existenz des Gradienten in einem Punkt nicht die Stetigkeit in diesem Punkt. Dazu sei etwa $f(x, y) = 0$ für $xy = 0$ und $f(x, y) = 1$ sonst. Offenbar ist f im Nullpunkt unstetig, jedoch existiert $\operatorname{grad} f(0, 0) = (0, 0)$. Nicht ganz so trivial ist

(a) Aus der Existenz der Ableitungen f_x, f_y in einer vollen Umgebung eines Punktes folgt i.a. *nicht* die Stetigkeit von f in diesem Punkt.

Gegenbeispiel. Wir benutzen das Beispiel von 2.2, $f(x, y) = xy/(x^2 + y^2)$ für $(x, y) \neq (0, 0)$ und $f(0, 0) = 0$. Mit Hilfe der Quotientenregel erhalten wir für jeden Punkt $(x, y) \neq (0, 0)$

$$\operatorname{grad} f(x, y) = \left(y \frac{y^2 - x^2}{(x^2 + y^2)^2}, x \frac{x^2 - y^2}{(x^2 + y^2)^2} \right).$$

Wegen $f(x, 0) = 0$ für $x \in \mathbb{R}$ und $f(0, y) = 0$ für $y \in \mathbb{R}$ ist $\operatorname{grad} f(0, 0) = (0, 0)$. Die partiellen Ableitungen existieren also überall in $\mathbb{R}^2$. Die Funktion ist jedoch im Nullpunkt nicht stetig, wie wir schon in 2.2 gesehen haben.

Anders ist es jedoch, wenn die partiellen Ableitungen stetig sind:

(b) Wenn die Ableitungen f_x und f_y in einer Umgebung eines Punktes existieren und in diesem Punkt stetig sind, so ist f in diesem Punkt stetig.

Der *Beweis* beruht auf der in der Einleitung genannten Gleichung (Part):

$$f(x+h, y+k) - f(x, y) = [f(x+h, y+k) - f(x, y+k)] + [f(x, y+k) - f(x, y)] \ .$$

Die Ableitungen f_x, f_y sind aufgrund ihrer Stetigkeit in einer δ-Umgebung von (x, y) beschränkt, $|f_x|, |f_y| \leq L$. Die erste Differenz auf der rechten Seite ist nach dem eindimensionalen Mittelwertsatz I.10.10 gleich $hf_x(x', y+k)$, die zweite gleich $kf_y(x, y')$, wobei x' zwischen x und $x+h$ und y' zwischen y und $y+k$ liegt. Es ist also

$$|f(x+h, y+k) - f(x, y)| \leq L(|h| + |k|) \qquad \text{für} \quad |(h, k)| < \delta \ ;$$

insbesondere ist f an der Stelle (x, y) stetig.   □

3.2 Graphische Darstellung einer Funktion. Höhenlinien. Eine Funktion von einer Variablen $x \mapsto f(x)$ wird als Kurve $y = f(x)$ in der xy-Ebene dargestellt. Die eindimensionale Analysis gibt uns Mittel an die Hand, den Verlauf dieser Kurve zu bestimmen, vgl. etwa den Abschnitt I.11.20 über die Kurvendiskussion.

In ähnlicher Weise läßt sich eine Funktion $(x, y) \mapsto f(x, y)$ als Fläche $z = f(x, y)$ im dreidimensionalen xyz-Raum darstellen. Ohne auf den Flächenbegriff jetzt schon näher einzugehen, bezeichnen wir vorläufig den Graphen einer glatten, sagen wir mit stetigen Ableitungen f_x und f_y versehenen Funktion $f : D \subset \mathbb{R}^2 \to \mathbb{R}$, also die Menge $\text{graph} f = \{(x, y, z) \in \mathbb{R}^3 : z = f(x, y), (x, y) \in D\}$, als Fläche im $\mathbb{R}^3$. In diesem und dem folgenden Paragraphen werden die notwendigen Begriffe der mehrdimensionalen Differentialrechnung entwickelt, mit denen man eine entsprechende „Flächendiskussion" durchführen kann. Dazu gehören u.a. Kriterien für Maxima und Minima, aber auch ganz neue Phänomene, die im Eindimensionalen nicht auftreten, etwa der Sattelpunkt.

Graphische Darstellungen haben einen eminent wichtigen Vorzug: Sie lassen das Verhalten einer Funktion auf einen Blick erkennen. Es handelt sich im wesentlichen um zwei Darstellungsarten. Man kann

(a) die Fläche $z = f(x, y)$ im perspektivischen Bild zeichnen;

(b) die *Höhenlinien* oder *Niveaulinien* der Fläche, das sind die Punktmengen $f^{-1}(C) = \{(x, y) \in D : f(x, y) = C\}$ in der (x, y)-Ebene, zeichnen und mit dem entsprechenden Wert von C markieren.

Zu (a). Dafür gibt es heute Computerprogramme, bei denen in der xy-Ebene (z.B.) ein achsenparalleles Netz von geraden Linien festgelegt und die Funktion längs dieser Geraden berechnet und gezeichnet wird. Das läuft darauf hinaus, daß man für eine Anzahl von festen Werten y_0 die Funktionen $x \mapsto f(x, y_0)$ und ebenso für einige Werte x_0 die Funktionen $y \mapsto f(x_0, y)$ zeichnet. Damit ergibt sich auch die geometrische Bedeutung der partiellen Ableitungen. Die Zahl $f_x(x_0, y_0)$ gibt die Steigung der Tangente an die Kurve $z = f(x, y_0)$ (in der xz-Ebene) im Punkt x_0 und ebenso $f_y(x_0, y_0)$ die Steigung der Tangente an die Kurve $z = f(x_0, y)$ (in der yz-Ebene) im Punkt y_0 an. Die partiellen Ableitungen f_x, f_y beschreiben also das Steigungsverhalten der Funktion f längs einer Geraden $y = $ const. bzw. $x = $ const. Wie man aus dieser Kenntnis auf das Verhalten von f längs anderer, nicht achsenparalleler Richtungen schließen kann, werden wir später in 3.12 im Zusammenhang mit der Richtungsableitung diskutieren.

Zu (b). Die Darstellung einer Funktion durch Niveaulinien wird in vielen Bereichen des täglichen Lebens angewandt. So zeichnet man auf den Wanderkarten die Höhenlinien

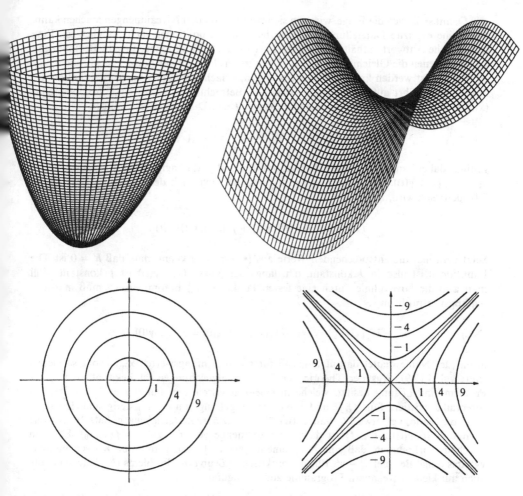

Perspektivische Bilder und Niveaulinienbilder der Flächen $z = x^2 + y^2$ (links; Beispiel für
ein Minimum, vgl. 4.9) und $z = x^2 - y^2$ (rechts; Beispiel für einen Sattelpunkt, vgl. 4.11)

und auf den Wetterkarten die Linien gleichen Luftdrucks (Isobaren) ein. Hierbei handelt
es sich um nichts anderes als um die Niveaulinien einer Funktion f, wobei $f(x, y)$ die
Meereshöhe (Höhe über NN) bzw. den Luftdruck am Ort (x, y) angibt. Die Bezeichnung
Niveaulinie leitet sich von diesen Beispielen ab. Man behalte aber im Auge, daß es sich
dabei um die Mengen $f^{-1}(C)$ handelt und daß diese auch ganze Gebiete ausfüllen können
(nämlich dann, wenn die Funktion auf einem Gebiet konstant ist). Man würde also besser
von Niveaumengen sprechen.

Wie bestimmt man die Niveaulinien? Die einfachste, aber nur in Sonderfällen
durchführbare Methode besteht darin, die Gleichung $f(x, y) = C$ nach x oder y aufzulösen. Gelegentlich ist auch eine einfache Darstellung in Polarkoordinaten möglich. So
sind etwa bei dem Beispiel von 2.2, $f(x, y) = xy/(x^2 + y^2) = \frac{1}{2}\sin 2\phi$, die Niveaulinien
vom Nullpunkt ausgehende Strahlen. Bei den beiden im Bild dargestellten Beispielen
$f = x^2 + y^2$ und $f = x^2 - y^2$ treten als Niveaulinien Kreise bzw. Hyperbeln auf.

Damit stellt sich die Frage, wie man sich ein Bild von den Niveaumengen machen kann, wenn eine explizite Darstellung mit Hilfe bekannter Funktionen nicht möglich ist. Eine theoretische Antwort enthält der Satz 4.5 über implizite Funktionen. Er gibt Bedingungen an, unter denen die Gleichung $f(x, y) = C$ wenigstens lokal in der Form $x = \phi(y)$ oder $y = \psi(x)$ aufgelöst werden kann. Die praktische Frage nach der numerischen Berechnung der Niveaulinien führt auf Differentialgleichungen. Betrachten wir dazu ein Funktionenpaar $(x(t), y(t))$, welches in einem gewissen t-Intervall J den Differentialgleichungen

$$(*) \qquad x'(t) = \lambda f_y(x(t), y(t)) \,, \quad y'(t) = -\lambda f_x(x(t), y(t))$$

genügt; dabei kann $\lambda \neq 0$ eine beliebige, von t, x und y abhängige Funktion sein. Nun sei $h(t) := f(x(t), y(t))$. Die Ableitung von h berechnet sich nach der Kettenregel, welche in 3.10 bewiesen wird, zu

$$h'(t) = f_x(x(t), y(t))x'(t) + f_y(x(t), y(t))y'(t) \,.$$

Setzt man hier die entsprechenden Werte aus $(*)$ ein, so erkennt man, daß $h' = 0$ ist. Die Funktion h ist also in J konstant, d.h. längs der Kurve $(x(t), y(t))$ ist f konstant. Will man also die Niveaulinie durch einen festen Punkt (x_0, y_0) bestimmen, so muß man das Anfangswertproblem

$$(NL) \qquad x' = \lambda f_y(x, y) \,, \quad y' = -\lambda f_x(x, y) \,, \quad x(0) = x_0 \,, \quad y(0) = y_0$$

lösen (der Name deutet darauf hin, daß für $t = 0$ „Anfangswerte" x_0, y_0 vorgeschrieben sind; vgl. I.12.9). Aus der Theorie der Differentialgleichungen ist bekannt, daß dieses Problem eine Lösung besitzt, welche in einem gewissen, den Punkt $t = 0$ enthaltenden Intervall J existiert, falls f_x, f_y und λ in einer Umgebung von (x_0, y_0) stetig sind (Existenzsatz von Peano, vgl. etwa W. Walter, *Gewöhnliche Differentialgleichungen*, Satz 10.IX). Die Menge $\{(x(t), y(t)) : t \in J\}$ ist dann eine Teilmenge von $f^{-1}(\alpha)$, $\alpha = f(x_0, y_0)$. Es kann durchaus vorkommen, daß eine Niveaumenge aus mehreren getrennten Kurven besteht; vgl. das obige Beispiel $x^2 - y^2$. Für die praktische Lösung des Problems (NL) stehen heute auch auf kleinen Rechnern Programme zur Verfügung.

Zwei Beispiele. 1. Zur Illustration wenden wir das Verfahren auf das oben betrachtete Beispiel $f(x, y) = xy/(x^2 + y^2)$ an. Die Differentialgleichungen (NL) ergeben sich nach 3.1 (a) zu

$$x' = \lambda x(x^2 - y^2)/(x^2 + y^2)^2 \,, \quad y' = -\lambda y(y^2 - x^2)/(x^2 + y^2)^2 \,.$$

Setzt man $\lambda = (x^2 + y^2)^2/(x^2 - y^2)$, so folgt $x' = x$, $y' = y$, woraus sich unter Beachtung der Anfangsbedingung die Lösung $x(t) = x_0 e^t$, $y(t) = y_0 e^t$ ($t \in \mathbb{R}$) ergibt. Wie zu erwarten war, erhält man den vom Nullpunkt ausgehenden Strahl durch den Punkt (x_0, y_0). Dieser Lösungsweg versagt übrigens auf den beiden Diagonalen $y = \pm x$; dort ist $\operatorname{grad} f = 0$.

2. Für die Funktion $f(x, y) = e^{xy} + x^2 + 2y^2$ ist die Auflösung der Gleichung $f(x, y) = C$ mit elementaren Funktionen nicht möglich. Die Differentialgleichungen zur Bestimmung der Niveaulinien lauten mit $\lambda = 1$

$$(NL) \qquad x' = xe^{xy} + 4y \,, \quad y' = -ye^{xy} - 2x \,.$$

Es ergeben sich geschlossene Kurven, die den Nullpunkt umlaufen. Dieses Beispiel wird in 4.5 näher besprochen, und in 4.11 befindet sich ein Niveaulinienbild.

Nach diesem Exkurs setzen wir die allgemeine Theorie fort.

3.3 Vertauschung der Reihenfolge der Differentiation. Daß die Gleichung $f_{xy} = f_{yx}$ nicht immer gilt, zeigt das folgende

Gegenbeispiel. Die Funktion $f : \mathbb{R}^2 \to \mathbb{R}$ sei gegeben durch $f(x,y) = \dfrac{xy^3}{x^2 + y^2}$ für $(x,y) \neq (0,0)$ und $f(0,0) = 0$. Es ist

$$\operatorname{grad} f(x,y) = \left(\frac{y^3(y^2 - x^2)}{(x^2 + y^2)^2}, \frac{xy^2(3x^2 + y^2)}{(x^2 + y^2)^2} \right),$$

insbesondere $f_x(0,y) = y$ und $f_y(x,0) = 0$. Das ist auch für $x = y = 0$ richtig, wie man leicht nachrechnet. Wir haben also $f_{xy}(0,y) = 1$ für alle y und $f_{yx}(x,0) = 0$ für alle x, insbesondere $f_{xy}(0,0) = 1$, aber $f_{yx}(0,0) = 0$.

Unser Ziel ist der in der Einleitung genannte Vertauschungssatz von H.A. Schwarz. Wir beginnen mit einem zweidimensionalen Analogon zum Mittelwertsatz $f(\bar{a}) - f(a) = (\bar{a} - a)f'(\xi)$ mit $\xi \in (a, \bar{a})$. Dabei entspricht dem Intervall $[a, \bar{a}]$ das Rechteck $[a, \bar{a}] \times [b, \bar{b}]$, der Ableitung f' die Hintereinanderausführung der entsprechenden Operationen bezüglich x und y, also die partielle Ableitung $\frac{d}{dy} \frac{d}{dx} f = f_{xy}$, und ganz analog der Differenz $\Delta f = f(\bar{a}) - f(a)$ die Differenz $\Delta_x \Delta_y f =: \Box f$, genauer

$$\Box f := f(\bar{a}, \bar{b}) + f(a, b) - f(a, \bar{b}) - f(\bar{a}, b).$$

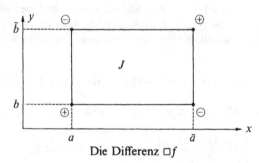

Die Differenz $\Box f$

Lemma. *Es sei* $J = [a, \bar{a}] \times [b, \bar{b}]$ *ein abgeschlossenes Rechteck. Die Funktion f sei in J mit ihren Ableitungen f_x, f_y stetig, und f_{xy} existiere in J. Dann gibt es einen Punkt* $(\xi, \eta) \in J^\circ$ *mit*

$$\Box f = (\bar{a} - a)(\bar{b} - b)f_{xy}(\xi, \eta).$$

Aus Symmetriegründen gilt das Entsprechende für f_{yx}, wenn diese Ableitung in J existiert.

Beweis. Es sei $g(x) = \Delta_y f$ und $h(y) = \Delta_x f$, also

$$g(x) := f(x, \bar{b}) - f(x, b) \quad \text{und} \quad h(y) := f(\bar{a}, y) - f(a, y).$$

Offenbar ist

$$\Box f = g(\bar{a}) - g(a) = h(\bar{b}) - h(b) \quad (= \Delta_x \Delta_y f = \Delta_y \Delta_x f),$$

woraus mit Hilfe des Mittelwertsatzes I.10.10 folgt

$$\Box f = (\overline{a} - a)g'(\xi) = (\overline{b} - b)h'(\eta) \quad \text{mit } \xi \in (a, \overline{a}), \ \eta \in (b, \overline{b}).$$

Es gilt also, wenn wir auf $g'(\xi) = f_x(\xi, \overline{b}) - f_x(\xi, b)$ nochmals den Mittelwertsatz (in y-Richtung) anwenden,

$$\Box f = (\overline{a} - a)(\overline{b} - b)f_{xy}(\xi, \overline{\eta}) \quad \text{mit } \overline{\eta} \in (b, \overline{b}). \qquad \Box$$

Hieraus folgt ohne Mühe ein erster, für die meisten Fälle ausreichender

Vertauschungssatz. *Sind f, f_x, f_y, f_{xy} und f_{yx} in der offenen Menge $G \subset \mathbb{R}^2$ stetig, so ist $f_{xy} = f_{yx}$ in G.*

Beweis. Es sei $(a, b) \in G$ und $J_n = [a, a + \frac{1}{n}] \times [b, b + \frac{1}{n}]$. Nach dem Lemma gibt es Punkte $(\xi_n, \eta_n), (\xi'_n, \eta'_n) \in J_n$ mit $n^2 \Box f = f_{xy}(\xi_n, \eta_n) = f_{yx}(\xi'_n, \eta'_n)$, und für $n \to \infty$ folgt daraus $f_{xy}(a, b) = f_{yx}(a, b)$ wegen der Stetigkeit der Ableitungen. $\qquad \Box$

Der weitergehende, in der Einleitung erwähnte Satz von H.A. SCHWARZ lautet folgendermaßen.

Satz über die Vertauschung der Reihenfolge der Differentiation. *Die Funktion f sei mit Einschluß ihrer Ableitungen f_x und f_y stetig im Kreis $B = B_\alpha(x_0, y_0)$. Die zweite Ableitung f_{xy} existiere in B und sei im Punkt (x_0, y_0) stetig. Dann existiert f_{yx} in (x_0, y_0), und es ist $f_{xy} = f_{yx}$ in diesem Punkt.*

Beweis. Zunächst sei $f_{xy}(x_0, y_0) = 0$. Wir wählen $\epsilon > 0$ und nehmen an, indem wir eventuell B verkleinern, es sei $|f_{xy}| < \epsilon$ in B. Für ein Intervall $J = [a, \overline{a}] \times [b, \overline{b}] \subset B$, welches den Punkt (x_0, y_0) enthält, gilt mit den Bezeichnungen des vorangehenden Lemmas und Beweises

$$\Box f = h(\overline{b}) - h(b) = (\overline{b} - b)h'(\eta) = (\overline{b} - b)[f_y(\overline{a}, \eta) - f_y(a, \eta)] \quad \text{mit } b < \eta < \overline{b},$$

andererseits $|\Box f| \le (\overline{a} - a)(\overline{b} - b)\epsilon$ wegen $|f_{xy}| < \epsilon$, also

$$\left| \frac{f_y(\overline{a}, \eta) - f_y(a, \eta)}{\overline{a} - a} \right| < \epsilon \quad \text{mit } b < \eta < \overline{b}.$$

Setzt man hier etwa $b = y_0$, $\overline{b} = y_0 + 1/n$, wobei a und $\overline{a}$ fest bleiben, so ist $y_0 < \eta = \eta_n < y_0 + 1/n$, und für $n \to \infty$ erhält man wegen der Stetigkeit von f_y

$$\left| \frac{f_y(\overline{a}, y_0) - f_y(a, y_0)}{\overline{a} - a} \right| \le \epsilon.$$

Hierbei unterliegen $a \le x_0$ und $\overline{a} \ge x_0$ mit $a < \overline{a}$ nur der Bedingung, daß $J \subset B$ ist. Daraus folgt aber $f_{yx}(x_0, y_0) = 0$. Der allgemeine Fall $f_{xy}(x_0, y_0) = \alpha$ wird durch Übergang zu $f^*(x, y) = f(x, y) - \alpha xy$ auf den schon behandelten Fall $f_{xy}(x_0, y_0) = 0$ zurückgeführt. $\Box$

3.4 Der allgemeine Fall. Im folgenden sei $\xi \in G \subset \mathbb{R}^n$. Eine Funktion $f : G \to \mathbb{R}$ heißt *im Punkt ξ partiell differenzierbar nach x_j*, wenn die durch Festhalten der übrigen Variablen entstehende Funktion

$$x_j \mapsto g(x_j) = f(\xi_1, \ldots, \xi_{j-1}, x_j, \xi_{j+1}, \ldots, \xi_n)$$

im eindimensionalen Sinn differenzierbar an der Stelle ξ_j ist ($j = 1,\dots,n$). Die entsprechende Ableitung g' wird *partielle Ableitung der Funktion f nach der Veränderlichen x_j (im Punkt ξ)* genannt und mit einem der Symbole

$$\frac{\partial f(\xi)}{\partial x_j} \equiv f_{x_j}(\xi) \equiv D_j f(\xi) := \lim_{h \to 0} \frac{f(\xi + he_j) - f(\xi)}{h} \quad (h \text{ reell})$$

bezeichnet (e_j ist der j-te Einheitsvektor; vgl. 1.1). Dabei ist vorauszusetzen, daß der Grenzwert gebildet werden kann, d.h., g soll auf einem die Stelle ξ_j enthaltenden Intervall der x_j-Achse definiert sein. Das ist sicher der Fall, wenn G eine Umgebung des Punktes ξ ist. Ist die Funktion $f : G \to \mathbb{R}$ in diesem Sinne nach allen Veränderlichen $x_1,\dots,x_n$ in ξ partiell differenzierbar, so heißt der Vektor

$$\nabla f(\xi) \equiv \operatorname{grad} f(\xi) := (f_{x_1}(\xi),\dots,f_{x_n}(\xi))$$

der *Gradient von f im Punkt ξ.* Man beachte: Der Gradient ist immer ein Zeilenvektor.

Die Gradientenbildung kann als Produkt eines Zeilenvektors $\nabla = (D_1,\dots,D_n)$ mit dem Skalar f aufgefaßt werden. Dieser Vektor, der auch bei den anderen Grundoperationen der Vektoranalysis (Divergenz, Rotation; vgl. §8) auftritt, wird

$$\textit{Nabla-Operator} \quad \nabla = (D_1,\dots,D_n) \quad \text{mit} \quad D_j = \frac{\partial}{\partial x_j}$$

(auch Hamilton-Operator) genannt. Er wurde eingeführt von dem irischen Mathematiker Sir WILLIAM ROWAN HAMILTON (1805–1865, Professor für Astronomie in Dublin, Präsident der Royal Irish Academy). Hamilton hat u.a. die Quaternionen erfunden und grundlegende Beiträge zur mathematischen Physik geleistet. Die Bezeichnung ∇f (gelesen „Nabla f") ist vor allem in der technischen Literatur verbreitet. Das Wort Nabla bezeichnet ein antikes Saiteninstrument. Es kam hier zu Ehren, weil das Zeichen ∇ eine gewisse Ähnlichkeit mit einer Harfe hat.

Existiert die partielle Ableitung $\partial f(x)/\partial x_j$ in jedem Punkt $x \in G$, so ist damit auf G eine neue Funktion, die partielle Ableitung $\partial f/\partial x_j$ erklärt. Entsprechend nennt man, wenn alle partiellen Ableitungen in G existieren, die Funktion $x \mapsto \operatorname{grad} f(x)$ den Gradienten oder das *Gradientenfeld* von f in G.

Wie im eindimensionalen Fall lassen wir auch hier bei der Definition von $\partial f(\xi)/\partial x_j$ zu, daß $\xi \in G$ ein Randpunkt von G ist, falls eine einseitige Ableitung gebildet werden kann. Das trifft z.B. zu, wenn ξ ein Randpunkt des kompakten Intervalls $G = [a,b] = [a_1,b_1] \times \dots \times [a_n,b_n]$ ist. So hat man etwa die Ableitungen $f_{x_j}(a)$ durch rechtsseitige Grenzwerte

$$f_{x_j}(a) = \lim_{h \to 0+} \frac{f(a_1,\dots,a_j + h,\dots,a_n) - f(a_1,\dots,a_j,\dots,a_n)}{h}$$

zu erklären ($j = 1,\dots,n$).

Die Rechenregeln für Ableitungen übertragen sich natürlich auf partielle Ableitungen, etwa

$$\frac{\partial}{\partial x_j}(f + g) = \frac{\partial f}{\partial x_j} + \frac{\partial g}{\partial x_j}, \quad \frac{\partial}{\partial x_j}(fg) = g\frac{\partial f}{\partial x_j} + f\frac{\partial g}{\partial x_j}.$$

3.5 Funktionalmatrix und Funktionaldeterminante. Wir betrachten vektorwertige Funktionen $f = (f_1, \ldots, f_m) : G \subset \mathbb{R}^n \to \mathbb{R}^m$. Man nennt die aus den $m \cdot n$ partiellen Ableitungen $\partial f_i / \partial x_j$ gebildete $m \times n$-Matrix

$$f' \equiv \frac{\partial f}{\partial x} \equiv \frac{\partial(f_1, \ldots, f_m)}{\partial(x_1, \ldots, x_n)} := \begin{pmatrix} \frac{\partial f_1}{\partial x_1} & \cdots & \frac{\partial f_1}{\partial x_n} \\ \vdots & & \vdots \\ \frac{\partial f_m}{\partial x_1} & \cdots & \frac{\partial f_m}{\partial x_n} \end{pmatrix} = \begin{pmatrix} \operatorname{grad} f_1 \\ \vdots \\ \operatorname{grad} f_m \end{pmatrix}$$

die *Funktionalmatrix* oder *Jacobimatrix* der Funktion f.

Im Fall reellwertiger Funktionen ($m = 1$) haben wir also $f' = \partial f / \partial x = \operatorname{grad} f$, und im Fall einer vektorwertigen Funktion einer einzigen unabhängigen Veränderlichen ($n = 1$) ist die Schreibweise „d" statt „∂" üblich, also

$$f' = \frac{df}{dx} = \begin{pmatrix} f'_1 \\ \vdots \\ f'_m \end{pmatrix} .$$

Im Fall $m = n$ ist die Funktionalmatrix f' quadratisch. Ihre Determinante heißt dann *Jacobideterminante*[1] oder

$$\text{Funktionaldeterminante} \quad \det f' = \det \frac{\partial f}{\partial x} .$$

Bei vielen Fragen der Analysis, etwa wenn es um die Stetigkeit einer Funktion $x \mapsto f(x)$ geht, ist es sachlich ohne Bedeutung, ob man sich unter x (oder f) einen Zeilen- oder einen Spaltenvektor vorstellt. Sobald aber Matrizenprobleme auftreten, gilt die Vereinbarung von 1.1, die wir hier in erweiterter Form wiedergeben.

Vereinbarung. *Im Zusammenhang mit Matrizenprodukten wird die unabhängige Variable $x \in \mathbb{R}^n$ und ebenso der Funktionswert $f(x) \in \mathbb{R}^m$ immer als Spaltenvektor aufgefaßt, während der Gradient immer ein Zeilenvektor ist.* Damit hat man auch eine Merkregel für die Bildung der Funktionalmatrix von f: Die f_i werden untereinander, ihre Ableitungen von links nach rechts aufgeschrieben.

Beispiele. 1. *Lineare Abbildung.* Für die durch eine $m \times n$-Matrix A erzeugte lineare Abbildung $x \mapsto Ax$ von $\mathbb{R}^n$ nach $\mathbb{R}^m$ ist $(Ax)' = A$.

2. *Quadratische Form.* Die durch eine symmetrische $n \times n$-Matrix A erzeugte Funktion $f(x) = x^{\mathsf{T}} A x$ hat den Gradienten $f'(x) = 2(Ax)^{\mathsf{T}}$.

3. Für $(u(x, y, z), v(x, y, z)) = (z^2 e^{xy}, xy e^{2yz})$ ist

$$\frac{\partial(u, v)}{\partial(x, y, z)} = \begin{pmatrix} \nabla u \\ \nabla v \end{pmatrix} = \begin{pmatrix} yz^2 e^{xy} & xz^2 e^{xy} & 2z e^{xy} \\ y e^{2yz} & (x + 2xyz) e^{2yz} & 2xy^2 e^{2yz} \end{pmatrix} .$$

4. Für das Funktionenpaar $(f(x, y), g(x, y)) = (e^{xy}, xy e^{2y})$ ist

$$\det \frac{\partial(f, g)}{\partial(x, y)} = \begin{vmatrix} y e^{xy} & x e^{xy} \\ y e^{2y} & (x + 2xy) e^{2y} \end{vmatrix} = 2xy^2 e^{(2+x)y} .$$

---

[1] Benannt nach Carl Gustav Jacobi; vgl. Einleitung.

3.6 Höhere Ableitungen. Die Klassen C^k. Es sei eine Funktion $f : G \subset \mathbb{R}^n \to \mathbb{R}$ gegeben. Die Ableitungen $f_{x_1}, \dots, f_{x_n}$ heißen die n *partiellen Ableitungen erster Ordnung*. Ist die Ableitung f_{x_i} nach x_j partiell differenzierbar $(i, j = 1, \dots, n)$, dann heißt

$$\frac{\partial^2 f}{\partial x_i \partial x_j} \equiv f_{x_i x_j} := (f_{x_i})_{x_j} \equiv \frac{\partial}{\partial x_j}\left(\frac{\partial f}{\partial x_i}\right)$$

eine *partielle Ableitung zweiter Ordnung* von f. Analog sind die partiellen Ableitungen höherer Ordnung definiert. Durch die Hintereinanderausführung von k partiellen Ableitungen nach $x_{i_1}, x_{i_2}, \dots, x_{i_k}$ (in dieser Reihenfolge) entsteht eine *partielle Ableitung der Ordnung k*; sie wird bezeichnet mit

$$\frac{\partial^k f}{\partial x_{i_1} \dots \partial x_{i_k}} \quad \text{oder} \quad f_{x_{i_1} \dots x_{i_k}} \, .$$

Wenn für die Funktion f sämtliche partiellen Ableitungen der Ordnung $\leq k$ in G existieren und stetig sind (dazu gehört auch f selbst, die partielle Ableitung nullter Ordnung), dann sagt man, f sei k-*mal stetig differenzierbar in G* und schreibt $f \in C^k(G)$; es ist $C^0(G) = C(G)$. Ist $f \in C^k(G)$ für alle k, so gehört f zur Klasse $C^\infty(G)$.

Um bei abgeschlossenen Mengen die Schwierigkeiten mit der Differentation in den Randpunkten zu umgehen, hat man die folgende Definition eingeführt. Ist G offen und f stetig in $\overline{G}$, so bedeutet $f \in C^k(\overline{G})$, daß $f \in C^k(G)$ ist und daß jede partielle Ableitung der Ordnung $\leq k$ stetig auf $\overline{G}$ fortgesetzt werden kann. Der Wert einer Ableitung in einem Randpunkt x_0 wird dann durch stetige Fortsetzung (also als Limes für $x \to x_0$, $x \in G$) eindeutig definiert; vgl. 2.19 (a)(b). Diese Definition hängt von G ab, was die Bezeichnung nicht zum Ausdruck bringt; ist H offen und $\overline{H} = \overline{G}$, so kann die Klasse $C^k(\overline{H})$ von $C^k(\overline{G})$ verschieden sein. Deshalb schreibt man auch $\overline{C}^k(G)$ statt $C^k(\overline{G})$.

Ist etwa B der offene Einheitskreis in der Ebene und $f \in C^1(\overline{B})$, so läßt sich an der Stelle $(1, 0)$ die Ableitung f_y nicht bilden. Sie ist dann definiert als Limes von $f_y(x, y)$, wenn (x, y) in B gegen $(1, 0)$ strebt. Dagegen läßt sich die (linksseitige) Ableitung $f_x(1, 0)$ bilden. Ihr Wert stimmt mit dem durch stetige Fortsetzung erhaltenen Wert überein. Denn nach dem Hilfssatz I.10.18 ist für die Funktion $g(x) = f(x, 0)$ die linksseitige Ableitung $g'_-(1) = f_x(1, 0)$ gleich dem Limes von $g'(x) = f_x(x, 0)$ für $x \to 1-$, also auch gleich dem Limes von f_x für $(x, y) \to (1, 0)$ in B. Für ein offenes Intervall $G = (a, b) \subset \mathbb{R}^n$ stimmen die (einseitigen) Ableitungen in den Randpunkten mit den entsprechenden Limites aus dem Innern überein.

Für vektorwertige Funktionen werden analoge Bezeichnungsweisen benutzt. Ist $f : G \to \mathbb{R}^m$ so beschaffen, daß alle Koordinatenfunktionen $f_1, \dots, f_m$ zu $C^k(G)$ gehören, so schreibt man $f \in C^k(G, \mathbb{R}^m)$ oder auch nur $f \in C^k(G)$, wenn Mißverständnisse auszuschließen sind (entsprechend mit $\overline{G}$).

Satz. *Ist $G \subset \mathbb{R}^n$ offen und $f \in C^k(G)$ $(k \geq 2)$, so ist jede partielle Ableitung der Ordnung $\leq k$ unabhängig von der Reihenfolge, in welcher die partiellen Differentiationen ausgeführt werden.*

Beweis. Die Gleichung $f_{x_i x_j} = f_{x_j x_i}$ ergibt sich, wenn man den Vertauschungssatz 3.3 auf die Variablen x_i und x_j anwendet. Bei einer höheren Ableitung darf man aus demselben Grund zwei unmittelbar aufeinanderfolgende Ableitungen vertauschen. Da man aber eine vorgegebene Reihenfolge von Differentiationen durch solche Nachbarvertauschungen in jede andere Reihenfolge verwandeln kann, gilt der Satz allgemein. Diese Beweisidee wurde bereits in I.2.11 beim allgemeinen Kommutativgesetz benutzt. □

3.7 Lineare Differentialoperatoren. Wir erinnern an die in 2.6 eingeführte Multiindexschreibweise für Potenzen: Für $x \in \mathbb{R}^n$ und $p \in \mathbb{N}^n$ ist $x^p = x_1^{p_1} \ldots x_n^{p_n}$. Entsprechend definiert man

$$D^p f = D_1^{p_1} \ldots D_n^{p_n} f = \frac{\partial^{|p|} f}{\partial x_1^{p_1} \ldots \partial x_n^{p_n}} \qquad \left(D_i = \frac{\partial}{\partial x_i} \right) .$$

D^p bezeichnet also eine partielle Ableitung der Ordnung $|p| = p_1 + \ldots + p_n$, wobei p_1-mal nach $x_1, \ldots, p_n$-mal nach x_n partiell differenziert wird. Dabei ist $f \in C^{|p|}$ vorausgesetzt. Auf die Reihenfolge kommt es dann, wie in 3.6 bewiesen wurde, nicht an. Auf analoge Weise erzeugt ein Polynom $P(x)$ in n Veränderlichen, indem man x_i durch D_i ersetzt, einen *linearen Differentialoperator $P(D)$ mit konstanten Koeffizienten:*

$$P(x) = \sum_{|p| \leq k} a_p x^p \Longrightarrow P(D)f = \sum_{|p| \leq k} a_p D^p f .$$

Der Operator $P(D)$ vermittelt eine lineare Abbildung von $C^k(G)$ in $C(G)$.

Beispiele. 1. Für $n = 3$ wird, wenn man die Variablen mit x, y, z bezeichnet, die Ableitung f_{xxz} bzw. f_{xyyz} durch $D^p f$ mit $p = (2, 0, 1)$ bzw. $(1, 2, 1)$ dargestellt.

2. Das Polynom $x_1^2 + \cdots + x_n^2$ erzeugt den *Laplace-Operator* Δ

$$\Delta f := f_{x_1 x_1} + \cdots + f_{x_n x_n} ,$$

der in der mathematischen Physik eine wichtige Rolle spielt.

3. Mit der schon in Aufgabe I.2.6 eingeführten Bezeichnung $p! = p_1! \cdot \ldots \cdot p_n!$ erhält man für die Ableitungen der Monome x^p die Formel

$$D^q x^p = \begin{cases} \dfrac{p!}{(p-q)!} x^{p-q} & \text{für } q \leq p \quad (p, q \in \mathbb{N}^n) , \\ 0 & \text{sonst} , \end{cases}$$

wobei die Ungleichung $q \leq p$ gemäß 1.1 komponentenweise erklärt ist. Sie stimmt vollständig mit dem Fall $n = 1$ überein. Man beachte jedoch, daß sich der Wert 0 nicht nur für $q > p$, sondern auch immer dann ergibt, wenn p und q nicht vergleichbar sind. Ist etwa $n = 3$, $p = (1, 3, 2)$ und $q = (1, 2, 0)$, so hat man (in xyz-Schreibweise) $(xy^3 z^2)_{xyy} = 6yz^2$ in Übereinstimmung mit der Formel (es ist $(1, 3, 2)!/(0, 1, 2)! = 6$), während für $q = (2, 1, 0)$ die zweite Zeile der Formel zuständig ist, $(xy^3 z^2)_{xxy} = 0$.

Speziell erhält man an der Stelle $x = 0$

$$D^q x^p |_{x=0} = \begin{cases} p! & \text{für } q = p \\ 0 & \text{in allen anderen Fällen.} \end{cases}$$

Die Übertragung dieser beiden Formeln auf Monome der Form $(x - \xi)^p$ wollen wir dem Leser überlassen.

Für Multiindizes p, q gilt offenbar $D^p(D^q f) = D^q(D^p f)$. Daraus folgt (Summation über $|p| \leq k$)

$$D^q(P(D)f) = D^q\left(\sum a_p D^p f\right) = \sum a_p D^q(D^p f)$$
$$= \sum a_p D^p(D^q f) = P(D)(D^q f),$$

d.h., die Operatoren D^q und $P(D)$ sind vertauschbar: $D^q(P(D)) = (P(D))D^q$. Dann ist $P(D)$ auch mit jeder Linearkombination solcher Differentialoperatoren D^q vertauschbar:

(a) Lineare Differentialoperatoren mit konstanten Koeffizienten sind untereinander vertauschbar, $P(D)Q(D) = Q(D)P(D)$. Man kann mit ihnen also rechnen wie mit Polynomen.

Allgemeine lineare Differentialoperatoren. Man spricht auch dann von einem linearen Differentialoperator, wenn die auftretenden Koeffizienten Funktionen von x sind. Ein solcher Operator L,

$$(Lf)(x) = \sum_{|p| \leq k} a_p(x) D^p f(x) \quad \text{mit} \quad a_p \in C(G)$$

bildet den Raum $C^k(G)$ in $C(G)$ ab, und er ist linear, $L(\lambda f + \mu g) = \lambda L f + \mu L g$. Ist $f \mapsto Mf = \sum_{|p| \leq l} b_p(x) D^p f$ ein zweiter linearer Differentialoperator, so lassen sich die Produkte LMf und MLf nur bilden, wenn die Koeffizienten a_p und b_p Differenzierbarkeitseigenschaften besitzen. Aber auch dann sind die Operatoren L und M, im Gegensatz zum Fall konstanter Koeffizienten, i.a. nicht vertauschbar. Ist z.B. $n = 1$, $Lf = f'(x)$ und $Mf = xf(x)$ (x reell), so ist $MLf = xf'$ und $LMf = (xf)' = f + xf'$.

Eine mit einem linearen Differentialoperator gebildete Gleichung $Lu = g$ nennt man eine *lineare partielle Differentialgleichung*. Hierbei ist g eine gegebene und u eine gesuchte Funktion, die man als eine Lösung der Differentialgleichung bezeichnet. Zahlreiche Naturgesetze und ebenso mathematische Modelle aus den verschiedensten Anwendungsgebieten haben die Form von linearen partiellen Differentialgleichungen, wobei dann meist noch weitere sog. Anfangs- oder Randbedingungen hinzutreten. Im besonderen ist die *Mathematische Physik*, die Zusammenfassung der aus den grundlegenden physikalischen Fragestellungen entwickelten analytischen Theorien, zu einem wesentlichen Teil eine Theorie von linearen partiellen Differentialgleichungen.

3.8 Differenzierbarkeit und vollständiges Differential. Wir erinnern an den Begriff der Ableitung: Eine von einer reellen Variablen abhängende Funktion f ist genau dann an der Stelle $\xi \in \mathbb{R}$ differenzierbar, wenn es eine Zahl c derart gibt, daß der lokale Zuwachs Δf eine Darstellung der Form

$$\Delta f := f(\xi + h) - f(\xi) = ch + r(h) \quad \text{mit} \quad \lim_{h \to 0} \frac{r(h)}{|h|} = 0$$

gestattet, wofür man auch $\Delta f = ch + o(|h|)$ schreiben kann; vgl. I.10.4 und 2.20, Beispiel 5. Der Zuwachs Δf wird also im wesentlichen durch dessen linearen

Hauptteil $h \mapsto ch = f'(\xi)h$, das sogenannte *Differential* der Funktion f im Punkt ξ, beschrieben. Diese Interpretation des Ableitungsbegriffes gestattet eine Übertragung auf mehrere Veränderliche.

Es sei $U \subset \mathbb{R}^n$ eine Umgebung des Punktes ξ. Die Funktion $f : U \to \mathbb{R}^m$ heißt in ξ *differenzierbar*, wenn es eine lineare Abbildung $L : \mathbb{R}^n \to \mathbb{R}^m$ gibt mit der folgenden Eigenschaft, die wir in drei gleichwertigen Formen angeben (dabei ist $h \in \mathbb{R}^n$):

$$\Delta f \equiv f(\xi + h) - f(\xi) = L(h) + o(|h|) \quad \text{(für } h \to 0) ,$$

$$(*) \qquad f(\xi + h) - f(\xi) = L(h) + r(h) \quad \text{mit} \quad \lim_{h \to 0} \frac{r(h)}{|h|} = 0 ,$$

$$\lim_{h \to 0} \frac{1}{|h|} [f(\xi + h) - f(\xi) - L(h)] = 0 .$$

Wenn das zutrifft, so sagt man auch, f besitze an der Stelle ξ eine *totale Ableitung* oder ein *vollständiges Differential*. Unter dem vollständigen Differential $df = df(x, h)$ versteht man analog zum Fall $n = 1$ den linearen Hauptteil $L(h)$ des Zuwachses Δf. Etwas salopp ausgedrückt: *Differenzierbarkeit bedeutet Linearität im Kleinen.*

Aus der linearen Algebra ist bekannt, daß jede lineare Abbildung $L : \mathbb{R}^n \to \mathbb{R}^m$ von einer $m \times n$-Matrix $C = (c_{ij})$ gemäß $L(h) = Ch$ (h Spaltenvektor) erzeugt wird; vgl. 1.1. Die folgende Analyse wird zeigen, daß die erzeugende Matrix der in $(*)$ auftretenden Abbildung L gerade die Funktionalmatrix $\frac{\partial f}{\partial x}(\xi)$ ist. Wir betrachten zunächst den Fall reellwertiger Funktionen ($m = 1$). Dann hat $L(h)$ die Form $L(h) = c_1 h_1 + \ldots + c_n h_n = c \cdot h$, und $(*)$ lautet

$$\binom{*}{*} \qquad f(\xi + h) - f(\xi) = \sum_{j=1}^{n} c_j h_j + r(h) \quad \text{mit} \quad \lim_{h \to 0} \frac{r(h)}{|h|} = 0 .$$

Satz. *Ist $f : U \to \mathbb{R}$ differenzierbar in $\xi \in U \subset \mathbb{R}^n$, so ist f stetig in ξ. Ferner existieren alle partiellen Ableitungen erster Ordnung von f an dieser Stelle, und der Vektor $c = (c_1, \ldots, c_n)$ in $(\vdots)$ ist eindeutig bestimmt: $c = \operatorname{grad} f(\xi)$. Das von den Variablen x und $h = dx = (dx_1, \ldots, dx_n)$ abhängige Differential hat also die Form*

$$df = df(x, h) = \operatorname{grad} f(x) \cdot h = \frac{\partial f}{\partial x_1}(x)dx_1 + \ldots + \frac{\partial f}{\partial x_n}(x)dx_n .$$

Beweis. Die Stetigkeit von f ergibt sich unmittelbar aus $(*)$: Für hinreichend kleines $|h|$ ist $|r(h)| \leq |h|$, also

$$|f(\xi + h) - f(\xi)| \leq (|c| + 1)|h| .$$

Nun sei speziell $h = te_1 = (t, 0, \ldots, 0)$ (t reell). Dann ist

$$f(\xi + te_1) - f(\xi) = c_1 t + r(te_1) \quad \text{mit} \quad \lim_{t \to 0} \frac{r(te_1)}{|t|} = 0 ,$$

woraus für $t \to 0$ nach Definition der partiellen Ableitung $c_1 = f_{x_1}(\xi)$ folgt. Entsprechend schließt man für die übrigen Koordinaten.   □

Da eine Vektorfunktion genau dann konvergiert, wenn dasselbe für jede Koordinatenfunktion gilt, ist die Übertragung des Satzes auf Vektorfunktionen problemlos. Sie führt auf das

Corollar. *Die Funktion $f : U \to \mathbb{R}^m$ ist genau dann im Punkt $\xi \in U \subset \mathbb{R}^n$ differenzierbar, wenn dasselbe für jede ihrer Koordinatenfunktionen f_i ($i = 1, \ldots, m$) gilt. Ist dies der Fall, so ist f stetig in ξ. Ferner existieren dann sämtliche partiellen Ableitungen $\frac{\partial f_i}{\partial x_j}(\xi)$ ($i = 1, \ldots, m$ und $j = 1, \ldots, n$), und das Differential $L(h) = Ch$ wird von der Funktionalmatrix erzeugt:*

$$df(\xi, h) = \frac{\partial f(\xi)}{\partial x} \cdot h \qquad (f, \, df, \, h \quad \text{Spaltenvektoren}).$$

Das Beispiel in 3.1 zeigt, daß aus der Existenz der partiellen Ableitungen i.a. noch nicht einmal die Stetigkeit, geschweige denn die Differenzierbarkeit, folgt. Zur Definition der partiellen Ableitungen im Punkt ξ werden ja auch lediglich Punkte $\xi + te_j$ in Richtung der Koordinatenachsen herangezogen, während bei der Definition der Differenzierbarkeit (und der Stetigkeit) von f *alle* Punkte einer Umgebung von ξ benötigt werden. Jedoch reicht die *Stetigkeit* der partiellen Ableitungen hin, um auf die Differenzierbarkeit der Funktion schließen zu können.

3.9 Satz. *Es sei $U \subset \mathbb{R}^n$ eine Umgebung des Punktes ξ. Die Funktion $f : U \to \mathbb{R}$ besitze in U partielle Ableitungen $f_{x_1}, \ldots, f_{x_n}$, die im Punkt ξ stetig seien. Dann ist f in ξ differenzierbar, also insbesondere stetig.*

Beweis. Wir betrachten statt f die Funktion

$$g(x) = f(x) - c \cdot (x - \xi) \qquad \text{mit} \quad c = \text{grad} \, f(\xi).$$

Sie hat dieselben Eigenschaften wie f, und es ist $\text{grad} \, g(\xi) = 0$. Zu $\epsilon > 0$ gibt es also ein $\delta > 0$ derart, daß $|g_{x_j}| < \epsilon/n$ für $x \in B_\delta(\xi) \subset U$ ist. Wir benutzen die in der Einleitung genannte Formel (Part) für die Differenz zweier Funktionswerte. Für n Variable lautet sie

$$g(x) - g(\xi) = \sum_{k=1}^{n} \{g(x_1, \ldots, x_k, \xi_{k+1}, \ldots, \xi_n) - g(x_1, \ldots, x_{k-1}, \xi_k, \ldots, \xi_n)\}.$$

Die beiden in der ersten Differenz auf der rechten Seite auftretenden Argumente unterscheiden sich nur in der ersten Koordinate, ihr Abstand ist gleich $|x_1 - \xi_1|$. Aus dem eindimensionalen Mittelwertsatz I.10.10 (bezüglich der Veränderlichen x_1) folgt, daß die erste Differenz dem Betrag nach $\leq |x_1 - \xi_1| \cdot \max |g_{x_1}| \leq |x_1 - \xi_1| \epsilon/n$ ist. Da Entsprechendes für die anderen Differenzen gilt, ist

$$|g(x) - g(\xi)| \leq \sum_{k=1}^{n} |x_k - \xi_k| \cdot \frac{\epsilon}{n} \leq \epsilon |x - \xi| \qquad \text{für} \quad x \in B_\delta(\xi).$$

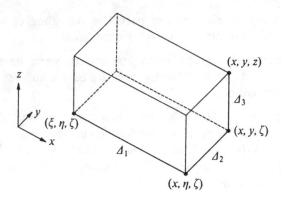

Die Formel (Part) für $n = 3$:
$$f(x, y, z) - f(\xi, \eta, \zeta) = \Delta_1 + \Delta_2 + \Delta_3; \quad \Delta_1 = f(x, \eta, \zeta) - f(\xi, \eta, \zeta)$$

Da $\epsilon > 0$ beliebig vorgegeben wurde, folgt hieraus die Differenzierbarkeit von g an der Stelle ξ und $g'(\xi) = 0$. Also ist auch f im Punkt ξ differenzierbar. $\qquad\square$

Der Satz gilt – mutatis mutandis – natürlich auch für Vektorfunktionen. Aus ihm ergibt sich sofort das

Corollar. *Ist* $G \subset \mathbb{R}^n$ *offen und* $f \in C^1(G, \mathbb{R}^m)$, *so ist* f *differenzierbar in* G.

Beispiele. 1. Die durch die $m \times n$-Matrix $A = (a_{ij})$ und $b \in \mathbb{R}^m$ bestimmte „affine" Abbildung

$$x \mapsto f(x) = Ax + b$$

von $\mathbb{R}^n$ nach $\mathbb{R}^m$ (x, b Spaltenvektoren) ist aus $C^\infty(\mathbb{R}^n, \mathbb{R}^m)$, also differenzierbar in $\mathbb{R}^n$, und für ihre Funktionalmatrix gilt $f'(x) = A$ für alle x.

2. *Wurf ohne Reibung.* Ein zum Zeitpunkt $t = 0$ vom Nullpunkt aus mit der Geschwindigkeit v unter dem Steigungswinkel ϕ geworfener Gegenstand beschreibt unter dem Einfluß der Erdbeschleunigung g ($\approx 9,81$ m/sec^2) eine Bahn $(x(t), y(t))$, welche durch die Gleichung (Kraft = Masse mal Beschleunigung)

$$m \frac{d^2}{dt^2} (x(t), y(t)) = (0, -mg)$$

beschrieben wird. Aus $\ddot{x} = 0$, $\ddot{y} = -g$ erhält man $x(t) = \alpha + \beta t$, $y(t) = \gamma + \delta t - \frac{1}{2}gt^2$, und die Anfangsbedingungen $x(0) = y(0) = 0$, $(\dot{x}(0), \dot{y}(0)) = v(\cos\phi, \sin\phi)$ führen dann auf die wohlbekannte „Wurfparabel"

$$x(t) = vt \cos\phi \,, \quad y(t) = vt \sin\phi - \frac{1}{2}gt^2 \,.$$

Die Flugzeit t_0 bis zum Aufschlag berechnet sich aus $y(t_0) = 0$ zu $t_0 = \frac{2}{g}v \sin\phi$, und die entsprechende Wurfweite $x(t_0) = W$ hat den Wert

$$W(\phi, v) = \frac{1}{g}v^2 \sin 2\phi \,.$$

Man erkennt sofort, daß die Weite für $\phi = 45°$ maximal ist. Für $v = 20$ m/sec ergibt sich

$$W(45°, 20) = \frac{400}{g} \text{ m} \approx 40,77 \text{ m} \,, \quad W(30°, 20) = \frac{400}{g} \cdot \frac{\sqrt{3}}{2} \text{ m} \approx 35,31 \text{ m} \,.$$

Es ist

$$\operatorname{grad} W = \left(\frac{2}{g} v^2 \cos 2\phi, \ \frac{2}{g} v \sin 2\phi \right) \ ,$$

also z.B.

$$dW(30°, 20) = \frac{2}{g} (200\, d\phi + 10\sqrt{3}\, dv) \ .$$

Für $dv = 1$, $d\phi = 0$ wird $dW = 3,53$, während für $d\phi = 1° = 0,01745$, $dv = 0$ sich $dW = 0,71$ ergibt, d.h. in bezug auf diesen $(30°, 20 \text{ m/sec})$-Wurf bringt eine Erhöhung von v um 1 m/sec bzw. eine Vergrößerung des Winkels um 1° eine etwa um 3,53 m bzw. 71 cm größere Wurfweite.

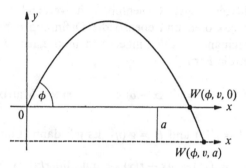

Wurf ohne Reibung

Nun nehmen wir an, es werde nicht vom Nullpunkt, sondern von einem Punkt $(0, a)$ aus geworfen (Beispiel: Kugelstoßen, $a \approx 2$ m). Es ist dann $x(t) = vt \cos \phi$ wie vorher, jedoch $y(t) = a + vt \sin \phi - \frac{1}{2} g t^2$, woraus sich mit einer einfachen Rechnung

$$g t_0 = v \sin \phi + \sqrt{v^2 \sin^2 \phi + 2 g a}$$

und für die Wurfweite

$$x(t_0) = W(\phi, v, a) = \frac{1}{2g} v^2 \sin 2\phi \left[1 + \left(1 + \frac{2ag}{v^2 \sin^2 \phi} \right)^{1/2} \right]$$

ergibt. Man berechne $W(45°, 14, 2)$ (das entspricht einem Stoß in der Nähe des Kugelstoß-Weltrekordes). Wie groß ist im Fall $(v, a) = (14, 2)$ der optimale Stoßwinkel ϕ_0, und wieviel cm lassen sich gewinnen, wenn man $\phi = \phi_0$ anstelle von 45° wählt?

3.10 Die Kettenregel. *Es seien Funktionen $f(x) : U \subset \mathbb{R}^n \to \mathbb{R}^m$ und $g(y) : V \subset \mathbb{R}^m \to \mathbb{R}^p$ mit $f(U) \subset V$ gegeben. Ist die Funktion f im Punkt $\xi \in U°$, die Funktion g im Punkt $\eta = f(\xi) \in V°$ differenzierbar, dann ist die zusammengesetzte Funktion $h = g \circ f : U \to \mathbb{R}^p$ (d.h. $h(x) = g(f(x))$) im Punkt ξ differenzierbar, und es gilt*

$$\frac{\partial h}{\partial x}(\xi) = \frac{\partial g}{\partial y}(f(\xi)) \cdot \frac{\partial f}{\partial x}(\xi) \quad \text{oder kurz} \quad h'(\xi) = g'(\eta) f'(\xi) \ .$$

Es handelt sich also um dieselbe Formel wie in I.10.6, aber sie bedeutet etwas anderes, nämlich

$$\frac{\partial h_i}{\partial x_j} = \frac{\partial g_i}{\partial y_1} \cdot \frac{\partial f_1}{\partial x_j} + \dots + \frac{\partial g_i}{\partial y_m} \cdot \frac{\partial f_m}{\partial x_j} \qquad (1 \le i \le p,\ 1 \le j \le n)\ .$$

Hier liegt ein eindrucksvolles Beispiel für die Zweckmäßigkeit der Matrizenschreibweise vor. Man beachte, daß h', g' und f' Matrizen der Größe $p \times n$, $p \times m$ und $m \times n$ sind, so daß das Matrizenprodukt definiert ist,

$$p \ \boxed{\ h' \ } \ = \ \boxed{\ g' \ } \cdot \ \boxed{\ f' \ } \ m$$

Um bei dieser wichtigen Regel Rechenfehler zu vermeiden, ist es notwendig, die Reihenfolge der Faktoren und ebenso die Definition der Funktionalmatrix (Komponenten untereinander, Ableitungen von links nach rechts) zu beachten. Ist f linear, so lautet die Formel

$$\frac{\partial}{\partial x} g(Ax + b) = g'(Ax + b)A \qquad (A \ m \times n\text{-Matrix})\ .$$

Beweis. Wir setzen $A = f'(\xi)$ und $B = g'(\eta)$. Es gilt dann (Limes für $x \to 0$ bzw. $y \to 0$)

$$f(\xi + x) = f(\xi) + Ax + r(x) \qquad \text{mit}\ \ \lim r(x)/|x| = 0\ ,$$

$$g(\eta + y) = g(\eta) + By + s(y) \qquad \text{mit}\ \ \lim s(y)/|y| = 0\ ,$$

und zu zeigen ist die Beziehung

$$h(\xi + x) = h(\xi) + BAx + t(x) \qquad \text{mit}\ \ \lim t(x)/|x| = 0\ .$$

Es ist

$$h(\xi + x) = g(\eta + Ax + r(x)) = g(\eta) + B(Ax + r(x)) + s(Ax + r(x))\ ,$$

also

$$t(x) = Br(x) + s(Ax + r(x))\ .$$

Aus $r(x)/|x| \to 0$ folgt offenbar $Br(x)/|x| \to 0$. Es muß also nur noch gezeigt werden, daß $\lim s(Ax + r(x))/|x| = 0$ ist. Setzt man $s(y) = |y|\sigma(y)$, so ist $\lim \sigma(y) = 0$, und an der Darstellung

$$\frac{s(Ax + r(x))}{|x|} = \frac{|Ax + r(x)|}{|x|} \cdot \sigma(Ax + r(x))$$

läßt sich ablesen, daß die linke Seite gegen 0 strebt. Für $x \to 0$ strebt nämlich $y = Ax + r(x) \to 0$, also $\sigma(y) \to 0$, während der andere Faktor beschränkt bleibt. $\qquad \square$

Der Spezialfall $n = p = 1$. Wir schreiben t statt x, um deutlich zu machen, daß es sich um eine reelle Variable handelt. Für die Funktion

$$h(t) = g(f(t)) = g(f_1(t), \dots, f_m(t))\ , \qquad t \in U \subset \mathbb{R}\ ,$$

besagt die Kettenregel, daß die Ableitung nach der Formel

(a)
$$h'(t) = \sum_{j=1}^{m} g_{y_j}(f(t))f'_j(t) = \operatorname{grad} g(f(t)) \cdot f'(t)$$

berechnet wird. Dabei ist vorausgesetzt, daß die vektorwertige Funktion f an der Stelle $t \in U \subset \mathbb{R}$ differenzierbar ist (d.h. gerade, daß die m Koordinatenfunktionen $f_1, \ldots, f_m$ allesamt an der Stelle t differenzierbar sind) und daß die reellwertige Funktion $g(y_1, \ldots, y_m)$ im Punkt $y = f(t) \in V \subset \mathbb{R}^m$ differenzierbar ist.

Im Fall $m = 2$ und mit der Bezeichnung $y = (u, v)$, $g = g(u, v)$, $f(t) = (\alpha(t), \beta(t))$ reduziert sich die obige Formel auf

(b)
$$h(t) = g(\alpha(t), \beta(t)) \implies h'(t) = g_u \alpha'(t) + g_v \beta'(t)$$

(Argument $(\alpha(t), \beta(t))$).

Beispiel. Gesucht ist die Ableitung der Funktion $h(t) = \int_{\alpha(t)}^{\beta(t)} \phi(s)ds$. Setzt man $g(u, v) = \int_u^v \phi(s)ds$, so wird $h(t) = g(\alpha(t), \beta(t))$. Wegen $g_u(u, v) = -\phi(u)$, $g_v(u, v) = \phi(v)$ erhält man $h'(t) = -\phi(\alpha(t))\alpha'(t) + \phi(\beta(t))\beta'(t)$.

Nun betrachten wir wieder den allgemeinen Fall $x \in \mathbb{R}^n$, $y = f(x) \in \mathbb{R}^m$, $g(y) \in \mathbb{R}^p$ und nehmen an, daß die Koordinaten y_i in zwei Gruppen aufgeteilt sind, $y = (u, v)$ mit $u \in \mathbb{R}^r$, $v \in \mathbb{R}^s$, $r + s = m$, entsprechend $f(x) = (\alpha(x), \beta(x))$, wobei α und β Funktionen vom Typ $\mathbb{R}^n \to \mathbb{R}^r$ bzw. $\mathbb{R}^n \to \mathbb{R}^s$ sind. Auch in diesem Fall gilt dann die zu (b) analoge Formel

(b')
$$h(x) = g(\alpha(x), \beta(x)) \implies h'(x) = g_u \alpha'(x) + g_v \beta'(x),$$

wobei unter g_u, g_v die Funktionalmatrizen $\partial g/\partial u$, $\partial g/\partial v$ zu verstehen sind und das Argument $(\alpha(x), \beta(x))$ einzusetzen ist. Der Zusammenhang mit der früheren Formel $h' = g' \cdot f'$ wird durch $f(x) = \begin{pmatrix} \alpha(x) \\ \beta(x) \end{pmatrix}$, $f' = \begin{pmatrix} \alpha' \\ \beta' \end{pmatrix}$, $g' = (g_u, g_v)$ hergestellt. Im folgenden Bild sind die einzelnen Matrizenformate angegeben, und daraus läßt sich die Formel auch unschwer bestätigen:

Man kann die Koordinaten von y auch in mehr als zwei Gruppen unterteilen und eine zu (a) analoge Formel ableiten.

Die Kettenregel schlägt die Brücke von der eindimensionalen zur mehrdimensionalen Analysis. Sie gibt uns die Möglichkeit, zentrale Sätze wie den Mittelwertsatz und den Taylorschen Satz ohne große Mühe auf n Variable auszudehnen.

3.11 Der Mittelwertsatz der Differentialrechnung. *Die reellwertige Funktion f sei in der offenen Menge $G \subset \mathbb{R}^n$ differenzierbar. Zu zwei Punkten a und b, die mitsamt*

ihrer Verbindungsstrecke $S = \{a + t(b - a) : 0 < t < 1\}$ *in G liegen, gibt es ein*
$\xi \in S$ *mit*

$$f(b) - f(a) = \operatorname{grad} f(\xi) \cdot (b - a) \, .$$

Nach Satz 3.9 ist etwa $f \in C^1(G)$ hinreichend für die Gültigkeit des Mittelwertsatzes.

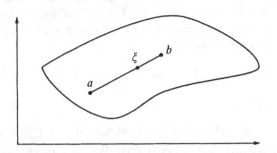

Beweis. Die zusammengesetzte Funktion $\phi(t) = f(a + t(b - a))$ ist für $0 \le t \le 1$
definiert und differenzierbar, und nach dem Mittelwertsatz I.10.10 ist

$$f(b) - f(a) = \phi(1) - \phi(0) = 1 \cdot \phi'(\tau) \quad \text{mit } 0 < \tau < 1 \, ,$$

aufgrund der Kettenregel also

$$= \operatorname{grad} f(a + \tau(b - a)) \cdot (b - a) \, . \qquad \square$$

Folgerungen. (a) Ist $G \subset \mathbb{R}^n$ ein Gebiet (vgl. 1.20), $f \in C^1(G)$ und $\operatorname{grad} f = 0$ auf
G, so ist f konstant in G.

(b) Ist $G \subset \mathbb{R}^n$ offen und konvex und besitzt $f \in C^1(G)$ in G beschränkte
partielle Ableitungen, so ist f lipschitzstetig in G.

(c) Ist $f \in C^1(G)$ (G offen), so ist f auf kompakten Teilmengen von G
lipschitzstetig.

Beweis. (a) Es sei a ein fester und x ein beliebiger Punkt aus G. Ist die Verbindungsstrecke von a nach x in G gelegen, so folgt aus dem Mittelwertsatz
$f(x) = f(a)$. Im allgemeinen Fall kann man a mit x durch einen in G verlaufenden Polygonzug verbinden. Hat dieser etwa die Ecken $a, b, c, \ldots, d, x$, so folgt mit
demselben Schluß $f(a) = f(b) = f(c) = \ldots = f(d) = f(x)$.

(b) Aus dem Mittelwertsatz und $|\operatorname{grad} f(x)| \le K$ in G folgt für beliebige
Punkte $a, b \in G$ mit Hilfe der Cauchyschen Ungleichung $|f(a) - f(b)| \le K|a - b|$.

(c) Nehmen wir an, es sei $B \subset G$ kompakt und f nicht lipschitzstetig auf B.
Dann gibt es zu jeder natürlichen Zahl k zwei Punkte $a_k, b_k \in B$ mit

(*) $|f(a_k) - f(b_k)| > k|a_k - b_k| \qquad (k = 1, 2, \ldots) \, .$

Die Folge der a_k besitzt einen Häufungspunkt $\xi \in B$, also eine gegen ξ strebende
Teilfolge, die wir wieder mit (a_k) bezeichnen. Da f auf B nach Satz 2.9 beschränkt
ist, etwa $|f(x)| \le M$, gilt $k|a_k - b_k| < 2M$, woraus auch $\lim b_k = \xi$ folgt. Ist U
eine ϵ-Umgebung von ξ mit $\overline{U} \subset G$, so sind die partiellen Ableitungen von f in
U beschränkt nach 2.9, und nach (b) ist f lipschitzstetig in U. Da die a_k und

b_k für große k in U liegen, ist damit ein Widerspruch zu unserer Annahme (∗) erreicht. □

Bemerkung. Die Aussage „Ist $f \in C^1(G)$ und grad f beschränkt in G, so ist f lipschitzstetig in G" erscheint auf den ersten Blick plausibel. Es gibt aber einfache Gegenbeispiele, etwa $n = 1$, $f(x) = [x]$ (größte ganze Zahl $\leq x$), $G = (0, 1) \cup (1, 2)$. Um solche Fälle auszuschließen, wird man verlangen, daß G ein Gebiet ist. Jedoch ist die Aussage auch für Gebiete im allgemeinen falsch; vgl. Aufgabe 4.

3.12 Richtungsableitungen. Während die partiellen Ableitungen $\frac{\partial f}{\partial x_1}(\xi), \ldots,$ $\frac{\partial f}{\partial x_n}(\xi)$ das Änderungsverhalten einer Funktion f an der Stelle ξ lediglich in den speziellen Richtungen $e_1, \ldots, e_n$ beschreiben, wollen wir nun eine Richtung in der Form eines beliebigen Einheitsvektors $e = (\epsilon_1, \ldots, \epsilon_n) \in \mathbb{R}^n$ mit $|e| = 1$ vorgeben und das Änderungsverhalten von f an der Stelle ξ in der Richtung e erfassen.

Unter der *Richtungsableitung der Funktion* $f : U \subset \mathbb{R}^n \to \mathbb{R}$ *an der Stelle* $\xi \in U^\circ$ *in Richtung* e versteht man den Limes

$$\frac{\partial f}{\partial e}(\xi) = \lim_{t \to 0} \frac{f(\xi + te) - f(\xi)}{t},$$

d.h. die Ableitung der Funktion

(∗) $$\phi(t) = f(\xi + te)$$

an der Stelle $t = 0$ (falls diese existiert). Offenbar läßt sich die partielle Ableitung $\partial f / \partial x_j$ als Richtungsableitung in Richtung e_j auffassen. Ferner sieht man leicht, daß die Richtungsableitung ihr Vorzeichen wechselt, wenn man die Richtung umkehrt: $\partial f / \partial(-e) = -\partial f / \partial e$.

Satz. *Ist* $f : U \to \mathbb{R}$ *differenzierbar in* $\xi \in U^\circ$, *so existiert jede Richtungsableitung von* f *an der Stelle* ξ, *und es ist mit* $e = (\epsilon_1, \ldots, \epsilon_n)$

$$\frac{\partial f}{\partial e}(\xi) = \operatorname{grad} f(\xi) \cdot e = \sum_{i=1}^{n} \epsilon_i f_{x_i}(\xi).$$

Die Richtungsableitungen im Punkt ξ *nehmen genau die Werte zwischen* $\alpha = |\operatorname{grad} f(\xi)|$ *und* $-\alpha$ *an. Der größte Wert* α *wird (im Fall* $\alpha \neq 0$) *in der durch* grad f *bestimmten Richtung*

$$e^* = \frac{\operatorname{grad} f(\xi)}{|\operatorname{grad} f(\xi)|},$$

der kleinste Wert $-\alpha$ *in der Richtung* $-e^*$ *angenommen.*

Der erste Teil des Satzes ergibt sich, indem man $\phi'(0)$ mit Hilfe der Kettenregel berechnet (ϕ ist in (∗) definiert), der zweite Teil durch Anwendung der Schwarzschen Ungleichung 1.1 oder 1.9.

Beispiele. 1. Die Funktion $f : \mathbb{R}^2 \to \mathbb{R}$ sei gegeben durch $f(x, y) = 1$ für $0 < y < x^2$ und $f(x, y) = 0$ sonst. Die Funktion f ist nicht stetig im Nullpunkt, jedoch gilt $\frac{\partial f}{\partial e}(0, 0) = 0$

für jede Richtung. Von der Existenz aller Richtungsableitungen in einem Punkt kann man also nicht auf die Stetigkeit schließen.

2. Für die Funktion $f(x, y) = e^{x+2y} \cos xy$ ist $\operatorname{grad} f(0) = (1, 2)$ und

$$\left| \frac{\partial f}{\partial e}(0) \right| \leq \frac{\partial f}{\partial e^*}(0) = \sqrt{5} \quad \text{mit} \quad e^* = (1, 2)/\sqrt{5} \,.$$

Bemerkung. Gelegentlich betrachtet man auch Richtungsableitungen bezüglich eines nicht normierten Vektors $e \neq 0$. Die Ableitung $\partial f/\partial e$ ist dabei wie oben definiert, und es besteht weiterhin die Gleichung $\frac{\partial f}{\partial e}(\xi) = e \cdot \operatorname{grad} f(\xi)$. Dagegen müssen die Aussagen über den größten und kleinsten Wert der Richtungsableitung modifiziert werden: Unter allen Richtungen e mit fester Länge $|e| = \beta > 0$ nimmt die Richtungsableitung für $e = \beta e^*$ ihren größten Wert $\alpha\beta$ und für $e = -\beta e^*$ ihren kleinsten Wert $-\alpha\beta$ an. Dabei sind e^* und α die oben eingeführten Größen.

3.13 Der Satz von Taylor. Zunächst sei an den eindimensionalen Fall I.10.15 erinnert. Ist $\phi \in C^{m+1}(I)$ und $0, t \in I$, so gilt

$$(1) \qquad \phi(t) = \phi(0) + \frac{\phi'(0)}{1!} t + \frac{\phi''(0)}{2!} t^2 + \ldots + \frac{\phi^{(m)}(0)}{m!} t^m + R_m \,;$$

dabei ist R_m das Restglied etwa in der Form von Lagrange,

$$R_m = \frac{\phi^{(m+1)}(\theta t)}{(m+1)!} t^{m+1} \quad \text{mit} \quad 0 < \theta < 1 \,.$$

Diese Formel beantwortet das Problem, ein Polynom zu finden, welches ϕ in der Nähe von $t = 0$ „gut" approximiert. Die Ableitungen des Taylorpolynoms und der Funktion ϕ stimmen an der Stelle $t = 0$ bis zur m-ten Ordnung überein.

Dasselbe Problem stellt sich hier: Gegeben seien eine Funktion $f \in C^{m+1}(G)$ und ein Punkt $\xi \in G \subset \mathbb{R}^n$; gesucht wird ein Polynom $P(h) = \sum a_p h^p$ mit $h = (h_1, \ldots, h_m)$, $|p| \leq m$, welches $f(\xi + h)$ für kleine $|h|$ „gut" approximiert. Naheliegend ist das folgende Vorgehen. Man setzt

$$\phi(t) := f(\xi + th) \,, \qquad \text{woraus} \quad f(\xi + h) - f(\xi) = \phi(1) - \phi(0)$$

folgt, und wendet (1) an. Nach der Kettenregel ist

$$\phi'(t) = \operatorname{grad} f(\xi + th) \cdot h$$

$$(2) \qquad \qquad = \sum_{j=1}^n f_{x_j}(\xi + th) h_j = ((\nabla h) f) (\xi + th) \,,$$

wenn wir unter ∇h den linearen Differentialoperator

$$\nabla h = h_1 D_1 + \ldots + h_n D_n \quad \text{mit} \quad D_j = \frac{\partial}{\partial x_j}$$

verstehen. Die Schreibweise soll andeuten, daß man diesen Operator als Matrizenprodukt des Zeilenvektors $\nabla = (D_1, \ldots, D_n)$ und des Spaltenvektors h

erhält. In der Sprechweise von 3.7 ist ∇h nichts anderes als der vom Polynom $P(x) = h_1 x_1 + \ldots + h_n x_n$ erzeugte lineare Differentialoperator $P(D)$. Man zeigt leicht, daß für jede stetig differenzierbare Funktion $x \mapsto g(x)$ die entsprechende Formel

$$\frac{d}{dt} g(\xi + th) = ((\nabla h)g)(\xi + th)$$

gilt. Wenden wir dies auf $g := (\nabla h)f = \sum h_i f_{x_i}$ an, so erhalten wir wegen $g(\xi + th) = \phi'(t)$

$$\phi''(t) = ((\nabla h)g)(\xi + th) = ((\nabla h)^2 f)(\xi + th) \,,$$

wobei $(\nabla h)^2$ der lineare Differentialoperator

$$(\nabla h)^2 = (h_1 D_1 + \ldots + h_n D_n)^2 = \sum_{i,j=1}^{n} h_i h_j D_i D_j$$

ist. Die Fortführung dieses Gedankens liefert die einprägsame Formel

$$(3) \qquad \phi(t) = f(\xi + th) \Longrightarrow \phi^{(k)}(t) = ((\nabla h)^k f)(\xi + th) \;;$$

dabei ist $(\nabla h)^k$ der vom Polynom $(P(x))^k = (h_1 x_1 + \ldots + h_n x_n)^k$ erzeugte lineare Differentialoperator. Wir erhalten damit, wenn wir in die Formel (1) mit $t = 1$ die Ausdrücke (3) einsetzen, eine erste Fassung des angekündigten Satzes.

Satz von Taylor. *Es sei $G \subset \mathbb{R}^n$ offen, $f \in C^{m+1}(G)$ $(m \geq 0)$, und die Verbindungsstrecke von ξ nach $\xi + h$ sei in G gelegen. Dann gilt die Taylorsche Formel*

$$(4) \qquad f(\xi + h) = f(\xi) + \frac{((\nabla h)f)(\xi)}{1!} + \frac{((\nabla h)^2 f)(\xi)}{2!} + \ldots + \frac{((\nabla h)^m f)(\xi)}{m!} + R_m$$

mit

$$(5) \qquad R_m = \frac{((\nabla h)^{m+1} f)(\xi + \theta h)}{(m+1)!} \qquad und \quad 0 < \theta < 1 \,.$$

Man nennt R_m das Restglied von Lagrange.

Hierzu einige Bemerkungen.

(a) *Die Polynomialformel.* Für $a = (a_1, \ldots, a_n) \in \mathbb{R}^n$ und $k \in \mathbb{N}$ gilt

$$(a_1 + \ldots + a_n)^k = k! \sum_{|p|=k} \frac{a^p}{p!} \,.$$

Dabei durchläuft der Multiindex $p = (p_1, \ldots, p_n)$ sämtliche $p \in \mathbb{N}^n$ mit $|p| = p_1 + \ldots + p_n = k$, und es ist $p! = p_1! \cdot \ldots \cdot p_n!$.

Beweis. Die Behauptung ist trivial für $n = 1$; im Fall $n = 2$ reduziert sie sich auf die vertraute Binomialformel. Wir setzen nun $a = (b, a_n)$ mit $b = (a_1, \ldots, a_{n-1})$ sowie $p = (q, p_n)$ mit $q = (p_1, \ldots, p_{n-1})$ und führen den Induktionsschluß von $n-1$ auf n durch $(n \geq 2)$:

$$(a_1 + \ldots + a_n)^k = \sum_{p_n=0}^{k} \binom{k}{p_n} (a_1 + \ldots + a_{n-1})^{k-p_n} a_n^{p_n}$$

$$= \sum_{p_n=0}^{k} \sum_{|q|=k-p_n} \frac{k!}{p_n!(k-p_n)!} \frac{(k-p_n)!}{q!} b^q a_n^{p_n} = \sum_{|p|=k} \frac{k!}{p!} a^p .$$

Damit gilt die Polynomialformel für beliebig viele Summanden. □

(b) Unter Benutzung von (a) läßt sich die Taylorsche Formel umschreiben. Es ist nämlich

$$\frac{(\nabla h)^k}{k!} = \frac{(h_1 D_1 + \ldots + h_n D_n)^k}{k!} = \sum_{|p|=k} \frac{h^p D^p}{p!} ,$$

also

(4′)
$$f(\xi + h) = \sum_{|p| \leq m} \frac{D^p f(\xi)}{p!} h^p + R_m$$

mit dem Restglied von Lagrange

(5′)
$$R_m = \sum_{|p|=m+1} \frac{D^p f(\xi + \theta h)}{p!} h^p \qquad (0 < \theta < 1) .$$

Damit hat die Taylorsche Formel äußerlich dieselbe Gestalt wie im eindimensionalen Fall; vgl. I.10.14.

(c) *Restglied in Integralform.* In I.10.15 wurden verschiedene Formen für das Restglied angegeben. Besonders wichtig für theoretische Fragen ist die Darstellung als Integral. Sie lautet für die Entwicklung (1) im Spezialfall $t = 1$

$$R_m = \int_0^1 \frac{(1-t)^m}{m!} \phi^{(m+1)}(t) dt .$$

Setzt man hier den Wert aus (3) ein, so erhält man das *Restglied in Integralform*

(5″)
$$R_m = \int_0^1 \frac{(1-t)^m}{m!} ((\nabla h)^{m+1} f)(\xi + th) dt ,$$

insbesondere für $m = 0$ die Entwicklung

$$f(\xi + h) = f(\xi) + \int_0^1 f'(\xi + th) h \, dt .$$

Dabei ist, wie immer, $f' = \operatorname{grad} f$ ein Zeilen- und h ein Spaltenvektor.

Als Beispiel schreiben wir die Taylor-Formel für den Fall $n = 2$, $m = 3$ in beiden Formen explizit auf und benutzen dabei die Symbole (x, y) für ξ, (h, k) für h, D_x und D_y für D_1 und D_2; auf der rechten Seite ist das Argument (x, y) überall weggelassen. Der Operator ∇h nimmt dann die Form $h D_x + k D_y$ an, und die erste Form (4) lautet

$$f(x+h, y+k) = f + (hD_x + kD_y)f + \frac{1}{2}(hD_x + kD_y)^2 f + \frac{1}{6}(hD_x + kD_y)^3 f + R_3 .$$

In der zweiten Form (4′) hat man für

$$|p| = 0 : p = (0,0) ; \qquad\qquad p! = 1$$
$$|p| = 1 : p = (1,0), (0,1) ; \qquad\qquad p! = 1, 1$$
$$|p| = 2 : p = (2,0), (1,1), (0,2) ; \qquad\qquad p! = 2, 1, 2$$
$$|p| = 3 : p = (3,0), (2,1), (1,2), (0,3) ; \qquad p! = 6, 2, 2, 6 .$$

Es ergibt sich

$$f(x+h, y+k) = f + f_x h + f_y k + \frac{1}{2} f_{xx} h^2 + \frac{1}{2} f_{yy} k^2 + f_{xy} hk$$
$$+ \frac{1}{6} f_{xxx} h^3 + \frac{1}{6} f_{yyy} k^3 + \frac{1}{2} f_{xxy} h^2 k + \frac{1}{2} f_{xyy} hk^2 + R_3 .$$

Man überzeuge sich davon, daß die beiden Formeln übereinstimmen.

Als Übung sei empfohlen, den Fall $n = 3$ entsprechend zu formulieren. Die Glieder 3. Ordnung lauten mit den Bezeichnungen (x, y, z) und (h, k, l)

$$\frac{1}{6} \left(f_{xxx} h^3 + f_{yyy} k^3 + f_{zzz} l^3 \right) + f_{xyz} hkl$$
$$+ \frac{1}{2} \left(f_{xxy} h^2 k + f_{xxz} h^2 l + f_{xyy} hk^2 + f_{xzz} hl^2 + f_{yyz} k^2 l + f_{yzz} hl^2 \right) .$$

3.14 Das Taylorpolynom. Setzt man in der Taylorschen Formel $x = \xi + h$, so erhält sie die Form

$$f(x) = T_m(x; \xi) + R_m$$

mit

$$T_m(x; \xi) = \sum_{|p| \le m} \frac{D^p f(\xi)}{p!} (x - \xi)^p .$$

Man nennt T_m das *m-te Taylorpolynom von f bezüglich der Stelle* ξ.

Satz. *Das m-te Taylorpolynom* $T_m(x; \xi)$ *ist dasjenige eindeutig bestimmte Polynom vom Grad* $\le m$, *welches an der Stelle* ξ *mit f einschließlich aller partiellen Ableitungen bis zur m-ten Ordnung übereinstimmt.*

Beweis. Nach 3.7, Beispiel 3 ist

$$D^q (x - \xi)^p|_{x=\xi} = q! \quad \text{für} \quad q = p \quad \text{und} \quad = 0 \quad \text{für} \quad q \ne p .$$

Ein Polynom P vom Grad $\le m$ läßt sich um den Punkt ξ entwickeln (vgl. Aufgabe 18),

$$P(x) = \sum_{|p| \le m} a_p (x - \xi)^p .$$

Nach der obigen Formel ist $D^q P(\xi) = q! a_q$, d.h. das Polynom P ist eindeutig bestimmt durch seine Ableitungen an der Stelle ξ, und es gilt

$$D^q P(\xi) = D^q f(\xi) \quad \text{für} \quad |q| \le m \iff a_q = D^q f(\xi)/q! \quad \text{für} \quad |q| \le m . \qquad \square$$

3.15 Die Taylorsche Reihe. Um die Bezeichnungen zu vereinfachen, betrachten wir im folgenden nur Entwicklungen um den Punkt $\xi = 0$ und schreiben $T_m(x) \equiv T_m(x; f)$ für das m-te Taylorpolynom von f und $R_m(x) \equiv R_m(x; f)$ für den zugehörigen Rest. Es sei U eine offene, konvexe Umgebung von 0. Eine Funktion $f \in C^{m+1}(U)$ besitzt dann nach dem Satz von Taylor 3.13 eine Darstellung

$$f(x) = \sum_{|p| \le m} \frac{D^p f(0)}{p!} x^p + \sum_{|p| = m+1} \frac{D^p f(\theta x)}{p!} x^p = T_m(x) + R_m(x) \,,$$

wobei $x \in U$ und $0 < \theta < 1$ ist. Ist f sogar aus $C^\infty(U)$, so kann man wie im Fall $n = 1$ (I.10.14) die von f erzeugte

$$\textit{Taylor-Reihe} \qquad T(x) \equiv T(x; f) = \sum_{p \ge 0} \frac{D^p f(0)}{p!} x^p$$

bilden. Die mit der Konvergenz der Taylor-Reihe und der Darstellung der Funktion f durch ihre Taylor-Reihe zusammenhängenden Fragen sind hier schwieriger als im eindimensionalen Fall, weil es für mehrfache Potenzreihen keine „natürliche" Art der Summation (d.h. der Anordnung in eine einfache Reihe) gibt. Definiert man den Wert von $T(x)$ jedoch als $\lim T_m(x)$, so erhält man aus dem Satz von Taylor unmittelbar einen ersten Darstellungssatz.

(a) *Ist U eine offene, konvexe Umgebung von 0 und $f \in C^\infty(U)$, so besteht an der Stelle $x \in U$ die Gleichung*

$$f(x) = \lim_{m \to \infty} T_m(x; f)$$

genau dann, wenn $R_m(x; f)$ für $m \to \infty$ gegen 0 strebt.

Wir betrachten im folgenden mehrfache Potenzreihen unter dem Gesichtspunkt der Absolutkonvergenz, beschränken uns dabei aber, wie schon in 2.18, auf die Absolutkonvergenz in Würfeln. Zunächst einige Bezeichnungen. Mit W_r bezeichnen wir den abgeschlossenen Würfel $|x|_\infty = \max |x_i| \le r$ und mit W_r° den offenen Würfel $|x|_\infty < r$; dabei ist $r = \infty$ zugelassen. Wir sagen, die n-fache Potenzreihe $\sum a_p x^p$ gehört zur Klasse $P(r)$, $0 < r \le \infty$, wenn die wie in 2.18 gebildete einfache Potenzreihe $\sum \alpha_k t^k$ mit $\alpha_k = \max\{|a_p| : |p| = k\}$ den Konvergenzradius r hat. In 2.18 wurde gezeigt, daß eine Potenzreihe aus $P(r)$ in W_r° absolut und in jedem Würfel W_s mit $s < r$ gleichmäßig konvergiert. Die dargestellte Funktion s ist demnach stetig in W_r°. Es gilt aber auch die Umkehrung:

(b) *Ist die Potenzreihe $\sum a_p x^p$ in W_r° absolut konvergent, so gehört sie zur Klasse $P(r')$ mit $r' \ge r$.*

Beweis. Für $e = (1, 1, \ldots, 1)$ und $0 < s < r$ ist $se \in W_r^\circ$ und $(se)^p = s^{|p|}$. Wählt man also zum Index k ein q mit $|q| = k$ und $|a_q| = \alpha_k$, so ist $|a_q(se)^q| = \alpha_k s^k$.

Hieraus folgt ohne Mühe $\sum \alpha_k s^k \leq \sum |a_p(se)^p| < \infty$. Der Konvergenzradius der Reihe $\sum \alpha_k t^k$ ist demnach $\geq s$, d.h. $\geq r$. ☐

In der Klasse $P(r)$ gilt nun ein zu I.10.13–14 analoger

Satz. *Die durch eine Potenzreihe $\sum a_p x^p \in P(r)$ dargestellte Funktion f gehört zur Klasse $C^\infty(W_r^\circ)$. Die Ableitungen von f können durch gliedweise Differentiation gewonnen werden,*

$$D^q f(x) = \sum_{p \geq q} \frac{p! a_p}{(p-q)!} x^{p-q} = \sum_{p \geq 0} \frac{(p+q)!}{p!} a_{p+q} x^p$$

für $x \in W_r^\circ$ und $q \in \mathbb{N}^n$, und diese Potenzreihe gehört ebenfalls zu $P(r)$. Insbesondere ist $D^q f(0) = q! a_q$. Die Reihe $\sum a_p x^p$ ist also die Taylor-Reihe der dargestellten Funktion f, d.h., es gilt $f(x) = T(x; f)$ in W_r°.

Beweis. Wir schreiben zunächst den Beweis für $n = 2$ auf und benutzen die Bezeichnungen (x, y) für x und $f(x, y) = \sum a_{ij} x^i y^j$ für die Potenzreihe; es ist dann $\alpha_k = \max\{|a_{ij}| : i + j = k\}$. Durch gliedweises Differenzieren dieser Reihe, das noch zu rechtfertigen bleibt, erhält man

$$f_x(x, y) = \sum_{i,j=0}^{\infty} i a_{ij} x^{i-1} y^j = \sum_{i,j=0}^{\infty} b_{ij} x^i y^j$$

mit $b_{ij} = (i + 1) a_{i+1,j}$. Für die zugehörigen Größen $\beta_k = \max\{|b_{ij}| : i + j = k\}$ gilt $\alpha_{k+1} \leq \beta_k \leq (k + 1)\alpha_{k+1}$. Hieraus folgt, etwa nach I.7.6, Beispiel 2, daß die Reihen $\sum \alpha_k t^k$ und $\sum \beta_k t^k$ denselben Konvergenzradius haben. Die Reihe für f_x gehört also ebenfalls zu $P(r)$. Damit ist der Satz im wesentlichen bewiesen. Hält man nämlich y mit $|y| < r$ fest, so ist sowohl die Reihe für f als auch die formal differenzierte Reihe im kompakten Intervall $|x| \leq s < r$ absolut und gleichmäßig konvergent. Nach Corollar 1 aus I.10.13 ist die Differentiation nach x erlaubt und damit die obige Entwicklung für f_x bewiesen (dieses Corollar bezieht sich auf einfache Reihen von der Form $\sum f_k(x)$, man kann aber wegen der absoluten Konvergenz den großen Umordnungssatz I.5.13 heranziehen und beide Reihen in einfache Reihen umordnen). Da hierbei $s < r$ beliebig gewählt werden kann und da die erhaltene Reihe für f_x aus $P(r)$ ist, folgt die Stetigkeit von f_x in W_r° aus 2.18.

Natürlich gilt das Entsprechende für die Ableitung f_y und, indem man diesen Schluß mehrfach anwendet, für alle höheren Ableitungen. Der obige Beweis überträgt sich auch leicht auf den Fall $n > 2$. Man hat dann $y \in \mathbb{R}^{n-1}$ und $j \in \mathbb{N}^{n-1}$, und in der Definition von α_k und β_k heißt es $i + |j| = k$. Schließlich ergibt sich der im Satz auftretende erste Ausdruck für $D^q f(x)$ aus der Differentiationsregel von 3.7, Beispiel 3, während im zweiten Ausdruck p durch $p + q$ ersetzt wurde.☐

Die Grundfrage, wann eine Funktion durch ihre Taylor-Reihe dargestellt ist, wird durch unsere bisherigen Überlegungen nur in der sehr unbefriedigenden Form (a) beantwortet. Ein einfaches hinreichendes Kriterium für die Gleichung $f(x) = T(x; f)$ enthält der folgende

Darstellungssatz. *Die Ableitungen der Funktion* $f \in C^\infty(W_r^\circ)$ *mögen einer Abschätzung*

$$|D^p f(x)| \leq p! \alpha_{|p|} \quad \text{in } W_r^\circ \text{ für alle } p$$

genügen, und dabei sei der Konvergenzradius der Reihe $\sum \alpha_k t^k$ *größer oder gleich* r. *Dann gehört die Taylor-Reihe* $T(x;f)$ *zu* $P(r')$ *mit* $r' \geq r$, *und es ist* $f(x) = T(x;f)$ *in* W_r°.

Beweis. Die erste Behauptung ist, da die Koeffizienten a_p von $T(x)$ der Ungleichung $|a_p| = |D^p f(0)/p!| \leq \alpha_k$ für $|p| = k$ genügen, trivial; vgl. Satz 2.18. Für die zweite Behauptung greifen wir auf (a) zurück. Aus $|x|_\infty = s < r$ folgt offenbar $|x^p| \leq s^{|p|}$. Das Restglied R_{m-1} läßt sich, da es höchstens $(m+1)^n$ Indizes p mit $|p| = m$ gibt (vgl. den Beweis in 2.18), in der Form

$$|R_{m-1}(x)| = \left| \sum_{|p|=m} \frac{D^p f(\theta x)}{p!} x^p \right| \leq \alpha_m (m+1)^n s^m \quad \text{mit } s = |x|_\infty < r$$

abschätzen. Die rechte Seite dieser Ungleichungen strebt gegen 0 für $m \to \infty$, denn die entsprechende Potenzreihe $\sum \alpha_m (m+1)^n t^m$ hat einen Konvergenzradius $\geq r$ (Beispiel 2 von I.7.6). Damit ist (a) anwendbar und der Satz bewiesen.   □

Wir betrachten zwei Sonderfälle. Dabei ist $f \in C^\infty(W_r^\circ)$, und C, γ sind positive Konstanten.

(c) *Aus* $|D^p f(x)| \leq \gamma p! / r^{|p|}$ *in* W_r° *folgt* $f(x) = T(x;f)$ *in* W_r° *und* $T(x;f) \in P(r')$ *mit* $r' \geq r$.

(d) *Aus* $|D^p f(x)| \leq \gamma C^{|p|}$ *in* $W_r^\circ (0 < r \leq \infty)$ *folgt* $f(x) = T(x;f)$ *in* W_r° *und* $T(x;f) \in P(\infty)$.

Ein Hinweis zum Beweis wird in Aufgabe 1 angegeben.

Bemerkung. In konkreten Fällen kann man die Potenzreihenentwicklung einer Funktion häufig aus bekannten Entwicklungen direkt herleiten. So ergibt sich zum Beispiel aus der Sinusreihe für das Beispiel von 1.1 sofort die Darstellung

$$f(x, y) = x^2 y \sin xy = \sum_{i=0}^\infty \frac{(-1)^i}{(2i+1)!} x^{2i+3} y^{2i+2}.$$

Die Entwicklung ist in $\mathbb{R}^2$ absolut konvergent, nach (b) gehört sie also zu $P(\infty)$. Man kann umgekehrt aus der Reihe den Wert aller partiellen Ableitungen von f an der Stelle 0 ablesen.

3.16 Fläche und Tangentialhyperebene. Wir übernehmen die vorläufige Flächendefinition von 3.2 und sagen, wenn $D \subset \mathbb{R}^n$ offen und $f \in C^1(D)$ ist, durch die Gleichung $z = f(x)$, $x \in D$, werde eine Fläche F im $(n+1)$-dimensionalen $(x_1, \ldots, x_n, z)$-Raum dargestellt; dabei ist $F = \text{graph } f = \{(x, z) \in \mathbb{R}^{n+1} : z = f(x), x \in D\}$. Das Taylorpolynom $T_1(x; \xi)$ ist eine lineare Funktion, welche f in der Nähe von ξ approximiert. Die durch

(T) $\quad z = T_1(x;\xi) = f(\xi) + \sum_{j=1}^{n} f_{x_j}(\xi)(x_j - \xi_j) \equiv f(\xi) + f'(\xi) \cdot (x - \xi)$

im xz-Raum $\mathbb{R}^{n+1}$ dargestellte Hyperebene heißt *Tangential(hyper)ebene* an die Fläche $z = f(x)$ im Flächenpunkt $(\xi, f(\xi))$. Bei (T) handelt es sich um eine nicht normierte Ebenendarstellung im Sinne von 1.21 (b)

$$x_1 b_1 + \ldots + x_n b_n - z = \beta \quad \text{mit} \quad b_j = f_{x_j}(\xi) .$$

Eine Normale der Tangentialebene wird auch *Normale* oder *Normalenvektor* der Fläche im Flächenpunkt $(\xi, f(\xi))$ genannt. Insbesondere ist

(N) $\quad v = (\text{grad} f(\xi), -1)$ eine *Normale im Flächenpunkt* $(\xi, f(\xi))$.

Im Fall $n = 1$ benutzt man die Bezeichnungen Kurve statt Fläche und Tangente statt Tangentialebene. Die Gleichung der Tangente an die Kurve $z = f(x)$

$$z = f(\xi) + f'(\xi)(x - \xi)$$

haben wir bereits in I.10.1 kennengelernt.

Für $n = 2$ lautet die Gleichung der Tangentialebene im Punkt (ξ, η) in der üblichen xyz-Schreibweise

$$z = f(\xi, \eta) + f_x(\xi, \eta)(x - \xi) + f_y(\xi, \eta)(y - \eta) .$$

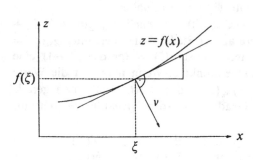

Tangente und Normale
$v = (f'(\xi), -1)$

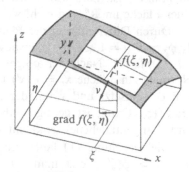

Fläche $z = f(x, y)$
mit Tangentialebene und Normale
$v = (\text{grad} f(\xi, \eta), -1)$

Gradient und Niveauflächen. Es sei $f : D \subset \mathbb{R}^n \to \mathbb{R}$ stetig differenzierbar und $\xi \in D$. In Analogie zu dem in 3.2 behandelten Fall $n = 2$ wird man vermuten, daß die den Punkt ξ enthaltende Niveaumenge von f, das ist die Menge $f^{-1}(C)$ mit $C = f(\xi)$, eine Fläche im $\mathbb{R}^n$ ist. Wir werden im nächsten Paragraphen beweisen, daß dies (jedenfalls lokal) zutrifft, wenn $\text{grad} f(\xi) \neq 0$ ist. Ist etwa $f_{x_n}(\xi)$ von Null verschieden, so läßt sich die Gleichung $f(x) = C$ in einer Umgebung U von ξ nach x_n auflösen, $x_n = \phi(x_1, \ldots, x_{n-1})$, wobei $\phi \in C^1(U')$ und U' eine Umgebung von $\xi' = (\xi_1, \ldots, \xi_{n-1})$ ist. Es gilt dann $f^{-1}(C) \cap U = \text{graph } \phi$, und wir sprechen von einer Niveaufläche $x_n = \phi(x')$, $x' = (x_1, \ldots, x_{n-1})$. Diese Aussagen sind in Satz 4.5 enthalten.

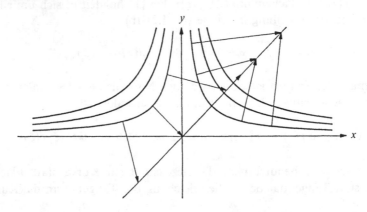

Niveaulinien und Gradient von $f(x, y) = xy$
(die Spitzen des Vektors f' liegen auf der Diagonale $x = y$)

Nun haben wir in 3.12 gelernt, daß die Richtungsableitung von f an der Stelle ξ in der Richtung $\text{grad} f(\xi)$ am größten und in jeder dazu senkrechten Richtung gleich Null ist. Da sich f auf der Niveaufläche nicht ändert, ist zu vermuten, daß die Richtungen mit verschwindender Richtungsableitung in der Tangentialebene zur Niveaufläche liegen, d.h., daß $\text{grad} f(\xi)$ eine Normale zur Fläche $x_n = \phi(x')$ im Punkt ξ ist. Dies wollen wir nachweisen. Man beachte, daß wir es hier mit einer Fläche im $\mathbb{R}^n$ und nicht wie oben im $\mathbb{R}^{n+1}$ zu tun haben.

Durch Differentation der Identität $f(x', \phi(x')) = C$ nach x_i ergibt sich $f_{x_i} + f_{x_n} \phi_{x_i} = 0$ $(i = 1, \ldots, n-1)$, insbesondere an der Stelle ξ' die Gleichung $\phi_{x_i}(\xi') = -f_{x_i}(\xi)/f_{x_n}(\xi)$. Nach der obigen Formel (N) ist $v(\xi) = (\text{grad} \phi(\xi'), -1)$ eine Normale zur Fläche $x_n = \phi(x')$ im Flächenpunkt ξ. Wenn man hier die Werte von ϕ_{x_i} einsetzt und v mit der Zahl $-f_{x_n}(\xi)$ multipliziert, erhält man gerade $\text{grad} f(\xi)$. Damit ist gezeigt, daß der Gradient auf der Niveaufläche (d.h. auf ihrer Tangentialebene) senkrecht steht.

Die Gleichung (T) lautet im vorliegenden Fall $x_n = \xi_n + \phi'(\xi') \cdot (x' - \xi')$ mit $\xi_n = \phi(\xi')$. Setzt man für ϕ_{x_i} den obigen Wert ein, so erhält man die außerordentlich einfache Formel für die Tangentialebene an die Niveaufläche $f(x) = C$ im Flächenpunkt ξ

(T') $f'(\xi) \cdot (x - \xi) = 0$ *Tangentialebene* an die Fläche $f(x) = f(\xi)$.

Dabei ist $f'(\xi) \neq 0$ vorausgesetzt. Ist etwa $f_{x_k}(\xi) \neq 0$, so ist nach Satz 4.5 eine lokale Auflösung der Gleichung $f(x) = f(\xi)$ in der Form $x_k = \phi(x_1, \ldots, x_{k-1}, x_{k+1}, \ldots, x_n)$ gegeben und die obige Überlegung (mit x_k anstelle von x_n) durchführbar.

Beispiel. *Flächen zweiter Ordnung.* Es sei $A \neq 0$ eine symmetrische $n \times n$-Matrix und $f(x) = x^\top Ax$. Auf der Niveaumenge $f(x) = x^\top Ax = 1$ (man nennt sie eine Fläche 2. Ordnung, falls sie nicht leer ist) ist offenbar $f'(x) = 2(Ax)^\top \neq 0$ (vgl. Beispiel 2 in 3.5). Für die Tangentialebene an die Fläche $x^\top Ax = 1$ im Flächenpunkt ξ (mit $\xi^\top A\xi = 1$) erhält man nach (T') $(A\xi) \cdot (x - \xi) = 0$ oder

$$x^\top A\xi = 1 \quad \textit{Tangentialebene an die Fläche } x^\top Ax = 1 \text{ im Punkt } \xi \,.$$

Nun sei $n = 2$ und $A = \operatorname{diag}(a, b)$ mit $a > 0$, $b \neq 0$. In der üblichen xy-Schreibweise erhält man die Ellipse oder Hyperbel $ax^2 + by^2 = 1$. Ihre Tangente im Kurvenpunkt (ξ, η) wird also durch die Formel $ax\xi + by\eta = 1$ beschrieben.

Die Niveauflächen geben nicht nur über die Richtung, sondern auch über die Länge des Gradientenvektors Auskunft. Betrachten wir dazu die Niveauflächen für äquidistante Werte von C, sagen wir, für $C = h, 2h, 3h, \ldots$ Wenn man von einem Punkt ξ auf der Fläche $C = kh$ in der Richtung $\operatorname{grad} f(\xi)$ fortschreitend zu einem Punkt η auf der Fläche $C = (k+1)h$ kommt, so ist der Differenzenquotient $(f(\eta) - f(\xi))/|\eta - \xi|$ ein Näherungswert für die Richtungsableitung in der Richtung $e^* = \operatorname{grad} f(\xi)/|\operatorname{grad} f(\xi)|$. Da die Differenz $f(\eta) - f(\xi)$ den Wert h hat, ist diese Richtungsableitung $\partial f(\xi)/\partial e^*$ näherungsweise gleich $h/|\eta - \xi|$, andererseits nach 3.12 gleich $|\operatorname{grad} f(\xi)|$. Fassen wir zusammen:

Der Gradientenvektor steht auf der Niveaufläche senkrecht, und seine Länge ist etwa umgekehrt proportional zum Abstand zwischen benachbarten Niveauflächen.

Dem Benutzer einer Wanderkarte ist dies wohlbekannt. Senkrecht zum Weg entlang einer Höhenlinie ist die Richtung des steilsten Anstiegs, und die Steilheit des Anstiegs ist um so größer, je mehr sich die Höhenlinien zusammendrängen.

3.17 Die Hessematrix. Die $n \times n$-Matrix

$$H_f(x) := \begin{pmatrix} f_{x_1 x_1}(x) & \cdots & f_{x_1 x_n}(x) \\ \vdots & & \vdots \\ f_{x_n x_1}(x) & \cdots & f_{x_n x_n}(x) \end{pmatrix}$$

aller partiellen Ableitungen zweiter Ordnung von f heißt die *Hessesche Matrix* (engl. Hessian) von f. Sie ist benannt nach dem deutschen Mathematiker LUDWIG OTTO HESSE (1811–1874, Professor in Königsberg, Heidelberg und München). Gelegentlich wird für die Hessesche Matrix auch f'' oder f_{xx} geschrieben. Aufgrund des Satzes von Schwarz 3.3 ist H_f symmetrisch, wenn $f \in C^2$ ist. Mit Hilfe der Hessematrix läßt sich der Ausdruck $(\nabla h)^2 f$ in der Form

$$(\nabla h)^2 f = \sum_{i,j=1}^n h_i h_j f_{x_i x_j} = h^\top H_f h$$

schreiben; vgl. die Vereinbarungen über die Matrizenschreibweise in 3.5. Wir geben zwei Anwendungen.

(a) Die Taylorsche Formel (4)(5) aus 3.13 lautet für $m = 1$

$$f(\xi + h) = f(\xi) + (\operatorname{grad} f(\xi))h + R_1$$

mit dem Restglied in der Lagrange-Form und Integralform

$$R_1 = \frac{1}{2} h^\top H_f(\xi + \theta h)h = \int_0^1 (1 - t) h^\top H_f(\xi + th) h \, dt \qquad (0 < \theta < 1) \ .$$

(b) Das Taylorpolynom zweiter Ordnung aus 3.14 wird gegeben durch

$$T_2(x; \xi) = f(\xi) + (\operatorname{grad} f(\xi))(x - \xi) + \frac{1}{2}(x - \xi)^\top H_f(\xi)(x - \xi) \ .$$

Beispiel. Betrachten wir im Fall $n = 2$ die Funktion $f(x, y) = y^x$ (mit $y > 0$) in der Nähe des Punktes $(1,1)$. Eine einfache Rechnung ergibt

$$\operatorname{grad} f(x, y) = (y^x \log y, xy^{x-1}) \ , \qquad \text{also} \quad \operatorname{grad} f(1, 1) = (0, 1)$$

und

$$H_f(x, y) = \begin{pmatrix} y^x (\log y)^2 & y^{x-1} + xy^{x-1} \log y \\ y^{x-1} + xy^{x-1} \log y & x(x - 1)y^{x-2} \end{pmatrix} \ , \quad \text{also} \quad H_f(1, 1) = \begin{pmatrix} 0 & 1 \\ 1 & 0 \end{pmatrix} \ .$$

Damit ist $z = 1 + 0 \cdot (x - 1) + 1 \cdot (y - 1) = y$ die Gleichung der Tangentialebene an $z = y^x$ im Punkt $(1, 1)$, und

$$T_2((x, y); (1, 1)) = 1 + (y - 1) + (x - 1)(y - 1) = 1 - x + xy \ .$$

Um etwa $\alpha = 0,99^{1,01}$ zu berechnen, liefert die lineare Approximation $T_1 = 0,99$, die quadratische Approximation $T_2 = 1 - 1,01 + 0,99 \cdot 1,01 = 0,9899$, während ein Taschenrechner $\alpha \approx 0,9899005$ anzeigt.

3.18 Differentiation im Komplexen. Holomorphie. Wir betrachten zum Schluß die Differentiation für komplexe Funktionen. Es sei etwa G eine offene Teilmenge von $\mathbb{C}$ und $\zeta \in G$. Da $\mathbb{C}$ ein Körper ist, können wir formal wie im eindimensionalen reellen Fall Differenzenquotienten bilden. Die Funktion $f : G \to \mathbb{C}$ heißt *(komplex) differenzierbar* in $\zeta \in G$, falls der Grenzwert

$$f'(\zeta) = \lim_{z \to \zeta} \frac{f(z) - f(\zeta)}{z - \zeta} = \lim_{h \to 0} \frac{f(\zeta + h) - f(\zeta)}{h} \qquad (h \in \mathbb{C})$$

existiert. Äquivalent dazu ist die folgende Definition: Es gibt ein $a \in \mathbb{C}$, so daß

(C) $$f(\zeta + h) - f(\zeta) = ah + o(|h|) \qquad \text{für} \quad h \to 0$$

gilt. In diesem Fall ist dann $a = f'(\zeta)$. Eine Funktion $f : G \to \mathbb{C}$ heißt *holomorph* in G, falls sie in jedem Punkt $\zeta \in G$ differenzierbar und f' in G stetig ist.

Diese Definition ist von wesentlich anderer Struktur als jene von 3.8 für Funktionen $f : G \subset \mathbb{R}^2 \to \mathbb{R}^2$. Um dies einzusehen, zerlegen wir in Real- und Imaginärteil: $z = (x, y)$, $f(z) = (u(x, y), v(x, y))$, ferner $a = (a_1, a_2)$ und $h = (h_1, h_2)$. Während Differenzierbarkeit im Sinne der reellen Analysis bedeutet, daß eine Matrix

$$A = \begin{pmatrix} a_{11} & a_{12} \\ a_{21} & a_{22} \end{pmatrix}$$

mit

(R) $\qquad f(\zeta + h) - f(\zeta) = Ah + o(|h|) \qquad$ (h Spaltenvektor)

existiert, wird in (C) verlangt, daß das Differential

$$Ah = (a_{11}h_1 + a_{12}h_2, a_{21}h_1 + a_{22}h_2)^\top$$

die spezielle Form ah mit komplexer Multiplikation, also

$$ah = (a_1 h_1 - a_2 h_2, a_2 h_1 + a_1 h_2)$$

hat. Dies ist genau dann der Fall, wenn $a_{11} = a_{22} = a_1$ und $a_{21} = -a_{12} = a_2$ ist. Anders gesagt: f ist im Sinne der komplexen Analysis genau dann differenzierbar, wenn f im reellen Sinn differenzierbar ist und die Funktionalmatrix A die spezielle Gestalt

$$A = \begin{pmatrix} u_x & u_y \\ v_x & v_y \end{pmatrix} = \begin{pmatrix} a_1 & -a_2 \\ a_2 & a_1 \end{pmatrix}$$

hat. Dabei ist $\det A = a_1^2 + a_2^2 = |a|^2$. Fassen wir zusammen:

3.19 Cauchy-Riemannsche Differentialgleichungen. Satz. *Die Funktion $f(z) = (u(x,y), v(x,y)) : G \to \mathbb{C}$ ist genau dann im Punkt $\zeta = (\xi, \eta) \in G$ komplex differenzierbar, wenn die Funktionen u, v in diesem Punkt reell differenzierbar sind und den Cauchy-Riemannschen Differentialgleichungen*

(C-R) $\qquad u_x = v_y \quad$ *und* $\quad u_y = -v_x$

genügen. Aus diesen Gleichungen folgt

$$\det \frac{\partial(u,v)}{\partial(x,y)} = |f'(z)|^2 .$$

Beispiele. 1. Für die Funktion $f(z) = z^3$ ergibt sich aus der Identität $(z + h)^3 - z^3 = 3hz^2 + h^2(3z + h)$ für $h \to 0$ (nach Division durch h) wie im Reellen $(z^3)' = 3z^2$. Entsprechend beweist man die Formel $(z^n)' = nz^{n-1}$ für $n \in \mathbb{N}$.

2. *Potenzreihen.* Eine Potenzreihe $f(z) = \sum a_n z^n$ mit dem Konvergenzradius $r > 0$ stellt eine im Kreis $|z| < r$ holomorphe Funktion dar, und man darf gliedweise differenzieren:

$$f(z) = \sum_{n=0}^{\infty} a_n z^n \implies f'(z) = \sum_{n=1}^{\infty} n a_n z^{n-1} \qquad (|z| < r) .$$

Der entsprechende reelle Beweis in I.10.13 benutzt die Integralrechnung und ist deshalb – jedenfalls mit unseren jetzigen Hilfsmitteln – nicht übertragbar. Wir skizzieren deshalb einen anderen Beweis. Für $2 \le k \le n$ ist $\binom{n}{k} \le n^2 \binom{n-2}{k-2}$, und daraus folgt mit der Binomialformel

$$|(z + h)^n - z^n - nz^{n-1}h| = \left|\binom{n}{2}z^{n-2}h^2 + \binom{n}{3}z^{n-3}h^3 + \ldots + h^n\right| \le |h|^2 n^2 (|z| + |h|)^{n-2} .$$

Die Potenzreihe $G(t) = \sum_2^\infty n^2 |a_n| t^{n-2}$ hat, ebenso wie die Reihe $\sum na_n z^{n-1}$, den Konvergenzradius r, und aus der obigen Abschätzung folgt, wenn $|z| + |h| \le s < r$ ist,

$$\left|\frac{f(z + h) - f(z)}{h} - \sum_1^\infty na_n z^{n-1}\right| \le |h| G(|z| + |h|) \le |h| G(s) .$$

Diese Abschätzung zeigt, daß $f'(z)$ für jedes z mit $|z| < r$ existiert und den angegebenen Wert hat.

3. $(e^z)' = e^z$, $(\sin z)' = \cos z$, $(\cos z)' = -\sin z$ für $z \in \mathbb{C}$. Das folgt aus Beispiel 2.

3.20 Bewegung, winkeltreue und konforme Abbildung. Wir betrachten reelle $n \times n$-Matrizen, Spaltenvektoren $x, y \in \mathbb{R}^n$ und Selbstabbildungen des $\mathbb{R}^n$. Aussagen, in denen x oder y auftritt, gelten für beliebige $x, y \in \mathbb{R}^n$. Das innere Produkt $\langle x, y \rangle$ ist also gleich $x^\top y$. Eine Matrix A heißt *orthogonal*, $A \in O(n)$, wenn $A^{-1} = A^\top$, also $A^\top A = AA^\top = E$ (Einheitsmatrix) ist. In diesem Fall ist $|\det A| = 1$ und $\langle Ax, Ay \rangle = (Ax)^\top Ay = x^\top A^\top Ay = x^\top y = \langle x, y \rangle$, insbesondere $|Ax| = |x|$. Auch die durch $A \in O(n)$ vermittelte Abbildung $x \mapsto Ax$ wird orthogonal genannt. Wenn zusätzlich $\det A = 1$ ist, so heißt die Abbildung *orientierungstreu* oder eine *Drehung*. Eine Selbstabbildung f des $\mathbb{R}^n$ nennt man eine *Bewegung* oder *Isometrie*, wenn sie Abstände invariant läßt, wenn also $|f(x) - f(y)| = |x - y|$ ist. Schließlich heißt die Abbildung $x \mapsto a + x$ ($a \in \mathbb{R}^n$ fest) eine *Translation*.

(a) Mit A und B sind auch AB und A^{-1} orthogonal, d.h. $O(n)$ ist eine Gruppe.

(b) Jede Bewegung ist von der Form $x \mapsto a + Ax$ mit orthogonalem A.

Die Beweise sind einfach; man findet sie etwa in [LA, § 5.5 und § 6.1].

Ist A eine Drehung, so nennt man die Abbildung $x \mapsto \lambda Ax$ mit $\lambda > 0$ eine *Drehstreckung*. Diese Abbildung führt ein Dreieck in ein ähnliches Dreieck über, dessen Seitenlängen mit λ multipliziert sind. Das Bilddreieck hat also dieselben Winkel, und deshalb nennt man die Abbildung *winkeltreu*.

Nun sei $n = 2$. Die durch komplexe Multiplikation $z \mapsto az$ ($a = (a_1, a_2) \ne 0$) erzeugte Abbildung hat, wenn man sie reell schreibt, nach 3.18 die Form

$$z \mapsto az \iff \begin{pmatrix} x \\ y \end{pmatrix} \mapsto A \begin{pmatrix} x \\ y \end{pmatrix} \quad \text{mit} \quad A = \begin{pmatrix} a_1 & -a_2 \\ a_2 & a_1 \end{pmatrix} .$$

Man rechnet leicht nach, daß $|a|^{-1} A$ eine orthogonale Matrix ist und A eine winkeltreue Drehstreckung vermittelt; das ist uns übrigens aus I.8.2 bekannt. Ist nun $f(z)$ eine in $G \subset \mathbb{C}$ holomorphe Funktion und $a = f'(\zeta) \ne 0$, so entspricht dem Zuwachs $\Delta z = z - \zeta$ ein Zuwachs $\Delta f = f(z) - f(\zeta) \approx f'(\zeta)(z - \zeta) = a\Delta z$ für kleine $|\Delta z|$. Die durch f vermittelte Abbildung ist also „im Kleinen winkeltreu" oder „*konform*" (falls $f' \ne 0$ ist).

Ein Beispiel für eine konforme Abbildung ist die in I.8.11 diskutierte Abbildung $z \mapsto w = e^z$. Hier wird das Netz der achsenparallelen Geraden $x = $ const.

und $y = $ const. übergeführt in Strahlen, welche vom Nullpunkt ausgehen, und konzentrische Kreise mit dem Mittelpunkt 0. Die Bildkurven schneiden sich ebenso wie die Urbildkurven unter rechten Winkeln; vgl. die Abbildung in I.8.11. Weiteres über die komplexe Differentialrechnung und konforme Abbildungen findet der Leser in den Kapiteln 1 und 2 des Grundwissens-Bandes *Funktionentheorie I* von R. Remmert.

Aufgaben

1. Man beweise 3.15 (c) und (d). Im Fall (d) kann man die n-fache Exponentialreihe aus 2.18 heranziehen und 3.15 (b) benutzen.

2. Man zeige: Ist die Potenzreihe $\sum a_p x^p$ im Punkt $x = b$ absolut konvergent, so ist sie im abgeschlossenen Intervall $|x_i| \leq |b_i|$ $(i = 1, \ldots, n)$ absolut und gleichmäßig konvergent.

3. Für welche Werte von (x, y) bzw. (x, y, z) ist die Potenzreihe

$$\text{(a)} \ \sum_{i=0}^{\infty} (xy)^i \ ; \quad \text{(b)} \ \sum_{i,j=0}^{\infty} (i+j) x^i y^{2j} \ ; \quad \text{(c)} \ \sum_{i=0}^{\infty} (x+y+z)^i$$

absolut konvergent, und zu welcher Klasse $P(r)$ gehört sie (im Fall (c) ist die durch Ausmultiplizieren erhaltene Reihe gemeint)?

4. Das Argument eines Punktes $(x, y) \in \mathbb{R}^2$ wurde in I.8.2 als Winkel ϕ in der Polarkoordinatendarstellung von (x, y) eingeführt. Normiert man das Argument durch $-\pi < \phi \leq \pi$, so ist die Funktion $(x, y) \mapsto \arg(x, y)$ in der „längs der negativen reellen Achse aufgeschlitzten Ebene" $G = \mathbb{R}^2 \setminus \{(x, y) : x \leq 0, y = 0\}$ eindeutig definiert. Man zeige, daß die Funktion arg aus $C^\infty(G)$ ist und berechne ihren Gradienten.

Man überzeuge sich davon, daß der geschlitzte Kreisring $R = \{(x, y) \in G : 1 < x^2 + y^2 < 4\}$ ein Gebiet und der Gradient auf R beschränkt ist, und man zeige, daß die Funktion arg in R nicht lipschitzstetig ist. Vgl. dazu die Bemerkung in 3.11.

Noch überraschender ist das folgende Beispiel. Das ebene Gebiet G sei in Polarkoordinaten durch $r = 2 - \lambda e^{-\phi}$, $0 < \phi < \infty$, $\frac{1}{2} < \lambda < 1$ definiert; es handelt sich also um die zwischen den beiden Spiralen $r = 2 - e^{-\phi}$ und $r = 2 - \frac{1}{2} e^{-\phi}$ gelegene Menge. Auf G sei $f = \phi$ das nicht normierte Argument. Man zeige, daß $f \in C^\infty(G)$ ist und beschränkte Ableitungen besitzt, jedoch nicht beschränkt ist.

5. Die Länge eines Polygonzuges $P(a, b, c, \ldots, e, f) = \overline{ab} \cup \overline{bc} \cup \ldots \cup \overline{ef}$ ist in natürlicher Weise als Summe $|b - a| + |c - b| + \ldots + |f - e|$ definiert. Es sei $G \subset \mathbb{R}^n$ ein Gebiet. Für zwei Punkte $x, y \in G$ definieren wir einen Abstand $d_G(x, y)$, die „kürzeste Entfernung in G", als das Infimum der Längen aller Polygonzüge, welche x und y verbinden und in G verlaufen. Man zeige, daß d_G eine Metrik in G ist und beweise den

Satz. *Genügt die Metrik d_G in G einer Abschätzung $d_G(x, y) \leq K|x - y|$, so ist jede Funktion $f \in C^1(G)$ mit beschränkten Ableitungen lipschitzstetig in G.*

Man vergleiche dazu die Gegenbeispiele von Aufgabe 4.

6. *Hebbare Singularität.* Es sei $u \in C^k(\dot{B}_r)$ mit $\dot{B}_r = B_r \setminus \{0\}$, und es mögen die Limites $\alpha_p = \lim_{x \to 0} D^p u(x)$ für $|p| \leq k$ existieren. Durch $u(0) := \alpha_0$ wird u stetig auf B_r fortgesetzt; vgl. 2.19 (b). Man zeige, daß dann $u \in C^k(B_r)$ und $D^p u(0) = \alpha_p$ ist.

7. Ist $P(x)$ ein homogenes Polynom in $x = (x_1, \ldots, x_n)$ vom Grad k und $0 < m < k$, so ist $u(x) = P(x)/|x|^m$ aus $C^{k-m-1}(\mathbb{R}^n)$, jedoch nicht aus $C^{k-m}(\mathbb{R}^n)$, wenn man vom Fall $P(x) = Q(x)|x|^m$ (m gerade, Q Polynom) absieht.

8. Die rotationssymmetrische Funktion $u(x) = \phi(|x|)$ ist genau dann aus $C^2(B_R)$, wenn $\phi \in C^2([0, R))$ und $\phi'(0) = 0$ ist.

9. Man berechne die Gradienten der folgenden Funktionen u, v:

$$u(x, y) = \frac{1}{r^2} \sin(x^3 + y^4) \quad \text{und} \quad v(x, y) = \frac{1}{r^2}(\cos(x^3 + y^4) - 1)$$

für $r = \sqrt{x^2 + y^2} \neq 0$ sowie $u(0) = v(0) = 0$. Ist u im Nullpunkt differenzierbar? Zu welcher Klasse $C^k(\mathbb{R}^2)$ mit maximalem k gehört u bzw. v?

10. Es sei $x \in \mathbb{R}^n$, $r = |x|$ und $\Delta = D_1^2 + \ldots + D_n^2$ ($D_i = \partial/\partial x_i$) der Laplace-Operator. Man zeige, daß für rotationssymmetrische Funktionen $u(x) = \phi(|x|)$

$$\Delta u = \phi'' + \frac{n-1}{r} \phi' \quad (r > 0)$$

gilt, falls ϕ zur Klasse C^2 gehört.

Man berechne Δu für die Funktionen

$$\text{(a)} \quad r^\alpha, \quad \text{(b)} \quad \frac{1}{r} e^{\alpha r}, \quad \text{(c)} \quad \frac{1}{r} \sin \alpha r, \quad \text{(d)} \quad \frac{1}{r} \cos \alpha r,$$

wobei $\alpha \neq 0$ ist, und gebe alle Fälle an, in denen u einer Differentialgleichung $\Delta u = \lambda u$ mit $\lambda \in \mathbb{R}$ genügt.

11. *Homogene Funktionen.* Die in $G = \mathbb{R}^n \setminus \{0\}$ erklärte reellwertige Funktion f heißt homogen vom Grad $\alpha \in \mathbb{R}$, wenn $f(tx) = t^\alpha f(x)$ für alle $x \in G$ und $t > 0$ gilt. Ist f außerdem differenzierbar in G, so besteht die

$$\text{Eulersche Beziehung} \quad f'(x)x \equiv \sum_{i=1}^{n} x_i D_i f(x) = \alpha f(x) .$$

Man beweise sie durch Differentation der definierenden Gleichung.

12. Gegeben sei die Funktion

$$f(x, y) = e^{x^2 + y^2} - 8x^2 - 4y^4 .$$

(a) Man berechne die partielle Ableitung erster und zweiter Ordnung und bestimme alle stationären Punkte von f.

(b) Man gebe die Potenzreihenentwicklung von f um den Nullpunkt bis zur 6. Ordnung und um einen stationären Punkt mit positiven Koordinaten bis zur 2. Ordnung an.

13. Für die reellwertige Funktion $f \in C^1(\mathbb{R}^n)$ gelte $\operatorname{grad} f(x) = \lambda(x)x$ mit einer reellwertigen Funktion λ. Man zeige, daß f nur von $r = |x|$ abhängt, d.h. auf jeder Sphäre $S_r : |x| = r$ konstant ist.

Anleitung. Man zeige zuerst, daß man zwei Punkte $a, b \in S_r$ durch eine C^1-Funktion $\phi : [\alpha, \beta] \to \mathbb{R}^n$ mit $\phi(\alpha) = a$, $\phi(\beta) = b$, $|\phi(t)| = r$ verbinden kann (durch eine orthogonale Transformation lassen sich a, b in die (x_1, x_2)-Ebene bringen) und betrachte dann die Funktion $f(\phi(t))$.

14. In jedem Punkt des Einheitskreises der xy-Ebene bilde man die Ableitung von $f(x, y) = (x^2 - 2y^2)e^{x^2 + y^2}$ in Richtung der (positiv orientierten) Kreistangente. In welchen Punkten nimmt die Richtungsableitung Extremwerte an, und wie groß sind diese?

15. Die Funktion $f \in C^2(\mathbb{R}^n, \mathbb{R})$ sei homogen vom Grad 2 (d.h. $f(tx) = t^2 f(x)$ für beliebige reelle t). Man zeige, daß f eine quadratische Form $f(x) = x^\top A x$ ist (A $n \times n$-Matrix), und bestimme A.

16. Es sei $U \subset \mathbb{R}^n$ eine Nullumgebung.

(a) Von den Funktionen $f, g : U \to \mathbb{R}$ sei f differenzierbar im Nullpunkt, $f(0) = 0$ und g im Nullpunkt stetig. Man zeige, daß $F = f \cdot g$ im Nullpunkt differenzierbar ist, und gebe $F'(0)$ an.

(b) Die Funktion $f(x, y)$ sei in U definiert, und es gelte: (1) $f_x(0, 0)$ existiert; (2) f_y existiert in U und ist stetig im Punkt $(0, 0)$. Man zeige, daß f im Nullpunkt differenzierbar ist.

17. Die Funktion $g : \mathbb{R}^2 \to \mathbb{R}$ sei durch

$$g(x, y) = \begin{cases} y - x^2 & \text{für } y \geq x^2 \\ \dfrac{y^2}{x^2} - y & \text{für } 0 \leq y < x^2 \end{cases},$$

$$g(x, -y) = -g(x, y) \quad \text{für } y > 0$$

definiert. Man zeige: g ist in jedem Punkt aus $\mathbb{R}^2$ differenzierbar, aber nicht aus $C^1(\mathbb{R}^2)$.

Bemerkung. Für die Funktion $f(x, y) = (x, g(x, y))$ ist $f'(0, 0) = E$ (Einheitsmatrix). In jeder Umgebung von $(0, 0)$ gibt es Punkte $(x, y) \neq (x', y')$ mit $f(x, y) = f(x', y')$. Der Satz 4.6 über die Existenz der Umkehrabbildung ist also nicht richtig, wenn man anstelle der stetigen Differenzierbarkeit nur die Differenzierbarkeit von f fordert.

18. *Allgemeine Binomialformel.* Man zeige, daß die Binomialformel

$$(a + b)^p = \sum_{0 \leq q \leq p} \binom{p}{q} a^q b^{p-q}$$

für $a, b \in \mathbb{R}^n$ und Multiindizes $p, q \in \mathbb{N}^n$ gültig bleibt, wenn man die Binomialkoeffizienten gemäß

$$\binom{p}{q} := \frac{p!}{q!(p-q)!} = \binom{p_1}{q_1}\binom{p_2}{q_2}\cdots\binom{p_n}{q_n}$$

(mit $p! = p_1! \cdots p_n!$) definiert.

Als Anwendung beweise man, daß ein Polynom $P(x) = \sum a_p x^p$ ($|p| \leq m$) um einen Punkt $\xi \in \mathbb{R}^n$ entwickelt, d.h. in der Form $P(x) = \sum b_p (x - \xi)^p$ ($|p| \leq m$) dargestellt werden kann.

19. Für die Funktion $f(x, y) = \sin x + \sin y - \sin(x - y)$ bestimme man die Menge der Punkte mit $f_x = 0$ bzw. $f_y = 0$ sowie alle stationären Punkte und begründe, warum man sich dabei auf das Quadrat $W_\pi = [-\pi, \pi]^2$ beschränken kann. Ferner gebe man Geraden von der Form $x = $ const., $y = $ const. und $y = \alpha + x$ an (soweit sie W_π treffen), auf denen f verschwindet. Man stelle die Gleichung der Tangentialebene an die Fläche $z = f(x, y)$ im xyz-Raum in den Punkten (a) $(0, 0)$; (b) $\left(\frac{\pi}{2}, \frac{\pi}{2}\right)$; (c) $\left(\frac{\pi}{3}, \frac{2\pi}{3}\right)$; (d) $(\pi, 0)$ auf.

§ 4. Implizite Funktionen. Maxima und Minima

Dieser Paragraph behandelt zwei Fragenkomplexe, das Auflösen von Gleichungen im $\mathbb{R}^n$ und die Bestimmung von Extremwerten. Die erste Frage erweist sich als wesentlich schwieriger als im eindimensionalen Fall, weil der Zwischenwertsatz für stetige Funktionen I.6.10 kein einfaches n-dimensionales Analogon besitzt. Unser zentrales Hilfsmittel ist der Fixpunktsatz für kontrahierende Abbildungen, den wir bereits aus I.11.26 kennen. Dieser auch *Kontraktionsprinzip* genannte Satz ist eines der großen Prinzipien der Analysis mit zahllosen Anwendungen in den verschiedensten Gebieten. Das Newton-Verfahren macht es möglich, das Lösen einer Gleichung $f(x) = a$, wobei f eine Funktion vom Typ $\mathbb{R}^n \to \mathbb{R}^n$ ist, auf das Kontraktionsprinzip zurückzuführen. Mit diesem Rüstzeug werden wir eine grundlegende Frage der mehrdimensionalen Analysis, die Existenz der Umkehrfunktion und allgemeiner einer implizit definierten Funktion, untersuchen.

Bei den Extremwerten kann man zunächst auf Bekanntes aus dem Eindimensionalen zurückgreifen. Neue Gesichtspunkte treten bei den hinreichenden Bedingungen auf, etwa beim Analogon zur Bedingung $f'' > 0$ für ein Minimum aus I.11.15. Schließlich werden bei den Extrema mit Nebenbedingungen die zwei Themen des Paragraphen miteinander verknüpft.

4.1 Fixpunkte kontrahierender Abbildungen. Die in I.11.26 eingeführten Begriffe übertragen sich wörtlich auf den Banachraum. Es sei also X ein Banachraum mit der Norm $|\cdot|$. Eine Funktion $f : D \subset X \to X$ heißt *Kontraktion* oder genauer *α-Kontraktion*, wenn f der Lipschitzbedingung

$$(K_\alpha) \qquad |f(x) - f(y)| \le \alpha|x - y| \qquad \text{für} \ \ x, y \in D \ \ \text{mit} \ \ 0 \le \alpha < 1$$

genügt; wesentlich ist dabei die Voraussetzung $\alpha < 1$. Ein der Gleichung $\xi = f(\xi)$ genügender Punkt $\xi \in D$ wird *Fixpunkt* von f genannt. Die *Methode der sukzessiven Approximation* besteht darin, durch Iteration nach der Vorschrift

$$(I) \qquad x_{k+1} = f(x_k) \qquad \text{für} \ \ k \in \mathbb{N} , \ \ x_0 \in D \ \ \text{beliebig}$$

eine Folge von Näherungen (x_k) und daraus einen Fixpunkt $\xi = \lim x_k$ zu gewinnen. Es gehört zu den erstaunlichen Tatsachen aus der Analysis, daß das eindimensionale Kontraktionsprinzip aus I.11.26, welches dieses Vorgehen rechtfertigt, mit Einschluß seines Beweises auf den Banachraum übertragbar ist.

Kontraktionsprinzip. *Es sei X ein Banachraum, $D \subset X$ abgeschlossen und $f : D \to D$ eine α-Kontraktion. Dann besitzt f in D genau einen Fixpunkt ξ, und für die mit* *einem beliebigen Startwert $x_0 \in D$ nach der Vorschrift* (I) *gebildete Folge* (x_k) *gilt* $\lim x_k = \zeta$ *und die Abschätzung*

$$|x_k - \zeta| \le \frac{1}{1-\alpha} |x_k - x_{k+1}| \le \frac{\alpha^k}{1-\alpha} |x_1 - x_0| \,.$$

Zusatz. Die Voraussetzung $f(D) \subset D$ ist im Fall einer Kugel $D = \overline{B}_r(a)$ erfüllt, wenn $|f(a) - a| \le (1 - \alpha)r$ ist.

Durch die Bedingung $f(D) \subset D$ wird sichergestellt, daß die Konstruktion (I) ausführbar ist und nicht aus D hinaus führt. Wir rufen den Beweisgang kurz in Erinnerung. Nach der Dreiecksungleichung ist $|x - y| \le |x - f(x)| + |f(x) - f(y)| + |f(y) - y|$. Hierin läßt sich der Term $|f(x) - f(y)|$ durch $\alpha|x - y|$ ersetzen. Bringt man diese Größe auf die linke Seite, so erhält man die *Defektungleichung*

(D) $$|x - y| \le \frac{1}{1-\alpha} \{|x - f(x)| + |y - f(y)|\} \,,$$

bei welcher der Abstand $|x - y|$ mit Hilfe der *Defekte* $x - f(x)$, $y - f(y)$ abgeschätzt wird (allgemein nennt man, wenn a eine Näherungslösung einer Gleichung $f(x) = g(x)$ ist, die Größe $f(a) - g(a)$ den Defekt an der Stelle a). Aus (D) folgt also $|x_{k+p} - x_k| \le \{|x_{k+p+1} - x_{k+p}| + |x_{k+1} - x_k|\}/(1 - \alpha)$, und wegen $|x_{m+1} - x_m| \le \alpha^m |x_1 - x_0|$ hat man

$$|x_{k+p} - x_k| \le \frac{\alpha^k + \alpha^{k+p}}{1-\alpha} |x_1 - x_0| \le C\alpha^k |x_1 - x_0| \quad \text{mit} \quad C = \frac{2}{1-\alpha} \,.$$

Also ist (x_k) eine Cauchyfolge, und ihr Limes $\zeta = \lim x_k$ gehört zu D, da D abgeschlossen ist. Der Grenzübergang $k \to \infty$ in (I) zeigt, daß $\zeta = f(\zeta)$ ist. Für $y = \zeta$ lautet (D)

(D′) $$|x - \zeta| \le \frac{1}{1-\alpha} |x - f(x)| \,.$$

Hieraus ergibt sich die Eindeutigkeit des Fixpunktes und die im Satz auftretende Abschätzung.

Unter den Voraussetzungen des Zusatzes gilt für $x \in D = \overline{B}_r(a)$

$$|f(x) - a| \le |f(x) - f(a)| + |f(a) - a|$$
$$\le \alpha|x - a| + (1 - \alpha)r \le r \quad \text{für} \quad x \in D \,,$$

also $f(x) \in D$. Damit ist auch der Zusatz bewiesen. $\qquad\square$

Als erste Anwendung des Kontraktionsprinzips beweisen wir den folgenden

Satz. *Ist X ein Banachraum und $f : X \to X$ eine α-Kontraktion, so wird durch $x \mapsto x + f(x)$ eine bijektive Abbildung von X auf sich vermittelt, und die Umkehrfunktion ist lipschitzstetig mit der Konstante $1/(1 - \alpha)$.*

Das Kontraktionsprinzip (mit $D = X$) zeigt nämlich, daß bei beliebig vorgegebenem $y \in X$ die Gleichung $x + f(x) = y$, also (*) $x = y - f(x)$ genau eine Lösung $x = g(y)$ besitzt. Eine zu y' gehörige Lösung $x' = g(y')$ genügt der Gleichung $x' = y' - f(x')$. Sie hat also bezüglich der Gleichung (*) den

Defekt $x' - y + f(x') = y' - y$, und aus (D') mit x', x anstelle von x, ξ folgt
$|x - x'| = |g(y) - g(y')| \le |y - y'|/(1 - \alpha)$. □

Stetige Abhängigkeit der Lösung. Well posed problems. Die Ungleichung (D')
zeigt, daß x nahe bei ξ liegt, wenn der Defekt klein ist, wenn also x ‚beinahe'
ein Fixpunkt ist. Ist etwa ξ^* Fixpunkt einer Funktion f^*, welche aus f durch
eine kleine Abänderung entsteht, und ist dabei $|f^*(\xi^*) - f(\xi^*)| \le \delta$, so folgt
$|\xi^* - f(\xi^*)| \le \delta$ und damit $|\xi^* - \xi| \le \delta/(1 - \alpha)$. Man sagt, der Fixpunkt hänge
stetig von f ab.

Von einem Problem aus der Analysis, welches einen eindeutigen physikalischen
Sachverhalt beschreibt, wird man zweierlei verlangen,

1. die Existenz einer Lösung,

2. die Eindeutigkeit der Lösung.

Beide Forderungen sind unmittelbar einsichtig. Es kommt aber ein weiteres
hinzu,

3. die stetige Abhängigkeit der Lösung von den Vorgaben.

Das Problem enthält nämlich Parameter, welche nur ungenau bekannt sind
(Materialkonstanten, Meßdaten, Anfangsbedingungen,...; vgl. etwa die Schwin-
gungsprobleme in §I.12). Man wird also fordern müssen, daß kleine Änderungen
in den Parametern sich nur wenig auf die Lösung auswirken, daß die Lösung
also stetig von ihnen abhängt. Dieser Gesichtspunkt wurde im ersten Viertel
unseres Jahrhunderts von dem französischen Mathematiker JACQUES SALOMON
HADAMARD (1865–1963, Professor an der Sorbonne und ab 1909 am Collège
de France) in die Theorie der partiellen Differentialgleichungen eingebracht. In
seinem Buch *Lectures on Cauchy's problem in linear partial differential equations*
(Yale University Press 1923, Nachdruck bei Dover 1952) werden die Fragen
der stetigen Abhängigkeit von den Daten und ihre physikalische Interpretation
ausführlich diskutiert (Book I, Chap. II, besonders Nr. 21).

Ein Problem, welches die drei Eigenschaften Existenz, Eindeutigkeit und
stetige Abhängigkeit besitzt, wird *well posed* oder *correctly set* (*in the sense of
Hadamard*) genannt. Die deutsche Bezeichnung „korrekt gestellte Aufgabe" wird
nicht einheitlich benutzt. Im Gegensatz dazu nennt man ein Problem ‚ill posed'
oder ‚not well posed', wenn nicht alle drei obigen Forderungen erfüllt sind.
Insbesondere ist ein Problem ill posed, wenn es eine eindeutige Lösung besitzt,
die aber nicht stetig von den Daten abhängt.

Nach unseren obigen Betrachtungen ist ein Problem, welches als Fixpunktgleichung $x = f(x)$ mit einer Kontraktion f geschrieben werden kann, ‚well
posed'.

Historische Bemerkungen. Schon die Babylonier wandten, um eine (aus einer Tabelle von
Quadratwurzeln gewonnne) Näherung für eine Quadratwurzel zu verbessern, ein Verfahren („Heronsches Verfahren") an, das als ein Iterationsschritt von (I) aufgefaßt werden
kann; vgl. I.4.10. Ptolemäus benutzte, um aus beobachteten Planetenörtern die Daten der
Planetenbahn (Apsiden, Exzentrizität, Epizykel) zu berechnen, Iterationsverfahren, und die

Astronomen der folgenden Jahrhunderte bis hin zu Kopernikus sind ihm hierin gefolgt.[1] In I.11.26 ist beschrieben, wie Fourier die Gleichung $x/\lambda = \tan x$ durch Iteration löste. Beim Aufbau einer Theorie der Differentialgleichungen im 19. Jahrhundert spielte die Methode der sukzessiven Approximation eine hervorragende Rolle. Wir können hier nur ein paar Stichworte geben: Sturm-Liouvillesche Eigenwertprobleme (J. LIOUVILLE 1835/36, J. de. Math. 1, 2); elliptische Differentialgleichungen und Minimalflächen (H.A. SCHWARZ 1885, Ann. Soc. Sc. Fennicae 15); lineare Systeme von Differentialgleichungen (G. PEANO 1888, Math. Ann. 32); nichtlineare elliptische und hyperbolische Differentialgleichungen zweiter Ordnung (PICARD 1890, J. de Math. (4) 6); Anfangs- und Randwertprobleme für gewöhnliche Differentialgleichungen (PICARD 1890, a.a.O.; LINDELÖF 1894, J. de Math. (4) 9); Potentialtheorie (C. NEUMANN 1870–1874);... Es war S. BANACH, der in seiner Doktorarbeit (Fund. Math. 3 (1922), 133-181) den heute nach ihm benannten Raum einführte und das allgemeine Kontraktionsprinzip bewies. Alle genannten früheren und viele späteren Beweise durch sukzessive Approximation ordnen sich diesem Prinzip unter. Schließlich hat 1930 R. CACCIOPPOLI (Rend. Acad. Naz. Lincei 11, S. 799) bemerkt, daß das Kontraktionsprinzip von der linearen Struktur von X unabhängig ist und in beliebigen vollständigen metrischen Räumen gilt. In der Formulierung des Satzes und im Beweis sind lediglich Ausdrücke der Form $|a - b|$ durch den Abstand $d(a, b)$ zu ersetzen.

4.2 Einige Hilfsmittel. Lipschitzbedingung im $\mathbb{R}^n$. Um das Kontraktionsprinzip in $X = \mathbb{R}^n$ anzuwenden, benötigt man ein paar einfache Tatsachen, insbesondere Kriterien dafür, daß eine Funktion einer Lipschitzbedingung mit vorgegebener Lipschitzkonstante genügt. Da wir diese Hilfsmittel auch später brauchen, werden sie hier in etwas größerer Allgemeinheit formuliert, als es für den jetzigen Zweck notwendig wäre. Zunächst sei an die in 2.8 bewiesenen Ungleichungen $|Ax| \leq |A| \, |x|$ und $|AB| \leq |A| \, |B|$ erinnert. Dabei ist $x \in \mathbb{R}^n$, A eine $m \times n$- und B eine $n \times p$-Matrix, und alle Normen sind Euklid-Normen.

Die Funktionen $g(t), h(t) : J \to \mathbb{R}^n$ (J Intervall) seien differenzierbar. Dann gelten die folgenden Aussagen, wobei $\langle \cdot, \cdot \rangle$ das innere Produkt im $\mathbb{R}^n$ bezeichnet.

(a) $\dfrac{d}{dt}\langle g, h \rangle = \langle g', h \rangle + \langle g, h' \rangle$ in J.

(b) Die Funktion $p(t) = |g(t)|$ ist an allen Stellen mit $g(t) \neq 0$ differenzierbar, und es ist

$$pp' = \langle g, g' \rangle \qquad \text{falls} \quad g(t) \neq 0 \, .$$

(c) Die einseitige Ableitung p'_+ existiert immer, und es ist

$$p'_+ \leq |g'| \qquad \text{in} \ J \, .$$

Hier folgt (a) sofort aus $\langle g, h \rangle = \sum_1^n g_i h_i$. Demnach ist $p^2 = \sum_1^n g_i^2$ differenzierbar, und dasselbe ist dann auch für $p = \sqrt{p^2}$ richtig, wenn $p > 0$ ist. Die Gleichung in (b) ergibt sich nun aus (a). Die Ungleichung in (c) folgt im Fall $g(t) \neq 0$ aus (b) und der Schwarzschen Ungleichung $\langle g, g' \rangle \leq p|g'|$, im Fall $g(t) = 0$ ergibt sich aus $p(t + h) - p(t) = |g(t + h) - g(t)|$ die Gleichung $p'_+ = |g'|$.

Satz. *Ist $D \subset \mathbb{R}^n$ offen und $f : D \to \mathbb{R}^m$ stetig differenzierbar mit $|f'(x)| \leq L$ in D, so gilt*

---

[1] Vgl. O. Neugebauer, *On the Planetary Theory of Copernicus*. In: O. Neugebauer, *Astronomy and History*, Selected Essays, S. 491-505, insbes. S. 504, Springer-Verlag 1983.

$$|f(y) - f(x)| \leq L|y - x| \,, \qquad \text{falls } \overline{xy} \subset D \,.$$

Ist insbesondere D konvex, so besteht diese Abschätzung für beliebige $x, y \in D$.

Beweis. Es sei $g(t) = f(x + t(y - x)) - f(x)$ in $J = [0, 1]$ und $p(t) = |g(t)|$. Nach der Kettenregel 3.10 ist

$$g'(t) = f'(x + t(y - x)) \cdot (y - x) \,, \quad \text{also } |g'(t)| \leq L|y - x|.$$

Nun ist $p(0) = 0$ und $p(1) = |f(y) - f(x)|$ sowie $p'_+ \leq L|y - x|$ nach (c). Aus dem verallgemeinerten Mittelwertsatz I.12.24 folgt, daß die Behauptung $p(1) = p(1) - p(0) \leq L|y - x|$ gilt. Wenn nur der klassische Mittelwertsatz I.10.10 zur Verfügung steht, muß man etwas vorsichtiger schließen. Im Fall $p(1) = 0$ ist offenbar nichts zu beweisen. Andernfalls gibt es ein $s \in J$ mit $p(s) = 0$ und $p(t) > 0$ in $(s, 1]$. Man kann dann (b) anwenden und erhält $(s < s^* < 1)$

$$p(1) = p(1) - p(s) = (1 - s)p'(s^*) \leq (1 - s)L|y - x| \leq L|y - x|. \qquad \square$$

Bemerkung. Die Aussagen (a)(b) gelten nicht nur im $\mathbb{R}^n$, sondern in jedem Hilbertraum, die Aussage (c) ist in jedem Banachraum gültig; vgl. dazu die Aufgaben 5 und 6. Der Satz bleibt, wenn f eine Abbildung von $D \subset \mathbb{R}^n$ nach $\mathbb{R}^n$ ist, für jede Norm im $\mathbb{R}^n$ richtig, falls die Abschätzung $|f'(x)| \leq L$ mit der entsprechenden Operatornorm besteht. Die erste Version des obigen Beweises gilt auch für diesen Fall.

Die naheliegende Idee, den Satz mit dem Mittelwertsatz 3.11 zu beweisen, stößt auf Schwierigkeiten. Aus ihm folgt nämlich für jede Komponente f_i

$$f_i(x) - f_i(y) = \text{grad } f_i(\xi) \cdot (x - y) \quad \text{mit } \xi = \xi^i \in \overline{xy}.$$

Diese m Gleichungen fassen wir zusammen zu

(d) $$f(x) - f(y) = f'(\overline{xy}) \cdot (x - y) \,.$$

Dabei soll die Argumentbezeichnung $\overline{xy}$ daran erinnern, daß in den einzelnen Zeilen der Funktionalmatrix f' verschiedene Argumente ξ^i auftreten, welche aber alle auf der Strecke $\overline{xy}$ liegen. Die Gleichung (d) werden wir später benötigen. Sie ist zum Beweis des Satzes ungeeignet, weil aus $|f'(x)| \leq L$ in D nicht auf $|f'(\overline{xy})| \leq L$ geschlossen werden kann.

Im folgenden sind A und B $n \times n$-Matrizen.

(e) Ist A invertierbar, so gibt es positive Konstanten α und ε mit der Eigenschaft, daß aus $|B - A| < \varepsilon$ die Invertierbarkeit von B und die Ungleichung $|A^{-1} - B^{-1}| \leq \alpha|A - B|$ folgt. Die Funktion $A \mapsto \phi(A) = A^{-1}$ ist also lokal lipschitzstetig.

Beweis. Die Determinante $\det A$ ist als Summe von Produkten aus den a_{ij} eine stetige Funktion der n^2 Variablen a_{ij}. Ist A invertierbar, d.h. $|\det A| = \gamma > 0$, so gibt es also ein $\varepsilon > 0$ derart, daß aus $|B - A| < \varepsilon$ folgt $|\det B| \geq \frac{1}{2}\gamma$. Da ferner die Elemente von B^{-1} die Gestalt $\det B'/\det B$ haben, wobei B' aus Elementen b_{ij} von B gebildet ist [LA, S. 106], besteht eine Abschätzung $|A^{-1}|, |B^{-1}| \leq \beta$, wobei β nur von A und ε abhängt. Schließlich gilt

$$A^{-1} - B^{-1} = A^{-1}(B - A)B^{-1} \implies |A^{-1} - B^{-1}| \leq \beta^2 |A - B| \ . \qquad \Box$$

Damit haben wir alle notwendigen Hilfsmittel bereitgestellt. Die für uns wichtigste Anwendung des Kontraktionsprinzips betrifft die Auflösung von Gleichungen. Wir verwenden dazu

4.3 Das Newton-Verfahren. Im Eindimensionalen besteht das Newton-Verfahren zur Bestimmung einer Nullstelle von f darin, auf die zur Gleichung $f(x) = 0$ äquivalente Fixpunktgleichung

(N) $x = x - (f'(x))^{-1} f(x) \quad (f' \neq 0)$

das Kontraktionsprinzip anzuwenden; vgl. I.11.27. Man spricht vom *vereinfachten Newton-Verfahren*, wenn man f' nicht bei jedem Schritt ausrechnet, sondern durch eine Konstante $A \approx f'(x)$ ersetzt,

(N*) $x = x - A^{-1} f(x) \ .$

In beiden Formen überträgt sich das Newton-Verfahren auf den $\mathbb{R}^n$. Dabei ist $x \in \mathbb{R}^n$, $f : D \subset \mathbb{R}^n \to \mathbb{R}^n$ ein Spaltenvektor und $A \approx f' = \frac{\partial f}{\partial x}$ eine $n \times n$-Matrix. Die Bedingung $f' \neq 0$ vom Fall $n = 1$ geht über in die Forderung, daß die Funktionalmatrix f' bzw. die konstante Matrix A invertierbar ist.

Der Konvergenzsatz I.11.27 für das Newton-Verfahren benutzt Monotonieeigenschaften von f und ist nicht auf den $\mathbb{R}^n$ übertragbar. Jedoch ergibt sich aus dem Kontraktionsprinzip sofort der folgende Satz über das vereinfachte Newton-Verfahren.

Nullstellensatz. *Die Matrix A sei invertierbar. Genügt die Funktion $F(x) := x - A^{-1} f(x)$ in der offenen Kugel $B_r(a)$ einer Lipschitzbedingung mit der Konstante $\alpha = \frac{1}{2}$ und ist $|A^{-1} f(a)| < \frac{1}{2} r$, so hat die Funktion f in $B_r(a)$ genau eine Nullstelle ξ. Das Newton-Verfahren*

$$x_{k+1} = x_k + A^{-1} f(x_k) \qquad \text{für} \quad k = 0, 1, 2, \ldots \quad \text{mit beliebigem} \quad x_0 \in B_r(a)$$

ist durchführbar (d.h. es führt nicht aus $B_r(a)$ hinaus), und es gilt

$$\lim x_k = \xi \ .$$

Zum *Beweis* wendet man das Kontraktionsprinzip 4.1 auf F und die abgeschlossene Kugel $\overline{B}_s(a)$ an, wobei $s < r$ so gewählt ist, daß $|x_0 - a| \leq s$ und $|a - F(a)| = |A^{-1} f(a)| \leq \frac{1}{2} s$ gilt. Es gelten dann die Voraussetzungen des Zusatzes mit $\alpha = \frac{1}{2}$. Man kann s beliebig nahe an r wählen. $\qquad \Box$

4.4 Implizite Funktionen. Häufig sind ebene Kurven in impliziter Form $f(x, y) = 0$ und nicht in expliziter Form $y = g(x)$ definiert. So wird man etwa für Kreise um den Nullpunkt die implizite Darstellung $x^2 + y^2 = r^2$ der expliziten $y = \pm \sqrt{r^2 - x^2}$

vorziehen. Die Differentialrechnung wurde von Leibniz und Newton anhand implizit dargestellter Kurven bzw. Bewegungsvorgänge entwickelt. Bei dieser Auffassung sind x und y und ebenso die Differentiale dx und dy gleichberechtigt. Erst die logische Fundierung der Analysis auf der Grundlage des Funktionsbegriffs brachte die Auszeichnung einer „unabhängigen" Variablen (x) mit sich, von der die andere (y) abhängt. Dabei entsteht zwangsläufig die Frage, ob man eine Gleichung $f(x,y) = 0$ eindeutig „nach y auflösen" kann, ob also eine Funktion $y = g(x)$ mit der Eigenschaft $f(x, g(x)) \equiv 0$ existiert und ob es mehrere solche Funktionen gibt. Schon am Beispiel des Einheitskreises $f(x,y) = x^2 + y^2 - 1 = 0$ treten die wesentlichen Phänomene auf. Zu gegebenem x gibt es im Fall $|x| > 1$ kein y, im Fall $|x| = 1$ genau ein y und im Fall $|x| < 1$ genau zwei Werte y mit $f(x,y) = 0$. Eine eindeutige Auflösung „im Großen" wird man also nicht erwarten dürfen. Wenn man die Aufgabe bescheidener formuliert und eine Auflösung „im Kleinen", also in der Nähe einer Stelle (ξ, η) mit $f(\xi, \eta) = 0$ sucht, ergibt sich folgendes Bild. Ist $|\xi| < 1$ und $\eta > 0$, so existiert eine eindeutige Auflösung in einer Umgebung von (ξ, η), gegeben durch $g(x) = \sqrt{1 - x^2}$. Im vorliegenden Fall ist das die eindeutige Auflösung bezüglich des Bereiches $D = (-1, 1) \times (0, \infty)$, d.h. alle in D gelegenen Nullstellen von f sind durch $(x, g(x))$ beschrieben (entsprechendes gilt für $\eta < 0$). Jedoch gibt es in einer Umgebung von $(1, 0)$ keine eindeutige Auflösung, hier sind zwei Funktionen $\pm\sqrt{1 - x^2}$ durch $f = 0$ beschrieben. Dagegen ist an dieser Stelle eine lokal eindeutige Auflösung nach x möglich.

Im ebenen Fall läßt sich ein Satz über die Auflösung „im Kleinen" leicht beweisen.

Satz. *Es sei* $B = B_r(\xi, \eta) \subset \mathbb{R}^2$, $f \in C^0(B)$, $f(\xi, \eta) = 0$ *und* f *streng monoton wachsend (oder fallend) in* y *(in* B*). Dann existieren ein Rechteck* $R = J_x \times J_y \subset B$ *mit* $J_x = [\xi - \alpha, \xi + \alpha]$, $J_y = [\eta - \beta, \eta + \beta]$ $(\alpha, \beta > 0)$ *und eine in* J_x *stetige Funktion* g *mit der Eigenschaft, daß die Menge der Nullstellen von* f *in* R *gleich graph* g *ist. Anders gesagt, es ist* $f(x, g(x)) \equiv 0$ *in* J_x *und* $f(x, y) \neq 0$ *in allen anderen Punkten aus* R.

Beweis. Wir wählen etwa $\beta = r/2$. Dann ist $f(\xi, \eta + \beta) > 0$ und $f(\xi, \eta - \beta) < 0$. Es gibt dann ein positives $\alpha \leq r/2$ derart, daß

$$f(x, \eta - \beta) < 0 \quad \text{und} \quad f(x, \eta + \beta) > 0 \quad \text{für} \quad x \in J_x = [\xi - \alpha, \xi + \alpha]$$

ist. D.h., f ist negativ auf der unteren Seite und positiv auf der oberen Seite des Rechtecks R. Da f in y streng monoton wachsend ist, gibt es zu festem $x \in J_x$ genau ein $y =: g(x)$ mit $f(x, y) = 0$ und $\eta - \beta < y < \eta + \beta$. Damit ist gezeigt, daß $\{(x, g(x)) : x \in J_x\}$ die Menge der Nullstellen in R ist.

Die Stetigkeit wird im wesentlichen genauso bewiesen. Bei vorgegebenem $x' \in J_x$ und $\varepsilon > 0$ ist $f(x', g(x') + \varepsilon) > 0$, $f(x', g(x') - \varepsilon) < 0$. Macht man dieselbe Konstruktion wie oben, so sieht man, daß eine Umgebung U' von x' existiert derart, daß $g(x') - \varepsilon < g(x) < g(x') + \varepsilon$ für alle Punkte x dieser Umgebung ist. Demnach ist $|g(x) - g(x')| < \varepsilon$ für $x \in U'$, d.h. g ist stetig im Punkt x'. □

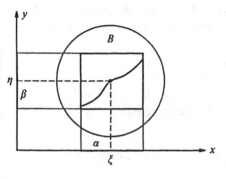

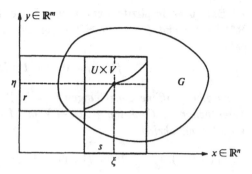

Zu Satz 4.4   Zu Satz 4.5

Bemerkungen. 1. Die Monotonievoraussetzung über f ist z.B. erfüllt, wenn $f \in C^1(B)$ und $f_y(\xi, \eta) \neq 0$ ist. Denn dann ist $f_y > 0$ oder < 0 in einer Umgebung von (ξ, η). In diesem Fall läßt sich also die Gleichung $f(x, y) = 0$ „lokal" auflösen.

2. Unter den Voraussetzungen in 1. ist g sogar stetig differenzierbar. Das ergibt sich aus dem folgenden allgemeinen Satz 4.5. Die Ableitung von g läßt sich dann leicht berechnen. Aus $f(x, g(x)) \equiv 0$ folgt mit der Kettenregel $f_x + g' f_y = 0$, also

$$g'(x) = -\frac{f_x(x, g(x))}{f_y(x, g(x))}.$$

Der obige Beweis war deshalb einfach, weil an der entscheidenden Stelle, beim Existenzbeweis für g, der Zwischenwertsatz zur Verfügung stand. Insofern ist er nicht typisch für den allgemeinen Fall, dem wir uns nun zuwenden.

Es sei jetzt $x \in \mathbb{R}^n$, $y \in \mathbb{R}^m$, $f(x, y) \in \mathbb{R}^m$, also die Gleichung $f(x, y) = 0$ von der Form

$$f_1(x_1, \ldots, x_n; y_1, \ldots, y_m) \quad = \quad 0$$
$$\vdots \qquad\qquad\qquad \vdots$$
$$f_m(x_1, \ldots, x_n; y_1, \ldots, y_m) \quad = \quad 0 \,.$$

Die naheliegende Vermutung, daß man, da m Gleichungen vorliegen, nach m Variablen auflösen kann, haben wir durch die Schreibweise der Variablen bereits vorweggenommen. Die „Auflösung" von $f(x, y) = 0$ lautet also $y = g(x)$ oder ausführlich $y_1 = g_1(x_1, \ldots, x_n), \ldots, y_m = g_m(x_1, \ldots, x_n)$. Der folgende Satz gibt Bedingungen an, unter denen eine solche Auflösung möglich ist. Es ist wieder ein Satz „im Kleinen"; d.h. die Auflösung wird garantiert in einer Umgebung einer festen Stelle, wobei über die Größe der Umgebung keine allgemeine Aussage gemacht werden kann. Dabei treten die folgenden Funktionalmatrizen

$$\frac{\partial f}{\partial x} = \begin{pmatrix} \frac{\partial f_1}{\partial x_1} & \cdots & \frac{\partial f_1}{\partial x_n} \\ \vdots & & \vdots \\ \frac{\partial f_m}{\partial x_1} & \cdots & \frac{\partial f_m}{\partial x_n} \end{pmatrix}, \quad \frac{\partial f}{\partial y} = \begin{pmatrix} \frac{\partial f_1}{\partial y_1} & \cdots & \frac{\partial f_1}{\partial y_m} \\ \vdots & & \vdots \\ \frac{\partial f_m}{\partial y_1} & \cdots & \frac{\partial f_m}{\partial y_m} \end{pmatrix}$$

auf; $\partial f / \partial x$ ist eine $m \times n$- und $\partial f / \partial y$ eine $m \times m$-Matrix.

4.5 Satz über implizite Funktionen. *Es sei (mit den obigen Bezeichnungen)* $G \subset \mathbb{R}^{n+m}$ *offen und* $f : G \to \mathbb{R}^m$ *stetig differenzierbar. Für einen Punkt* $(\xi, \eta) \in G$ *gelte*

$$f(\xi, \eta) = 0 \quad \text{und} \quad \det \frac{\partial f}{\partial y}(\xi, \eta) \neq 0 \ .$$

Dann gibt es offene Umgebungen $U = U(\xi) \subset \mathbb{R}^n$, $V = V(\eta) \subset \mathbb{R}^m$ *und eine stetig differenzierbare Funktion* $g : U \to V$ *mit der Eigenschaft* graph $g = f^{-1}(0) \cap (U \times V)$ *oder ausführlich*

$$f(x, g(x)) = 0 \quad \text{und} \quad f(x, y) \neq 0 \quad \text{für} \quad y \neq g(x) \ , \quad (x, y) \in U \times V \subset G \ .$$

Ist $f \in C^k(G)$, *so ist* $g \in C^k(U)$ $(1 \leq k \leq \infty)$.

Beweis. Die Funktionalmatrizen $\partial f / \partial x$ und $\partial f / \partial y$ werden mit f_x und f_y bezeichnet. Die $m \times m$-Matrix $A = f_y(\xi, \eta)$ ist nach Voraussetzung invertierbar. Wir müssen zeigen, daß zu fest gewähltem x nahe bei ξ ein y mit $f(x, y) = 0$ existiert, und benutzen dazu das Newton-Verfahren,

$$(\text{N}^*) \qquad\qquad y = y - A^{-1} f(x, y) =: F(x, y) \ .$$

Der Leser möge sich immer vor Augen halten, daß y die unabhängige Variable und x lediglich ein Parameter ist. Offenbar ist $F_y(\xi, \eta) = E - A^{-1}A = 0$ (E Einheitsmatrix). Wegen der Stetigkeit der partiellen Ableitungen von F existiert ein $r > 0$ mit

$$(*) \qquad\qquad \left| \frac{\partial F}{\partial y} \right| \leq \frac{1}{2} \quad \text{für} \quad (x, y) \in B_r(\xi) \times B_r(\eta) \subset G \ .$$

Nach Satz 4.2 gilt dann $|F(x, y) - F(x, y')| \leq \frac{1}{2}|y - y'|$ in dieser Umgebung von (ξ, η). Wegen $f(\xi, \eta) = 0$ gibt es eine positive Zahl $s \leq r$ mit

$$(**) \qquad\qquad |A^{-1} f(x, \eta)| < \frac{1}{2} r \quad \text{für} \quad x \in B_s(\xi) \ .$$

Damit haben wir $U = B_s(\xi)$ und $V = B_r(\eta)$ gefunden. Wir können den Nullstellensatz 4.3 für festes $x \in U$ auf die Funktion $y \mapsto f(x, y)$ und die Kugel $V = B_r(\eta)$ anwenden (in der Bezeichnungweise von 4.3 ist $a = \eta$). Es gibt also zu jedem $x \in U$ in V genau eine Nullstelle $y =: g(x)$ von $f(x, \cdot)$. Damit sind die Aussagen über g, soweit sie die Nullstellen von f betreffen, nachgewiesen.

Differenzierbarkeit. Für $x \in U$, $y = g(x)$ ergibt der Mittelwertsatz in der Form 4.2 (d)

$$
\begin{aligned}
0 = f(x, y) - f(\xi, \eta) &= f(x, y) - f(\xi, y) + f(\xi, y) - f(\xi, \eta) \\
&= f_x(\overline{x\xi}, y)(x - \xi) + f_y(\xi, \overline{y\eta})(y - \eta) \ ,
\end{aligned}
$$

wobei also die i-te Zeile von f_x die Form $\frac{\partial}{\partial x} f_i(\xi^i, y)$ mit $\xi^i \in \overline{x\xi}$ hat (entsprechend für f_y). Dabei kann man von vornherein $V = B_r(\eta)$ so klein wählen, daß alle Matrizen $f_y(\xi, \overline{y\eta})$ für $y \in V$ invertierbar und ihre Inversen beschränkt sind; vgl. 4.2 (e). Also ist

$$y - \eta = g(x) - g(\xi) = B(x)(x - \xi) \quad \text{mit} \quad B(x) = -[f_y(\xi, \overline{y\eta})]^{-1} f_x(\overline{x\xi}, y) \ .$$

Aufgrund der Beschränktheit von $B(x)$ strebt für $x \to \xi$ zunächst $y = g(x) \to \eta$. Da die Ableitungen von f stetig sind, folgt $B(x) \to B := -A^{-1}f_x(\xi,\eta)$ nach 4.2 (e). Ein Blick auf die Definition der Differenzierbarkeit zeigt, daß dann g an der Stelle ξ differenzierbar und $g'(\xi) = B$ ist.

Die Differenzierbarkeit von g kann auf die obige Weise an jeder Stelle $(x_0, g(x_0))$ mit $x_0 \in U$ nachgewiesen werden. Es ist also

$$g'(x) = -(f_y(x, g(x)))^{-1} f_x(x, g(x)) \qquad \text{für } x \in U .$$

Hieraus folgt zunächst $g \in C^1(U)$. Ist nun $f \in C^k$ mit $k \geq 2$, so kann man in der Formel für $\partial g_i/\partial x_j$ zunächst einmal partiell differenzieren, da auf der rechten Seite nur g, jedoch keine Ableitung von g auftritt (die Komponenten von f_y^{-1} sind von der Form $\det C/\det f_y$, wobei die $(n-1) \times (n-1)$-Matrix C aus partiellen Ableitungen von f gebildet ist). In den so erhaltenen Formeln für die zweiten Ableitungen von g_i stehen rechts höchstens zweite Ableitungen von f und erste Ableitungen von g (als Nenner der einzelnen Summanden tritt $\det f_y$ oder $(\det f_y)^2$ auf). Die rechten Seiten sind also stetig, und es ist $g \in C^2(U)$. Ist f sogar aus C^3, so läßt sich diese Schlußweise erneut anwenden, und es ergibt sich $g \in C^3$, usw.   □

Die Formel für g' ergibt sich auch aus der Identität $f(x, g(x)) \equiv 0$ mit Hilfe der Kettenregel in der Form von 3.10 (b'),

$$\frac{\partial f}{\partial y} \cdot \frac{\partial g}{\partial x} = -\frac{\partial f}{\partial x} \iff \frac{\partial g}{\partial x} = -\left(\frac{\partial f}{\partial y}\right)^{-1} \frac{\partial f}{\partial x} \qquad (\text{Argument } (x, g(x)))$$

$$m \boxed{\begin{matrix} m \\ \frac{\partial f}{\partial y} \end{matrix}} \cdot \boxed{\begin{matrix} n \\ \frac{\partial g}{\partial x} \end{matrix}} m = - \boxed{\begin{matrix} n \\ \frac{\partial f}{\partial x} \end{matrix}} m ,$$

oder komponentenweise

$$\frac{\partial}{\partial x_i}(f_k(x, g(x)) = f_{k,x_i} + \sum_{j=1}^{m} f_{k,y_j} g_{j,x_i} = 0 \qquad (k = 1, \ldots, m) .$$

In der Formulierung des Satzes wurden jene Variablen, nach denen die Gleichung $f = 0$ aufgelöst werden kann, bereits durch die Wahl der Bezeichnung hervorgehoben. In der Praxis sieht es meist anders aus: Man muß herausfinden, welche Variablen sich zur Auflösung eignen. Ersetzt man (x, y) durch x und $m + n$ durch n, so hat man es mit der Gleichung $f(x) = 0$, also mit m Gleichungen

$$f_1(x_1, \ldots, x_n) = 0, \ldots, f_m(x_1, \ldots, x_n) = 0$$

zu tun, und der Satz nimmt die folgende Gestalt an.

Corollar. *Es sei* $f : G \subset \mathbb{R}^n \to \mathbb{R}^m$ *(G offen) stetig differenzierbar,* $m < n$ *und* $N = f^{-1}(0)$ *die Menge der Nullstellen von* f. *Ist*

$$f(\xi) = 0 \text{ und } \text{Rang } f'(\xi) = m,$$

so lassen sich m Koordinaten $x_{i_1}, \ldots, x_{i_m}$ so auswählen, daß die $m \times m$-Matrix $A = (\partial f_i / \partial x_{i_j})$ an der Stelle ξ invertierbar ist. Wir fassen die x_{i_j} zu einem Vektor $x'' \in \mathbb{R}^m$ und die restlichen x_i zu $x' \in \mathbb{R}^{n-m}$ zusammen und schreiben $x = (x', x'')$ und $\xi = (\xi', \xi'')$. Es gibt dann Umgebungen U' von ξ' und U'' von ξ'' mit $U' \times U'' \subset G$ und eine stetig differenzierbare Funktion $g : U' \to U''$ mit

$$f(x', g(x')) = 0 \qquad \text{für} \quad x' \in U'$$

und

$$f(x) \neq 0 \qquad \text{für alle anderen Werte } x \in U' \times U'' \,.$$

Wir erinnern an den hier auftretenden Begriff

(a) *Rang einer Matrix.* Unter dem Zeilenrang bzw. Spaltenrang einer $m \times n$-Matrix B versteht man die maximale Anzahl von linear unabhängigen Zeilenvektoren bzw. Spaltenvektoren von B. Ein wichtiger Satz der Matrizenlehre besagt, daß der Zeilenrang gleich dem Spaltenrang ist. Den gemeinsamen Wert nennt man den *Rang* von B und schreibt dafür Rang B; vgl. [LA, S. 58]. Ist also $m < n$ und Rang $B = m$, so existieren m linear unabhängige Spaltenvektoren, welche eine invertierbare $m \times m$-Matrix bilden.

Im obigen Corollar übernehmen x' und x'' die Rollen, welche x und y im Satz spielen. Setzt man $B = f'(\xi)$, so sind die ausgewählten Spalten gerade die partiellen Ableitungen $\partial f / \partial x_{i_j}$, und $\partial f / \partial x''$ ist die aus ihnen gebildete invertierbare quadratische Matrix A.

Bemerkungen. Geometrische Deutung. Wir benutzen die Bezeichnungen des Corollars.

1. Der Satz ist auch bei der Auflösung von Gleichungen der Form $f(x) = c \in \mathbb{R}^m$ anwendbar. Denn man kann diese Gleichungen umformen zu $f^\bullet(x) := f(x) - c = 0$, und die entscheidende Voraussetzung Rang $f' = m$ gilt auch für $f^\bullet$.

2. *Der Fall $n = 2$, $m = 1$.* In der Gleichung $f(x, y) = C$ sind jetzt alle Größen reell. Die Auflösung dieser Gleichung in der Form $y = g(x)$ bedeutet in der Sprechweise von 3.2, daß die Niveaumenge $f^{-1}(C)$ als Kurve $y = g(x)$ in der (x, y)-Ebene dargestellt wird. Der Satz gibt also eine Antwort auf die in 3.2 offen gebliebene Frage, ob es sich bei den Niveaumengen um Kurven handelt. Wenn der Gradient von f im Punkt $(\xi, \eta) \in f^{-1}(C)$ nicht verschwindet, so gibt es im Fall $f_x(\xi, \eta) \neq 0$ eine Darstellung $x = h(y)$, im Fall $f_y(\xi, \eta) \neq 0$ eine Darstellung $y = g(x)$ der Niveaumenge in einer Umgebung von (ξ, η).

3. *Der Fall $n = 3$, $m = 1$.* Verwendet man die übliche xyz-Schreibweise, so hat man es mit einer Gleichung $f(x, y, z) = C$ zu tun, in der wieder alle Größen reell sind. Im Fall $f_z \neq 0$ läßt sie sich in der Form $z = g(x, y)$ auflösen, und Entsprechendes gilt, wenn $f_x \neq 0$ oder $f_y \neq 0$ ist. Die Niveaumengen von f sind also, wenn grad f nicht verschwindet, Flächen im $\mathbb{R}^3$.

4. *Der Fall $n = 3$, $m = 2$.* Es liegen zwei reelle Gleichungen vor, etwa $f(x, y, z) = C$, $g(x, y, z) = D$. Wenn im Punkt (ξ, η, ζ) beide Gleichungen bestehen und wenn die Größe $\det \partial(f, g) / \partial(y, z) = f_y g_z - f_z g_y$ in diesem Punkt nicht verschwindet, so ist eine Auflösung in der Form $y = \phi(x)$, $z = \psi(x)$ in einer Umgebung von ξ gegeben. Geometrisch wird dadurch eine Kurve im $\mathbb{R}^3$ dargestellt (vgl. §5), und zwar die Schnittkurve der beiden Flächen $f(x, y, z) = C$ und $g(x, y, z) = D$; siehe Bemerkung 3.

Beispiele. 1. Wir kommen auf das Beispiel $f(x, y) = e^{xy} + x^2 + 2y^2$ von 3.2 zurück. Die Niveaumengen $M_\alpha = f^{-1}(\alpha)$ sind leer für $\alpha < 1$, und es ist $M_1 = \{0\}$. Wegen

$f(-x, -y) = f(x, y)$ ist M_α symmetrisch zum Nullpunkt, und wegen $e^{xy} > 0$ liegt M_α innerhalb der Ellipse $E_\alpha : x^2 + 2y^2 = \alpha$ mit den Halbachsen $\sqrt{\alpha}$ und $\sqrt{\alpha/2}$. Es ist

$$f_x = ye^{xy} + 2x, \qquad H_f = \begin{pmatrix} y^2 e^{xy} + 2 & e^{xy}(1 + xy) \\ e^{xy}(1 + xy) & x^2 e^{xy} + 4 \end{pmatrix}.$$
$$f_y = xe^{xy} + 4y,$$

Hieraus erkennt man, daß der Nullpunkt der einzige kritische Punkt von f ist (aus $f_x = f_y = 0$ folgt $x^2 = 2y^2$ und durch Einsetzen in f_x dann $x = 0$). Die Gleichung $f(x, y) = \alpha := f(\xi, \eta)$ läßt sich also, wenn $(\xi, \eta) \neq 0$ ist, in einer Umgebung dieses Punktes in der Form $y = g(x)$ oder $x = h(y)$ auflösen, und nach dem Satz sind die Funktionen g und h aus C^∞. Da f selbst als Potenzreihe dargestellt werden kann, wird man vermuten, daß auch g bzw. h in Potenzreihen entwickelbar sind. Das ist richtig, der Nachweis ist jedoch mit unseren Hilfsmitteln nicht ganz einfach; vgl. Aufgabe 1.

Im folgenden ist $\alpha > 1$. Man zeigt ohne Mühe, daß auf jedem vom Nullpunkt ausgehenden Strahl genau ein Punkt von M_α liegt (die Ableitung von $\phi(t) = f(\gamma t, \delta t)$ mit $\gamma^2 + \delta^2 = 1$ ist für $t > 0$ positiv). Die Höhenlinien sind also geschlossene Kurven um den Nullpunkt; man vergleiche dazu das Höhenlinienbild von 4.11. Zu M_α gehören die Punkte $(\xi_\alpha, 0)$ und $(0, \eta_\alpha)$ mit $\xi_\alpha = \sqrt{\alpha - 1}$, $\eta_\alpha = \xi_\alpha / \sqrt{2}$. Im ersten Quadranten Q_1 ist $f_x > 0$, $f_y > 0$ (abgesehen vom Nullpunkt). Zu jedem $x \in [0, \xi_\alpha]$ existiert, da f in y monoton wachsend ist, genau ein $y = g(x) > 0$ mit $f(x, y) = \alpha$. Diese Funktion $g \in C^\infty[0, x_\alpha]$ beschreibt alle Punkte von $M_\alpha \cap Q_1$. Ihre Ableitungen lassen sich aus den Formeln

$$f_x + g' f_y = 0, \quad f_{xx} + 2g' f_{xy} + g'^2 f_{yy} + g'' f_y = 0, \dots$$

berechnen. Die erste Formel zeigt, daß $g' < 0$, also g monoton fallend ist. Im Fall $\alpha = 2$ erhält man $\xi_2 = 1$, $g(1) = 0$, $g'(1) = -2$, $g''(1) = -18$, also nach dem Taylorschen Satz

$$g(x) = -2(x - 1) - 9(x - 1)^2 + \frac{1}{6} g'''(x^\bullet)(x - 1)^3$$

in der Nähe von $x = 1$. Natürlich kann man auf diese Weise auch die höheren Ableitungen von g berechnen.

Im zweiten Quadranten Q_2 ist die Analyse etwas schwieriger. Der Punkt $(x_\alpha, y_\alpha) \in M_\alpha \cap Q_2$ mit waagrechter Tangente läßt sich aus den Gleichungen

$$f(x, y) = \alpha \quad \text{und} \quad f_x(x, y) = 0$$

bestimmen (aus $g' = -f_x/f_y = 0$ folgt nämlich $f_x = 0$). Durch Elimination von e^{xy} erhält man eine in x quadratische Gleichung, aus der man $x = x(y)$ berechnen kann. Daraus ergibt sich y_α als Nullstelle von $f_x(x(y), y)$ und $x_\alpha = x(y_\alpha)$. Eine andere Möglichkeit besteht darin, den Punkt (x_α, y_α) als Nullstelle von $F(x, y) = (f(x, y) - \alpha, f_x(x, y))^\top$ mit Hilfe des Newton-Verfahrens zu gewinnen. Die entsprechende Gleichung (N) von 4.3 lautet

$$\begin{pmatrix} x \\ y \end{pmatrix} = \begin{pmatrix} x \\ y \end{pmatrix} - F'(x, y)^{-1} F(x, y).$$

Für $\alpha = 2$ erhält man, ausgehend von $(-1, 1)$, nach wenigen Iterationen die Werte $x_2 = -0,29830$, $y_2 = 0,74509$. Auf ähnliche Weise läßt sich die senkrechte Tangente ermitteln.

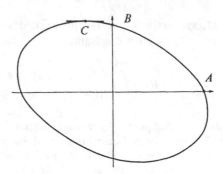

Niveaulinie $e^{xy} + x^2 + 2y^2 = 2$
mit $A = (\xi_2, 0) = (1, 0)$, $B = (0, \eta_2) = \left(0, \tfrac{1}{2}\sqrt{2}\right)$,
$C = (x_2, y_2) = (-0,2983; 0,7451)$

2. Als einfaches Beispiel zum Fall $n = 3$, $m = 2$ (Bemerkung 4) betrachten wir nun die Gleichungen

$$f(x, y, z) = x^2 + 4y^2 + z^2 = 5 , \quad g(x, y, z) = xy = 1 .$$

Aus Symmetriegründen kann man sich auf den Bereich $x > 0$ beschränken. Man erhält

$$y = \frac{1}{x} , \quad z = \pm\sqrt{5 - x^2 - 4x^{-2}} , \quad 1 \le x \le 2 .$$

Geometrisch handelt es sich um die Schnittkurve eines Ellipsoids und einer auf der (x, y)-Ebene senkrecht stehenden Zylinderfläche mit einer Hyperbel als Grundriß.
Die Funktionalmatrix

$$\frac{\partial(f, g)}{\partial(x, y, z)} = \begin{pmatrix} 2x & 8y & 2z \\ y & x & 0 \end{pmatrix}$$

hat überall auf der Schnittmenge den Rang 2. Für $z \ne 0$ ist nämlich $f_y g_z - f_z g_y = -2zx \ne 0$, für $z = 0$ ist $x^2 + 4y^2 = 5$ und $xy = 1$, also $(x, y) = (1, 1)$ oder $(2, \tfrac{1}{2})$ und damit $f_x g_y - f_y g_x = 2x^2 - 8y^2 \ne 0$. Im Fall $z \ne 0$ existiert nach dem Satz eine lokale Darstellung $y = y(x)$, $z = z(x)$, die wir oben bereits gefunden haben. Für $z = 0$ ist diese Darstellung nicht mehr eindeutig (in Übereinstimmung mit dem Satz). Jedoch existieren in einer Umgebung der Punkte $(1, 1, 0)$ und $(2, \tfrac{1}{2}, 0)$ Darstellungen $x = x(z)$, $y = y(z)$ aufgrund des Satzes. Man gebe diese Darstellungen an.

4.6 Umkehrabbildungen. Diffeomorphismen. Im Eindimensionalen ermöglichte der Zwischenwertsatz eine einfache Lösung des Problems. Ist f im Intervall J differenzierbar und $f' \ne 0$ in J, so ist f streng monoton. Nach I.6.11 existiert die Umkehrfunktion g im Intervall $J^* = f(J)$, und nach I.10.7 ist sie differenzierbar. Das ist ein Existenzsatz „im Großen". Im $\mathbb{R}^n$ liegen die Dinge komplizierter. Als Analogon zur Voraussetzung $f' \ne 0$ bietet sich (wie in 4.3) die Invertierbarkeit der Jacobimatrix f' an. Daraus folgt die Existenz der Umkehrabbildung „im Kleinen", wie der nächste Satz lehrt. Daß die Verhältnisse „im Großen" verwickelt sein können, zeigt sich schon im $\mathbb{R}^2$.

Beispiel 1: *Holomorphe Funktionen.* Eine holomorphe Funktion $f(z) = (u(x, y), v(x, y))$ ist, reell betrachtet, eine Funktion vom Typ $\mathbb{R}^2 \to \mathbb{R}^2$. Ihre Funktionaldeterminante hat nach 3.19 den Wert $|f'(z)|^2$; sie ist also $\ne 0$ für $f'(z) \ne 0$. Die Funktion $f(z) = z^2$ bildet die Ebene auf sich ab, und es ist $f'(z) \neq 0$ für $z \neq 0$. Zu jedem Bildpunkt $c \neq 0$ gibt es nach I.8.3 zwei Urbilder $\sqrt{c}$. Eine Umgebung von $z_0 \neq 0$, etwa $U = B_r(z_0)$ mit $r = |z_0|$, wird bijektiv auf eine Umgebung des Bildpunktes z_0^2 abgebildet; für $z_0 = 0$ ist das jedoch falsch. Im Beispiel $f(z) = e^z$ ist $f'(z) \neq 0$ für alle z. Jeder Bildpunkt e^{z_0} hat unendlich viele Urbilder $z_0 + 2k\pi i$. Eine Umkehrung im Kleinen, also in einer Umgebung eines ausgewählten Urbildpunktes, ist jedoch möglich. Im Beispiel 3 wird dies genauer diskutiert.

Satz. *Es sei $G \subset \mathbb{R}^n$ offen, $f \in C^1(G, \mathbb{R}^n)$, $\xi \in G$, $\eta = f(\xi)$ und*

$$\det \frac{\partial f}{\partial x}(\xi) \neq 0 .$$

Dann existiert eine offene Umgebung $U \subset G$ von ξ mit den Eigenschaften: Die Bildmenge $V = f(U)$ ist eine offene Umgebung von η, und die Abbildung $f : U \to V$ ist umkehrbar eindeutig. Wird die Umkehrabbildung mit $g : V \to U$ bezeichnet, so ist $g \in C^1(V)$, und für $x \in U$ gilt

$$\frac{\partial g}{\partial y}(y) = \left(\frac{\partial f}{\partial x} \right)^{-1} (x) \qquad mit \quad y = f(x) .$$

Ist $f \in C^k(U)$, so ist $g \in C^k(V)$ $(1 \leq k \leq \infty)$.

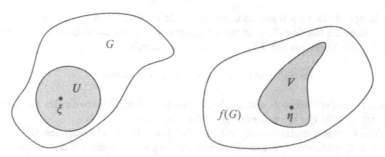

Zum Satz über die Umkehrabbildung

Beweis. Es handelt sich darum, zu gegebenem y (nahe bei η) ein x mit $f(x) = y$ zu finden, d.h. die Gleichung $F(x, y) = f(x) - y = 0$ nach x aufzulösen. Wir wenden den Satz 4.5 über implizite Funktionen an. Dabei ist $m = n$, jedoch sind die Rollen von x und y vertauscht. Wegen $F(\xi, \eta) = 0$ und $\det \frac{\partial F}{\partial x}(\xi, \eta) = \det f'(\xi) \neq 0$ gibt es offene Umgebungen $U = U(\xi)$, $V = V(\eta)$ mit der Eigenschaft, daß zu jedem $y \in V$ genau ein $x := g(y) \in U$ mit $F(x, y) = 0$, also mit $f(x) = y$ existiert. Dabei ist $g \in C^1(V)$. Die Funktion f bildet also die Menge $U' := g(V) \subset U$ bijektiv auf V ab.

Es bleibt zu zeigen, daß U' offen ist. Dazu denken wir uns f als eine nur in U definierte Funktion, $f : U \to \mathbb{R}^n$. Nach Satz 2.1 ist U' als Urbildmenge von V offen in U, also, da U offen ist, offen in $\mathbb{R}^n$. $\qquad \square$

Diffeomorphismus. Es seien $U, V \subset \mathbb{R}^n$ offene Mengen und $f : U \to V$ eine bijektive Abbildung, also $V = f(U)$. Ist sowohl f als auch die Umkehrfunktion

$g : V \to U$ stetig, so nennt man f einen Homöomorphismus; vgl. die Bemerkung in 2.12. Sind darüber hinaus f und g stetig differenzierbar, so wird f ein *Diffeomorphismus* und V ein *diffeomorphes Bild* von U genannt. Die Funktion g ist dann ebenfalls ein Diffeomorphismus. Ist f sogar aus $C^k(U)$, so folgt aus dem Satz $g \in C^k(V)$ ($1 \leq k \leq \infty$). In diesem Fall spricht man von einem C^k-Diffeomorphismus oder von einer C^k-umkehrbaren Abbildung.

(a) Eine bijektive C^k-Abbildung $f : U \to V$ ist genau dann ein C^k- Diffeomorphismus, wenn $\det f'(x)$ in U nicht verschwindet.

Denn einerseits folgt aus $\det f' \neq 0$ aufgrund des Satzes, daß $g \in C^k$ ist. Andererseits besteht, wenn f ein Diffeomorphismus ist, die Gleichung $g(f(x)) = x$ in U. Durch Anwendung der Kettenregel ergibt sich $g'(f(x))f'(x) = E$ (Einheitsmatrix). Hieran erkennt man, daß $\det f' \neq 0$ ist.   □

Weitere Beispiele. 2. *Ebene Polarkoordinaten.* Nach I.8.2 hat jeder Punkt $(x, y) \in \mathbb{R}^2$ eine Darstellung durch Polarkoordinaten

$$x = r\cos\phi, \quad y = r\sin\phi \qquad \text{mit} \quad r = (x^2 + y^2)^{1/2} \,.$$

Für die Abbildung $(r, \phi) \mapsto (x, y) = (r\cos\phi, r\sin\phi)$ ist

$$\det \frac{\partial(x, y)}{\partial(r, \phi)} = \begin{vmatrix} \cos\phi & -r\sin\phi \\ \sin\phi & r\cos\phi \end{vmatrix} = r \neq 0 \qquad \text{für} \quad (x, y) \neq 0 \,.$$

Zu jedem Bildpunkt $(x, y) \neq 0$ gibt es unendlich viele Urbilder $(r, \phi + 2k\pi)$. Jedoch existiert, in Übereinstimmung mit dem Satz, in einer Umgebung von $(x_0, y_0) = (r_0 \cos\phi_0, r_0 \sin\phi_0) \neq 0$ eine Umkehrfunktion aus der Klasse C^∞, gegeben durch

$$r = (x^2 + y^2)^{1/2} \,, \qquad \phi = \arg(x, y) = \arctan\frac{y}{x}$$

(falls $x_0 \neq 0$ ist, andernfalls $\phi = \text{arccot}\, x/y$), wobei jener Funktionszweig des Arcustangens zu wählen ist, der für (x_0, y_0) den richtigen Wert ϕ_0 ergibt.

Die Polarkoordinatendarstellung bildet z.B. den offenen Halbstreifen $0 < r < \infty$, $-\pi < \phi < \pi$ C^∞-diffeomorph auf die längs der negativen reellen Achse aufgeschlitzte Ebene $\mathbb{R}^2_- = \mathbb{R}^2 \setminus \{(x, y) : x \leq 0, y = 0\}$ ab.

3. *Der komplexe Logarithmus.* Wir schreiben $z = x + iy$ und $w = u + iv$ und benutzen die Ergebnisse von I.8.11 über die komplexe Exponentialfunktion. Ein Zahl $w \neq 0$ hat eine eindeutige Polarkoordinatendarstellung $w = re^{i\phi}$ mit $r = |w| > 0$ und $\phi = \arg w$, $-\pi < \phi \leq \pi$. Beschränkt man z auf den Streifen $S = \mathbb{R} \times (-\pi, \pi]$, so ist $w := e^z = e^x e^{iy} \neq 0$, und durch Vergleich folgt $e^x = |w|$ und $y = \arg w$. Da e^x jeden positiven Wert annimmt, wird also S bijektiv auf $\mathbb{C}^\times = \mathbb{C} \setminus \{0\}$ abgebildet, und die Umkehrabbildung ist durch $x = \log|w|$, $y = \arg w$ mit $-\pi < y \leq \pi$ gegeben. Aus der Periodizitätsformel $e^z = e^{z+2\pi i}$ folgt sofort, daß auch jeder um $2k\pi i$ verschobene Streifen $S_k = 2k\pi i + S$ mit $k \in \mathbb{Z}$ bijektiv auf $\mathbb{C}^\times$ abgebildet wird und daß die Umkehrformeln gültig bleiben mit dem Zusatz, daß jetzt $(2k-1)\pi < y \leq (2k+1)\pi$ ist. In der komplexen Analysis bezeichnet man, wenn $w \neq 0$ gegeben ist, jede der Gleichung $w = e^z$ genügende Zahl z als Logarithmus von w. In jedem Streifen S_k gibt es genau einen Logarithmus von w, alle diese Logarithmen unterscheiden sich lediglich um ein Vielfaches von $2\pi i$, und sie sind durch die Formel

(L) $$\log w = \log|w| + i\arg w$$

gegeben, wobei auf der rechten Seite der reelle Logarithmus steht und das Argument keiner Einschränkung unterworfen ist. Wird dabei das Argument durch $-\pi < \arg w < \pi$

eingeschränkt, so spricht man vom *Hauptwert* des Logarithmus oder *Hauptzweig* der Logarithmusfunktion. Für den Hauptwert gilt die in I.7.11 abgeleitete Potenzreihenentwicklung

$$\log(1 + w) = \sum_{k=1}^{\infty} \frac{1}{k}(-1)^{k-1}w^k \,, \quad |w| < 1 \,.$$

Für reelle w mit $|w| < 1$ ist nämlich die Identität $e^{\log(1+w)} = 1 + w$, wenn man für $\log(1 + w)$ die Potenzreihe einsetzt, eine Identität zwischen Potenzreihen; vgl. I.7.13. Die Identität bleibt erhalten, wenn man komplexe w mit $|w| < 1$ betrachtet. Ferner stimmt der Hauptwert von $\log w$ für reelle $w > 0$ mit dem reellen Logarithmus überein.

In der Sprache der reellen Analysis handelt es sich bei $w = e^z$ um die Funktion

$$(u(x, y), v(x, y)) = (e^x \cos y, e^x \sin y)$$

mit

$$\det \frac{\partial(u, v)}{\partial(x, y)} = \begin{vmatrix} e^x \cos y & -e^x \sin y \\ e^x \sin y & e^x \cos y \end{vmatrix} = e^{2x} \neq 0 \,.$$

Beschränkt man (x, y) z.B. auf den offenen Streifen $S^0 = \mathbb{R} \times (-\pi, \pi)$, so liegt ein C^∞-Diffeomorphismus mit dem Bildbereich $\mathbb{R}_-^2$ vor (vgl. das vorangehende Beispiel zur Bezeichnung). Die Umkehrabbildung ist der Hauptzweig des Logarithmus,

(L′) $x = \frac{1}{2} \log(u^2 + v^2) \,, \quad y = \arg(u, v) \in (-\pi, \pi) \,.$

4.7 Offene Abbildungen. Eine Abbildung $f : G \subset \mathbb{R}^n \to \mathbb{R}^n$ (G offen) wird *offen* genannt, wenn das Bild $f(H)$ jeder offenen Teilmenge H von G wieder offen ist. Aus dem eben bewiesenen Satz über die Umkehrfunktion folgt sofort ein

Satz über offene Abbildungen. *Ist $G \subset \mathbb{R}^n$ offen, $f \in C^1(G, \mathbb{R}^n)$ und $\det \frac{\partial f}{\partial x} \neq 0$ in G, so ist f eine offene Abbildung.*

Ist nämlich $H \subset G$ offen und $\xi \in H$, so ist der Satz 4.6 auf $\eta = f(\xi) \in f(H)$ anwendbar. Er zeigt, daß η ein innerer Punkt von $f(H)$ ist.   □

Bemerkung. Die Voraussetzung $\det \frac{\partial f}{\partial x} \neq 0$ bewirkt, daß die Abbildung f lokal umkehrbar ist. Daß der Satz über offene Abbildungen ohne eine solche Voraussetzung über die (lokale) Injektivität falsch wird, zeigen einfache Beispiele, etwa $f(x) = \text{const.}$ oder $f(x) = x^2$ in $G = (-1, 1)$ ($n = 1$). Die Frage, ob man auf die Differenzierbarkeit von f verzichten kann, hat eine lange Geschichte. Formulieren wir zunächst das Problem als

Satz A. *Ist $G \subset \mathbb{R}^n$ offen und $f : G \to \mathbb{R}^n$ stetig und injektiv, so ist f eine offene Abbildung, also insbesondere die Bildmenge $f(G)$ offen.*

Für $n = 1$ ist der Satz richtig, da aus der Stetigkeit und Injektivität die strenge Monotonie folgt. Es liegt nahe, im Fall $n > 1$ zum Beweis auf die Sätze 2.12 und 2.1 zurückzugreifen. Nach dem ersten Satz ist die Umkehrfunktion $f^{-1} : H = f(G) \to G$ stetig, nach dem zweiten Satz ist das Urbild bezüglich f^{-1} einer offenen Menge $G' \subset G$, das ist aber gerade die Menge $H' = f(G')$, offen. Dieser Beweisversuch scheitert deshalb, weil der Satz 2.1 nur aussagt, daß H' offen in H ist. Wir wären also fertig, wenn wir wüßten, daß H selbst offen ist. Das ist gerade das Problem.

Die Frage erregte um die Jahrhundertwende besondere Aufmerksamkeit, weil sie mit dem *Dimensionsproblem* aufs engste verwandt ist. Wir geben auch diesem Problem die Form eines Satzes

Satz B. *Wird eine Umgebung eines Punktes* $a \in \mathbb{R}^n$ *stetig auf eine Umgebung des Punktes* $b \in \mathbb{R}^m$ *abgebildet, so ist* $m \leq n$.

Wenn die Abbildung injektiv ist, so kann man diesen „Satz" auch auf die (nach dem Jordanschen Satz 2.12 stetige) Umkehrfunktion anwenden und erhält als Folge sofort den

Satz C (Dimensionsinvarianz). *Wird eine Umgebung* U *von* $a \in \mathbb{R}^n$ *stetig und injektiv auf eine Umgebung* V *von* $b \in \mathbb{R}^m$ *abgebildet, so ist* $m = n$.

Nun hat 1890 Peano durch ein Beispiel gezeigt, daß Satz B falsch ist. Sein Beispiel ist die berühmte Peanokurve, welche das Intervall $[0, 1]$ stetig auf das Einheitsquadrat in der Ebene abbildet; vgl. die Einleitung zu 5.10 und Aufgabe 5.12. So ergab sich, abgesehen von der Schockwirkung dieses jeder Anschauung zuwiderlaufenden Beispiels, das neue Problem, ob Satz C möglicherweise richtig ist.

Beide Sätze, A und C, sind eng verwandt, und beide sind richtig. Sie wurden erst 1911 von dem holländischen Mathematiker LUITZEN EGBERTUS JAN BROUWER (1881–1966) bewiesen (Math. Ann. 70, S. 161-165 (Satz C) und 71, S. 305-313 (Satz A)). Daneben gibt es aus früherer Zeit eine ganze Reihe von unvollständigen und falschen Beweisen und außerdem gültige Beweise für die Sonderfälle $n = 2$ von Satz A (A. SCHOENFLIES 1899) und $n \leq 3$ von Satz C (J. LÜROTH 1877, 1899); vgl. Enzyklopädie der Mathematischen Wissenschaften Bd. II.3.2, S. 950-954. Ein kurzer Beweis von Satz A, der ebenfalls auf Brouwer zurückgeht (Math. Ann. 72, S. 55-56), benutzt die Theorie des Abbildungsgrades; er ist z.B. in dem Buch *Nonlinear Functional Analysis* von K. Deimling (Springer-Verlag 1985) dargestellt. Satz A gehört zu den fundamentalen Sätzen der Analysis im $\mathbb{R}^n$. Leider ist ein Beweis auf dem Niveau dieses Buches bisher nicht bekannt.

Wir kommen nun zum zweiten Thema dieses Paragraphen, den Extremwerten, und stellen zunächst einige Hilfsmittel aus der linearen Algebra zusammen.

4.8 Quadratische Formen. Ist $A = (a_{ij})$ eine symmetrische $n \times n$-Matrix (d.h. $A = A^\top$), so nennt man die Funktion

$$Q_A(x) = x^\top A x = \sum_{i,j=1}^n a_{ij} x_i x_j$$

die durch A erzeugte quadratische Form.

Die Funktion $Q_A : \mathbb{R}^n \to \mathbb{R}$ ist ein quadratisches Polynom mit den Eigenschaften

(a) grad $Q_A(x) = 2(Ax)^\top$,

(b) $Q_A(\lambda x) = \lambda^2 Q_A(x)$ für $\lambda \in \mathbb{R}$ (Homogenität),

(c) $Q_A(x) \geq \alpha |x|^2$ für alle $x \iff Q_A(x) \geq \alpha$ für $|x| = 1$,

(d) $|Q_A(x)| \leq |A| \, |x|^2$, also $|Q_A(x)| \leq |A|$ für $|x| = 1$.

Die *Beweise* sind einfach. Für den Schluß von rechts nach links in (c) setzt man, wenn $x \neq 0$ gegeben ist, $x = \lambda \bar{x}$ mit $\lambda = |x|$, $|\bar{x}| = 1$. Aus (b) folgt dann $Q_A(x) = \lambda^2 Q_A(\bar{x}) \geq \lambda^2 \alpha = |x|^2 \alpha$. Im Fall (d) benutzt man für $y = Ax$ zunächst die Cauchy-Ungleichung $|Q_A(x)| = |x^\top y| \leq |x| \, |y|$ und dann die Ungleichung $|y| = |Ax| \leq |A| \, |x|$ von 2.8. Vgl. auch [LA, Kap. 3, §5 und Kap. 5, §1]. □

Man nennt die Matrix A (oder auch die quadratische Form Q_A)

positiv definit,	wenn $Q_A(x) > 0$	für $x \neq 0$,	
positiv semidefinit,	wenn $Q_A(x) \geq 0$	für alle x,	
negativ definit,	wenn $Q_A(x) < 0$	für $x \neq 0$,	
negativ semidefinit,	wenn $Q_A(x) \leq 0$	für alle x,	

und *indefinit,* wenn keiner der vier Fälle vorliegt, d.h. wenn es $a, b \in \mathbb{R}^n$ mit $Q_A(a) > 0$, $Q_A(b) < 0$ gibt.

(e) $Q_A(x)$ ist genau dann positiv definit, wenn eine positive Konstante α mit

$$Q_A(x) \geq \alpha > 0 \qquad \text{für } |x| = 1$$

existiert.

Denn einerseits ist eine quadratische Form mit dieser Eigenschaft positiv definit nach (c), andererseits ist eine positiv definite quadratische Form > 0 für $|x| = 1$. Da der Rand der Einheitskugel eine kompakte Menge ist, auf welcher die stetige Funktion $Q_A(x)$ ihr Infimum annimmt, gibt es ein ξ mit $|\xi| = 1$ und

$$Q_A(x) \geq Q_A(\xi) =: \alpha > 0 \qquad \text{für } |x| = 1 . \qquad \square$$

(f) Ist $Q_A(x)$ positiv definit bzw. negativ definit bzw. indefinit, so existiert ein $\varepsilon > 0$ derart, daß die quadratische Form

$$Q_B(x) = \sum_{i,j=1}^{n} b_{ij} x_i x_j \qquad \text{mit } |A - B| < \varepsilon$$

ebenfalls positiv definit bzw. negativ definit bzw. indefinit ist.

Beweis. Ist etwa $Q_A(x)$ positiv definit und $Q_A(x) \geq \alpha > 0$ für $|x| = 1$, so setze man $\varepsilon = \alpha/2$. Nach (d) ist

$$|Q_A(x) - Q_B(x)| = |Q_{A-B}(x)| \leq |A - B| < \frac{\alpha}{2} \qquad \text{für } |x| = 1 ,$$

also $Q_B(x) \geq \alpha/2$ für $|x| = 1$, d.h. $Q_B(x)$ ebenfalls positiv definit nach (e). Ist $Q_A(x)$ indefinit, so existieren zwei Punkte a, b mit $|a| = |b| = 1$ und $Q_A(a) > 0$, $Q_A(b) < 0$. Wählt man $\alpha > 0$ so, daß $Q_A(a) \geq \alpha$, $|Q_A(b)| \geq \alpha$ ist, und dazu $\varepsilon > 0$ wie oben, so folgt wie oben $Q_B(a) \geq \alpha/2$, $Q_B(b) \leq -\alpha/2$. Also ist auch Q_B indefinit. Es gilt also

(g) Im indefiniten Fall gibt es zwei feste Punkte a, b mit $|a| = |b| = 1$ derart, daß $Q_B(\lambda a) > 0$, $Q_B(\lambda b) < 0$ für alle $\lambda \neq 0$ und alle B mit $|A - B| < \varepsilon$ gilt.

(h) *Der Fall $n = 2$.* Es sei $n = 2$, $(x, y) \in \mathbb{R}^2$ und

$$A = \begin{pmatrix} a & b \\ b & c \end{pmatrix} \implies Q(x, y) = ax^2 + 2bxy + cy^2 .$$

Man nennt

$$D = \det A = ac - b^2 \qquad \textit{Diskriminante}$$

der quadratischen Form. Es gilt:

$D > 0 \Longrightarrow Q(x)$ positiv definit,   falls $a > 0$,

                            negativ definit,   falls $a < 0$,

$D = 0 \Longrightarrow Q(x)$ positiv semidefinit,   falls $a > 0$

                                                  oder $a = 0$ und $c \geq 0$,

                            negativ semidefinit,   falls $a < 0$

                                                  oder $a = 0$ und $c \leq 0$,

$D < 0 \Longrightarrow Q(x)$ indefinit.

Das überlegt man sich für $a \neq 0$ anhand der Identität

$$aQ(x, y) = (ax + by)^2 + Dy^2 .$$

Beispiel: Diagonalmatrizen. Ist $A = \mathrm{diag}\,(\lambda_1, \ldots, \lambda_n)$ eine Diagonalmatrix, d.h. $a_{ii} = \lambda_i$, $a_{ij} = 0$ für $i \neq j$, so lautet die zugehörige quadratische Form

$$Q(x) = \sum_{i=1}^{n} \lambda_i x_i^2 .$$

Man sieht sofort: Q ist genau dann positiv definit bzw. positiv semidefinit, wenn $\lambda_i > 0$ für alle i bzw. $\lambda_i \geq 0$ für alle i ist.

4.9 Maxima und Minima. Zunächst einige Definitionen. Die Funktion $f : D \subset \mathbb{R}^n \to \mathbb{R}$ hat an der Stelle $\xi \in D$ ein *lokales Extremum*, und zwar ein lokales Maximum bzw. Minimum, wenn eine Umgebung U von ξ mit

$$f(\xi) \geq f(U \cap D) \quad \text{bzw.} \quad f(\xi) \leq f(U \cap D)$$

existiert (nach I.1.6 ist, wenn a eine Zahl und A eine Menge ist, $a \leq A$ gleichbedeutend mit $a \leq x$ für alle $x \in A$). Gilt dabei das Gleichheitszeichen nur an der Stelle ξ, so liegt ein lokales Extremum im engeren (oder strengen) Sinn vor. Besteht sogar die Ungleichung $f(\xi) \geq f(D)$ oder $f(\xi) \leq f(D)$, so spricht man von einem Extremum (Maximum oder Minimum) oder, wenn der Unterschied zum lokalen Begriff hervorgehoben werden soll, von einem *globalen Extremum*, und zwar im engeren Sinn, wenn Gleichheit nur für $x = \xi$ besteht.

Wie im Eindimensionalen läßt sich mit ersten Ableitungen ein notwendiges, mit zweiten Ableitungen ein hinreichendes Kriterium für das Vorliegen eines lokalen Extremums aufstellen.

4.10 Das Fermatsche Kriterium für lokale Extrema. *Ist f in einer Umgebung von ξ erklärt, existiert grad $f(\xi)$ und hat f an der Stelle ξ ein lokales Extremum, so ist*

$$\mathrm{grad}\, f(\xi) = 0 .$$

Man nennt die Punkte ξ mit grad $f(\xi) = 0$ auch *stationäre* oder *kritische Punkte* von f.

Beweis. Da die Funktion $g(t) = f(t, \xi_2, \ldots, \xi_n)$ an der Stelle $t = \xi_1$ ein lokales Extremum hat, ist $g'(\xi_1) = \frac{\partial f}{\partial x_1}(\xi) = 0$ nach dem Fermatschen Kriterium I.10.3. Entsprechend für die anderen Ableitungen. □

Das Fermat-Kriterium ist notwendig, jedoch nicht hinreichend für das Vorhandensein eines Extremums. Das ist uns aus dem Eindimensionalen bekannt. Ein einfaches zweidimensionales Beispiel $f(x, y) = xy$ mit dem einzigen stationären Punkt 0 illustriert diesen Sachverhalt. In Aufgabe 9 ist ein weiteres notwendiges Kriterium für ein Extremum angegeben.

4.11 Hinreichende Bedingung für ein Extremum. *Es sei* $G \subset \mathbb{R}^n$ *offen,* $f \in C^2(G)$, $\xi \in G$ *und* grad $f(\xi) = 0$. *Dann läßt sich die Frage, ob* f *an der Stelle* ξ *ein Extremum besitzt, anhand der Hesse-Matrix* $H_f(\xi)$ *folgendermaßen beantworten:*

$H_f(\xi)$ *positiv definit* $\implies$ *lokales Minimum im strengen Sinn ,*

negativ definit $\implies$ *lokales Maximum im strengen Sinn ,*

indefinit $\implies$ *kein Extremum .*

Beweis. Nach dem Satz von Taylor 3.13 mit $m = 1$ ist

$$f(\xi + h) = f(\xi) + h \cdot \text{grad} f(\xi) + \frac{1}{2} \sum_{i,j=1}^{n} f_{x_i x_j}(\xi + \vartheta h) h_i h_j$$

mit $0 < \vartheta < 1$, wegen grad $f(\xi) = 0$ also

(*) $\qquad f(\xi + h) - f(\xi) = \frac{1}{2} h^\top H(\xi + \vartheta h) h \qquad (H = H_f \quad \text{Hesse-Matrix}).$

Nach 4.8 (f) und wegen der Stetigkeit von H gibt es ein $\delta > 0$ derart, daß für $|h| < \delta$ mit $H(\xi)$ auch $H(\xi + \vartheta h)$ positiv bzw. negativ definit ist. Für $0 < |h| < \delta$ ist also die rechte Seite der Gleichung (*) positiv bzw. negativ, d.h. es liegt ein strenges lokales Minimum bzw. Maximum vor. Ist $H(\xi)$ indefinit, so existieren nach 4.8 (g) zwei Punkte a, b mit $|a| = |b| = 1$ derart, daß für alle $|h| < \delta$ die zu $H(\xi + \vartheta h)$ gehörende quadratische Form $Q(y) = y^\top H(\xi + \vartheta h) y$ die Eigenschaft $Q(\lambda a) > 0$, $Q(\lambda b) < 0$ für $\lambda \neq 0$ hat. Ist außerdem $|\lambda| < \delta$, so folgt $|\lambda a|, |\lambda b| < \delta$, und nach (*) ist $f(\xi + \lambda b) < f(\xi) < f(\xi + \lambda a)$; d.h. f hat kein Extremum an der Stelle ξ. □

Der Fall $n = 2$. Sattelpunkt. Nach 4.8 (h) ist die Hessesche Matrix von $f = f(x, y)$ (x, y reell) genau dann definit bzw. indefinit, wenn die zugehörige Diskriminante

$$D = f_{xx} f_{yy} - f_{xy}^2$$

positiv bzw. negativ ist. Ist also in einem kritischen Punkt $D > 0$ und $f_{xx} > 0$ bzw. < 0, so liegt ein Minimum bzw. ein Maximum vor, ist $D < 0$, so liegt kein Extremum vor.

Ein kritischer Punkt mit negativer Diskriminante D wird *Sattelpunkt* genannt. Z.B. ist der Nullpunkt ein Sattelpunkt für die Funktion $(x, y) \mapsto x^2 - y^2$, deren Höhenlinien in 3.2 aufgezeichnet sind. Eine Funktion f verhält sich in der Nähe eines Sattelpunktes (ξ, η) qualitativ so, wie es dieser Prototyp zeigt. Das gilt insbesondere für das Höhenlinienbild mit den beiden sich im Punkt (ξ, η) kreuzenden Höhenlinien $f(x, y) = f(\xi, \eta)$, welche eine Umgebung $B_r(\xi, \eta)$ in vier (krummlinige) Sektoren zerlegen, wobei $f(x, y) - f(\xi, \eta)$ in gegenüberliegenden Sektoren dasselbe Vorzeichen besitzt. Diese Aussagen werden wir in 4.15 präzisieren und anschließend im Morse-Lemma 4.16 beweisen.

Extremwertbestimmung. Beim Aufsuchen der Extremwerte einer in G differenzierbaren Funktion f wird man so vorgehen, wie es in I.10.3 im Anschluß an das Fermat-Kriterium beschrieben ist. Unter Berufung auf das n-dimensionale Fermat-Kriterium 4.10 bestimmt man zunächst die stationären Punkte von f; sie sind „extremwertverdächtig". Bei der Untersuchung, ob tatsächlich ein Extremwert vorliegt, hilft Satz 4.11. Er zeigt, daß die Verhältnisse komplizierter sind als im eindimensionalen Fall. Ist $n = 1$ und $f'(\xi) = 0$ sowie $f''(\xi) \neq 0$, so liegt nach I.11.15 ein Minimum bzw. Maximum vor, während für $f''(\xi) = 0$ keine Entscheidung möglich ist. Für $n > 1$ hat man (entsprechend zu $f''(\xi) = 0$) zwei semidefinite Fälle, bei denen der Satz keine Auskunft gibt, zusätzlich jedoch den indefiniten Fall, in dem eine Aussage, nämlich „kein Extremum", möglich ist. Für $n = 1$ gibt es eben keine indefiniten quadratischen Formen.

Natürlich muß man, ebenso wie im eindimensionalen Fall, auch die Randpunkte von G untersuchen, falls f in diesen Punkten definiert ist. Ist G beschränkt und f in $\overline{G}$ stetig, so besitzt f nach Satz 2.9 ein Maximum und ein Minimum. Wenn also f in G keinen stationären Punkt hat, so befinden sich die Extremalstellen auf dem Rand. Wir erinnern auch an das in 2.10 geschilderte sukzessive Verfahren, bei welchem im Fall $n = 2$ zuerst die Extremalstellen von $f(x, y)$ bezüglich y, etwa $y = h(x)$, und im zweiten Schritt die Extremalstellen von $f(x, h(x))$ gesucht werden. Dieses Verfahren ist im Arbeitsaufwand durchaus konkurrenzfähig, besonders dann, wenn Extremwerte am Rand angenommen werden.

Beispiele. 1. Wir bestimmen die Extrema der Funktion

$$f(x, y) = e^{xy} + x^2 + \lambda y^2 \quad \text{mit} \quad \lambda > 0 \,,$$

vgl. Beispiel 1 von 4.5 für $\lambda = 2$. Es ist $f(x, y) = f(-x, -y)$,

$$f_x = ye^{xy} + 2x \,, \quad f_y = xe^{xy} + 2\lambda y \,,$$

$$f_{xx} = 2 + y^2 e^{xy} \,, \quad f_{yy} = 2\lambda + x^2 e^{xy} \,, \quad f_{xy} = (1 + xy)e^{xy} \,.$$

Offenbar ist der Nullpunkt ein stationärer Punkt, und die Diskriminante hat dort den Wert $D = 4\lambda - 1$. Für $\lambda > 1/4$ liegt also ein Minimum und für $0 < \lambda < 1/4$ ein Sattelpunkt vor. Im Grenzfall $\lambda = 1/4$ gibt der Satz keine Auskunft. Jedoch zeigt die Abschätzung

$$f(x, y) = 1 + (x + \frac{1}{2}y)^2 + (e^{xy} - 1 - xy) > 1 + (x + \frac{1}{2}y)^2 \quad \text{für} \quad xy \neq 0$$

(wegen $e^s - 1 - s > 0$ für $s \neq 0$) und eine Betrachtung der Fälle $x = 0$ und $y = 0$, daß $f(x, y) > 1 = f(0, 0)$ für alle $(x, y) \neq (0, 0)$ ist. Da bei Vergrößerung von λ auch f zunimmt, gilt diese Abschätzung für alle $\lambda \geq 1/4$, d.h. f hat im Nullpunkt ein globales Minimum.

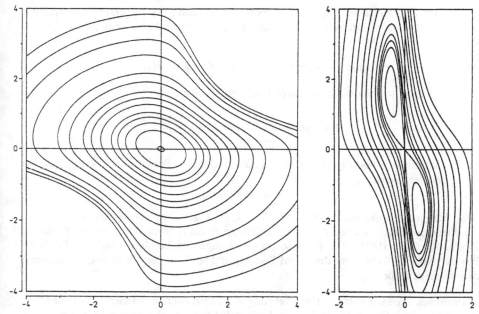

Niveaulinien $e^{xy} + x^2 + \lambda y^2 = C$ für $\lambda = 2$ (links; $C = 1,01; 1,5; 2; 2,5; 3; 4; \ldots ; 30$; Minimum) und für $\lambda = 1/16$ (rechts; $C = 0,9; 1; 1,05; 1,1; 1,2; \ldots, ; 4$; Sattelpunkt);

Bei der Suche nach weiteren stationären Punkten stellt man zunächst fest, daß aus $f_x = f_y = 0$ folgt $xye^{xy} = -2x^2 = -2\lambda y^2$, also $x = -\mu y$ mit $\mu = \sqrt{\lambda}$ (das positive Vorzeichen scheidet offenbar aus). Als Bedingung für $f_x = 0$ ergibt sich

$$e^{-\mu y^2} = 2\mu .$$

Diese Gleichung hat nur dann Lösungen $y \neq 0$, wenn $\mu < 1/2$ ist. Die positive Lösung $\eta = \sqrt{-(\log 2\mu)/\mu}$ führt, zusammen mit dem zugehörigen Wert $\xi = -\mu\eta$, auf zwei im zweiten und vierten Quadranten gelegene Punkte $\pm(\xi, \eta)$. Weitere stationäre Punkte sind nicht vorhanden. Da f in der abgeschlossenen Kugel $\bar{B}_r$ ein Minimum besitzt, andererseits für große Werte von r auf dem Rand von B_r sicher > 1 ist, muß es sich um Minimalstellen handeln (f ist symmetrisch zum Nullpunkt). Auf dasselbe Ergebnis führt die Berechnung der Diskriminante. Setzt man in die zweiten Ableitungen den Wert $e^{\xi\eta} = 2\mu$ ein, so erhält man $D = 16\lambda\mu\eta^2 > 0$.

Fassen wir zusammen: Für $\lambda \geq 1/4$ wird das globale Minimum im Nullpunkt, für $0 < \lambda < 1/4$ in den beiden Punkten $\pm(-\sqrt{\lambda}\eta, \eta)$ mit $\eta^2 = -(\log 2\sqrt{\lambda})/\sqrt{\lambda}$ angenommen, während der Nullpunkt ein Sattelpunkt ist. Das Minimum hat den Wert 1 bzw. $2\sqrt{\lambda}(1 - \log 2\sqrt{\lambda})$. Es gibt keine weiteren lokalen Extrema.

Das hier beobachtete Verhalten tritt bei vielen nichtlinearen Problemen auf, die von einem Parameter λ abhängen. Eine gewisse, von λ abhängende Größe (hier die Minimalstelle) ist zunächst (hier für $\lambda > 1/4$) eindeutig bestimmt, spaltet sich aber, wenn man einen Grenzpunkt λ_0 (hier 1/4) überschreitet, in zwei oder mehrere Lösungen auf. Das Phänomen wird *Bifurkation* oder *Verzweigung* (engl. bifurcation), der Punkt λ_0 *Verzweigungs-* oder *Bifurkationspunkt* genannt. Eine Einführung in diesen Problemkreis bei gewöhnlichen Differentialgleichungen wird in dem Buch *Elementary Stability and Bifurcation Theory* von G. Iooss und D.D. Joseph (Springer Verlag 1980) gegeben.

2. *Stationäre Punkte eines Quotienten.* Es sei $x \in \mathbb{R}^n$ und $F(x) = f(x)/g(x)$ mit $g(x) \neq 0$ (alle Funktionen sind reellwertig). Offenbar ist $F_{x_i} = 0$ genau dann, wenn $gf_{x_i} = fg_{x_i}$ ist, also

(∗) $$\operatorname{grad} F = 0 \iff \operatorname{grad} f(x) = F(x) \operatorname{grad} g(x) \ .$$

Als Beispiel wenden wir diese Formel auf den sogenannten

$$\text{Rayleigh-Quotient} \quad R(x) = \frac{x^\top A x}{|x|^2}$$

einer quadratischen Form $Q(x) = x^\top A x$ an. Die stationären Punkte von R sind genau die Lösungen der Gleichung

$$Ax = \lambda x \text{ mit } x \neq 0$$

(man beachte, daß hieraus $\lambda = R(x)$ folgt!), also die Eigenwerte der Matrix A.

Der Quotient ist benannt nach dem englischen Physiker JOHN WILLIAM STRUTT, dritter BARON RAYLEIGH (1842–1918, Professor in Cambridge und London, 1904 Nobelpreis für Physik, 1905–1908 Präsident der Royal Society) und spielt in der Theorie der Eigenwerte eine wichtige Rolle.

Historisches. Die systematische Untersuchung von Extremwerten bei mehreren Veränderlichen beginnt mit EULER. Im dritten Band seiner *Differentialrechnung* von 1755 leitet er für Funktionen $U(x, y)$ zunächst in § 288 aus $dU = P\,dx + Q\,dy = 0$ das notwendige Kriterium (∗) $P = Q = 0$ (also grad $U = 0$) ab. Wir haben es hier in 4.10 nach Fermat benannt, weil die Herleitung aus dem eindimensionalen Fermat-Kriterium trivial ist. In § 290 untersucht er dann hinreichende Bedingungen für ein Extremum und schreibt am Schluß: „Hieraus erhellt, daß kein Größtes oder Kleinstes stattfindet, wenn $\dfrac{dP}{dx}$ und $\dfrac{dQ}{dy}$ durch die für x und y [aus (∗)] gefundenen Werte entgegengesetztes Vorzeichen bekommen, daß aber ein Kleinstes erzeugt wird, wenn beide Formeln $\dfrac{dP}{dx}$ und $\dfrac{dQ}{dy}$ positiv, und ein Größtes, wenn beide negativ sind." Die erste Aussage ist richtig, die zweite dagegen falsch. Bald danach beschäftigt sich LAGRANGE ausführlicher mit Extremwerten. Er gibt 1759 (Œuvres Bd. 1, S. 5) die korrekte hinreichende Bedingung $U_{xx}U_{yy} > U_{xy}^2$ an, doch unterläuft ihm bei der Ausdehnung auf drei unabhängige Variable ein Fehler; vgl. Cantor IV, S. 774. Lagrange geht auch kurz auf den Fall ein, daß alle partiellen Ableitungen von der Ordnung $< m$ verschwinden; vgl. dazu Aufgabe 8.

4.12 Extrema mit Nebenbedingungen. Wir beschreiben die Fragestellung anhand einiger Beispiele.

Beispiele. 1. Gesucht sind die Extrema einer quadratischen Form $Q(x) = x^\top A x$ (vgl. 4.6) auf der Einheitskugel:

$$Q(x) = \text{ Extremum für } |x| = 1 \ .$$

Offenbar ist die Aufgabe äquivalent damit, die Extrema des Rayleigh-Quotienten $Q(x)/|x|^2$ (ohne Nebenbedingung) zu bestimmen; vgl. das vorangehende Beispiel 2.

2. Gesucht ist das Minimum von $f(x) = x_1 + x_2 + \ldots + x_n$ für $x_1 x_2 \cdots x_n = 1$, $x_i \geq 0$.

Diese Aufgabe hängt mit der Ungleichung zwischen dem geometrischen und arithmetischen Mittel aus I.3.7 zusammen: $G(x_1, \ldots, x_n) \leq A(x_1, \ldots, x_n)$, wobei das Gleichheitszeichen nur eintritt, wenn alle x_i gleich sind. Für $x_1 \cdot x_2 \cdots x_n = 1$ folgt also $n \leq x_1 + \ldots + x_n$ und

$$n = x_1 + \ldots + x_n \Longleftrightarrow x_i = 1 \qquad \text{für} \quad i = 1, \ldots, n.$$

D.h. an der Stelle $(1, 1, \ldots, 1)$ liegt das Minimum, und es hat den Wert n.

3. Gesucht ist das Maximum der Funktion $F(x) = \sin x_1 + \sin x_2 + \ldots + \sin x_n$ unter der Nebenbedingung $0 \le x_i \le \pi$, $x_1 + \ldots + x_n = 2\pi$ $(n > 2)$. Die Aufgabe hat den folgenden geometrischen Hintergrund. Ein dem Einheitskreis einbeschriebenes n-Eck ist durch n Punkte $P_1, \ldots, P_n$ auf der Kreislinie definiert. Der Flächeninhalt des k-ten Dreiecks $\Delta_k = P_k O P_{k+1}$ ist gleich $\frac{1}{2} \sin x_k$, wobei x_k der Zentriwinkel dieses Dreiecks ist, vgl. Abbildung. Die Funktion F gibt also die doppelte Fläche des n-Ecks an. Es handelt sich demnach um die Aufgabe, das größte einem Kreis einbeschriebene n-Eck zu finden.

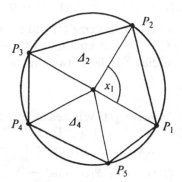

Ein dem Einheitskreis einbeschriebenes n-Eck $(n = 5)$

Wir formulieren das allgemeine Problem zunächst für den Fall $n = 2$. Es seien $f, g : G \subset \mathbb{R}^2 \to \mathbb{R}$ gegebene Funktionen. Man sagt, an der Stelle $(\xi, \eta) \in G$ liegt ein *Extremum von* $f(x, y)$ *unter der Nebenbedingung* $g(x, y) = 0$ vor, und zwar ein Maximum bzw. Minimum, wenn

$$f(\xi, \eta) \ge f(G \cap N) \quad \text{bzw.} \quad f(\xi, \eta) \le f(G \cap N)$$

ist, wobei N die Menge aller Nullstellen von g in G bezeichnet. Von einem *lokalen Extremum mit Nebenbedingung* spricht man, wenn es eine Umgebung U von (ξ, η) gibt, so daß eine dieser Ungleichungen in $U \cap G \cap N$ besteht.

Stellt man sich vor, daß die Gleichung $g = 0$ eine ebene Kurve darstellt, so handelt es sich also um ein Extremum von f, aufgefaßt als eine Funktion auf dieser Kurve. Nehmen wir etwa an, es sei $f, g \in C^1(U)$ und $g(\xi, \eta) = 0$, $g_y(\xi, \eta) \ne 0$. Dann läßt sich $g = 0$ in einer Umgebung des Punktes (ξ, η) eindeutig auflösen in der Form $y = h(x)$. Es handelt sich dann um ein „normales" Extremum der Funktion $f(x, h(x)) =: k(x)$. Nun ist

$$k'(x) = f_x + f_y h' \quad \text{und} \quad h'(x) = -\frac{g_x}{g_y} \quad (\text{Argument } (x, h(x))).$$

Ein stationärer Punkt von $k(x)$ liegt also vor, wenn

(*) $$f_x - f_y \frac{g_x}{g_y} = 0 \text{ und } g = 0$$

ist. LAGRANGE (*Théorie des fonctions analytiques*, 1797) hat entdeckt, daß man diese beiden Gleichungen auch folgendermaßen erhalten kann: Man führt eine neue Variable λ und eine neue Funktion

$$H(x, y, \lambda) = f(x, y) + \lambda g(x, y)$$

ein und sucht deren stationäre Punkte (als Funktion der drei Veränderlichen x, y, λ):

(L)
$$\begin{cases} H_x = f_x(x, y) + \lambda g_x(x, y) = 0 \\ H_y = f_y(x, y) + \lambda g_y(x, y) = 0 \\ H_\lambda = \qquad\qquad g(x, y) = 0 \end{cases}$$

In der Tat sind die beiden Gleichungssysteme (*) und (L) äquivalent, wenn $g_y \neq 0$ ist. Wenn also an der Stelle (ξ, η) ein Extremum von f unter der Nebenbedingung $g = 0$ vorliegt, so müssen an dieser Stelle notwendigerweise die Gleichungen (L) gelten.

4.13 Lagrangesche Multiplikatorenregel. Wir behandeln den allgemeinen Fall. Es sei $x \in \mathbb{R}^n$, $y \in \mathbb{R}^m$, $f : U \subset \mathbb{R}^{n+m} \to \mathbb{R}$, $g : U \subset \mathbb{R}^{n+m} \to \mathbb{R}^m$, und es sind die Extrema von $f(x, y) = f(x_1, \ldots, x_n; y_1, \ldots, y_m)$ unter den m Nebenbedingungen

$$g_1(x_1, \ldots, x_n; y_1, \ldots, y_m) = 0$$
$$\vdots$$
$$g_m(x_1, \ldots, x_n; y_1, \ldots, y_m) = 0$$

gesucht; ein derartiges Extremum ist genau wie in 4.12 definiert. Wir haben die Variablen in zwei Klassen (x, y) geteilt, weil wir nach y auflösen wollen, d.h. $\det \partial g/\partial y \neq 0$ annehmen.

Satz. *Es sei U eine offene Umgebung von (ξ, η), $f \in C^1(U, \mathbb{R})$, $g \in C^1(U, \mathbb{R}^m)$, und es sei $\partial g(\xi, \eta)/\partial y$ eine invertierbare Matrix. Hat die Funktion $f(x, y)$ unter der Nebenbedingung $g(x, y) = 0$ an der Stelle (ξ, η) ein lokales Extremum, so gibt es ein $\lambda_0 = (\lambda_1^0, \ldots, \lambda_m^0)$ derart, daß die Funktion*

$$H(x, y, \lambda) = f(x, y) + \lambda \cdot g(x, y) = f(x, y) + \sum_{j=1}^{m} \lambda_j g_j(x, y)$$

an der Stelle (ξ, η, λ_0) einen stationären Punkt besitzt.

Man nennt $\lambda_1, \ldots, \lambda_m$ die *Lagrangeschen Multiplikatoren*. An der Stelle (ξ, η, λ_0) bestehen also die Gleichungen $\mathrm{grad}_x H = 0$, $\mathrm{grad}_y H = 0$, $\mathrm{grad}_\lambda H = 0$, ausführlich

$$H_{x_i} = f_{x_i} + \sum_{j=1}^{m} \lambda_j g_{j,x_i} = 0 \quad (i = 1, \ldots, n),$$

$$H_{y_k} = f_{y_k} + \sum_{j=1}^{m} \lambda_j g_{j,y_k} = 0 \quad (k = 1, \ldots, m),$$

$$H_{\lambda_k} = \qquad\qquad g_k = 0 \quad (k = 1, \ldots, m).$$

Diese Gleichungen stellen somit eine notwendige Bedingung für das Auftreten eines lokalen Extremums von f unter der Nebenbedingung $g = 0$ dar, falls an der betreffenden Stelle die Matrix $\partial g/\partial y$ invertierbar ist.

Beweis. Nach Satz 4.5 hat $g = 0$ in einer Umgebung von (ξ, η) eine eindeutige Auflösung $y = h(x) = (h_1(x), \dots, h_m(x))$. Also hat $k(x) := f(x, h(x))$ an der Stelle ξ ein Extremum (ohne Nebenbedingung), und es ist

$$k_{x_i} = f_{x_i} + \sum_{j=1}^{m} f_{y_j} h_{j,x_i} = 0 \quad (i = 1, \dots, n)$$

oder

$$\frac{\partial k}{\partial x} = \frac{\partial f}{\partial x} + \frac{\partial f}{\partial y} \cdot \frac{\partial h}{\partial x} = 0 \,.$$

Ferner ist nach 4.5

$$\frac{\partial h}{\partial x} = -\left(\frac{\partial g}{\partial y}\right)^{-1} \frac{\partial g}{\partial x} \,,$$

also

$$\frac{\partial f}{\partial x} - \frac{\partial f}{\partial y} \left(\frac{\partial g}{\partial y}\right)^{-1} \frac{\partial g}{\partial x} = 0 \,.$$

Setzt man

$$\lambda_0 = (\lambda_1^0, \dots, \lambda_m^0) = -\frac{\partial f}{\partial y} \left(\frac{\partial g}{\partial y}\right)^{-1} \quad \text{(an der Stelle } (\xi, \eta)) \,,$$

so ist also an der Stelle (ξ, η, λ_0)

$$\frac{\partial f}{\partial x} + \lambda \frac{\partial g}{\partial x} = 0 \quad \text{und} \quad \frac{\partial f}{\partial y} + \lambda \frac{\partial g}{\partial y} = 0 \,,$$

d.h. es gelten gerade die obigen Gleichungen $H_{x_i} = H_{y_k} = 0$. $\qquad \square$

Einer der Vorzüge der Lagrangeschen Multiplikatorenregel besteht darin, daß in ihrer Formulierung die Variablen y_j, nach denen aufgelöst wird, nicht ausgezeichnet sind. Auch in praktischen Fällen hat man ja von der Aufgabenstellung her keine Auszeichnung von Variablen; vgl. die Beispiele 1. bis 3. in 4.12. In der folgenden Formulierung der Regel von Lagrange wird diesem Sachverhalt Rechnung getragen.

4.14 Corollar (Lagrangesche Multiplikatorenregel). *Es sei* $f(x) = f(x_1, \dots, x_n)$ *eine in* $U = U(\xi)$ *stetig differenzierbare reellwertige Funktion und* $g(x) = (g_1(x), \dots, g_m(x))$ *ebenfalls aus* $C^1(U)$*, wobei* $m < n$ *ist. Hat die Funktion* f *an der Stelle* ξ *unter der Nebenbedingung* $g = 0$ *ein lokales Extremum und hat die Funktionalmatrix* $\partial g/\partial x$ *an dieser Stelle den Rang* m*, so gibt es ein* $\lambda_0 = (\lambda_1^0, \dots, \lambda_m^0)$ *derart, daß für die Funktion*

$$H(x, \lambda) = f(x) + \lambda \cdot g(x) = f(x) + \sum_{j=1}^{m} \lambda_j g_j(x)$$

(ξ, λ_0) *ein stationärer Punkt ist. Es gelten also an dieser Stelle die Gleichungen*

$$H_{x_i} = f_{x_i} + \sum_{j=1}^{m} \lambda_j g_{j,x_i} = 0 \iff \frac{\partial f}{\partial x} + \lambda \cdot \frac{\partial g}{\partial x} = 0 \,,$$

$$H_{\lambda_j} = \qquad\qquad g_j = 0 \iff \qquad\qquad g = 0 \,.$$

Die Zurückführung auf 4.13 ist einfach. Nach Voraussetzung gibt es m Indizes $i_1, \ldots, i_m$ derart, daß die Matrix $\partial g / \partial(x_{i_1}, \ldots, x_{i_m})$ an der Stelle ξ invertierbar ist. Faßt man $(x_{i_1}, \ldots, x_{i_m})$ zu y, die restlichen Komponenten zu $\bar{x}$ zusammen, so ist $x = (\bar{x}, y)$, und es liegt der Fall 4.13 mit $\bar{x}$ anstelle von x vor.   □

Beispiele. Wir diskutieren die drei Beispiele aus 4.12.

1. Im Beispiel $x^\top A x = $ Extremum bei $g(x) := 1 - x^\top x = 0$ hat man

$$H(x, \lambda) = x^\top A x + \lambda(1 - x^\top x) \quad (\lambda \text{ reell})$$

und nach 4.8 (a)

$$\operatorname{grad}_x H = 2(Ax - \lambda x)^\top = 0 \iff Ax = \lambda x$$

(dieses Resultat kennen wir bereits aus Beispiel 2 von 4.11) sowie $H_\lambda = 0$, also $|x| = 1$. Ferner ist der Rang von $\partial g / \partial x = \operatorname{grad} g = -2x^\top$ überall auf $|x| = 1$ gleich 1. Daraus folgt: Hat $x^\top A x$ an der Stelle ξ ein Extremum unter der Nebenbedingung $|x| = 1$, so existiert ein $\lambda = \lambda_0$ mit $A\xi = \lambda_0 \xi$, d.h. ξ ist ein Eigenvektor und λ_0 der zugehörige Eigenwert. Da andererseits $x^\top A x$ auf der kompakten Menge $|x| = 1$ sicher mindestens ein Extremum besitzt, folgt, daß mindestens ein (reeller!) Eigenwert existiert. In der Linearen Algebra wird gezeigt, daß eine symmetrische Matrix A n reelle Eigenwerte mit paarweise orthogonalen Eigenvektoren besitzt; vgl. [LA, S. 193].

2. Im Beispiel $f(x) = x_1 + x_2 + \ldots + x_n = $ Minimum auf der Menge $N = \{x \in \mathbb{R}^n : x_1 \cdots x_n - 1 = 0, \ x_i > 0\}$ ist

$$H(x, \lambda) = x_1 + \ldots + x_n + \lambda(x_1 \cdots x_n - 1) \,,$$

$$H_{x_i} = 1 + \lambda x_1 \cdots x_{i-1} x_{i+1} \cdots x_n = 1 + \frac{\lambda}{x_i} = 0 \implies x_i = -\frac{1}{\lambda} \,.$$

Da alle x_i gleich sind, folgt $x_1 = \cdots = x_n = 1$, d.h. das frühere Resultat.

Um zu zeigen, daß tatsächlich ein Minimum vorliegt, betrachten wir das offene Intervall $G = (0, n)^n$. Für eine Minimumstelle x ist offenbar $x_i > 0$ sowie $x_i < n$ wegen $f(1, \ldots, 1) = n$, d.h. $x \in G$. Auf der kompakten Menge $\bar{G} \cap N$ (N ist nach 2.1 (e) abgeschlossen) besitzt f ein Minimum. Da die Minimumstellen in G liegen, greift das Lagrange-Kriterium: $(1, \ldots, 1)$ ist die einzige solche Stelle.

Aufgabe: Aus diesem Ergebnis leite man die AGM-Ungleichung von I.3.7 ab.

3. Beim Problem des n-Ecks von größter Fläche, welches man dem Einheitskreis einbeschreiben kann, ist

$$H(x, \lambda) = \sin x_1 + \ldots + \sin x_n + \lambda(x_1 + \ldots + x_n - 2\pi) \,,$$

$$H_{x_k} = \cos x_k + \lambda = 0 \,,$$

also $\cos x_1 = \cdots = \cos x_n$. Daraus folgt, $x_1 = x_2 = \cdots = \frac{2\pi}{n}$. Das regelmäßige n-Eck besitzt also die größte Fläche, sie beträgt $F_n = \frac{n}{2} \sin \frac{2\pi}{n}$ oder, wenn wir $\phi(t) = (\sin t)/t$ einführen, $F_n = \pi \phi(2\pi/n)$. Da ϕ in $(0, \pi)$ monoton fallend ist (man betrachte die Nullstellen von ϕ'), folgt $F_3 < F_4 < F_5 < \ldots$ Daß es sich tatsächlich um das Maximum handelt, beweist man am besten durch Induktion. Erstens nimmt f wegen der Kompaktheit des Bereiches $[0, \pi]^n \cap \{x : \sum x_i = 2\pi\}$ sein Maximum und sein Minimum an. Liegt x auf dem Rand von $[0, \pi]^n$ und ist etwa $x_1 = 0$, so handelt es sich um ein p-Eck mit $p \leq n-1$, und aus $F_p < F_n$ folgt, daß es sich um kein Maximum handeln kann. Auch aus $x_1 = \pi$ läßt sich ein Widerspruch ableiten, da das n-Eck dann in einem Halbkreis liegt und eine Fläche $< \frac{1}{2}\pi$ hat.

Bemerkung. Extrema mit Nebenbedingungen lassen sich für $n \leq 3$ auf naheliegende Weise geometrisch deuten. Ist $n = 2$, so stellt die Nebenbedingung $g(x, y) = 0$, wenn grad $g \neq 0$ ist, eine ebene Kurve dar. Die Aufgabenstellung bedeutet also, daß das Maximum und das Minimum von f auf dieser Kurve zu finden ist. Entsprechend handelt es sich für $n = 3$, wenn eine Bedingung $g = 0$ bzw. zwei Bedingungen $g_1 = g_2 = 0$ vorgeschrieben sind, um eine Fläche bzw. eine Kurve im $\mathbb{R}^3$. Man vergleiche dazu die Bemerkungen in 4.5.

Ist z.B. das Maximum des Produkts xyz unter der Nebenbedingung $x + y + z = 1$ im Oktanten $x, y, z \geq 0$ gesucht, so variiert der Punkt (x, y, z) auf dem Dreieck mit den Ecken $(1, 0, 0)$, $(0, 1, 0)$, $(0, 0, 1)$. In diesem Fall ist $H(x, y, z, \lambda) = xyz + \lambda(1 - x - y - z)$, und aus grad $H = 0$ erhält man $xz = yz = xy = \lambda$, also $x = y = z = 1/3$. Da das Produkt auf dem Rand des Dreiecks verschwindet und da das Dreieck kompakt ist, muß es sich um das Maximum handeln. Man formuliere und löse die entsprechende Aufgabe für n Veränderliche und zeige, daß das Resultat zur AGM-Ungleichung äquivalent ist; vgl. dazu Beispiel 2.

4.15 Lokale Klassifikation von glatten Funktionen. Zuerst müssen einige Hilfsmittel bereitgestellt werden.

Die beiden ersten Aussagen betreffen die Jacobimatrix h' einer Funktion $h : G \subset \mathbb{R}^n \to \mathbb{R}^m$.

(a) Ist B eine $p \times m$-Matrix, so gilt $(Bh)' = Bh'$.

(b) Für eine $n \times n$-Matrix A ist $[h(Ax)]' = h'(Ax)A$.

Für die Hessesche Matrix f'' einer reellwertigen Funktion $f : G \subset \mathbb{R}^n \to \mathbb{R}$ gilt

(c) $f'' = h'$ mit $h^T = f' = \operatorname{grad} f$,

(d) $[f(Ax)]'' = A^T f''(Ax) A$.

Dabei ist natürlich vorausgesetzt, daß $h \in C^1$ und $f \in C^2$ ist. Der Nachweis ist einfach. Bei (d) benutzt man (a) bis (c).

(e) *Symmetrische Matrizen.* Eine reelle symmetrische $n \times n$-Matrix S besitzt n reelle Eigenwerte λ_i und zugehörige normierte, paarweise orthogonale Eigenvektoren $b_i \in \mathbb{R}^n$. Es gebe p positive und q negative Eigenwerte, und wir numerieren sie so, daß $\lambda_1, \ldots, \lambda_p$ positiv, $\lambda_{p+1}, \ldots, \lambda_{p+q}$ negativ und die restlichen λ_i gleich Null sind. Die aus den Eigenvektoren gebildete Matrix $B = (b_1, \ldots, b_n)$ ist orthogonal, und es ist $SB = (\lambda_1 b_1, \ldots, \lambda_n b_n) = B \operatorname{diag}(\lambda_1, \ldots, \lambda_n)$ oder $B^T S B = \operatorname{diag}(\lambda_1, \ldots, \lambda_n)$. Setzt man nun

$$L = \operatorname{diag}\left\{ \frac{1}{\sqrt{|\lambda_1|}}, \ldots, \frac{1}{\sqrt{|\lambda_{p+q}|}}, 1, \ldots, 1 \right\},$$

so ergibt das Produkt $L^T B^T S B L = D$ eine Diagonalmatrix, bei welcher zuerst p-mal die Zahl 1, dann q-mal die Zahl -1 und schließlich r-mal die Zahl 0 auftritt; dabei ist $p + q + r = n$. Es existiert also eine invertierbare Matrix A (= BL) derart, daß

$$D = A^\mathsf{T} S A = \operatorname{diag} (\underbrace{1, \ldots, 1}_{p}, \underbrace{-1, \ldots, -1}_{q}, \underbrace{0, \ldots, 0}_{r})$$

ist. Für die von S erzeugte quadratische Form $Q(x) = x^\mathsf{T} S x$ gilt offenbar

$$Q(Ax) = x^\mathsf{T} D x = x_1^2 + \ldots + x_p^2 - x_{p+1}^2 - \ldots - x_{p+q}^2.$$

Der 1852 von dem britischen Mathematiker JAMES JOSEPH SYLVESTER (1814–1897) gefundene *Trägheitssatz für symmetrische Matrizen* besagt nun folgendes: Ist A_1 irgendeine andere invertierbare Matrix von der Art, daß $D_1 = A_1^\mathsf{T} S A_1$ eine Diagonalmatrix ist, bei welcher die Diagonale nur die Zahlen 1, 0 und -1 auftreten, so kommt unter den Diagonalelementen genau p-mal die Zahl 1 und q-mal die Zahl -1 vor. Die Zahlen p und q sind in diesem Sinne charakteristisch für die Matrix S. Man nennt p den *Index* und $p - q$ die *Signatur* von S (die Bezeichnung ist nicht einheitlich). Übrigens ist Rang $S = p + q$. Die benutzten Sätze aus der linearen Algebra findet man z.B. in [LA, 3.5 und 6.2].

Bei den folgenden beiden Aussagen ist $f : B_r \subset \mathbb{R}^n \to \mathbb{R}$ aus der Klasse C^2.

(f) Es gibt eine invertierbare Matrix A mit $[f(Ax)]''|_{x=0} = D = \operatorname{diag} (1, \ldots, 1, -1, \ldots, -1, 0, \ldots, 0)$; vgl. (e).

(g) Ist der Nullpunkt eine kritische Stelle von f und $f(0) = 0$, so ist

$$f(x) = \int_0^1 x^\mathsf{T} (1 - s) f''(sx) x \, ds$$

$$= \sum_{i,j=1}^n f_{ij}(x) x_i x_j \text{ mit } f_{ij}(x) = \int_0^1 (1 - s) f_{x_i x_j}(sx) \, ds \, .$$

Die Funktionen f_{ij} sind in B_r stetig, und es ist $f_{ij}(x) = f_{ji}(x)$ sowie $f_{ij}(0) = \frac{1}{2} f_{x_i x_j}(0)$. Für $f \in C^k(B_r)$ ist $f_{ij} \in C^{k-2}(B_r)$ $(k \geq 2)$.

Hier folgt (f) aus (d) und (e), und (g) ist nichts anderes als der Taylorsche Satz in der Form von 3.17 mit $\xi = 0$ und $h = x$. Die Stetigkeit der f_{ij} ist leicht zu zeigen. Die Aussage über die Differenzierbarkeit der f_{ij} ergibt sich aus dem allgemeinen Satz 7.14.   □

Qualitative Äquivalenz von Funktionen. Unser Ziel ist es, das lokale Verhalten von Funktionen genauer zu untersuchen. Um bei der Vielfalt der Möglichkeiten eine Übersicht zu gewinnen, muß man klären, wann zwei Funktionen als gleichartig angesehen werden sollen. Zunächst kann man das Verhalten von f in der Nähe der Stelle a durch das Verhalten von $g(x) := f(a + x)$ in der Nähe des Nullpunktes beschreiben, und ebenso wird es genügen, aus der Menge der Funktionen $f(x)+$ const. ein einziges Exemplar zu studieren. Wir beschränken uns deshalb auf reellwertige Funktionen f, die in einer Umgebung des Nullpunktes stetig differenzierbar sind und im Nullpunkt verschwinden; dafür schreiben wir $f \in Y$ bzw. $f \in Y^k$, wenn f aus der Klasse C^k ist $(Y^1 = Y)$.

Ist A eine orthogonale $n \times n$-Matrix, so wird man $f(x)$ und $f(Ax)$ als äquivalent ansehen. Hier handelt es sich lediglich um eine Drehung oder Spiegelung des Koordinatensystems. Läßt man hier beliebige invertierbare Matrizen A zu, so wird durch $x \mapsto Ax$ eine lineare Abbildung definiert, welche die Maßverhältnisse verzerrt und für $n = 2$ Kreise in Ellipsen überführt. In entsprechender Weise werden die Niveaulinien verändert. Jedoch werden qualitative Aussagen wie „f besitzt ein lokales Extremum im Nullpunkt" durch eine solche Transformation nicht berührt. Wir gehen noch einen Schritt weiter und lassen sogar nichtlineare Koordinatentransformationen zu.

Wir sagen, die Funktionen $f, g \in Y$ seien *bei 0 qualititativ äquivalent* (kurz *äquivalent*), wenn es offene Nullumgebungen U, V und einen Diffeomorphismus $\phi : U \to V = \phi(U)$ mit $\phi(0) = 0$ und $f = g \circ \phi$ gibt. Die Funktion ϕ beschreibt eine lokale Koordinatentransformation $y = \phi(x)$, und es ist $f(x) = g(y)$, genauer $f(x) = g(\phi(x))$ in U, $g(y) = f(\phi^{-1}(y))$ in V. Im folgenden bezeichnet D_0 die Menge der diffeomorphen Abbildungen zwischen Nullumgebungen, welche den Nullpunkt fest lassen. Bei der Äquivalenz $f \sim g$ handelt es sich offenbar um eine Äquivalenzrelation, da mit ϕ auch ϕ^{-1} und mit ϕ und ψ auch $\phi \circ \psi$ aus D_0 ist.

Damit können wir unser bisher nur vage formuliertes Ziel genauer beschreiben. Die Äquivalenzrelation $\sim$ führt zu einer Klasseneinteilung in der Menge Y. Wir wollen wenigstens einige dieser Klassen beschreiben, d.h. (a) einen möglichst einfachen Vertreter auswählen und (b) die zugehörige Klasse mit Hilfe von partiellen Ableitungen im Nullpunkt charakterisieren. Beginnen wir mit dem Fall, daß der Nullpunkt nicht singulär ist.

Satz. *Ist $f \in Y$ und grad $f(0) \neq 0$, so ist f äquivalent zur Funktion $g(x) = x_1$.*

Beim *Beweis* können wir annehmen, daß $f_{x_1}(0)$ nicht verschwindet. Die Funktion $\phi(x) = (f(x), x_2, \ldots, x_n)$ gehört dann zu D_0, da det $\phi'(0) = f_{x_1}(0) \neq 0$ ist, vgl. Satz 4.6. Es ist also $f(x) = g(\phi(x))$. □

Interessanter wird es, wenn der Nullpunkt eine kritische Stelle ist. Hier gibt es eine einfache Klassifikation für den Fall, daß die Hessematrix invertierbar ist:

4.16 Lemma von Marston Morse. *Es sei $f \in Y^3$, grad $f(0) = 0$ und $f''(0)$ invertierbar. Dann ist f äquivalent zu*

$$g(x) = x_1^2 + \ldots + x_p^2 - x_{p+1}^2 - \ldots - x_n^2 \, ,$$

wobei p der Index der Matrix $f''(0)$ ist.

Gelegentlich wird die Funktion g als *Morsescher p-Sattel* bezeichnet.

Beweis. Zunächst bestimmen wir die Matrix A so, daß für $g(x) = f(Ax)$ die Beziehung $\frac{1}{2}g''(0) = \frac{1}{2}A^\top f''(0)A = D = \text{diag}(1, \ldots, 1, -1, \ldots, -1)$ mit p Elementen 1 gilt; das ist nach 4.15 (e) und (f) möglich (man beachte, daß die Matrix $S = f''(0)$ den Rang n hat, also in der Darstellung 4.15 (e) $r = 0$ ist). Wir schreiben wieder f statt g und nehmen $\frac{1}{2}f''(0) = D$ an. Nach (g) ist $f(x) = \sum f_{ij}(x)x_i x_j$ mit $(f_{ij}(0)) = D$. Wegen $f_{11}(0) = \pm 1$ ist $f_{11} \neq 0$ in einer Nullumgebung U. Die Transformation $y = \phi(x)$ sei in U gegeben durch

$$y_1 = \sqrt{|f_{11}(x)|} \left(x_1 + \sum_{i=2}^{n} \frac{x_i f_{1i}(x)}{f_{11}(x)} \right) \, , \quad y_2 = x_2, \ldots, y_n = x_n \, .$$

Man rechnet leicht nach, daß $\dfrac{\partial y_1}{\partial x_1}(0) = \sqrt{|f_{11}(0)|} = 1$, also $\det \phi'(0) = 1$ ist. Also ist $\phi \in D_0$. Mit $\epsilon_1 = \operatorname{sgn} f_{11}(0)\ (= \pm 1)$ ist

$$\epsilon_1 y_1^2 = f_{11} x_1^2 + 2 \sum_{i=2}^{n} x_1 x_i f_{1i} + \sum_{i,j=2}^{n} x_i x_j \frac{f_{1i} f_{1j}}{f_{11}} \,.$$

Wegen $f = \sum x_i x_j f_{ij}$ folgt

$$f(x) = \epsilon_1 y_1^2 + \sum_{i,j=2}^{n} x_i x_j \left[f_{ij} - \frac{f_{1i} f_{1j}}{f_{11}} \right]$$

und, wenn man $x = \phi^{-1}(y)$ einsetzt (es ist $x_i = y_i$ für $i > 1$),

$$g(y) := f(\phi^{-1}(y)) = \epsilon_1 y_1^2 + \sum_{i,j=2}^{n} g_{ij}(y) y_i y_j \,,$$

wobei g_{ij} gleich der eckigen Klammer gesetzt wurde. Wegen $f_{1i}(0) = 0$ für $i \geq 2$ ist hierbei $g_{ij}(0) = f_{ij}(0)$. Wenn man $g_{11} = \epsilon_1$, $g_{1i} = g_{i1} = 0$ für $i > 1$ setzt, erhält man wieder $(g_{ij}(0)) = D$ und $g(y) = \sum g_{ij}(y) y_i y_j$.

Im nächsten Schritt setzen wir

$$z_2 = \sqrt{|g_{22}|} \left(y_2 + \sum_{i=3}^{n} \frac{y_i g_{2i}}{g_{22}} \right) \,, \quad z_i = y_i \text{ für } i \neq 2 \,.$$

Ähnlich wie oben erkennt man, daß es sich bei dieser Transformation $z = \psi(y)$ um einen Diffeomorphismus handelt. Durch Einsetzen von $y = \psi^{-1}(z)$ erhält man mit $\epsilon_2 = f_{22}(0) = g_{22}(0)$

$$h(z) := g(\psi^{-1}(z)) = \epsilon_1 z_1^2 + \epsilon_2 z_2^2 + \sum_{i,j=3}^{n} h_{ij}(z) z_i z_j \quad \text{mit } h_{ij}(0) = g_{ij}(0) \,.$$

Setzt man $h_{ij} = 0$ für $i, j \leq 2$ und $i \neq j$, $h_{11} = \epsilon_1$, $h_{22} = \epsilon_2$, so gilt wieder $(h_{ij}(0)) = D$ sowie $h(z) = \sum h_{ij}(z) z_i z_j$. Nach n solchen Transformationen erreicht man für f die im Lemma auftretende Form.   □

Durch das Morse-Lemma werden alle Funktionen $f \in Y^3$ mit grad $f(0) = 0$ und Rang $f''(0) = n$ klassifiziert. Es gibt $n+1$ Klassen, und der Index der Matrix $f''(0)$ gibt die Klasse an.

Der Fall $n = 1$. Hier lautet die Voraussetzung $f'(0) = 0$, $f''(0) \neq 0$. Es gibt zwei Klassen, die durch die Funktionen x^2 und $-x^2$ repräsentiert werden, und das Vorzeichen von $f''(0)$ gibt die zugehörige Klasse an: $f(x) \sim x^2 \operatorname{sgn} f''(0)$.

Der Fall $n = 2$. Punkte aus $\mathbb{R}^2$ werden mit (x, y) bezeichnet. Vorausgesetzt ist $f_x(0) = f_y(0) = 0$, $D^* = f_{xx}(0) f_{yy}(0) - f_{xy}^2(0) \neq 0$. Die Klassifizierung $f \sim g$ ergibt sich aus dem Schema

$$p = 0: \quad D^* > 0, \quad f_{xx} < 0, \quad g = -x^2 - y^2 \quad \textit{Maximum}$$
$$p = 1: \quad D^* < 0, \qquad\qquad g = x^2 - y^2 \quad \textit{Sattelpunkt}$$
$$p = 2: \quad D^* > 0, \quad f_{yy} > 0, \quad g = x^2 + y^2 \quad \textit{Minimum} \ .$$

In Abschnitt 3.2 befinden sich Bilder der Funktionen $g = x^2 \pm y^2$.

Bemerkung. Der amerikanische Mathematiker MARSTON MORSE (1892–1977, Professor u.a. an der Harvard Universität und am Institute for Advanced Studies in Princeton) hat das obige Lemma 1925 in einer Arbeit *Relations between the critical points of a real function of n independent variables* (Transac. Amer. Math. Soc. 27, p. 354) bewiesen. In Fortführung dieser Gedanken entstand die „Morse Theory", welche die Untersuchung der kritischen Punkte einer Funktion auf einer Mannigfaltigkeit zum Gegenstand hat.

Einen kritischen Punkt a von f nennt man *nicht entartet*, wenn die Hessesche Matrix dort den maximalen Rang n besitzt. Dieser Fall wird durch das Morse-Lemma geklärt. Vielfältiger werden die Phänomene, wenn eine *entartete* kritische Stelle vorliegt, wenn also Rang $f''(a) < n$ ist. Die einfachsten Fälle wurden in den 60er Jahren von RENÉ THOM klassifiziert. Ab 1970 erkannte V.I. ARNOLD in der Vielfalt aller Möglichkeiten gewisse Strukturen, die ihm ermöglichten, die von Thom begonnene Klassifikation weit voranzutreiben. Diese Theorie ist beschrieben in den Büchern *Catastrophe Theory and its Applications* von T. Poston und I. Stewart (Pitman 1978) und *Singularities of Differentiable Maps, Vol. I* von V.I. Arnold, S.M. Gusein-Zade und A.N. Varchenko (Birkhäuser 1985).

Wir beschließen diese Bemerkungen mit einem

Beispiel. Der Affensattel (*monkey's saddle*). Für die Funktion $f(x, y) = y(3x^2 - y^2)$ ist $f'(0) = 0$ und $f''(0) = 0$. Der Nullpunkt ist also ein entarteter kritischer Punkt mit Rang $f''(0) = 0$. Die Fläche $z = y(3x^2 - y^2)$ im $\mathbb{R}^3$ wird Affensattel genannt, weil sie für einen reitenden Affen nicht nur für die Beine, sondern auch für den Schwanz Platz bietet. In Polarkoordinaten ist

$$r^3 \sin 3\phi = r^3(3 \sin \phi - 4 \sin^3 \phi) = 3y(x^2 + y^2) - 4y^3 = f(x, y) \ .$$

Anhand dieser Formel kann man sich die Fläche leicht vorstellen.

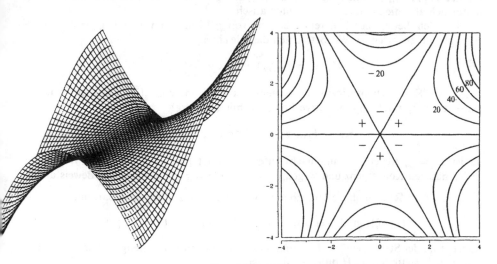

Der Affensattel

Aufgaben

1. *Implizit definierte Potenzreihen.* Es sei $f(x, y) = \sum\limits_{i,j=0}^{\infty} a_{ij} x^i y^j$ mit $a_{00} = f(0,0) = 0$, $a_{01} =$

$f_y(0,0) \neq 0$ absolut konvergent für $|x|, |y| \leq \alpha$. Man zeige, daß die gemäß Satz 4.4 durch die Gleichung $f(x, y) = 0$ implizit definierte Funktion $g(x)$ in eine Potenzreihe $g(x) = \sum c_i x^i$ mit positivem Konvergenzradius entwickelbar ist.

Anleitung: Man transformiere das Problem in die Form $y = F(x, y)$ mit $F(x, y) = \sum b_{ij} x^i y^j$, $b_{00} = b_{01} = 0$ und betrachte die Fixpunktgleichung $g(x) = F(x, g(x))$ in der Potenzreihenalgebra H_s von Aufgabe 1.11. Sind $r, s > 0$ so gewählt, daß $C = \sum |b_{ij}| s^i j r^{j-1} \leq \frac{1}{2}$ und $\sum |b_{i0}| s^i \leq \frac{1}{2} r$ ist, so ist, wenn $|| \cdot ||$ die Norm in H_s bezeichnet, $||F(x, u) - F(x, v)|| \leq C||u - v||$ für $u, v \in D = \overline{B}_r(0) \subset H_s$ sowie $F(x, u) \in D$ für $u \in D$. Beim Beweis benutze man die Normeigenschaft, wonach $||x^i(u^j - v^j)|| = ||x^i(u - v)(u^{j-1} + \ldots)|| \leq s^i ||u - v|| j r^{j-1}$ ist. Die Konstante C hängt mit F_y zusammmen.

2. *Approximative Iteration.* Ist X ein Banachraum, $D = \overline{B}_r(a)$ und $F : D \to X$ eine $\frac{1}{2}$-Kontraktion mit $|F(a) - a| \leq \frac{r}{2}$, so gilt $F(D) \subset D$, und für $x_n = F^n(a)$ ist $\lim x_n = \xi = F(\xi)$ (Zusatz zum Kontraktionsprinzip 4.1). Die Folge (z_n) sei durch

$$(*) \qquad z_{n+1} = F(z_n) + c_n \qquad \text{für} \quad n \in \mathbb{N} \quad \text{mit} \quad z_0 \in D \ (\ c_n \in X)$$

erklärt. Man zeige:

Ist $|c_n| \leq \frac{r}{4}$ und $|F(a) - a| \leq \frac{r}{4}$, so ist die Konstruktion $(*)$ durchführbar, d.h. sie führt nicht aus D hinaus. Gilt ferner $\lim c_n = 0$, so konvergiert $z_n \to \xi$.

Anleitung: Man leite für $\alpha_n = |z_n - \xi|$ eine Ungleichung $\alpha_{n+1} \leq \frac{1}{2}\alpha_n + \varepsilon_n$ mit $\varepsilon_n = |c_n|$ ab und zeige mit Hilfe der Regel I.4.16 (e), daß $\limsup \alpha_n = 0$ ist.

3. *Beweisvariante zum Satz über implizite Funktionen.* Es sei wie im Beweis zu Satz 4.5 $U = B_s(\xi)$, $V = B_r(\eta)$, $F \in C^1(\overline{U} \times \overline{V})$, $|F(x, y) - F(x, y')| \leq \frac{1}{2}|y - y'|$ und $|F(\xi, \eta) - \eta| \leq \frac{r}{4}$. Zur Lösung der Gleichung $g(x) = F(x, g(x))$ können wir das Kontraktionsprinzip im Banachraum $C(\overline{U}, \mathbb{R}^m)$ (Maximumnorm) anwenden. Für die Folge (g_n),

$$(*) \qquad g_{n+1}(x) = F(x, g_n(x)) \qquad \text{mit} \quad g_0(x) = \eta \, ,$$

ergibt sich $||g_n - \eta|| \leq r$ und $\lim g_n = g$ in $C(\overline{U})$, also $g = F(x, g)$. In dieser Beweisanordnung ergibt sich also die Stetigkeit von g automatisch.

Für den Beweis der Differenzierbarkeit von g bemerken wir, daß $g' = F_x(x, g) + F_y(x, g)g'$ zu erwarten ist. Wir betrachten die Gleichung

$$(**) \qquad z(x) = F_x(x, g) + F_y(x, g)z(x) \, .$$

Nach dem Kontraktionsprinzip hat sie genau eine Lösung $z \in C(\overline{U})$. Bestimmt man die Funktionen z_n durch approximative Iteration (mit g_n statt g)

$$z_{n+1} = F_x(x, g_n) + F_y(x, g_n)z_n \, , \qquad z_0 = 0 \, ,$$

so ist $z_n = g'_n$ wegen $(*)$, und nach Aufgabe 2 folgt $\lim z_n = z$ in $C(\overline{U})$. Wegen der gleichmäßigen Konvergenz und wegen $g'_n = z_n$ folgt $z = g'$. Man führe den Beweis durch.

4. Ist $U \subset \mathbb{R}^n$ eine offene Umgebung von ξ, $f : U \to \mathbb{R}$ differenzierbar und

$$(x - \xi) \cdot \operatorname{grad} f(x) > 0 \qquad \text{bzw.} \quad < 0 \quad \text{für} \quad x \in \dot{U} = U \setminus \{\xi\} \, ,$$

so hat f an der Stelle ξ ein lokales Minimum bzw. Maximum im strengen Sinn. Es genügt, daß f in U stetig und in $\dot{U}$ differenzierbar ist.

Vorbemerkung zu den beiden folgenden Aufgaben. Für eine Funktion $g : J \to B$, wobei $J \subset \mathbb{R}$ ein Intervall und B ein reeller oder komplexer Banachraum ist, ist die Differenzierbarkeit wie im reellen Fall erklärt: $g'(t) = \lim_{h \to 0}[g(t + h) - g(t)]/h$ (Normkonvergenz in B). Aus der Differenzierbarkeit folgt die Stetigkeit.

5. Man zeige, daß die Aussagen 4.2 (a)–(c) in jedem Hilbertraum gültig sind.

6. *Ungleichungen für banachraumwertige Funktionen.* Es sei B ein Banachraum mit der Norm $\| \cdot \|$ und $g : J \to B$ eine differenzierbare Funktion. Man zeige, daß die Funktion $p(t) := \|g(t)\|$ in J stetig ist und einseitige Ableitungen p'_+ und p'_- besitzt und daß in J gilt

$$p'_-(t) \le p'_+(t) \le \|g'(t)\| .$$

Anleitung: Man zeige zunächst, daß die Funktion $q(t) = \|a + tb\|$ $(a, b \in B)$ der Ungleichung $q(t + h) + q(t - h) \ge 2q(t)$ genügt, also in $\mathbb{R}$ konvex ist. Bei der Berechnung der einseitigen Ableitungen von p benutzt man eine Darstellung $g(t + h) = a + hb + o(h)$ und wendet den Satz I.11.19 über konvexe Funktionen an.

Bemerkung. Es sei etwa B der Raum l^1 der reellen Zahlenfolgen $x = (x_i)_1^\infty$ mit $\|x\| = \sum |x_i| < \infty$ und $g(t) = (g_i(t))$ mit $g_i(t) = 2^{-n}(t - r_n)$, wobei die Folge (r_n) alle rationalen Zahlen in $(0, 1)$ enthält. Dann ist $g' = (2^{-n})$, also $\|g'\| = 1$. Die Funktion $p(t) = \sum 2^{-n}|t - r_n|$ ist an allen rationalen Stellen $t = r_n$ nicht differenzierbar (warum?). Angesichts eines solch einfachen Beispiels ist es ein bemerkenswertes Ergebnis, daß in jedem Banachraum die einseitigen Ableitungen von p immer existieren.

7. *Formen vom Grad m.* Ein Polynom in $x = (x_1, \ldots, x_n)$ von der Form

$$P_m(x) = \sum_{|p|=m} a_p x^p \quad (a_p \in \mathbb{R})$$

wird auch Form vom Grad m (für $m = 1, 2, 3$ Linearform, quadratische Form, kubische Form) genannt. Offenbar ist die Form P_m homogen vom Grad m, $P_m(\lambda x) = \lambda^m P_m(x)$. Wir nennen die Form P_m *positiv definit* oder *negativ indefinit*, wenn $P_m(x) > 0$ oder $P_m(x) < 0$ für $x \ne 0$ ist, und *indefinit*, wenn es zwei Punkte $a, b \in \mathbb{R}^n$ mit $P_m(a) < 0 < P_m(b)$ gibt. Man zeige:

(i) Jede Form $P_m \not\equiv 0$ von ungeradem Grad ist indefinit.

(ii) Die Aussagen 4.8 (f)(g) gelten für Formen von beliebigem geradem Grad. Genauer: Ist P_m positiv definit bzw. negativ definit bzw. gilt $P_m(a) < 0 < P_m(b)$, so gibt es $\varepsilon > 0$ derart, daß für jede Form $Q_m(x) = \sum_{|p|=m} b_p x^p$ mit $|a_p - b_p| < \varepsilon$ (für alle p) die entsprechende Aussage besteht.

8. *Hinreichende Bedingungen für ein Extremum.* Für die Funktion $f \in C^m(B_r(\xi), \mathbb{R})$ $(m \ge 2)$ sei $D^p f(\xi) = 0$ für $0 < |p| < m$. Für das zugehörige Taylorpolynom T_m (vgl. 3.14) ist dann, wenn wir die Bezeichnungen von Aufgabe 7 übernehmen,

$$T_m(x; \xi) - f(\xi) = P_m(x - \xi) \quad \text{mit} \quad a_p = \frac{D^p f(\xi)}{p!} , \quad |p| = m .$$

Man zeige: Ist die Form P_m positiv definit bzw. negativ definit bzw. indefinit, so hat f an der Stelle ξ ein Minimum bzw. ein Maximum bzw. kein Extremum.

9. *Notwendige Bedingung für ein Extremum.* Hat die Funktion $f \in C^2(B_r(\xi))$ an der Stelle ξ ein Minimum bzw. ein Maximum, so ist die Hesse-Matrix $H_f(\xi)$ positiv semidefinit bzw. negativ semidefinit.

10. Man beweise die folgende Verschärfung der Aussage 4.2 (e) mit Hilfe des Kontraktionsprinzips: Ist A invertierbar und $|B - A| < 1/\gamma$ mit $\gamma = |A^{-1}|$, so existiert B^{-1}, und es besteht die Abschätzung

$$|B^{-1} - A^{-1}| \le \frac{\gamma^2 |B - A|}{1 - \gamma |B - A|} \ .$$

Dazu bestimme man $X = B^{-1}$ als Lösung von $XB = E$. Setzt man $B = A + C$, $X = A^{-1} + Y$, so erhält man nach einfacher Rechnung $Y = f(Y) := -A^{-1}CA^{-1} - YCA^{-1}$. Die Abschätzung für Y ergibt sich aus der Defektungleichung (D) von 4.1 für $X = 0$. Auf dieselbe Weise läßt sich die Gleichung $BX' = E$ lösen.

11. Man gebe an, zu welchem Typ (Maximum, Minimum, Sattelpunkt) die einzelnen stationären Punkte der Funktion $f(x, y) = e^{x^2 + y^2} - 8x^2 - 4y^4$ gehören. In welchen Punkten wird das absolute Minimum angenommen, und welchen Wert hat es? Vgl. dazu Aufgabe 3.12.

12. Der *Brocardsche Winkel* ω eines Dreiecks mit den Winkeln $\alpha, \beta, \gamma > 0$ $(\alpha + \beta + \gamma = \pi)$ ist durch

$$\cot \omega = \cot \alpha + \cot \beta + \cot \gamma$$

eindeutig bestimmt. Man zeige, daß $\omega \le \pi/6$ ist.

Bemerkung. In jedem Dreieck mit den Ecken A, B, C gibt es einen eindeutig bestimmten Punkt Q derart, daß die Strecken $\overline{AQ}, \overline{BQ}, \overline{CQ}$ der Reihe nach mit den Seiten $\overline{AB}, \overline{BC}, \overline{CA}$ denselben Winkel ω einschließen. Dieser nach HENRI BROCARD (1845–1922) benannte Winkel ω wird als Lösung der obigen Gleichung erhalten.

13. Man zeige, daß die Menge $T = \{(x, y, z) \in \mathbb{R}^3 : x^2 + 2y^2 = 1 \text{ und } 4x = 3z\}$ kompakt ist, und man berechne das Maximum und das Minimum von $f(x, y, z) = x + y - z$ auf T.

14. (a) Man bestimme und klassifiziere die stationären Punkte der Funktion $f(x, y) = (1 - x^2 - y^2)e^{\alpha(x+y)}$ in Abhängigkeit von α und gebe den Wert von $\sup f(\mathbb{R}^2)$ an. Wie liegen die stationären Punkte in bezug auf den Einheitskreis, und wie verhalten sie sich für $\alpha \to 0$ und $\alpha \to \infty$?

(b) Man führe dieselbe Analyse bei der Funktion $f(x) = (1 - x^2)e^{\alpha s(x)}$ durch, wobei $x \in \mathbb{R}^n$, $x^2 = x \cdot x$, $s(x) = x_1 + \cdots + x_n$ ist (Klassifikation im Sinne des Morse-Lemmas).

15. Es sei $x_1 \cdot x_2 \cdots x_n = q^n$ und $x_i > 0$ für alle i. Man beweise

$$(1 + x_1)(1 + x_2) \cdots (1 + x_n) \ge (1 + q)^n \ ,$$

wobei Gleichheit nur für $x_1 = \cdots = x_n = q$ eintritt.

16. Zu den Zahlen a, b mit $0 < a < b$ suche man $x_1, \ldots, x_n$ mit $a < x_1 < x_2 < \cdots < x_n < b$ derart, daß

$$f(x_1, \cdots, x_n) = \frac{x_1 x_2 \cdots x_n}{(a + x_1)(x_1 + x_2) \cdots (x_{n-1} + x_n)(x_n + b)}$$

am größten wird. Man berechne das Maximum (Aufgabe 15 ist hilfreich).

17. Für n nichtnegative Zahlen $x_1, \ldots, x_n$ betrachten wir die Summe

$$S(x) \equiv S(x; p, n) = x_1^p + x_2^p + \cdots + x_n^p \quad (p > 0) \ .$$

Man berechne das Maximum M und das Minimum m von $S(x)$ unter der Nebenbedingung $x_1^2 + \cdots + x_n^2 = 1$.

18. Man untersuche, ob durch die Gleichungen

$$(a) \quad x + y - \sin z = 0 \qquad\qquad (b) \quad x + y - \sin z = 0$$
$$e^x - x - y^3 = 1 \qquad\qquad\qquad e^z - x - y^3 = 1$$

in einer Umgebung von $x = 0$ zwei Funktion $y(x)$, $z(x)$ mit $y(0) = z(0) = 0$ definiert werden und ob sie, wenn dies der Fall ist, bei $x = 0$ lokale Extrema besitzen.

19. Man zeige, daß die Gleichung $y^2 + xz + z^2 - e^{xz} = 1$ in einer Umgebung des Punktes $(0, -1, 1)$ in der Form $z = g(x, y)$ eindeutig auflösbar ist, und berechne die Taylorentwicklung von g um den Punkt $(0, -1)$ bis zu den Gliedern 2. Ordnung.

20. Durch den Punkt $(a, b, c) \in \mathbb{R}^3$ $(a, b, c > 0)$ lege man die Ebene, welche mit den Koordinatenebenen das Tetraeder kleinsten Inhalts bildet.

21. Man zeige, daß die Bilinearform (A symmetrische $n \times n$-Matrix)

$$\langle x, y \rangle = x^\top A y = \sum_{i,j=1}^{n} a_{ij} x_i y_j$$

genau dann ein Innenprodukt im $\mathbb{R}^n$ darstellt, wenn die quadratische Form $\langle x, x \rangle = Q_A(x)$ positiv definit ist, und daß man auf diese Weise alle Innenprodukte im $\mathbb{R}^n$ erhält.

22. Man bestimme Maximum und Minimum der (in Aufgabe 3.19 untersuchten) Funktion $f(x, y) = \sin x + \sin y - \sin (x - y)$ im Quadrat $W_\pi = [-\pi, \pi]^2$. Ferner berechne man die Hesse-Matrix H_f und klassifiziere sie an den Extremalstellen im Sinne von 4.11. Die Suche nach Randmaxima wird durch den folgenden Satz erleichtert.

23. Die Funktion $f(x, y) \in C^1(\mathbb{R}^2)$ sei p-periodisch in x und q-periodisch in y, d.h. $f(x, y) = f(x + p, y) = f(x, y + q)$ für alle $x, y \in \mathbb{R}$. Man zeige, daß eine Extremwertstelle von f bezüglich eines achsenparallelen Rechtecks R mit den Seitenlängen p und q auch dann stationär ist, wenn sie auf dem Rand von R liegt.

§ 5. Allgemeine Limestheorie. Wege und Kurven

Wir beginnen mit einer Verallgemeinerung des Grenzwertbegriffs, durch die spätere Beweise zum Teil wesentlich verkürzt werden. Daran schließen sich die Elemente der Kurventheorie und ein kurzer Abschnitt über Funktionen von beschränkter Schwankung an. Den Abschluß des Paragraphen bildet das Zweikörperproblem. Hier werden u.a. die drei Keplerschen Gesetze der Planetenbewegung abgeleitet.

Die Grundbegriffe der Differential- und Integralrechnung sind durch Grenzprozesse definiert: Limes von Folgen, Summe von Reihen, Limes von Funktionen für $x \to \xi$ oder $x \to \infty$, schließlich die Limesbildungen, welche beim Integral auftreten. Es gehört zu den glücklichen Entdeckungen, daß man alle diese zunächst so verschiedenartigen Limesdefinitionen einem einzigen allgemeinen Limesbegriff unterordnen kann. Der amerikanische Mathematiker ELIAKIM HASTINGS MOORE (1862–1932) entwickelte 1906 eine abstrakte Theorie einer *General Analysis*, in welcher in schwer lesbarer Form (u.a. mit ungewohnten logischen Symbolen) Ansätze zu einer allgemeinen Limestheorie ebenso wie zur Funktionalanalysis sichtbar werden. Im Jahre 1922 haben dann MOORE und H.L. SMITH in einer Arbeit *A general theory of limits* (Amer. J. Math. 44, 102–121) den allgemeinen Begriff der ‚Moore-Smith-Konvergenz‘ in die Mathematik eingeführt. Gemeinsam ist den verschiedenen Limesbegriffen, daß sich eine unabhängige Variable in einer ganz bestimmten Richtung bewegt ($n \to \infty$, $x \to \xi$, $|Z| \to 0$ beim Integral) und dabei die davon abhängige Größe einem festen Wert, dem Grenzwert, beliebig nahekommt. Im Begriff der gerichteten Menge haben Moore und Smith diesen gemeinsamen Kern offengelegt. Dabei wird die gewonnene Allgemeinheit nicht durch schwierige Beweise erkauft; das meiste verläuft wie bei Zahlenfolgen.

5.1 Gerichtete Menge und Netz. Eine nichtleere Menge A heißt *gerichtet*, wenn in ihr eine Relation $\prec$ definiert ist mit den Eigenschaften

(G1) $\alpha \prec \alpha$ für $\alpha \in A$ *Reflexivität* ,

(G2) $\alpha \prec \beta$, $\beta \prec \gamma \Rightarrow \alpha \prec \gamma$ *Transitivität* ,

(G3) Zu $\alpha, \beta \in A$ existiert ein $\gamma \in A$ mit $\alpha \prec \gamma$, $\beta \prec \gamma$.

Anstelle von $\alpha \prec \beta$ schreibt man auch $\beta \succ \alpha$. Es wird nicht verlangt, daß für beliebige $\alpha, \beta \in A$ immer eine der Beziehungen $\alpha \prec \beta$ oder $\alpha \succ \beta$ besteht. Wenn es notwendig ist, die Relation anzugeben (etwa wenn es mehrere Relationen in A gibt), schreiben wir $(A, \prec)$ statt A. Klassische Beispiele sind $(\mathbb{R}, \leq)$ und $(\mathbb{N}, \leq)$.

Es sei A eine gerichtete Menge und X ein metrischer Raum. Eine Funktion $f : A \to X$ heißt ein *Netz* oder eine *verallgemeinerte Folge* in X oder (mit Hinweis auf die Grundmenge) eine *A-Folge*. Eine Folge im früheren Sinn ist in dieser Sprechweise ein Netz bezüglich der gerichteten Menge $(\mathbb{N}, \leq)$. Statt der Schreibweise $f(\alpha)$ für den Wert der Funktion f an der Stelle α benutzen wir häufig die Indexschreibweise f_α, wie es bei Folgen (a_n statt $a(n)$) geläufig ist, und entsprechend (f_α) oder genauer $(f_\alpha)_{\alpha \in A}$ für das Netz.

5.2 Der Grenzwert eines Netzes. Es sei A eine gerichtete Menge und $(f_\alpha)_{\alpha \in A}$ ein Netz im metrischen Raum (X, d). Dann bedeutet $(a \in X)$

$$\lim_\alpha f_\alpha = a \quad \text{oder} \quad f_\alpha \to a \,,$$

daß es zu jedem $\varepsilon > 0$ ein $\alpha_\varepsilon \in A$ gibt, so daß

$$d(f_\alpha, a) < \varepsilon \quad \text{für alle} \quad \alpha \in A \quad \text{mit} \quad \alpha > \alpha_\varepsilon$$

gilt, oder auch, daß zu jeder Umgebung U von a ein α_U mit $f_\alpha \in U$ für $\alpha > \alpha_U$ existiert. Diese Definition entspricht vollständig jener für Folgen in 1.6. Man nennt a den Limes oder Grenzwert des Netzes (f_α). Wir sagen, das Netz (f_α) sei *konvergent*, wenn ein $a \in X$ mit $\lim_\alpha f_\alpha = a$ existiert. Wenn Unklarheiten zu befürchten sind, schreiben wir gelegentlich $A\text{-}\lim_\alpha$ oder $(A, <)\text{-}\lim_\alpha$ statt $\lim_\alpha$.

Für ein Netz (f_α) in einem *normierten* Raum bedeutet $\lim_\alpha f_\alpha = a$, daß es zu jedem $\varepsilon > 0$ ein α_ε mit $|f_\alpha - a| < \varepsilon$ für $\alpha > \alpha_\varepsilon$ gibt. Bei reellwertigen Netzen gibt es, ebenso wie bei reellen Zahlenfolgen, außerdem den Begriff der bestimmten Divergenz gegen ∞ oder $-\infty$. Der Fall $\lim_\alpha f_\alpha = \infty$ liegt vor, wenn zu jeder reellen Zahl c ein α_c mit $f_\alpha > c$ für $\alpha > \alpha_c$ existiert. Man sagt dann, daß der Limes existiert, spricht jedoch nicht von Konvergenz (im Einklang mit der Begriffsbildung für Folgen in I.4.6).

Zunächst ein paar einfache Sätze.

(a) Der Netzlimes ist eindeutig bestimmt.

(b) Ist $f_\alpha = g_\alpha$ für $\alpha > \alpha_0$, so haben die A-Netze (f_α) und (g_α) dasselbe Limesverhalten und im Falle der Konvergenz denselben Limes. Es ist also nur das Verhalten des Netzes „von einer Stelle an" maßgebend.

(c) Ein konvergentes Netz (f_α) in einem normierten Raum ist beschränkt im folgenden Sinne: Es existieren ein $\alpha_0 \in A$ und ein $C \in \mathbb{R}$ mit $|f_\alpha| \leq C$ für $\alpha > \alpha_0$.

Die *Beweise* verlaufen wie bei Zahlenfolgen; sie benutzen wesentlich die Eigenschaft (G3). Wir beschränken uns auf (a). Strebt $f_\alpha \to a$ und $f_\alpha \to b \neq a$, so gibt es Umgebungen U von a und V von b, die disjunkt sind. Dazu gibt es Elemente α_U und α_V derart, daß $f_\alpha \in U$ für $\alpha > \alpha_U$ und $f_\alpha \in V$ für $\alpha > \alpha_V$ ist. Nun existiert nach (G3) ein β mit $\beta > \alpha_U$ und $\beta > \alpha_V$. Also ist $f_\beta \in U$ und $f_\beta \in V$, im Widerspruch zu $U \cap V = \emptyset$. $\qquad\qquad\qquad\qquad\qquad$ $\square$

(d) Es seien X, Y zwei normierte Räume und (f_α) ein konvergentes Netz in X mit dem Limes a. Ist U eine Umgebung des Punktes a und $\phi : U \subset X \to Y$ stetig in a, so ist das Netz $\phi(f_\alpha)$ in Y konvergent mit dem Limes $\phi(a)$, kurz

$$\lim_\alpha f_\alpha = a \ (\text{in } X) \implies \lim_\alpha \phi(f_\alpha) = \phi(a) \ (\text{in } Y)$$

(es gibt offenbar ein α_0 derart, daß f_α für $\alpha > \alpha_0$ in U liegt).

Der *Beweis* verläuft wie in I.6.3. Zu $\varepsilon > 0$ gibt es ein $\delta > 0$ mit der Eigenschaft, daß aus $|x - a| < \delta$ folgt $|\phi(x) - \phi(a)| < \varepsilon$. Nun gibt es einen Index α' derart, daß $|f_\alpha - a| < \delta$ für $\alpha > \alpha'$ ist. Für diese α ist dann $|\phi(f_\alpha) - \phi(a)| < \varepsilon$. $\square$

Im Beweis von (a) wird zum ersten Mal die Bedeutung von (G3) sichtbar. Die Transitivität (G2) wird man von jeder Relation fordern, die in irgendeinem Sinne ein Größer-sein erklärt (ist α größer als β und β größer als γ, so ist α größer als γ). Die Reflexivität ist mehr eine Sache der Definition (Übergang von $<$ zu $\leq$, etwa in $\mathbb{R}$). Wenn diese beiden Gesetze für $<$ gelten, so gelten sie auch für $>$. Dagegen zeichnet (G3) die Richtung aus, in der sich die Variable bewegt. Die folgenden Beispiele werden dies verdeutlichen.

Beispiele. 1. *Limes bei Folgen.* Hier ist $A = \mathbb{N}$ und $<$ das durch die ‚natürliche Ordnung' in $\mathbb{R}$ gegebene $\leq$. Die oben gegebene Definition für $\lim_n f_n = a$ lautet dann: Zu $\varepsilon > 0$ existiert ein n_ε mit $|f_n - a| < \varepsilon$ für $n \geq n_\varepsilon$. Wir haben also genau die frühere Definition aus I.4.3 für den Limes bei Folgen vor uns.

2. *Limes bei Funktionen für $x \to \xi$.* Die reellwertige Funktion f sei in $D \subset \mathbb{R}^n$ erklärt, und ξ sei ein Häufungspunkt von D. Hier ist $A = D \setminus \{\xi\}$, und die Relation $<$ wird gemäß

$$x < y \iff |x - \xi| \geq |y - \xi|,$$

definiert, d.h. y ist ein ‚späterer' Index, wenn er näher bei ξ liegt.

Zunächst hat man sich zu überlegen, daß $(A, <)$ eine gerichtete Menge ist. Die Eigenschaften (G1) und (G2) machen keine Mühe. Für den Beweis von (G3) seien $x, y \in A$. Es ist dann die Existenz eines Elements $z \in A$ mit $x < z$, $y < z$ nachzuweisen. Ist $|x - \xi| \leq |y - \xi|$, so ist $y < x$, und man kann $z = x$ setzen; gilt dagegen $|x - \xi| \geq |y - \xi|$, so genügt $z = y$ den Anforderungen. Die Beziehung $\lim_x f(x) = a$ bedeutet: Zu $\varepsilon > 0$ existiert ein $x_\varepsilon \in D \setminus \{\xi\}$ mit

$$|f(x) - a| < \varepsilon \quad \text{für } x > x_\varepsilon,$$

d.h. also für $|x - \xi| \leq |x_\varepsilon - \xi|$. Setzt man $\delta := |x_\varepsilon - \xi|$, so hat man genau die Definition aus 2.1 für $\lim_{x \to \xi} f(x) = a$ in D.

3. *Limes bei Funktionen für $x \to \pm\infty$.* Es sei f etwa in $(c, \infty) \subset \mathbb{R}$ erklärt. Dann ist $A = (c, \infty)$, und man definiert: $x < y \Leftrightarrow x \leq y$. Offenbar ist die Menge A gerichtet. Es bedeutet jetzt $A\text{-}\lim f(x) = a$: Zu $\varepsilon > 0$ existiert ein x_ε mit

$$|f(x) - a| < \varepsilon \quad \text{für } x > x_\varepsilon, \quad \text{d.h. für } x \geq x_\varepsilon.$$

Das ist genau der frühere Begriff von $\lim_{x \to \infty} f(x) = a$. Liegt der Fall $\lim_{x \to -\infty} f(x)$ vor, so ist $A = (-\infty, c)$, und man hat $x < y$ als $x \geq y$ zu definieren.

Wir haben hier nur den Fall $a \in \mathbb{R}$ betrachtet. Man sieht leicht, daß in allen drei Beispielen auch für $a = \pm\infty$ die frühere Definition herauskommt. In 5.6 werden wir das Riemann-Integral als Netzlimes behandeln.

Ein Netz (f_α) im metrischen Raum X heißt *Cauchy-Netz*, wenn es dem Konvergenzkriterium von Cauchy genügt:

Zu jedem $\varepsilon > 0$ existiert ein $\alpha_\varepsilon \in A$ mit

$$d(f_\alpha, f_\beta) < \varepsilon \quad \text{für} \quad \alpha, \beta > \alpha_\varepsilon \,.$$

Alle früheren, für die verschiedenen Limites bewiesenen Cauchy-Kriterien sind enthalten in dem folgenden

5.3 Konvergenzkriterium von Cauchy. *In einem vollständigen metrischen Raum ist ein Netz genau dann konvergent, wenn es ein Cauchy-Netz ist.*

Beweis. Daß ein konvergentes Netz ein Cauchy-Netz ist, erkennt man ohne Mühe. Zum Beweis der Umkehrung betrachten wir ein Cauchy-Netz (f_α). Zu jedem $k = 1, 2, \ldots$ gibt es ein α_k mit

$$(*) \qquad d(f_\alpha, f_\beta) < \frac{1}{k} \quad \text{für} \quad \alpha, \beta > \alpha_k \,.$$

Dabei kann man wegen (G3) annehmen, daß $\alpha_1 \prec \alpha_2 \prec \alpha_3 \prec \ldots$ ist. Insbesondere gilt dann für festes p

$$d(f_{\alpha_m}, f_{\alpha_n}) < \frac{1}{p} \quad \text{für} \quad m, n \geq p \,.$$

Die Folge (f_{α_m}) ist also eine Cauchy-Folge, und wegen der Vollständigkeit des Raumes existiert $a = \lim_{m \to \infty} f_{\alpha_m}$. In der Ungleichung (*) setze man $\beta = \alpha_m$ und lasse $m \to \infty$ streben. Man erhält dann $d(f_\alpha, a) \leq 1/k$ für $\alpha > \alpha_k$. Da k beliebig ist, folgt hieraus $\lim_\alpha f_\alpha = a$. $\qquad \square$

5.4 Reellwertige Netze. Die verschiedenen Sätze, wonach die Konvergenz in $\mathbb{C}$ oder $\mathbb{R}^n$ auf die Konvergenz in $\mathbb{R}$ zurückgeführt werden kann (I.8.7, 1.2, 2.5), werden in der folgenden allgemeinen Aussage zusammengefaßt.

(a) Es sei $f_\alpha = (f_\alpha^1, \ldots, f_\alpha^n) \in \mathbb{R}^n$. Das Netz (f_α) im $\mathbb{R}^n$ ist genau dann konvergent, wenn die n reellen Netze $(f_\alpha^1), \ldots, (f_\alpha^n)$ konvergent sind. Aus $f_\alpha^1 \to a_1, \ldots, f_\alpha^n \to a_n$ folgt $f_\alpha \to (a_1, \ldots, a_n)$ und umgekehrt.

Der Fall $n = 2$ lautet in komplexer Schreibweise: Für $f_\alpha = u_\alpha + i v_\alpha$ ist $\lim_\alpha f_\alpha = \lim_\alpha u_\alpha + i \cdot \lim_\alpha v_\alpha$, und Konvergenz besteht genau dann, wenn die beiden aus Real- und Imaginärteil gebildeten Netze konvergieren.

Der entsprechende Beweis für Folgen in 1.2 ist übertragbar.

Rechenregeln. Es seien (f_α), (g_α) konvergente Netze in $\mathbb{R}$ mit den Limites a bzw. b. Dann gilt

(b) $\lim_\alpha (\lambda f_\alpha + \mu g_\alpha) = \lambda a + \mu b$, $\quad \lim_\alpha f_\alpha g_\alpha = ab$,

$$\lim_\alpha \frac{f_\alpha}{g_\alpha} = \frac{a}{b}, \quad \text{falls} \quad b \neq 0 \,.$$

Diese Regeln ergeben sich sofort aus 5.2 (d), wenn man dort $X = \mathbb{R}^2$, $Y = \mathbb{R}$ und $\phi(x, y) = \lambda x + \mu y$ bzw. xy bzw. x/y $(x, y \in \mathbb{R})$ setzt. Sie gelten auch für komplexwertige Netze.

(c) *Monotonie.* Aus $f_\alpha \leq g_\alpha$ für $\alpha > \alpha_0$ folgt $a \leq b$.

(d) *Sandwich-Theorem.* Aus $f_\alpha \le h_\alpha \le g_\alpha$ und $a = b$ folgt $\lim_\alpha h_\alpha = a$.

Man beweist (c) und (d) genau wie bei Folgen; vgl. I.4.4.

5.5 Monotone Netze. Das reellwertige Netz (f_α) heißt monoton wachsend bzw. monoton fallend, wenn aus $\alpha \prec \beta$ folgt $f_\alpha \le f_\beta$ bzw. $f_\alpha \ge f_\beta$. Satz I.4.7 überträgt sich mit Beweis.

Satz. *Ist* (f_α) *ein monoton wachsendes Netz, so existiert* $\lim_\alpha f_\alpha$ *in* $\overline{\mathbb{R}}$, *und es ist*

$$\lim_\alpha f_\alpha = \sup\{f_\alpha : \alpha \in A\}\,.$$

Konvergenz liegt also vor, wenn das Netz (f_α) nach oben beschränkt ist. Entsprechendes gilt für monoton fallende Netze.

Im nächsten Abschnitt wird gezeigt, daß auch das Integral ein Netzlimes ist.

5.6 Das Riemann-Integral als Netzlimes. Es sei $I = [a, b]$ ein kompaktes Intervall, $f(x)$ eine in I *beschränkte* Funktion und $Z : a = x_0 < x_1 < \ldots < x_p = b$ eine Zerlegung von I. Wir erinnern an die Bezeichnungen aus I.9.1, $I_i = [x_{i-1}, x_i]$, $|I_i| = x_i - x_{i-1}$, $|Z| = \max |I_i|$ sowie an die Begriffe Untersumme $s(Z)$, Obersumme $S(Z)$ und Zwischensumme $\sigma(Z, \xi)$,

$$s(Z) = \sum |I_i|\, m_i\,, \quad S(Z) = \sum |I_i|\, M_i\,, \quad \sigma(Z, \xi) = \sum |I_i|\, f(\xi_i)$$

mit $m_i = \inf f(I_i)$, $M_i = \sup f(I_i)$, $\xi = (\xi_1, \ldots, \xi_p)$ mit $\xi_i \in I_i$, wobei i von 1 bis p läuft.

Die Indexmenge A ist die Menge aller Zerlegungen Z von I. Wir benutzen den Begriff der Verfeinerung einer Zerlegung, um in A eine ,natürliche' Ordnung (zur Unterscheidung von der später betrachteten metrischen Ordnung) einzuführen,

$$Z \prec Z' \iff Z' \text{ ist Verfeinerung von } Z \quad (natürliche\ Ordnung)\,.$$

Man erkennt ohne Mühe, daß $(A, \prec)$ eine gerichtete Menge ist. Beim Nachweis von (G3) kann man, wenn Z_1, Z_2 zwei Zerlegungen sind, die durch Überlagerung von Z_1 und Z_2 entstehende Zerlegung Z benutzen. Für sie gilt $Z_1 \prec Z$ und $Z_2 \prec Z$. Den Limes bezüglich dieser Ordnung bezeichnen wir mit $\lim_Z$.

(a) Nach Hilfssatz I.9.2 nimmt $s(Z)$ bei Verfeinerung von Z zu, $S(Z)$ ab, d.h. $(s(Z))$ ist ein monoton wachsendes Netz, $(S(Z))$ ein monoton fallendes Netz in der natürlichen Ordnung. Es ist also nach Satz 5.5 das

untere R-Integral $\quad J_* = \sup_Z s(Z) = \lim_Z s(Z)\,,$

obere R-Integral $\quad J^* = \inf_Z S(Z) = \lim_Z S(Z)\,.$

Es sei nun B die Indexmenge aller (Z, ξ), wobei $Z \in A$ und ξ ein zu Z passender Satz von Zwischenpunkten ist. Durch die Festlegung

$$(Z, \xi) \prec (Z', \xi') \iff Z \prec Z'$$

wird auch in B eine *natürliche Ordnung* eingeführt, welche B zu einer gerichteten Menge macht. Es ist z.B. $(Z, \xi) \prec (Z, \xi')$, wenn nur ξ und ξ' zu Z passend sind. Auch in B bezeichnen wir den Limes in der natürlichen Ordnung mit $\lim_Z$.

(b) Es ist $\lim_Z s(Z) = \lim_Z S(Z)$ genau dann, wenn $\lim_Z \sigma(Z, \xi)$ existiert; wenn das der Fall ist, haben alle drei Limites denselben Wert, nämlich

(D) $$J = \int_a^b f(x)\, dx = \lim_Z \sigma(Z, \xi).$$

Beweis. Aus $\lim s(Z) = \lim S(Z)$ und der Ungleichung $s(Z) \leq \sigma(Z, \xi) \leq S(Z)$ folgt mit dem Sandwich-Theorem 5.4 (d) die Existenz von $\lim \sigma(Z, \xi)$ und die Gleichung (D); dabei sind $\lim s(Z), \dots$ als Limites in B aufzufassen. Umgekehrt ergibt sich aus der Existenz von $J = \lim \sigma(Z, \xi)$, daß auch $\lim s(Z) = J$ und $\lim S(Z) = J$ gilt, da aus einer Ungleichung $|\sigma(Z, \xi) - J| < \varepsilon$ (für alle zulässigen ξ) nach Lemma I.9.7 die Ungleichungen $|s(Z) - J| \leq \varepsilon$, $|S(Z) - J| \leq \varepsilon$ folgen. $\square$

Damit haben wir unser Ziel, das Integral und ebenso das obere und das untere Integral als Limes darzustellen, bereits erreicht. Die Darstellung (D) mit Hilfe der natürlichen Ordnung ist im wesentlichen die Darbouxsche Integraldefinition mit dem unteren und oberen Integral.

Wir werden später auf ähnliche Weise Kurven-, Stieltjes-, Raum- und Flächenintegrale und auch das Lebesgue-Integral als Netzlimes einführen. Das hat u.a. den großen Vorteil, daß man Rechenregeln für diese Integrale nur einmal, nämlich für den Netzlimes, beweisen muß. Durch solche ökonomischen Überlegungen ist auch der folgende Abschnitt motiviert.

5.7 Netzlimes für Teilintervalle. Die Überlegungen, welche in I.9.15 zur Gleichung $\int_a^b = \int_a^c + \int_c^b$ geführt haben, werden hier in einen allgemeinen Rahmen gestellt. Damit sind sie auch später für andere Integralbegriffe verfügbar.

Es seien A, B, C gerichtete Mengen. Jedem Paar $(\beta, \gamma) \in B \times C$ sei ein Element $\alpha = \phi(\beta, \gamma) \in A$ zugeordnet, und es gelte (mit $\alpha, \alpha' \in A$; $\beta, \beta' \in B$; $\gamma, \gamma' \in C$):

(i) Zu jedem $\alpha \in A$ gibt es $(\beta, \gamma) \in B \times C$ mit $\phi(\beta, \gamma) \succ \alpha$.

(ii) Aus $\beta \prec \beta'$, $\gamma \prec \gamma'$ folgt $\phi(\beta, \gamma) \prec \phi(\beta', \gamma')$.

(iii) Jedes $\alpha' \succ \phi(\beta, \gamma)$ ist von der Form $\alpha' = \phi(\beta', \gamma')$ mit $\beta' \succ \beta$, $\gamma' \succ \gamma$.

Als Beispiel betrachten wir die bei der Integration über Teilintervalle auftretenden gerichteten Mengen. Es sei $a < c < b$, $I = [a, b]$, $I' = [a, c]$, $I'' = [c, b]$. Die entsprechenden Zerlegungen werden mit $\alpha = Z$, $\beta = Z'$, $\gamma = Z''$ bezeichnet, und es seien A, B, C die dazugehörigen Mengen aller Zerlegungen von I, I', I''. Bezeichnet man die aus $Z' \in B$ und $Z'' \in C$ zusammengebaute Zerlegung von I mit $\phi(Z', Z'') \in A$, so gelten (i) bis (iii).

Satz. *Es seien (f_α), (g_β), (h_γ) Netze über A bzw. B bzw. C mit Werten in $\mathbb{R}$ (oder in einem Banachraum), und es gelte*

(1) $$f_{\phi(\beta, \gamma)} = g_\beta + h_\gamma \qquad \text{für} \quad \beta \in B, \quad \gamma \in C;$$

dabei besitze ϕ die Eigenschaften (i)–(iii). *Dann ist*

(2) $$\lim_\alpha f_\alpha = \lim_\beta g_\beta + \lim_\gamma h_\gamma \,,$$

wobei der Limes auf der linken Seite genau dann existiert, wenn die beiden Limites auf der rechten Seite existieren.

Beweis. Wenn der erste Limes in (2) existiert, dann gibt es zu $\varepsilon > 0$ ein α^* derart, daß $|f_{\alpha_1} - f_{\alpha_2}| < \varepsilon$ für $\alpha_1, \alpha_2 > \alpha^*$ ist (Cauchy-Kriterium). Dabei kann man wegen (i) annehmen, daß α^* von der Form $\phi(\beta^*, \gamma^*)$ ist. Für $\beta_1, \beta_2 > \beta^*$ ist dann wegen (ii) $\phi(\beta_i, \gamma^*) > \alpha^*$ für $i = 1, 2$, also $|f_{\phi(\beta_1, \gamma^*)} - f_{\phi(\beta_2, \gamma^*)}| = |g_{\beta_1} - g_{\beta_2}| < \varepsilon$, d.h. (g_β) ist ein Cauchy-Netz, und $\lim g_\beta$ existiert nach 5.3. Dasselbe gilt natürlich auch für (h_γ).

Nun mögen die beiden Limites auf der rechten Seite von (2) existieren. Es strebe etwa $g_\beta \to b$ und $h_\gamma \to c$. Zu $\varepsilon > 0$ gibt es dann $\beta^* \in B$, $\gamma^* \in C$ derart, daß $|g_\beta - b| < \varepsilon$ für alle $\beta > \beta^*$ und $|h_\gamma - c| < \varepsilon$ für alle $\gamma > \gamma^*$ ist. Setzt man $\alpha^* = \phi(\beta^*, \gamma^*)$, so ergibt sich für alle $\alpha = \phi(\beta, \gamma) > \alpha^*$ (vgl. (iii)) die Ungleichung $|f_\alpha - b - c| = |(g_\beta - b) + (h_\gamma - c)| < 2\varepsilon$. Das bedeutet gerade, daß $\lim_\alpha f_\alpha$ existiert und gleich $b + c$ ist.   □

Beispiel. Wir kommen auf die Integration über Teilintervalle zurück. Betrachtet man die zu einer beschränkten Funktion $f : I \to \mathbb{R}$ gehörigen Untersummen $s(Z)$, $s(Z')$, $s(Z'')$ (sie nehmen im Satz die Stelle von f_α, g_β, h_γ ein), so gilt (1) $s(Z) = s(Z') + s(Z'')$. Die Gleichung (2) wird identisch mit $J_*(f; I) = J_*(f; I') + J_*(f; I'')$. Entsprechendes gilt für die Obersummen und oberen Integrale. Damit ist der Satz I.9.15 bewiesen (sogar in verschärfter Form).

Bemerkung. Wenn nur die Eigenschaften (i) und (ii) gelten, so bleibt der Satz richtig mit der Einschränkung, daß aus der Existenz des Limes von f_α die Existenz der Limites von g_β und h_γ folgt, während die Umkehrung nicht zu gelten braucht. Ein Beispiel dazu wird in 5.9, insbesondere Bemerkung 3, gegeben.

Wir kehren zur allgemeinen Theorie zurück.

5.8 Konfinale Teilfolgen. Der Limes bei Funktionen $\lim\limits_{x \to \xi} f(x)$ kann auf den Limes bei Folgen zurückgeführt werden: Er existiert genau dann, wenn für jede Folge $x_n \to \xi$ die Folge $(f(x_n))$ konvergiert. Dieser Sachverhalt läßt sich auf Netze übertragen. Es sei A eine gerichtete Menge und $(\alpha_n)_1^\infty$ eine Folge aus A. Wenn zu jedem $\alpha \in A$ ein Index n_α mit

$$\alpha_n > \alpha \quad \text{für} \quad n \geq n_\alpha$$

existiert, so wird (α_n) eine *konfinale Teilfolge* von A genannt. Im Beispiel 1 von 5.2 ($n \to \infty$) sind die Folgen (k_n) in $\mathbb{N}$ mit $\lim k_n = \infty$ konfinal, im Beispiel 2 ($x \to \xi$ in D) ist (x_n) genau dann eine konfinale Teilfolge, wenn $\lim x_n = \xi$ ist.

Folgenkriterium. *Zu der gerichteten Menge A existiere (mindestens) eine konfinale Teilfolge. Dann gilt für jedes Netz (f_α) im metrischen Raum X: $\lim_\alpha f_\alpha$ existiert genau dann, wenn $\lim\limits_{n \to \infty} f_{\alpha_n}$ für jede konfinale Teilfolge (α_n) existiert. Ist dies der Fall, so haben alle Folgen (f_{α_n}) ein und denselben Grenzwert, nämlich $\lim_\alpha f_\alpha$.*

Die Formulierung deutet auf eine Überraschung hin: es gibt gerichtete Mengen ohne konfinale Teilfolgen (vgl. Bemerkung 2 in 5.9). Für diese ist der Satz nicht anwendbar. Ansonsten entspricht das Folgenkriterium und sein Beweis vollständig dem in I.6.3 behandelten Sonderfall des Limes für $x \to \zeta$ oder $x \to \infty$.

Beweis. (i) Die Behauptung „aus $\lim_{\alpha} f_{\alpha} = a$ folgt $\lim_{n \to \infty} f_{\alpha_n} = a$ für jede konfinale Teilfolge (α_n)" ist sehr einfach einzusehen. Ebenfalls leicht zu beweisen ist: Wenn (f_{α_n}) für jede konfinale Teilfolge (α_n) konvergiert, so ist der Limes eindeutig bestimmt (Mischverfahren!).

(ii) Die Umkehrung „aus $\lim f_{\alpha_n} = a$ für alle konfinalen Teilfolgen folgt $\lim_{\alpha} f_{\alpha} = a$" beweisen wir durch Widerspruch: Die Aussage „$\lim_{\alpha} f_{\alpha} = a$" sei also falsch, und wir müssen eine konfinale Teilfolge (α_n) finden, für welche f_{α_n} nicht gegen a konvergiert. Dazu betrachten wir eine beliebige konfinale Teilfolge (β_n). Es existiert dann ein „Ausnahme-ε", etwa ε_0, derart, daß für jedes n die Aussage

$$d(f_{\alpha}, a) < \varepsilon_0 \quad \text{für alle} \quad \alpha > \beta_n$$

falsch ist; d.h. zu jedem n existiert ein $\alpha_n > \beta_n$ mit

(*) $$d(f_{\alpha_n}, a) \geq \varepsilon_0 .$$

Offenbar ist mit (β_n) auch (α_n) konfinal, und wegen (*) gilt sicher nicht $\lim_{n \to \infty} f_{\alpha_n} = a$. Damit ist der Beweis abgeschlossen. Der Fall $a = \pm\infty$ macht geringfügige Änderungen im Beweis notwendig. □

Wir kommen noch einmal auf das Riemann-Integral zurück.

5.9 Metrische Ordnung und Riemannsche Summendefinition des Integrals.

In I.9.7 haben wir einen zweiten, nach Riemann benannten Zugang zum Integral beschrieben. Auch hinter ihm steckt ein Netzlimes. Dazu führen wir in der Menge A der Zerlegungen Z von $I = [a, b]$ und in der Menge B der zulässigen Paare (Z, ξ) eine zweite, mit $\leq$ bezeichnete ‚metrische' Ordnung ein,

$$Z \leq Z' \iff |Z| \geq |Z'| \qquad \textit{metrische Ordnung in } A ,$$
$$(Z, \xi) \leq (Z', \xi') \iff |Z| \geq |Z'| \qquad \textit{metrische Ordnung in } B .$$

In beiden Fällen handelt es sich um gerichtete Mengen, wie der Leser leicht bestätigen wird. Wir benutzen die Bezeichnung

$$\lim_{|Z| \to 0} : \text{Limes in der metrischen Ordnung} .$$

In I.9.3 haben wir eine Folge (Z_n) von Zerlegungen mit $\lim |Z_n| = 0$ eine Zerlegungsnullfolge genannt. Eine Zerlegungsnullfolge ist nichts anderes als eine konfinale Teilfolge in der metrischen Ordnung. Aufgrund des Folgenkriteriums 5.8 gilt also

(a) $\lim_{|Z| \to 0} g(Z) = a \iff \lim g(Z_n) = a$ für jede Zerlegungsnullfolge (Z_n).

Der entsprechende Zusammenhang besteht für Funktionen $g(Z, \xi)$.

Damit läßt sich etwa Satz I.9.4 ($J_* = \lim s(Z_n)$ für jede Zerlegungsnullfolge,...)
in der Form

$$J_* = \lim_{|Z| \to 0} s(Z) , \quad J^* = \lim_{|Z| \to 0} S(Z)$$

wiedergeben, und der grundlegende Satz I.9.7 über die Riemannsche Summendefinition ($\lim \sigma(Z_n, \xi^n) = J$ für jede Zerlegungsnullfolge) ist identisch mit

(R) $$J = \int_a^b f(x)\, dx = \lim_{|Z| \to 0} \sigma(Z, \xi) .$$

Halten wir fest:

(b) Die beiden Aussagen (a)(b) von 5.6 gelten auch in der metrischen Ordnung.

Zwischen der natürlichen und der metrischen Ordnung besteht der folgende
Zusammenhang:

Aus $Z \prec Z'$ folgt $Z \leq Z'$, aus $(Z, \xi) \prec (Z', \xi')$ folgt $(Z, \xi) \leq (Z', \xi')$.

Die Umkehrung ist i.a. falsch. Als Konsequenz erhält man den folgenden

Satz. *Für Netze $g(Z)$ über A gilt:*

$$Aus \lim_{|Z| \to 0} g(Z) = \alpha \; folgt \; \lim_Z g(Z) = \alpha .$$

Die entsprechende Beziehung besteht für Netze $g(Z, \xi)$ über B.

Bemerkungen. 1. Beim Riemann-Integral gilt, wie wir eben gesehen haben, auch
die Umkehrung des Satzes: Aus $\lim_Z \sigma(Z, \xi) = J$ folgt $\lim_{|Z| \to 0} \sigma(Z, \xi) = J$. Es gibt
aber Integralbegriffe (z.B. das Riemann-Stieltjes-Integral), bei denen das nicht
der Fall zu sein braucht; vgl. Bemerkung 3 in 6.6.

2. Die beiden Ordnungen unterscheiden sich in einem wesentlichen Punkt. In
der metrischen Ordnung gibt es konfinale Teilfolgen, in der natürlichen Ordnung
dagegen nicht. Ist nämlich (Z_n) irgendeine Folge von Zerlegungen, so existiert,
da die Vereinigung der Teilpunkte aller Z_n eine abzählbare Menge ist, ein $x_1 \in I$,
welches in keinem Z_n als Teilpunkt vorkommt. Die Zerlegung $Z^* : a = x_0 <
x_1 < x_2 = b$ hat dann die Eigenschaft, daß für kein Z_n die Beziehung $Z^* \prec Z_n$
gilt.

3. Wir kommen auf das in 5.7 behandelte Beispiel der Integration über
Teilintervalle zurück. Führt man in den Mengen $A = \{Z\}$, $B = \{Z'\}$, $C =
\{Z''\}$ die metrische Ordnung ein, so bleiben die Aussagen (i) und (ii) von 5.7
richtig, während (iii) falsch wird. Damit liegt die in der Bemerkung 2 von 5.7
beschriebene Situation vor: Aus der Existenz der beiden Limites auf der rechten
Seite der Gleichung (2) von 5.7 kann im allgemeinen nicht auf die Existenz des
entsprechenden Limes auf der linken Seite von (2) geschlossen werden. Dies ist
der wesentliche Grund, weshalb wir später beim Stieltjes-Integral die natürliche
Ordnung bevorzugen.

Wege und Kurven

Geometrische und mechanische Auffassung einer Kurve. Es gibt zwei Arten, den Begriff einer Kurve zu bestimmen. In der *geometrischen Auffassung* ist eine Kurve der Ort von Punkten in der Ebene oder im Raum, die durch gewisse Eigenschaften charakterisiert sind. So wird etwa in der Ebene ein Kreis durch den konstanten Abstand zu einem Punkt und eine Ellipse durch die konstante Abstandssumme zu zwei Punkten beschrieben. Im *mechanischen Bild* erscheint die Kurve als Bahn-kurve eines bewegten Punktes. Beide Auffassungen finden sich bereits bei den Griechen. Die Kegelschnitte, ein Hauptgegenstand der griechischen Mathematik, sind durch geometrische Eigenschaften definiert. Die erste mechanisch erklärte Kurve ist die *Archimedische Spirale* (vgl. Einleitung zu §I.9). Archimedes definiert sie folgendermaßen:

Wenn sich ein Halbstrahl in einer Ebene um seinen Endpunkt mit gleichförmiger Ge-schwindigkeit dreht, nach einer beliebigen Zahl von Umdrehungen wieder in die Anfangs-lage zurückkehrt und sich auf dem Strahl ein Punkt mit gleichförmiger Geschwindigkeit, vom Endpunkt des Halbstrahles beginnend, bewegt, so beschreibt dieser Punkt eine Spirale. [*Über Spiralen*, Definition 1; Gericke, S. 120]

Die Erfindung der analytischen Geometrie im 17. Jahrhundert gestattet es, Kurven durch analytische Beziehungen zwischen den Koordinaten ihrer Punkte zu beschreiben. Für ebene Kurven hat man

(a) die *implizite Darstellung* in der Form einer Gleichung $f(x, y) = c$,

(b) die *explizite Darstellung* $y = f(x)$,

(c) die *Parameterdarstellung* $x = \phi(t)$, $y = \psi(t)$.

Während die beiden ersten Darstellungen nicht zwingend auf die geometri-sche oder mechanische Auffassung hinweisen (Newton etwa verband damit die Vorstellung fließender Größen), drängt sich bei (c) die Deutung als Bewegung auf, wobei t die Rolle der Zeit übernimmt. Diese Betrachtungsweise verdeut-licht auch, daß die Parameterdarstellung nicht nur die Bahn beschreibt, sondern auch das Bewegungsgesetz, nach welchem sie durchlaufen wird (man mache sich das anhand der beiden Darstellungen $(\cos t, \sin t)$ und $(\cos(\pi \sin t), \sin(\pi \sin t))$ für den Einheitskreis klar). Das gegen Ende des vorigen Jahrhunderts mit al-ler Kraft betriebene Streben nach mathematischer Strenge verlangte auch nach einem klaren Kurvenbegriff. C. Jordan definierte 1883 in der ersten Auflage seines *Cours d'Analyse* eine Kurve als stetiges Bild eines Intervalls, $C = \phi(I)$ mit stetigem $\phi : I = [a, b] \to \mathbb{R}^n$ (für $n = 2$ und 3). Dann geschah etwas Unglaubliches: Peano bewies 1890 (Math. Ann. 36, S. 157-160), daß es stetige Funktionen $\phi : I \to \mathbb{R}^2$ gibt, deren Bildmenge (= Kurve) ein ganzes Quadrat ausfüllt (vgl. Aufgabe 12). Die mathematische Welt war zutiefst irritiert; zeigte sich hier doch, daß die nach langem Mühen endlich klar formulierte Stetigkeit bizarre Gebilde hervorbrachte, die aufs neue unterstrichen, wie sehr man der Anschauung mißtrauen mußte. Jordan fand auch den Weg aus diesem Dilemma. In der zweiten Auflage 1893 des *Cours d'Analyse* nimmt er eine kleine Änderung vor: er verlangt, daß die Abbildung injektiv ist. Auch unter diesen „Jordanschen"

Kurven gibt es Vertreter, die sich ob ihrer Kompliziertheit der Anschauung entziehen. HELGE V. KOCH (1870–1924, schwedischer Mathematiker) hat 1906 ein besonders eindruckvolles Exemplar konstruiert (die v. Kochsche Kurve ist in Mangoldt-Knopp II, Nr. 144 beschrieben). Es ist angesichts solcher Beispiele erstaunlich, daß in der Klasse der „geschlossenen Jordankurven" ein von der Anschauung geforderter, grundlegender Satz, der *Jordansche Kurvensatz* (vgl. 5.10), gilt. Jordan hat ihn im *Cours d'Analyse*, wenn auch noch unvollkommen, bewiesen.

Die erste Aufgabe der Kurventheorie ist die *Rektifikation*, also die Bestimmung der Länge einer Kurve. Nach griechischer Auffassung handelt es sich um die Konstruktion einer gleichlangen Strecke mit Zirkel und Lineal. Dies wurde im Altertum in keinem einzigen Fall geleistet, und Aristoteles zog daraus die Konsequenz, daß man Gerades und Krummes nicht vergleichen könne. Jedoch entwickelte Archimedes in seinen Schriften *Kreismessung* und *Kugel und Zylinder* eine Theorie, wie man die Bogenlänge nach oben und unten abschätzen kann. Er erklärt zunächst, wann eine Kurve nach einer Seite konkav ist, und stellt dann in zwei Postulaten (ohne Beweis) fest, daß die gerade Linie die kürzeste Verbindung zwischen P und Q darstellt und daß alle konkaven Kurven D unterhalb der Kurve C kürzer und alle Kurven E oberhalb von C länger sind als C (vgl. Bild).

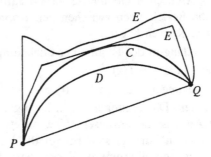

Die Kurvenlänge nach Archimedes

Man halte sich dabei vor Augen, daß die obere Schranke (Länge von E) nicht unmittelbar einleuchtet wie bei der Quadratur, wo die umschriebene Figur eben „größer ist" und damit eine größere Fläche hat als die einbeschriebene Figur. Das erste Postulat ist in 5.11 (d) enthalten, das zweite ist Gegenstand von Aufgabe 7. Mit Hilfe dieser Postulate beweist Archimedes, daß die Fläche eines Kreises halb so groß wie ein Rechteck mit dem Radius und dem Umfang als Seiten ist.

Im 19. Jahrhundert wurde bewiesen, daß die Rektifikation nach griechischer Auffassung selbst beim Kreis unmöglich ist; vgl. I.9.18. Nach unserem Verständnis ist Rektifikation die Bestimmung der Länge einer Kurve durch approximierende Streckenzüge. Die erste solche Rektifikation einer Kurve gelang 1657 dem damals 20jährigen Engländer WILLIAM NEIL (1637–1670), von dem keine weiteren mathematischen Leistungen überliefert sind. Das Objekt seiner erfolgreichen Bemühungen war die *Neilsche Parabel* $y^2 = x^3$; vgl. Beispiel 4 in 5.14 und [Edwards, S. 118–120]. Mit der Zurückführung der Rektifikation auf ein Integral, die von FERMAT (1660) vorbereitet wurde und LEIBNIZ und NEWTON geläufig war, schrumpfte dann ein ehemals unlösbares Problem zu einer einfachen Übungsaufgabe.

Die heutigen Lehrbücher der Analysis gehen von der Parameterdarstellung $\phi : I \to \mathbb{R}^n$ aus. Was aber eine Kurve nun sei, die Funktion ϕ oder die Bildmenge $\phi(I)$ oder beides, und wie man das Gebilde bezeichnen soll, darüber herrscht eine babylonische Sprachverwirrung. Man findet die Ausdrücke Bahn, Bogen, Weg, Kurve, Kurvenbogen, ebenso Wegstück,... in verschiedener Bedeutung. Wir benutzen die Bezeichnung *Weg* für die Funktion ϕ und *Kurve* für die Bildmenge $\phi(I)$. Diese Wortwahl soll daran erinnern, daß die Kurve eine Punktmenge, die Menge der Kurvenpunkte, ist, während die Funktion ϕ im mechanischen Bild beschreibt, auf welche Weise die Kurve abgeschritten und welcher Weg dabei zurückgelegt wird; es ist durchaus erlaubt und kommt bei Anwendungen auch vor, daß Teile der Kurve mehrfach durchlaufen werden.

5.10 Weg und Kurve. Es sei $I = [a, b]$ ein kompaktes Intervall. Man nennt eine stetige Funktion $\phi : I \to \mathbb{R}^n$ einen *Weg* (im $\mathbb{R}^n$), die Bildmenge $C = \phi(I) \equiv \{\phi(t) : a \leq t \leq b\}$ eine *Kurve* (im $\mathbb{R}^n$), genauer die durch ϕ erzeugte Kurve, und ϕ eine *Parameterdarstellung* dieser Kurve. Statt $\phi : I \to \mathbb{R}^n$ schreibt man kurz $\phi|I$. Für $n = 2$ oder 3 benutzen wir auch die Schreibweise $x = \phi_1(t)$, $y = \phi_2(t)$ und eventuell $z = \phi_3(t)$ und sprechen von ebenen Kurven bzw. Raumkurven.

Es ist $\phi(a)$ der *Anfangspunkt* und $\phi(b)$ der *Endpunkt* des Weges ϕ. Der Weg ϕ heißt *geschlossen*, wenn Anfangs- und Endpunkt zusammenfallen, er heißt *Jordanscher Weg*, wenn die Abbildung $\phi : I \to \mathbb{R}^n$ injektiv (dafür sagt man auch „doppelpunktfrei") ist, und ein *geschlossener Jordanscher Weg*, wenn aus $t_1 < t_2$, $\phi(t_1) = \phi(t_2)$ folgt $t_1 = a$, $t_2 = b$, kurz gesagt, wenn $\phi(a)$ der einzige Doppelpunkt ist. Ferner nennt man den Weg *glatt*, wenn $\phi \in C^1(I)$ und $\phi' \neq 0$ in I ist, und *stückweise glatt*, wenn es eine Zerlegung $a = t_0 < t_1 < \cdots < t_p = b$ von I gibt, so daß die Teilwege $\phi|I_i$ mit $I_i = [t_{i-1}, t_i]$ glatt sind $(i = 1, \ldots, p)$. Diese Eigenschaften übertragen sich auf Kurven. Die Kurve C heißt geschlossen, Jordankurve, geschlossene Jordankurve, glatt, stückweise glatt, wenn es einen Weg mit der entsprechenden Eigenschaft (geschlossen, Jordanweg,...) gibt, der sie erzeugt. Schließlich heißt die stetige Funktion ϕ in I stückweise stetig differenzierbar, wenn es eine Zerlegung von I gibt, so daß (mit den obigen Bezeichnungen) $\phi \in C^1(I_i)$ für $i = 1, \ldots, p$ ist (an den Teilpunkten t_i existieren also die einseitigen Ableitungen, aber sie können verschieden sein). Die Bedeutung der Voraussetzung $\phi' \neq 0$ für glatte Kurven wird in Bemerkung 2 am Ende dieser Nr. erläutert.

Beispiele. 1. *Die Strecke* $\overline{ab}$ $(a, b \in \mathbb{R}^n)$ ist für $a \neq b$ eine Jordankurve, dargestellt etwa durch

$$\phi(t; a, b) = a + t(b - a) = (1 - t)a + tb \qquad (0 \leq t \leq 1) .$$

Natürlich kann man den Parameterbereich auch verschieben und die Strecke $\overline{ab}$ etwa durch $\psi(t) := \phi(t - \alpha; a, b)$ mit $\alpha \leq t \leq \alpha + 1$ darstellen. Davon machen wir im nächsten Beispiel Gebrauch.

2. *Polygonzüge.* Sind die $p+1$ Punkte $a_0, a_1, \ldots, a_p \in \mathbb{R}^n$ (in dieser Reihenfolge) gegeben, so nennt man die Vereinigung der Strecken $\overline{a_0 a_1}, \overline{a_1 a_2}, \ldots, \overline{a_{p-1} a_p}$ den Polygonzug durch die Punkte (oder mit den Eckpunkten) $a_0, \ldots, a_p$. Er wird mit $P(a_0, \ldots, a_p)$ bezeichnet; vgl. 1.20 (mit Bild). Die Anordnung der Punkte spielt also eine Rolle.

Eine Parameterdarstellung läßt sich mit Hilfe von Beispiel 1 leicht angeben. Es seien etwa vier Punkte a, b, c, d gegeben, und die Funktion $\psi : I = [0, 3] \to \mathbb{R}^n$ sei gleich (vgl. Beispiel 1 zur Bezeichnung)

$$\phi(t; a, b) \text{ in } [0,1] \;, \quad \phi(t - 1; b, c) \text{ in } (1,2] \;, \quad \phi(t - 2; c, d) \text{ in } (2,3] \;.$$

Offenbar ist ψ stetig und $\psi(I) = P(a, b, c, d)$. Ob P eine (eventuell geschlossene) Jordankurve ist oder sich überschneidet, hängt von der Reihenfolge und der Lage der Ecken ab.

3. *Der Einheitskreis* im $\mathbb{R}^2$ ist eine geschlossene Jordankurve, dargestellt durch

$$x = \cos t, \; y = \sin t \quad (0 \le t \le 2\pi)$$

oder in komplexer Schreibweise $z = e^{it}$ $(0 \le t \le 2\pi)$.

4. *Die Ellipse.* Durch

$$x = a \cos t \;, \quad y = b \sin t \;, \quad 0 \le t \le 2\pi \; (a > b > 0) \;,$$

wird ein glatter geschlossener Jordanweg definiert. Die zugehörige Kurve kann durch die Gleichung

$$\frac{x^2}{a^2} + \frac{y^2}{b^2} = 1$$

beschrieben werden; es handelt sich um eine Ellipse. Man nennt die auf den Koordinatenachsen liegenden Ellipsenpunkte A, B, C, D (vgl. Bild) die *Scheitel*, die Strecke $\overline{AB}$ die *große Achse*

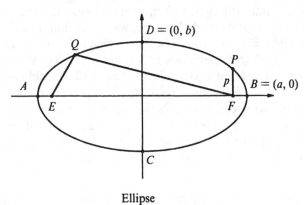

Ellipse

oder *Hauptachse* und die Strecke $\overline{CD}$ die *kleine Achse* oder *Nebenachse*, ferner die Zahlen

$$e = \sqrt{a^2 - b^2} \qquad \text{\textit{lineare Exzentrizität,}}$$

$$\varepsilon = \frac{e}{a} = \sqrt{1 - \frac{b^2}{a^2}} \qquad \text{\textit{numerische Exzentrizität}}$$

und die beiden Punkte $E = (-e, 0)$ und $F = (e, 0)$ die *Brennpunkte* der Ellipse. Es ist also a bzw. b die Länge der großen bzw. kleinen Halbachse. Für jeden Ellipsenpunkt $Q = (x, y)$ ist die Abstandssumme konstant,

$$|E - Q| + |Q - F| = 2a .$$

Der Abstand von einem Brennpunkt bis zur Ellipse in der Richtung senkrecht zur Hauptachse wird *Parameter p* der Ellipse genannt. Es ist (vgl. Bild) $p = |F - P| = b^2/a$.

5. *Die Hyperbel.* Durch

$$x = \pm a \cosh t , \quad y = b \sinh t \quad (t \in \mathbb{R})$$

wird der rechte Ast (+) bzw. der linke Ast (−) einer Hyperbel dargestellt, deren Punkte durch die Gleichung

$$\frac{x^2}{a^2} - \frac{y^2}{b^2} = 1$$

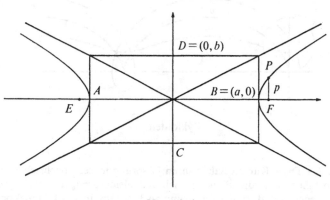

Hyperbel

charakterisiert werden (in diesem Beispiel wäre die Einschränkung von t auf ein kompaktes Intervall unnatürlich). Ähnlich wie bei der Ellipse nennt man die Punkte A, B die *Scheitel* und die Strecke $\overline{AB}$ die *Hauptachse*, die Strecke $\overline{CD}$ gelegentlich die *Nebenachse*, die Zahlen

$$e = \sqrt{a^2 + b^2} \qquad \textit{lineare Exzentrizität,}$$

$$\varepsilon = \frac{e}{a} = \sqrt{1 + \frac{b^2}{a^2}} \qquad \textit{numerische Exzentrizität,}$$

die Punkte $E = (-e, 0)$ und $F = (e, 0)$ die *Brennpunkte* und ferner die beiden Geraden $y = \pm bx/a$ die *Asymptoten* der Hyperbel. Der *Parameter p* der Hyperbel ist wie bei der Ellipse der Abstand senkrecht zur Hauptachse von einem Brennpunkt zur Kurve definiert; es ergibt sich auch hier $p = |P - F| = b^2/a$.

6. *Zykloiden.* Wenn in der Ebene ein Kreis auf einer geraden Linie abrollt, dann beschreibt ein mit dem Kreis fest verbundener Punkt P eine Kurve, die zur Familie der Zykloiden gehört. Für eine Parameterdarstellung dieser Kurven wählen wir als gerade Linie die x-Achse und nehmen an, daß zur ‚Zeit' $t = 0$ der Kreis vom Radius r den Nullpunkt berührt, also seinen Mittelpunkt M auf der y-Achse an der Stelle $(0, r)$ hat, und daß der Punkt P für $t = 0$ ebenfalls auf der y-Achse an der Stelle $(0, r - a)$ liegt

($a > 0$). Für $a < r$ befindet sich P im Innern des Kreises (etwa an einer Speiche befestigt), für $a = r$ auf der Peripherie und für $a > r$ außerhalb des Kreises (auf einer verlängerten Speiche, wodurch gewisse Schwierigkeiten bei der mechanischen Realisierung entstehen). Rollt der Kreis mit der konstanten Winkelgeschwindigkeit 1 nach rechts, so hat sein Mittelpunkt M zur Zeit t die Koordinaten (rt, r), während der Punkt P in bezug auf ein verschobenes Koordinatensystem mit dem Nullpunkt in M die Polarkoordinaten $r = a$, $\phi = -t - \frac{\pi}{2}$, also die kartesischen Koordinaten $a(\cos \phi, \sin \phi) = -a(\sin t, \cos t)$ besitzt. Als Parameterdarstellung im ursprünglichen System ergibt sich dann

$$x = rt - a \sin t, \qquad y = r - a \cos t \qquad (t \in \mathbb{R}) .$$

Im Fall $a = r$ spricht man auch von *der* Zykloide, in den Fällen $a < r$ bzw. $a > r$ von einer gedehnten bzw. verschlungenen Zykloide.

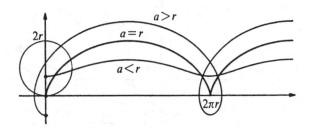

Zykloiden

7. *Epizykloiden*. Diese Kurven haben ihren Ursprung in der griechischen Astronomie. PLATON hat postuliert, daß die Planeten sich mit gleichförmiger Geschwindigkeit auf Kreisbahnen bewegen; vgl. dazu die Einleitung zu § I.6. Um die am Himmel beobachteten Planetenbahnen, insbesondere die schleifenförmigen, manchmal rückläufigen Bewegungen der äußeren Planeten in Einklang mit den platonischen Prinzipien zu erklären, mußten die Astronomen mehrere sich überlagernde Kreisbewegungen heranziehen. Im einfachsten Fall bewegt sich der Planet P auf einem (kleinen) Kreis, dem sogenannten *Epizykel*, während der Mittelpunkt M des Epizykels seinerseits auf einem (großen) Kreis, dem *Deferenten*, die Erde umrundet. Ist R der Radius des Deferenten und wird die entsprechende (nach Platon konstante!) Winkelgeschwindigkeit gleich 1 gesetzt, was man durch entsprechende Wahl der Zeiteinheit immer erreichen kann, so lautet das Bewegungsgesetz für M, wenn die Erde E in den Nullpunkt versetzt wird und M sich zur Zeit $t = 0$ am Ort $(R, 0)$ befindet, in komplexer Schreibweise $z = Re^{it}$. Vollzieht sich die epizyklische Bewegung auf einem Kreis vom Radius a mit der Winkelgeschwindigkeit ω, so wird sie in bezug auf den Mittelpunkt M durch $z = ae^{i(\alpha + \omega t)}$ beschrieben, wobei $ae^{i\alpha}$ den Ort des Planeten zur Zeit $t = 0$ angibt. Insgesamt erhält man als Planetenbahn die Kurve

$$z(t) = Re^{it} + ae^{i(\alpha + \omega t)} .$$

Nimmt man insbesondere an, daß der Planet zur Zeit $t = 0$ auf der x-Achse zwischen E und M liegt, so wird $\alpha = -\pi$, und man erhält wegen $e^{-i\pi} = -1$ die Darstellung

$$(*) \qquad z(t) = Re^{it} - ae^{i\omega t} \iff \begin{cases} x = R \cos t - a \cos \omega t \\ y = R \sin t - a \sin \omega t . \end{cases}$$

Eine zweite Erzeugung dieser Kurve ergibt sich, wenn man annimmt, daß auf einem festen Kreis um den Nullpunkt mit dem Radius r_1 ein zweiter Kreis mit dem Radius r abrollt und ein Punkt P fest mit diesem zweiten Kreis verbunden ist (wir haben eine ähnliche Situation wie im vorangehenden Beispiel, nur rollt der zweite Kreis nicht auf der x-Achse, sondern auf dem ersten Kreis ab). Als Bewegungsgleichung für P ergibt sich unter der Annahme, daß zur Zeit $t = 0$ der Mittelpunkt des zweiten Kreises die Koordinaten $(r_1 + r, 0)$ und P die Koordinaten $(r_1 + r - a, 0)$ hat (P hat also den Abstand a vom Mittelpunkt des zweiten Kreises)

$(**)$
$$x = (r_1 + r)\cos t - a\cos\frac{r_1 + r}{r}\,t\,,$$

$$y = (r_1 + r)\sin t - a\sin\frac{r_1 + r}{r}\,t\,.$$

Dies erkennt man anhand einer elementaren Betrachtung (vgl. Mangoldt-Knopp II, S. 404 f.). Ein Vergleich der beiden Formeln $(*)$ und $(**)$ zeigt, daß sie gemäß

$$R = r_1 + r\,,\quad \omega = \frac{r_1 + r}{r} \iff r = \frac{R}{\omega}\,,\quad r_1 = R - \frac{R}{\omega}$$

ineinander übergeführt werden können. Eine geschlossene Kurve liegt genau dann vor, wenn ω eine rationale Zahl ist. Für $\omega = p/q$ ergibt sich $z(2q\pi) = z(0) = R - a$.

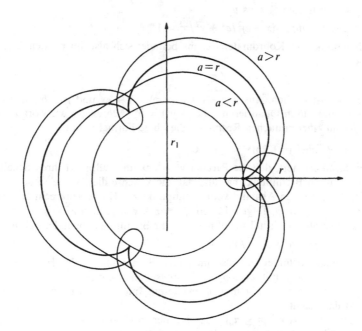

Epizykloiden ($r_1 = 3r$)

8. *Explizite Darstellung.* Die explizite Darstellung einer ebenen Kurve $y = f(x)$ mit stetigem f kann als Parameterdarstellung

$$y = f(x) \iff x = t\,,\quad y = f(t)$$

aufgefaßt werden. Es handelt sich dabei immer um einen Jordanweg. Die zugehörige
Jordankurve ist graph f. Natürlich ist auch die explizite Darstellung $x = g(y)$ äquivalent
mit einer entsprechenden Darstellung $x = g(t)$, $y = t$. Geschlossene Kurven lassen sich
offenbar nicht explizit darstellen.

9. *Darstellung in Polarkoordinaten.* Auch die Polarkoordinatendarstellung einer ebenen
Kurve $r = f(\phi)$ läßt sich leicht zu einer Parameterdarstellung umformen:

$$r = f(\phi) \Longleftrightarrow x = f(\phi) \cos \phi , \quad y = f(\phi) \sin \phi .$$

Dabei übernimmt das Argument ϕ die Rolle des Parameters. Bereits im ersten Band haben
wir als Beispiele dazu die archimedische Spirale $r = c\phi$ in der Einleitung zu § I.9 und die
Lemniskate in Aufgabe I.11.16 kennengelernt.

10. *Die Kegelschnitte in Polarkoordinaten.* Die Kegelschnitte lassen sich in Polarkoordinaten in einheitlicher Weise durch die Formel

(KS) $$r = \frac{p}{1 + \varepsilon \cos \phi} \quad (\varepsilon \geq 0, \ p > 0)$$

beschreiben. Dabei ist p der Parameter des Kegelschnitts und ε die numerische Exzentrizität. Man beachte, daß sich im Fall von Ellipse und Hyperbel aus p und ε die Zahlen a
und b berechnen lassen: Aus der Gleichung $\varepsilon^2 = 1 - b^2/a^2 = 1 - p/a$ ergibt sich a und
hieraus dann $b = \sqrt{ap}$. In allen Fällen ist der Nullpunkt Brennpunkt des Kegelschnitts.
Wir diskutieren die einzelnen Fälle.

(a) $\varepsilon = 0$: *Kreis* vom Radius p.

(b) $0 < \varepsilon < 1$: *Ellipse* $(x + e)^2/a^2 + y^2/b^2 = 1$.

Der Nullpunkt des Koordinatensystems befindet sich also im rechten Brennpunkt F
der Ellipse.

Der *Beweis* ist einfach. Aus $p = r(1 + \varepsilon \cos \phi) = r + \varepsilon x$ und $p = b^2/a$, $\varepsilon = e/a$ folgt
$ar = b^2 - ex$ und durch Quadrieren $a^2(x^2 + y^2) = b^4 - 2b^2 ex + e^2 x^2$, woraus sich wegen
$e^2 = a^2 - b^2$ mit einer einfachen Rechnung die obige Formel ergibt.   □

(c) $\varepsilon = 1$: *Parabel* $y^2 + 2p(x - \frac{1}{2}p) = 0$.

Es sei daran erinnert, daß die Parabel $y^2 = 2px$ im Nullpunkt ihren Scheitel und im
Punkt $(p/2, 0)$ ihren Brennpunkt hat und daß die x-Achse die Parabelachse ist. Auch hier
gibt der Parameter p den Abstand vom Brennpunkt zur Kurve senkrecht zur Achse an.
Aus $r = p/(1 + \cos \phi)$ folgt $r(1 + \cos \phi) = r + x = p$, also $r^2 = x^2 + y^2 = (p - x)^2$.
Diese Parabel ist also nach links geöffnet, und ihr Brennpunkt befindet sich im Ursprung.

(d) $\varepsilon > 1$: *Hyperbel* $(x - e)^2/a^2 - y^2/b^2 = 1$.

Der Nullpunkt befindet sich also im linken Brennpunkt E der Hyperbel. Ist ϕ_0 der
positive Winkel $< \pi/2$ mit $\varepsilon \cos \phi_0 = 1$, so ist der Nenner in der Darstellung (KS)
für $|\phi| < \pi - \phi_0$ positiv. Läßt man ϕ in diesem Intervall variieren, so wird der linke
Hyperbelast dargestellt.
Im Bereich $\pi - \phi_0 < |\phi| \leq \pi$ ist der Nenner in (KS) negativ. Durch diesen Bereich
wird der rechte Hyperbelast dargestellt, wenn man vereinbart, daß die Zuordnung $(r, \phi) \rightarrow$
$(x, y) = r(\cos \phi, \sin \phi)$ auch für negative r gelten soll (das läuft darauf hinaus, daß man für
negative r auf dem durch ϕ bestimmten Strahl die Strecke $|r|$ in der negativen Richtung
abträgt). Will man diesen Schönheitsfehler vermeiden, so muß man ϕ durch $\pi - \phi$ ersetzen
und erhält dann die Darstellung

$$r = \frac{p}{\varepsilon \cos \phi - 1} \quad \text{für } |\phi| < \phi_0 ,$$

die nun in der Tat den rechten Ast mit $r > 0$ beschreibt. Übrigens ist ϕ_0 der (positive) Winkel, den die Asymptoten mit der x-Achse bilden. Man rechnet leicht nach, daß $\tan \phi_0 = b/a$ ist.

11. *Die Schraubenlinie* im $\mathbb{R}^3$ ist die durch den Jordanweg

$$x = r \cos t \,, \quad y = r \sin t \,, \quad z = at \qquad (0 \leq t \leq \gamma; a > 0; r > 0)$$

erzeugte Jordankurve. Der bei einem Umlauf erzielte Höhenzuwachs $2a\pi$ wird *Ganghöhe* der Schraubenlinie genannt.

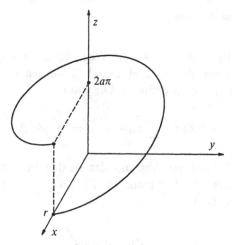

Schraubenlinie

12. *Kreise im $\mathbb{R}^n$.* Es seien ξ, η zwei Punkte im $\mathbb{R}^n$ mit $|\xi| = |\eta| = 1$ und $\xi \cdot \eta = 0$. Der in dem durch ξ und η aufgespannten zweidimensionalen Unterraum gelegene Kreis vom Radius r mit dem Mittelpunkt im Nullpunkt wird durch

$$\phi(t) = r(\xi \cos t + \eta \sin t) \qquad (0 \leq t \leq 2\pi)$$

dargestellt. Ohne Mühe sieht man, daß $|\phi(t)| = r$ ist und daß den Werten $t = 0$, $\pi/2$, π, $3\pi/2$, 2π die Kurvenpunkte $r\xi$, $r\eta$, $-r\xi$, $-r\eta$, $r\xi$ entsprechen. Für $n = 2$, $\xi = e_1$, $\eta = e_2$ und $r = 1$ erhält man den Einheitskreis von Beispiel 3.

Bemerkungen. 1. Eine glatte Kurve besitzt auch Darstellungen durch nicht-differenzierbare Wege. Z.B. wird durch $\phi(t) = (h(t), 0)$ in $I = [0, 1]$, wenn $h : I \to \mathbb{R}$ stetig und streng monoton ist, ein Jordanweg definiert. Die zugehörige Kurve ist die Verbindungsgerade der Punkte $(h(0), 0)$ und $(h(1), 0)$ in der Ebene.

2. Umgekehrt kann eine Kurve auch dann Ecken oder Spitzen haben, wenn ϕ stetig differenzierbar ist. Das zeigt etwa die Zykloide $\phi(t) = (t - \sin t, 1 - \cos t)$ von Beispiel 6. In den Spitzen, also für $t = 2k\pi$ (k ganz) ist $\phi'(t) = 0$. Die Kurve $y = |x|$ $(-1 \leq x \leq 1)$ wird z.B. durch den Jordanweg $\phi(t) = (t^3, |t|^3) \in C^2([-1, 1])$ erzeugt. In der mechanischen Deutung ist ϕ' der Geschwindigkeitsvektor. Die Beispiele zeigen, daß man mit stetig veränderlicher Geschwindigkeit auch Ecken fahren kann, wenn die Geschwindigkeit im Eckpunkt verschwindet. Aus diesem Grunde wurden glatte Kurven mit der Zusatzbedingung $\phi' \neq 0$ definiert. Sie sichert, daß in jedem Kurvenpunkt eine eindeutig bestimmte Tangente existiert; vgl. 5.16.

Zum Abschluß dieses Abschnitts formulieren wir den schon in der Einleitung erwähnten Jordanschen Kurvensatz. Er drückt aus, daß eine geschlossene Jordankurve die Ebene in zwei Gebiete, ein beschränktes Innengebiet und ein unbeschränktes Außengebiet zerschneidet. Im Fall des Einheitskreises $x^2 + y^2 = 1$ ist dies sofort einzusehen. Innen- und Außengebiet werden durch die Ungleichung $x^2 + y^2 < 1$ bzw. > 1 beschrieben. Im allgemeinen Fall ist der Beweis schwierig.

Jordanscher Kurvensatz. *Zu jeder ebenen geschlossenen Jordankurve C gehören zwei Gebiete, ein beschränktes Innengebiet G_1 und ein unbeschänktes Außengebiet G_2 mit der Eigenschaft, daß $C = \partial G_1 = \partial G_2$ und $\mathbb{R}^2 = C \cup G_1 \cup G_2$ ist, wobei diese drei Punktmengen disjunkt sind.*

5.11 Die Weglänge. Es sei $\phi : I \to \mathbb{R}^n$ ein Weg und $Z : a = t_0 < t_1 < \ldots < t_p = b$ eine Zerlegung des Intervalls $I = [a, b]$. Durch Z werden auf der Kurve $C = \phi(I)$ $p + 1$ Kurvenpunkte $x_i = \phi(t_i)$ definiert. Die Zahl

$$\ell(Z;\phi) \equiv \ell(Z) := \sum_{i=1}^{p} |x_i - x_{i-1}| = \sum_{i=1}^{p} |\phi(t_i) - \phi(t_{i-1})|$$

wird man, da der Euklidische Abstand der beiden Punkte x_{i-1} und x_i gleich $|x_{i-1} - x_i|$ ist, als Länge des Polygonzuges $P(x_0, x_1, \ldots, x_p)$ deuten (wir kommen auf diese Deutung zurück).

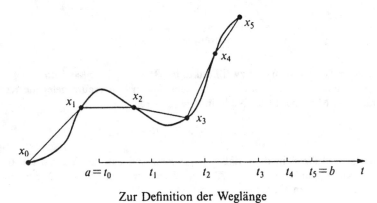

Zur Definition der Weglänge

Als Länge des Weges ϕ definiert man

$$L(\phi) := \sup \ell(Z) \qquad \textit{Weglänge von } \phi \,,$$

wobei alle Zerlegungen von I zugelassen sind. Ist $L(\phi) < \infty$, so wird der Weg ϕ *rektifizierbar*, im Falle $L(\phi) = \infty$ *nicht rektifizierbar* genannt.

Ist $t_{i-1} < s < t_i$ und $x = \phi(s)$, so ist $|x_i - x_{i-1}| \leq |x_i - x| + |x - x_{i-1}|$. Daran erkennt man, daß $\ell(Z)$ sich bei Hinzunahme eines weiteren Teilpunktes s vergrößert. Anders gesagt, $\ell(Z)$ ist ein bezüglich der natürlichen Ordnung monoton wachsendes Netz. Die Weglänge läßt sich also nach Satz 5.5 auch als Limes definieren:

$$L(\phi) = \lim_Z \ell(Z) \; .$$

Zunächst einige einfache Tatsachen über die Weglänge.

(a) Ist ϕ in $I = [a,b]$ linear, etwa $\phi(t) = x_0 + tx_1$ mit $x_0, x_1 \in \mathbb{R}^n$, so erhält man $\ell(Z;\phi) = |x_1|(b-a)$ für jede Zerlegung Z von I, also $L(\phi) = |x_1|(b-a) = |\phi(b) - \phi(a)|$.

(b) Ist ϕ in I stetig differenzierbar und $|\phi'(t)| \leq \alpha$, so genügt ϕ in $I = [a,b]$ nach Satz 4.2 einer Lipschitzbedingung $|\phi(s) - \phi(t)| \leq \alpha|s - t|$. Hieraus folgt $\ell(Z;\phi) \leq \alpha(b-a)$ für jede Zerlegung Z von I, also $L(\phi) \leq \alpha(b-a)$. Lipschitzstetige und speziell stetig differenzierbare Wege sind also rektifizierbar.

(c) Für rektifizierbare Wege $\phi, \psi : I \to \mathbb{R}^n$ ist $|L(\phi) - L(\psi)| \leq L(\phi - \psi)$.

Denn mit der Bezeichnung $\delta_i\phi = \phi(t_i) - \phi(t_{i-1}), \ldots$ ist nach der Folgerung aus der Dreiecksungleichung $||\delta_i\phi| - |\delta_i\psi|| \leq |\delta_i(\phi - \psi)|$. Daraus folgt dann $|\ell(Z;\phi) - \ell(Z;\psi)| \leq \ell(Z;\phi-\psi) \leq L(\phi-\psi)$, woraus sich die Behauptung ergibt.

(d) Für jeden Weg $\phi|[a,b]$ ist $L(\phi) \geq |\phi(b) - \phi(a)|$. Der kürzeste Weg zwischen den beiden Endpunkten $\phi(a)$, $\phi(b)$ verläuft also nach (a) auf der Verbindungsstrecke. Für die triviale Zerlegung $Z = (a,b)$ ist nämlich $\ell(Z) = |\phi(b) - \phi(a)|$.

Eine Aufteilung des Intervalls $I = [a,b]$ in zwei Teile $I_1 = [a,c]$, $I_2 = [c,b]$ mit $a < c < b$ erzeugt eine entsprechende Aufteilung des Weges $\phi|I$ in zwei Teilwege $\phi_1 := \phi|I_1$ und $\phi_2 := \phi|I_2$. Umgekehrt kann man aus zwei Wegen $\phi_1|I_1$ und $\phi_2|I_2$, wenn der Endpunkt von ϕ_1 mit dem Anfangspunkt von ϕ_2 übereinstimmt, wenn also $\phi_1(c) = \phi_2(c)$ ist, einen Wegen $\phi|I$ auf naheliegende Weise zusammensetzen. Wir bezeichnen den auf diese Weise erhaltenen Weg mit $\phi = \phi_1 \oplus \phi_2$. Die entsprechende Zerlegung bzw. Zusammensetzung überträgt sich auf die zugehörigen Kurven, und es ist, wenn C bzw. C_i die von ϕ bzw. ϕ_i erzeugte Kurve bezeichnet, $C = C_1 \cup C_2$. Ist $\phi = \phi_1 \oplus \phi_2$ ein Jordanweg, so sind auch ϕ_1 und ϕ_2 Jordanwege; die Umkehrung ist jedoch i.a. falsch, wie einfache Beispiele zeigen.

(e) Aus $\phi = \phi_1 \oplus \phi_2$ folgt $L(\phi) = L(\phi_1) + L(\phi_2)$. Der Weg ϕ ist also genau dann rektifizierbar, wenn ϕ_1 und ϕ_2 rektifizierbar sind.

Beweis. Mit den Bezeichnungen von 5.7 gilt für $Z = (Z_1, Z_2)$ offenbar $\ell(Z,\phi) = \ell(Z_1, \phi_1) + \ell(Z_2, \phi_2)$. Die Behauptung ist also ein Sonderfall von Satz 5.7.　　□

Entsprechend definiert man, wenn p Wege $\phi_1|I_1, \ldots, \phi_p|I_p$ mit $I_i = [t_{i-1}, t_i]$, $t_0 < t_1 < \ldots < t_p$ und $\phi_i(t_i) = \phi_{i+1}(t_i)$ ($i = 1, \ldots, p - 1$) gegeben sind, mit $\phi = \phi_1 \oplus \ldots \oplus \phi_p$ diejenige eindeutig bestimmte stetige Abbildung von $[t_0, t_p]$ nach $\mathbb{R}^n$, welche auf I_i mit ϕ_i übereinstimmt. Aus (e) folgt dann

(f) $L(\phi_1 \oplus \ldots \oplus \phi_p) = L(\phi_1) + \ldots + L(\phi_p)$.

Ein nicht rektifizierbarer Weg wird in Beispiel 6 von 5.14 beschrieben. Ferner werden wir in Satz 5.22 ein Kriterium für die Rektifizierbarkeit beweisen.

5.12 Die Weglänge als Funktion von t. Es sei $\phi|I = [a,b]$ ein rektifizierbarer Weg. Die durch

$$s(a) = 0 \; , \quad s(t) = L(\phi|[a,t]) \quad \text{für } a < t \leq b$$

definierte Funktion $s : I \rightarrow \mathbb{R}$ gibt an, wie lange das dem Intervall $[a, t]$ entsprechende Wegstück ist, welcher Weg also zur Zeit t bereits zurückgelegt wurde. Insbesondere ist $s(b) = L(\phi)$. Für ein Teilstück des Weges $\phi|[t_1, t_2]$ mit $a \leq t_1 < t_2 \leq b$ ist $L(\phi|[t_1, t_2]) = s(t_2) - s(t_1)$ nach 5.11 (f). Die *Weglängenfunktion* s hat die folgenden Eigenschaften:

Satz. *Die Funktion s ist, wenn $\phi|I$ rektifizierbar ist, in I stetig und monoton wachsend, im Fall eines Jordanweges streng monoton wachsend. Ist ϕ stetig differenzierbar, so ist $\phi|I$ rektifizierbar nach 5.11 (b). In diesem Fall ist die Weglängenfunktion s ebenfalls stetig differenzierbar und*

$$s(t) = \int_a^t |\phi'(\tau)| \, d\tau \,, \quad also \quad s'(t) = |\phi'(t)| \quad in \ I \,,$$

insbesondere

$$L(\phi) = \int_a^b |\phi'(t)| \, dt \,.$$

Die Integraldarstellung besteht nach 5.11 (f) auch dann, wenn ϕ nur stückweise stetig differenzierbar ist.

Beweis. Es sei $a \leq t_1 < t_2 \leq b$. Aufgrund von 5.11 (d)(f) ist $s(t_2) - s(t_1) = L(\phi|[t_1, t_2]) \geq |\phi(t_2) - \phi(t_1)| \geq 0$ und im Fall $\phi(t_1) \neq \phi(t_2)$ sogar > 0. Damit ist die Monotonie nachgewiesen.

Für den Stetigkeitsbeweis betrachten wir eine Zerlegung $Z = (t_0, \ldots, t_p)$ von I. Mit den Bezeichnungen $I_i = [t_{i-1}, t_i]$, $\phi_i = \phi|I_i$, $\alpha_i = |\phi(t_i) - \phi(t_{i-1})|$ ist $\ell(Z) = \sum \alpha_i$, $L(\phi) = \sum L(\phi_i)$ und $\alpha_i \leq L(\phi_i)$ nach 5.11 (d)(f), also für festes k

$$L(\phi_k) - \alpha_k \leq \sum (L(\phi_i) - \alpha_i) = L(\phi) - \ell(Z) \,.$$

Bestimmt man nun zu $\varepsilon > 0$ zunächst ein $\delta > 0$ derart, daß $|\phi(t) - \phi(s)| < \varepsilon$ für $|t - s| < \delta$ ist, und sodann eine Zerlegung Z mit $|Z| < \delta$ und $L(\phi) - \ell(Z) < \varepsilon$, so folgt $\alpha_k < \varepsilon$ und damit $L(\phi_k) < \varepsilon + \alpha_k < 2\varepsilon$, und zwar für alle k. Wegen $L(\phi_k) = s(t_k) - s(t_{k-1})$ und der Monotonie von $s(t)$ bedeutet dies, daß als Unstetigkeitsstellen höchstens Sprünge $< 2\varepsilon$ auftreten können, und daraus folgt dann die Stetigkeit von s, da ε beliebig wählbar ist.

Nun sei ϕ in I stetig differenzierbar. Zu $\varepsilon > 0$ gibt es dann ein $\delta > 0$ derart, daß aus $|s - t| < \delta$ folgt $|\phi'(s) - \phi'(t)| < \varepsilon$. Es seien t_1, t_2 mit $t_1 < t_2 < t_1 + \delta$ fest gewählt. Im Intervall $I' = [t_1, t_2] \subset I$ betrachten wir neben ϕ den linearen Weg $\bar{\phi}(t) = \phi(t_1) + (t - t_1)\phi'(t_1)$ sowie den durch $\psi = \phi - \bar{\phi}$ beschriebenen Weg. Nach 5.11 (a) hat der Weg $\bar{\phi}$ die Länge $L(\bar{\phi}; I') = (t_2 - t_1)|\phi'(t_1)|$. Für die Funktion ψ ist $|\psi'(t)| \leq \varepsilon$ in I', also $L(\psi; I') < \varepsilon(t_2 - t_1)$ nach 5.11 (b). Aus 5.11 (c) folgt dann

$$|L(\phi; I') - L(\bar{\phi}; I')| \leq L(\psi; I') \leq \varepsilon(t_2 - t_1)$$

oder, wenn man die Werte einsetzt,

$$\left| \frac{s(t_2) - s(t_1)}{t_2 - t_1} - |\phi'(t_1)| \right| < \varepsilon \quad \text{für} \ \ t_1 < t_2 < t_1 + \delta \,.$$

Das bedeutet gerade, daß die rechtsseitige Ableitung von $s(t)$ an der Stelle t_1 existiert und den Wert $|\phi'(t_1)|$ hat. Führt man denselben Beweis mit $\bar{\phi} = \phi(t_2) + (t - t_2)|\phi'(t_2)|$ durch, so ergibt sich $s'_-(t_2) = |\phi'(t_2)|$. Also ist $s'(t) = |\phi'(t)|$ in I. Hieraus folgt die Darstellung von $s(t)$ durch Integration; die Funktion $|\phi'|$ ist nämlich stetig nach 2.1 (c). □

Mit dieser wichtigen Integraldarstellung der Weglänge können wir nun Weglängen berechnen. Sie hat übrigens eine einfache mechanische Erklärung. Die Größe $|\phi'(t)|$ stellt die (richtungslose) momentane Geschwindigkeit dar, wie sie von einem Tachometer gemessen wird, und das Integral über die Geschwindigkeit ergibt den zurückgelegten Weg (das wird anhand der entsprechenden Riemann-Summe besonders anschaulich).

Beispiele. Man rechnet ohne Mühe nach, daß der in Beispiel 1 von 5.10 angegebene Jordanweg für die Strecke $\overline{ab}$ die Länge $|a - b|$ hat. Hieraus und aus (d) ergibt sich, daß dieser Jordanweg der kürzeste, die beiden Punkte a und b verbindende Weg ist. Aus (f) folgt dann, daß der Weg von Beispiel 2 für den Polygonzug $P(a_0, \ldots, a_p)$ die Länge $|a_0 - a_1| + \ldots + |a_{p-1} - a_p|$ besitzt.

Der Weg von Beispiel 3 für den Einheitskreis, $\phi(t) = (\cos t, \sin t)$ $(0 \le t \le 2\pi)$, hat die Länge 2π, da $|\phi'| = 1$ ist. Wir kommen darauf in 5.14 im Zusammenhang mit der Bogenlänge zurück. Dort sind weitere Beispiele zu finden.

5.13 Äquivalente Darstellungen, Orientierung. Wir nennen zwei Darstellungen $\phi|I$ und $\psi|J$ derselben Kurve C *äquivalent*, $\phi \sim \psi$, wenn es eine monoton wachsende, stetige Bijektion $h : J \to I$ gibt, sodaß $\psi(\tau) = \phi(h(\tau))$ für $\tau \in J$ ist. Anschaulich bedeutet dies, daß die Kurve C in derselben zeitlichen Reihenfolge, mit denselben mehrfach durchlaufenen Strecken,..., aber mit verschiedener Geschwindigkeit durchlaufen wird. Da die Bijektion h jeder Zerlegung Z' von J mit den Zwischenpunkten τ_i eine entsprechende Zerlegung Z von I mit den Zwischenpunkten $t_i = h(\tau_i)$ zuordnet (und umgekehrt) und da die zugehörigen Kurvenpunkte gleich sind, $x_i = \phi(t_i) = \psi(\tau_i)$, folgt $\ell(Z) = \ell(Z')$, d.h. $L(\phi) = L(\psi)$. Man prüft leicht nach, daß $\sim$ eine Äquivalenzrelation in der Menge aller Parameterdarstellungen von C ist.

Ein Weg besitzt eine *Orientierung*, die Funktion ϕ beschreibt, in welcher (im mechanischen Bild zeitlichen) Reihenfolge er durchlaufen wird. Durch Umorientierung entsteht aus $\phi|I$ der Weg $\phi^-|I$ gemäß $\phi^-(t) = \phi(a + b - t)$, $t \in I = [a, b]$. Beide Wege erzeugen dieselbe Kurve, jedoch sind Anfangs- und Endpunkt vertauscht, und der Bewegungsablauf verläuft umgekehrt, wie wenn man einen Film von hinten ablaufen läßt. Auch hier überzeugt man sich leicht davon, daß ϕ und ϕ^- dieselbe Weglänge haben. Fassen wir zusammen:

(a) Es ist $L(\phi) = L(\phi^-)$ und aus $\phi \sim \psi$ folgt $L(\phi) = L(\psi)$.

Der folgende Satz zeigt, daß es für Jordanwege im wesentlichen, d.h. bis auf Äquivalenz und Umkehrung, nur eine einzige Darstellung gibt.

Satz. *Es seien $\phi|I$ und $\psi|J$ zwei Jordanwege, welche dieselbe Jordankurve $C = \phi(I) = \psi(J)$ erzeugen. Dann gibt es genau eine stetige Bijektion $h : J \to I$ derart, daß $\psi = \phi \circ h$ ist; sind die Wege ϕ und ψ glatt, so ist $h \in C^1(J)$ und $h' \neq 0$ in J.*

Daraus folgt, daß entweder $\psi \sim \phi$ oder $\psi \sim \phi^-$ gilt, je nachdem, ob h monoton wachsend oder fallend ist.

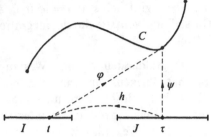

Die Bijektion $h = \phi^{-1} \circ \psi$

Beweis. Nach 2.12 ist $\phi^{-1} : C \to I$ und damit auch $h := \phi^{-1} \circ \psi : J \to I$ stetig und bijektiv, und es ist $\phi \circ h = \phi \circ \phi^{-1} \circ \psi = \psi$. Da sich aus $\psi = \phi \circ h$ die Gleichung $\phi^{-1} \circ \psi = \phi^{-1} \circ \phi \circ h = h$ ergibt, sind Existenz und Eindeutigkeit von h bewiesen. Schließlich folgt aus dem Zwischenwertsatz, daß eine stetige und bijektive Abbildung $h : J \to \mathbb{R}$ streng monoton ist; vgl. Aufgabe I.6.11.

Differenzierbarkeit von h. Es sei $\tau_0 \in J$ und $t_0 = h(\tau_0)$. Da $\phi'(t_0) \neq 0$ ist, gibt es einen Index j mit $\phi_j'(t_0) > 0$ (z.B.). Dann ist $\phi_j'(t) > 0$ in einem Intervall $I' \subset I$, welches t_0 enthält. Zu I' gehört ein Intervall $J' \subset J$ mit $I' = h(J')$. In I' ist ϕ_j streng monoton wachsend, und nach Satz I.10.7 ist die Umkehrfunktion ϕ_j^{-1} im Intervall $\phi_j(I')$ stetig differenzierbar. Aus $\psi(\tau) = \phi(h(\tau))$ folgt $\psi_j(\tau) = \phi_j(h(\tau))$, also $h(\tau) = \phi_j^{-1}(\psi_j(\tau))$ in J'. An dieser Darstellung erkennt man, daß $h \in C^1(J')$ ist. Aus $\psi = \phi(h)$ ergibt sich nun $\psi' = \phi'(h)h'$, und wegen $\psi' \neq 0$ folgt daraus $h' \neq 0$.   □

Ein Jordanweg $\phi|I$ prägt auch der zugehörigen Jordankurve $C = \phi(I)$ eine Orientierung auf; da die Abbildung injektiv ist, läßt sich eindeutig sagen, welcher von zwei Kurvenpunkten früher und welcher später erreicht wird. Da zwei äquivalente Darstellungen dieselbe Orientierung liefern, besitzt C genau zwei (durch Jordanwege erzeugte) Orientierungen. Ebenso wird eine geschlossene Jordankurve durch den zugehörigen geschlossenen Jordanweg orientiert; er gibt an, in welcher zyklischen Reihenfolge drei Kurvenpunkte stehen (wenn man über den Anfangspunkt (= Endpunkt) weitergeht).

5.14 Die Länge einer Kurve. Solange es erlaubt ist, auf der Kurve $C = \phi(I)$ auch hin- und herzugehen, wird die Weglänge nichts mit der (wie auch immer erklärten) Länge der Kurve C zu tun haben. Betrachtet man jedoch eine von dem Jordanweg $\phi|I$ erzeugte Jordankurve $C = \phi(I)$, so zeigt der vorangehende Satz, daß jeder andere die Kurve C erzeugende Jordanweg ψ entweder zu ϕ oder zu ϕ^- äquivalent ist, und aus 5.13 (a) folgt dann $L(\phi) = L(\psi)$. Alle Jordanwege, welche die Kurve C erzeugen, haben also dieselbe Weglänge. Dies ermöglicht die naheliegende, völlig eindeutige

Definition. *Unter der Länge $L(C)$ einer Jordankurve C versteht man die Länge eines Jordanweges, der C erzeugt.*

Jordanähnliche Wege und Kurven (J-Wege und J-Kurven). Um auch anderen Kurven, etwa einem Kreis, einer Lemniskate oder einer Epizykelkurve eine Länge zuschreiben zu können, müssen wir diese Definition erweitern. Wir betrachten dazu die Klasse der „jordanähnlichen" Kurven, die – grob gesagt – nur endlich viele Doppelpunkte haben. Im folgenden nennen wir, wenn $\phi | I$ ein Weg, $C = \phi(I)$ und I° das Innere von I ist, die Menge $C^0 := \phi(I^\circ)$ das *Innere* der Kurve C und bezeichnen Anfangs- und Endpunkt auch als *Randpunkte*. Der Weg $\phi | I$ heißt *jordanähnlich*, wenn es eine Darstellung $\phi = \phi_1 \oplus \ldots \oplus \phi_p$ gibt mit der Eigenschaft, daß die ϕ_k Jordanwege sind und die zugehörigen Jordankurven C_k höchstens Randpunkte gemeinsam haben, anders gesagt, wenn es eine Zerlegung $Z = (t_0, \ldots, t_p)$ von I mit den Teilintervallen $I_k = [t_{k-1}, t_k]$ gibt, so daß die $\phi_k = \phi | I_k$ Jordanwege, die Mengen $C_k^0 = \phi(I_k^\circ)$ paarweise disjunkt und die Randpunkte von C_k nicht innere Punkte von C_j sind. Die von ϕ erzeugte Kurve wird dann ebenfalls *jordanähnlich* genannt. Jordanähnliche Wege und Kurven bezeichnen wir kurz als J-Wege und J-Kurven. Zu den J-Kurven gehören unter anderem geschlossene Jordankurven, Kurven von der Form einer 8 und auch das vierblättrige Kleeblatt aus I.11.9.

Für J-Kurven können wir die obige Längendefinition übertragen.

Definition und Satz. *Alle jordanähnlichen Wege, welche ein und dieselbe (jordanähnliche) Kurve C erzeugen, haben dieselbe Weglänge. Sie wird mit $L(C)$ bezeichnet und die (Bogen-)Länge von C genannt.*

Beweis. Es seien $\phi | I$ und $\psi | J$ zwei J-Wege mit $C = \phi(I) = \psi(J)$ und $\phi = \phi_1 \oplus \ldots \oplus \phi_p$, $\psi = \psi_1 \oplus \ldots \oplus \psi_q$ zugehörige Zerlegungen in Jordanwege gemäß der obigen Definition. Die entsprechenden Teilpunkte, Teilintervalle und Teilkurven werden mit t_i, $I_i = [t_{i-1}, t_i]$, $C_i = \phi(I_i)$ und τ_j, $J_j = [\tau_{j-1}, \tau_j]$, $D_j = \psi(J_j)$ bezeichnet. Durch weitere Unterteilung kann erreicht werden, daß jeder Endpunkt $\phi(t_i)$ unter den Endpunkten $\psi(\tau_j)$ vorkommt, und umgekehrt. Dies wollen wir im folgenden annehmen. Es genügt zu zeigen, daß für beliebige Indizes i und j entweder $C_i^0 \cap D_j^0 = \emptyset$ oder $C_i = D_j$ ist. Im zweiten Fall folgt aus der obigen Betrachtung über Jordankurven $L(C_i) = L(\phi_i) = L(\psi_j)$. Hieraus ergibt sich dann die Behauptung $L(\phi) = \sum L(\phi_i) = \sum L(\psi_j) = L(\psi)$, insbesondere $p = q$.

Nun sei $x \in C_i^0 \cap D_j^0$, etwa $x = \phi(t) = \psi(\tau)$ mit $t \in I_i^\circ$, $\tau \in J_j^\circ$. Mit $I' = [s', t']$ bezeichnen wir das größte, den Punkt t enthaltende Teilintervall von I_i mit $\phi(I') \subset D_j$ (aus Stetigkeitsgründen ist I' abgeschlossen). Angenommen, es sei $I' \neq I_i$ und etwa $t' < t_i$. Nach der oben vollzogenen Unterteilung ist ein innerer Punkt von C_i nicht Randpunkt von D_j. Deshalb gehört der Punkt $y = \phi(t')$ zu D_j^0, und er hat einen positiven Abstand von der kompakten Menge $C \setminus D_j^0$. Also liegen für kleine $h > 0$ die Punkte $\phi(t' + h)$ in D_j^0 im Widerspruch zur Definition von I'. Also ist $I' = I_i$ und $C_i \subset D_j$. Dieselbe Beweisidee liefert auch $D_j \subset C_i$, also $C_i = D_j$. Damit ist der Unabhängigkeitsbeweis abgeschlossen. $\square$

Corollar. *Besitzt die J-Kurve C eine stückweise stetig differenzierbare jordanähnliche Darstellung $\phi : I \to \mathbb{R}^n$, so läßt sich ihre Länge nach Satz 5.12 als Integral bestimmen,*

$$L(C) = \int_a^b |\phi'(t)| \, dt \quad \textit{Länge der Kurve } C = \phi(I) \; .$$

Wir notieren zwei Sonderfälle.

Explizite Darstellung. Die durch $y = f(x)$ $(a \le x \le b)$ mit $f \in C^1[a, b]$ dargestellte ebene Jordankurve hat die Länge

$$L = \int_a^b \sqrt{1 + f'^2(x)} \, dx \; .$$

Das ergibt sich aus der Parameterdarstellung $\phi(t) = (t, f(t))$ des zugehörigen Jordanweges.

Darstellung in Polarkoordinaten. Die Funktion f sei in $[\alpha, \beta]$ nichtnegativ und stückweise stetig differenzierbar, und die Gleichung $r = f(\phi)$ $(\alpha \le \phi \le \beta)$ stelle eine jordanähnliche Kurve dar (für $\beta - \alpha < 2\pi$ und $f > 0$ handelt es sich immer um eine Jordankurve). Aus der entsprechenden Parameterdarstellung (vgl. Beispiel 9 von 5.10)

$$x = f(\phi) \cos \phi \, , \quad y = f(\phi) \sin \phi \, , \quad \alpha \le \phi \le \beta \, ,$$

ergibt sich wegen

$$x'^2 + y'^2 = (f' \cos \phi - f \sin \phi)^2 + (f' \sin \phi + f \cos \phi)^2 = f^2 + f'^2$$

die Länge der Kurve zu

$$L = \int_\alpha^\beta \sqrt{f^2(\phi) + f'^2(\phi)} \, d\phi \; .$$

Beispiele. 1. *Das Bogenmaß.* Nun sind wir endlich in der Lage, das Bogenmaß eines Winkels anhand des Einheitskreises zu erklären. In I.7.16 war die Frage offen geblieben, und wir haben uns mit dem Nachweis beholfen, daß das Bogenmaß x des Winkels $\angle AOB$, wobei $A = (1, 0)$, O der Nullpunkt und $B = (\cos x, \sin x)$ ist, gleich der doppelten Fläche des Kreissektors AOB ist; vgl. I.7.16, S. 152 und S. 156. Jetzt macht es keine Mühe, die Länge des durch $\phi(t) = (\cos t, \sin t)$, $0 \le t \le t_0$ $(\le 2\pi)$, bestimmten Kreisbogens C zu berechnen: Aus $|\phi'(t)| = 1$ folgt $L(C) = t_0$. Diesem Ergebnis verdankt das Bogenmaß seinen Namen.

2. Die Länge der Strecke $\overline{xy}$ beträgt, wie nicht anders zu erwarten, $|x - y|$.

Der Polygonzug mit den Ecken $x_0, x_1, \ldots, x_p$ hat, sofern er jordanähnlich ist, die Länge $|x_0 - x_1| + \ldots + |x_{p-1} - x_p|$.

Beides ergibt sich aus der Definition anhand der im Beispiel von 5.11 durchgeführten Berechnung der Weglänge.

3. Als Länge des Ellipsenbogens

$$x = a \cos t \, , \quad y = b \sin t \, , \quad 0 \le t \le t_0 \le 2\pi \, ,$$

erhält man

$$L = \int_0^{t_0} \sqrt{a^2 \sin^2 t + b^2 \cos^2 t} \, dt = a \int_0^{t_0} \sqrt{1 - \varepsilon^2 \cos^2 t} \, dt \; .$$

Dabei ist a die große und b die kleine Halbachse und $\varepsilon = \sqrt{1 - \frac{b^2}{a^2}}$ die (numerische) Exzentrizität der Ellipse. Dieses Integral kann nicht geschlossen ausgewertet werden.

Es gehört zur Gattung der elliptischen Integrale, die ihren Namen von diesem Beispiel ableiten; vgl. §I.12, Aufgabe 11. Elliptische Integrale und ihre Umkehrfunktionen, die elliptischen Funktionen, bildeten im 19. Jahrhundert ein zentrales Thema. Um ihre Theorie haben sich u.a. Legendre, Gauß, Abel, Jacobi, Liouville, Weierstraß und Hermite verdient gemacht.

4. *Die Neilsche Parabel* $y = x^{3/2}$ (vgl. die historische Einleitung vor 5.10). Der zugehörige Jordanweg $\phi(t) = (t, t^{3/2})$ hat, wenn wir das Intervall $[0, b]$ betrachten, die Weglängenfunktion

$$s(t) = \int_0^t \sqrt{1 + \frac{9}{4} x}\, dx = \frac{8}{27} \left(1 + \frac{9}{4} x\right)^{3/2} \Big|_0^t = \left(\frac{4}{9} + t\right)^{3/2} - \frac{8}{27}.$$

Das dem Intervall $0 \le x \le 1$ entsprechende Kurvenstück hat also die Länge

$$L = s(1) = \frac{1}{27} \left(\sqrt{2197} - 8\right) \approx 1{,}43971.$$

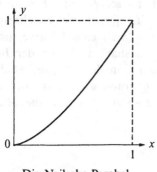

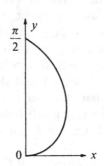

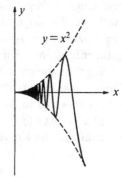

Die Neilsche Parabel   Die Archimedische   Die nicht rektifizierbare
                                         Spirale   Kurve $y = x^2 \cos \pi/x^2$

5. *Die Archimedische Spirale.* Das im ersten Quadranten liegende Anfangsstück der Spirale $r = \phi$, $0 \le \phi \le \frac{\pi}{2}$ hat die Länge

$$L = \int_0^{\frac{\pi}{2}} \sqrt{1 + \phi^2}\, d\phi$$

$$= \frac{1}{2} \phi \sqrt{1 + \phi^2} + \frac{1}{2} \log \left(\phi + \sqrt{1 + \phi^2}\right) \Big|_0^{\frac{\pi}{2}}$$

$$= \frac{1}{8} \pi \sqrt{4 + \pi^2} + \frac{1}{2} \log \frac{1}{2} \left(\pi + \sqrt{4 + \pi^2}\right) \approx 2{,}0792.$$

6. *Eine nicht rektifizierbare Jordankurve.* Durch $\phi(0) = 0$, $\phi(t) = \left(t, t^2 \cos \frac{\pi}{t^2}\right)$ für $0 < t \le 1$ wird eine ebene Jordankurve definiert. Es ist $\phi\left(\frac{1}{\sqrt{n}}\right) = \left(\frac{1}{\sqrt{n}}, \frac{(-1)^n}{n}\right)$, und daraus erhält man, wenn $Z = \left(0, \frac{1}{\sqrt{n}}, \frac{1}{\sqrt{n-1}}, \ldots, \frac{1}{\sqrt{2}}, 1\right)$ ist, ohne Mühe die Abschätzung $\ell(Z) > 1 + \frac{1}{2} + \ldots + \frac{1}{n}$. Es ist also $\sup \ell(Z) = \infty$, d.h. diese Kurve ist nicht rektifizierbar. Dabei ist die Funktion ϕ sogar differenzierbar in $I = [0, 1]$, jedoch nicht stetig differenzierbar in I.

Bemerkung. Die Kurvenlänge ist unabhängig von der speziellen Parameterdarstellung. Zu fragen bleibt aber, warum wir den Begriff auf dem „mechanischen" Umweg über die Weglänge erklärt haben. Die Antwort hat zwei Seiten. Zum einen sind die uns interessierenden Kurven durch Parameterdarstellungen einfach zu beschreiben, und, was noch wichtiger ist, mit dieser Darstellung läßt sich die Länge berechnen! Von einem übergeordneten maßtheoretischen Gesichtspunkt ist die Kurvenlänge ein gewisses Maß, nämlich das eindimensionale Maß von Punktmengen im $\mathbf{R}^n$. Dafür gibt es Theorien von sehr allgemeiner Natur, etwa das Hausdorffsche eindimensionale Maß (F. HAUSDORFF, *Dimension und äußeres Maß*, Math. Annalen 79 (1918), 157–179). Dieser „Längenbegriff" orientiert sich nur an der gegebenen Punktmenge und ist völlig unabhängig von einer eventuell existierenden Parameterdarstellung. Für jordanähnliche Kurven stimmt er mit der Bogenlänge überein. Das Hausdorff-Maß wird in den Aufgaben 9.8–10 kurz besprochen; dort wird auch ein Beweis der letzten Behauptung skizziert.

5.15 Die Bogenlänge als Parameter. Unter den verschiedenen Parameterdarstellungen eines J-Weges ist jene durch besondere Eigenschaften ausgezeichnet, bei welcher die Bogenlänge als Parameter auftritt. Es sei $\phi|I$ mit $I = [a, b]$ ein rektifizierbarer J-Weg, $C = \phi(I)$ und $s(t) = L(\phi|[a, t])$ die zugehörige Weglängenfunktion. Für $a < t \leq b$ ist auch $C_t = \phi([a, t])$ eine J-Kurve, und ihre Länge ist gleich $s(t)$. Bei J-Wegen spricht man deshalb auch von der *Bogenlängenfunktion* $s(t)$. Nach Satz 5.12 und der Definition des J-Weges ist die Funktion $t \mapsto s(t)$ in I offenbar stetig und streng monoton wachsend; ihre im Intervall $J = [0, L(\phi)]$ definierte Umkehrfunktion $s \mapsto t(s)$ hat also dieselben Eigenschaften. Die Kurve C kann nun durch

$$\psi(s) := \phi(t(s)) \,, \quad 0 \leq s \leq L(\phi) \,,$$

dargestellt werden. Die beiden Wege $\phi|I$ und $\psi|[0, L(\phi)]$ sind äquivalent. Bezeichnet $\sigma(s)$ die Weglängenfunktion von ψ, so gilt $\sigma(s) = s(t(s)) = s$, d.h. die Länge des Teilweges $\psi|[0, s]$ ist gerade gleich s. Dieser Sachverhalt ist gemeint, wenn man von der Bogenlänge als Parameter spricht.

Ist C eine glatte Kurve, so ist $s'(t) = |\phi'(t)|$ stetig und $\neq 0$. Damit sind auch die Umkehrfunktion $t(s)$ und $\psi(s) = \phi(t(s))$ stetig differenzierbar. Die Weglängenfunktion $\sigma(s)$ von ψ ist gleich s, und aus der Formel $\sigma'(s) = |\psi'(s)|$ von Satz 5.12 ergibt sich $|\psi'(s)| = 1$. Im mechanischen Bild besagt das Ergebnis: Wenn man sich so bewegt, daß der zurückgelegte Weg zur „Zeit" s gerade s beträgt, so ist die Geschwindigkeit gleich 1. Fassen wir zusammen:

Satz. *Eine rektifizierbare jordanähnliche Kurve C besitzt eine jordanähnliche Parameterdarstellung $\psi(s)$, $0 \leq s \leq L(C)$, bei welcher s den zurückgelegten Weg angibt, $s = L(\psi|[0, s])$. Ist die Kurve C glatt, so ist ψ stetig differenzierbar und $|\psi'(s)| = 1$.*

Unter den (unendlich vielen) Darstellungen einer Kurve ist jene mit der Bogenlänge als Parameter in natürlicher Weise ausgezeichnet. Man spricht deshalb auch von einer normierten Darstellung. Der Parameter s hat eine geometrische, nur von der Kurve und ihrer Orientierung abhängige Bedeutung, und die entsprechende Darstellung $\psi(s)$ ist eindeutig bestimmt (bei geschlossenen Kurven: bis auf die Wahl des Anfangspunktes). So hat etwa eine Jordankurve der Länge

L entsprechend den beiden Orientierungsmöglichkeiten genau zwei normierte Darstellungen $\psi(s)$ und $\psi_1(s) = \psi(L - s)$.

Zwei Beispiele. 1. Für den Kreis im $\mathbb{R}^n$ vom Radius r mit dem Mittelpunkt im Nullpunkt, der in der durch ξ und η aufgespannten Ebene liegt, wurde in Beispiel 12 von 5.10 die Darstellung

$$\phi(t) = r(\xi \cos t + \eta \sin t) \quad \text{mit } |\xi| = |\eta| = 1, \ \xi \cdot \eta = 0, \ 0 \le t \le 2\pi$$

abgeleitet. Die entsprechende normierte Darstellung lautet

$$\psi(s) = r \left(\xi \cos \frac{s}{r} + \eta \sin \frac{s}{r} \right), \quad 0 \le s \le 2\pi r.$$

2. Für die Neilsche Parabel $\phi(t) = (t, t^{3/2})$ $(t \ge 0)$ erhält man aus 5.14, Beispiel 4, die Umkehrfunktion

$$t(s) = \left(\frac{8}{27} + s \right)^{2/3} - \frac{4}{9},$$

also die normierte Darstellung $\psi(s) = (t(s), t(s)^{3/2})$.

5.16 Tangente und Normalenebene. Es sei $\phi | I$ ein glatter Jordanweg (also $\phi'(t) \ne 0$) und $C = \phi(I)$. Man nennt $\tau(t_0) = \phi'(t_0)$ den *Tangentenvektor* (auch *Tangentialvektor*) an die Kurve C im Kurvenpunkt $x_0 = \phi(t_0)$ und die Gerade durch x_0 in Richtung $\phi'(t_0)$ die *Tangente* im Punkt x_0. In der mechanischen Deutung ist $\phi'(t_0)$ nach Größe und Richtung die momentane Geschwindigkeit. Eine Parameterdarstellung der Tangente lautet

(T) $\qquad\qquad x = \phi(t_0) + t\phi'(t_0) \quad (-\infty < t < \infty).$

Die Tangente kann aufgefaßt werden als Grenzlage der entsprechenden Sekanten (Geraden durch die Kurvenpunkte $x_0 = \phi(t_0)$ und $x_1 = \phi(t_1)$),

$$x = x_0 + \frac{x_1 - x_0}{t_1 - t_0} t \quad (-\infty < t < \infty),$$

wenn man $t_1 \to t_0$ streben läßt, und der Tangentenvektor ist der Limes der entsprechenden Vektoren $(x_1 - x_0)/(t_1 - t_0)$, welche die Richtung der Sekante angeben. Für die Funktion ϕ gilt nahe bei t_0

$$\phi(t) = x_0 + \phi'(t_0)(t - t_0) + o(t - t_0) \quad \text{für } t - t_0 \to 0.$$

Der lineare Teil $x = x_0 + \phi'(t_0)(t - t_0)$ stellt die Tangente dar (wobei der Parameter gegenüber (T) so verschoben ist, daß für $t = t_0$ der Wert x_0 herauskommt). Dieser Tatbestand ist gemeint, wenn man sagt, die Tangente stelle eine lineare Approximation an die Kurve dar.

Ist $\psi | J$ eine weitere glatte Darstellung von C, so gilt $\psi(u) = \phi(h(u))$ mit $h \in C^1(J)$ und $h' \ne 0$; vgl. 5.13. Nach der Kettenregel ist $\psi'(u) = \phi'(h(u))h'(u)$. Daraus folgt, daß die durch ϕ und ψ erzeugten Tangentenvektoren im Punkt $x_0 \in C$ auf dieselbe Tangente führen.

Die zum Tangentenvektor $\tau = \tau(t_0) = \phi'(t_0)$ orthogonale Hyperebene durch den Punkt x_0 heißt *Normalenebene*, jeder zu τ orthogonale Vektor $v = v(t_0) \ne 0$

ein *Normalenvektor* zur Kurve C im Punkt x_0. Ein Normalenvektor v ist durch
$v \cdot \tau = 0$, die Normalenebene im Punkt x_0 durch

$$(x - x_0) \cdot \phi'(t_0) = 0 \qquad \textit{Gleichung der Normalenebene}$$

beschrieben. Ein Tangenten- oder Normalenvektor heißt *normiert*, wenn er die
Länge 1 hat. Bei der Darstellung mit der Bogenlänge als Parameter ist der
Tangentenvektor normiert; vgl. den vorangehenden Satz.

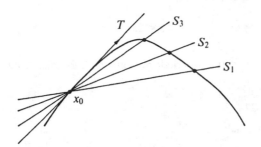
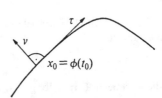

Tangente T als Grenzlage von Sekanten
$S_1, S_2, \ldots$

Tangentenvektor τ und
positiver Normalenvektor v

5.17 Ebene Kurven, positive Normalen. In der Ebene ist ein positiver Drehsinn
(entgegen dem Uhrzeiger) definiert. Dreht man den Vektor $\alpha = (\alpha_1, \alpha_2)$ in positivem Sinn um den Winkel $\pi/2$, so erhält man den Vektor $\alpha^\perp = (-\alpha_2, \alpha_1)$, der
auch *Graßmannsche Ergänzung* von α genannt wird. In komplexer Schreibweise
ist $\alpha^\perp = i\alpha$. Offenbar ist

(a) $\alpha \cdot \alpha^\perp = 0$ und $\det(\alpha, \alpha^\perp) = |\alpha|^2$.

Nun sei C eine ebene, durch $\phi(t) = (x(t), y(t))$ dargestellte Kurve und $\tau =
\phi'(t_0)$ der Tangentenvektor im Kurvenpunkt $\phi(t_0)$. Alle Normalen sind dann
durch $v = \lambda\tau^\perp$ mit $\lambda \neq 0$ gegeben. Ist dabei $\lambda > 0$ oder, was nach (a) dasselbe
bedeutet, $\det(\tau, v) > 0$, so nennt man v eine *positive Normale*. Es gibt genau eine
normierte positive Normale $v = \tau^\perp/|\tau|$. Sie geht aus der normierten Tangente
$\tau/|\tau|$ durch Drehung um $\pi/2$ im positiven Sinn hervor. Komponentenweise sind
der Tangentenvektor und ein positiver Normalenvektor gegeben durch

$$
\begin{aligned}
&C: \quad x = \phi(t)\,, \quad y = \psi(t) \quad \Longrightarrow \quad \tau = (\phi', \psi')\,, \quad v = (-\psi', \phi')\,, \\
&C: \quad y = f(x) \qquad\qquad\quad \Longrightarrow \quad \tau = (1, f')\,, \quad v = (-f', 1)\,.
\end{aligned}
$$

Eine glatte geschlossene Jordankurve C in der Ebene heißt *positiv* oder *entgegen
dem Uhrzeigersinn orientiert*, wenn das Innengebiet G „links liegt", andernfalls
negativ oder *im Uhrzeigersinn orientiert*. Im ersten Fall nennt man die positive
Normale auch *innere Normale*, weil sie nach G hineinweist. Z.B. ist die in der
üblichen Weise parametrisierte Ellipse $(x, y) = (a \cos t, b \sin t)$ $(0 \leq t \leq 2\pi)$ positiv
orientiert. Eine geschlossene Kurve in Polarkoordinaten $r = f(\phi)$ oder äquivalent
$(x, y) = (f(\phi) \cos \phi, f(\phi) \sin \phi)$ $(0 \leq \phi \leq 2\pi$ mit $f(0) = f(2\pi))$ ist immer positiv
orientiert.

Bemerkung über die Umlaufzahl. Eine Möglichkeit, die positive Orientierung exakt zu definieren, benutzt den Begriff der *Umlaufzahl*, den wir kurz erklären. Ein Weg, der den Nullpunkt nicht trifft, läßt sich in Polarkoordinaten darstellen, in komplexer Schreibweise $(x(t), y(t)) = z(t) = r(t)e^{i\phi(t)}$ mit $r(t) = |z(t)|$, $\phi(t) = \arg z(t)$, $t \in I = [a, b]$. Hier muß man sich überlegen, daß eine solche Darstellung mit *stetigem* ϕ möglich ist. In den beiden Halbebenen $\operatorname{Re} z > 0$ bzw. < 0 kann man die Formeln $\phi = \arctan y/x$, in den Halbebenen $\operatorname{Im} z > 0$ bzw. < 0 die Formeln $\phi = \operatorname{arccot} x/y$ benutzen. Es gibt eine Zerlegung (t_i) des Intervalls I in abgeschlossene Teilintervalle I_k, so daß jeder Teilweg $z|I_k$ in einer dieser vier Halbebenen verläuft. Man benutzt in I_k die entsprechende Formel für ϕ und wählt dabei jenen Funktionszweig aus, der einen stetigen Anschluß an der Stelle $z(t_{k-1})$ garantiert. Man sieht leicht, daß damit die Funktion $\phi \in C(I)$ bis auf Vielfache von 2π eindeutig bestimmt ist. Ist nun $z|I$ ein geschlossener Weg, so definiert man

$$U = \frac{1}{2\pi}\{\phi(b) - \phi(a)\} \qquad \textit{Umlaufzahl von } \ z = r(t)e^{i\phi(t)} \ .$$

Wegen $z(a) = z(b)$ ist U eine ganze Zahl.

Entsprechend definiert man die Umlaufzahl U_x des geschlossenen Weges $z|I$ um einen Punkt $x \notin z(I)$ als Umlaufzahl des Weges $t \mapsto z(t) - x$ um den Nullpunkt, d.h. anhand einer Darstellung $z(t) = x + r(t)e^{i\phi(t)}$ mit stetigen Funktionen $r > 0$ und ϕ. Variiert hierbei x in einem zur Menge $z(I)$ disjunkten Gebiet G, so ist die Umlaufzahl U_x in G konstant. Ist insbesondere $z|I$ ein geschlossener Jordanweg, so zerlegt die erzeugte Jordankurve $C = z(I)$ den $\mathbb{R}^2$ in zwei Gebiete, ein beschränktes Innengebiet G_i und ein unbeschränktes Außengebiet G_a (Jordanscher Kurvensatz), und es ist $U_x = 0$ in G_a und $U_x = 1$ oder $U_x = -1$ in G_i (dies soll hier nicht bewiesen werden). Im ersten Fall wird C positiv orientiert, im zweiten Fall negativ orientiert genannt. In Lehrbüchern der Funktionentheorie werden diese Fragen ausführlich behandelt, insbesondere bei R.B. Burckel, *An Introduction to Classical Complex Analysis*, Vol. 1 (Birkhäuser 1979).

5.18 Krümmung und Krümmungsradius. Wir benötigen zwei in 4.2 bewiesene Rechenregeln. Das innere Produkt zweier Elemente $x, y \in \mathbb{R}^n$ wird mit $x \cdot y$ bezeichnet. Für zwei differenzierbare Funktionen $\alpha(t), \beta(t) : I \to \mathbb{R}^n$ existieren die im folgenden auftretenden Ableitungen, und es ist

(a) $(\alpha \cdot \beta)' = \alpha' \cdot \beta + \alpha \cdot \beta'$,

(b) $|\alpha| \, |\alpha|' = \alpha \cdot \alpha'$, falls $\alpha \neq 0$.

Wir betrachten eine glatte Jordankurve C im $\mathbb{R}^n$, welche eine zweimal stetig differenzierbare Parameterdarstellung $\phi|I$ besitzt. Die Bogenlängenfunktion $s(t)$ ist dann wegen $s'(t) = |\phi'(t)| > 0$ nach (b) zweimal stetig differenzierbar (man setze $\alpha = \phi'$), und es besteht die Gleichung

(c) $s's'' = \phi' \cdot \phi''$,

die wir später benötigen. Mit $s(t)$ ist nach Satz I.10.7 auch die Umkehrfunktion $t(s)$ aus der Klasse C^2, und diese Eigenschaft überträgt sich auf die normierte Darstellung $\psi(s) = \phi(t(s))$ von C. Wir führen nun einige neue Größen zunächst anhand der normierten Darstellung ein und rechnen sie dann später auf eine beliebige Parameterdarstellung um.

Normierte Darstellung mit der Bogenlänge als Parameter. Die Kurve C sei also durch die Funktion $\psi(s) \in C^2[0, L]$ dargestellt (L = Länge von C). Dann ist der

Tangentenvektor $\tau(s) = \psi'(s)$ im Punkt $x = \psi(s)$ automatisch normiert, und aus der Gleichung $\psi' \cdot \psi' = 1$ folgt nach (a) $\psi' \cdot \psi'' = 0$. Die Vektoren ψ' und ψ'' stehen also aufeinander senkrecht, d.h. $\psi''(t)$ ist ein Normalenvektor im Punkt $x = \psi(s)$. Man nennt

$$\kappa(s) = |\psi''(s)| \qquad\qquad \text{die } \textit{Krümmung}$$

und, falls $\psi''(s) \neq 0$ ist,

$$v(s) = \frac{\psi''(s)}{|\psi''(s)|} \qquad\qquad \text{den } \textit{Hauptnormalenvektor,}$$

$$r(s) = \frac{1}{\kappa(s)} = \frac{1}{|\psi''(s)|} \qquad \text{den } \textit{Krümmungsradius,}$$

$$\mu(s) = \psi(s) + \frac{\psi''(s)}{|\psi''(s)|^2} \qquad \text{den } \textit{Krümmungsmittelpunkt}$$

der Kurve im Kurvenpunkt $x = \psi(s)$. Wir betrachten nun einen festen Kurvenpunkt $x_0 = \psi(s_0)$ und bezeichnen die zugehörigen Größen mit $\tau_0, \ldots, \mu_0$. Der Kreis vom Radius r_0 mit dem Mittelpunkt μ_0, welcher durch x_0 geht und die Kurventangente τ_0 zur Tangente hat, wird *Krümmungskreis* oder *Schmiegkreis* (im Kurvenpunkt x_0) genannt. Die Parameterdarstellung $x = \omega(s)$ des Krümmungskreises mit der Bogenlänge als Parameter lautet nach Beispiel 1 von 5.15 (mit $\xi = -v_0$, $\eta = \tau_0$)

$$\text{(K)} \qquad \omega(s) = \mu_0 + r_0 \left\{ \tau_0 \sin \frac{s - s_0}{r_0} - v_0 \cos \frac{s - s_0}{r_0} \right\} \qquad \textit{Krümmungskreis}$$

mit $\mu_0 = x_0 + r_0 v_0$. Dabei haben wir den Parameter so verschoben, daß für $s = s_0$ der Berührungspunkt $\omega(s_0) = x_0$ herauskommt. Die Bedeutung des Krümmungskreises ergibt sich, wenn man im Punkt s_0 die Ableitungen von ω berechnet:

$$\omega'(s_0) = \tau_0 = \psi'(s_0), \qquad \omega''(s_0) = \frac{v_0}{r_0} = \psi''(s_0) \ .$$

Die ersten und zweiten Ableitungen von ψ und ω stimmen also an der Stelle s_0 überein. Die Taylorentwicklungen der beiden Funktionen bis zu den Gliedern von zweiter Ordnung sind damit identisch, und daraus folgt, daß die Funktion ω die Wegfunktion ψ an der Stelle s_0 von zweiter Ordnung approximiert, $\psi(s) - \omega(s) = o((s-s_0)^2)$ für $s - s_0 \to 0$. Weiter erkennt man leicht, daß der Krümmungskreis der einzige Kreis mit dieser Eigenschaft ist. Stellt man nämlich irgendeinen anderen Kreis im $\mathbb{R}^n$ durch seine Wegfunktion $\omega_1(s)$ in der Form (K) mit μ_1, τ_1, v_1 und r_1 dar, so folgt aus $\omega'(s_0) = \omega_1'(s_0)$ zunächst $\tau_0 = \tau_1$, aus $\omega''(s_0) = \omega_1''(s_0)$ sodann $v_0 = v_1$ und $r_0 = r_1$ und aus $\omega(s_0) = \omega_1(s_0)$ schließlich $\mu_0 = \mu_1$. Durch die Forderung der Approximation von zweiter Ordnung wird also der Krümmungskreis unter allen Kreisen eindeutig herausgehoben. Etwas lose formuliert:

Der zu einem Kurvenpunkt gehörige Krümmungskreis ist der eindeutig bestimmte Kreis mit der Eigenschaft, daß er die Kurve in diesem Punkt von zweiter Ordnung berührt.

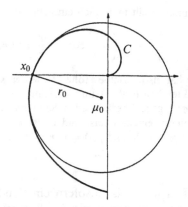

Krümmungskreis der Archimedischen Spirale $r = \phi$ für $\phi_0 = \pi$

Beliebige Parameterdarstellung. Die glatte Kurve C sei jetzt durch $\phi|I$ mit $\phi \in C^2(I)$ und $\phi' \neq 0$ dargestellt. Bezeichnet $s(t)$ die zugehörige Bogenlängenfunktion (vgl. 5.15), so gilt $\psi(s) = \phi(t(s))$, und durch Differentiation der Gleichung $\phi(t) = \psi(s(t))$ ergibt sich (das Argument t ist weggelassen)

$$\phi' = \psi'(s)s', \qquad \phi'' = \psi''(s)s'^2 + \psi'(s)s'' \ .$$

Mit (c) erhält man

$$\psi''(s)s'^4 = \phi''s'^2 - \phi'(\phi' \cdot \phi'')$$

und durch Quadrieren wegen $s' = |\phi'|$

$$|\psi''(s)|^2 s'^8 = |\phi''|^2 s'^4 + |\phi'|^2 (\phi' \cdot \phi'')^2 - 2(\phi' \cdot \phi'')^2 s'^2$$
$$= s'^2 \left\{ |\phi''|^2 |\phi'|^2 - (\phi' \cdot \phi'')^2 \right\} \ .$$

Für die Krümmung und den Krümmungsmittelpunkt im Kurvenpunkt $x = \phi(t) = \psi(s)$ ergeben sich die Werte

$$\kappa(t) = \frac{\sqrt{|\phi''|^2 |\phi'|^2 - (\phi' \cdot \phi'')^2}}{|\phi'|^3} \qquad Krümmung,$$

$$\mu(t) = \phi(t) + \frac{\phi'' |\phi'|^2 - \phi'(\phi' \cdot \phi'')}{|\phi''|^2 |\phi'|^2 - (\phi' \cdot \phi'')^2} \cdot |\phi'|^2 \qquad Krümmungsmittelpunkt.$$

Der Krümmungsradius hat den reziproken Wert $r(t) = 1/\kappa(t)$.

Beispiel. In 5.10, Beispiel 11, wurde die Schraubenlinie $\phi(t) = (r\cos t, r\sin t, at)$ eingeführt. Aus den beiden Gleichungen $\phi' = (-r\sin t, r\cos t, a)$ und $\phi'' = (-r\cos t, -r\sin t, 0)$ erhält man

$$|\phi'|^2 = r^2 + a^2, \qquad |\phi''|^2 = r^2, \qquad \phi' \cdot \phi'' = 0 \ .$$

Die Krümmung hat, wie zu erwarten war, einen konstanten, von t unabhängigen Wert

$$\kappa = \frac{|\phi''|}{|\phi'|^2} = \frac{r}{r^2 + a^2} \ .$$

Für den Krümmungsmittelpunkt erhält man nach einfacher Rechnung

$$\mu(t) = \phi + \frac{\phi''|\phi'|^2}{|\phi''|^2} = \left(-\frac{a^2}{r} \cos t, -\frac{a^2}{r} \sin t, at \right) .$$

Der Krümmungsmittelpunkt hat also dieselbe Höhe at wie der Kurvenpunkt. Er liegt auf der Geraden durch die Punkte $P = (0,0,at)$ und $\phi(t)$, und zwar von P aus betrachtet auf der dem Kurvenpunkt $\phi(t)$ gegenüberliegenden Seite im Abstand a^2/r. Für $a = 0$ degeneriert die Schraubenlinie zu einem Kreis, und es ist $\kappa = 1/r$ und $\mu = 0$, wie zu erwarten war. Für $a = r$ wird $\kappa = 1/2r$ und $\mu(t) = (-r \cos t, -r \sin t, rt)$ (‚Spiegelung‘ von ϕ an der z-Achse).

5.19 Ebene Kurven. Der Fall $n = 2$ ist insofern ein Sonderfall, als es hier nur zwei normierte Normalen gibt, von denen wir eine bereits als positive Normale v ausgezeichnet haben.

Zunächst betrachten wir die normierte Darstellung von C mit der Wegfunktion $\psi(s)$. Dann ist $\tau = \psi'(s)$ die normierte Tangente und $v = \tau^\perp$ die normierte positive Normale im Kurvenpunkt $\psi(s)$; vgl. 5.17. Die Krümmung wird in bezug auf die positive Normale durch

$$\psi''(s) = \kappa(s)v(s)$$

definiert. Nach 5.17 (a) ist det $(\tau, v) = 1$, also

$$\kappa(s) = \det (\psi', \psi'') \qquad \textit{Krümmung im Kurvenpunkt } \psi(s)$$

sowie $|\kappa(s)| = |\psi''(s)|$ (in 5.18 haben wir dagegen $\kappa(s) = |\psi''(s)|$ definiert). Die Krümmung erhält also ein Vorzeichen, das die Lage des Krümmungskreises bestimmt. Ist $\kappa > 0$, so liegt der Krümmungsmittelpunkt in Richtung der positiven Normale, für $\kappa < 0$ in entgegengesetzter Richtung. Die Formeln für den Krümmungsradius und Krümmungsmittelpunkt enthalten nur die Wegfunktion ψ und bleiben natürlich richtig.

Nun liege eine Parameterdarstellung in der allgemeinen Form $\phi(t) = (x(t), y(t))$ vor. Aus den obigen Formeln für ϕ' und ϕ'' ergibt sich mit $\lambda = (\phi' \cdot \phi'')/s'^4$

$$\kappa = \det (\psi', \psi'') = \det \left(\frac{\phi'}{s'}, \frac{\phi''}{s'^2} - \lambda\phi' \right) = \frac{1}{s'^3} \det (\phi', \phi'')$$

wegen det $(\phi', \phi') = 0$. Unter Berücksichtigung von $\psi''/|\psi''|^2 = v/\kappa$ erhält man damit die folgenden Werte im Kurvenpunkt $x = \phi(t)$

$$\kappa(t) = \frac{\det (\phi', \phi'')}{|\phi'|^3} = \frac{x'y'' - x''y'}{(x'^2 + y'^2)^{3/2}} \qquad \textit{Krümmung,}$$

$$\mu(t) = \phi(t) + (-y', x') \frac{|\phi'|^2}{\det (\phi', \phi'')}$$

$$\qquad\qquad\qquad\qquad\qquad\qquad\qquad \textit{Krümmungsmittelpunkt.}$$

$$= (x, y) + (-y', x') \cdot \frac{x'^2 + y'^2}{x'y'' - x''y'}$$

Beispiele. 1. Der ebene Kreis $\phi(t) = r(\cos t, \sin t)$ hat die konstante Krümmung $1/r$, den Krümmungsmittelpunkt $\mu = 0$ und den Krümmungsradius r (für alle t). Dasselbe gilt für einen Kreis im $\mathbb{R}^n$, der wie in Beispiel 12 von 5.10 durch $\phi(t) = r(\xi \cos t + \eta \sin t)$ dargestellt wird ($\xi, \eta \in \mathbb{R}^n$, $|\xi| = |\eta| = 1$, $\xi \cdot \eta = 0$).

2. Für die Parabel $y = x^2$, also $x(t) = t$, $y(t) = t^2$, erhält man als Krümmung

$$\kappa(t) = \frac{2}{(1 + 4t^2)^{3/2}}$$

und als Krümmungsmittelpunkt

$$\mu(t) = (t, t^2) + (-2t, 1) \cdot \frac{1}{2}(1 + 4t^2) = \left(-4t^3, 3t^2 + \frac{1}{2}\right).$$

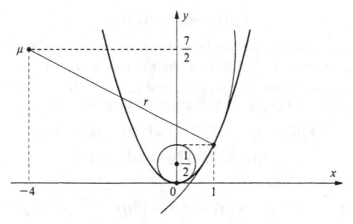

Krümmungsradius und Krümmungsmittelpunkt der Parabel $y = x^2$.
Es ergibt sich $r(0) = \frac{1}{2}$, $\mu(0) = (0, \frac{1}{2})$, $r(1) = \frac{1}{2} \cdot 5\sqrt{5} \approx 5{,}590$, $\mu(1) = (-4, \frac{7}{2})$

Es ist nicht unsere Absicht, tiefer in die Theorie der Kurven einzudringen. Dieser Gegenstand gehört zur Differentialgeometrie und wird in den entsprechenden Lehrbüchern ausführlich behandelt. Zum Abschluß des theoretischen Teils studieren wir eine Klasse von Funktionen, die in enger Beziehung zu den rektifizierbaren Kurven steht und für die Theorie der Riemann-Stieltjes-Integrale im nächsten Paragraphen benötigt wird.

5.20 Funktionen von beschränkter Variation. Die reellwertige Funktion f sei auf dem kompakten Intervall $I = [a, b] \subset \mathbb{R}$ definiert. Zu einer Zerlegung $Z = (t_0, \ldots, t_p)$ von I bilden wir die

$$\textit{Variation} \qquad \mathrm{var}\,(Z) \equiv \mathrm{var}\,(Z; f) := \sum_{i=1}^{p} |f(t_i) - f(t_{i-1})|$$

und das über alle Zerlegungen Z von I erstreckte Supremum, die

$$\textit{Totalvariation} \qquad V_a^b(f) := \sup_Z \text{var } (Z\,;f)$$

von f auf I. Ist $V_a^b(f) < \infty$, so heißt f *von beschränkter Variation* (oder *beschränkter Schwankung*) auf I. Die Klasse dieser Funktionen wird mit $BV(I)$ bezeichnet. Die Festsetzung $V_a^a(f) = 0$ ist, ähnlich wie beim Integral, manchmal zweckmäßig.

Diese Begriffe sind aufs engste verwandt mit jenen, welche in 5.11 zur Weglänge geführt haben. Es ist nämlich, wenn $\phi : I \to \mathbb{R}$ einen Weg im $\mathbb{R}^1$ bezeichnet, $\ell(Z\,;\phi) = \text{var } (Z\,;\phi)$ und $L(\phi) = V_a^b(\phi)$. Das einzig Neue besteht also darin, daß f nicht stetig zu sein braucht. Diese Verwandtschaft überträgt sich auf die Haupteigenschaften und ihre Beweise. Zunächst stellt man fest, daß var (Z), ebenso wie früher $\ell(Z)$, bei Verfeinerung von Z zunimmt. Die Totalvariation läßt sich demnach auch als Limes in der natürlichen Ordnung definieren:

$$V_a^b(f) = \lim_Z \text{var } (Z\,;f)\,.$$

Dies wird uns beim Nachweis der folgenden Eigenschaften von Nutzen sein.

(a) Jede Funktion $f \in BV(I)$ ist beschränkt, und es ist $|f(a) - f(b)| \leq V_a^b(f)$.

(b) Mit f und g sind auch λf, $f + g$ und fg aus $BV(I)$, d.h. $BV(I)$ ist eine Funktionenalgebra. Für $f, g \in BV(I)$ gelten die Ungleichungen

$$V_a^b(\lambda f + \mu g) \leq |\lambda| V_a^b(f) + |\mu| V_a^b(g) \qquad (\lambda, \mu \in \mathbb{R})\,,$$

$$V_a^b(fg) \leq \|f\|_\infty V_a^b(g) + \|g\|_\infty V_a^b(f)\,.$$

(c) Für $a < c < b$ ist

$$V_a^b(f) = V_a^c(f) + V_c^b(f)\,.$$

Die Funktion f ist also genau dann von beschränkter Variation in $[a, b]$, wenn sie in $[a, c]$ und in $[c, b]$ von beschränkter Variation ist.

(d) Ist f monoton in I, so ist $V_a^b(f) = |f(b) - f(a)|$.

(e) Ist f lipschitzstetig mit der Lipschitzkonstante L, so ist $V_a^b(f) \leq L(b - a)$.

(f) Für $f \in C^1(I)$ ist $V_a^b(f) = \int_a^b |f'(t)|dt$.

(g) Alle monotonen und alle stückweise stetig differenzierbaren Funktionen sowie endliche Summen von solchen Funktionen sind von beschränkter Variation.

Beweis. (a) Zieht man die Zerlegungen (a, b) und (a, t, b) in Betracht, so erhält man die Ungleichungen $|f(b) - f(a)| \leq V_a^b(f)$ und $|f(t) - f(a)| \leq V_a^b(f)$ für $t \in I$. Bei (b) ergibt sich die Aussage über $f + g$ aus der Dreiecksungleichung, jene über fg aus den Ungleichungen

$$|f(s)g(s) - f(t)g(t)| \leq |f(s)||g(s) - g(t)| + |g(t)||f(s) - f(t)|$$

$$\leq \|f\|_\infty |g(s) - g(t)| + \|g\|_\infty |f(s) - f(t)|\,,$$

indem man $s = t_i$, $t = t_{i-1}$ setzt und summiert.

Weiter folgt (c) aus Satz 5.7 aufgrund der Limesdefinition der Variation, (d) unmittelbar aus der Definition, da die auftretenden Differenzen von f alle dasselbe Vorzeichen haben; (e) und (f) sind Spezialfälle ($n = 1$) von 5.11 (b) bzw. Satz 5.12, und (g) ergibt sich sofort aus (d), (f) und (b). □

Eine vollständige Beschreibung der Funktionen von beschränkter Variation gibt der folgende

5.21 Darstellungssatz von C. Jordan. *Eine Funktion f ist genau dann im Intervall $I = [a, b]$ von beschränkter Variation, wenn sie in der Form $f = g - h$ darstellbar ist, wobei g und h in I monoton wachsend sind.*

Beweis. Die Angaben (a),... beziehen sich auf den vorigen Abschnitt. Es sei f in $I = [a, b]$ von beschränkter Variation. Für $t \in I$ sei $g(t) := V_a^t(f)$ die Totalvariation von f im Intervall $[a, t]$. Die Funktion g ist in I definiert, und für $a \leq c < d \leq b$ gilt nach (c)

$$0 \leq V_c^d(f) = V_a^d(f) - V_a^c(f) = g(d) - g(c) .$$

Zunächst erkennt man hieraus, daß g monoton wachsend ist. Weiter ergibt sich in Verbindung mit (a)

$$f(d) - f(c) \leq V_c^d(f) = g(d) - g(c) .$$

Für die Funktion $h = g - f$ ist also $h(c) \leq h(d)$, d.h. h ist auch monoton wachsend. Damit haben wir eine Darstellung $f = g - h$ von der im Satz angegebenen Art gefunden. Daß umgekehrt jede auf solche Weise dargestellte Funktion von beschränkter Variation ist, folgt unmittelbar aus (g). □

Der schon in der Einleitung zu dieser Nummer beschriebene Zusammenhang zwischen Funktionen von beschränkter Variation und rektifizierbaren Wegen wird nun präzisiert. Aus den Ungleichungen $|x_i| \leq |x| \leq \sum |x_i|$ folgt, wenn $\phi(t) = (\phi_1, \ldots, \phi_n)$ das Intervall $I = [a, b]$ stetig in den $\mathbb{R}^n$ abbildet,

$$\mathrm{var}\,(Z; \phi_i) \leq \ell(Z; \phi) \leq \mathrm{var}\,(Z; \phi_1) + \ldots + \mathrm{var}\,(Z; \phi_n) ,$$

also

$$V_a^b(\phi_i) \leq L(\phi; I) \leq V_a^b(\phi_1) + \ldots + V_a^b(\phi_n) .$$

Diese beiden Ungleichungen führen zu dem folgenden

5.22 Satz über Rektifizierbarkeit. *Der Weg $\phi : I \to \mathbb{R}^n$ ist genau dann rektifizierbar, wenn alle Komponentenfunktionen ϕ_i von beschränkter Variation in I sind.*

Nach 5.20 (g) ist $C^1(I) \subset BV(I)$, und es drängt sich die Frage auf, ob auch alle stetigen Funktionen von beschränkter Variation sind. Die Antwort ist negativ. In Beispiel 6 von 5.14 haben wir eine nicht rektifizierbare ebene Kurve $\phi(t) = (t, f(t))$ konstruiert. Die Funktion f ist stetig und, wie der vorangehende Satz zeigt, nicht von beschränkter Variation. Natürlich gibt es unstetige Funktionen von beschränkter Variation, z.B. monotone Funktionen mit Sprüngen.

Anwendung: Die Keplerschen Gesetze der Planetenbewegung

Das Hauptziel der folgenden Betrachtungen ist es, die Keplerschen Gesetze aus den Newtonschen Bewegungsgesetzen abzuleiten.

5.23 Die Bewegungsgleichungen. Bewegt sich ein Massenpunkt P der Masse m unter dem Einfluß einer Kraft K im dreidimensionalen Raum und wird die Bahn von P durch $x = x(t) = (x_1(t), x_2(t), x_3(t))$ beschrieben, so lauten die Bewegungsgleichungen in vektorieller Schreibweise

(B) $m\ddot{x}(t) = K = K(t, x(t), \dot{x}(t))$ *Bewegungsgleichung*

(„Kraft gleich Masse mal Beschleunigung"; hier und im folgenden werden Ableitungen nach der Zeit mit Punkten bezeichnet). Dabei kann K von der Zeit t, vom momentanen Ort $x(t)$ und von der momentanen Geschwindigkeit $\dot{x}(t) = v(t)$ abhängen; man beachte, daß x, v und K Vektoren im $\mathbb{R}^3$ sind. Um die Bahn festzulegen, gibt man zur Zeit $t = t_0$ die Lage x_0 und die Geschwindigkeit v_0 des Massenpunktes an. Diese Vorgaben werden

(AW)   *Anfangswerte* $x(t_0) = x_0$, $\dot{x}(t_0) = v_0$

genannt.

Wir spezialisieren sogleich und nehmen an, daß es sich um eine *Zentralkraft* handelt, d.h. daß die Kraft am Ort x in die Richtung des Nullpunktes oder in die entgegengesetzte Richtung weist, also ein skalares Vielfaches von x ist. Außerdem soll K nur von t und vom Betrag $|x|$ abhängen. Damit erhält die Bewegungsgleichung die Form

(BZ) $m\ddot{x} = \dfrac{x}{|x|} k(t, |x|)$ *Bewegungsgleichung bei einer Zentralkraft* ,

wobei $|k| = |K|$ der Betrag der Kraft ist.

Betrachten wir nun speziell die Bewegung eines Planeten um die Sonne im vereinfachten Modell eines sogenannten *Zweikörperproblems*, wobei der Einfluß der übrigen Planeten vernachlässigt wird. Nach dem Newtonschen Gravitationsgesetz ziehen sich zwei Körper der Massen m und M, die einen Abstand r voneinander haben, mit der Kraft

$$k = \frac{\gamma m M}{r^2} \qquad (\gamma = 6,685 \cdot 10^{-11} \text{ m sec}^{-2} \text{ kg}^{-1} \text{ } Gravitationskonstante)$$

gegenseitig an. Nimmt man an, daß die Masse M (Sonne) sich unbeweglich im Ursprung des Koordinatensystems befindet, so erhält man die folgende Bewegungsgleichung für den Massenpunkt der Masse m (Planet)

(BP) $\ddot{x} = -\dfrac{\gamma M}{|x|^3} x$ *Bewegungsgleichung des Zweikörperproblems* .

Das Minuszeichen gibt an, daß die Kraft auf den Ursprung hin gerichtet ist.

Zunächst beweisen wir zwei einfache Eigenschaften von (BZ).

(a) Bei einer Zentralkraft ist die Bewegungsgleichung invariant gegenüber orthogonalen Transformationen (Drehungen, Spiegelungen).

(b) Bei einer Zentralkraft verläuft die Bewegung in dem durch die Anfangswerte $x_0 \neq 0$ und v_0 aufgespannten (ein- oder zweidimensionalen) Unterraum.

Zum *Beweis* von (a) sei $x(t)$ ein der Gleichung (BZ) genügender Weg, S eine orthognale 3×3 Matrix und $y(t) = Sx(t)$. Dann ist $\ddot{y} = S\ddot{x}$ und $|y| = |x|$. Multipliziert man die Gleichung (BZ) von links mit S, so erkennt man, daß y derselben Gleichung genügt.

Zum Beweis von (b) sei der Einheitsvektor c so gewählt, daß x_0 und v_0 in der Ebene $E = \{x \in \mathbb{R}^3 : c \cdot x = 0\}$ liegt. Nun sei $x(t)$ eine den Anfangsbedingungen genügende Lösung von (BZ) und $h(t) := c \cdot x(t)$. Dann ist $h(t_0) = c \cdot x_0 = 0$, $\dot{h}(t_0) = c \cdot v_0 = 0$ und $\ddot{h}(t) = c \cdot \ddot{x}(t) = \lambda(t)h(t)$ mit $\lambda(t) = k(t, |x(t)|)/m|x(t)|$. Die Funktion h ist als Lösung einer homogenen linearen Differentialgleichung zweiter Ordnung mit verschwindenden Anfangswerten identisch Null; vgl. I.12.10 und 5.26. Also liegt $x(t)$ in E. Ist v_0 von x_0 linear abhängig, so läßt sich dieser Beweis mit jedem zu x_0 orthogonalen Vektor c durchführen. Der Punkt $x(t)$ liegt dann auf der Geraden durch 0 und x_0. □

Aufgrund von (a) dürfen wir annehmen, daß x_0 und v_0 in der (x_1, x_2)-Ebene liegen, d.h. verschwindende dritte Komponenten haben, und aus (b) folgt dann, daß für eine durch eine Zentralkraft hervorgerufene Bewegung $x(t)$ mit diesen Anfangswerten ebenfalls $x_3(t) \equiv 0$ ist. Ist v_0 von x_0 linear abhängig, so können wir sogar annehmen, daß eine durch eine einzige skalare Funktion beschriebene Bewegung, etwa längs der x_1-Achse, vorliegt. Dieser Fall wird in Aufgabe 4 behandelt und soll im folgenden ausgeschlossen werden. Wir haben es also mit einer Bewegung in der (x_1, x_2)-Ebene zu tun.

5.24 Die Lösung des Zweikörperproblems.

In der (x_1, x_2)-Ebene führen wir Polarkoordinaten $(x_1, x_2) = r(\cos \phi, \sin \phi)$ ein. Es erleichtert die Rechnung, wenn man die komplexe Schreibweise heranzieht, $(x_1, x_2) = z = re^{i\phi}$. Wir suchen also Lösungen von (BZ) in der Form $z(t) = r(t)e^{i\phi(t)}$, wobei $r(t) > 0$ und $\phi(t)$ zwei unbekannte reellwertige Funktionen sind. Es ist

(1) $$\dot{z} = (\dot{r} + ir\dot{\phi})e^{i\phi} , \quad \ddot{z} = (\ddot{r} + 2i\dot{r}\dot{\phi} + ir\ddot{\phi} - r\dot{\phi}^2)e^{i\phi} .$$

Für die Größen in (BZ) gilt jetzt $x = z$, $|x| = r$ und $x/|x| = e^{i\phi}$. Die Bewegungsgleichung (BZ) ist also äquivalent mit

$$\ddot{r} + 2i\dot{r}\dot{\phi} + ir\ddot{\phi} - r\dot{\phi}^2 = \frac{1}{m} k .$$

Zerlegt man in Real- und Imaginärteil, so ergeben sich die beiden folgenden, mit (BZ) äquivalenten Gleichungen

(Re) $\ddot{r} - r\dot{\phi}^2 = \dfrac{1}{m} k$ (Im) $2\dot{r}\dot{\phi} + r\ddot{\phi} = 0$.

Zur Festlegung der Anfangswerte wählen wir $t_0 = 0$ und legen das Koordinatensystem so, daß x_0 auf der positiven x_1-Achse liegt, $x_0 = (R, 0, 0)$ mit $R > 0$. Es seien v_1, v_2, 0 die Komponenten des Geschwindigkeitsvektors v_0; dabei ist $v_2 \neq 0$, da wir angenommen haben, daß x_0 und v_0 linear unabhängig sind. Es ist also $z(0) = (R, 0) = R$, $\dot{z}(0) = (v_1, v_2)$. Hieraus ergibt sich wegen (1)

$$(2) \qquad r(0) = R, \qquad \phi(0) = 0, \qquad \dot{r}(0) = v_1, \qquad \dot{\phi}(0) = \frac{v_2}{R}.$$

Zunächst folgt aus (Im), indem man diese Gleichung mit r multipliziert, daß $\frac{d}{dt}(r^2 \dot{\phi}) = 0$ ist. Demnach ist die Größe $r^2 \dot{\phi}$ konstant,

$$(3) \qquad r^2 \dot{\phi} = \text{const.} = A \qquad \text{mit} \quad A = r^2(0)\dot{\phi}(0) = Rv_2 \neq 0$$

(wir haben $v_2 \neq 0$ vorausgesetzt). Man erkennt, daß $\dot{\phi} \neq 0$, also $\phi(t)$ streng monoton ist. Die Gleichung $r^2 \dot{\phi} = A$ hat darüber hinaus eine einfache geometrische Bedeutung. Bezeichnet $F(t_1)$ die Größe der vom Fahrstrahl für $0 \leq t \leq t_1$ überstrichenen Fläche, also den Flächeninhalt des von den Strahlen $\phi = 0$, $\phi = \phi(t_1)$ und der Kurve $z = z(t)$ begrenzten Gebietes, so ist nach der Leibnizschen Sektorformel I.11.9

$$(4) \qquad F(t_1) = \frac{1}{2} \int_0^{\phi(t_1)} r^2 \, d\phi = \frac{1}{2} \int_0^{t_1} r^2(t)\dot{\phi}(t) \, dt = \frac{1}{2} A t_1$$

(Substitution $\phi = \phi(t)$). Damit haben wir das 2. Keplersche Gesetz in seiner verallgemeinerten, für beliebige Zentralkräfte gültigen Form bewiesen:

Satz über Zentralkräfte. *Die Bewegung eines Massenpunktes unter dem Einfluß einer Zentralkraft verläuft in einer Ebene, und zwar derart, daß der Strahl vom Nullpunkt zum Ort des Punktes x(t) in gleichen Zeiten gleichgroße Flächen überstreicht.*

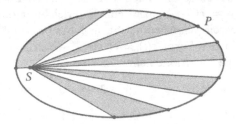

Das zweite Keplersche Gesetz. Die eingezeichneten Segmente sind gleich groß, der Planet durchläuft die entsprechenden Bahnstücke in der gleichen Zeit (S Sonne, P Planet)

Wenn die Bahnkurve der Bewegung bekannt ist, so wird durch diesen Satz der zeitliche Ablauf $z(t)$ der Bewegung auf der Bahn bestimmt. Bezeichnet $t = t(\phi)$ die Umkehrfunktion zu $\phi(t)$ und wird die Bahnkurve in Polarkoordinaten durch $r = f(\phi)$ beschrieben, so folgt aus (3) wegen $dt/d\phi = 1/\dot{\phi}$

$$(5) \qquad \frac{dt(\phi)}{d\phi} = \frac{1}{A} f^2(\phi) \qquad \text{sowie} \quad t(0) = 0,$$

letzteres wegen $\phi(0) = 0$. Aus (5) ergibt sich $t(\phi)$ durch einfache Integration und daraus $\phi(t)$ als Umkehrfunktion und $r(t) = f(\phi(t))$. Für die derart konstruierten Funktionen $r(t)$, $\phi(t)$ gilt dann (3).

Wir spezialisieren uns jetzt auf den Fall (BP) der Planetenbewegung. Die Gleichung (Re) nimmt die Gestalt

$$(6) \qquad \ddot{r} - r\dot{\phi}^2 + \frac{\gamma M}{r^2} = 0$$

an. Wir gehen nun folgendermaßen vor. Das Keplersche Resultat, daß die Planeten sich auf Ellipsen bewegen, in deren einem Brennpunkt die Sonne steht, nehmen wir als Ansatz und zeigen dann, daß dieser Ansatz, erweitert auf beliebige Kegelschnitte, die Bewegungsgleichung löst.

Alle Kegelschnitte mit einem Brennpunkt im Nullpunkt werden gemäß Beispiel 10 von 5.10 in Polarkoordinaten durch die Formel

$$(7) \qquad r = f(\phi) := \frac{p}{1 + \varepsilon \cos(\phi - \alpha)} \qquad \text{mit} \ \ \varepsilon \geq 0, \ p > 0, \ 0 \leq \alpha < 2\pi$$

beschrieben. Dort hatten wir $\alpha = 0$ angenommen, was zur Folge hat, daß die Hauptachse des Kegelschnitts mit der x_1-Achse zusammenfällt. Die Einführung von α in (7) bedeutet geometrisch, daß der Kegelschnitt gegenüber dieser ‚Normaldarstellung‘ um den Winkel α gedreht ist.

Wir nehmen also an, daß die Bahnkurve durch die Darstellung (7) beschrieben sei. Aus (5) bestimmen wir $\phi(t)$, setzen

$$r(t) = f(\phi(t)) = \frac{p}{1 + \varepsilon \cos(\phi(t) - \alpha)}$$

und erreichen damit, daß der Punkt $z(t) = r(t)e^{i\phi(t)}$ diesen Kegelschnitt durchläuft. Mit den Abkürzungen $S = \sin(\phi(t) - \alpha)$, $C = \cos(\phi(t) - \alpha)$ erhält man

$$(8) \qquad \dot{r} = \frac{\varepsilon p S \dot{\phi}}{(1 + \varepsilon C)^2} = \frac{\varepsilon}{p} S r^2 \dot{\phi} = \frac{\varepsilon A}{p} S, \quad \text{also} \ \ \ddot{r} = \frac{\varepsilon A}{p} C \dot{\phi}.$$

Die mit r^2 multiplizierte Gleichung (6) lautet nun

$$\frac{\varepsilon}{p} A^2 C - \frac{A^2}{r} + \gamma M = \frac{\varepsilon}{p} A^2 C - \frac{A^2}{p}(1 + \varepsilon C) + \gamma M = 0.$$

Sie ist offenbar genau dann richtig, wenn man

$$(9) \qquad A^2 = \gamma p M$$

setzt. Damit haben wir bewiesen, daß man auf diese Weise tatsächlich eine Lösung der Bewegungsgleichung (BP) erhält. Als nächstes zeigen wir, daß die Parameter ε, p und α durch die Anfangswerte $R > 0$, $v_1, v_2 \neq 0$ eindeutig festgelegt werden. Zunächst ergibt sich p aus (9) und (3) zu $p = R^2 v_2^2 / \gamma M$. Weiter ist nach (2) $r(0) = R = p/(1 + \varepsilon \cos\alpha)$ und mit (8) $\dot{r}(0) = v_1 = -\varepsilon A(\sin\alpha)/p$, also nach Einsetzen der Werte von p und A

$$(10) \qquad \varepsilon \cos \alpha = \frac{R v_2^2 - \gamma M}{\gamma M}, \qquad \varepsilon \sin \alpha = -\frac{R v_1 v_2}{\gamma M}.$$

Diese beiden Gleichungen lassen sich als Polarkoordinatendarstellung des aus den beiden rechten Seiten gebildeten Punktes in der Ebene $Q = \frac{1}{\gamma M} \cdot (R v_2^2 - \gamma M, -R v_1 v_2)$ auffassen: $\varepsilon = |Q|$, $\alpha = \arg Q$. Daraus folgt auch, daß $\varepsilon \geq 0$ und $\alpha \in [0, 2\pi)$ eindeutig festgelegt sind, bis auf eine Ausnahme. Im Fall $v_1 = 0$, $R v_2^2 = \gamma M$ (und nur in diesem Fall) ist $Q = 0$, also $\varepsilon = 0$. Der dazugehörige Kegelschnitt ist ein Kreis vom Radius $R = p$, und dabei ist in der Tat α (die Lage des Scheitels des Kegelschnitts) nicht eindeutig bestimmt.

Anhand der Gleichung $\varepsilon = |Q|$ läßt sich entscheiden, ob es sich bei der Bahn um eine Ellipse ($\varepsilon < 1$), Parabel ($\varepsilon = 1$) oder Hyperbel ($\varepsilon > 1$) handelt. Die Fallunterscheidung wird einfach, wenn man $v_1 = 0$ annimmt. Die Anfangsgeschwindigkeit steht dann senkrecht auf der x_1-Achse, die Bewegung beginnt also zur Zeit $t = 0$ in einem Scheitel des Kegelschnitts. Aus der zweiten Gleichung (10) ergibt sich dann, in Übereinstimmung mit dieser Bemerkung, $\sin \alpha = 0$, also $\alpha = 0$ oder π und somit $\cos \alpha = 1$ oder -1. Die Fallunterscheidung lautet für diesen Fall

$R v_2^2 < \gamma M$: $\alpha = \pi$, *Ellipse*, die Bahn beginnt im Perihel;

$R v_2^2 = \gamma M$: *Kreis* vom Radius R;

$\gamma M < R v_2^2 < 2\gamma M$: $\alpha = 0$, *Ellipse*, die Bahn beginnt im Aphel;

$R v_2^2 = 2\gamma M$: *Parabel* vom Parameter $p = 2R$;

$R v_2^2 > 2\gamma M$: *Hyperbel.*

Mit Aphel bzw. Perihel wird der sonnennächste bzw. sonnenfernste Punkt auf der elliptischen Bahn des Planeten bezeichnet.

Wenn der Körper eine elliptische Bahn beschreibt, so lassen sich aus ε und p die beiden Halbachsen a, b der Ellipse ausrechnen. Bezeichnet T die Umlaufzeit des Körpers, $\phi(T) = 2\pi$, so ergibt sich aus der Gleichung (4) die Fläche der Ellipse zu $F(T) = \frac{1}{2} A T$. Andererseits ist die Fläche gleich $ab\pi$. Durch Quadrieren und Einsetzen des Wertes aus (9) erhält man $4\pi^2 a^2 b^2 = A^2 T^2 = \gamma p M T^2$. Setzt man für p den Wert $p = b^2/a$ ein, so folgt ein weiteres wichtiges Ergebnis

$$(11) \qquad T^2 = \frac{4\pi^2}{\gamma M} a^3.$$

Es besagt, daß für alle elliptischen Bahnen der Quotient T^2/a^3 einen konstanten, nur von der Masse M des Zentralkörpers abhängenden Wert hat. Die Keplerschen Gesetze sind nun vollständig beisammen.

5.25 Satz über das Zweikörperproblem. *Bewegt sich ein Massenpunkt unter dem alleinigen Einfluß der von einem festen Massenpunkt der Masse M erzeugten Gravitationskraft, so verläuft die Bewegung entweder auf einer geraden Linie durch den festen Massenpunkt (ob dieser Fall vorliegt, kann aus den Anfangswerten abgelesen werden) oder auf einem Kegelschnitt, in dessen einem Brennpunkt sich der feste Massenpunkt befindet (das ist im Fall der Ellipse das 1. Keplersche Gesetz).*

Der Kegelschnitt ist durch Ort und Geschwindigkeit zu irgendeinem Zeitpunkt t_0 eindeutig bestimmt, seine Daten lassen sich etwa aus der Gleichung (10) berechnen. Für alle elliptischen Bahnen verhalten sich die Quadrate der Umlaufszeiten wie die dritten Potenzen der zugehörigen großen Halbachsen (3. Keplersches Gesetz).

Unsere Beweisführung zur Lösung des Zweikörperproblems enthält eine Lücke, die der aufmerksame Leser vielleicht entdeckt hat. Wir haben gezeigt, daß es zu jedem Anfangswertpaar (x_0, v_0) genau eine „Kegelschnittlösung" der Bewegungsgleichung (BP) gibt. Offen geblieben ist die Frage, ob daneben noch andere, nicht auf einem Kegelschnitt verlaufende Lösungen von (BP) existieren. Wir schließen diese Lücke, indem wir einen Eindeutigkeitssatz beweisen. Im Fall der allgemeinen Bewegungsgleichung (B) mit beliebigem Kraftgesetz $K = K(t, x, \dot{x})$ handelt es sich um eine Aussage der folgenden Art: Das Anfangswertproblem

$$m\ddot{x} = K(t, x, \dot{x}), \quad x(t_0) = x_0, \quad \dot{x}(t_0) = v_0$$

besitzt (bei geeigneten Annahmen über K) höchstens eine Lösung. Dieses Problem für drei skalare Differentialgleichungen *zweiter* Ordnung kann zurückgeführt werden auf ein äquivalentes Problem für $x(t)$ und $v(t) := \dot{x}(t)$:

$$\begin{cases} \dot{x} = v, & x(t_0) = x_0, \\ \dot{v} = \frac{1}{m} K(t, x, v), & v(t_0) = v_0. \end{cases}$$

Wir haben damit das ursprüngliche Problem transformiert in ein Anfangswertproblem für ein System von sechs skalaren Differentialgleichungen *erster* Ordnung. Das hat beweistechnische Vorteile. Wir werden im folgenden einen Eindeutigkeitssatz für ein System von n Differentialgleichungen erster Ordnung beweisen. In vektorieller Schreibweise lautet das Problem

(AWP) $\qquad\qquad \dot{x}(t) = F(t, x(t)), \quad x(t_0) = x_0.$

Dabei ist $x(t) = (x_1(t), \ldots, x_n(t))$, entsprechend $F = (F_1(t, x), \ldots, F_n(t, x))$.

Nehmen wir an, das Problem (AWP) besitze, etwa im Intervall $J : t_0 \leq t \leq t_1$, zwei Lösungen $x(t)$ und $y(t)$. Für die skalare Funktion $\phi(t) = |x(t) - y(t)|^2$ ist dann

(*) $\qquad\qquad \dot{\phi} = 2(x - y) \cdot (\dot{x} - \dot{y}) \leq 2|x - y||\dot{x} - \dot{y}|;$

vgl. die Ableitungsregel 5.18 (a). Nun setzen wir voraus, daß F einer Lipschitzbedingung

$$|F(t, x) - F(t, y)| \leq L|x - y|$$

genügt. Dann ist $|\dot{x} - \dot{y}| = |F(t, x) - F(t, y)| \leq L|x - y|$, also nach (*) $\dot{\phi} \leq 2L\phi$ in J sowie $\phi(t_0) = 0$ und $\phi(t) \geq 0$ nach Definition. Hieraus folgt, wie wir bei einem ähnlichen Beweis in I.12.10 gezeigt haben, $\phi(t) \equiv 0$, also $x(t) \equiv y(t)$ in J. Die damalige Schlußweise sei kurz in Erinnerung gerufen. Aus der Differentialungleichung für ϕ ergibt sich $\frac{d}{dt}(\phi(t)e^{-2Lt}) \leq 0$. Die Funktion $\beta(t) = \phi(t)e^{-2Lt} \geq 0$ ist also monoton fallend mit $\beta(t_0) = 0$, d.h. sie verschwindet identisch.

Damit haben wir den folgenden Eindeutigkeitssatz im wesentlichen bewiesen.

5.26 Eindeutigkeitssatz. *Ist die Funktion $F = F(t, x)$ in einem Gebiet $D \subset \mathbb{R}^{n+1}$ mit $(t_0, x_0) \in D$ erklärt und genügt sie dort einer Lipschitzbedingung bezüglich x, so hat das Problem (AWP) höchstens eine Lösung.*

Genauer soll das heißen: Sind $x(t)$, $y(t)$ zwei in einem den Punkt t_0 enthaltenden Intervall J erklärte Lösungen, so ist $x \equiv y$ in J. Die Funktion x heißt Lösung in J, wenn sie in J differenzierbar ist und der Differentialgleichung sowie der Anfangsbedingung genügt.

Wir haben oben nur die Eindeutigkeit nach rechts, für $t \geq t_0$, bewiesen. Wendet man dieses Resultat auf die Funktion $u(t) := x(-t)$ an, welche der Differentialgleichung $\dot{u}(t) = -F(-t, u(t))$ genügt, so erhält man die Eindeutigkeit nach links.

Eine weitere Bemerkung. Eindeutigkeit ist eine lokale Eigenschaft, es genügt, die Eindeutigkeit in einer (beliebig kleinen) Umgebung einer festen Stelle zu beweisen. Sind nämlich u und v zwei verschiedene Lösungen von (AWP), so gibt es ein maximales $t_1 \geq t_0$ derart, daß $u(t) = v(t)$ für $t_0 \leq t \leq t_1$, aber nicht für $t_0 \leq t \leq t_1 + \varepsilon$ ($\varepsilon > 0$ beliebig) gilt. Wenn man dann „lokale" Eindeutigkeit in bezug auf die Anfangsbedingung $x(t_1) = x_1 := u(t_1)$ beweisen kann, so folgt, daß die Lösungen u und v noch über t_1 hinaus übereinstimmen, im Widerspruch zur Maximalität von t_1. Aus dieser Überlegung folgt, daß es für die Eindeutigkeit hinreicht, wenn die rechte Seite $F(t, x)$ in D einer *lokalen Lipschitzbedingung* bezüglich x genügt (zu jedem Punkt $(\bar{t}, \bar{x}) \in D$ gibt es eine Umgebung U und eine Zahl L derart, daß $|F(t, x) - F(t, y)| \leq L|x - y|$ für $(t, x), (t, y) \in U$ gilt). Insbesondere reicht es aus, wenn F in D stetig ist und in D stetige partielle Ableitungen nach den x_i besitzt. Diese Eindeutigkeitsaussagen gelten insbesondere für Bewegungsgleichungen, da man diese auf Systeme erster Ordnung zurückführen kann.

Corollar. *Die Kraftfunktion $K = K(t, x, v)$ sei in einem Gebiet $D \subset \mathbb{R}^7$ erklärt und genüge dort einer lokalen Lipschitzbedingung in bezug auf x und v. Dann hat das Anfangswertproblem*

$$m\ddot{x}(t) = K(t, x(t), \dot{x}(t)), \qquad x(t_0) = x_0, \qquad \dot{x}(t_0) = v_0$$

höchstens eine Lösung. Insbesondere gilt das, wenn $K \in C^1(D)$ ist.

Dieser allgemeine Eindeutigkeitssatz schließt auch die Lücke in unserem Beweisgang für das Zweikörperproblem. Es gibt übrigens einen anderen Beweis, bei dem die Gestalt der Bahn nicht als Ansatz vorweggenommen wird, sondern sich im Laufe der Rechnung ergibt.

5.27 Historisches zu den Keplerschen Gesetzen. Die Astronomen bis hin zu Kepler haben versucht, die Planetenbahnen durch Überlagerung von kreisförmigen Bewegungen mit konstanter Winkelgeschwindigkeit zu beschreiben; vgl. die Einführung zu § I.6. Der einfachste Fall, die Addition zweier solcher Kreisbewegungen, führt auf die in Beispiel 7 von 5.10 untersuchten Epizykloiden. TYCHO DE BRAHE (1546–1601), kaiserlicher Mathematiker und Astronom in Prag und ein Genie der astronomischen Meßkunst, hat die Fehler in der Ortsbestimmung der Himmelskörper um eine ganze Zehnerpotenz verkleinert. Er hat daneben ein neues Weltsystem entworfen, bei dem die Erde ihre Stellung im Zentrum des Universums behält, die inneren Planeten Merkur und Venus dagegen um die Sonne und diese mitsamt diesen beiden Planeten um die Erde kreist. Tycho, der Protestant war, hat diesen Zwitter zwischen dem ptolemäischen und dem kopernikanischen System ausgedacht angesichts der schroffen Ablehnung von Kopernikus durch seine Kirche – ob aus Überzeugung, mag dahingestellt sein. Die Stellung der katholischen Kirche war zu diesem Zeitpunkt, gegen Ende des 16. Jahrhunderts, noch konziliant. Das kopernikanische System wurde als mathematisches Modell zur Berechnung der Planetenörter geduldet, seine reale Existenz aber geleugnet, solange keine unumstößlichen Beweise vorlagen. Führende Theologen der Kurie haben sich später im Anfangsstadium des Galilei-Konflikts ähnlich geäußert und auch angedeutet, daß beim Vorliegen solcher Beweise einige Stellen der heiligen Schrift anders ausgelegt werden müßten. [1] TYCHO hat KEPLER, der sich durch sein Jugendwerk *Mysterium Cosmographicum* einen Namen unter den europäischen Astronomen gemacht hatte, zu sich nach Prag eingeladen. Dahinter stand wohl die doppelte Einsicht, daß er selbst nicht in der Lage war, sein tychonisches System im Einklang mit den vorliegenden Beobachtungen zu verwirklichen, daß andererseits, wenn überhaupt jemand, dann Kepler der Mann war, um diese mathematische Aufgabe zu meistern. Kepler kam im August 1600 mit seiner Familie in Prag an, und schon bald später, am 24. Oktober 1601 starb Tycho. Kepler hat es verstanden, die Aufzeichnungen Tychos, deren unschätzbarer Wert auch den Erben nicht verborgen blieb, in Besitz zu nehmen. Er wurde Nachfolger Tychos im Amt des kaiserlichen Mathematikers. Kepler, der von der grundsätzlichen Richtigkeit des heliozentrischen Systems überzeugt war, hat sich (zunächst auf Tychos Anordnung) besonders der Marsbahn angenommen, die in allen Systemen besondere Schwierigkeiten bereitet. Nach langen Mühen kam er zu der Überzeugung, daß die Bahn mit sich überlagernden Kreisbahnen nicht zu beschreiben ist. Unter dem Druck der Realität – der tychonischen Daten – gab er dieses zweitausend Jahre alte, als unumstößlich geltende (und übrigens von Galilei nie angetastete) Prinzip auf und versuchte sich mit allen möglichen anderen ovalartigen Bahnkurven. Schließlich, es war wohl 1604, kam ihm die Erleuchtung. Wie so häufig war die richtige Antwort, gemessen an der komplizierten Epizykeltheorie, von überwältigender Klarheit und Einfachheit: Der Mars bewegt sich auf einer Ellipse, in deren einem Brennpunkt die Sonne steht, und die Geschwindigkeit der Bewegung ist derart, daß der Strahl von der Sonne zum Mars in gleichen Zeiten gleiche Flächen überstreicht. Dies ist der Inhalt der beiden ersten Keplerschen Gesetze, die in der *Astronomia nova* (*Neue Astronomie*) von 1609, seinem astronomischen Hauptwerk, enthalten sind. Kepler war ein Forscher zwischen zwei Epochen, Mittelalter und Neuzeit. Seine Versuche, die Planetengesetze physikalisch zu begründen (seine *Neue Astronomie* trägt den Untertitel *oder Physik des Himmels*), waren nicht erfolgreich. Er operierte

---

[1] Vgl. A. Koestler, *Die Nachtwandler*, 5. Teil, Kap. I (Suhrkamp TB 579) und L. Bieberbach (1938, S.60–67, Brief von Kardinal Bellarmin an Foscarini).

mit magnetischen Kräften, angeregt durch das Buch *De magnete* von WILLIAM GILBERT, welches 1600 erschienen war und viel Aufsehen erregt hatte. Aber allein der Versuch dokumentiert eine revolutionäre neue Denkweise. Die Vorstellung, daß die Vorgänge auf Erden und am Himmel denselben physikalischen Gesetzen gehorchen, steht im schroffen Gegensatz zur aristotelischen Zweiteilung der Welt in die Gebiete „unterhalb des Mondes", wo alles in fortwährender Veränderung begriffen ist, und jenseits des Mondes, wo die Fixsterne für alle Zeiten unbeweglich ruhen und die Planeten ihre festen Bahnen gleichmäßig durchlaufen. (Am Rande sei bemerkt, daß in diesem Weltbild die Kometen, welche auftauchen und wieder verlöschen, Erscheinungen innerhalb der sublunaren Sphäre sein *müssen*. Als Tycho de Brahes Messungen am Kometen von 1577 ergaben, daß dies unmöglich so sein kann, führte das zu einer schweren Erschütterung des aristotelischen Weltbildes.)

Andererseits war Kepler zeitlebens von antiken, auf PYTHAGORAS zurückgehenden Vorstellungen über die magische Bedeutung von (ganzen) Zahlen und Zahlenverhältnissen beeinflußt. Zu ergründen, warum es Gott gefallen hat, gerade sechs Planeten zu erschaffen, war für ihn eine aller Anstrengung würdige Aufgabe. Die Auffassung, daß ähnlich wie bei der schwingenden Saite, wo den einfachen ganzzahligen Verhältnissen der Saitenlängen die harmonischen Intervalle entsprechen, sich auch die Planeten in solchen ganzzahligen harmonischen Verhältnissen bewegen, welche Anlaß zur „Sphärenharmonie" geben, hat ihn nicht losgelassen. Sein Spätwerk *Harmonice mundi* (*Weltharmonik*) gibt Zeugnis von dieser unermüdlichen Suche nach Harmonien im Planetensystem. Sein kostbarster Fund ist das dritte Keplersche Gesetz: Die Quadrate der Umlaufszeiten verhalten sich wie die Kuben der großen Halbachsen.

Es fehlte auch später nicht an physikalischen Erklärungsversuchen. Descartes' Wirbeltheorie wurde berühmt und übte einen nicht geringen und nicht gerade fördernden Einfluß auf die Entwicklung aus. Mit der Entdeckung der Grundgesetze der Mechanik war die Frage endgültig beantwortet. Newton fand die Gesetze in seinen „goldenen" Jugendjahren, als er noch Student in Cambridge war, veröffentlichte sie aber erst 1687 in seinem physikalischen Hauptwerk *Principia*. Der wesentliche Beweis für die Richtigkeit seiner Theorie, sozusagen das *experimentum crucis*, war die mathematische Deduktion der Keplerschen Gesetze aus den mechanischen Grundgesetzen. Die Erkenntnis, daß zwei so entfernte Vorgänge wie der freie Fall des sprichwörtlichen Newtonschen Apfels und die Bewegung der Planeten aus einem einzigen mathematischen Grundgesetz erklärbar sind, war der erste Triumph der neuen Naturwissenschaft.

Aufgaben

1. Man berechne die Bogenlänge der folgenden in Polarkoordinaten angegebenen ebenen Kurven:

$$(a) \quad r = \sin\phi, \quad 0 \le \phi \le \pi; \qquad\qquad (b) \quad r = \phi^2, \quad 0 \le \phi \le 2\pi.$$

Um welche Kurve handelt es sich bei (a)?

2. Für welche $\alpha > 0$ ist die durch $\phi(0) = 0$, $\phi(t) = (t, t^\alpha \sin 1/t)$ für $0 < t \le 1$ definierte Jordankurve rektifizierbar?

3. Man berechne für die Ellipse und die Hyperbel (Beispiele 4 und 5 von 5.10) die Krümmung und den Kümmungsmittelpunkt. Wie groß ist der Krümmungsradius in den Scheitelpunkten?

4. *Das eindimensionale Zweikörperproblem.* Sind beim Problem (BP) (AW) von 5.23 die Anfangsdaten $x_0, v_0 \in \mathbb{R}^3$ linear abhängig, so kann man nach 5.23 (b) annehmen, daß die Bewegung durch eine skalare Funktion $x(t)$ beschrieben wird, welche den Gleichungen

(∗) $$\ddot{x} = -\frac{\gamma M}{x^2} \,, \quad x(0) = x_0 > 0 \,, \quad \dot{x}(0) = v_0$$

genügt.

Für die Lösung mache man den Ansatz $x(t) = a(t + b)^c$ und zeige, daß man die Differentialgleichung und die Bedingung $x(0) = x_0$, i.a. jedoch nicht die zweite Bedingung $\dot{x}(0) = v_0$ befriedigen kann (es gibt also noch andere Lösungen, die nicht von dieser Gestalt sind). Man bestimme diese Lösung im Fall $M = 5,97 \cdot 10^{24}$ kg (Erdmasse), $x_0 = R = 6,37 \cdot 10^6$ m (Erdradius) und berechne die zugehörige Anfangsgeschwindigkeit $\dot{x}(0) = v_0$. Wie verhalten sich $x(t)$ und $\dot{x}(t)$ für $t \to \infty$?

Bemerkung. Die Geschwindigkeit v_0 ist die kleinste Geschwindigkeit derart, daß ein von der Erdoberfläche aus senkrecht nach oben geworfener Körper (unter Negierung anderer Einflüsse wie Luftwiderstand,...) nicht mehr zur Erde zurückfällt.

5. *Gerichtete Mengen.* Ein Element β der gerichteten Menge A heißt *maximal*, wenn aus $\alpha \in A$, $\beta \prec \alpha$ folgt $\beta = \alpha$. Man zeige:
(a) Es gibt höchstens ein maximales Element.
(b) Besitzt A ein maximales Element β, so ist jedes Netz (f_α) konvergent und $\lim_\alpha f_\alpha = f_\beta$; ferner gilt $\alpha \prec \beta$ für alle $\alpha \in A$.

6. Es sei X eine nichtleere Menge und $A \subset P(X)$ die Menge aller (i) Teilmengen bzw. (ii) endlichen Teilmengen bzw. (iii) höchstens abzählbaren Teilmengen von X. Man zeige:
(a) Die Menge A ist in jedem der drei Fälle in bezug auf die Inklusion ($M \prec N \Longleftrightarrow M \subset N$ für $M, N \in A$) gerichtet.
(b) Im Fall (i) existiert ein maximales Element; im Fall (ii) gibt es, wenn X abzählbar ist, konfinale Teilfolgen; im Fall (iii) gibt es, wenn X überabzählbar ist, keine konfinale Teilfolge.

7. *Das zweite Archimedische Postulat.* Die Funktion f sei im Intervall $I = [a, b]$ stetig und konkav, und $C = \text{graph } f = \phi(I)$ mit $\phi(t) = (t, f(t))$ sei die zugehörige Jordan-Kurve mit den Endpunkten $P = \phi(a)$ und $Q = \phi(b)$ (wir benutzen dieselben Bezeichnungen wie in der Einleitung zur Kurventheorie vor Abschnitt 5.10). Der Weg $\psi | J$, $J = [\alpha, \beta]$ mit denselben Endpunkten P, Q verlaufe oberhalb von C (d.h. aus $a \leq \psi_1(\tau) \leq b$ folgt $f(\psi_1(\tau)) \leq \psi_2(\tau)$). Dann ist $L(\psi) \geq L(\phi) = L(C)$. Jede oberhalb C verlaufende, die Punkt P und Q verbindende Kurve hat also eine Länge $\geq L(C)$.

Wir skizzieren einen möglichen Beweisweg. Man kann annehmen, daß $a \leq \psi_1(\tau) \leq b$ ist (ist das nicht der Fall und ist etwa τ' der letzte Punkt mit $\psi_1(\tau') = a$, so ersetze man den Teilweg $\psi | [\alpha, \tau']$ durch die Strecke von P nach $\psi(\tau')$). Es sei $Z = (t_0, \ldots, t_p)$ eine Zerlegung von I. Es genügt, die Ungleichung $\ell(Z; \phi) \leq L(\psi)$ zu beweisen. Da der Weg ψ oberhalb C verläuft, schneidet die Gerade durch die Punkte $P = \phi(t_0)$ und $\phi(t_1)$ den Weg ψ in einem Punkt $R = \phi(\tau_1)$ rechts von t_1, d.h. mit $\psi_1(\tau_1) \geq t_1$. Ersetzt man nun das Wegstück $\psi | [\alpha, \tau_1]$ durch die Strecke $\overline{PR}$ (in passender Parametrisierung), während $\psi | [\tau_1, \beta]$ unverändlich bleibt, so erhält man einen neuen, gegenüber ψ kürzeren Weg ψ^1. Die Gerade durch die Punkte $\phi(t_1)$ und $\phi(t_2)$ schneidet den Weg ψ^1 in einem Punkt $S = \psi^1(\tau_2)$ rechts von t_2. Man verkürzt den Weg ψ^1, indem man das Stück $\psi^1 | [\tau_1, \tau_2]$ durch die Strecke $\overline{RS}$ ersetzt. Nach höchstens p solchen Schritten erhält man einen Weg, der bis auf die Parametrisierung mit dem durch Z erzeugten Streckenzug mit den Eckpunkten $\phi(t_i)$ übereinstimmt.

8. Es sei L_k die Länge und S_k der Schwerpunkt bei homogener Massenverteilung der Kurve $y = x^k$, $0 \le x \le 1$. Man berechne $\lim_{k \to \infty} L_k$ und $\lim_{k \to \infty} S_k$.

9. *Ellipsenumfang.* Man zeige: Der Umfang L der Ellipse $x = a \cos t$, $y = b \sin t$ $(a > b > 0, 0 \le t \le 2\pi)$ ist durch

$$L = 4a \int_0^{\pi/2} \sqrt{1 - \varepsilon^2 \cos^2 t}\, dt, \qquad \varepsilon^2 = \frac{a^2 - b^2}{a^2}$$

(ε ist die numerische Exzentrizität der Ellipse) gegeben. Hieraus leite man die Potenzreihenentwicklung

$$L = 2\pi a \left\{ 1 - \left(\frac{1}{2} \right)^2 \varepsilon^2 - \frac{1}{3} \left(\frac{1 \cdot 3}{2 \cdot 4} \right)^2 \varepsilon^4 - \frac{1}{5} \left(\frac{1 \cdot 3 \cdot 5}{2 \cdot 4 \cdot 6} \right)^2 \varepsilon^6 - \cdots \right\}$$

ab (vgl. Beispiel 3 in I.11.3). Man berechne L für $a = 5$, $b = 4$ explizit unter Berücksichtigung der Reihenglieder bis einschließlich ε^8 und schätze den Abbruchfehler ab.

10. Man berechne die Länge folgender Kurven:

(a) $y = \ln x$, $\sqrt{3} \le x \le \sqrt{8}$;

(b) $|x|^{2/3} + |y|^{2/3} = 1$ bei einem vollen Umlauf (Astroide);

(c) $x = t - \sin t$, $y = 1 - \cos t$, $0 \le t \le 2\pi$ (Zykloide).

11. Gelegentlich wird eine Kurve im $\mathbb{R}^n$ in der Form $x = \phi(t)$, $a \le t < \infty$ gegeben. Man zeige:

(a) Ist ϕ in $[a, \infty)$ stetig und injektiv und existiert $P = \lim_{t \to \infty} \phi(t)$, so ist $C = \phi([a, \infty)) \cup \{P\}$ eine (eventuell geschlossene) Jordankurve. [Zu zeigen ist also, daß ein Jordanweg $\psi : [a, b] \to \mathbb{R}^n$ mit $C = \psi([a, b])$ existiert.]

(b) Ist zusätzlich jedes Kurvenstück $C_t = \phi([a, t])$ $(a < t < \infty)$ rektifizierbar, so gilt $L(C) = \lim_{t \to \infty} L(C_t)$. Die Kurve ist also genau dann rektifizierbar, wenn dieser Limes endlich ist.

(c) Man berechne die Länge der exponentiellen Spirale $r = e^{-\phi}$, $0 \le \phi < \infty$.

12. *Eine Peanokurve.* Die Funktion $g : \mathbb{R} \to \mathbb{R}$ sei gerade, periodisch mit der Periode 2 und in $[0, 1]$ durch

$$g(t) = \begin{cases} 0 & \text{für } 0 \le t < \frac{1}{3} \\ 3t - 1 & \text{für } \frac{1}{3} \le t < \frac{2}{3} \\ 1 & \text{für } \frac{2}{3} \le t \le 1 \end{cases}$$

gegeben. Offenbar ist g durch diese Angaben vollständig definiert und stetig. Die Funktion $\phi : I = [0, 1] \to \mathbb{R}^2$ sei definiert durch

$$\phi(t) = \left(\sum_{k=0}^{\infty} \frac{g(4^{2k} t)}{2^{k+1}}, \quad \sum_{k=0}^{\infty} \frac{g(4^{2k+1} t)}{2^{k+1}} \right).$$

Man beweise: Die Funktion ϕ ist stetig, und ihr Wertebereich $\phi(I)$ ist das Einheitsquadrat $Q = [0, 1]^2$.

Anleitung: Für $t = \sum_0^{\infty} a_i / 4^i$ mit $a_i \in \{0, 1\}$ ist $g(4^k t) = a_k$, also $\phi(t) = (x, y)$ mit $x = \sum_0^{\infty} a_{2k} / 2^{k+1}$, $y = \sum_0^{\infty} a_{2k+1} / 2^{k+1}$. Zum Nachweis von $\phi(I) \supset Q$ wende man Satz I.5.18 und für die Relation $\phi(I) \subset Q$ eine passende Abschätzung an.

13. *Kettenlinie.* Man gebe für die durch $y = \cosh x$ in $0 \le x \le a$ ($a > 0$ beliebig) explizit dargestellte Kurve eine Darstellung mit der Bogenlänge als Parameter. Ferner berechne man den Krümmungsradius und den Krümmungsmittelpunkt der Kurve in Abhängigkeit von x.

Bemerkung. Die Kurve $y = \alpha \cosh \beta x$ ($\alpha, \beta > 0$) wird Kettenlinie genannt, weil ein an zwei Punkten aufgehängter schwerer, nicht dehnbarer Faden (= Kette) die Gestalt dieser Kurve annimmt. Galilei hatte noch irrtümlich angenommen, die Kettenlinie sei eine Parabel.

14. Es sei $I = [a, b]$. Man zeige, daß der Raum $BV(I)$ – der Vektorraum der reellen Funktionen von beschränkter Variation auf I – ein Banachraum ist, wenn man die Norm durch

$$\|f\| = |f(a)| + V_a^b(f) \qquad \text{oder} \qquad \|f\|^* = \|f\|_\infty + V_a^b(f)$$

definiert, und daß diese Normen äquivalent sind ($\| \cdot \|_\infty$ ist in 1.8 definiert).

15. Man berechne die Totalvariation $V_a^b(f)$ der folgenden Funktionen (in den beiden ersten Beispielen ist $f(0) = 0$ gesetzt):

(a) $V_0^2(x \log x)$;   (b) $V_0^1(x \sin 1/x)$;   (c) $V_0^{4\pi}(\arctan \sin x)$;

(d) $V_0^1(\sin \phi(x))$;   (e) $V_0^3 \left(\sum_{k=1}^{m} a_k H \left(x - \dfrac{1}{k} \right) \right)$;   (f) $V_0^2(\exp [x^2])$.

Dabei ist ϕ in $[0, 1]$ stetig und monoton mit $\phi(0) = 0$, $\phi(1) = 2\pi$, H die Heaviside-Funktion und $[x] = $ größte ganze Zahl $\le x$. Welche Funktion ist stetig, aber nicht von beschränkter Variation?

Hinweis: Man kann (i) 5.20(f) anwenden oder (ii) das Intervall in Teilintervalle zerlegen, in denen f monoton ist, und 5.20(d) benutzen.

16. *Die Kreisevolvente.* Ein Faden wird auf der Peripherie des Einheitskreises im Uhrzeigersinn aufgewickelt, wobei sein Ende im Punkt $(1, 0)$ liegen möge. Wird der Faden wieder abgewickelt, jedoch so, daß er immer gespannt bleibt, so beschreibt das Fadenende einen Weg von der Form einer gegen den Uhrzeigersinn durchlaufenen sich öffnenden Spirale, die man Kreisevolvente nennt.

(a) Man zeige, daß sie die Parameterdarstellung

$$x(t) = \cos t + t \sin t , \qquad y(t) = \sin t - t \cos t$$

hat, wobei t die Länge des abgewickelten Fadens ist.

(b) Man berechne die Weglängenfunktion der Kreisevolvente.

(c) Man berechne den ersten positiven t-Wert t_1 mit $y(t_1) = 0$ mit dem Taschenrechner (man bringe die entsprechende Fixpunktgleichung $t = \phi(t)$ auf eine Form, die sukzessive Approximation zuläßt; vgl. 4.1 und I.4.10).

§ 6. Das Riemann-Stieltjes-Integral. Kurven- und Wegintegrale

Im Jahre 1894 veröffentlichte der holländische Mathematiker THOMAS-JEAN STIEL-TJES (1856–1894, ab 1877 an der Sternwarte in Leiden, ab 1886 als Professor der Mathematik in Toulouse tätig) eine originelle Arbeit über Kettenbrüche, in welcher er ein neues, später nach ihm benanntes Integral $\int_a^b f \, dg$ einführte. Er nimmt an, daß f stetig und g monoton wachsend ist und bildet, wenn $Z = (t_0, \ldots, t_p)$ eine Zerlegung des Intervalls $I = [a, b]$ ist, die Summen

$$\sigma(Z, \tau) = \sum_{i=1}^{p} f(\tau_i)[g(t_i) - g(t_{i-1})] \quad \text{mit} \quad t_{i-1} \leq \tau_i \leq t_i \,.$$

Sie unterscheiden sich von Riemannschen Zwischensummen (vgl. I.9.7) lediglich dadurch, daß die „Größe" des Intervalls $I_i = [t_{i-1}, t_i]$ nicht durch $t_i - t_{i-1}$, sondern durch die entsprechende g-Differenz $g(t_i) - g(t_{i-1})$ gemessen wird. Das Integral ist dann genau wie bei Riemann definiert: Es hat den Wert J, wenn (in der üblichen δ-ε-Korrespondenz) aus $|Z| < \delta$ folgt $|\sigma(Z, \tau) - J| < \varepsilon$. Stieltjes verbindet mit seinem neuen Integral auch eine physikalische Vorstellung. Man denke sich das Intervall $[0, 1]$ mit punktförmig oder kontinuierlich verteilter Masse belegt. Bezeichnet $g(t)$ die im Intervall $[0, t]$ enthaltene Masse, so entspricht der obigen g-Differenz die Masse im Teilintervall $(t_{i-1}, t_i]$. Es lassen sich dann z.B. die Gesamtmasse M und der Schwerpunkt S dieser eindimensionalen Massenverteilung in einheitlicher Form $M = \int_0^1 dg$, $S = \frac{1}{M} \cdot \int_0^1 t \, dg$ angeben, während bisher die Sonderfälle von Massenpunkten bzw. kontinuierlich verteilten Massen gesondert durch endliche Summen bzw. Riemannsche Integrale beschrieben wurden. Stieltjes betrachtet auch höhere

$$\text{Momente} \quad m_k = \int_0^1 t^k \, dg(t) \quad (k = 0, 1, 2, \ldots)$$

(der Fall $k = 2$ führt auf das Trägheitsmoment). Er formuliert und löst das *Momentenproblem*, zu einer vorgegebenen Zahlenfolge (m_k) eine Funktion g so zu bestimmen, daß die m_k die Momente bezüglich g sind.

Das Stieltjes-Integral fand zunächst wenig Beachtung. Das änderte sich, als im Jahre 1909 der ungarische Mathematiker FRIEDRICH RIESZ (1880–1956, studierte u.a. in Göttingen, Professor in Klausenburg und Szeged), einer der Begründer der Funktionalanalysis, ein wichtiges Problem dieser damals noch jungen Wissenschaft löste. In seinem berühmten Darstellungssatz zeigt er, daß jede stetige lineare Abbildung $L : C(I) \to \mathbb{R}$ als Stieltjes-Integral

$$f \mapsto L(f) = \int_a^b f(t)\,dg(t) \text{ mit } g \in BV(I)$$

darstellbar ist (daß diese Abbildung stetig bezüglich der Maximumnorm ist, folgt aus Satz 6.2). In der Folgezeit wird das Stieltjes-Integral, insbesondere in seiner von JOHANN RADON (1887–1956, österreichischer Mathematiker) entwickelten, im Lebesgueschen Sinne verallgemeinerten Fassung, zu einem wirkungsvollen Arbeitsmittel der Analysis und zum Vorreiter der allgemeinen Maß- und Integrationstheorie.

Stieltjes hat sein Integral in Anlehnung an Riemann als Limes von $\sigma(Z, \tau)$ in der metrischen Ordnung definiert. Das entsprechende Integral in der natürlichen Ordnung und die Beziehungen zwischen diesen beiden Integralbegriffen wurden 1923 von S. POLLARD in einer Arbeit *The Stieltjes integral and its generalizations* (Quarterly J. Math. 49, 73–138) untersucht. Es stellte sich heraus, daß die beiden Definitionen im allgemeinen nicht übereinstimmen. Der Sonderfall des Riemann-Integrals, wo Übereinstimmung vorliegt, ist also nicht typisch. Seither müssen wir damit leben, daß in den verschiedenen Lehrbüchern der Analysis das eine oder das andere Integral als „das" Stieltjes-Integral bezeichnet und dargestellt wird. Wir haben uns für die natürliche Ordnung entschieden. In der Bemerkung 3 von 6.6 werden die Beziehungen zwischen dem natürlichen und dem metrischen Stieltjes-Integral diskutiert.

6.1 Das Riemann-Stieltjes-Integral. Es seien zwei Funktionen $f, g : I = [a, b] \to \mathbb{R}$ gegeben. In Verallgemeinerung von I.9.7 bilden wir zu einer Zerlegung $Z = (t_0, \ldots, t_p)$ von I und einem zu Z passenden Satz $\tau = (\tau_1, \ldots, \tau_p)$ von Zwischenpunkten $\tau_i \in [t_{i-1}, t_i]$ die *Zwischensumme* oder *Riemann-Stieltjes-Summe*

$$\sigma(Z, \tau; f\,dg) \equiv \sigma(Z, \tau) = \sum_{i=1}^p f(\tau_i)[g(t_i) - g(t_{i-1})] .$$

Der gemäß 5.6 definierte Netzlimes bezüglich der Indexmenge B aller zulässigen Paare (Z, τ)

$$\int_a^b f\,dg \equiv \int_a^b f(t)\,dg(t) := \lim_Z \sigma(Z, \tau)$$

wird das *Riemann-Stieltjes-Integral* (*RS-Integral*) von f bezüglich g genannt. Dieses Integral existiert also und hat den Wert J genau dann, wenn zu jedem $\varepsilon > 0$ eine Zerlegung Z_ε von I existiert mit

$$|J - \sigma(Z, \tau)| < \varepsilon \quad \text{für alle} \quad (Z, \tau) \quad \text{mit} \quad Z > Z_\varepsilon .$$

Für $g(t) \equiv t$ erhält man das Riemann-Integral. Bedeutsam sind die folgenden beiden

Beispiele. 1. Es sei H die Heaviside-Funktion, $H(t) = 0$ für $t \leq 0$ und $= 1$ für $t > 0$. Ist $a < 0 < b$ und f stetig bei $t = 0$, so existiert das RS-Integral von f bezüglich H, und es hat den Wert

$$\int_a^b f\,dH = f(0)\;.$$

Denn zu $\varepsilon > 0$ gibt es ein $\delta > 0$ mit der Eigenschaft $|f(0) - f(s)| < \varepsilon$ für $0 \leq s \leq \delta$. Für jede Verfeinerung von $Z_\varepsilon = (a, 0, \delta, b)$ ist $\sigma(Z, \tau) = f(s)$ mit $0 \leq s \leq \delta$, also $|f(0) - \sigma(Z, \tau)| < \varepsilon$. Man sieht, daß die rechtsseitige Stetigkeit von f ausreicht.

2. Ist jedoch f im Nullpunkt nicht rechtsseitig stetig, so existiert das Integral $\int_a^b f\,dH$ nicht. Denn jede Zerlegung Z_ε besitzt eine Verfeinerung $Z = (t_i)$, welche den Punkt $0 = t_k$ enthält, und die entsprechenden Zwischensummen haben den Wert $f(s)$, wobei s im Intervall $[0, t_{k+1}]$ variieren kann.

6.2 Eigenschaften des Riemann-Stieltjes-Integrals. Die auftretenden Funktionen seien im Intervall $I = [a, b]$ erklärt.

(a) *Linearität bezüglich f und g.* Wenn die Integrale $\int_a^b f_i\,dg$ und $\int_a^b f\,dg_i$ existieren ($i = 1, 2$), dann existieren auch die folgenden Integrale, und es gilt

$$\int_a^b (\lambda_1 f_1 + \lambda_2 f_2)\,dg = \lambda_1 \int_a^b f_1\,dg + \lambda_2 \int_a^b f_2\,dg\;,$$

$$\int_a^b f\,d(\lambda_1 g_2 + \lambda_2 g_2) = \lambda_1 \int_a^b f\,dg_1 + \lambda_2 \int_a^b f\,dg_2\;.$$

(b) Für $a < c < b$ gilt

$$\int_a^b f\,dg = \int_a^c f\,dg + \int_c^b f\,dg\;,$$

wobei das linke Integral genau dann existiert, wenn die beiden rechtsstehenden Integrale existieren.

Die erste Gleichung in (a) folgt durch Anwendung der Regel 5.4 (b) auf die Identität

$$\sigma(Z, \tau; (\lambda_1 f_1 + \lambda_2 f_2) dg) = \lambda_1 \sigma(Z, \tau; f_1 dg) + \lambda_2 \sigma(Z, \tau; f_2 dg)\;,$$

die zweite Gleichung in (a) aus einer ähnlichen Identität und schließlich (b) aus Satz 5.7.

Stetige Funktionen sind nach I.9.6 Riemann-integrierbar. Diese wichtige Eigenschaft wird im nächsten Satz verallgemeinert.

Satz. *Ist $f \in C^0(I)$ und $g \in BV(I)$, so existiert das Integral $\int_a^b f\,dg$, und es besteht die Abschätzung*

$$\left| \int_a^b f\,dg \right| \leq \|f\|_\infty V_a^b(g)\;.$$

Beweis. Aufgrund der gleichmäßigen Stetigkeit von f gibt es zu $\varepsilon > 0$ ein $\delta > 0$ derart, daß aus $|s - t| < \delta$ folgt $|f(s) - f(t)| < \varepsilon$. Wir wählen eine Zerlegung $Z_\varepsilon = (r_0, \ldots, r_q)$ mit $|Z_\varepsilon| < \delta$ und eine zugehörige RS-Summe $\sigma(Z_\varepsilon, \rho)$, etwa mit $\rho_i = r_i$. Nun sei $Z = (t_0, \ldots, t_p)$ eine Verfeinerung von Z_ε, und es sei etwa $t_m = r_1$. Der erste Summand von $\sigma(Z_\varepsilon, \rho)$ läßt sich in der Form

$$f(r_1)[g(r_1) - g(r_0)] = \sum_{i=1}^{m} f(r_1)[g(t_i) - g(t_{i-1})]$$

schreiben. Da die ersten m Zwischenstellen τ_i von $\sigma(Z,\tau)$ in $[a,r_1]$ liegen und da $r_1 - a < \delta$ ist, gilt $|f(\tau_i) - f(r_1)| < \varepsilon$. Deshalb erhält man für die Differenz zwischen dem ersten Glied von $\sigma(Z_\varepsilon, \rho)$ und den ersten m Gliedern von $\sigma(Z,\tau)$ die Abschätzung

$$\left| \sum_{i=1}^{m} [f(r_1) - f(\tau_i)][g(t_i) - g(t_{i-1})] \right| \leq \varepsilon V_a^{r_1}(g) \ .$$

Verfährt man mit den Teilintervallen $[r_1, r_2], \ldots, [r_{q-1}, r_q]$ entsprechend, so ergibt sich mit 5.20 (c)

$$|\sigma(Z,\tau) - \sigma(Z_\varepsilon, \rho)| \leq \varepsilon V_a^b(g) \ .$$

Für beliebige Zerlegungen $Z, Z' > Z_\varepsilon$ ist dann

$$|\sigma(Z,\tau) - \sigma(Z',\tau')| \leq |\sigma(Z,\tau) - \sigma(Z_\varepsilon, \rho)| + |\sigma(Z',\tau') - \sigma(Z_\varepsilon, \rho)|$$

$$\leq 2\varepsilon V_a^b(g) \ .$$

Also ist $(\sigma(Z,\tau))$ ein Cauchy-Netz, und $\int_a^b f\, dg$ existiert. Eine einfache Abschätzung ergibt die behauptete Ungleichung:

$$|\sigma(Z,\tau)| \leq \|f\|_\infty \sum |g(t_i) - g(t_{i-1})| \leq \|f\|_\infty V_a^b(g) \ . \qquad \square$$

Bisher haben wir noch kein Mittel, um RS-Integrale wirklich zu berechnen. Daß der direkte Weg über die Definition selbst beim Riemann-Integral nur in einfachen Fällen praktikabel ist, wird durch die Betrachtungen im ersten Band zur Genüge gezeigt. Die beiden folgenden Sätze sind die wesentlichen Hilfsmittel zur Bewältigung dieser Aufgabe.

6.3 Partielle Integration. Satz. *Mit $\int_a^b f\, dg$ existiert auch $\int_a^b g\, df$, und es gilt*

$$\int_a^b f\, dg + \int_a^b g\, df = fg|_a^b \equiv f(b)g(b) - f(a)g(a) \ .$$

Grundlage des *Beweises* ist die Identität $(a = t_0 < t_1 < \cdots < t_p = b; \ t_{i-1} \leq \tau_i \leq t_i)$

$$\sum_{i=1}^{p} g(\tau_i)[f(t_i) - f(t_{i-1})]$$

(*)
$$+ \sum_{i=1}^{p} \{f(t_{i-1})[g(\tau_i) - g(t_{i-1})] + f(t_i)[g(t_i) - g(\tau_i)]\}$$

$$= f(b)g(b) - f(a)g(a) \ ,$$

welche man leicht bestätigt. Zu $\varepsilon > 0$ gibt es eine Zerlegung Z_ε derart, daß $|\sigma(Z,\tau; f\, dg) - J| < \varepsilon$ gilt für alle $Z > Z_\varepsilon$; dabei bezeichnet J den Wert des Integrals $\int_a^b f\, dg$. Die erste Summe in (*) ist gleich $\sigma(Z,\tau; g\, df)$, die zweite Summe ist eine RS-Summe $\sigma(Z^*, \tau^*; f\,dg)$, wobei Z^* alle t_i und alle τ_i als Teilpunkte enthält und τ_j^* jeweils der linke oder rechte Endpunkt des betrachteten Intervalls ist (ist $\tau_i = t_{i-1}$ oder t_i, so tritt τ_i nicht als neuer Teilpunkt in Z^* auf, andererseits ist der betreffende Summand gleich 0). Aus $Z \succ Z_\varepsilon$ folgt $Z^* \succ Z_\varepsilon$, also $|\sigma(Z^*, \tau^*; f\,dg) - J| < \varepsilon$, und aus (*) ergibt sich $|\sigma(Z, \tau; g\,df) - fg|_a^b + J| < \varepsilon$. Das bedeutet aber, daß das Integral $\int_a^b g\,df$ existiert und den angegebenen Wert $fg|_a^b - J$ hat.   □

6.4 Transformation in ein Riemann-Integral. Satz. *Ist $f \in R(I)$ und $g \in C^1(I)$, so existiert $\int_a^b f\,dg$, und es gilt*

$$\int_a^b f\,dg = \int_a^b fg'\,dt\,.$$

Jedes Integral $\int_a^b fh\,dt$ läßt sich also als RS-Integral

$$\int_a^b f(t)h(t)\,dt = \int_a^b f(t)\,dg(t) \quad \text{mit} \quad g(t) = \int_a^t h(s)\,ds$$

schreiben, falls f Riemann-integrierbar und h stetig ist.
     Z.B. ist

$$\int_0^\pi \cos t\,d(\sin t) = \int_0^\pi \cos^2 t\,dt = \frac{1}{2}\pi\,,$$

$$\int_0^\pi \cos t\,d(\cos t) = -\int_0^\pi \sin t \cos t\,dt = 0\,.$$

Beweis. Die Funktion $f \in R(I)$ ist beschränkt (vgl. I.9.1), etwa $|f| \le K$. Zu $\varepsilon > 0$ wird ein $\delta > 0$ so gewählt, daß $|g'(\tau) - g'(\tau')| < \varepsilon$ gilt, falls $|\tau - \tau'| < \delta$ ist. Es sei $|Z| < \delta$. Nach dem Mittelwertsatz I.10.10 kann man $\sigma(Z, \tau; f\,dg)$ in der Form

$$\sigma(Z, \tau) = \sum_{i=1}^k f(\tau_i)(g(t_i) - g(t_{i-1})) = \sum_{i=1}^k f(\tau_i)g'(\tau_i')(t_i - t_{i-1})$$

schreiben, wobei $\tau_i' \in [t_{i-1}, t_i]$ ist. Vergleicht man dies mit der Zwischensumme

$$\sigma^*(Z, \tau) = \sum_{i=1}^k f(\tau_i)g'(\tau_i)(t_i - t_{i-1})$$

zum Integral $J = \int_a^b fg'\,dt$, so findet man $|\sigma - \sigma^*| < K \cdot \varepsilon \cdot (b - a)$. Da diese Ungleichung für alle Zerlegungen mit $|Z| < \delta$, also insbesondere für alle Verfeinerungen einer fest gewählten solchen Zerlegung gilt, sind die beiden Integrale gleich.   □

6.5 Weitere Beispiele. Im folgenden ist $I = [a, b]$ und $H(t)$ die Heaviside-Funktion von Beispiel 1 in 6.1.

3. Für jede in I definierte Funktion g ist $\sigma(Z, \tau; dg) = g(b) - g(a)$, also $\int_a^b dg(t) = g(b) - g(a)$.

4. *Endliche Summen als Stieltjes-Integrale.* Ist $f \in C(I)$ und $a \leq c < b$, so folgt $\int_a^b f \, dH(t - c) = f(c)$ (die Bezeichnung soll andeuten, daß es sich um $\int f \, dg$ mit $g(t) = H(t - c)$ handelt; vgl. Beispiel 1). Hat man die n Punkte $c_i \in [a, b)$ und n Zahlen a_i und setzt man $g(t) = a_1 H(t - c_1) + \ldots + a_n H(t - c_n)$, so wird nach 6.2 (a)

$$\int_a^b f \, dg = a_1 f(c_1) + \ldots + a_n f(c_n) .$$

Man kann also endliche Summen als RS-Integrale schreiben, und zwar auf vielerlei Weise.

5. *Unendliche Reihen als Stieltjes-Integrale.* Es sei (c_k) eine Folge mit $0 = c_0 < c_1 < c_2 < \ldots < 1$ und $\sum\limits_{k=1}^{\infty} a_k$ eine konvergente unendliche Reihe mit den Teilsummen s_n und der Summe S. Die Funktion

$$g(t) = \sum_{k=1}^{\infty} a_k H(t - c_k)$$

ist $= 0$ für $0 \leq t \leq c_1$, $= s_n$ für $c_n < t \leq c_{n+1}$ und $= S$ für $\lim c_k \leq t \leq 1$. Nach Beispiel 3 ist $S = \sum a_k = \int_0^1 dg$.

Ist $Z = (t_0, \ldots, t_p)$ eine Zerlegung von $[0, 1]$, welche in jedem der Teilintervalle $(c_1, c_2], \ldots, (c_n, c_{n+1}]$ mindestens einen Teilpunkt und im letzten dieser Intervalle den Teilpunkt t_{p-1} hat, so sieht man leicht, daß var $(Z; g) = |a_1| + \ldots + |a_n| + |S - s_n|$ ist. Es ist also genau dann $g \in BV[0, 1]$, wenn $\sum a_n$ absolut konvergiert, und in diesem Fall ist $V_0^1(g) = \sum_1^{\infty} |a_n|$. Ist nun $f \in C[0, 1]$, so existiert $\int_0^1 f \, dg$ nach Satz 6.2, und es ist

$$\sum_{k=1}^{\infty} f(c_k) a_k = \int_0^1 f(t) \, dg(t) .$$

Um dies einzusehen, berechne man die RS-Summe bezüglich der Zerlegung $(0 = c_0, c_1, c_2, \ldots, c_n, 1)$ mit $\tau_i = c_{i-1}$.

6. Die Momente m_k bezüglich der Funktion e^t (vgl. Einleitung zu diesem Paragraphen) haben die Werte

$$m_k = \int_0^1 t^k \, de^t = \int_0^1 t^k e^t \, dt$$

$$= e^t (t^k - k t^{k-1} + k(k-1) t^{k-2} - + \ldots + (-1)^k k! \, t^0) \Big|_0^1 ,$$

$$= e\{1 - k + k(k-1) - + \cdots + (-1)^k k!\} - (-1)^k k! ,$$

speziell $m_0 = e - 1$, $m_1 = 1$, $m_2 = e - 2$, $m_3 = 6 - 2e$.

6.6 Bemerkungen. 1. *Beschränktheit des Integranden.* Wir haben beim Riemann-Integral in I.9.1 die Beschränktheit von f ausdrücklich vorausgesetzt, jetzt aber beim RS-Integral keine solche Einschränkung vorgenommen. Ist aber z.B. g konstant, so existiert das Integral $\int_a^b f \, dg$ für beliebige (auch unbeschränkte) Funktionen f, und entsprechendes gilt, wenn g in Teilintervallen konstant ist. Ist jedoch g in keinem Teilintervall von I konstant, so kann man leicht zeigen, daß

aus der Existenz des Integrals die Beschränktheit von f folgt (man betrachte eine feste Zerlegung Z mit der Eigenschaft, daß $|\sigma(Z,\tau) - \sigma(Z,\tau')| < 1$ ist, halte τ fest und variiere τ'). Diese Bemerkung gilt insbesondere für das Riemann-Integral $\int_a^b f\,dx$. Wenn es als $\lim_Z \sigma(Z,\tau)$ existiert, so folgt daraus die Beschränktheit von f.

2. *Definition des Integrals durch Unter- und Obersummen.* Ist g monoton wachsend, so kann man, genau wie beim Darbouxschen Zugang zum Riemann-Integral in I.9.1–9.3, Obersummen S und Untersummen s gemäß

$$S(Z) = \sum_{i=1}^p M_i[g(t_i) - g(t_{i-1})]\,, \qquad s(Z) = \sum_{i=1}^p m_i[g(t_i) - g(t_{i-1})]$$

definieren. Dabei ist, wie in I.9.1, $Z = (t_0,\ldots,t_p)$, $I_i = [t_{i-1}, t_i]$ und $M_i = \sup f(I_i)$, $m_i = \inf f(I_i)$. Die oberen und unteren RS-Integrale werden wie in §I.9 definiert,

$$J_* := \sup s(Z)\,, \qquad J^* := \inf S(Z)\,.$$

Es bereitet keine Mühe nachzuweisen, daß $S(Z)$ in der natürlichen Ordnung monoton fallend und $s(Z)$ wachsend ist. Daraus folgt

$$J_* = \lim_Z s(Z)\,, \qquad J^* = \lim_Z S(Z) \quad \text{und} \quad J_* \le J^*\,.$$

Integrierbarkeit im Sinne von I.9.3 ist durch die Gleichung $J_* = J^*$ definiert, und dieser gemeinsame Wert ist auch der Wert des Integrals. Man überträgt dann das Lemma I.9.7, welches besagt, daß zu jeder Zerlegung Z die Teilpunkte τ_i so gewählt werden können, daß $\sigma(Z,\tau) \approx s(Z)$ bzw. $\approx S(Z)$ ist. Hieran erkennt man:

Dieser neue Stieltjessche Integralbegriff „à la Darboux" stimmt mit dem hier zugrundegelegten überein. Die Gleichung $\lim_Z \sigma(Z,\tau) = J$ besteht genau dann, wenn $\lim_Z s(Z) = \lim_Z S(Z) = J$ ist. Es sei nochmals daran erinnert, daß dieser Weg nur für monoton wachsendes g gangbar ist.

3. *Die metrische Ordnung.* Wie bereits erwähnt, wird von manchen Autoren das RS-Integral mit Bezug auf die metrische Ordnung definiert, $\int_a^b f\,dg := \lim_{|Z| \to 0} \sigma(Z,\tau)$. Zwischen diesem „metrischen" Integral und unserem „natürlichen" Integral bestehen die folgenden Beziehungen.

(i) Wenn das metrische Integral existiert, so existiert auch das natürliche Integral, und beide haben denselben Wert. Das folgt aus Satz 5.9.

(ii) Die wichtige Eigenschaft 6.2 (b) gilt für das metrische Integral nur in der folgenden Form: Wenn das linke Integral existiert, so existieren auch die beiden rechts stehenden Integrale; vgl. Bemerkung 3 in 5.9.

(iii) Das metrische Integral existiert sicher dann nicht, wenn f und g an derselben Stelle $c \in I$ unstetig sind. Das natürliche Integral existiert nicht, wenn beide Funktionen f und g an der Stelle c *von derselben Seite* (rechtsseitig oder linksseitig) unstetig sind.

Z.B. existiert das Integral $\int_{-1}^1 H(t)\,dH$ (H = Heaviside-Funktion, vgl. Beispiel 1) weder in der metrischen noch in der natürlichen Ordnung. Das Integral

$\int_{-1}^{1} H(-t)\,dH$ existiert dagegen in der natürlichen Ordnung (es hat den Wert 0), nicht jedoch in der metrischen Ordnung. Beweis als Übungsaufgabe.

6.7 Mittelwertsätze für Riemann-Stieltjes-Integrale. Ist g wachsend, so sind die in den RS-Summen auftretenden g-Differenzen nichtnegativ. Aus $f_1 \le f_2$ folgt also $\sigma(Z, \tau; f_1\,dg) \le \sigma(Z, \tau; f_2\,dg)$ und eine entsprechende Ungleichung für die Integrale. Wendet man dieses Ergebnis auf die Ungleichungen $m \le f(t) \le M$ an, so ergibt sich ein

Erster Mittelwertsatz. *Existiert $\int_a^b f\,dg$ und ist g in $I = [a, b]$ wachsend, so ist*

$$\int_a^b f\,dg = \mu \int_a^b dg = \mu[g(b) - g(a)] \qquad mit \ \inf f(I) \le \mu \le \sup f(I)\ .$$

Ist f stetig, so gibt es ein $\xi \in I$ mit $\mu = f(\xi)$.

Dieser Satz verallgemeinert den Erweiterten Mittelwertsatz aus I.9.13 (man setze dazu $g(t) := \int_a^t p(s)\,ds$).

Zweiter Mittelwertsatz. *Die Funktion f sei im Intervall $I = [a, b]$ monoton, und g sei stetig in I. Dann existiert das Integral $\int_a^b f\,dg$, und es gibt ein $c \in I$ mit*

$$\int_a^b f\,dg = f(a) \int_a^c dg + f(b) \int_c^b dg$$
$$= f(a)[g(c) - g(a)] + f(b)[g(b) - g(c)]\ .$$

Beweis. Man kann annehmen, daß f wachsend ist. Das Integral $\int_a^b g\,df$ existiert nach Satz 6.2, und nach dem ersten Mittelwertsatz hat es den Wert $g(c)[f(b) - f(a)]$ mit $c \in I$. Nach dem Satz 6.3 über partielle Integration existiert das Integral $\int_a^b f\,dg$, und es gilt

$$\int_a^b f\,dg = fg\big|_a^b - \int_a^b g\,df$$
$$= f(b)g(b) - f(a)g(a) - g(c)[f(b) - f(a)]\ .$$

Das ist gerade die behauptete Gleichung. □

Wir spezialisieren diesen Satz, indem wir annehmen, daß $g(t) = \int_a^t h(s)\,ds$ mit $h \in C(I)$ ist. Dann ist $g' = h$ und $\int_a^b f\,dg = \int_a^b fh\,dt$ nach Satz 6.4, und man erhält den folgenden Satz über Riemann-Integrale. Er ist auf direktem Weg mit den Mitteln von § I.9 nicht so einfach zu beweisen.

6.8 Zweiter Mittelwertsatz für Riemannsche Integrale. *Ist f monoton und h stetig in I, so gilt mit geeignetem $c \in I$*

$$\int_a^b f(t)h(t)\,dt = f(a) \int_a^c h(t)\,dt + f(b) \int_c^b h(t)\,dt\ .$$

In den folgenden Nummern behandeln wir spezielle RS-Integrale, nämlich Integrale über Kurven und Wege. Sie haben wichtige Anwendungen sowohl innerhalb der Mathematik als auch in der Physik.

6.9 Kurvenintegrale bezüglich der Bogenlänge. Es sei $I = [a, b]$ und $\phi : I \to \mathbb{R}^n$ eine Jordansche Darstellung einer rektifizierbaren Jordankurve $C = \phi(I)$ mit der Längenfunktion $s(t) := L(\phi | [a, t])$; vgl. 5.12. Ferner sei auf der Menge (= Kurve) C eine reellwertige Funktion f erklärt. Das folgende Riemann-Stieltjes-Integral

$$\,^C\!\!\int f(x)\, ds := \int_a^b f(\phi(t))\, ds(t)$$

nennt man das *Kurvenintegral von f über die Kurve C bezüglich der Bogenlänge.* Um diese Bezeichnung zu rechtfertigen, weisen wir nach, daß das Integral tatsächlich nur von f und C und nicht von der speziellen Darstellung von C abhängt. Dazu sei $Z = (t_0, \ldots, t_p)$ eine Zerlegung von I, $\tau_i \in I_i = [t_{i-1}, t_i]$ und $C_i = \phi(I_i)$ $(i = 1, \ldots, p)$. Wegen $L(C_i) = s(t_i) - s(t_{i-1})$ kann man die zur Partition (Z, τ) gehörigen RS-Summen in der Form

(a) $\displaystyle \sigma(Z, \tau) = \sum_{i=1}^p f(\phi(\tau_i)) [s(t_i) - s(t_{i-1})] = \sum_{i=1}^p f(\xi_i) L(C_i)$

mit $\xi_i \in C_i$ schreiben.

Nun sei $\phi^* | I^*$ eine zweite Jordan-Darstellung von C. Nach Satz 5.13 ist entweder $\phi^* \sim \phi$ oder $\phi^* \sim \phi^-$. Im ersten Fall gibt es eine monoton wachsende Bijektion $h : I \to I^*$ derart, daß $\phi(t) = \phi^*(h(t))$, also $s(t) = s^*(h(t))$ ist. Die Abbildung h ordnet jedem Paar (Z, τ) ein entsprechendes Paar (Z^*, τ^*) bezüglich I^* gemäß $t_i^* = h(t_i)$, $\tau_i^* = h(\tau_i)$ zu, und umgekehrt. Für die von (Z^*, τ^*) erzeugten Größen $I_i^* = [t_{i-1}^*, t_i^*]$, $\xi_i^* = \phi^*(\tau_i^*)$, $C_i^* = \phi^*(I_i^*)$ gilt dann $\xi_i = \xi_i^*$ und $C_i = C_i^*$ wegen $\phi(t) = \phi^*(h(t))$. Aus (a) folgt also

(b) $\sigma(Z, \tau; f(\phi)\, ds) = \sigma(Z^*, \tau^*; f(\phi^*)\, ds^*)$.

Im zweiten Fall $\phi^* \sim \phi^-$ gilt $\phi(t) = \phi^*(h(t))$ mit einer monoton *fallenden* Bijektion $h : I \to I^*$. Auch in diesem Fall wird aus (Z, τ) durch die Abbildung h ein entsprechendes Paar (Z^*, τ^*) bezüglich I^* hervorgebracht. Man muß aber die Numerierung ändern, damit die t_i^* eine monoton wachsende Folge bilden. Die Formeln lauten $t_i^* = h(t_{p-i})$, $\tau_i^* = h(\tau_{p+1-i})$. Für die von (Z^*, τ^*) erzeugten Größen gilt jetzt $\xi_i^* = \xi_{p+1-i}$, $C_i^* = C_{p+1-i}$. Die zugehörige RS-Summe hat wieder denselben Wert wie in (a); lediglich die Reihenfolge der Summation ist geändert (Summationsindex $p+1-i$ statt i). Die Gleichung (b) besteht also auch in diesem Fall.

Aus (b) und der offensichtlichen Tatsache, daß in beiden Fällen $Z_1 > Z$ gleichbedeutend mit $Z_1^* > Z^*$ ist, ergibt sich der folgende

Satz. *Wenn das Integral $\int_a^b f(\phi)\, ds$ für eine Jordan-Darstellung ϕ der rektifizier- baren Kurve C existiert, so existiert es für jede Jordan-Darstellung von C, und es hat für alle diese Darstellungen denselben Wert, den wir mit $\,^C\!\!\int f(x)\, ds$ bezeichnen. Wenn f auf C stetig ist, dann existiert das Integral.*

Aus den früheren Sätzen über das RS-Integral ergeben sich unmittelbar die folgenden

6.10 Eigenschaften von Kurvenintegralen. Es wird vorausgesetzt, daß die Kurve C rektifizierbar ist und die Integrale von f und g existieren.

(a) $\left| {}^C\!\!\int f(x)\,ds \right| \leq L(C) \cdot \sup_{x \in C} |f(x)|.$

(b) ${}^C\!\!\int [\lambda f(x) + \mu g(x)]ds = \lambda \, {}^C\!\!\int f(x)\,ds + \mu \, {}^C\!\!\int g(x)\,ds.$

(c) Ist ϕ stückweise stetig differenzierbar in $I = [a,b]$, so ist

$$\int\limits^C f(x)\,ds = \int_a^b f(\phi(t))|\phi'(t)|\,dt\,.$$

(d) Wenn die beiden rektifizierbaren Jordankurven C_1 und C_2 nur einen Endpunkt gemeinsam haben, dann ist $C = C_1 \cup C_2$ eine rektifizierbare Jordankurve, und es ist

$$\int\limits^C f(x)\,ds = \int\limits^{C_1} f(x)\,ds + \int\limits^{C_2} f(x)\,ds\,.$$

Das Integral über C existiert genau dann, wenn die beiden Integrale über C_1 und C_2 existieren.

6.11 Anwendungen. Wir erinnern an einen in I.11.11 näher ausgeführten physikalischen Sachverhalt. Befinden sich an den Stellen $\xi_i \in \mathbb{R}^n$ die Massen m_i, so sind die Gesamtmasse M und der Schwerpunkt $S \in \mathbb{R}^n$ dieses endlichen Massensystems durch die Gleichungen $M = \sum m_i$, $S = \frac{1}{M} \sum \xi_i m_i$ bestimmt.

Die Kurve C sei mit kontinuierlich verteilter Masse belegt (man denke etwa an einen gebogenen Draht), und es sei $\rho(x)$ die lineare Dichte (Masse pro Längeneinheit) im Punkt $x \in C$. Mit den Bezeichnungen von 6.9 (a) ist dann $m_i = \rho(\xi_i)L(C_i)$ ungefähr gleich der im Kurvenstück C_i befindlichen Masse. Die Gesamtmasse M und der Schwerpunkt S dieser Massenbelegung von C sind also näherungsweise durch die Summen $\sum \rho(\xi_i)L(C_i)$ und $\frac{1}{M} \sum \xi_i \rho(\xi_i)L(C_i)$ gegeben. Da diese Summen als RS-Summen für die folgenden beiden Integrale gedeutet werden können, erhält man

$$M = \int\limits^C \rho(x)\,ds\,, \qquad S = \frac{1}{M} \int\limits^C x\rho(x)\,ds\,;$$

beim zweiten Integral handelt es sich um n skalare Integrale ${}^C\!\!\int x_i\rho(x)\,ds$ in vektorieller Notation.

Beispiel. Für das homogen mit Masse der konstanten Dichte $\rho \equiv 1$ belegte Parabelstück $C : y = x^2$, $0 \leq x \leq 1$ (oder äquivalent $\phi(t) = (t, t^2)$, $0 \leq t \leq 1$) erhält man

$$M = L(C) = \int_0^1 \sqrt{1 + 4t^2}\,dt = \frac{1}{2} \int_0^2 \sqrt{1 + u^2}\,du$$

$$= \frac{1}{4} \left[u\sqrt{1 + u^2} + \log\left(u + \sqrt{1 + u^2}\right) \right]_0^2$$

$$= \frac{1}{4} \left[2\sqrt{5} + \log\left(2 + \sqrt{5}\right) \right] = 1,47894\,.$$

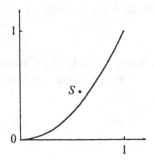

Schwerpunkt S eines Parabelstücks

und

$$S = \frac{1}{M} \left(\int_0^1 t\sqrt{1 + 4t^2}\, dt, \int_0^1 t^2 \sqrt{1 + 4t^2}\, dt \right).$$

Für das erste Integral ist $\frac{1}{12}(1 + 4t^2)^{3/2}$ eine Stammfunktion, das Integral hat also den Wert $\frac{1}{12}(5\sqrt{5} - 1) = 0,84836$. Aus

$$8 \int u^2 \sqrt{1 + u^2}\, du = u(2u^2 + 1)\sqrt{1 + u^2} - \log(u + \sqrt{1 + u^2})$$

erhält man für das zweite Integral nach einfacher Rechnung den Wert $[18\sqrt{5} + \log(2 + \sqrt{5})]/64 = 0,65145$ und schließlich $S = (0,57363; 0,44048)$.

Wenn ein Massenpunkt um eine Achse rotiert, so bezeichnet man das Produkt $J = mr^2$ (m Masse, r Abstand von der Achse) als das Trägheitsmoment, aus welchem sich die Rotationsenergie zu $E = \frac{1}{2}J\omega^2$ errechnet; vgl. I.11.12. Ist G eine Gerade (Achse) im $\mathbb{R}^3$ und $r(x)$ der Abstand des Punktes x von der Achse G, so ergibt sich gemäß der obigen Überlegung das Trägheitsmoment der mit Masse belegten Kurve C zu

$$J = {}^C\!\!\int r^2(x)\rho(x)\, ds \qquad \textit{Trägheitsmoment von } C.$$

In unserem Beispiel errechnet sich das Trägheitsmoment bei Rotation um die x-Achse bzw. y-Achse bzw. die zu diesen beiden Achsen senkrecht stehende z-Achse zu

$$J_x = \int_0^1 t^4 \sqrt{1 + 4t^2}\, dt, \qquad J_y = \int_0^1 t^2 \sqrt{1 + 4t^2}\, dt, \qquad J_z = J_x + J_y.$$

Man berechne die drei Trägheitsmomente.

Bemerkung. Das hier behandelte Kurvenintegral hängt nur von der Kurve und nicht von der Dynamik des die Kurve beschreibenden Bewegungsablaufs ϕ ab, und entsprechend beziehen sich die Anwendungen nur auf statische Größen wie Masse, Schwerpunkt und Trägheitsmoment (wenn beim letzteren auch eine dynamische Bedeutung im Hintergrund steht, die jedoch nichts mit ϕ zu tun hat). Es gibt aber durchaus Anwendungen, bei denen „dynamische", also von ϕ abhängige RS-Integrale bezüglich der Weglänge auftreten. Es beschreibe ϕ etwa die Bewegung eines Gegenstandes (Auto) als Funktion der Zeit, und die Funktion $f(v)$ beschreibe den Luftwiderstand in Abhängigkeit von der (skalaren) Geschwindigkeit $v = |\phi'(t)|$. Die in der Zeit von t_1 bis t_2 aufgewandte Arbeit ist dann etwa gleich $f(v(\tau))[s(t_2) - s(t_1)]$ mit $t_1 \leq \tau \leq t_2$ (Arbeit = Kraft mal Weg). Die Gesamtarbeit wird also durch das von ϕ abhängige RS-Integral

$$\int_{t_1}^{t_2} f(|\phi'|)\, ds = \int_{t_1}^{t_2} f(|\phi'(t)|)|\phi'(t)|\, dt$$

gemessen.

6.12 Wegintegrale. Es sei $\phi : I = [a, b] \to \mathbb{R}^n$ ein Weg und f eine reelle, auf $C = \phi(I)$ erkärte Funktion. Wir führen die Bezeichnung

$$^\phi\!\!\int f(x)\, dx_k := \int_a^b f(\phi(t))\, d\phi_k(t) \qquad (k = 1, 2, \ldots, n)$$

ein und nennen dieses Riemann-Stieltjes-Integral das (skalare) *Wegintegral von f bezüglich x_k längs des Weges ϕ*. Ein weiterer Begriff bezieht sich auf eine auf C definierte Vektorfunktion $F = (f_1, \ldots, f_n)$. Das Integral

$$^\phi\!\!\int F(x) \cdot dx \equiv {}^\phi\!\!\int (f_1 dx_1 + \ldots + f_n dx_n) := \sum_{k=1}^{n} {}^\phi\!\!\int f_k(x)\, dx_k$$

wird ebenfalls *Wegintegral von F längs ϕ* genannt. Dieses Wegintegral bezüglich einer Vektorfunktion ist also *definiert* als Summe von n skalaren Wegintegralen, die man erhält, wenn man dx als Vektor $(dx_1, \ldots, dx_n)$ auffaßt und das innere Produkt bildet.

Ist der Weg ϕ stückweise stetig differenzierbar, so lassen sich diese Integrale nach Satz 6.4 in Riemann-Integrale verwandeln,

(a) $\quad ^\phi\!\!\int f(x)\, dx_k = \int_a^b f(\phi(t))\phi_k'(t)\, dt$,

$$^\phi\!\!\int F(x) \cdot dx = \int_a^b F(\phi(t)) \cdot \phi'(t)\, dt = \sum_{k=1}^{n} \int_a^b f_k(\phi(t))\phi_k'(t)\, dt \ .$$

An diesen Formeln wird auch die suggestive Bezeichnungsweise dieser Wegintegrale sichtbar. Es ist $dx_k = \phi_k'(t)dt$, und die erste Formel in (a) liest sich formal wie die Substitutionsregel I.11.4 bei Riemann-Integralen. Die Bedeutung und die Anwendungsmöglichkeiten dieser Integrale ergeben sich aus den entsprechenden Zwischensummen. Mit den üblichen Bezeichnungen $Z = (t_0, \ldots, t_p)$, $\xi_i = \phi(\tau_i)$, $x_i = \phi(t_i)$ erhält man

(b) $\quad \sigma(Z, \tau; f\, dx_k) = \sum_{i=1}^{p} f(\phi(\tau_i))[\phi_k(t_i) - \phi_k(t_{i-1})]$

$$= \sum_{i=1}^{p} f(\xi_i)(x_i - x_{i-1})_k \ ;$$

$$\sigma(Z,\tau;F\cdot dx) = \sum_{i=1}^{p} F(\xi_i)\cdot(x_i - x_{i-1}) = \sum_{k=1}^{n} \sigma(Z,\tau;f_k\,dx_k) \;;$$

dabei bezeichnet $(x_i - x_{i-1})_k$ die k-te Komponente des Vektors $x_i - x_{i-1}$.

Bemerkung. Das Integral $^\phi\!\!\int F\cdot dx$ existiert per definitionem, wenn alle Integrale $^\phi\!\!\int f_k\,dx_k$ existieren. Aus der Linearität des Netzlimes folgt dann, daß $\lim_Z \sigma(Z,\tau;F\cdot dx)$ existiert und gleich dem Integral ist. Man könnte auch das Integral durch diesen Limes *definieren*. Das hätte aber die unerwünschte Konsequenz, daß die einzelnen Komponentenintegrale dann nicht notwendig existieren. So ist etwa im Fall $n = 2$, wenn man $\phi(t) = (t,t)$ und $F(t) = (f(t),-f(t))$ setzt, $\sigma(Z,\tau;F\cdot dx) = 0$ für jede Funktion f und jede Zerlegung, während das erste Komponentenintegral $\int_a^b f(t)\,dt$ nicht zu existieren braucht.

6.13 Eigenschaften und Rechenregeln für Wegintegrale. Da Wegintegrale nichts anderes als spezielle Stieltjes-Integrale sind, kommen ihnen auch deren allgemeine, in 6.2 bis 6.4 abgeleitete Eigenschaften zu. Wir beschränken uns bei ihrer Formulierung auf den Integraltyp $\int F\cdot dx$, da man etwa das Integral $\int f\,dx_1$ als Sonderfall erhält, wenn man $F = (f,0,\dots,0)$ setzt. Es ist $C = \phi(I)$.

(a) $^\phi\!\!\int[\lambda F + \mu G]\cdot dx = \lambda\,^\phi\!\!\int F\cdot dx + \mu\,^\phi\!\!\int G\cdot dx.$

(b) $^{\phi_1\oplus\phi_2}\!\!\int F\cdot dx = \,^{\phi_1}\!\!\int F\cdot dx + \,^{\phi_2}\!\!\int F\cdot dx.$

(c) $|^\phi\!\!\int F\cdot dx| \le L(\phi)\cdot\sup_{x\in C}|F(x)|.$

(d) Aus $\phi^* \sim \phi$ folgt $^{\phi^*}\!\!\int F\cdot dx = \,^\phi\!\!\int F\cdot dx.$

(e) Aus $\phi^* \sim \phi^-$ folgt $^{\phi^*}\!\!\int F\cdot dx = -\,^\phi\!\!\int F\cdot dx.$

Bei (a) und (c) ist vorausgesetzt, daß die Integrale von F und G existieren, bei (b), (d) und (e) existiert die linke Seite der Gleichung genau dann, wenn die rechte Seite existiert. Ein erster Unterschied zu den Kurvenintegralen wird in der Regel (e) sichtbar. Bei Umkehrung der Orientierung wechselt das Integral sein Vorzeichen.

Beweis. (a) und (b) sind Sonderfälle von 6.2 (a) und (b). Die Ungleichung (c) folgt aus einer entsprechenden Ungleichung $|\sigma(Z,\tau;F\cdot dx)| \le (\sup|F|)\cdot\ell(Z)$. Die Eigenschaften (d) und (e) werden nach dem Muster von Satz 6.9 bewiesen. Im Fall $\phi^* \sim \phi$ ist $\phi = \phi^* \circ h$, wobei h stetig und streng monoton wachsend ist. Mit den Bezeichnungen von 6.9 ist $t_i^* = h(t_i)$, und für $x_i = \phi(t_i)$, $x_i^* = \phi^*(t_i^*)$ gilt $x_i = x_i^*$, also $\sigma(Z,\tau;f_k(\phi)\,d\phi_k) = \sigma(Z^*,\tau^*;f_k(\phi^*)\,d\phi_k^*)$. Daraus folgt, daß die entsprechenden Integrale gleichzeitig existieren (oder nicht existieren) und gleich sind. Im Fall (e) muß man umnumerieren, da h monoton fallend ist. Aus $t_i^* = h(t_{p-i})$ folgt jetzt $x_i^* - x_{i-1}^* = x_{p-i} - x_{p-i+1} = -(x_{p+1-i} - x_{p-i})$. Daraus folgt $\sigma(Z,\tau;f_k(\phi)\,d\phi_k) = -\sigma(Z^*,\tau^*;f_k(\phi^*)\,d\phi_k^*)$ und damit (e). Beim Kurvenintegral in 6.9 trat dieser Vorzeichenwechsel nicht auf, weil in den Zwischensummen $L(C_i)$ bzw. $L(C_i^*) = L(C_{p+1-i})$ anstelle der Differenzen vorkommen.   □

Die Eigenschaften (d) und (e) zeigen, daß das Wegintegral zwar vom Weg abhängig ist, aber nur insoweit, als es bei Umkehrung der Orientierung das Vorzeichen wechselt, während äquivalente Wege seinen Wert nicht ändern. Wenn also derselbe Weg (mit denselben mehrfach durchlaufenen Strecken) in verschiedenen Geschwindigkeiten durchlaufen wird, so erfährt das Integral keine Änderung. Es besteht sogar ein weitergehendes Resultat, welches zeigt, daß auch mehrfach durchlaufene Strecken keinen Einfluß auf das Integral haben, wenn sie nur hin und zurück durchlaufen werden. Wir beschränken uns dabei auf C^1-Wege.

Satz. *Es sei* $\phi \in C^1(I)$ *und* h *eine* C^1-*Abbildung von* $J = [c,d]$ *auf* $I = [a,b]$ *mit* $h(c) = a$ *und* $h(d) = b$. *Der durch* $\psi(\tau) = \phi(h(\tau))$ *definierte Weg* $\psi|J$ *hat dann denselben Anfangs- und Endpunkt wie* ϕ. *Unter diesen Voraussetzungen ist*

$$\overset{\phi}{\int} F(x) \cdot dx = \overset{\psi}{\int} F(x) \cdot dx \,,$$

d.h.

$$\int_a^b F(\phi(t)) \cdot \phi'(t)\,dt = \int_c^d F(\psi(\tau)) \cdot \psi'(\tau)\,d\tau \,.$$

An dieser Darstellung der beiden Integrale erkennt man, daß es sich lediglich um eine Anwendung der Substitutionsregel für Riemann-Integrale, $t = h(\tau)$, $dt = h'(\tau)\,d\tau$, handelt. $\square$

Weg- und Kurvenintegrale. Zwischen beiden Begriffen besteht, wenn es sich um Jordansche Wege bzw. Kurven handelt, eine enge Beziehung. Es sei $\phi|I$ ein glatter Jordanweg und $C = \phi(I)$ die zugehörige Jordankurve. Mit $F_\tau(x)$ bezeichnen wir die Tangentialkomponente von F im Kurvenpunkt $x = \phi(t)$, die sich als inneres Produkt mit dem Tangentialeinheitsvektor berechnet:

$$F_\tau(x) = F(x) \cdot \tau \quad \text{mit} \quad \tau = \frac{\phi'(t)}{|\phi'(t)|} \,.$$

Dann gilt nach 6.12 (a) und 6.10 (c)

(f) $\overset{\phi}{\int} F(x) \cdot dx = \overset{C}{\int} F_\tau(x)\,ds \,.$

Man beachte, daß die Größe F_τ von der Orientierung von C abhängt. Beim Umorientieren wechseln das Wegintegral und F_τ das Vorzeichen; es liegt also kein Widerspruch zwischen Regel (e) und Satz 6.9 vor.

Beispiele von Wegintegralen werden wir bei den physikalischen Anwendungen diskutieren. Dazu führen wir den aus der Physik kommenden Begriff des Feldes ein, der nicht mehr als eine Sprechweise darstellt.

6.14 Vektorfelder. Es sei G ein Gebiet im $\mathbb{R}^n$ und $F = (f_1,\ldots,f_n)$ eine stetige Abbildung von G in den $\mathbb{R}^n$. Eine solche Funktion wird auch Vektorfeld genannt. In entsprechenden Anwendungen, bei denen meist $n = 2$ oder 3 ist, spricht man von einem *Kraftfeld, Schwerefeld, elektrischen Feld, Geschwindigkeitsfeld,...* Man kann ebene Vektorfelder wenigstens in groben Zügen graphisch sichtbar machen, indem man eine Anzahl von Punkten $x_i \in G$ markiert und die zugehörigen Vektoren $F(x_i)$ ‚anheftet‘. Man kann auch einige *Feldlinien* zeichnen, das sind Kurven, deren Tangentenrichtung in jedem Kurvenpunkt x mit der Richtung von

$\pm F(x)$ zusammenfällt. Versieht man die Kurven mit Pfeilen, so wird auch die Richtung des Feldes sichtbar, nicht jedoch die Länge des Vektors F. Beschreibt etwa F das Kraftfeld einer Zentralkraft, wie wir sie in 5.23 diskutiert haben, so sind die Feldlinien vom Nullpunkt ausgehende Strahlen, und die Pfeile weisen auf den Nullpunkt hin.

6.15 Bewegung in einem Kraftfeld. Eine Vorbemerkung. Wird im dreidimensionalen Raum ein Massenpunkt P durch Anwendung der Kraft F vom Ort x_0 zum Ort x_1 gebracht, so wird dabei nach der Regel „Arbeit gleich Kraft mal Weg", genauer „Kraftkomponente in der Wegrichtung mal Weglänge", die Arbeit $A = F \cdot (x_1 - x_0)$ aufgewendet.

Die im Gebiet $G \subset \mathbb{R}^3$ erklärte Funktion $F = (f_1, f_2, f_3)$ beschreibe ein Kraftfeld, welches jedem Punkt $x \in G$ einen Kraftvektor $F(x)$ zuordnet. Unter dem Einfluß dieses Feldes bewege sich der Massenpunkt P längs des Weges $x = \phi(t)$ in G. Nun betrachten wir das Wegintegral $^\phi\!\int F(x) \cdot dx$. In der zugehörigen, in 6.12 (b) aufgeschriebenen Zwischensumme stellt der Summand $F(\xi_i) \cdot (x_i - x_{i-1})$ ungefähr die Arbeit dar, welche das Kraftfeld bei einer Verschiebung des Massenpunktes P von x_{i-1} nach x_i aufwendet.

(a) Das Wegintegral

$$A = {}^\phi\!\!\int F(x) \cdot dx$$

stellt demnach die Arbeit dar, die das Feld bei der Verschiebung von P längs des Weges ϕ leistet. Ein geläufiges Beispiel ist die vom Schwerefeld $F = (0, 0, -g)$ ($g = 9{,}81$ m/sec^2 Erdbeschleunigung) bei einer Fahrt auf abschüssiger Bahn (Fahrrad, Schlitten, Ski) geleistete Arbeit, wobei diese Arbeit teilweise in Bewegungsenergie umgesetzt wird, teilweise durch Reibung verloren geht.

Das Wegintegral ändert nach 6.13 (d) seinen Wert nicht, wenn der Weg ϕ durch einen äquivalenten Weg ψ ersetzt wird, d.h. die Arbeit ist unabhängig von der Geschwindigkeit, mit der die Bahn durchlaufen wird. Das scheint auf den ersten Blick im Widerspruch zur Erfahrung zu stehen. Solange das Kraftfeld selbst nicht von der Geschwindigkeit abhängt, ist auch die geleistete Arbeit davon unabhängig. Wenn aber die Kraft eine Funktion des Ortes und der am Ort vorhandenen Geschwindigkeit ist (Reibung, Luftwiderstand), man schreibt dafür $F = F(x, \dot{x})$, so hat die bei einer Bewegung längs des Weges ϕ geleistete Arbeit den Wert

$$A = {}^\phi\!\!\int F(x, \dot{x}) \cdot dx = \int_a^b F(\phi(t), \phi'(t)) \cdot \phi'(t) \, dt \,.$$

Dieses Integral hat für den Weg ψ i.a. einen anderen Wert.

(b) Hat der Massenpunkt P die Masse m, so wird seine Bewegung im Feld durch die Bewegungsgleichung (B) von 5.23

$$m\ddot{x} = F(x)$$

beschrieben. Substituiert man im Arbeitsintegral (a) die Wegfunktion $x = x(t)$, so beträgt die im Zeitraum von t_1 bis t_2 geleistete Arbeit nach 6.12 (a)

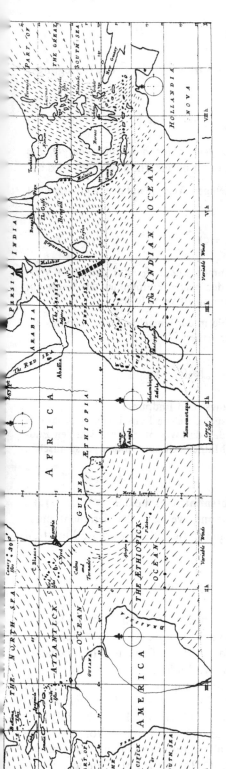

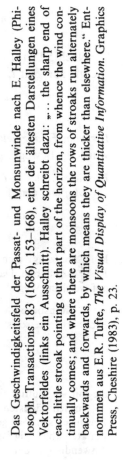

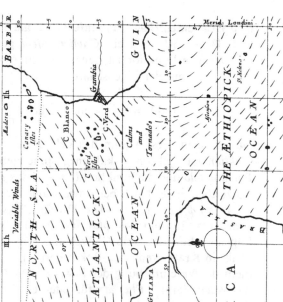

Das Geschwindigkeitsfeld der Passat- und Monsunwinde nach E. Halley (Philosoph. Transactions 183 (1686), 153–168), eine der ältesten Darstellungen eines Vektorfeldes (links ein Ausschnitt). Halley schreibt dazu: „... the sharp end of each little stroak pointing out that part of the horizon, from whence the wind continually comes; and where there are monsoons the rows of stroaks run alternately backwards and forwards, by which means they are thicker than elsewhere." Entnommen aus E.R. Tufte, *The Visual Display of Quantitative Information.* Graphics Press, Cheshire (1983), p. 23.

$$A = \int_{t_1}^{t_2} F(x(t)) \cdot \dot{x}(t)\,dt = m \int_{t_1}^{t_2} \ddot{x}(t) \cdot \dot{x}(t)\,dt \ .$$

Nach 5.18 (a) ist $2\ddot{x} \cdot \dot{x} = \frac{d}{dt}|\dot{x}|^2$. Bezeichnet $E(t) = \frac{1}{2} m|\dot{x}(t)|^2$ die Bewegungs-energie zur Zeit t, so ist also

$$A = \frac{1}{2} m\{|\dot{x}(t_2)|^2 - |\dot{x}(t_1)|^2\} = E(t_2) - E(t_1) \ .$$

Die vom Feld geleistete Arbeit ist gleich der Differenz der Bewegungsenergie. Sie wurde in Bewegungsenergie umgesetzt, wie es der Energieerhaltungssatz fordert.

Beispiele. 1. Ist $F = F_0$ konstant, so ist für einen beliebigen Weg $\phi|I$ mit dem Anfangspunkt $\zeta = \phi(a)$ und dem Endpunkt $\eta = \phi(b)$

$$^{\phi}\!\!\int F_0 \cdot dx = F_0 \cdot (\eta - \zeta) \ .$$

Man überzeugt sich leicht, daß alle Zwischensummen $\sigma(Z, \tau; F_0 \cdot dx)$ denselben Wert $F_0 \cdot (\eta - \zeta)$ haben. Das Integral hängt also nur von den beiden Endpunkten des Weges ab; auf welchem Weg sie miteinander verbunden werden, spielt keine Rolle.

2. Ist insbesondere $F = (0, 0, -g)$ das Schwerefeld in der Umgebung eines Punktes der Erdoberfläche, so ist die vom Schwerefeld geleistete Arbeit

$$A = {}^{\phi}\!\!\int F \cdot dx = -g \int_a^b d\phi_3 = -g[\phi_3(b) - \phi_3(a)]$$

die mit $-g$ multiplizierte Höhendifferenz von Anfangs- und Endpunkt.

In den nächsten beiden Nummern wird untersucht, welche Funktionen F die in den Beispielen sichtbar gewordene Eigenschaft haben, daß das Wegintegral nur von den End-punkten abhängig ist. Diese Felder spielen in der Mathematik und in den physikalischen Anwendungen eine bedeutsame Rolle.

6.16 Gradientenfelder. Stammfunktion und Potential. Das Feld $F = (f_1, \ldots, f_n)$: $G \subset \mathbb{R}^n \to \mathbb{R}^n$ wird ein *Gradientenfeld* genannt, wenn F der Gradient einer reellwertigen Funktion ist, genauer, wenn es eine stetig differenzierbare Funktion $V : G \to \mathbb{R}$ mit der Eigenschaft

$$\operatorname{grad} V = F \ , \qquad \text{ausführlich} \quad \frac{\partial V}{\partial x_k} = f_k \quad \text{für} \quad k = 1, \ldots, n$$

gibt. Eine in diesem Sinn das Feld F „erzeugende" Funktion V heißt *Stamm-funktion* von F. Im physikalischen Sprachgebrauch wird das Gradientenfeld auch *Potentialfeld* und die Funktion $U = -V$ das *Potential* von F genannt (das negative Vorzeichen erweist sich bei Anwendungen als zweckmäßig).

Es sei $\phi : I = [a, b] \to G \subset \mathbb{R}^n$ ein stückweise stetig differenzierbarer Weg mit dem Anfangspunkt $\zeta = \phi(a)$ und dem Endpunkt $\eta = \phi(b)$. Dafür sagen wir im folgenden kurz, ϕ sei ein C_s^1-Weg in G, welcher von ζ nach η führt. (Alles folgende bleibt in Kraft, wenn nur Rektifizierbarkeit vorliegt; die stärkere Voraussetzung dient der Vereinfachung der Beweise.) Da F als stetig vorausgesetzt ist, existiert das Wegintegral $^{\phi}\!\!\int F(x) \cdot dx$ für jeden C_s^1-Weg ϕ. Hat für je zwei Punkte $\zeta, \eta \in G$

das Integral $\oint F \cdot dx$ längs jedes in G von ξ nach η verlaufenden Weges denselben Wert, so heißt das Wegintegral in G *unabhängig vom Wege*. In diesem Fall ist es nur vom Anfangs- und Endpunkt des Weges abhängig; man schreibt dann $\int_{\xi}^{\eta} F(x) \cdot dx$.

Im allgemeinen hat ein stetiges Vektorfeld F (für $n \geq 2$) keine Stammfunktion. Ist zum Beispiel $G = \mathbb{R}^2$ (x, y reell) und $F(x, y) = (y, 0)$, so müßte $V_x = y$, $V_y = 0$, also $V_{xy} = 1 \neq V_{yx} = 0$ gelten, im Widerspruch zu Satz 3.3.

Der nächste Satz beantwortet die Frage, für welche Felder das Wegintegral unabhängig vom Weg ist. Das trifft für die Gradientenfelder und nur für diese zu.

Satz. *Es sei $G \subset \mathbb{R}^n$ ein Gebiet und $F : G \to \mathbb{R}^n$ ein stetiges Vektorfeld. Das Wegintegral $\oint F(x) \cdot dx$ ist genau dann in G unabhängig vom Wege, wenn F ein Gradientenfeld ist. In diesem Fall hat das Wegintegral, wenn V eine Stammfunktion von F ist, den Wert*

$$\int_{\xi}^{\eta} F(x) \cdot dx = V|_{\xi}^{\eta} \equiv V(\eta) - V(\xi) \quad \textit{für} \quad \xi, \eta \in G .$$

Eine Stammfunktion V zum Gradientenfeld F läßt sich aus der Formel

$$V(x) := \int_{\xi}^{x} F(y) \cdot dy \quad (\xi \in G \textit{ fest})$$

berechnen, wobei man irgendeinen die Punkte ξ und x verbindenden C_s^1-Weg wählen kann.

Dieser Satz kann als eine n-dimensionale Verallgemeinerung des Hauptsatzes der Differential- und Integralrechnung I.10.12 angesehen werden. In der Tat geht er für $n = 1$ in diesen über. Die formale Übereinstimmung wird vollkommen, wenn man grad V in der Form V' schreibt. Die erste Formel des Satzes lautet dann $\int_{\xi}^{\eta} V' \cdot dx = V(\eta) - V(\xi)$; das entspricht dem zweiten Hauptsatz. Die zweite Formel zur Bestimmung einer Stammfunktion entspricht vollständig dem ersten Hauptsatz. Für eine andere Verallgemeinerung des Hauptsatzes sei auf 8.6 hingewiesen.

Beweis. Es sei F ein Gradientenfeld und V eine Stammfunktion von F. Nach der Kettenregel 3.10 ist

$$\sum_{j=1}^{n} F_j(\phi(t)) \phi_j'(t) = \frac{dV(\phi(t))}{dt} ,$$

also

$$\oint F(x) \cdot dx = \int_{a}^{b} \frac{dV(\phi(t))}{dt} \, dt = V(\phi(b)) - V(\phi(a)) = V(\eta) - V(\xi) ,$$

wenn ϕ ein von ξ nach η führender C_s^1-Weg ist.

Nun nehmen wir umgekehrt an, das Wegintegral sei vom Weg unabhängig. Dann ist die im Satz auftretende Funktion V wohldefiniert. Für $x_0 \in G$ und hinreichend kleine $h \in \mathbb{R}^n$ gilt

$$\int_{\xi}^{x_0+h} F(x) \cdot dx = \int_{\xi}^{x_0} F(x) \cdot dx + \int_{x_0}^{x_0+h} F(x) \cdot dx$$

und

$$\int_{x_0}^{x_0+h} F(x_0) \cdot dx = F(x_0) \cdot h \,,$$

ersteres aufgrund von 6.13 (b), letzteres nach Beispiel 1 von 6.15. Es ist also

$$\frac{1}{|h|} |V(x_0 + h) - V(x_0) - F(x_0) \cdot h| = \frac{1}{|h|} \left| \int_{x_0}^{x_0+h} [F(y) - F(x_0)] \cdot dy \right|$$

$$\leq \max\{|F(y) - F(x_0)| : |y - x_0| \leq |h|\} \,.$$

Dabei haben wir die Abschätzung 6.13 (c) benutzt und den Integrationsweg geradlinig von x_0 nach $x_0 + h$ geführt, so daß die Weglänge gleich $|h|$ ist. Da die rechte Seite mit $|h| \to 0$ gegen Null geht, ist V in x_0 differenzierbar und grad $V(x_0) = F(x_0)$.   □

Wir klären noch eine naheliegende Frage: Wieviele Stammfunktionen gibt es?

(a) Aus einer speziellen Stammfunktion eines Gradientenfeldes in einem Gebiet erhält man durch Addition einer Konstante alle Stammfunktionen.

Denn die Differenz V zweier Stammfunktionen hat offenbar die Eigenschaft grad $V = 0$. Aus dem Mittelwertsatz 3.11 folgt dann, wenn x und y mitsamt ihrer Verbindungsstrecke $\overline{xy}$ in G liegen, $V(x) = V(y)$. Also ist V auch längs irgendeines in G verlaufenden Polygonzuges konstant. Da sich zwei beliebige Punkte aus G durch einen Polygonzug verbinden lassen, erweist sich V als konstant in G.   □

6.17 Die Integrabilitätsbedingung. Wie kann man herausfinden, ob ein vorliegendes Vektorfeld ein Gradientenfeld ist? Betrachten wir etwa das zweidimensionale Beispiel $F(x, y) = (ye^{xy}, xe^{xy} + 2y)$. Man kann erraten, daß $V = e^{xy}$ die erste Gleichung $V_x = ye^{xy}$ erfüllt und daß jede Funktion $V = e^{xy} + f(y)$ dasselbe leistet. Die zweite Bedingung führt dann ohne Mühe auf $f(y) = y^2$, und man hat damit eine Stammfunktion $V = e^{xy} + y^2$ gefunden:

$$F(x, y) = (ye^{xy}, xe^{xy} + 2y) = \text{grad } V \quad \text{mit} \quad V = e^{xy} + y^2 \,.$$

Ein solches Verfahren wird manchmal zum Ziele führen. Man könnte auch daran denken, den vorigen Satz auszunutzen und die Wegintegrale auf Wegunabhängigkeit zu untersuchen. Das wird aber in der Praxis meist auf Schwierigkeiten stoßen. Man möchte ja umgekehrt auf andere Weise ein Gradientenfeld als solches erkennen, um damit die Wegintegrale zu berechnen. Eine sehr einfache Überlegung gibt eine teilweise Antwort auf die Frage. Ist F ein stetig differenzierbares Gradientenfeld und V eine Stammfunktion, so ist $V \in C^2(G)$, und es muß $V_{x_i x_j} = V_{x_j x_i}$, also $\partial f_i / \partial x_j = \partial f_j / \partial x_i$ gelten. Damit haben wir die

Integrabilitätsbedingung	$\dfrac{\partial f_i}{\partial x_j} = \dfrac{\partial f_j}{\partial x_i}$	*in* G *für* $i, j = 1, \ldots, n$

erhalten. Jedes C^1-Gradientenfeld hat diese Eigenschaft. Die Integrabilitätsbedingung stellt also eine *notwendige Bedingung* für die Existenz einer Stammfunktion dar. Man kann mit ihrer Hilfe in vielen Fällen auf einfache Weise entscheiden, daß ein vorliegendes Feld F sicher kein Gradientenfeld ist. Zum Beispiel ergibt sich, daß $F = (ye^{xy}, xe^{xy} + 2x)$ kein Gradientenfeld ist.

Ist die Integrabilitätsbedingung auch hinreichend für die Wegunabhängigkeit des Integrals? Die Antwort hängt vom Gebiet ab. Ist etwa G eine punktierte Kreisscheibe in der Ebene, so braucht keine Wegunabhängigkeit vorzuliegen; vgl. dazu Beispiel 3. Ist jedoch G einfach zusammenhängend, so fällt die Antwort bejahend aus. Wir wollen hier auf den Begriff des einfachen Zusammenhanges nicht näher eingehen, sondern begnügen uns mit einem leichter beweisbaren schwächeren Resultat. Dazu benötigen wir den Begriff des Sterngebietes. Man nennt ein Gebiet $G \subset \mathbb{R}^n$ ein *Sterngebiet* bezüglich des Punktes $x_0 \in G$, wenn für jeden Punkt $x \in G$ die Verbindungsstrecke $\overline{x_0 x}$ ganz in G liegt. Sterngebiete sind z.B. alle konvexen Gebiete (Kugeln, Dreiecke und Rechtecke in der Ebene).

Satz. *Ist $G \subset \mathbb{R}^n$ in bezug auf einen Punkt $x_0 \in G$ ein Sterngebiet und genügt das stetig differenzierbare Vektorfeld $F = (f_1, \ldots, f_n) : G \to \mathbb{R}^n$ der Integrabilitätsbedingung, so ist F ein Gradientenfeld in G. Nach dem vorangehenden Satz ist also das Integral wegunabhängig.*

Beweis. Man kann durch eine Translation erreichen, daß $x_0 = 0$ ist. Wir nehmen dies an und definieren $V(x)$ als Wegintegral längs des geradlinigen Weges $\phi(t) = tx$, $0 \le t \le 1$, von 0 nach x (x fest),

$$V(x) := \int_0^x F(y) \cdot dy = \int_0^1 F(tx) \cdot x \, dt \, .$$

Es ist $x \cdot F(tx) = x_1 f_1(tx) + \ldots + x_n f_n(tx)$, also

$$\frac{\partial}{\partial x_1}(x \cdot F(tx)) = f_1(tx) + \sum_{i=1}^n x_i t \frac{\partial f_i}{\partial x_1}(tx)$$

$$= f_1(tx) + \operatorname{grad} f_1(tx) \cdot (tx) \, ,$$

letzteres, weil aufgrund der Integrabilitätsbedingung $\partial f_i / \partial x_1 = \partial f_1 / \partial x_i$ ist. Auf denselben Ausdruck führt auch die t-Ableitung der Funktion $t f_1(tx)$,

$$\frac{d}{dt}(t f_1(tx)) = f_1(tx) + t \sum_{i=1}^n x_i \frac{\partial f_1}{\partial x_i}(tx) \, .$$

Wir benötigen nun den Satz, daß man die partielle Differentiation „unter das Integralzeichen ziehen" kann, den wir erst in 7.14 beweisen werden. Nach diesem Satz ist

$$\frac{\partial}{\partial x_1} V(x) = \int_0^1 \frac{\partial}{\partial x_1}(F(tx) \cdot x) \, dt = \int_0^1 \frac{d}{dt}(t f_1(tx)) \, dt$$

$$= t \, f_1(tx)\big|_0^1 = f_1(x) \, .$$

Auf dieselbe Weise werden die übrigen partiellen Ableitungen ausgewertet, und man erhält die Formel grad $V = F$ in G. Damit haben wir eine Stammfunktion gefunden. $\square$

Beispiele. Vorbemerkung zur Notation. Beim Wegintegral $^\phi\!\int F(x) \cdot dx$ ist der Integrand das innere Produkt zweier Vektoren F und dx. Im Fall $n = 2$ läge es daher nahe, (dx, dy) statt $d(x, y)$ zu schreiben. Das ist jedoch nicht üblich.

1. Wir behandeln das eingangs diskutierte Beispiel $F(x, y) = (ye^{xy}, xe^{xy} +2y)$ nach der durch den Satz nahegelegten Methode. Nachdem man festgestellt hat, daß die Integrabilitätsbedingung erfüllt ist, berechnet man V als Integral längs des Weges $\phi(t) = (tx, ty)$ von 0 bis 1,

$$V(x, y) = \int_0^1 [xtye^{t^2xy} + y(txe^{t^2xy} + 2ty)]\, dt$$

$$= \int_0^1 [2txye^{t^2xy} + 2ty^2]\, dt \,.$$

Dabei sind x und y fest. Man stellt fest, daß $h(t) = t^2y^2 + e^{t^2xy}$ eine Stammfunktion des Integranden ist und findet $V(x, y) = h(1) - h(0) = y^2 + e^{xy} - 1$.

2. Das bereits erwähnte Feld $F(x, y) = (ye^{xy}, xe^{xy} + 2x)$ ist kein Gradientenfeld. Wir berechnen das Wegintegral über drei vom Nullpunkt zum Punkt $(1, 1)$ führende Wege: (I) Polygonzug von 0 über $(1, 0)$ nach $(1, 1)$; (II) gerade Verbindungsstrecke von 0 nach $(1, 1)$; (III) Polygonzug von 0 über $(0, 1)$ nach $(1, 1)$. Es ist $F = \text{grad } V + G$ mit $V = e^{xy}$, $G = (0, 2x)$. Das Integral von grad V hat in allen drei Fällen denselben Wert $V(1, 1) - V(0, 0) = e - 1$. Für das Integral von G erhält man

$$\int G \cdot d(x, y) = \int 2x\, dy = \begin{cases} 2 & \text{im Fall (I)} \\ 1 & \text{im Fall (II)} \\ 0 & \text{im Fall (III)} \end{cases}$$

(die Integrale parallel zur x-Achse in (I) und (III) haben den Wert 0, bei den Integralen parallel zur y-Achse hat man im ersten Fall $x = 1$, $y = t$, im dritten Fall $x = 0$, $y = t$; im zweiten Fall ist $x = t$, $y = t$). Für die Integrale von F ergeben sich also die Werte $e + 1$ (I), e (II), $e - 1$ (III).

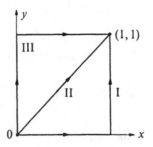

Die drei Wege von Beispiel 2

3. Das in der punktierten Ebene definierte Vektorfeld $F(x, y) = \left(\dfrac{-y}{x^2 + y^2}, \dfrac{x}{x^2 + y^2} \right)$ genügt der Integrabilitätsbedingung. Das Wegintegral längs des im positiven Sinne durchlaufenen Einheitskreises, $\phi(t) = (\cos t, \sin t)$ $(0 \le t \le 2\pi)$, hat den Wert

$$\oint_\phi F(x,y) \cdot d(x,y) = \int_0^{2\pi} (-\sin t, \cos t) \cdot (-\sin t, \cos t)\, dt = \int_0^{2\pi} dt = 2\pi \, .$$

Wäre das Integral unabhängig vom Wege, so müßte es, da Anfangs- und Endpunkt zusammenfallen, den Wert 0 haben. Es existiert also keine Stammfunktion in $G = \mathbb{R}^2 \setminus \{0\}$. Dagegen ist. z.B. die rechte Halbebene $x > 0$ ein Sterngebiet bezüglich (1,0). Wir berechnen eine (nach dem Satz existierende) Stammfunktion $V(x,y)$ als Wegintegral von (1,0) nach (x,y). Es ist bequem, den Polygonzug von (1,0) über (x,0) nach (x,y) zu wählen. Man stellt leicht fest, daß das erste Integral längs der x-Achse verschwindet. Für das Integral von $(x,0)$ nach (x,y) ist $\phi(t) = (x, ty)$, $0 \le t \le 1$, eine Parameterdarstellung, und man erhält

$$V(x,y) = \int_0^1 \left(\frac{-ty}{x^2 + t^2 y^2}, \frac{x}{x^2 + t^2 y^2} \right) \cdot (0, y)\, dt = xy \int_0^1 \frac{dt}{x^2 + t^2 y^2}$$

$$= \arctan \frac{ty}{x} \Big|_0^1 = \arctan \frac{y}{x} = \arg(x,y) \, .$$

Man rechne nach, daß hier eine Stammfunktion vorliegt.

Es bezeichne G_1 die längs der negativen reellen Halbachse aufgeschnittene Ebene, also das Gebiet $\mathbb{R}^2 \setminus \{(x,0) : x \le 0\}$. Offenbar ist G_1 ein Sterngebiet bezüglich (1,0). Wir werden im Beispiel von 6.21 zeigen, daß die durch das von (1,0) ausgehende Wegintegral definierte Stammfunktion V in G_1 gleich dem gemäß $-\pi < \alpha < \pi$ normierten Argument, also z.B. in der oberen Halbebene gleich arccot (x/y) (Hauptwert) ist. Dieser Sachverhalt wirft auch Licht auf das zu Anfang berechnete Ergebnis: Das bei (1,0) beginnende Integral über den oberen bzw. unteren Halbkreis hat den Wert π bzw. $-\pi$.

Für das Folgende nehmen wir an, die Funktion F genüge im Gebiet G der Integrabilitätsbedingung. Nach dem eben bewiesenen Satz ist das Integral wegunabhängig, falls G ein Sterngebiet ist. Einfache Überlegungen erlauben es, auch allgemeinere Fälle zu behandeln. Zunächst ist klar, daß zwei Wege mit demselben Anfangs- und Endpunkt, welche in einem Sterngebiet $G' \subset G$ verlaufen, denselben Integralwert ergeben. Im allgemeinen Fall benutzt man die Technik, die Wege in Teilwege zu zerlegen und eventuell Hilfswege einzuführen, die zweimal in entgegengesetzter Richtung durchlaufen werden. Deren Integrale heben sich dann aufgrund von 6.13 (e) auf. Wir illustrieren das Verfahren an zwei Beispielen.

Es sei $G = \mathbb{R}^2 \setminus \{0\}$ die punktierte Ebene von Beispiel 3. Im ersten Bild sind zwei Wege (I) von A über C nach B und (II) von A über A', C' nach B eingezeichnet. Es gibt kein Sterngebiet $G' \subset G$, das beide Wege enthält. Wir verbinden C und C' durch einen Hilfsweg. Die beiden Integrale von A über den Kreisbogen nach C und von A über A', C' nach C sind gleich, da beide Wege in einem Sterngebiet verlaufen (z.B. ist die Ebene ohne die negative y-Achse ein Sterngebiet bezüglich des Punktes (0,1)). Aus demselben Grund führen die beiden Wege von C über den Weg (I) nach B und von C über C' und Weg (II) nach B zum gleichen Integralwert. Die beiden ersten Teilwege ergeben zusammen den Weg (I), die beiden Teilwege zusammen den Weg (II) mit einem Abstecher von C' nach C und zurück. Nach der Regel (b) von 6.13 darf man den Weg in Teilwege zerlegen, und nach Regel (e) heben sich die Integrale von C' nach C und von C nach C' gegenseitig auf. Die Integrale über die Wege (I) und (II) haben also denselben Wert.

Im zweiten Bild sind drei geschlossene Wege ACA über die Kreislinie (I) bzw. über den Quadratrand (II) und $A'C'A'$ auf krummlinigem Weg (III) eingezeichnet. Wie Beispiel 3 zeigt, sind die Integrale i.a. von Null verschieden. Sie haben jedoch alle denselben Wert. Bei den ersten beiden Wegen ist das einfach einzusehen. Die Teilwege von A nach C ergeben denselben Integralwert α, da beide in einem Sterngebiet verlaufen. Ebenso haben die Integrale über die beiden Teilwege von C nach A denselben Wert β. Aber auch für die beiden krummlinigen Wege $AA'C'C$ und $CC'A'A$ haben die Integrale die Werte α und β. Bei der Addition heben sich die Integrale über die Hilfswege AA' und $C'C$ weg, und man erkennt, daß auch für den geschlossenen Weg (III) das Integral den Wert $\alpha + \beta$ annimmt. Dahinter steckt ein allgemeineres Resultat:

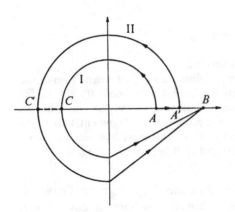

Verschiedene Wege von A nach B
(I über C; II über A', C';
Hilfsweg von C nach C')

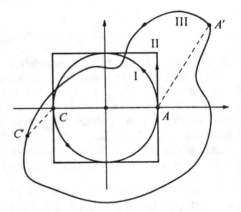

Drei geschlossene Wege,
die den Nullpunkt im positiven Sinn
umlaufen

Das Wegintegral hat für jeden geschlossenen Weg, der den Nullpunkt einmal im positiven Sinn umläuft ($U = 1$), denselben Wert, falls F in $\mathbb{R}^2 \setminus \{0\}$ der Integrabilitätsbedingung genügt (vgl. 5.17 zum Begriff der Umlaufzahl U).

6.18 Nochmals Kraftfelder. Bewegt sich ein Punkt im $\mathbb{R}^3$ in einem Kraftfeld $K(x) = K(x_1, x_2, x_3) = (K_1, K_2, K_3)$ auf einem Weg $\phi : [a, b] \to \mathbb{R}^3$, so mißt das Wegintegral

$$A = {}^{\phi}\!\!\int K(x) \cdot dx$$

die dabei vom Kraftfeld geleistete Arbeit. In der Physik wird ein Kraftfeld *konservativ* genannt, wenn die vom Feld geleistete Arbeit nur vom Anfangs- und Endpunkt des Weges abhängt, andernfalls nicht konservativ. Diese fundamentale Einteilung der Kraftfelder in zwei Klassen können wir nun sofort mathematisch beschreiben:

Ein Kraftfeld ist genau dann konservativ, wenn es ein Potentialfeld (= Gradientenfeld) ist. Das zugehörige *Potential* ist eine reellwertige Funktion U mit der Eigenschaft $K = - \operatorname{grad} U$, also eine mit -1 multiplizierte Stammfunktion von

K (üblicherweise legt man die additive Konstante so fest, daß U im Unendlichen verschwindet).

Betrachten wir als Beispiel das Schwerefeld, welches von einer im Ursprung befindlichen Masse M erzeugt wird. Wie wir in 5.23 gesehen haben, wird es aufgrund des Newtonschen Gravitationsgesetzes durch

$$K(x) = -\gamma M \frac{x}{|x|^3} \qquad (\gamma \text{ Gravitationskonstante})$$

beschrieben. Dieses Gravitationsfeld ist ein Potentialfeld, und die Funktion $U(x) = -\gamma M/|x|$ ist das zugehörige (im Unendlichen verschwindende) Potential, wie man leicht nachrechnet. Da sich Kräfte linear überlagern, erzeugen auch endlich viele an den Orten ξ_i fixierte Massen M_i ein Potentialfeld

$$K = -\gamma \sum \frac{M_i(x - \xi_i)}{|x - \xi_i|^3} \qquad \text{mit dem Potential} \quad U = -\gamma \sum \frac{M_i}{|x - \xi_i|}.$$

Analoges gilt auch für kontinuierlich verteilte Massen. Die Berechnung ihres Potentials führt auf Raumintegrale, die wir im nächsten Paragraphen behandeln.

Wird also ein Körper der Masse 1 in einem Gravitationsfeld mit dem Potential U längs eines beliebigen Weges vom Ort ξ zum Ort η gebracht, so leistet das Feld dabei die Arbeit $U(\xi) - U(\eta)$. Insbesondere wird keine Arbeit geleistet, wenn der Körper an seinen Ausgangspunkt zurückkehrt (Planeten- oder Satellitenbahnen). Interessanter im Hinblick auf die Raumfahrt ist die Frage, welche Arbeit man *gegen das Schwerefeld* verrichten muß, um vom Ort ξ zum Ort η zu kommen. Diese Arbeit beträgt $U(\eta) - U(\xi)$ pro Masseneinheit. Im Beispiel 2 von I.11.13 sind einige Fälle durchgerechnet.

6.19 Komplexe Wegintegrale. Wir betrachten zum Abschluß das komplexe Wegintegral, welches in der Funktionentheorie von grundlegender Bedeutung ist. Es werden die im Komplexen üblichen Bezeichnungen benutzt: $f(z) = u(x, y) + iv(x, y)$ sei eine stetige Abbildung eines Gebietes $G \subset \mathbb{C}$ in $\mathbb{C}$, $\zeta : I = [a, b] \to G$ sei ein rektifizierbarer Weg in G; es ist $z = x + iy$ und $\zeta(t) = \xi(t) + i\eta(t)$. Das komplexe Wegintegral von f längs des Weges ζ ist dann durch

$$\overset{\zeta}{\int} f(z)\, dz = \lim_Z \sigma(Z, \tau; f\, dz)$$

gegeben. Dabei ist wie früher $Z = (t_0, \ldots, t_p)$ eine Zerlegung von I, τ ein dazu passender Satz von Zwischenpunkten und

$$\sigma(Z, \tau; f\, dz) = \sum_{i=1}^{p} f(\zeta(\tau_i))(\zeta(t_i) - \zeta(t_{i-1})) = \sum_{i=1}^{p} f(\zeta_i)(z_i - z_{i-1})$$

mit $z_i = \zeta(t_i)$, $\zeta_i = \zeta(\tau_i)$. Es handelt sich also um genau dieselben Zwischensummen wie bei den früheren Wegintegralen in 6.12, jedoch sind die auftretenden Produkte als Produkte komplexer Zahlen zu verstehen.

Rechnet man rein formal, $f\,dz = (u + iv)(dx + i\,dy)$, so erhält man eine Darstellung des komplexen Wegintegrals als Summe von vier reellen Wegintegralen, wie sie in 6.12 betrachtet worden sind:

(a) $\;^{\zeta}\!\!\int f(z)\,dz = \;^{\zeta}\!\!\int(u\,dx - v\,dy) + i\,^{\zeta}\!\!\int(u\,dy + v\,dx)$.

Unsere Schreibweise deutet bereits an, daß man die beiden Integrale, welche den Real- bzw. Imaginärteil des komplexen Integrals bilden, jeweils auffassen kann als ein Wegintegral bezüglich des Vektorfeldes $(u, -v)$ bzw. (v, u):

(a′) $\;^{\zeta}\!\!\int f(z)\,dz = \;^{\zeta}\!\!\int(u, -v)\cdot d(x, y) + i\,^{\zeta}\!\!\int(v, u)\cdot d(x, y)$.

Das ist, wie gesagt, lediglich eine andere Schreibweise von (a).

Zum *Beweis* von (a) stellen wir zunächst fest, daß die vier skalaren Wegintegrale existieren, da der Weg rektifizierbar ist und u und v stetig sind. Ferner besteht für die entsprechenden Zwischensummen die Gleichung

$$\sigma(Z, \tau; f\,dz) = \sigma(Z, \tau; u\,dx - v\,dy) + i\sigma(Z, \tau; u\,dy + v\,dx)\,,$$

wie man leicht bestätigt. Da die Limites $\lim_Z$ für die rechts stehenden reellen Netze existieren und da zwischen dem Limesverhalten eines komplexwertigen Netzes und den aus den Real- und Imaginärteilen gebildeten reellen Netzen der in 5.4 (a) beschriebene Zusammenhang besteht, ergibt sich auf diese Weise sowohl die Existenz des komplexen Integrals als auch die Gleichung (a). ☐

Nun sei $f(z)$ in G holomorph, d.h. komplex differenzierbar mit einer stetigen Ableitung $f'(z)$. Die beiden reellen Integrale in (a) sind Wegintegrale der Vektorfelder $(u, -v)$ und (v, u) im $\mathbb{R}^2$. Um nachzuprüfen, ob es sich hier möglicherweise um Gradientenfelder handelt, prüfen wir in beiden Fällen die Integrabilitätsbedingung aus 6.17 nach. Sie lautet $u_y = -v_x$ bzw. $v_y = u_x$. Das sind genau die Cauchy-Riemannschen Differentialgleichungen aus 3.19. Aus dem Satz 6.17 ergibt sich nun sofort der für die komplexe Analysis grundlegende

6.20 Integralsatz von Cauchy. *Die Funktion f sei holomorph in dem Sterngebiet G. Dann ist ihr Wegintegral in G vom Weg unabhängig, oder, was auf dasselbe hinausläuft: Für jeden geschlossenen, stückweise stetig differenzierbaren Weg ζ in G gilt*

$$^{\zeta}\!\!\int f(z)\,dz = 0\,.$$

Die früheren Rechenregeln für Wegintegrale gelten aufgrund von 6.19 (a) auch für das komplexe Wegintegral. Ist der Weg $\zeta|I$ stückweise stetig differenzierbar, so läßt sich das Wegintegral mit den anfangs eingeführten Bezeichnungen in der Form

$$^{\zeta}\!\!\int f(z)\,dz = \int_a^b f(\zeta(t))\zeta'(t)\,dt$$

$$= \int_a^b [u\xi' - v\eta' + i(u\eta' + v\xi')]\,dt$$

berechnen.

Beispiel. Für den im positiven Sinne durchlaufenen Einheitskreis $\zeta(t) = e^{it}$, $0 \leq t \leq 2\pi$, und ganzzahliges m ist

$$\overset{\zeta}{\int} z^m \, dz = \int_0^{2\pi} ie^{(m+1)it} \, dt = \begin{cases} 0 & \text{für } m \neq -1 \\ 2\pi i & \text{für } m = -1 \, . \end{cases}$$

Im ersten Fall ist $\alpha(t) = e^{(m+1)it}/(m+1)$ eine 2π-periodische Stammfunktion, also $\alpha|_0^{2\pi} = 0$. Daß das Integral für $m \geq 0$ verschwindet, folgt auch aus dem Cauchyschen Integralsatz. Für $m < 0$ ist er nicht anwendbar, da $G = \mathbb{C} \setminus \{0\}$ kein Sterngebiet ist.

Die Funktion $F : G \subset \mathbb{C} \to \mathbb{C}$ heißt *Stammfunktion* von $f : G \to \mathbb{C}$, wenn F holomorph im Gebiet G ist und dort $F' = f$ gilt. Diese Stammfunktion im Sinne der komplexen Funktionentheorie ist wohl zu unterscheiden von der Stammfunktion in der reellen Analysis, wie sie in 6.16 definiert wurde. Dort war die Stammfunktion eine reellwertige Funktion F mit der Eigenschaft grad $F = f$, hier ist es eine komplexwertige Funktion. Jedoch besteht der in Satz 6.16 bewiesene Zusammenhang zwischen der Wegunabhängigkeit des Integrals und der Existenz einer Stammfunktion auch für das komplexe Wegintegral:

6.21 Satz über Stammfunktionen. *Die im Gebiet $G \subset \mathbb{C}$ stetige komplexwertige Funktion f besitzt genau dann eine Stammfunktion F, wenn ihr (komplexes) Integral wegunabhängig ist. Es gilt dann, wenn z_0 der Anfangspunkt und z_1 der Endpunkt des Weges ζ ist,*

$$\overset{\zeta}{\int} f(z) \, dz = F(z_1) - F(z_0) \, .$$

Ist das Integral von f wegunabhängig in G, so wird durch

$$F(z) := \int_{z_0}^z f(z') \, dz' \qquad (z_0 \in G \text{ fest})$$

eine Stammfunktion von f definiert.

Beweis. Mit den Bezeichnungen $f = u+iv$, $F = U+iV$ folgt aus $F' = U_x+iV_x = f$ und den Cauchy-Riemannschen Differentialgleichungen für U, V

(a) $u = U_x = V_y, \qquad v = V_x = -U_y$,

also

(b) grad $U = (u, -v), \qquad$ grad $V = (v, u)$.

Die Funktionen U und V sind also Stammfunktionen für die Vektorfelder $(u, -v)$ und (v, u). Die beiden in 6.19 (a') auftretenden Integrale haben dann nach Satz 6.16 die Werte $U(z_1) - U(z_0)$ bzw. $V(z_1) - V(z_0)$. Damit ist die behauptete Gleichung des Satzes bewiesen.

Ist umgekehrt das komplexe Wegintegral wegunabhängig, so gilt das auch für den Real- und Imaginärteil des Integrals, also für die Wegintegrale der Felder $(u, -v)$ und (u, v). Diese Wegintegrale definieren nach Satz 6.16 zwei Stammfunktionen U und V, für die (b) gilt. Aus (b) folgt aber (a), wie man leicht sieht. Das

Paar (U, V) genügt also den Cauchy-Riemannschen Differentialgleichungen, und daraus folgt nach Satz 3.19, daß $F = U + iV$ in G holomorph und $F' = f$ ist. $\square$

Beispiel. Betrachten wir noch einmal das dritte Beispiel von 6.17 im Lichte von Satz 6.21. Für die Funktion $f(z) = 1/z$ ist $u = x/r^2$, $v = -y/r^2$ mit $r^2 = z\bar{z} = x^2 + y^2$ (das folgt aus $1/z = \bar{z}/z\bar{z}$). Das in jenem Beispiel betrachtete (dort mit F bezeichnete) Feld ist gleich (v, u). Nach der Formel (a') von 6.19 ist also das zugehörige Wegintegral nichts anderes als der Imaginärteil des Integrals $\int \frac{1}{z} dz$. Nun ist $F(z) = \log z$ eine Stammfunktion zu $f(z) = \frac{1}{z}$, also $V(x, y) = \text{Im } F(z) = \arg z$ eine Stammfunktion zu (v, u). Die in jenem Beispiel durch explizites Ausrechnen des Wegintegrals erhaltene Stammfunktion ergibt sich also ganz ohne Rechnung aus Satz 6.21. Nimmt man für $\log z$ den Hauptwert, welcher im Gebiet G_1, der längs der negativen reellen Achse aufgeschnittenen Ebene, definiert ist, so folgt, daß $V(x, y) = \arg(x, y)$ in G gilt, wie am Schluß des Beispiels behauptet wurde.

Aufgaben

1. Man berechne die Riemann-Stieltjes-Integrale

   (a) $\displaystyle\int_1^5 \ln x \, d[x]$;   (b) $\displaystyle\int_0^\pi e^x \, d\sin x$;   (c) $\displaystyle\int_a^b x^3 \, d\ln x$ $(a > 0)$.

2. Man berechne die Masse und den Schwerpunkt der folgenden, homogen mit Masse konstanter Dichte belegten ebenen bzw. räumlichen Kurven:

   (a) $(x, y, z) = (\cos t, \sin t, ht)$, $0 \le t \le T$, $h > 0$;

   (b) $y = \cosh x$, $|x| \le 1$;

   (c) $x = a(t - \sin t)$, $y = a(1 - \cos t)$, $0 \le t \le 2\pi$, $a > 0$.

(a) ist eine Schraubenlinie, (b) eine Kettenlinie und (c) eine Zykloide.

3. Man zeige: Sind die $G_\alpha \subset \mathbb{R}^n$ Sterngebiete bezüglich x_0, so ist auch $G = \bigcup G_\alpha$ ein Sterngebiet bezüglich x_0. Dasselbe gilt für $H = \bigcap G_\alpha$, falls H offen ist (also insbesondere dann, wenn es sich um einen endlichen Durchschnitt handelt).

4. Man beweise für C^1-Vektorfelder F, G die Formel

$$\text{grad}\,(F \cdot G) = G^\top F' + F^\top G'$$

(F, G Spaltenvektoren) und leite daraus die im Beweis von Satz 6.17 benutzte Identität

$$\text{grad}\,(F(tx) \cdot x) = \left(\frac{d}{dt} tF(tx)\right)^\top , \quad \text{falls}\ \ F' = (F')^\top$$

ab. Man beachte, daß die letzte Gleichung gerade die Integrabilitätsbedingung ausdrückt.

5. Man berechne die folgenden Wegintegrale:

   (a) $\oint (x + y)\,dx + (x - y)\,dy$ längs der von links nach rechts orientierten Parabel $y = x^2$ zwischen den Punkten $(-1, 1)$ und $(1, 1)$;

   (b) $\oint xy^2\,dy$ längs der Ellipse $4x^2 + y^2 = 4$ bei einem vollen Umlauf im positiven Sinn;

   (c) $\oint (x^2 + y^2)\,dx + (x^2 - y^2)\,dy$ längs des Dreiecks mit den Eckpunkten $(0, 0)$, $(1, 0)$, $(0, 1)$ bei einem vollen Umlauf im positiven Sinn.

6. *Die Kardioide.* Durch die Darstellung in Polarkoordinaten $r = 1 + \cos \phi$, $0 \le \phi \le 2\pi$, wird in der xy-Ebene eine geschlossene Jordankurve C dargestellt, die wegen ihrer herzförmigen Gestalt Kardioide genannt wird.

(a) Man berechne die Bogenlängenfunktion $s(\phi)$ für $0 \le \phi \le \pi$, die Länge und den Schwerpunkt der Kurve sowie den Inhalt der von der Kurve umschlossenen Fläche (Leibnizsche Sektorformel I.11.9).

(b) Man berechne die Steigung $m = m(\phi)$ der Tangente an C, bestimme den Limes von $m(\phi)$ für $\phi \to \pi-$ und skizziere den Kurvenverlauf.

(c) Man berechne das Kurvenintegral $^C\!\int \sqrt[4]{x^2 + y^2}\, ds$.

7. Besitzt das Vektorfeld

$$\text{(a)} \quad f = \begin{bmatrix} x(y^2 + z^2) + 1 \\ y(x^2 + z^2) \\ z(x^2 + y^2) - 1 \end{bmatrix} \qquad \text{(b)} \quad f = \begin{bmatrix} x + z \\ x + y + z \\ x + z \end{bmatrix}$$

eine Stammfunktion? Wie lautet sie gegebenenfalls? Man bestimme in beiden Fällen das Wegintegral $^\phi\!\int f_1\, dx + f_2\, dy + f_3\, dz$ längs des von $(0,0,0)$ nach $(1,1,1)$ führenden geradlinigen Weges.

8. Es sei $f(t) = t$ für $0 \le t < \frac{1}{2}$, $f(t) = t - \frac{1}{2}$ für $\frac{1}{2} \le t \le 1$ und $g(t) = t^2$. Man berechne die Stieltjes-Integrale $\int_0^1 f\, df$, $\int_0^1 f\, dg$, $\int_0^1 g\, df$, $\int_0^1 g\, dg$, falls sie existieren.

9. *Uneigentliche Stieltjes-Integrale.* Das Integral $\int_0^\infty f\, dg$ ist wie das Riemann-Integral als Limes von $\int_0^b f\, dg$ für $b \to \infty$ definiert.

(a) Für welche reellen Zahlen α, β existiert $\int_0^\infty x e^{-\alpha x}\, d(e^{\beta x})$, und welchen Wert hat das Integral?

(b) Es sei g eine ‚Sägezahnfunktion‘, $g(x) = x$ für $0 \le x < 1$, $g(1) = 0$, 1-periodisch fortgesetzt; die Funktion f sei in $[0,\infty)$ stetig. Man drücke $\int_0^b f\, dg$ durch ein R-Integral und eine Summe aus, formuliere Bedingungen für die Existenz des uneigentlichen Integrals $\int_0^\infty f\, dg$ und gebe dessen Wert an.

(c) Man berechne $\int_0^b e^{-x^2}\, d[x^2]$. Existiert das entsprechende uneigentliche Integral, und welchen Wert hat es gegebenenfalls? Es ist $[x] = $ größte ganze Zahl $\le x$.

10. *Konvergenzsätze.* (a) Es sei (f_k) eine Folge aus $C(I)$, $I = [a,b]$, welche gleichmäßig gegen f strebt, und $g \in BV(I)$. Man zeige:

$$\lim_{k \to \infty} \int_a^b f_k(x)\, dg(x) = \int_a^b f(x)\, dg(x).$$

(b) Es sei $f \in C(I)$, und die Folge (g_k) aus $BV(I)$ strebe (punktweise) gegen g. Ist die Folge der Totalvariationen beschränkt, $V_a^b(g_k) \le C$, so gilt

$$\lim_{k \to \infty} \int_a^b f(x)\, dg_k(x) = \int_a^b f(x)\, dg(x).$$

11. Ein Kreisbogenstück C vom Öffnungswinkel 2ϕ und Radius 1 liege so auf dem Einheitskreis der xy-Ebene, daß sein Symmetriepunkt mit dem Punkt $(1,0)$ zusammenfällt. Man berechne den Schwerpunkt von C sowie das Trägheitsmoment bei der Rotation um die x-Achse bzw. y-Achse (Dichte $\rho = 1$). Welche Werte ergeben sich für $\phi = \pi/2$?

§ 7. Jordanscher Inhalt und Riemannsches Integral im $\mathbb{R}^n$

Das Inhaltsproblem, eines der großen und ältesten mathematischen Probleme, haben wir bereits im ersten Band kennengelernt. In der Einleitung zu § I.9 wurde über die Geschichte des Flächeninhalts berichtet. Die im griechischen Altertum beginnende Entwicklung führte in ihrer rein arithmetischen, vom geometrischen Gegenstand losgelösten Form schließlich zum Riemannschen Integral. Später, gegen Ende des vorigen Jahrhunderts, wurden dann von G. PEANO (*Applicazioni del calcolo infinitesimale*, Turin 1887, S. 154–158) und C. JORDAN (J. de Math. (4) 8 (1892), S. 76–79 und *Cours d'Analyse 1*, 2e éd., Paris 1893, S. 28–31) die dem Integral zugrundeliegenden Ideen zu einer ersten exakten Theorie des Inhalts von ebenen und räumlichen Gebilden ausgebaut. Die Jordansche Inhaltstheorie haben wir in I.11.7 kurz und ohne Beweise skizziert. Unter Benutzung von einfachen Tatsachen aus dieser Theorie wurden dann in I.11.8–12 ebene Flächeninhalte und Volumina von Rotationskörpern mit Hilfe der Integralrechnung bestimmt sowie Schwerpunkte und Trägheitsmomente berechnet. Wir werden jetzt die damals verbliebenen Lücken schließen und zunächst einen Abriß der Jordanschen Theorie im $\mathbb{R}^n$ geben. Der Übergang zum Riemannschen Integral im $\mathbb{R}^n$ vollzieht sich dann ganz zwanglos, da diesem dieselben geometrischen Überlegungen zugrundeliegen.

Die Inhaltstheorie geht aus von gewissen „einfachen" Mengen, denen ein „elementarer" Inhalt zukommt. Kompliziertere Mengen werden dann von innen und außen durch einfache Mengen approximiert. Im ebenen Fall geht man aus von Rechtecken, deren Inhalt durch das Produkt aus den Seitenlängen gemessen wird. Damit hat man auch für Dreiecke und für Polygone, die aus Dreiecken zusammengesetzt sind, ein Maß für den Inhalt. Mit diesem Werkzeug haben die Landmesser des Altertums die Größe von Ackerflächen und Grundstücken bestimmt. Griechische Mathematiker gingen dann daran, krummlinig begrenzte Flächen durch Polygone zu approximieren, und sie entwickelten in der konsequenten Verfolgung dieser Idee den Grenzwertbegriff in geometrischer Einkleidung. Diese Verfahren der *Exhaustion* und *Kompression* sind in der Einleitung zu § I.4 und § I.9 beschrieben.

Im $\mathbb{R}^n$ geht man aus von achsenparallelen Quadern, also n-dimensionalen Intervallen, deren Inhalt ebenfalls als Produkt der Seitenlängen gegeben ist. Intervallsummen, das sind Vereinigungen von endlich vielen Intervallen, bilden dann die „einfachen Mengen", die einen elementaren Inhalt haben und die zur Approximation beliebiger Mengen im $\mathbb{R}^n$ herangezogen werden. Die erste Aufgabe besteht darin, den elementaren Inhalt von Intervallsummen zu untersuchen.

Im nächsten Schritt wird für eine beliebige beschränkte Menge M der *innere Inhalt* als Supremum des Inhalts aller in M enthaltenen Intervallsummen sowie der *äußere Inhalt* als Infimum des Inhalts aller die Menge M überdeckenden Intervallsummen eingeführt. Einen *Inhalt* schreibt man dann jenen Mengen zu, bei denen innerer und äußerer Inhalt übereinstimmen. Diesen Mengen gilt unser Hauptaugenmerk.

Wir merken noch an, daß Jordan bei seiner Inhaltstheorie nicht mit beliebigen Intervallen, sondern mit Würfeln approximiert hat. Daß dies zum selben Resultat führt, wird in 7.5 gezeigt.

Die Integrationstheorie im $\mathbb{R}^n$ nach dem von Riemann in seiner Habilitationsschrift für $n = 1$ gegebenen Vorbild (vgl. die Einleitung zu §I.9) wurde etwa zwischen 1880 und 1900 unter Beteiligung zahlreicher Mathematiker entwickelt. Viele Arbeiten aus dieser Zeit sind dem Zusammenhang zwischen dem über ein Quadrat $Q = [a, a'] \times [b, b']$ erstreckten Integral $\int_Q f(x, y)\, d(x, y)$ und dem Integral $\int_a^{a'} dx \int_b^{b'} f(x, y)\, dy$ gewidmet. Der zugehörige Satz 7.15 in der hier bewiesenen Allgemeinheit geht im wesentlichen auf C. Jordan zurück (J. de. Math. (4) 8 (1892), S. 69, sowie *Cours d'Analyse 1*, S. 42–45). In dem 1899 erschienenen Enzyklopädie-Artikel wird noch beklagt, daß „auch heute noch die Theorie der mehrfachen Integrale nicht allgemein zu solcher Durchführung gediehen sei", wie das für $n = 1$ der Fall ist (Enzyklopädie der mathematischen Wissenschaften, Bd. II.1.1, S. 103). Über die weitere Entwicklung des Inhalts- und Integrationsproblems wird in §9 berichtet.

7.1 Anforderungen an den Inhaltsbegriff. Unser Ziel ist es, für eine möglichst große Klasse von Teilmengen M des $\mathbb{R}^n$ einen Inhalt $|M|$ zu erklären. Der Inhalt ist eine reelle Zahl, die ein Maß für die Größe von M darstellen soll. Zur Präzisierung dieser Vorstellung stellen wir vier naheliegende Anforderungen (I1)–(I4) an den Inhaltsbegriff.

(I1)   *Positivität*: $|M| \geq 0$.

(I2)   *Bewegungsinvarianz*:   Kongruente Mengen haben denselben Inhalt.

(I3)   *Normierung*:   Der Einheitswürfel $W_1 = [0, 1]^n$ hat den Inhalt 1.

(I4)   *Additivität*:   Für disjunkte Mengen M, N ist $|M \cup N| = |M| + |N|$.

Dabei heißen zwei Mengen M, N kongruent, wenn sie durch eine Bewegung des $\mathbb{R}^n$ (das ist eine Abbildung, welche die Abständen invariant läßt, vgl. 3.20) ineinander übergeführt werden können.

Bemerkung. Eine optimale Lösung des Inhaltsproblems wäre es, wenn man *jeder* beschränkten Menge einen Inhalt zuschreiben könnte, so daß die Eigenschaften (I1)–(I4) gelten. F. HAUSDORFF hat in seinem 1914 erschienenen berühmten Buch *Grundzüge der Mengenlehre* (S. 469 f.) gezeigt, daß dies für $n = 3$ prinzipiell unmöglich ist. S. BANACH konnte jedoch 1923 zeigen (Fundamenta Mathematica 4, S. 7–33), daß das Inhaltsproblem in den Fällen $n = 1$ und $n = 2$ eine optimale Lösung besitzt. Man kann jeder beschränkten Menge einen Inhalt so zuordnen, daß (I1) bis (I4) erfüllt sind. Was noch mehr erstaunen mag, ist die Tatsache, daß es in den Fällen $n = 1$ und 2 mehrere Lösungen des Inhaltsproblems in diesem umfassenden Sinn gibt. Fragen dieser Art werden in dem Artikel *How good is Lebesgue measure?* von K. Ciesielski (Math. Intelligencer 11, No. 2 (1989), 54–58) behandelt. Unser Ziel ist bescheidener. Wir wollen mit der Jordanschen Theorie das Inhaltsproblem für eine Klasse von „gutartigen" Mengen lösen.

7.2 Zerlegungen eines Intervalls. Unter einem n-dimensionalen Intervall verstehen wir im folgenden immer ein kompaktes Intervall

$$I = [a,b] = [a_1, b_1] \times \cdots \times [a_n, b_n] = I^1 \times \cdots \times I^n$$

mit $a, b \in \mathbb{R}^n$, $a \le b$, $I^k = [a_k, b_k] \subset \mathbb{R}$. Der elementare Inhalt dieses Intervalls ist die Zahl

$$|I| := (b_1 - a_1) \cdots (b_n - a_n) \qquad \textit{n-dimensionaler Inhalt von } I \;.$$

Im Fall $n = 1$ wird eine Zerlegung Z von I durch endlich viele Teilpunkte $a = t_0 < t_1 < \cdots < t_p = b$ oder, was auf dasselbe hinausläuft, durch die entsprechenden Teilintervalle $I_i = [t_{i-1}, t_i]$ von I beschrieben. Es ist für das Folgende bequem, eine Zerlegung als *Menge* der Teilpunkte zu definieren, $Z = \{t_0, \ldots, t_p\}$ (bei einer solchen Angabe vereinbaren wir, daß die t_k bereits der Größe nach geordnet sind). Betrachten wir nun den Fall $n = 2$ mit den Bezeichnungen $(x, y) \in \mathbb{R}^2$, $I = [a_1, b_1] \times [a_2, b_2] = I^x \times I^y$. Aus einer Zerlegung $Z_x = \{x_0, \ldots, x_p\}$ von I^x und einer Zerlegung $Z_y = \{y_0, \ldots, y_q\}$ von I^y entsteht eine Zerlegung $Z = Z_x \times Z_y$ von I mit den „Gitterpunkten" (x_i, y_j) $(i = 0, \ldots, p; \ j = 0, \ldots, q)$ bzw. den entsprechenden Teilintervallen $I_i^x \times I_j^y = [x_{i-1}, x_i] \times [y_{j-1}, y_j]$ von I.

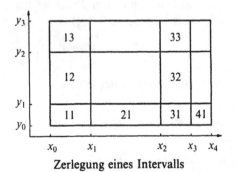 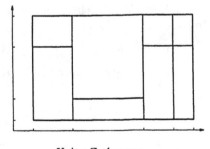

Zerlegung eines Intervalls   Keine Zerlegung

Entsprechend entsteht im allgemeinen Fall $I = [a, b] = I^1 \times \cdots \times I^n$ aus Zerlegungen Z_k von I^k eine Zerlegung $Z_1 \times \cdots \times Z_n$ von I. Die Gitterpunkte dieser Zerlegung sind genau die Punkte $x \in \mathbb{R}^n$ mit $x_k \in Z_k$ für $k = 1, \ldots, n$, die dadurch erzeugten Teilintervalle von I sind die Intervalle $J = J^1 \times \cdots \times J^n$ mit der Eigenschaft, daß J^k ein durch die Zerlegung Z_k erzeugtes Teilintervall von $I^k = [a_k, b_k]$ ist $(k = 1, \ldots, n)$. Eine systematische Numerierung all dieser Intervalle in der Art, wie wir es im zweidimensionalen Fall durchgeführt haben, würde zu komplizierten Formeln mit Mehrfachindizes führen und soll deshalb unterbleiben. Wir denken uns die durch Z erzeugten n-dimensionalen Teilintervalle in irgendeiner Weise durchnumeriert, $I_1, \ldots, I_m$, wobei dann $I = \bigcup_{i=1}^{m} I_i$ ist. Wenn Z_1 von p_1 Teilintervallen, $\ldots$, Z_n von p_n Teilintervallen gebildet wird, so besteht Z aus $p_1 \cdots p_n$ n-dimensionalen Teilintervallen von I. Man beachte, daß es sich bei den Teilintervallen immer um *abgeschlossene* Intervalle handelt.

Eine Zerlegung Z' von I heißt *Verfeinerung* der Zerlegung Z, in Zeichen $Z' \succ Z$, wenn jeder Gitterpunkt von Z auch Gitterpunkt von Z' ist, oder gleichbedeutend, wenn jedes Teilintervall von Z' in einem Teilintervall von Z enthalten ist. Offenbar ist $Z \prec Z'$ genau dann, wenn $Z_k \prec Z'_k$ gilt für $k = 1, \ldots, n$. Wie in 5.6 sprechen wir von der natürlichen Ordnung.

(a) Zu zwei Zerlegungen Z', Z'' von I gibt es eine gemeinsame Verfeinerung $Z \succ Z', Z''$. Man erhält eine solche Verfeinerung Z, indem man in Z_k alle Teilpunkte von Z'_k und von Z''_k aufnimmt ($k = 1, \ldots, n$). Die Zerlegungen von I bilden also eine gerichtete Menge.

(b) Sind $I_1, \ldots, I_m$ die durch die Zerlegung Z erzeugten Teilintervalle von I, so gilt

$$|I| = |I_1| + \cdots + |I_m| \, .$$

Beweis. Wird $I = [a, b]$ durch die Hyperebene $x_1 = \alpha$ zerlegt in

$$I_1 = [a_1, \alpha] \times I^* \quad \text{und} \quad I_2 = [\alpha, b_1] \times I^*$$

$$\text{mit} \quad I^* = [a_2, b_2] \times \cdots \times [a_n, b_n] \subset \mathbb{R}^{n-1} \, ,$$

so ist

$$|I| = (b_1 - a_1)|I^*| \, , \quad |I_1| = (\alpha - a_1)|I^*| \, , \quad |I_2| = (b_1 - \alpha)|I^*|$$

sowie $|I^*| = (b_2 - a_2) \cdots (b_n - a_n)$. Also gilt $|I| = |I_1| + |I_2|$.

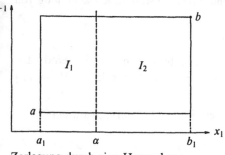
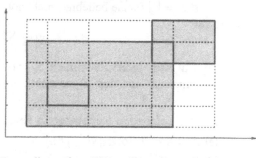

Zerlegung durch eine Hyperebene   Darstellung einer Intervallsumme nach 7.3 (a)

Derselbe Sachverhalt besteht, wenn I durch eine Hyperebene $x_k = \alpha$ in zwei Teile zerschnitten wird. Das allgemeine Ergebnis folgt durch mehrfache Anwendung dieses Schlusses. Ist etwa $Z = Z_1 \times \cdots \times Z_n$ mit $Z_1 = (\xi_0 = a_1, \ldots, \xi_p = b_1)$, so teilt man I zunächst durch die Schnitte $x_1 = \xi_i$ in p Teilintervalle auf, deren Inhaltssumme gleich $|I|$ ist. Sodann betrachtet man, wenn etwa $Z_2 = (\eta_0 = $

$a_2, \ldots, \eta_q = b_2$) ist, die Schnitte $x_2 = \eta_j$ und erhält damit pq Teilintervalle mit der Inhaltssumme $|I|$, usw. □

7.3 Intervallsummen Ein Intervall ist auch im folgenden immer ein kompaktes Intervall im $\mathbb{R}^n$. Die Intervalle I_1, I_2 heißen *fremd* oder *nicht überlappend*, wenn sie keine gemeinsamen inneren Punkte haben. Eine Menge S, welche Vereinigung von endlich vielen Intervallen ist, wird Intervallsumme genannt. Die Darstellung $S = I_1 \cup \ldots \cup I_m$ einer Intervallsumme heißt *paarweise fremd* oder *nicht überlappend*, wenn je zwei Intervalle I_i, I_j fremd sind. Zwei Intervallsummen S, T heißen fremd, wenn $S°$, $T°$ disjunkt sind ($S°$ ist das Innere von S). Die im folgenden auftretenden Summen und Vereinigungen haben stets nur endlich viele Glieder.

(a) Es sei $S = \bigcup I_i$ eine Intervallsumme, wobei die I_i sich teilweise überlappen dürfen. Dann besitzt S eine nicht überlappende Darstellung $S = \bigcup I_j'$ mit der Eigenschaft, daß für beliebige Indizes i, j entweder I_j' in I_i enthalten oder zu I_i fremd ist und daß die in I_i enthaltenen Intervalle I_j' eine Zerlegung von I_i bilden.

Zum *Beweis* wählen wir ein Intervall $I \supset S$. Wir bilden eine Zerlegung $Z = Z_1 \times \ldots \times Z_n$ von I, indem wir in Z_k die k-ten Komponenten der Eckpunkte aller Intervalle I_i aufnehmen ($k = 1, \ldots, n$). Alle Intervalle I_j' von Z, welche in S gelegen sind, haben S zur Vereinigung und die verlangte Eigenschaft. □

Als *elementaren Inhalt* einer Intervallsumme S definieren wir, wenn $S = I_1 \cup \ldots \cup I_m$ eine nicht überlappende Darstellung ist, die Zahl

$$|S| := |I_1| + \cdots + |I_m| \ .$$

Es gelten dann die folgenden Aussagen.

(b) Der Inhalt $|S|$ ist unabhängig von der (nicht überlappenden) Darstellung von S, d.h. sind $S = \bigcup I_i = \bigcup J_j$ jeweils paarweise fremde Darstellungen, so ist $\sum |I_i| = \sum |J_j|$.

(c) Ist $S = \bigcup I_i$ eine beliebige, nicht notwendig paarweise fremde Darstellung von S, so gilt

$$|S| \leq \sum |I_i| \ .$$

(d) Zu zwei Intervallsummen S und $T \supset S$ gibt es eine zu S fremde Intervallsumme R mit der Eigenschaft, daß $S \cup R = T$ sowie $|S| + |R| = |T|$ ist.

Bei den folgenden Rechenregeln bezeichnen S und T Intervallsummen.

(e) Aus $S \subset T$ folgt $|S| \leq |T|$.

(f) $|S \cup T| \leq |S| + |T|$.

(g) $|S \cup T| = |S| + |T|$, falls S und T fremd sind.

Beweis. (b) Wenden wir (a) auf die Darstellung $S = (\bigcup I_i) \cup (\bigcup J_j)$ an, so erhalten wir eine neue nicht überlappende Darstellung $S = \bigcup I_k'$ mit der Eigenschaft, daß jedes Intervall I_k' in genau einem I_i und in genau einem J_j enthalten ist (weil die ursprünglichen Darstellungen paarweise fremd sind). Es sei etwa $I_1 = I_1' \cup \ldots \cup I_p'$. Da nach (a) eine Zerlegung von I_1 vorliegt, folgt aus 7.2 (b) dann

$|I_1| = |I'_1| + \cdots + |I'_p|$. Verfährt man mit den Intervallen $I_2, \ldots$ ebenso, so ergibt sich $\sum |I_i| = \sum |I'_k|$ und auf genau dieselbe Weise $\sum |J_j| = \sum |J'_k|$.

(c) Nach (a) gibt es eine nicht überlappende Darstellung $S = \bigcup I'_j$ mit der Eigenschaft, daß jedes Intervall I_i durch Intervalle I'_j dargestellt werden kann, wobei aber bei Überlappung der I_i einige I'_j mehrfach benutzt werden. Daraus folgt die behauptete Ungleichung mit Hilfe von 7.2 (b).

(d) Man betrachtet, wenn $S = \bigcup I_i$ und $T = \bigcup J_j$ ist, die Darstellung $T = (\bigcup J_j) \cup (\bigcup I_i)$ und wendet darauf (a) an. Ist $T = \bigcup I'_k$ eine Darstellung mit den bei (a) genannten Eigenschaften, so bilden die nicht in S gelegenen Intervalle I'_k eine Intervallsumme R mit den geforderten Eigenschaften.

(e) ist bereits in (d) enthalten, (f) und (g) ergeben sich, indem man (d) auf S und $T' = S \cup T$ anwendet. Es ist dann $T' = S \cup R$ und $|T'| = |S| + |R|$ mit $R \subset T$ im Fall (f) bzw. $R = T$ im Fall (g).   □

Bemerkung. Der erste Teil unseres Programms ist damit abgeschlossen. Mit den Intervallsummen besitzen wir eine Klasse von einfachen Mengen, denen ein elementarer Inhalt zugeschrieben werden kann. Dabei gelten die in 7.1 genannten Forderungen (I1), (I3) und (I4), letzteres nach (g). Der elementare Inhalt ist außerdem translationsinvariant, wie man leicht sieht (die Kantenlänge eines Intervalls ändert sich bei einer Translation nicht). Die allgemeine Bewegungsinvarianz (I2) ist jetzt noch kein Thema, da wir nur achsenparallele Intervalle betrachten.

Noch ein Wort über die Beziehung zwischen den drei Forderungen (I1–I4) und den drei Eigenschaften (E,M,A), die in der Einleitung zu §I.9 im Zusammenhang mit der griechischen Inhaltslehre genannt worden sind. Die Eindeutigkeit (E) findet sich hier nicht, weil sie ein selbstverständlicher Teil einer mathematischen Definition ist. Umgekehrt ist die Positivität (I1) für die Anschauung so selbstverständlich, daß sie dort weggelassen wurde. Ähnliches gilt für die Normierung. Die Additivität tritt an beiden Stellen auf, die Monotonie wurde hier unterschlagen, weil sie sich aus der Additivität ergibt. Bei der Bewegungsinvarianz muß man sich vergegenwärtigen, daß die geometrischen Objekte der Anschauung und der griechischen Mathematik durch gewisse Beziehungen zwischen ihren Punkten und damit *bewegungsinvariant definiert* sind, so daß sich das Problem gar nicht stellt. Erst dann, wenn man ein festes Koordinatensystem einführt und damit Richtungen auszeichnet (zur Approximation werden *achsenparallele* Quader benutzt), wird die Bewegungsinvarianz formulierbar und zu einem Problem.

7.4 Äußerer und innerer Inhalt. Jordan-Inhalt.
Für eine beliebige beschränkte Menge $M \subset \mathbb{R}^n$ erhält man durch Approximation von innen und außen (Archimedische Kompressionsmethode) die beiden Maßgrößen

$$|M|_i := \sup\{|S| : S \subset M\} \qquad \textit{innerer Inhalt von } M \,,$$

$$|M|_a := \inf\{|T| : T \supset M\} \qquad \textit{äußerer Inhalt von } M \,.$$

Das Supremum bzw. Infimum erstreckt sich über alle Intervallsummen $S \subset M$ bzw. $T \supset M$. Für eine nichtleere Menge M gibt es immer ein $S \subset M$, da entartete Intervalle $[a,a]$ zugelassen sind. Für die leere Menge setzt man $|\emptyset|_i = 0$, und aus der Definition folgt auch $|\emptyset|_a = 0$.

Aus $S \subset M \subset T$ folgt nach 7.3 (e) $|S| \leq |T|$, also

(a) Es ist immer $0 \leq |M|_i \leq |M|_a < \infty$.

Die Menge M heißt *quadrierbar* oder *meßbar im Jordanschen Sinn*, wenn ihr innerer Inhalt gleich ihrem äußeren Inhalt ist. Diesen gemeinsamen Wert bezeichnet man mit $|M|$ oder, um die Dimensionszahl sichtbar zu machen, mit $|M|^n$ und nennt ihn den

$$(\textit{Jordanschen}) \ \textit{Inhalt von } M \ , \quad |M| := |M|_i = |M|_a \ .$$

Gelegentlich spricht man auch vom *Riemann-* oder *Peano-Inhalt*. Die Quadrierbarkeit von M besagt, daß zu jedem $\varepsilon > 0$ Intervallsummen S, T existieren mit

$$S \subset M \subset T \quad \text{und} \quad |T| - |S| < \varepsilon \ .$$

Hat eine Menge den äußeren Inhalt 0, so ist sie quadrierbar, und ihr Inhalt ist 0. Solche Mengen werden auch *Nullmengen* oder (im Unterschied zu den in §9 betrachteten Lebesgueschen Nullmengen) *Jordansche Nullmengen* genannt.

Bei den folgenden Eigenschaften sind M, N beliebige beschränkte Mengen im $\mathbb{R}^n$. Mit $\overline{M}$ wird die abgeschlossene Hülle, mit $M^\circ = \text{int } M$ das Innere und mit ∂M der Rand von M bezeichnet. Ferner ist $M_\varepsilon = \{x \in \mathbb{R}^n : \text{dist}\,(x, M) < \varepsilon\}$ die ε-Umgebung von M; vgl. 1.17.

(b) Eine Intervallsumme S ist quadrierbar, und ihr Inhalt $|S|$ ist gleich dem früher eingeführten elementaren Inhalt $|S|$. Die neue Bezeichnungsweise für den Inhalt führt also nicht zu Schwierigkeiten.

(c) Aus $M \subset N$ folgt $|M|_i \le |N|_i$ und $|M|_a \le |N|_a$.

(d) Es gilt $|M|_i = |M^\circ|_i$ und $|M|_a = |\overline{M}|_a$. Ist also M quadrierbar, so sind auch die Mengen M° und $\overline{M}$ sowie Mengen, die dazwischen liegen, quadrierbar, und es ist

$$|M| = |M^\circ| = |\overline{M}| \text{ und } |M| = |A| \text{ für } M \subset A \subset M \ .$$

(e) Jedes (offene, halboffene,...) beschränkte Intervall ist quadrierbar; sein Inhalt ist das Produkt der Seitenlängen.

(f) Liegt die beschränkte Menge M in einer Hyperebene $x_k = \text{const.}$, so ist M quadrierbar und $|M| = 0$.

(g) Für $\varepsilon \to 0+$ strebt $|M_\varepsilon|_a$ gegen $|M|_a$.

Beweis. (b) ist klar aufgrund der Definition und 7.3 (e).

(c) Aus $S \subset M$ folgt $S \subset N$ und daraus die erste Ungleichung; analog ergibt sich die zweite Behauptung.

(d) Wegen $T \supset M \Leftrightarrow T \supset \overline{M}$ ist die Aussage über den äußeren Inhalt evident. Beim inneren Inhalt kann man $|M|_i > 0$ voraussetzen. Wir bestimmen zunächst, wenn $\varepsilon > 0$ vorgegeben wird, eine Intervallsumme $S \subset M$ mit $|M|_i - |S| < \varepsilon$. Nun verkleinern wir die an $S = \bigcup I_i$ beteiligten Intervalle etwas, d.h. wir ersetzen $I_i = [a, b]$ durch $I_i' = [a_1 + \alpha, b_1 - \alpha] \times \cdots \times [a_n + \alpha, b_n - \alpha]$, $\alpha > 0$. Für die neue Intervallsumme $S' = \bigcup I_i'$ gilt dann $S' \subset M^\circ$ und ferner, wenn man α klein genug wählt, $|S| - |S'| < \varepsilon$. Also ist $|M|_i - 2\varepsilon < |S'| < |M^\circ|_i \le |M|_i$, woraus $|M|_i = |M^\circ|_i$ folgt.

(e) ist ein Sonderfall von (d), und (f) folgt aus (e).

(g) Wegen $[a, b]_\varepsilon \subset [a_1 - \varepsilon, b_1 + \varepsilon] \times \cdots \times [a_n - \varepsilon, b_n + \varepsilon]$ gilt die Behauptung für Intervalle und damit auch für Intervallsummen. Ist $|M|_a < \alpha$, so gibt es eine

Intervallsumme $T \supset M$ mit $|T| < \alpha$. Also ist $|T_\varepsilon|_a < \alpha$ und damit auch $|M_\varepsilon|_a < \alpha$ für kleine positive ε. Daraus folgt die Behauptung. □

Daß es nicht quadrierbare Mengen gibt, zeigt das folgende einfache

Beispiel. Für die Menge M aller Punkte mit rationalen Koordinaten im Einheitsquadrat $Q = [0,1] \times [0,1] \subset \mathbb{R}^2$ ist $M° = \emptyset$ und $\overline{M} = Q$, also $|M|_i = 0$ und $|M|_a = 1$ nach (d) und (e). Diese Menge ist nicht quadrierbar.

7.5 Würfelsummen. Bei einigen tiefer liegenden Resultaten ist es vorteilhaft, eine Variante der Inhaltsdefinition zu benutzen, bei welcher nur spezielle gewählte Würfel zur Approximation zugelassen werden.

Zerschneidet man den $\mathbb{R}^n$ durch die Hyperebenen $x_i = p_i$ mit $p_i \in \mathbb{Z}, i = 1, \ldots, n$, so entstehen abgeschlossene „Würfel 0-ter Stufe" von der Kantenlänge 1, welche die ganzzahligen Gitterpunkte $p = (p_1, \ldots, p_n) \in \mathbb{Z}^n$ zu Eckpunkten haben. In entsprechender Weise erhält man abgeschlossene Würfel k-ter Stufe, welche von den Hyperebenen $x_i = 2^{-k}p_i$ $(p_i \in \mathbb{Z})$ erzeugt werden und die Punkte $2^{-k}p$ mit $p \in \mathbb{Z}^n$ als Eckpunkte besitzen. Aus jedem Würfel k-ter Stufe ergeben sich durch Halbierung aller Seiten 2^n Würfel $(k+1)$-ter Stufe. Man kann die Würfel k-ter Stufe in der Form $W = 2^{-k}(p + W_1)$ schreiben, wobei $W_1 = [0.1]^n$ der abgeschlossene Einheitswürfel und $p \in \mathbb{Z}^n$ ist. Sie haben die Kantenlänge 2^{-k} und den Inhalt 2^{-nk}.

Ist nun $M \subset \mathbb{R}^n$ eine beliebige Menge, so sei M_k die Vereinigung aller in M enthaltenen Würfel k-ter Stufe und M^k die Vereinigung jener Würfel k-ter Stufe, welche mindestens einen Punkt aus M enthalten. Offenbar ist dann

$$(1) \qquad M_k \subset M_{k+1} \subset M \subset M^{k+1} \subset M^k \qquad \text{für} \quad k = 1, 2, \ldots.$$

Über diese „Würfelsummen" besteht nun der

Satz. *Für beschränkte Mengen M ist $|M|_i = \lim |M_k|$ und $|M|_a = \lim |M^k|$.*

Beweis. Die Folge $(|M_k|)$ ist monoton wachsend, und aus (1) folgt $|M_k| \leq |M|_i$. Ist umgekehrt $S \subset M$ eine Intervallsumme mit $|M|_i - |S| < \varepsilon$, so kann man durch geringfügige Verkleinerung der Intervalle von S erreichen, daß nur Eckpunkte der Form $2^{-k}p$ mit $p \in \mathbb{Z}^n$ auftreten und die Ungleichung erhalten bleibt (das ist möglich, weil die Punkte $2^{-k}p$ mit $k \geq 1$ im $\mathbb{R}^n$ dicht liegen). Ist k_0 die größte bei den neuen Eckpunkten im Exponenten auftretende Zahl, so ist die abgeänderte Intervallsumme in M_{k_0} enthalten. Daraus folgt die Behauptung für den inneren und in ähnlicher Weise für den äußeren Inhalt. □

Bei den Anwendungen dieses Satzes benötigt man die folgende Aussage.

(a) Ist I eine konvexe Menge (etwa ein Intervall), welche mit M gemeinsame Punkte hat, so liegt genau einer der beiden Fälle vor: (i) $I \subset M°$, (ii) I enthält Randpunkte von M.

Beweis. Liegt der Fall (i) nicht vor und ist (ii) falsch, so enthält I einen Punkt $a \in M^\circ$ und einen Punkt $b \notin M^\circ$. Auf der Strecke $\overline{ab}$ liegt nach 1.20 (a) ein Randpunkt von M°, und dieser gehört wegen $\overline{ab} \subset I$ zu I. $\qquad\square$

Bei den folgenden Sätzen sind M, N beschränkte Mengen.

(b) Es ist $|M|_i + |\partial M|_a = |M|_a$.

(c) Es ist $|M \cup N|_a \leq |M|_a + |N|_a$ *(Subadditivität).*

(d) Aus $M^\circ \cap N^\circ = \emptyset$ folgt $|M \cup N|_i \geq |M|_i + |N|_i$.

Beweis. (b) Für die Würfelsumme $(M^\circ)_k$ schreiben wir einfach M_k°. Nach (a) ist $M_k^\circ \cup (\partial M)^k = \overline{M}^k$, wobei die beiden Würfelsummen auf der linken Seite fremd sind. Nach 7.3 (g) ist also $|M_k^\circ| + |(\partial M)^k| = |\overline{M}^k|$, und für $k \to \infty$ folgt (b) mit Hilfe des Satzes und 7.4 (d).

(c) Hier ist $(M \cup N)^k = M^k \cup N^k$. Aus 7.3 (f) folgt $|(M \cup N)^k| \leq |M^k| + |N^k|$ und für $k \to \infty$ dann die Behauptung. Im Fall (d) ist $M_k^\circ \cup N_k^\circ \subset (M \cup N)_k$, wobei die Vereinigung auf der linken Seite disjunkt ist. Daraus folgt die Behauptung ähnlich wie unter (b). $\qquad\square$

Aus (b) ergibt sich unmittelbar ein wichtiges

Kriterium für Quadrierbarkeit. *Eine beschränkte Menge ist genau dann quadrierbar, wenn ihr Rand den Inhalt 0 hat.*

Als Anwendung des Kriteriums betrachten wir zwei quadrierbare Mengen M und N. Ist P eine der Mengen $M \cup N$, $M \cap N$, $M \setminus N$, so ist ∂P in der Menge $\partial M \cup \partial N$ enthalten, also $|\partial P|_a \leq |\partial M \cup \partial N|_a \leq |\partial M|_a + |\partial N|_a = 0$ nach (c), d.h. P ist quadrierbar. Wir fassen zusammen:

7.6 Quadrierbare Mengen. Satz. *Mit M und N sind auch die Mengen $M \cup N$, $M \cap N$ und $M \setminus N$ quadrierbar.*

Wir beweisen nun einige weitere Eigenschaften des Jordan-Inhalts. Dabei sind M und N immer quadrierbare Mengen. Alle auftretenden Mengen sind dann quadrierbar nach dem obigen Satz.

(a) *Monotonie.* Aus $M \subset N$ folgt $|M| \leq |N|$.

(b) *Subadditivität.* Es ist $|M \cup N| \leq |M| + |N|$.

(c) *Additivität.* Haben M und N keine inneren Punkte gemeinsam, so ist $|M \cup N| = |M| + |N|$.

(d) Aus $M \subset N$ folgt $|N \setminus M| = |N| - |M|$.

Hier folgen Monotonie und Subadditivität unmittelbar aus 7.4 (c) bzw. 7.5(c) und die Additivität dann aus den beiden Ungleichungen 7.5 (c)(d), da die inneren und äußeren Inhalte denselben Wert haben. Schließlich ergibt sich (d), indem man die Additivität auf die disjunkte Darstellung $N = M \cup (N \setminus M)$ anwendet.$\square$

(e) Ist $B \subset \mathbb{R}^n$ beschränkt und $f : B \to \mathbb{R}$ gleichmäßig stetig, so ist graph $f = \{(x, f(x)) : x \in B\}$ eine $(n + 1)$-dimensionale Nullmenge.

Zum *Beweis* von (e) sei $I \supset B$ ein Intervall und (I_i) eine Zerlegung von I. Es bezeichne m_i das Infimum und M_i das Supremum von f in $B \cap I_i$. Dann ist $S = \bigcup I_i \times [m_i, M_i]$ eine Intervallsumme im $\mathbb{R}^{n+1}$, welche graph f überdeckt. Wegen der gleichmäßigen Stetigkeit von f kann man bei gegebenem $\varepsilon > 0$ die Zerlegung so fein wählen, daß $M_i - m_i < \varepsilon$ für alle i gilt. Es folgt dann

$$|S|^{n+1} = \sum |I_i|(M_i - m_i) < \varepsilon \sum |I_i| = \varepsilon|I| \,,$$

d.h. $|\text{graph } f|^{n+1} = 0$. □

Da die Vereinigung von endlich vielen Nullmengen wieder eine Nullmenge ist, gewinnt man aus (e) in Verbindung mit dem Kriterium 7.5 eine vielfach anwendbare hinreichende Bedingung für die Quadrierbarkeit.

(f) Wird der Rand einer beschränkten Menge $M \subset \mathbb{R}^{n+1}$ durch endlich viele Graphen von gleichmäßig stetigen Funktionen von n Variablen überdeckt, so ist M quadrierbar. Es ist also zugelassen, daß z.B. der Graph bezüglich einer Darstellung $x_2 = f(x_1, x_3, \ldots, x_{n+1})$ gebildet wird. Wir erinnern dabei an Satz 2.11, wonach eine auf einer kompakten Menge stetige Funktion gleichmäßig stetig ist. Man leitet hieraus ohne Mühe ab, daß die Einheitskugel im $\mathbb{R}^{n+1}$ quadrierbar ist.

Lemma über Bereichsapproximation. *Gibt es zur beschränkten Menge M eine Folge (C_k) von quadrierbaren Teilmengen mit $|M \setminus C_k|_a \to 0$ für $k \to \infty$, so ist M quadrierbar und $|M| = \lim |C_k|$. Die Behauptung bleibt richtig, wenn zwei Folgen (C_k), (D_k) von quadrierbaren Mengen mit $C_k \subset M \subset D_k$ und $\lim |D_k \setminus C_k| = 0$ existieren.*

Der zweite Teil ist wegen $|M \setminus C_k|_a \leq |D_k \setminus C_k|$ ein Sonderfall des ersten, und für diesen gelten die Ungleichungen $|C_k| \leq |M|_i \leq |M|_a \leq |C_k| + |M \setminus C_k|_a$ (hier wurde 7.5 (c) benutzt). Daraus folgt zunächst $|M|_i = |M|_a$ und sodann die Limesrelation. □

7.7 Produktmengen. Wir leiten hier die Produktregel für den Inhalt von Produktmengen $M \times N$ ab. Zur Verdeutlichung wird der m-dimensionale Inhalt einer Menge $A \subset \mathbb{R}^m$ mit $|A|^m$ bezeichnet.

Produktregel. *Sind die Mengen $M \subset \mathbb{R}^p$ und $N \subset \mathbb{R}^q$ quadrierbar, so ist auch die Produktmenge $M \times N \subset \mathbb{R}^n$ $(n = p + q)$ quadrierbar und*

$$|M \times N|^n = |M|^p \cdot |N|^q \,.$$

Insbesondere berechnet sich der Inhalt eines Zylinders nach der Formel „Inhalt = Grundfläche mal Höhe",

$$|M \times [\alpha, \beta]|^{p+1} = (\beta - \alpha)|M|^p \,.$$

Beweis. Ist S eine Intervallsumme von paarweise fremden Intervallen $I_i \subset \mathbb{R}^p$ und T eine solche von Intervallen $I_j \subset \mathbb{R}^q$, so gilt $|I_i \times I_j|^n = |I_i|^p \cdot |I_j|^q$ und infolgedessen $|S \times T|^n = \sum |I_i \times I_j|^n = |S|^p \cdot |T|^q$. Für die Würfelsummen $M_k, N_k, \ldots$ ist $M_k \times N_k \subset M \times N \subset M^k \times N^k$, also

$$|M_k|^p \cdot |N_k|^q = |M_k \times N_k|^n$$

$$\leq |M \times N|_i^n \leq |M \times N|_a^n \leq |M^k \times N^k|^n = |M^k|^p \cdot |N^k|^q \,.$$

Daraus folgt die Behauptung für $k \to \infty$, da der erste und der letzte Ausdruck gegen $|M|^p \cdot |N|^q$ strebt. □

7.8 Abbildungen von Mengen. Eine Funktion f vom Typ $\mathbb{R}^n \to \mathbb{R}^n$ bildet Teilmengen des $\mathbb{R}^n$ in den $\mathbb{R}^n$ ab. Wir untersuchen hier das Problem, ob Eigenschaften einer Menge wie Quadrierbarkeit, Offenheit,... bei einer solchen Abbildung erhalten bleiben.

Betrachtet man stetige Abbildungen des $\mathbb{R}^n$ in sich, so läßt sich kein Zusammenhang zwischen dem Inhalt einer Menge und dem der Bildmenge aufstellen, es ist „alles möglich". Nehmen wir etwa die stetige Funktion ϕ, welche die Peanokurve erzeugt; sie bildet das eindimensionale Intervall I auf ein ebenes Quadrat Q ab (vgl. die Einleitung zur Kurventheorie vor 5.10). Man kann ϕ auffassen als eine stetige Abbildung der Menge $I \times \{0\} \subset \mathbb{R}^2$ vom Inhalt 0 auf Q. Ist B eine Teilmenge von Q, so ist $A = \phi^{-1}(B)$ eine Teilmenge von $I \times \{0\}$. Hieran erkennt man, daß jede beschränkte Menge $B \subset \mathbb{R}^2$ als stetiges Bild einer Menge vom Inhalt 0 dargestellt werden kann. Ganz anders liegen die Dinge, wenn man lipschitzstetige Abbildungen betrachtet.

Lipschitzstetige Abbildungen. Hilfssatz *Ist* $M \subset \mathbb{R}^n$ *eine beschränkte Menge und* $f : M \to \mathbb{R}^n$ *lipschitzstetig mit der Lipschitzkonstante* L, *so gilt für die Bildmenge*

$$|f(M)|_a \leq \alpha |M|_a \text{mit } \alpha = (2L\sqrt{n})^n \,.$$

Insbesondere ergibt sich aus $|M| = 0$, *daß auch* $|f(M)| = 0$ *ist.*

Beweis. Es sei W ein Würfel mit der Kantenlänge 2λ. Dann gilt

$$|f(x) - f(b)| \leq L|x - b| \leq 2\lambda L\sqrt{n} \quad \text{für} \quad x, b \in W \cap M \,.$$

Also ist $f(M \cap W)$ in einem achsenparallelen Würfel W^* mit dem Mittelpunkt $f(b)$, der Kantenlänge $4\lambda L\sqrt{n}$ und dem Inhalt $|W^*| = \alpha|W|$ enthalten. Ist also $M^k = \bigcup W_i \supset M$ eine Würfelsumme k-ter Stufe (vgl. 7.5), so ist $f(M)$ in der Vereinigung $\bigcup W_i^*$ mit einem Inhalt $\leq \sum |W_i^*| = \alpha \sum |W_i| = \alpha|M^k|$ enthalten. Daraus folgt die Behauptung für $k \to \infty$. □

Satz über C^1-Abbildungen. *Es sei* $G \subset \mathbb{R}^n$ *eine offene und quadrierbare Menge. Die Funktion* $f : \overline{G} \to \mathbb{R}^n$ *sei in* $\overline{G}$ *lipschitzstetig und in* G *stetig differenzierbar; ferner sei* $\det f'(x) \neq 0$ *in* G. *Dann ist die Menge* $H = f(G)$ *offen und quadrierbar, und es ist* $\overline{H} = f(\overline{G})$, $\partial H \subset f(\partial G)$; *ist* f *in* G *injektiv, so gilt* $\partial H = f(\partial G)$. *Ferner ist für jede quadrierbare Menge* $A \subset \overline{G}$ *die Bildmenge* $f(A)$ *quadrierbar.*

Bemerkung. Nach 2.19 (b) erlaubt eine auf G lipschitzstetige Funktion eine lipschitzstetige Fortsetzung auf $\overline{G}$. Der Satz ist also auch anwendbar, wenn f nur in G erklärt und dort lipschitzstetig ist.

Beweis. Nach dem Satz 4.7 über offene Abbildungen ist H offen, und nach Satz 2.9 ist $f(\overline{G})$ abgeschlossen und damit $\overline{H} \subset f(\overline{G})$ ($\overline{H}$ ist die kleinste abgeschlossene Obermenge von H). Hieraus folgt bereits

$$\partial H = \overline{H} \setminus H \subset f(\overline{G}) \setminus f(G) \subset f(\partial G) \, .$$

Da G quadrierbar ist, gilt $|\partial G| = 0$, nach dem Hilfssatz also $|f(\partial G)| = 0$ und damit $|\partial H| = 0$. Die Menge H ist also quadrierbar.

Nun gibt es zu jedem Punkt $a \in \overline{G}$ eine Folge (a_k) aus G mit $\lim a_k = a$. Für die Bilder $b_k = f(a_k) \in H$ und $b = f(a)$ gilt also $b = \lim b_k \in \overline{H}$ nach Corollar 1.14. Hieraus und aus $\overline{H} \subset f(\overline{G})$ folgt $f(\overline{G}) = \overline{H}$.

Ist die Abbildung f in G injektiv, so wählen wir $a \in \partial G$ und bestimmen a_k, b_k und b wie oben. Zu zeigen ist $b \in \partial H$. Wäre $b \in H$, also $b = f(a')$ mit $a' \in G$, so gäbe es nach Satz 4.6 Umgebungen U von a' und V von b mit $f(U) = V$. Wegen $\lim a_k = a \in \partial G$ ist, wenn man U hinreichend klein wählt, $a_k \notin U$ und damit $b_k \notin V$ für große k im Widerspruch zu $\lim b_k = b$. Demnach ist $b = f(a) \in \partial H$, d.h. $f(\partial G) = \partial H$.

Ist $A \subset \overline{G}$ quadrierbar, so kann man in der obigen Überlegung G durch A° ersetzen, d.h. $f(A^\circ)$ ist quadrierbar. Wegen $A \setminus A^\circ \subset \partial A$ ist $A \setminus A^\circ$ eine Menge vom Inhalt 0, und nach dem Hilfssatz hat auch $f(A \setminus A^\circ)$ den Inhalt 0. Nach Satz 7.6 ist also $f(A) = f(A^\circ) \cup f(A \setminus A^\circ)$ quadrierbar. □

7.9 Lineare Abbildungen. Wir untersuchen hier, wie sich der Inhalt einer Menge ändert, wenn sie einer linearen Abbildung unterworfen wird. Dabei wird die von einer $n \times n$-Matrix $A = (a_{ij})$ erzeugte lineare Abbildung des $\mathbb{R}^n$ in sich mit demselben Buchstaben A bezeichnet.

(a) Der (innere, äußere) Inhalt ist invariant gegenüber Parallelverschiebungen und Spiegelungen an Koordinatenebenen.

(b) Bei der durch eine Diagonalmatrix $D = \mathrm{diag}\,(\lambda_1, \ldots, \lambda_n)$ vermittelten Abbildung multiplizieren sich die (inneren, äußeren) Inhalte um die Zahl $\mu = |\lambda_1 \cdots \lambda_n|$. Insbesondere ist $|\lambda M|_i = \lambda^n |M|_i$ und $|\lambda M|_a = \lambda^n |M|_a$ für $\lambda \geq 0$.

Beweis. (a) Es sei $F : \mathbb{R}^n \to \mathbb{R}^n$ eine Parallelverschiebung $x \mapsto c + x$ (c fest) oder eine Spiegelung an einer Koordinatenebene. Wir setzen $B^* = F(B)$ für $B \subset \mathbb{R}^n$. Offenbar führt F Intervalle (Intervallsummen) wieder in Intervalle (Intervallsummen) über, und es gilt $|I^*| = |I|$, $|S^*| = |S|$, sowie

$$S^* \subset M^* \subset T^* \iff S \subset M \subset T \, .$$

Daraus folgt die Behauptung.

(b) Mit der Bezeichnung $B^* = D(B)$ gilt offenbar $|I^*| = \mu |I|$, woraus sich die Behauptung wie unter (a) ergibt. □

Bei der Ableitung des Hauptergebnisses wird das folgende Resultat aus der linearen Algebra benötigt.

(c) Jede invertierbare $n \times n$-Matrix $A = (a_{ij})$ läßt sich in der Form $A = S_2 D S_1$ darstellen, wobei S_1, S_2 orthogonale Matrizen und $D = $ diag $(\lambda_1,\ldots,\lambda_n)$ mit $\lambda_i > 0$ ist. Es ist dann $|\det A| = \lambda_1 \cdots \lambda_n$.

Beweis. Die Matrix $A^\top A$ ist symmetrisch und positiv definit, denn für $x \neq 0$ ist $Ax \neq 0$, also $x^\top A^\top A x = |Ax|^2 > 0$. Es gibt (Satz über die Hauptachsentransformation) eine orthogonale Matrix S mit $S^\top A^\top A S = D_1 = $ diag $(\mu_1,\ldots,\mu_n)$ und $\mu_i > 0$. Setzt man $D = $ diag (λ_i) mit $\lambda_i = \sqrt{\mu_i}$, so gilt $D^2 = D_1$ und $D^{-1} = $ diag $(1/\lambda_i)$, also

$$E = D^{-1} D_1 D^{-1} = D^{-1} S^\top A^\top A S D^{-1} .$$

Für $S_2 = A S D^{-1}$ ist $S_2^\top = D^{-1} S^\top A^\top$, also $S_2^\top S_2 = E$, d.h. S_2 ist orthogonal, und es gilt $A = S_2 D S^\top$. $\qquad\square$

Satz. *Es sei A eine $n \times n$-Matrix und $M \subset \mathbb{R}^n$ eine quadrierbare Menge. Dann ist auch $M^* = A(M)$ quadrierbar und*

$$|M^*| = |\det A| \cdot |M| .$$

Daraus folgt insbesondere, daß der Inhalt invariant gegenüber orthogonalen Transformationen (Drehungen, Spiegelungen) ist. Da die Translationsinvarianz bereits in (a) nachgewiesen wurde, besteht das folgende

Corollar. *Der Jordan-Inhalt ist bewegungsinvariant, d.h. eine Bewegung im $\mathbb{R}^n$ führt quadrierbare Mengen in quadrierbare Mengen über, und der Inhalt bleibt dabei ungeändert.*

Beweis des Satzes. Zunächst sei A invertierbar. Die zugehörige lineare Abbildung ist dann bijektiv, und nach Satz 7.8 ist das Bild $W^* = A(W)$ eines beliebigen (achsenparallelen) Würfels W quadrierbar.

Es sei W_1 der Einheitswürfel, also $|W_1| = 1$, und $\alpha := |W_1^*|$. Für den Würfel $W = r W_1$ (von der Kantenlänge $r > 0$) ist dann $|W^*| = \alpha |W|$ nach (b), und nach (a) gilt diese Gleichung auch für einen parallel verschobenen Würfel $W = a + r W_1$, d.h. für jeden Würfel. Die entsprechende Aussage besteht dann auch für Würfelsummen.

Die in 7.5 definierten Würfelsummen M_k, M^k und ihre Bilder M_k^* und M^{k*} sind durch die Beziehung $|M_k^*| = \alpha |M_k|,\ldots$ verknüpft, und aus $M_k^* \subset M^* \subset M^{k*}$ folgt

$$\alpha |M_k| \leq |M^*|_i \leq |M^*|_a \leq \alpha |M^k| .$$

Hieraus ergibt sich für $k \to \infty$

(∗) $\qquad\qquad\qquad \alpha |M|_i \leq |M^*|_i \leq |M^*|_a \leq \alpha |M|_a .$

Eine quadrierbare Menge M hat also ein quadrierbares Bild M^*, und die Inhalte sind durch die Gleichung $|M^*| = \alpha |M|$ verknüpft.

Es fehlt noch der Nachweis, daß $\alpha = |\det A|$ ist. Wir greifen auf die Darstellung $A = S_2 D S_1$ von (c) zurück. Die Abbildung S_1 führt die Einheitskugel K im $\mathbb{R}^n$ in sich über. Für diese Abbildung ist also $K^* = K$, und aus (∗) ergibt sich, da K nach 7.6 (f) quadrierbar ist, $\alpha = 1$. Für die Diagonalabbildung D ist

$\alpha = \mu = |\lambda_1 \cdots \lambda_n|$ nach (b), und für S_2 ist wieder $\alpha = 1$. Für die Abbildung A ist der Multiplikationsfaktor α also gleich μ, und nach dem Determinantenmultiplikationssatz hat auch $|\det A| = |\det S_1 \cdot \det D \cdot \det S_2|$ diesen Wert. Damit ist der Satz im Fall $\det A \neq 0$ und ebenso das Corollar bewiesen.

Der Fall $\det A = 0$ läßt sich auf verschiedene Weise erledigen, etwa durch die Bemerkung, daß dann der $\mathbb{R}^n$ in eine Hyperebene abgebildet wird. Diese Hyperebene kann durch eine Bewegung in die Koordinatenebene $x_1 = 0$ übergeführt werden, wobei sich nach dem Corollar der Inhalt der Bildmenge M^* nicht ändert. Eine beschränkte Menge in dieser Koordinatenebene hat nach 7.4 (f) den Inhalt 0, und damit gilt die Formel auch in diesem Fall. $\square$

Das letzte Ergebnis sei ausdrücklich festgehalten.

(d) Eine beschränkte, in einer Hyperebene gelegene Menge hat den Inhalt 0.

Beispiele. 1. *Ellipsoid.* Das Ellipsoid E im $\mathbb{R}^n$ mit den Halbachsen $a_1, \ldots, a_n > 0$ und dem Nullpunkt als Mittelpunkt ist definiert als Bild der Einheitskugel $B : |x| \leq 1$ unter der linearen Abbildung $A = \mathrm{diag}(a_1, \ldots, a_n)$. Für die Bildpunkte $y = Ax$ folgt mit einer einfachen Rechnung $x^\top x = y^\top D y \leq 1$, $D = \mathrm{diag}(a_i^{-2})$. Also ist E durch die Ungleichung

$$\frac{y_1^2}{a_1^2} + \cdots + \frac{y_n^2}{a_n^2} \leq 1$$

charakterisiert. Der Inhalt Ω_n der (nach 7.6 (f) quadrierbaren) Einheitskugel wird in Beispiel 4 von 7.19 berechnet. Nach dem Satz ist also E quadrierbar und

$$|E| = \Omega_n a_1 a_2 \cdots a_n .$$

2. *Parallelepiped* (oder *Parallelflach*). Das von n Vektoren $a_1, \ldots, a_n \in \mathbb{R}^n$ aufgespannte Parallelepiped (Parallelogramm im Fall $n = 2$) ist die Menge

$$P(a_1, \ldots, a_n) = \{\lambda_1 a_1 + \cdots + \lambda_n a_n : 0 \leq \lambda_i \leq 1 \text{ für } i = 1, \ldots, n\} .$$

Faßt man die a_i als Spaltenvektoren auf, so ist $A = (a_1, \ldots, a_n)$ eine quadratische Matrix und $P(a_1, \ldots, a_n) = A(W_1)$, wobei $W_1 = [0,1]^n$ der Einheitswürfel ist. Nach dem Satz ist

$$|P(a_1, \ldots, a_n)| = |\det A| .$$

Schlußbemerkung. Unsere Darstellung der Jordanschen Inhaltstheorie ist damit abgeschlossen. Der einer beschränkten Menge M des $\mathbb{R}^n$ zugeschriebene Inhalt $|M|$ hat die vier Eigenschaften (I1)–(I4), welche wir zu Beginn in 7.1 als Forderungen aufgestellt hatten. Ebenso sind die vier Eigenschaften I.11.13 (a)–(d), auf die wir im ersten Band unsere Berechnungen von Flächen und Volumen in I.11.8–10 gestützt haben, nun bewiesen. Diese Sätze, welche auch Aussagen über die Quadrierbarkeit enthalten, sind damit streng begründet.

Das Riemann-Integral im $\mathbb{R}^n$

Unser Thema ist das Riemann-Integral für einen mehrdimensionalen Integrationsbereich B. Wie in I.9.1 die Flächenberechnung, so leitet uns hier die Volumenberechnung der Ordinatenmenge

$$M(f) = \{(x,t) : x \in B \subset \mathbb{R}^n, \ t \in \mathbb{R}, \ 0 \le t \le f(x)\}$$

einer positiven Funktion $f : B \to \mathbb{R}$. Etwa für stetige f sollte dann

$$\int_B f(x) \, dx = |M(f)|^{n+1}$$

gelten. Man könnte diese Formel als Definition des Integrals benutzen. Es ist jedoch für den Aufbau der Theorie einfacher, ähnlich wie in I.9.1 B in kleine Teile zu zerlegen und $M(f)$ durch Zylinder über diesen Teilbereichen von außen und innen zu approximieren.

7.10 Definition und einfache Eigenschaften des Integrals. Als Integrationsbereich B wird eine beliebige quadrierbare (also beschränkte) Menge zugelassen. Wir betrachten eine Zerlegung von B in endlich viele quadrierbare Teilbereiche B_i mit der Vereinigung B, die paarweise fremd sind (das soll heißen, daß die Mengen B_i° paarweise disjunkt sind); die Durchschnitte $B_i \cap B_j$ $(i \ne j)$ sind dann Nullmengen. Eine solche Zerlegung $\pi = (B_i)_1^p$ wird *Partition* von B genannt, um den Unterschied zu den Zerlegungen eines Intervalls in Intervalle deutlich zu machen. Man erhält z.B. eine Partition von B, indem man in einem Intervall $I \supset B$ eine Zerlegung $I = \bigcup I_i$ betrachtet und $B_i = B \cap I_i$ setzt.

Es sei Q_B die Menge aller Partitionen von B. In Q_B führen wir, ähnlich wie in 5.6, eine natürliche Ordnung ein. Für $\pi = (B_i)$, $\pi' = (B_j')$ bedeutet

$$\pi \prec \pi' : \pi' \quad \text{ist eine Verfeinerung von} \ \pi \, , \qquad \textit{natürliche Ordnung}$$

d.h. jede der Mengen B_i läßt sich als Vereinigung von gewissen Mengen B_j' darstellen. Sind $\pi = (B_i)_1^p$ und $\pi' = (B_j')_1^q$ zwei beliebige Partitionen, so bezeichnen wir mit $\pi \cdot \pi'$ die durch Überlagerung entstehende Partition,

$$\pi \cdot \pi' = (B_i \cap B_j') \quad (1 \le i \le p, 1 \le j \le q) \, .$$

Sie ist eine gemeinsame Verfeinerung von π und π'. Die Menge Q_B wird also durch $\prec$ gerichtet; der entsprechende Limes wird mit $\lim_\pi$ bezeichnet.

Die Funktion $f : B \to \mathbb{R}$ sei *beschränkt*, und es sei

$$m_i = \inf f(B_i) \, , \qquad M_i = \sup f(B_i) \, .$$

In völliger Übereinstimmung mit dem eindimensionalen Fall in I.9.1 nennt man $\xi = (\xi_1, \ldots, \xi_p)$ einen zu π passenden Satz von Zwischenpunkten, wenn $\xi_i \in B_i$ $(i = 1, \ldots, p)$ ist, und

$$s(\pi) \equiv s(\pi; f, B) = \sum_{i=1}^p m_i |B_i| \qquad \textit{Untersumme} \, ,$$

$$S(\pi) \equiv S(\pi; f, B) = \sum_{i=1}^p M_i |B_i| \qquad \textit{Obersumme} \, ,$$

$$\sigma(\pi,\xi) \equiv \sigma(\pi,\xi;f,B) = \sum_{i=1}^{p} f(\xi_i)|B_i| \qquad \text{\textit{Zwischensumme}}$$

von f bezüglich π bzw. (π,ξ). Man definiert

$$J_*(f) \equiv J_*(f;B) = \int_B f(x)\,dx := \sup_\pi s(\pi) \quad \text{\textit{unteres (Riemann-)Integral}},$$

$$J^*(f) \equiv J^*(f;B) = \int_B f(x)\,dx := \inf_\pi S(\pi) \quad \text{\textit{oberes (Riemann-)Integral}},$$

wobei alle Partitionen $\pi \in Q_B$ zugelassen sind. Die Funktion f heißt (*Riemann-*)*integrierbar* über B, in Zeichen $f \in R(B)$, wenn das obere Integral gleich dem unteren Integral ist. Man definiert dann

$$J_*(f) = J^*(f) = J(f) =: \int_B f(x)\,dx \quad \text{\textit{Riemann-Integral von }} f\,.$$

Der Ausbau der Theorie verläuft weitgehend wie im eindimensionalen Fall, und wir werden uns deshalb kurz fassen.

(a) Aus $\pi \prec \pi'$ folgt $s(\pi) \le s(\pi')$ und $S(\pi) \ge S(\pi')$.

(b) Für je zwei beliebige Partitionen π_1, π_2 von B gilt $s(\pi_1) \le S(\pi_2)$.

(c) Es ist $J_*(f) \le J^*(f)$ sowie $J^*(f) = -J_*(-f)$.

Beweis. (a) Es sei $\pi = (B_i)$. Wir bezeichnen die Bereiche aus der Verfeinerung π' derart mit B'_{ij}, daß $B_i = \bigcup_j B'_{ij}$ für alle i gilt (eine Menge aus π', die in B_i und B_k ($i \ne k$) liegt, tritt dann zweimal auf, trägt aber als Nullmenge nichts zu den Summen bei). Aufgrund der Additivität 7.6 (c) ist dann $|B_i| = \sum_j |B'_{ij}|$. Für die zugehörigen Infima m_i und m'_{ij} gilt $m_i \le m'_{ij}$, also

$$s(\pi) = \sum_i m_i|B_i| = \sum_{i,j} m_i|B'_{ij}| \le \sum_{i,j} m'_{ij}|B'_{ij}| = s(\pi')\,,$$

und ähnlich verhalten sich die Obersummen.

(b) Nach (a) ist $s(\pi_1) \le s(\pi_1 \cdot \pi_2) \le S(\pi_1 \cdot \pi_2) \le S(\pi_2)$.

(c) Aus (b) erhält man die Ungleichung in (c) wie in I.9.3. Die Gleichung folgt aus der Beziehung $S(\pi;f) = -s(\pi;-f)$. $\square$

Nach 5.6 kann man das Integral als Limes in der natürlichen Ordnung schreiben, da die Ober- und Untersummen nach (a) monotone Netze bilden (zur Erinnerung: $(\pi,\xi) \prec (\pi',\xi') \Leftrightarrow \pi \prec \pi'$):

(d) $J_*(f) = \lim_\pi s(\pi)$, $J^*(f) = \lim_\pi S(\pi)$, $J(f) = \lim_\pi \sigma(\pi,\xi)$.

Letzteres ergibt sich wie in I.9.7, da man offenbar zu jeder Partition π und zu vorgegebenem $\varepsilon > 0$ Zwischenpunkte (ξ_i) und (η_i) mit

$$\sigma(\pi,\xi) < s(\pi) + \varepsilon\,, \qquad \sigma(\pi,\eta) > S(\pi) - \varepsilon\,,$$

angeben kann.

Integrabilitätskriterium von Riemann. *Die beschränkte Funktion f ist genau dann über B integrierbar, wenn es zu jedem $\varepsilon > 0$ eine Partition π von B gibt mit*

$$S(\pi) - s(\pi) < \varepsilon .$$

Der Beweis aus I.9.5 überträgt sich. Aus den Eigenschaften 5.4 (b) und (c) des Netzlimes folgen zwei weitere Aussagen über das Integral.

(e) *Linearität.* Die Menge $R(B)$ ist ein Funktionenraum und das Integral $J : R(B) \to \mathbb{R}$ ein lineares Funktional, d.h. mit $f, g \in R(B)$, $\lambda, \mu \in \mathbb{R}$ ist $\lambda f + \mu g \in R(B)$ und

$$\int_B (\lambda f + \mu g)\, dx = \lambda \int_B f\, dx + \mu \int_B g\, dx .$$

(f) *Monotonie.* Sind die Funktionen f, g in B beschränkt und ist $f(x) \le g(x)$ in B, so gilt

$$\int_B f\, dx \le \int_B g\, dx$$

für das obere und das untere Integral, also insbesondere für das Integral, wenn f, g integrierbar sind.

(g) *Integrale über Teilbereiche.* Der Bereich B sei die Vereinigung zweier quadrierbarer Bereiche B_1, B_2 ohne gemeinsame innere Punkte. Für jede beschränkte Funktion $f : B \to \mathbb{R}$ gilt dann die Gleichung

$$\int_B f(x)\, dx = \int_{B_1} f(x)\, dx + \int_{B_2} f(x)\, dx$$

für das obere und das untere Integral. Daraus ergibt sich, daß f genau dann über B integrierbar ist, wenn die Integrale über B_1 und B_2 existieren, und daß in diesem Fall die obige Gleichung besteht. Entsprechendes gilt, wenn $B = B_1 \cup \ldots \cup B_p$ ist.

Dies wird wieder auf Satz 5.7 zurückgeführt. Dazu bezeichnet man die Partitionen von B, B_1, B_2 mit π, π_1, π_2 und mit $\phi(\pi_1, \pi_2)$ die aus π_1 und π_2 zusammengebaute Partition von B; es gilt dann $s(\phi(\pi_1, \pi_2); B) = s(\pi_1; B_1) + s(\pi_2; B_2)$. □

(h) Ist $f \in R(B)$ und $m \le f(x) \le M$ auf B und genügt die Funktion $\varphi : [m, M] \to \mathbb{R}$ einer Lipschitzbedingung, so ist auch $\varphi \circ f$ aus $R(B)$. Daraus folgt wie in I.9.10: Mit f und g sind auch die Funktionen $|f|$, f^+, f^-, fg, $\max(f, g)$, $\min(f, g)$ aus $R(B)$. Dasselbe gilt für $1/f$, wenn $|f(x)| \ge \delta > 0$ in B ist.

Beweis. Nach dem Riemannschen Kriterium gibt es, wenn $\varepsilon > 0$ vorgegeben wird, eine Partition π von B mit

$$S(\pi, f) - s(\pi, f) = \sum (M_i - m_i)|B_i| < \varepsilon .$$

Genügt ϕ in $[m, M]$ der Lipschitzbedingung $|\phi(u) - \phi(v)| \le L|u - v|$ und bezeichnet $\sigma_i(f) = M_i - m_i$ die Schwankung von f im Bereich B_i, so erhält man für die entsprechenden Schwankungen von $\phi \circ f$ die Ungleichung $\sigma_i(\phi \circ f) \le L\sigma_i(f)$.

Daraus folgt $S(\pi; \phi \circ f) - s(\pi; \phi \circ f) < L\varepsilon$. Also ist $\phi \circ f$ integrierbar. Die weiteren Aussagen erhält man genau wie in I.9.10. Z.B. folgt die Integrierbarkeit des Produkts fg, wenn man bereits weiß, daß Quadrate integrierbar sind, aus der Formel $4fg = (f+g)^2 - (f-g)^2$. □

Wir führen zwei für eine beliebige Menge A gültige Bezeichnungen ein. Ist die Funktion f auf A erklärt, so bezeichnet f_A die außerhalb A verschwindende Fortsetzung von f,

$$f_A(x) = \begin{cases} f(x) & \text{für } x \in A, \\ 0 & \text{für } x \in \mathbb{R}^n \setminus A. \end{cases}$$

Die charakteristische Funktion von A wird mit c_A bezeichnet,

$$c_A(x) = \begin{cases} 1 & \text{für } x \in A, \\ 0 & \text{sonst}. \end{cases}$$

(i) Die Mengen B und $A \subset B$ seien quadrierbar. Ist $f \in R(A)$, so ist $f_A \in R(B)$ und $\int_A f\,dx = \int_B f_A\,dx$. Insbesondere ist c_A über B integrierbar und $\int_B c_A\,dx = |A|$.

Das folgt sofort aus (g), wenn man dort $B_1 = A$, $B_2 = B \setminus A$ setzt.

(j) *Integration über Nullmengen.* Ist $N \subset \mathbb{R}^n$ eine Menge vom Inhalt 0 und ist die Funktion f beschränkt auf N, so ist $f \in R(N)$ und $\int_N f(x)\,dx = 0$. Hieraus ergibt sich für jede quadrierbare Menge B: Ist die Funktion f auf $\overline{B}$ beschränkt, so haben die (oberen, unteren) Integrale über $B°$, B, $\overline{B}$ denselben Wert. Insbesondere ist f über jede oder keine dieser Mengen integrierbar.

Beweis. Ist $|N| = 0$, so haben alle Ober- und alle Untersummen den Wert 0, es ist also $\int_N f\,dx = 0$. Die Folgerung ergibt sich dann aus (g), da die Mengen $B \setminus B°$, $\overline{B} \setminus B$ und $\overline{B} \setminus B°$ Nullmengen sind. □

(k) *Bereichsapproximation.* Ist f in der beschränkten Menge B beschränkt und (C_k) eine Folge quadrierbarer Teilmengen von B mit $\lim |B \setminus C_k|_a = 0$, so ist B quadrierbar (Lemma 7.6) und

$$J_*(f; B) = \lim_{k \to \infty} J_*(f; C_k) \quad \text{und} \quad J^*(f; B) = \lim_{k \to \infty} J^*(f; C_k).$$

Ist also $f \in R(C_k)$ für alle k, so ist $f \in R(B)$ und $\int_B f\,dx = \lim \int_{C_k} f\,dx$.

Beweis. Nach (g) gilt $J_*(f; B) = J_*(f; C_k) + J_*(f; B \setminus C_k)$. Ist $|f| \le K$, so folgt offenbar $|J_*(f; B \setminus C_k)| \le K|B \setminus C_k|$. Da diese Größe für $k \to \infty$ gegen 0 strebt, folgt die Behauptung für das untere und entsprechend für das obere Integral. □

Bisher kennen wir, von den stückweise konstanten Funktionen einmal abgesehen, noch keine integrierbaren Funktionen. Wie zu erwarten und für $n = 1$ aus Satz I.9.6 bekannt ist, besteht der folgende Satz.

(l) *Integrierbarkeit der stetigen Funktionen.* Ist B quadrierbar und f in B beschränkt und in $B \setminus N$ stetig, wobei N den Inhalt 0 hat, so ist $f \in R(B)$. Insbesondere folgt also aus der Beschränktheit in B und der Stetigkeit in $B°$ die Integrierbarkeit. Bei kompaktem, quadrierbarem B ist $C(B) \subset R(B)$.

Beweis. Zunächst sei f in B gleichmäßig stetig, d.h. zu $\varepsilon > 0$ kann man ein $\delta > 0$ derart bestimmen, daß aus $x, y \in B$, $|x - y| < \delta$ folgt $|f(x) - f(y)| < \varepsilon$. Wählt man also eine Partition $\pi = (B_i)$ von B derart, daß jeder Teilbereich B_i einen Durchmesser $< \delta$ hat, so ist (mit den früheren Bezeichnungen) $M_i - m_i \leq \varepsilon$, also

$$S(\pi) - s(\pi) = \sum (M_i - m_i)|B_i| \leq \varepsilon|B| \ .$$

Das Riemann-Kriterium zeigt uns die Integrierbarkeit von f an.

Wir kommen zum allgemeinen Fall. Es sei $C = B \setminus N$. Bezeichnet C_k die zu C° gehörige k-te Würfelsumme (vgl. 7.5), so ist C_k kompakt, also f in C_k gleichmäßig stetig nach Satz 2.11 und damit $f \in R(C_k)$. Aus (k) folgt dann $f \in R(C^\circ)$. Da $N_1 = N \cup (B \setminus B^\circ)$ eine Nullmenge und $B = C^\circ \cup N_1$ ist, ergibt sich nun $f \in R(B)$ aus (j) und (g). $\qquad\square$

(m) Das untere (obere) Integral ist i.a. nicht additiv. Jedoch gilt für beschränkte Funktionen $f, g : B \to \mathbb{R}$ (B quadrierbar)

$$J_*(f) + J_*(g) \leq J_*(f + g) \leq J_*(f) + J^*(g) \leq J^*(f + g) \leq J^*(f) + J^*(g) \ ,$$

im Fall $g \in R(B)$ also

$$J_*(f + g) = J_*(f) + J(g) \quad \text{und} \quad J^*(f + g) = J^*(f) + J(g) \ .$$

Beweis. Bezeichnen wir für den Augenblick mit $m_f, M_f, \ldots$ das Infimum bzw. Supremum von $f, \ldots$ über eine Teilmenge A von B, so gelten die Ungleichungen

$$m_f + m_g \leq m_{f+g} \leq m_f + M_g \leq M_{f+g} \leq M_f + M_g \ ,$$

wovon man sich leicht überzeugt. Wendet man dies auf die Mengen B_i einer Partition π von B an, so ergibt sich $s(\pi; f) + s(\pi; g) \leq s(\pi; f + g) \leq s(\pi; f) + S(\pi; g) \leq S(\pi; f + g) \leq S(\pi; f) + S(\pi; g)$ und hieraus die Behauptung, indem man $\lim_\pi$ bildet und die Rechenregeln 5.4 beachtet. $\qquad\square$

(n) *Komplex- und vektorwertige Funktionen.* Die Funktion $f = (f_1, \ldots, f_p) : B \to \mathbb{R}^p$ (B quadrierbar) sei beschränkt. Das Integral von f ist wie in (d) als Netzlimes definiert,

$$J(f) = \int_B f(x) \, dx = \lim_\pi \sigma(\pi, \xi; f) \ .$$

Existiert der Limes, so schreibt man wieder $f \in R(B)$ oder genauer $f \in R(B, \mathbb{R}^p)$. Aus dem entsprechenden Satz 5.4 (a) folgt sofort:

Genau dann ist f über B integrierbar, wenn alle Koordinatenfunktionen f_i über B integrierbar sind. In diesem Fall ist $J(f) = (J(f_1), \ldots, J(f_p))$. Im komplexen Fall ist $f = u + iv$ genau dann über B integrierbar, wenn dies auf u und v zutrifft. Man hat dann die Identität $J(f) = J(u) + i \cdot J(v)$.

Die beiden folgenden Sätze sind uns bereits in § I.9 begegnet.

Mittelwertsatz der Integralrechnung. *Es sei f über B integrierbar und $m \leq f \leq M$ auf B. Dann ist*

$$m|B| \le \int_B f(x)\,dx \le M|B|\;.$$

Allgemeiner gilt, wenn $p \ge 0$ und integrierbar ist,

$$m\int_B p(x)\,dx \le \int_B p(x)f(x)\,dx \le M\int_B p(x)\,dx\;.$$

Das folgt wegen $mp \le fp \le Mp$ aus der Monotonieregel (f), die wegen $\pm f \le |f|$ auch die folgende wichtige Abschätzung begründet.

Dreiecksungleichung. *Für $f \in R(B)$ ist mit $\|f\|_\infty = \sup\{|f(x)| : x \in B\}$*

$$\left|\int_B f(x)\,dx\right| \le \int_B |f(x)|\,dx \le \|f\|_\infty \cdot |B|.$$

7.11 Satz über gliedweise Integration. *Wenn die Funktionen f_k über B integrierbar sind und auf B gleichmäßig konvergieren, so ist die Grenzfunktion $f(x) = \lim\limits_{k\to\infty} f_k(x)$ über B integrierbar und*

$$\int_B f(x)\,dx = \int_B \lim_{k\to\infty} f_k(x)\,dx = \lim_{k\to\infty} \int_B f_k(x)\,dx.$$

Corollar (gliedweise Integration von Reihen). *Sind die f_k über B integrierbar und ist $S(x) = \sum_{k=1}^{\infty} f_k(x)$ in B gleichmäßig konvergent, so ist S über B integrierbar und*

$$\int_B S(x)\,dx = \int_B \sum_{k=1}^{\infty} f_k(x)\,dx = \sum_{k=1}^{\infty} \int_B f_k(x)\,dx.$$

Der *Beweis* verläuft wie im Fall $n = 1$; vgl. I.9.14.

Bemerkung. Die starke Voraussetzung der gleichmäßigen Konvergenz stellt häufig ein Handikap für die Anwendung des Satzes dar. Der folgende allgemeinere Satz wurde 1885 von CESARE ARZELÀ (1847–1912, italienischer Mathematiker) bewiesen.

Satz (Arzelà). *Die Folge (f_k) von Funktionen aus $R(B)$ sei beschränkt, $|f_k(x)| \le M$ in B für alle k, und sie konvergiere punktweise gegen $f \in R(B)$. Dann ist $\lim \int_B f_k\,dx = \int_B f\,dx$.*

Noch allgemeiner ist der im Rahmen der Lebesgueschen Theorie in 9.14 bewiesene Satz von der majorisierten Konvergenz. Für den Satz von Arzelà gibt es seit kurzem einen elementaren Beweis (von J.W. Lewin, Amer. Math. Monthly 93 (1986), 395–397), den wir im folgenden skizzieren. Zunächst ein

Lemma. *Ist (A_k) eine monoton fallende Folge von beschränkten Mengen im $\mathbf{R}^n$ mit leerem Durchschnitt, so gilt $\lim\limits_{k\to\infty} |A_k|_i = 0$.*

Beweis. Die Folge der Zahlen $\alpha_k = |A_k|_i$ ist monoton fallend. Angenommen es sei $\alpha_k > \delta > 0$ für alle k. Mit S, S_k werden im folgenden Intervallsummen bezeichnet. Wir wählen ein $S_k \subset A_k$ mit $|S_k| > \alpha_k - \delta/2^k$ aus. (i) Für ein beliebiges $S \subset A_k \setminus S_k$ ist $|S \cup S_k| = |S| + |S_k| \le \alpha_k$, also $|S| < \delta/2^k$. (ii) Nun sei $S \subset A_k \setminus \bigcap_1^k S_i$, also

$$S = (S \setminus S_1) \cup (S \setminus S_2) \cup \cdots \cup (S \setminus S_k).$$

Wegen $S \setminus S_i \subset A_i \setminus S_i$ ist also $|S \setminus S_i| < \delta/2^i$ nach (i) und demnach $|S| < \delta$.

Hieraus folgt, daß $\bigcap_1^k S_i$ nicht leer ist. Denn wegen $\alpha_k > \delta$ gibt es ein $S \subset A_k$ mit $|S| > \delta$. Die Folge (S_k) von kompakten Mengen hat also die endliche Durchschnittseigenschaft, und nach Aufgabe 2.14 ist $\bigcap S_k$ nicht leer. Wegen $S_k \subset A_k$ ist auch $\bigcap A_k$ nicht leer, ein Widerspruch zur Annahme.   □

Beweis des Satzes. Es genügt, den Fall $f = 0$ zu betrachten (Übergang zu $f_k - f$). Weiter sieht man anhand der Zerlegung $f_k = f_k^+ - f_k^-$ (vgl. 7.10(h)), daß man $0 \leq f_k \leq M$ annehmen darf. Unter dieser Annahme sei $\varepsilon > 0$ und $A_k = \{x \in B : \text{Es gibt ein } i \geq k \text{ mit } f_i(x) > \varepsilon\}$. Offenbar ist $A_{k+1} \subset A_k$ und $\bigcap A_k = \emptyset$, also (mit der obigen Bezeichnung) $\lim \alpha_k = 0$. Es sei $\pi = (B_i)$ eine Partition von B und $s(\pi; f_k) = \sum m_i |B_i|$ mit $m_i = \inf f_k(B_i)$. Summiert man nur über die Indizes mit $m_i \leq \varepsilon$, so ergibt sich höchstens $\varepsilon|B|$. Für die restlichen Indizes ist $m_i > \varepsilon$, also $B_i \subset A_k$, und die entsprechende Summe höchstens $M\alpha_k$. Insgesamt ergibt sich $s(\pi; f_k) \leq M\alpha_k + \varepsilon|B|$, also $\int_B f_k \, dx \leq M\alpha_k + \varepsilon|B| \leq \varepsilon(|B| + 1)$ für große k. Daraus folgt die Behauptung $\lim \int_B f_k \, dx = 0$.   □

7.12 Jordanscher Inhalt und Riemannsches Integral. Diese beiden Begriffe sind historisch und sachlich aufs engste verknüpft (vgl. etwa die Einleitung zu § I.9 und zu diesem Paragraphen). Das Bindeglied ist die Ordinatenmenge einer nicht-negativen Funktion $f : B \to \mathbb{R}$,

$$M(f) = \{(x, t) \in \mathbb{R}^{n+1} : x \in B, \; 0 \leq t \leq f(x)\} \quad \textit{Ordinatenmenge von } f \,,$$

über deren Inhalt der folgende Satz besteht (vgl. I.11.8 für $n = 1$).

Satz. *Ist die Funktion f auf dem quadrierbaren Bereich $B \subset \mathbb{R}^n$ nichtnegativ und integrierbar, so ist ihre Ordinatenmenge $M(f)$ im $\mathbb{R}^{n+1}$ quadrierbar und*

$$|M(f)|^{n+1} = \int_B f(x) \, dx.$$

Beweis. Die Ordinatenmenge und das Integral von f werden einfach mit M und J, die Inhalte in $\mathbb{R}^n$ bzw. $\mathbb{R}^{n+1}$ mit $|\cdot|$ bzw. $|\cdot|'$ bezeichnet. Es sei $\pi = (B_i)$ eine Partition von B. Mit den zugehörigen Zahlen m_i, M_i bilden wir die Zylinder $U_i = B_i \times [0, m_i]$ und $V_i = B_i \times [0, M_i]$. Nach der Produktregel 7.7 ist $|U_i|' = m_i|B_i|, \ldots$. Je zwei Mengen B_i haben keine gemeinsamen inneren Punkte, und diese Eigenschaft überträgt sich dann auf die U_i und V_i. Für die Vereinigungen $U = \bigcup U_i$ und $V = \bigcup V_i$ ist dann $|U|' = \sum |U_i|' = s(\pi)$ und $|V|' = \sum |V_i|' = S(\pi)$, und aus $U \subset M \subset V$ folgt

$$s(\pi) \leq |M|'_i \leq |M|'_a \leq S(\pi).$$

Demnach ist $J \leq |M|'_i \leq |M|'_a \leq J$, woraus die Behauptung folgt.   □

Mit der obigen Beweisanordnung kann man sehr einfach zeigen, daß der Graph einer integrierbaren Funktion f, das ist die Menge $\{(x, f(x)) : x \in B\} \subset \mathbb{R}^{n+1}$, eine Nullmenge ist. Offenbar ist der Graph in der Vereinigung der Zylinder $B_i \times [m_i, M_i]$ enthalten, und diese hat den Inhalt $\sum (M_i - m_i)|B_i| = S(\pi) - s(\pi)$. Aus dem Riemannschen Integrabilitätskriterium erhält man so das

Lemma. *Der Graph einer integrierbaren Funktion* $f : B \to \mathbb{R}$ *ist eine Jordansche Nullmenge.*

Damit läßt sich der Satz ausdehnen auf Mengen der Form

$$M(f,g) := \{(x,t) \in \mathbb{R}^{n+1} : x \in B, \, f(x) \leq t \leq g(x)\}.$$

Corollar. *Für zwei Funktionen* $f, g \in R(B)$ *mit* $f \leq g$ *ist die Menge* $M(f,g)$ *quadrierbar, und ihr Inhalt läßt sich als Integral berechnen,*

$$|M(f,g)|^{n+1} = \int_B (g(x) - f(x)) \, dx.$$

Beweis. Ersetzt man f, g durch $f + c$, $g + c$, so ändert sich weder der Inhalt von $M(f,g)$ noch das Integral. Man kann also annehmen, daß $0 < f \leq g$ ist. Es ist dann $M(f,g) = (M(g) \setminus M(f)) \cup (\text{graph } f)$, und die Behauptung ergibt sich aus dem Satz und dem Lemma mit 7.6 (d). □

Damit wird für eine große Klasse von Mengen die Quadrierbarkeit festgestellt und ein Weg zur Berechnung des Inhalts aufgezeigt. Methoden zur konkreten Berechnung von Integralen werden wir in 7.15 kennenlernen.

7.13 Die Riemannsche Summendefinition des Integrals. Das Integral wurde in 7.10 auf dem von Darboux vorgezeichneten Weg über Ober- und Untersummen eingeführt. Wir behandeln jetzt den Riemannschen Zugang, der im eindimensionalen Fall auf Zerlegungsnullfolgen beruht (vgl. I.9.7) und, wie wir in 5.9 deutlich gemacht haben, auf den Limes in einer anderen „metrischen" Ordnung hinausläuft.

Es sei $\pi = (B_i)_1^k$ eine Partition des quadrierbaren Bereichs B. Das Feinheitsmaß der Partition π ist definiert als der größte auftretende Durchmesser der Mengen B_i,

$$|\pi| = \max\{\text{diam } B_i : i = 1, \ldots, k\} \qquad \textit{Feinheitsmaß von } \pi \, .$$

Dabei ist diam $A = \sup\{|a - b| : a, b \in A\}$; vgl. 1.5. Die *metrische Ordnung* ist wie in 5.9 erklärt,

$$\pi \leq \pi' \iff |\pi| \geq |\pi'| \, ,$$

und die zugehörige Konvergenz wird wie dort durch $|\pi| \to 0$ angezeigt.

Satz. *Die Funktion* $f : B \to \mathbb{R}$ *sei beschränkt. Dann gilt*

$$J^*(f) = \lim_{|\pi| \to 0} S(\pi) \, , \qquad J_*(f) = \lim_{|\pi| \to 0} s(\pi) \, .$$

Also ist $f \in R(B)$ *genau dann, wenn der Limes* $\lim_{|\pi| \to 0} \sigma(\pi, \xi)$ *existiert; dieser Limes ist dann gleich* $J(f)$.

Beweis. Zu $\varepsilon > 0$ wählen wir eine Partition $\pi^* = (C_j)$ von B mit $S(\pi^*) - J^*(f) < \varepsilon$. Die Randmenge von π^*, $R = \bigcup \partial C_j$, hat den Inhalt 0. Nach 7.4 (g) können wir $\delta > 0$ so bestimmen, daß $|R_\delta|_a < \varepsilon$ ist (R_δ ist die δ-Umgebung von R). Die folgende Aussage ist für den Beweis entscheidend.

(*) Hat die Menge $A \subset B$ einen Durchmesser $< \delta$, so gilt $A \subset R_\delta$ oder $A \subset C_j$ für einen geeigneten Index j (oder beides).

Trifft der erste Fall nicht zu, so gibt es in A einen Punkt $x \notin R_\delta$, der in der Menge C_j liegen möge. Wegen diam $A < \delta$ ist $A \subset B_\delta(x)$, und wegen dist $(x, \partial C_j) \geq \delta$ ist $B_\delta(x)$ in C_j enthalten, denn anderenfalls würde diese Kugel nach 7.5 (a) Randpunkte von C_j enthalten. Damit ist (*) bewiesen.

Nun sei $\pi = (B_i)$ eine Partition von B mit $|\pi| < \delta$. Für die Obersummen von π, π^* und $\pi \cdot \pi^* = (B_i \cap C_j)$ ist dann

$$S(\pi) - J^*(f) = (S(\pi) - S(\pi \cdot \pi^*)) + (S(\pi \cdot \pi^*) - S(\pi^*)) + (S(\pi^*) - J^*(f)) \,.$$

Bezeichnen wir die drei Differenzen auf der rechten Seite mit D_1, D_2, D_3, so ist $D_2 \leq 0$ wegen $\pi^* \prec \pi \cdot \pi^*$ und 7.10 (a) und $D_3 < \varepsilon$ nach Voraussetzung. Die Differenz D_1 läßt sich wegen $|B_i| = \sum_j |B_i \cap C_j|$ in der Form

$$(1) \qquad D_1 = \sum_i M_i |B_i| - \sum_{i,j} M_{ij} |B_i \cap C_j| = \sum_{i,j} (M_i - M_{ij}) |B_i \cap C_j|$$

schreiben, wobei M_i bzw. M_{ij} das Supremum von f in B_i bzw. $B_i \cap C_j$ bezeichnet. Alle Summanden mit $B_i \subset R_\delta$ ergeben zusammen, wenn etwa $|f| \leq K$ ist, einen Wert $\leq 2K|R_\delta| < 2K\varepsilon$. Liegt B_i in C_j, so ist $M_i = M_{ij}$, sind B_i und C_j disjunkt, so ist $|B_i \cap C_j| = 0$. Nach (*) sind damit alle Fälle erschöpft, und aus (1) folgt $D_1 < 2K\varepsilon$, also

$$0 \leq S(\pi) - J^* < 2K\varepsilon + 0 + \varepsilon = (2K + 1)\varepsilon \qquad \text{für} \quad |\pi| < \delta \,.$$

Diese Abschätzung zeigt, daß die Beziehung $J^*(f) = \lim_{|\pi| \to 0} S(\pi)$ besteht. Die Behauptung über $J_*(f)$ wird ebenso bewiesen. $\square$

Der obige Satz verallgemeinert das wesentliche Ergebnis von 5.9 auf n-dimensionale Integrale. Damit übertragen sich auch die Folgerungen. Eine Folge (π_k) von Partitionen von B ist konfinal in der metrischen Ordnung, wenn $\lim |\pi_k| = 0$ ist; solche Folgen werden *Partitionsnullfolgen* genannt. Mit dem Folgenkriterium 5.8 erhält man dann ein

Corollar (Riemannsche Summendefinition). *Ist $f : B \to \mathbb{R}$ beschränkt, so gilt für jede Partitionsnullfolge (π_k)*

$$J_*(f) = \lim_{k \to \infty} s(\pi_k) \qquad \text{und} \qquad J^*(f) = \lim_{k \to \infty} S(\pi_k) \,.$$

Die Funktion f ist genau dann über B integrierbar zum Wert $J(f)$, wenn für jede Partitionsnullfolge (π_k) die Relation $\lim_{k \to 0} \sigma(\pi_k, \xi^k) = J(f)$ gilt; vgl. I.9.7 für $n = 1$.

Für die Bestimmung des oberen und unteren Integrals ist es also nicht notwendig, alle Partitionen zu betrachten; es genügt dazu eine einzige Partitionsnullfolge. Zwei spezielle Fälle seien festgehalten.

Folgerung. *Es ist erlaubt, sich auf disjunkte Partitionen zu beschränken. Man kann auch, wenn $I \supset B$ ein Intervall ist, Zerlegungen $I = \bigcup I_i$ im Sinne von 7.2 betrachten und nur Partitionen der Form $\pi = (B \cap I_i)$ heranziehen. Definiert man die oberen und unteren Integrale nur mit diesen speziellen Partitionen, so ergibt sich derselbe Integralbegriff.*

7.14 Parameterabhängige Integrale. Es sei $x \in B \subset \mathbb{R}^n$, $y \in C \subset \mathbb{R}^m$. Wir betrachten nun Integrale der Form

$$F(y) = \int_B f(x, y) g(x) \, dx \, ,$$

die noch vom *Parameter* y abhängen.

Satz. *Es sei B kompakt und quadrierbar und $g \in R(B)$.*

(a) *Ist f stetig in $B \times C$, so ist $F(y)$ stetig in C.*

(b) *Ist C offen und sind f und $\partial f / \partial y_j$ stetig in $B \times C$, so ist $\partial F / \partial y_j$ stetig in C, und man „darf unter dem Integralzeichen differenzieren",*

$$\frac{\partial F}{\partial y_j}(y) = \int_B \frac{\partial f}{\partial y_j}(x, y) g(x) \, dx \, .$$

Beweis. (a) Es sei $\bar{y} \in C$ und (y^k) eine gegen $\bar{y}$ strebende Folge aus C. Auf der kompakten Menge $B \times \{\bar{y}, y^1, y^2, \ldots\}$ ist f gleichmäßig stetig. Zu $\varepsilon > 0$ läßt sich also ein $\delta > 0$ bestimmen, so daß $|f(x, y^k) - f(x, \bar{y})| < \varepsilon$ für alle $x \in B$ gilt, falls $|y^k - \bar{y}| < \delta$ ist. Dies ist wegen $y_k \to \bar{y}$ für alle großen k richtig, d.h. $f(x, y^k) g(x)$ strebt gleichmäßig auf B gegen $f(x, \bar{y}) g(x)$ (g ist beschränkt). Aus Satz 7.11 folgt dann $F(y^k) \to F(\bar{y})$. Nach dem Folgenkriterium ist F stetig im Punkt $\bar{y}$.

(b) Es sei $\bar{y} \in C$ und $U \subset C$ eine kompakte Umgebung von $\bar{y}$. Auf dem Kompaktum $B \times U$ ist $f_j := \partial f / \partial y_j$ gleichmäßig stetig. Ist (h_k) eine reelle Nullfolge mit $h_k \neq 0$, so folgt aus dem (eindimensionalen!) Mittelwertsatz mit $|h'_k| \leq |h_k|$ (e_j ist der j-te Einheitsvektor)

$$\frac{f(x, \bar{y} + h_k e_j) - f(x, \bar{y})}{h_k} = f_j(x, \bar{y} + h'_k e_j) \to f_j(x, \bar{y})$$

für $k \to \infty$, und zwar gleichmäßig in B; das gilt auch, wenn man mit $g(x)$ multipliziert. Nach Satz 7.11 konvergieren die Integrale,

$$\frac{F(\bar{y} + h_k e_j) - F(\bar{y})}{h_k} \to \int_B f_j(x, \bar{y}) g(x) \, dx \, .$$

Da hierbei (h_k) beliebig ist, existiert $\partial F / \partial y_j$, und es besteht die behauptete Gleichung. Die Stetigkeit der Ableitung folgt dann aus Teil (a). □

Natürlich kann man, wenn f entsprechende Eigenschaften hat, auch höhere Ableitungen „unter dem Integralzeichen" bilden. Man erhält so das

Corollar. *Sind alle partiellen Ableitungen von $f(x, y)$ bezüglich y bis zur Ordnung k stetig in $B \times C$, so ist $F \in C^k(C)$ ($0 \leq k \leq \infty$).*

Beispiel. Es sei $n = m = 1$,

$$F(\alpha) = \int_0^1 x^\alpha \, dx = \frac{1}{(\alpha + 1)} \qquad (\alpha > 0) \; .$$

Durch Differentiation nach α ergibt sich

$$F'(\alpha) = \int_0^1 x^\alpha \log x \, dx = -\frac{1}{(\alpha + 1)^2} \; ,$$

allgemein

$$F^{(k)}(\alpha) = \int_0^1 x^\alpha (\log x)^k \, dx = \frac{(-1)^k \, k!}{(\alpha + 1)^{k+1}} \qquad (k = 1, 2, \ldots).$$

Man kann also den Satz auch dazu benutzen, Integrale zu berechnen. Man beachte, daß die Integranden bei 0 stetig sind.

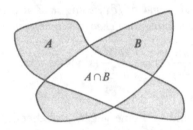

Die symmetrische Differenz $A \, \Delta \, B$ (grau)

Die Stetigkeit des Integrals in bezug auf den Parameter kann auch dann nachgewiesen werden, wenn der Integrationsbereich variiert. Der folgende Satz benutzt die symmetrische Differenz zweier Mengen A, B. Sie ist definiert als

$$A \, \Delta \, B = (A \setminus B) \cup (B \setminus A) = (A \cup B) \setminus (A \cap B) \qquad \textit{symmetrische Differenz} \; ;$$

sie enthält also jene Elemente, welche genau einer der beiden Mengen angehören. Mit A und B ist auch $A \, \Delta \, B$ quadrierbar. Vergleiche auch Aufgabe 16.

Satz (variabler Bereich). *Es sei $B^* \subset \mathbb{R}^{p+q}$ kompakt. Für $y \in C \subset \mathbb{R}^q$ seien die Schnitte $B_y = \{x : (x, y) \in B^*\} \subset \mathbb{R}^p$ quadrierbar, und für die symmetrische Differenz benachbarter Schnitte gelte $|B_y \, \Delta \, B_{y+h}|^p \to 0$ für $h \to 0$. Ferner sei f stetig in B^*. Dann ist die Funktion*

$$F(y) = \int_{B_y} f(x, y) \, dx \qquad \textit{stetig in } C \; .$$

Im *Beweis* verwendet man, wenn $|f| \leq M$ ist, die Ungleichung

$$|F(y') - F(y)| \leq \int_{B_y \cap B_{y'}} |f(x, y') - f(x, y)| \, dx + I$$

mit

$$I = \int_{B_y \setminus B_{y'}} |f(x,y)|\,dx + \int_{B_{y'} \setminus B_y} |f(x,y')|\,dx \leq M|B_y \,\Delta\, B_{y'}|$$

und die gleichmäßige Stetigkeit von f. □

Integrale mit Parametern treten in zahlreichen Anwendungen auf. Einige Beispiele aus der Approximationstheorie und der Physik werden in den Abschnitten 7.22 bis 7.27 am Ende dieses Paragraphen besprochen.

Wir greifen nun ein für die Praxis zentrales Problem auf: Wie berechnet man mehrdimensionale Integrale? Die Antwort sei vorweggenommen: Man führt sie auf eindimensionale Integrale zurück. Wie dies geschieht, wird nun auseinandergesetzt.

7.15 Iterierte Integrale. Der Satz von Fubini. Wir betrachten Funktionen $f(x,y)$, welche von $x \in \mathbb{R}^p$ und $y \in \mathbb{R}^q$ abhängen. Es seien $I_x \subset \mathbb{R}^p$ und $I_y \subset \mathbb{R}^q$ Intervalle mit dem kartesischen Produkt $I = I_x \times I_y \subset \mathbb{R}^n$, $n = p + q$. Die Funktion $f : I \to \mathbb{R}$ sei beschränkt. Wir betrachten Zerlegungen $Z_x : I_x = \bigcup_i I_i$ und $Z_y : I_y = \bigcup_j K_j$, welche die Zerlegung $Z = Z_x \times Z_y : I = \bigcup_{i,j} I_i \times K_j$ erzeugen.

Das Infimum von f in $I_i \times K_j$ werde mit m_{ij} bezeichnet. Aus $m_{ij} \leq f(x,y)$ für $x \in I_i$, $y \in K_j$ folgt für das untere Integral

$$m_{ij}|I_i| \leq \underline{\int}_{I_i} f(x,y)\,dx \quad \text{für } y \in K_j\,,$$

also unter Verwendung von 7.10 (g)

$$\sum_i m_{ij}|I_i| \leq \underline{\int}_{I_x} f(x,y)\,dx =: F(y) \quad \text{für } y \in K_j\,.$$

Wenn man nun in y-Richtung über K_j integriert, so wird die Summe auf der linken Seite mit $|K_j|$ multipliziert, und rechts steht das untere, über K_j erstreckte Integral von $F(y)$. Summation über j ergibt

(a) $$s(Z) = \sum_{i,j} m_{ij}|I_i \times K_j| \leq \underline{\int}_{I_y}\left(\underline{\int}_{I_x} f(x,y)\,dx\right) dy\,.$$

Dieselbe Überlegung läßt sich für die oberen Integrale anstellen; die Ungleichung (a) setzt sich dann folgendermaßen fort:

$$\leq \overline{\int}_{I_y}\left(\overline{\int}_{I_x} f(x,y)\,dx\right) dy \leq \sum_{i,j} M_{ij}|I_i \times K_j| = S(Z)\,.$$

Geht man nun links zum Supremum und rechts zum Infimum über, so erhält man nach der Folgerung 7.13

(b) $$\underline{\int_I} f(x,y)\,d(x,y) \le \int_{I_y} \underline{\int_{I_x}} f(x,y)\,dx\,dy$$

$$\le \int_{I_y} \overline{\int_{I_x}} f(x,y)\,dx\,dy \le \overline{\int_I} f(x,y)\,d(x,y)\;.$$

Wenn f über I integrierbar ist, so steht rechts und links dieselbe Zahl, also überall in (b) das Gleichheitszeichen, und man erhält den

Satz. *Ist f über $I = I_x \times I_y$ integrierbar, so gilt*

$$\int_I f(x,y)\,d(x,y) = \int_{I_y} \int_{I_x} f(x,y)\,dx\,dy = \int_{I_x} \int_{I_y} f(x,y)\,dy\,dx\;.$$

Bei den „inneren" Integralen kann man das obere oder das untere Integral wählen (die Funktionen $f(\cdot,y)$, $f(x,\cdot)$ werden i.a. nicht über I_x bzw. I_y integrierbar sein). Die entstehende Funktion $F(y) = \int_{I_x} f(x,y)\,dx$ bzw. $G(x) = \int_{I_y} f(x,y)\,dy$ ist jedoch (unabhängig von der getroffenen Wahl) über I_y bzw. I_x integrierbar.

Die zweite Gleichung ergibt sich aus Symmetriegründen. - Nun sei $p > 1$, also $x = (x_1,x_2)$ mit $x_1 \in \mathbb{R}^r$, $x_2 \in \mathbb{R}^s$, $r+s = p$. Die Ungleichungen in (b) gelten dann auch, wenn man I, I_x, I_y durch I_x, I_{x_1}, I_{x_2} ersetzt und y als Parameter auffaßt. Setzt man dieses Resultat in die ursprüngliche Formel (b) ein, so erhält man eine Formel, bei der in der Mitte dreifach iterierte untere und obere Integrale auftreten. Durch Fortsetzung dieser Prozedur erhält man die folgende, für die Anwendung bequeme Fassung des Satzes.

Corollar. *Ist f über $I = [a,b] = [a_1,b_1] \times \cdots \times [a_n,b_n] \subset \mathbb{R}^n$ integrierbar, so gilt*

$$\int_I f(x)\,dx = \int_{a_1}^{b_1} \cdots \int_{a_n}^{b_n} f(x_1,\dots,x_n)\,dx_n \cdots dx_1\;.$$

Bei den „inneren" Integralen kann man nach Belieben das obere oder untere Integral wählen, und man kann auch die Reihenfolge der Integrationen beliebig ändern.

Bemerkungen. 1. Wir haben im Satz der einfacheren Bezeichnung wegen angenommen, daß über ein Intervall I integriert wird. Damit geht nichts an Allgemeinheit verloren. Wählt man, wenn f über B integrierbar ist, ein Intervall $I \supset B$, so ist $f_B \in R(I)$ und $\int_I f_B\,dx = \int_B f\,dx$ nach 7.10 (i)

2. Der entsprechende Satz im Rahmen der Lebesgueschen Theorie wurde in voller Allgemeinheit erst 1908 von G. Fubini bewiesen; vgl. 9.18. Es ist üblich geworden, Sätze dieses Typs auch bei anderen Integralbegriffen mit dem Namen Fubini zu verknüpfen.

Als erste Anwendung des Satzes zeigen wir, wie sich der Inhalt einer Menge aus dem Inhalt ihrer „Schnitte" berechnen läßt.

7.16 Das Cavalierische Prinzip. *Es sei B eine quadrierbare Menge im $\mathbb{R}^{n+1}$, deren Punkte hier mit (x, t) $(x \in \mathbb{R}^n)$ bezeichnet werden; B liege zwischen den Hyperebenen $t = \alpha$ und $t = \beta > \alpha$, und die Schnitte $B_t = \{x \in \mathbb{R}^n : (x, t) \in B\}$ seien quadrierbar (im $\mathbb{R}^n$) für jedes $t \in [\alpha, \beta]$. Dann ist die Funktion $|B_t|^n$ integrierbar und*

$$|B|^{n+1} = \int_\alpha^\beta |B_t|^n \, dt \, .$$

Denn ist $I_x \subset \mathbb{R}^n$ ein Intervall mit $B \subset I_x \times [\alpha, \beta] =: I$, so gilt

$$\int_I c_B(x, t) \, d(x, t) = \int_\alpha^\beta \left(\int_{I_x} c_B(x, t) \, dx \right) dt \, .$$

Diese Gleichung ist aufgrund von 7.10 (i) mit der Behauptung identisch.

Aus dem eben Bewiesenen folgt insbesondere, daß zwei Mengen B und C inhaltsgleich sind, wenn ihre Schnitte alle denselben Inhalt haben. Damit kann man etwa beweisen, daß senkrechte und schiefe Zylinder oder Kegel mit derselben Grundfläche und Höhe den gleichen Inhalt haben. Die Bedeutung dieses Prinzips für die Entwicklung der Integralrechnung wurde in der Einleitung zu § I.9 eingehend dargestellt.

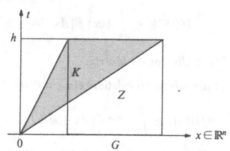

Kegel mit einer in der Ebene $t = h$ gelegenen Grundfläche und der Höhe h

Beispiele. 1. *Der Inhalt eines Kegels.* Es sei $Z = G \times [0, h]$ ein Zylinder im $\mathbb{R}^{n+1}$ mit der kompakten, quadrierbaren Grundfläche $G \subset \mathbb{R}^n$ und der Höhe $h > 0$. Die Abbildung

$$(x, t) \mapsto f(x, t) = \left(\frac{t}{h} x, t \right)$$

ist im Halbraum $t > 0$ injektiv und stetig differenzierbar, und ihre Funktionaldeterminante hat den Wert $t^n / h^n > 0$, wie man leicht nachrechnet. Die Bildmenge $K = f(Z)$ ist also nach Satz 7.8 quadrierbar. Die Menge K ist ein Kegel mit der Spitze im Nullpunkt und der in der Hyperebene $t = h$ gelegenen Grundfläche G (bei festem $x_0 \in G$ ist $\phi(t) = f(x_0, t)$, $0 \leq t \leq h$, eine Parameterdarstellung der geradlinigen Verbindung vom Nullpunkt zum Punkt (x_0, h)).

Aus der Darstellung der Schnitte $K(t) = \frac{t}{h} G$ folgt $|K(t)| = |G|(\frac{t}{h})^n$ nach 7.9 (b), also

$$|K| = |G| \int_0^h \left(\frac{t}{h} \right)^n dt = \frac{h}{n+1} |G| \, .$$

Für den Kegel im $\mathbb{R}^3$ erhalten wir die bekannte Formel „Inhalt $= \frac{1}{3} \times$ Grundfläche $\times$ Höhe".

2. *Kugelabschnitt.* Es sei B die Kugel $x^2 + y^2 + z^2 \le R^2$ im $\mathbb{R}^3$. Der Schnitt $B_z \subseteq \mathbb{R}^2$ wird offenbar durch $x^2 + y^2 \le R^2 - z^2$ beschrieben. Die Menge M_h aller Punkte $(x, y, z) \in B$ mit $z \ge R - h$ $(0 \le h < R)$ wird Kugelabschnitt der Höhe h genannt. Ihr Volumen beträgt

$$|M_h| = \int_{R-h}^{R} \pi(R^2 - z^2)\, dz = \pi R^2 h - \frac{\pi}{3}(R^3 - (R - h)^3) = \frac{1}{3}\pi h^2(3R - h)\,.$$

7.17 Die Abbildung von Gebieten. Das Lemma von Sard. Wir betrachten jetzt eine Abbildung des $\mathbb{R}^n$ in sich und fragen, wie sich der Inhalt von Mengen bei dieser Abbildung ändert. Zunächst wird ein 1942 von A. SARD (*The measure of the critical values of a differentiable map*, Bull. Amer. Math. Soc. 48, 883–897) gefundener Satz bewiesen, der in jüngerer Zeit wichtige Anwendungen in der Differentialtopologie (u.a. bei der Theorie des Abbildungsgrades) gefunden hat. Vgl. etwa M.W. Hirsch, *Differential Topology*, Springer Verlag 1976, S. 68 ff.

Lemma von Sard *Es sei $W \subset \mathbb{R}^n$ ein abgeschlossener Würfel und $f \in C^1(W, \mathbb{R}^n)$. Dann besteht für den äußeren Inhalt der Bildmenge die Ungleichung*

$$|f(W)|_a \le \int_W |\det f'|\, dx\,.$$

Hier bezeichnet $f' = \partial f/\partial x$ die Jacobi-Matrix.

Beweis. Ist die Behauptung falsch, so existiert ein $\varepsilon > 0$ mit

$$(1) \qquad\qquad |f(W)|_a \ge \int_W |\det f'|\, dx + \varepsilon|W|\,.$$

Durch Halbierung der Kanten von W wird W in 2^n abgeschlossene Würfel $W_1, \ldots, W_{2^n}$ der Kantenlänge $a/2$ zerlegt (wenn wir annehmen, daß W die Kantenlänge a hat). Unter diesen ist mindestens ein Würfel, sagen wir W^1, mit

$$|f(W^1)|_a \ge \int_{W^1} |\det f'|\, dx + \varepsilon|W^1|\,.$$

Denn wäre für alle W_k

$$|f(W_k)|_a < \int_{W_k} |\det f'|\, dx + \varepsilon|W_k|\,,$$

so würde sich durch Addition unter Berücksichtigung von 7.5 (c) $|M \cup N|_a \le |M|_a + |N|_a$ ein Widerspruch zu (1) ergeben.

Durch Fortsetzung dieses Halbierungsverfahrens gelangt man zu einer Folge $W^1, W^2, W^3, \ldots$ von ineinander geschachtelten Würfeln mit

$$(2) \qquad\qquad \frac{|f(W^k)|_a}{|W^k|} \ge \frac{1}{|W^k|} \int_{W^k} |\det f'|\, dx + \varepsilon \qquad (k = 1, 2, \ldots)\,.$$

Nun sei $\zeta \in W$ der gemeinsame Punkt aller W^k. Wir nehmen an, daß $\zeta = 0$ ist (Parallelverschiebung). Es sei $A := f'(0)$. Dann gilt nach Satz 3.9

$$(3) \qquad f(x) = f(0) + Ax + R(x) \qquad \text{mit } |R(x)| \le |x|\delta(|x|)$$

und $\delta(r) \to 0$ für $r \to 0+$. Es sei $b = a\sqrt{n} = \text{diam } W$, also $2^{-k}b = \text{diam }(W^k)$. Für $x \in W^k$ ist also $|R(x)| \le \varepsilon_k := 2^{-k}b\delta(2^{-k}b)$. Setzt man

$$V = A(W), \qquad V^k = A(W^k),$$

so ergibt sich aus (3), wenn M_ε die ε-Umgebung von M bezeichnet,

$$(4) \qquad f(W^k) \subset f(0) + (V^k)_{\varepsilon_k}.$$

Für ε-Umgebungen von Mengen gilt $(c + M)_\varepsilon = c + M_\varepsilon$ und $\lambda \cdot M_\varepsilon = (\lambda M)_{\lambda\varepsilon}$ $(\lambda > 0)$ nach 1.17 (a). Setzt man $\varepsilon_k = 2^{-k}\delta_k$, so strebt $\delta_k \to 0$. Nun ist mit geeigneten $c^k \in \mathbb{R}^n$

$$(5) \qquad V^k = c^k + 2^{-k}V, \qquad \text{also } (V^k)_{\varepsilon_k} = c^k + 2^{-k}V_{\delta_k}.$$

Nach Satz 7.9 ist $|V| = |\det A| \cdot |W|$. Ferner gilt $|\lambda M|_a = \lambda^n |M|_a$. Aus (4), (5) und 7.4 (g) folgt also

$$\frac{|f(W^k)|_a}{|W^k|} \le \frac{2^{-nk}|V_{\delta_k}|_a}{2^{-nk}|W|} = |\det A| \cdot \frac{|V_{\delta_k}|_a}{|V|} \to |\det A| \qquad (k \to \infty),$$

während sich aus (2)

$$\liminf_{k \to \infty} \frac{|f(W^k)|_a}{|W^k|} \ge |\det A| + \varepsilon$$

ergibt. Damit ist ein Widerspruch erreicht.   □

Corollar. *Es sei G offen und quadrierbar, $f : G \to \mathbb{R}^n$ lipschitzstetig sowie $f \in C^1(G)$. Für jede quadrierbare Menge $B \subset G$ ist dann*

$$|f(B)|_a \le \int_B |\det f'(x)|\, dx.$$

Für die Menge $K = \{x \in G : \det f'(x) = 0\}$ der ,kritischen Punkte' von f ist $|f(K)| = 0$.

Das Integral existiert nach 7.10 (l). Es sei L eine Lipschitzkonstante für f. Nach dem Lemma gilt die Ungleichung für die Würfelsummen $B_k \subset B$ von 7.5. Für $k \to \infty$ strebt $\int_{B_k} \to \int_B$ und $|f(B_k)|_a \to |f(B)|_a$ wegen $|f(B \setminus B_k)|_a \le (L\sqrt{n})^n |B \setminus B_k| \to 0$ (Hilfssatz 7.8).

Die Behauptung über K – sie wird häufig als Lemma von Sard bezeichnet – ergibt sich als Nebenprodukt aus den Überlegungen der folgenden Nr. (gemeint sind die Abschätzungen von G_k'' und $G \setminus G_p$ im Zusammenhang mit (6), die auch unter den jetzigen Voraussetzungen gelten).   □

7.18 Transformation von Integralen. Die Substitutionsregel. Der eindimensionalen Substitutionsregel $\int_a^b f(x)\, dx = \int_\alpha^\beta f(\phi(u))\phi'(u)\, du$ aus I.11.4 liegt zugrunde, daß bei einer Variablentransformation $x = \phi(u)$ die einander entsprechenden Differenzen Δx und Δu durch die Beziehung $\Delta x \approx \phi'(u)\Delta u$ gekoppelt sind. Wenn in einem n-dimensionalen Integral durch die Substitution $x = \Phi(u)$ eine neue Integrationsvariable u eingeführt wird, so ist zu klären, wie sich die einander entsprechenden Volumenelemente dx und du verhalten. Da $\Phi(u)$ in der Nähe einer festen Stelle u_0 durch die lineare Funktion $u \mapsto \Phi(u_0) + A(u - u_0)$ mit $A = \Phi'(u_0)$ (Jacobi-Matrix) approximiert wird, gibt der Satz 7.9 die Antwort: $dx = |\det A|\,du$. Die Substitutionsregel erhält dann die Gestalt

(S) $$\int_G f(x)\,dx = \int_H f(\Phi(u))|\det \Phi'(u)|\,du \quad \text{mit} \ \ G = \Phi(H)\,.$$

Der Beweis der Regel ist nicht einfach. Wir haben jedoch die Hauptarbeit im Sardschen Lemma bereits vorweggenommen. Auch die Formulierung hat ihre Tücken. In der Literatur wird meistens verlangt, daß Φ in einer offenen Menge $U \supset \overline{H}$ definiert und C^1-umkehrbar (d.h. Φ und $\Phi^{-1} = \Psi$ stetig differenzierbar; vgl. 4.6) ist. In wichtigen Beispielen (etwa Polarkoordinaten) ist diese Bedingung jedoch verletzt, wodurch Sonderbetrachtungen notwendig werden. Benötigt wird indessen nur, daß Φ in H erklärt und injektiv ist und sich in der Nähe des Randes von H gutartig verhält. Um dies zu erreichen, wird zusätzlich die Lipschitzstetigkeit in H gefordert. Es sei daran erinnert, daß die partiellen Ableitungen von Φ dann beschränkt sind, daß aber umgekehrt die Beschränktheit der Ableitungen nicht die Lipschitzstetigkeit, ja nicht einmal die Beschränktheit von Φ nach sich zieht (selbst dann nicht, wenn G ein beschränktes Gebiet ist; vgl. Aufgabe 3.4).

Satz. *Die Menge $H \subset \mathbb{R}^n$ sei offen und quadrierbar, und die Funktion $\Phi \in C^1(H, \mathbb{R}^n)$ sei injektiv und lipschitzstetig. Dann ist die Menge $G = \Phi(H)$ quadrierbar und die Substitutionsformel (S) für jede auf G beschränkte Funktion f mit dem oberen und dem unteren Integral gültig. Insbesondere ist f genau dann über G integrierbar, wenn die Funktion $F = (f \circ \Phi)|\det \Phi'|$ über H integrierbar ist (in diesem Fall handelt es sich in (S) um Riemann-Integrale).*

Nach 2.19 (b) läßt sich Φ lipschitzstetig auf $\overline{H}$ fortsetzen. Man kann dann den Satz auf quadrierbare Teilmengen $A \subset \overline{H}$ anwenden. Da $A_1 = A \setminus (A^\circ \cap H)$ und $\Phi(A_1)$ Nullmengen sind (Hilfssatz 7.8), erhält man mit 7.10 (i)(j) den folgenden Zusatz. Es kann natürlich vorkommen, daß Φ' auf der Nullmenge ∂H gar nicht erklärt ist; darüber sieht man großzügig hinweg.

Zusatz. *Jede quadrierbare Menge $B \subset \overline{H}$ besitzt ein quadrierbares Bild $A = \Phi(B)$, und für das untere und obere Integral einer beschränkten Funktion f ist*

(1) $$\int_A f(x)\,dx = \int_B f(\Phi(u))\,|\det \Phi'(u)|\,du\,,$$

insbesondere ($f \equiv 1$)

(2) $$|A| = |\Phi(B)| = \int_B |\det \Phi'(u)|\,du\,.$$

Beweis. Wir nehmen zunächst an, daß Φ in einer offenen Menge $V \supset \overline{H}$ ein Diffeomorphismus ist. Nach den Sätzen 4.7 und 7.8 ist $U = \Phi(V)$ offen und $\Phi(\overline{H}) = \overline{G} \subset U$, und aus 3.11 (c) folgt, daß Φ in $\overline{H}$ und die Umkehrfunktion $\Psi = \Phi^{-1}$ in $\overline{G}$ lipschitzstetig sind. Aufgrund von Satz 7.8 werden durch Ψ bzw. Φ quadrierbare Teilmengen G_i von G auf quadrierbare Teilmengen $H_i = \Psi(G_i)$ von H abgebildet, und umgekehrt. Nach Corollar 7.17 ist (mit Φ statt f, H statt G und H_i statt B)

$$(3) \qquad |G_i| \le \int_{H_i} |\det \Phi'(u)| \, du \, .$$

Nun sei $\pi = (G_i)$ eine disjunkte Partition von G. Bezeichnet man mit m_i die zugehörigen Infima einer beschränkten Funktion $f \ge 0$ und mit t die Treppenfunktion $t(x) = \sum m_i c_{G_i}(x)$, so ist $0 \le t(x) \le f(x)$ in G. Es ist dann $t(\Phi(u)) = \sum m_i c_{H_i}(u)$ sowie $t \circ \Phi \le f \circ \Phi$. Aus (3) ergibt sich zunächst mit 7.10 (g)

$$s(\pi; f) = \sum m_i |G_i| \le \sum m_i \int_{H_i} |\det \Phi'| \, du$$

$$= \int_H t(\Phi(u)) |\det \Phi'(u)| \, du \, .$$

Die rechte Seite wird vergrößert, wenn man $t(\Phi)$ durch $f(\Phi)$ ersetzt und das untere Integral nimmt. Da dies für jede disjunkte Partition gilt, ergibt sich für die unteren Integrale mit Folgerung 7.13

$$(4) \qquad \underline{\int_G} f(x) \, dx \le \underline{\int_H} f(\Phi(u)) |\det \Phi'(u)| \, du \, .$$

Nun wenden wir diese für jede beschränkte, nichtnegative Funktion gültige „Substitutionsungleichung" auf die rechte Seite der Ungleichung (4), also auf die Funktion $g(u) = f(\Phi(u)) |\det \Phi'(u)|$, und die Substitution $u = \Psi(x)$ an und erhalten

$$(5) \qquad \begin{aligned} \underline{\int_G} f \, dx &\le \underline{\int_H} f(\Phi) |\det \Phi'| \, du \\ &\le \underline{\int_G} f(x) |\det \Phi'(\Psi(x))| \, |\det \Psi'(x)| \, dx \, . \end{aligned}$$

Dieser Schluß ist erlaubt, weil Ψ aufgrund unserer verschärften Annahmen dieselben Eigenschaften hat wie Φ. Aus $\Phi(\Psi(x)) \equiv x$ folgt $\Phi'(\Psi(x)) \Psi'(x) = E$ (Einheitsmatrix), also $\det \Phi'(\Psi) \cdot \det \Psi' = 1$. In (5) steht demnach links und rechts dieselbe Zahl, d.h. die Formel (S) gilt für das untere Integral,

$$(S_*) \qquad \underline{\int_G} f(x) \, dx = \underline{\int_H} f(\Phi(u)) |\det \Phi'(u)| \, du \, .$$

Ist die Funktion $f \ge 0$ in G stetig, so sind die auftretenden Funktionen nach 7.10 (l) integrierbar. Insbesondere gilt die Formel (S) für konstante Funktionen (auch bei negativer Konstante).

Nun sei f lediglich beschränkt in G und α eine Konstante mit $f + \alpha \geq 0$. Dann gilt (S.) für $f_1 = f + \alpha$ und $f_2 = -\alpha$. Man kann nun das Additionsgesetz 7.10 (m) anwenden, $J_*(f) = J_*(f_1 + f_2) = J_*(f_1) + J(f_2)$ beim linken Integral und ähnlich beim rechten Integral in (S.). Die Gleichung (S.) gilt also für beliebige beschränkte Funktionen f. Zwischen dem unteren und dem oberen Integral besteht nach 7.10 (c) die Beziehung $J^*(f) = -J_*(-f)$. Damit haben wir die entsprechende Formel (S*) für das obere Integral gewonnen. Der Satz ist damit unter den schärferen (üblichen) Voraussetzungen über Φ vollständig bewiesen.

Nun mögen die Voraussetzungen des Satzes gelten. Es sei L eine Lipschitz-konstante für Φ und α die entsprechende Konstante von Hilfssatz 7.8, β eine Schranke für $|f|$, γ eine Schranke für $|\det \Phi'|$ und $K = \{u \in H : \det \Phi'(u) = 0\}$ die Menge der kritischen Punkte von Φ. Auf der offenen Menge $H_1 = H \setminus K$ ist Φ nach 4.6 (a) ein Diffeomorphismus, insbesondere ist $G_1 = \Phi(H_1)$ offen. Zu $\varepsilon > 0$ wählen wir eine Würfelsumme $H_p \subset H$ mit $|H \setminus H_p| < \varepsilon$. Die in H_p gelegenen Würfel k-ter Stufe ($k > p$) teilen wir in zwei Würfelsummen ein: Die zu K disjunkten Würfel gehören zu H'_k, die anderen, welche Punkte mit K gemeinsam haben, zu H''_k. Es ist dann $H_p = H'_k \cup H''_k$. Die Bildmengen seien mit G_p, G'_k, G''_k bezeichnet; G'_k ist nach Satz 7.8 quadrierbar. Wir wählen k so groß, daß das Supremum von $|\det \Phi'|$ auf H''_k kleiner als ε ist ($\det \Phi'$ ist auf H_p gleichmäßig stetig). Nach Corollar 7.17 ist dann $|G''_k|_a < \varepsilon|H|$, während die Ungleichung $|G \setminus G_p|_a < \alpha\varepsilon$ aus Hilfssatz 7.8 folgt. Die Abschätzung

$$(6) \qquad |G'_k| \leq |G|_i \leq |G|_a \leq |G'_k| + |G''_k|_a + |G \setminus G_p|_a \leq |G'_k| + \varepsilon(|H| + \alpha)$$

zeigt, daß G quadrierbar ist. Nach dem ersten Teil des Beweises gilt der Satz für $H'_k \subset H_1$. Die (quadrierbare) Restmenge $G \setminus G'_k$ hat nach (6) einen Inhalt $< \varepsilon(|H| + \alpha)$, und das (untere, obere) Integral von f über diese Menge ist betragsmäßig kleiner als $\beta\varepsilon(|H| + \alpha)$. Die Funktion $F = (f \circ \Phi) |\det \Phi'|$ wird dem Betrage nach auf H''_k bzw. $H \setminus H_p$ durch $\beta\varepsilon$ bzw. $\beta\gamma$, das zugehörige Integral also durch $\beta\varepsilon|H|$ bzw. $\beta\gamma\varepsilon$ abgeschätzt. Da sich die drei Integrale über H'_k, H''_k und $H \setminus H_p$ nach 7.10 (g) zum Integral über H und ebenso die Integrale über G'_k und $G \setminus G'_k$ zum Integral über G addieren, unterscheiden sich die (oberen,...) Integrale $\int_G f\, dx$ und $\int_H F\, du$ höchstens um const.$\cdot\varepsilon$. Damit ist der Beweis vollständig erbracht.　　　　　　　　　　　　　　　　　　　　　　　　　　　　　□

7.19 Beispiele. Im folgenden werden n-dimensionale Polarkoordinaten und Zylinderkoordinaten behandelt.

1. Ebene Polarkoordinaten. In der üblichen Schreibweise lautet die Transformation (vgl. I.8.2)

$$(x, y) = \Phi(r, \phi) = (r \cos \phi, r \sin \phi) \ .$$

Den früheren Bezeichnungen x und u entsprechen jetzt (x, y) und (r, ϕ). Durch Φ wird die offene Menge

$$Q = \{(r, \phi) : r > 0, \ 0 < \phi < 2\pi\}$$

bijektiv auf die offene Menge $P = \mathbb{R}^2 \setminus P_x$ abgebildet, wobei $P_x = \{(x, 0) : x \geq 0\}$ ist (positive x-Achse mit Nullpunkt). Nach 4.6, Beispiel 2, ist

$$\det \Phi' = \det \frac{\partial(x, y)}{\partial(r, \phi)} = r > 0 \quad \text{in} \quad Q ;$$

also ist Φ auf Q ein Diffeomorphismus, der auf beschränkten Teilmengen von Q offenbar lipschitzstetig ist. Das Bild von $\overline{Q} = \{(r, \phi) : r \geq 0, 0 \leq \phi \leq 2\pi\}$ ist die ganze Ebene, doch ist die Abbildung nicht mehr bijektiv. Nach dem vorangehenden Satz mit Zusatz ergibt sich etwa für die abgeschlossene Kreisscheibe $B_R : x^2 + y^2 \leq R^2$,

$$\int_{B_R} f(x, y) \, d(x, y) = \int_0^R \int_0^{2\pi} f(r \cos \phi, r \sin \phi) \, r \, d\phi \, dr ,$$

wobei beide Integrale gleichzeitig existieren. Dies bleibt richtig, wenn auf der rechten Seite über einen quadrierbaren Bereich B und links über die (dann quadrierbare) Menge $\Phi(B)$ integriert wird. Wird z.B. auf der rechten Seite bezüglich r nur von ρ bis R integriert ($0 < \rho < R$), so ergibt sich das Integral über den Kreisring $\rho^2 \leq x^2 + y^2 \leq R^2$, wird außerdem ϕ auf das Intervall $0 \leq \phi \leq \pi$ beschränkt, so entspricht das dem in der oberen Halbebene gelegenen Teil dieses Kreisringes.

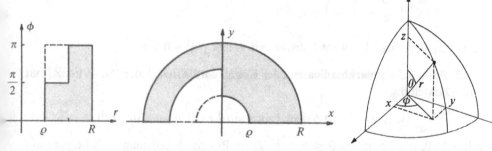

Abbildung durch ebene Polarkoordinaten

Räumliche
Polarkoordinaten

Ein Beispiel. Die Menge B sei durch die Ungleichungen $\alpha \leq \phi \leq \beta$, $0 \leq r \leq h(\phi)$ beschrieben, wobei $h \geq 0$ und stetig und $0 \leq \alpha < \beta < 2\pi$ ist. Dann ist $A = \Phi(B)$ der von den Strahlen $\phi = \alpha$, $\phi = \beta$ und der Kurve $r = h(\phi)$ begrenzten Sektor in der (x, y)-Ebene. Mit B ist auch A quadrierbar und

$$|A| = \int_\alpha^\beta \int_0^{h(\phi)} r \, dr \, d\phi = \frac{1}{2} \int_\alpha^\beta h^2(\phi) \, d\phi .$$

Das ist nichts anderes als die *Leibnizsche Sektorformel*, die wir schon in I.11.8 abgeleitet hatten (dort befindet sich auch ein Bild).

2. Zylinderkoordinaten im Raum. Führt man in der xy-Ebene des xyz-Raumes Polarkoordinaten ein und läßt z ungeändert, so erhält man die Transformation

$$(x, y, z) = (r \cos \phi, r \sin \phi, z) = \Phi_Z(r, \phi, z) \quad \text{*Zylinderkoordinaten*} .$$

Der Name weist darauf hin, daß den Ebenen $r = \text{const.}$ im (r, ϕ, z)-Raum unendliche Zylinder im (x, y, z)-Raum entsprechen. Die Abbildung ist auf der Menge $Q' = Q \times \mathbb{R}$ ein Diffeomorphismus mit der Bildmenge $P' = P \times \mathbb{R}$ (Bezeichnungen aus Beispiel 1), und das Bild von $\overline{Q'}$ ist der ganze Raum. Man sieht leicht, daß $\det \Phi'_z = r$ und Φ_z auf beschränkten Mengen lipschitzstetig ist. Für die Integrale besteht also, wenn $B \subset \overline{Q'}$ quadrierbar und $A = \Phi_Z(B)$ ist, die Gleichung

$$\int_A f(x, y, z)\, d(x, y, z) = \int_B rf(r \cos \phi, r \sin \phi, z)\, d(r, \phi, z) \ .$$

Als Beispiel betrachten wir den durch die Ungleichungen $0 \le r \le \phi \le \pi/2, 0 \le z \le r \cos \phi \ (= x)$ definierten Bereich B. Die Bildmenge A erhält man, wenn man auf der von der Archimedischen Spirale $r = \phi$ und der y-Achse begrenzten Fläche F in der xy-Ebene (vgl. Beispiel 1 von I.11.9) den senkrechten Zylinder errichtet und davon den zwischen den Ebenen $z = 0$ und $z = x$ gelegenen Teil nimmt. Das Volumen von A berechnet sich zu

$$|A| = \int_0^{\pi/2} \int_0^{\phi} \int_0^{r \cos \phi} r\, dz\, dr\, d\phi = \int_0^{\pi/2} \int_0^{\phi} r^2 \cos \phi\, dr\, d\phi$$

$$= \frac{1}{3} \int_0^{\pi/2} \phi^3 \cos \phi\, d\phi = \frac{1}{3} \left[\phi^3 \sin \phi + 3\phi^2 \cos \phi - 6\phi \sin \phi - 6 \cos \phi \right]_0^{\pi/2}$$

$$= \frac{1}{3} \left(\frac{\pi^3}{8} - 3\pi + 6 \right) = 0,1503 \ .$$

Zum Vergleich: Nach I.11.9 hat F den ebenen Inhalt $\frac{1}{48}\pi^3 = 0,6460$.

3. Räumliche Polarkoordinaten oder Kugelkoordinaten. Jeder Punkt im $\mathbb{R}^3$ hat eine Darstellung

$$(x, y, z) = (r \cos \phi \sin \theta, r \sin \phi \sin \theta, r \cos \theta) =: \Phi_3(r, \phi, \theta)$$

mit $r \ge 0, 0 \le \phi < 2\pi, 0 \le \theta \le \pi$. Zum Beweis denke man sich (x, y, z) auf einer Kugel vom Radius $r = (x^2 + y^2 + z^2)^{1/2}$ gelegen. In der dritten Gleichung $z = r \cos \theta$ ist dann θ der Winkel zwischen der z-Achse und dem Strahl von 0 nach (x, y, z). Weiter ist $\rho = \sqrt{x^2 + y^2} = r \sin \theta$, und aus der Darstellung $x = \rho \cos \phi, \ y = \rho \sin \phi$ (ebene Polarkoordinaten) ergibt sich die Formel. Die Funktionaldeterminante

$$\det \frac{\partial(x, y, z)}{\partial(r, \phi, \theta)} = -r^2 \sin \theta$$

wird unten berechnet; sie verschwindet nur auf der z-Achse. Durch Φ_3 wird die Menge $Q = \{(r, \phi, \theta) : r > 0, 0 < \phi < 2\pi, 0 < \theta < \pi\}$ bijektiv auf $P = \mathbb{R}^3 \setminus N$ und $\overline{Q}$ (nicht bijektiv) auf $\mathbb{R}^3$ abgebildet. Dabei ist $N = \{(x, y, z) : x \ge 0, y = 0\}$. Nach den Ergebnissen aus 7.18 hat jede quadrierbare Menge $B \subset \overline{Q}$ ein quadrierbares Bild $A = \Phi_3(B)$, und es ist

$$\int_A f(x, y, z)\, d(x, y, z) = \int_B f(\Phi(r, \phi, \theta))r^2 \sin \theta\, d(r, \phi, \theta) \ .$$

Z.B. ergibt sich als Bild von $B = [\rho, R] \times [0, 2\pi] \times [0, \pi]$ mit $0 \le \rho < R$ die Kugel bzw. Kugelschale $K : \rho^2 \le x^2 + y^2 + z^2 \le R^2$ und damit

$$\int_K f \, d(x, y, z) = \int_\rho^R \int_0^{2\pi} \int_0^\pi f(\Phi) r^2 \sin\theta \, d\theta \, d\phi \, dr \; .$$

Hängt f nur von $r = \sqrt{x^2 + y^2 + z^2}$ ab, so erhält diese Formel die Gestalt

$$\int_K f(r) \, d(x, y, z) = 4\pi \int_\rho^R f(r) r^2 \, dr \; .$$

Es ist für das Folgende hilfreich, die Transformation Φ_3 durch zwei aufeinanderfolgende Transformationen zu erzeugen, indem man zunächst auf Zylinderkoordinaten $(x, y, z) = \Phi_Z(\rho, \phi, z) = (\rho \cos\phi, \rho \sin\phi, z)$ (Beispiel 2 mit ρ statt r) übergeht und dann in der (z, ρ)-Ebene Polarkoordinaten (r, θ) einführt,

$$(\rho, \phi, z) = (r \sin\theta, \phi, r \cos\theta) = \Psi(r, \phi, \theta) \qquad \text{mit } r \ge 0, \, 0 \le \theta \le \pi$$

(wegen $\rho \ge 0$ ist $0 \le \theta \le \pi$). Man überzeugt sich leicht, daß $\Phi_3 = \Phi_Z \circ \Psi$ ist. Nach der Kettenregel ist $|\det \Phi_3'| = |\det \Phi_Z'(\Psi)| \cdot |\det \Psi'| = \rho r = r^2 \sin\theta$.

Es gibt noch eine zweite Darstellung der Kugelkoordinaten, welche den Winkel $\theta' = \frac{\pi}{2} - \theta$ benutzt. Die entsprechenden Formeln

$$(x, y, z) = (r \cos\phi \cos\theta', r \sin\phi \cos\theta', r \sin\theta')$$

werden vor allem in der Kartographie der Erde benutzt. Es ist dann θ' die „geographische Breite" und ϕ die „geographische Länge" eines Ortes auf der Erdoberfläche. In der physikalischen Literatur wird θ bevorzugt.

4. Polarkoordinaten im $\mathbb{R}^n$. Darunter versteht man die folgende Darstellung von $x \in \mathbb{R}^n$

$$
\begin{aligned}
x_1 &= r \cos\phi \sin\theta_1 \sin\theta_2 \sin\theta_3 \cdots \sin\theta_{n-2} \\
x_2 &= r \sin\phi \sin\theta_1 \sin\theta_2 \sin\theta_3 \cdots \sin\theta_{n-2} \\
x_3 &= r \cos\theta_1 \sin\theta_2 \sin\theta_3 \cdots \sin\theta_{n-2} \\
x_4 &= r \cos\theta_2 \sin\theta_3 \cdots \sin\theta_{n-2} \\
&\;\;\vdots \qquad\qquad\qquad\qquad\qquad \ddots \\
x_{n-1} &= \qquad\qquad\qquad\qquad r \cos\theta_{n-3} \sin\theta_{n-2} \\
x_n &= \qquad\qquad\qquad\qquad r \cos\theta_{n-2}
\end{aligned}
$$

(1)

mit

$$r \ge 0, \quad 0 \le \phi < 2\pi, \quad 0 \le \theta_i \le \pi \quad \text{für } i = 1, \dots, n-2 \; .$$

Wir schreiben dafür $x = \Phi_n(r, \phi, \theta_1, \dots, \theta_{n-2})$; für $n = 3$ ergeben sich die Kugelkoordinaten von Beispiel 3. Für diese Abbildung ist

(2) $$|\det \Phi_n'| = r^{n-1} \sin\theta_1 (\sin\theta_2)^2 \cdots (\sin\theta_{n-2})^{n-2} \; .$$

Auf der offenen Menge $Q = (0, \infty) \times (0, 2\pi) \times (0, \pi)^{n-2}$ ist Φ_n ein Diffeomorphismus mit der Bildmenge $P = \mathbb{R}^n \setminus N_n$, $N_n = \{x : x_1 \ge 0, \, x_2 = 0\}$. Wieder ist $\Phi_n(\overline{Q}) = \mathbb{R}^n$.

Den Beweis dieser Behauptungen führen wir durch Schluß von $n-1$ auf n und benutzen dabei die obige Idee einer Produktdarstellung $\Phi_n = \Phi_Z \circ \Psi$. Hierbei steht Φ_Z für die Zylinderkoordinaten im $\mathbb{R}^n$, die man erhält, indem man Polarkoordinaten im $\mathbb{R}^{n-1}$ (mit der Bezeichnung ρ statt r) durch $x_n = x_n$ zu einer Transformation im $\mathbb{R}^n$ erweitert, in Formeln

$$x = \Phi_Z(\rho, \phi, \theta_1, \ldots, \theta_{n-3}, x_n) := (\Phi_{n-1}(\rho, \phi, \theta_1, \ldots, \theta_{n-3}), x_n)) \ .$$

Die zweite Transformation $(\rho, \phi, \theta_1, \ldots, \theta_{n-3}, x_n) = \Psi(r, \phi, \theta_1, \ldots, \theta_{n-3}, \theta_{n-2})$ wird genau wie früher durch Darstellung von (x_n, ρ) in Polarkoordinaten (r, θ_{n-2}) gewonnen,

$$\rho = r \sin \theta_{n-2} \ , \quad x_n = r \cos \theta_{n-2} \quad (0 \le \theta_{n-2} \le \pi) \ ,$$

$$\phi = \phi \ , \quad \theta_1 = \theta_1, \ldots, \theta_{n-3} = \theta_{n-3} \ .$$

Die Gleichung $\Phi_n = \Phi_Z \circ \Psi$ ist leicht nachzuprüfen. Nach Induktionsvoraussetzung ist $|\det \Phi_Z'| = |\det \Phi_{n-1}'| = \rho^{n-2} \sin \theta_1 \cdots (\sin \theta_{n-3})^{n-3}$, woraus sich mit $\rho = r \sin \theta_{n-2}$ und $|\det \Psi'| = r$ die Gleichung (2) ergibt.

Jede quadrierbare Menge $B \subset \overline{Q}$ hat ein quadrierbares Bild $A = \Phi_n(B)$, und in der Substitutionsformel (1) von 7.18 wird

$$(3) \qquad dx = r^{n-1} \sin \theta_1 (\sin \theta_2)^2 \cdots (\sin \theta_{n-2})^{n-2} d(r, \phi, \theta_1 \cdots \theta_{n-2}) \ .$$

Ist f nur von $|x|$ abhängig, so ergibt sich für das Integral über die Kugel oder Kugelschale $K : \rho \le |x| \le R$

$$\int_K f(|x|)\, dx = \int_\rho^R \omega_n r^{n-1} f(r)\, dr$$

mit

$$\omega_n = 2\pi \int_0^\pi \cdots \int_0^\pi \sin \theta_1 (\sin \theta_2)^2 \cdots (\sin \theta_{n-2})^{n-2} d\theta_1 \cdots d\theta_{n-2}$$

$$= \frac{2\pi^{n/2}}{\Gamma(n/2)} \ .$$

Dabei bezeichnet Γ die Gammafunktion; vgl. I.12.8. Die auftretenden Integrale wurden in I.11.3 ausgerechnet. Eine andere Art der Bestimmung von ω_n ist in 7.21, Beispiel 2, erklärt. Es ist

$$\omega_1 = 2 \ , \quad \omega_2 = 2\pi \ , \quad \omega_3 = 4\pi \ , \quad \omega_4 = 2\pi^2 \ , \quad \omega_5 = \frac{8}{3}\pi^2 \ .$$

Für $f \equiv 1$ erhält man das Volumen der Kugel B_R vom Radius R. Es ergibt sich $|B_R| = \Omega_n R^n$ mit $\Omega_n = \omega_n/n$. Hierbei ist Ω_n das

$$\textit{Volumen der Einheitskugel} \quad \Omega_n = \frac{\omega_n}{n} = \frac{\pi^{n/2}}{\Gamma(\frac{n}{2}+1)} \ ,$$

also $\Omega_1 = 2$, $\Omega_2 = \pi$, $\Omega_3 = \frac{4}{3}\pi$, $\Omega_4 = \frac{1}{2}\pi^2$, $\Omega_5 = \frac{8}{15}\pi^2$. Wir werden in 8.10 sehen, daß ω_n die Oberfläche der Einheitssphäre $|x| = 1$ ist.

Aus der Abschätzung $\Gamma\left(\frac{n}{2}\right) \geq m!$ mit $m = \left[\frac{n}{2} - 1\right]$ (vgl. I.12.8) ergibt sich eine höchst paradoxe Folgerung: $\omega_n \to 0$, $\Omega_n \to 0$ für $n \to \infty$.

Im nächsten Abschnitt behandeln wir uneigentliche Integrale. Wie im Fall $n = 1$ handelt es sich dabei um eine Ausdehnung des Integralbegriffs auf unbeschränkte Integrationsbereiche und unbeschränkte Integranden. Die übliche, auf C. Jordan (1894) und O. Stolz (1899) zurückgehende Definition uneigentlicher Integrale für $n > 1$ hat zur Folge, daß – ganz im Gegensatz zum Fall $n = 1$ – aus der Integrierbarkeit einer Funktion ihre absolute Integrierbarkeit folgt. Ein Beweis findet sich u.a. bei A. Ostrowski [Bd. 3, S. 279] und G.M Fichtenholz [Bd. 3, S. 210]. Wir werden diesen Tatbestand von vorneherein in die Definition einfließen lassen. Es sei jedoch erwähnt, daß andere Definitionen möglich sind, bei denen Konvergenz ohne Absolutkonvergenz auftreten kann; vgl. Aufgabe 17.

7.20 Uneigentliche Integrale. Im folgenden sei B_r die Kugel $|x| < r$ und W_r der Würfel $(-r, r)^n$. Wir geben für das uneigentliche Integral $\int_A f(x)\,dx$ eine allgemeine Definition, welche die beiden typischen Sonderfälle (i) A ist unbeschränkt, etwa $A = \mathbb{R}^n$, und (ii) f hat eine singuläre Stelle, etwa $A = B_1$, $f(z) = |x|^\alpha$ mit $\alpha < 0$, umfaßt. Damit ist auch der Fall, daß (i) und (ii) gleichzeitig vorliegen, eingeschlossen.

Es sei $A \subset \mathbb{R}^n$ eine beliebige Menge. Eine monoton wachsende Folge (C_k) von quadrierbaren Teilmengen von A heißt *erschöpfend*, wenn für jedes $r > 0$ die Beziehung $\lim_{k\to\infty} |A \cap B_r \setminus C_k|_a = 0$ gilt. Da man hier C_k durch $C_k' = C_k \cap B_r$ ersetzen kann, zeigt Lemma 7.6, daß die Existenz einer erschöpfenden Folge die Quadrierbarkeit der Mengen $A \cap B_r$ nach sich zieht. Im Fall $A = \mathbb{R}^n$ bilden z.B. die Kugeln B_k oder die Würfel W_k ($k = 1, 2, \ldots$) erschöpfende Folgen. Ist A quadrierbar und $a \in \overline{A}$, so ist die Folge $(A \setminus B_{1/k}(a))$ erschöpfend.

Definition. Zu einer Funktion $f : A \to \mathbb{R}$ bilden wir die Klasse Q_f aller quadrierbaren Mengen $C \subset A$ mit $f \in R(C)$. Die Funktion heißt *über A uneigentlich integrierbar*, wenn es eine (bezüglich A) erschöpfende Folge (C_k) mit $C_k \in Q_f$ und eine Konstante K mit

$$(1) \qquad \int_C |f(x)|\,dx \leq K \qquad \text{für alle } C \in Q_f$$

gibt. Das uneigentliche Integral ist dann durch

$$(2) \qquad \int_A f(x)\,dx := \lim_{k\to\infty} \int_{C_k} f(x)\,dx$$

eindeutig definiert, d.h. der Limes existiert, und er ist unabhängig von der gewählten erschöpfenden Folge aus Q_f.

Beweis. Zunächst sei $f \geq 0$. Die Folge der Integrale in (2) ist dann beschränkt und monoton wachsend. Es sei L der in (2) auftretende Limes und S das Supremum der Zahlen $\int_C f\,dx$ mit $C \in Q_f$. Offenbar ist $L \leq S$. Zum Beweis der umgekehrten Ungleichung sei $C \in Q_f$. Da C beschränkt ist, gibt es ein r mit $C \subset A \cap B_r$. Also ist $\lim |C \setminus C_k| = 0$. Aus $C \subset (C \setminus C_k) \cup C_k$ folgt, wenn α eine Schranke für f auf C ist,

$$\int_C f \, dx \le \int_{C_k} f \, dx + \alpha |C \setminus C_k| \, .$$

Für $k \to \infty$ strebt die rechte Seite gegen L. Es ist also $\int_C f \, dx \le L$ und damit $S \le L$. Aus der nun bewiesenen Gleichung $S = L$ folgt die Unabhängigkeit des Limes von der erschöpfenden Folge.

Im allgemeinen Fall ergibt sich die Behauptung aus der Darstellung $f = f^+ - f^-$. Da mit f auch die Funktionen f^+ und f^- über C integrierbar sind, gilt (1) für f^+ und f^-. Die Limites in (2) von f^+ und f^- existieren also, und sie sind unabhängig von der gewählten erschöpfenden Folge. Dies gilt dann wegen $\int_C f \, dx = \int_C f^+ \, dx - \int_C f^- \, dx$ auch für den Limes bezüglich f. $\square$

Bemerkungen. 1. Ist A quadrierbar und $f \in R(A)$, so ist f über A auch uneigentlich integrierbar, und es ergibt sich derselbe Integralwert. Das folgt aus 7.10 (k).

2. Die Menge $R_u(A)$ aller über A uneigentlich integrierbaren Funktionen ist ein Vektorraum, und das uneigentliche Integral ist ein lineares Funktional. Sind nämlich $f, g \in R_u(A)$ und sind (C_k), (D_k) erschöpfende Folgen aus Q_f bzw. Q_g, so ist (E_k) mit $E_k = C_k \cap D_k$ eine erschöpfende Folge aus $Q_f \cap Q_g$. Aus $A \setminus E_k = (A \setminus C_k) \cup (A \setminus D_k)$ folgt nämlich mit 7.5 (c) $|(A \cap B_r) \setminus E_k| \to 0$.

7.21 Beispiele. 1. Das Integral $J = \int_{\mathbb{R}^2} e^{-(x^2+y^2)} \, d(x, y)$ konvergiert wegen

$$\int_{B_R} e^{-(x^2+y^2)} \, d(x, y) = \pi \int_0^R e^{-r^2} 2r \, dr = \pi(1 - e^{-R^2}) \to \pi \, ,$$

und es ist $J = \pi$. Andererseits ist mit $J_R := \int_{-R}^R e^{-x^2} \, dx$

$$\int_{W_R} e^{-(x^2+y^2)} \, d(x, y) = \int_{-R}^R e^{-y^2} \left(\int_{-R}^R e^{-x^2} \, dx \right) dy = J_R^2$$

auch konvergent gegen π, also $\lim_{R \to \infty} J_R = \sqrt{\pi}$. Damit haben wir ein wichtiges Integral bestimmt,

$$\int_{-\infty}^{+\infty} e^{-x^2} \, dx = \sqrt{\pi} \, .$$

Anhand der Substitution $x^2 = t$ erkennt man, daß das Integral gleich der Gammafunktion $\Gamma(x)$ für $x = 1/2$ ist, $\Gamma(\frac{1}{2}) = \sqrt{\pi}$; vgl. I.12.8.

2. Wir betrachten dasselbe Beispiel im $\mathbb{R}^n$ und benutzen die Schreibweise $x^2 = x_1^2 + \cdots + x_n^2$. Nach Beispiel 4 von 7.19 erhält man

$$\int_{B_R} e^{-x^2} \, dx = \omega_n \int_0^R r^{n-1} e^{-r^2} \, dr \qquad \text{(Substitution } s = r^2\text{)}$$

$$= \frac{\omega_n}{2} \int_0^{R^2} s^{\frac{n-2}{2}} e^{-s} \, ds \to \frac{\omega_n}{2} \Gamma\left(\frac{n}{2}\right)$$

für $R \to \infty$. Andererseits ergibt sich mit Beispiel 1

$$\int_{W_R} e^{-x^2}\, dx = \left(\int_{-R}^{R} e^{-t^2}\, dt \right)^n = J_R^n \to \pi^{n/2} \quad \text{für } R \to \infty \,.$$

Hieraus erhält man den in 7.19 angegebenen Wert $\omega_n = 2\pi^{n/2}/\Gamma\left(\frac{n}{2}\right)$.

3. *Lineare Substitution*. Ist f über den $\mathbb{R}^n$ uneigentlich integrierbar, $a \in \mathbb{R}^n$ und A eine invertierbare Matrix, so gilt

$$\int f(x)\, dx = |\det A| \int f(a + Ay)\, dy \quad \text{(Integrale über } \mathbb{R}^n\text{)} \,,$$

wobei das rechts stehende Integral konvergiert. Insbesondere ist

$$\int f(x)\, dx = \lambda^n \int f(\lambda x)\, dx \quad \text{für } \lambda > 0 \,.$$

Das folgt aus der Bemerkung, daß positive Zahlen α, β mit $B_\alpha \subset A(B_1) \subset B_\beta$, also $B_{\alpha r} \subset A(B_r) \subset B_{\beta r}$, für jedes $r > 0$ existieren. Mit (C_k) ist also auch $(a + A(C_k))$ eine erschöpfende Folge und umgekehrt, und das Integral von $f(x)$ über $a + A(C_k)$ ist nach 7.18 gleich dem Integral von $f(a + Ay)|\det A|$ über C_k.

4. *Die Eulersche Betafunktion*. In I.12.9 haben wir die Betafunktion

$$B(p,q) = \int_0^1 t^{p-1}(1-t)^{q-1}\, dt = \frac{1}{(b-a)^{p+q-1}} \int_a^b (s-a)^{p-1}(b-s)^{q-1}\, ds$$

eingeführt; die zweite Form ergibt sich mit der Substitution $t = (s-a)/(b-a)$. Das Integral existiert für $p > 0$, $q > 0$. Wir berechnen das Doppelintegral

$$\Gamma(p)\, \Gamma(q) = \int_0^\infty \int_0^\infty e^{-x} x^{p-1} e^{-y} y^{q-1}\, dx\, dy$$

als Limes der Integrale über die Dreiecke $D_R : x \geq 0$, $y \geq 0$, $x + y \leq R$. Bei der Substitution

$$\begin{pmatrix} x \\ y \end{pmatrix} = \begin{pmatrix} \frac{1}{2}(s+t) \\ \frac{1}{2}(s-t) \end{pmatrix} = A \begin{pmatrix} s \\ t \end{pmatrix} \quad \text{mit } A = \begin{pmatrix} \frac{1}{2} & \frac{1}{2} \\ \frac{1}{2} & -\frac{1}{2} \end{pmatrix}$$

entspricht dem Dreieck D_R das Dreieck $D_R' : 0 \leq s \leq R$, $|t| \leq s$, und man erhält mit $\det A = -\frac{1}{2}$

$$\iint_{D_R} e^{-x-y} x^{p-1} y^{q-1}\, d(x,y) = \frac{1}{2} \int_0^R e^{-s} \int_{-s}^s \left(\frac{s+t}{2} \right)^{p-1} \left(\frac{s-t}{2} \right)^{q-1}\, dt\, ds$$

$$= \frac{1}{2} \int_0^R e^{-s} \frac{(2s)^{p+q-1}}{2^{p+q-2}} B(p,q)\, ds$$

$$= B(p,q) \int_0^R e^{-s} s^{p+q-1}\, ds \,.$$

Für $R \to \infty$ strebt die rechte Seite gegen $B(p,q)\Gamma(p+q)$, und man erhält die wichtige Formel

$$B(p,q) = \frac{\Gamma(p)\Gamma(q)}{\Gamma(p+q)} \quad \text{für} \quad p,q > 0 .$$

Ist $0 < p < 1$ oder $0 < q < 1$, so sind die Integrale bei 0 uneigentlich. Man betrachtet dann statt D_R die Mengen $D_{\delta,R} : x, y \geq 0, \delta \leq x + y \leq R$. Bei $D'_{\delta,R}$ ist dann $\delta \leq s \leq R$, und man läßt $R \to \infty$ und $\delta \to 0+$ streben.

5. Es sei $A \subset \mathbb{R}^n$ quadrierbar, $f \in R(A)$ und $a \in \overline{A}$. Dann existiert das uneigentliche Integral

$$\int_A \frac{f(x)}{|x-a|^\alpha} \, dx \quad \text{für} \quad \alpha < n .$$

Es sei etwa $|f(x)| \leq K$. Für den Beweis kann man annehmen, daß $a = 0$ und $A \subset B_R$ ist. Die Mengen $C_k = A \setminus B_{1/k}$ bilden eine erschöpfende Folge, und aus

$$\int_{C_k} \frac{|f(x)|}{|x|^\alpha} \, dx \leq K \int_{1/k}^R \omega_n r^{n-1-\alpha} \, dr \leq K\omega_n \frac{R^{n-\alpha}}{n-\alpha}$$

folgt die Behauptung.

Damit ist der theoretische Teil der Integralrechnung abgeschlossen. In den folgenden Nummern werden einige Anwendungen auf mathematische und physikalische Probleme besprochen. Wir beginnen mit der Faltung, einer Operation mit zahlreichen Anwendungen in der Analysis.

7.22 Die Faltung. Im folgenden ist t eine reelle Zahl, $x \in \mathbb{R}^n$ und x^2 eine Abkürzung für $|x|^2$. Eine Funktion ohne weitere Angaben ist eine im $\mathbb{R}^n$ erklärte reellwertige Funktion. Der *Träger* (engl. support) einer Funktion f ist die abgeschlossene Hülle aller Punkte im $\mathbb{R}^n$, an denen f nicht verschwindet. Er wird mit supp $f = \text{cl } \{x \in \mathbb{R}^n : f(x) \neq 0\}$ bezeichnet. Eine Funktion, welche außerhalb einer beschränkten Menge verschwindet, wird deshalb auch *Funktion mit kompaktem Träger* genannt. Z.B. ist $(n = 1)$ supp $\sin t = \mathbb{R}$, während der Träger der Funktion $t \mapsto \max\{\sin \pi t, 0\}$ gleich der Vereinigung der Intervalle $[2k, 2k+1]$ $(k \in \mathbb{Z})$ ist.

Mit $C_0^k(\mathbb{R}^n)$ bezeichnet man die Menge aller Funktionen aus $C^k(\mathbb{R}^n)$ mit kompaktem Träger $(0 \leq k \leq \infty)$. Offenbar handelt es sich um einen Funktionenraum. Funktionen aus $C_0^k(\mathbb{R}^n)$ mit $k < \infty$ sind leicht anzugeben. So ist etwa die Funktion $\phi(t) = (t_+)^{k+1}$ mit $t_+ = \max(t, 0)$ aus $C^k(\mathbb{R})$, wie man sich leicht klar macht, also $f(x) = \phi(1 - x^2)$ aus $C_0^k(\mathbb{R}^n)$. Nicht so einfach ist es, Beispiele aus $C_0^\infty(\mathbb{R}^n)$ zu finden.

(a) Die in Aufgabe 2 von §I.10 behandelte Funktion

$$\phi(t) = \begin{cases} e^{-1/t} & \text{für } t > 0 \\ 0 & \text{für } t \leq 0 \end{cases}$$

ist aus der Klasse $C^\infty(\mathbb{R})$ (Beweis wie in I.10.18). Also stellt $f(x) = \phi(1 - x^2)$ ein Exemplar aus $C_0^\infty(\mathbb{R}^n)$ mit supp $f = \overline{B}_1$ dar.

Für zwei im $\mathbb{R}^n$ erklärte Funktionen f, g ist die *Faltung* $h = f * g$ definiert durch

(F) $\qquad h(x) = (f * g)(x) := \int f(y)g(x - y)\,dy = \int g(y)f(x - y)\,dy$.

Die zweite Form ergibt sich aus der ersten durch die Substitution $y' = x - y$. Die Integrale erstrecken sich hier und im folgenden über den ganzen $\mathbb{R}^n$. Lineare Substitutionen werden auch später auftreten; sie sind nach Beispiel 3 von 7.21 erlaubt. Im Fall $n = 1$ handelt es sich also um das Integral

$$h(t) = \int_{-\infty}^{\infty} f(s)g(t - s)\,ds .$$

Zunächst braucht man Voraussetzungen, um die Existenz des uneigentlichen Integrals zu sichern. Wir betrachten hier nur den Fall, daß beide Funktionen über jede Kugel B_r integrierbar sind und eine von ihnen einen kompakten Träger hat, so daß der Integrationsbereich de facto beschränkt ist. Unter dieser generellen Voraussetzung gilt dann:

(b) Die Faltung ist aufgrund der Gleichung (F) symmetrisch, $f * g = g * f$. Die folgenden Eigenschaften gelten deshalb auch, wenn man die Voraussetzung über f und g vertauscht.

(c) Ist S eine orthogonale $n \times n$-Matrix und $f(Sx) = f(x)$, $g(Sx) = g(x)$ für $x \in \mathbb{R}^n$, so hat auch h diese Eigenschaft $h(Sx) = h(x)$. Wir notieren zwei Sonderfälle. Ist $f(x) = f(-x)$ oder $f(x)$ rotationssymmetrisch (d.h. nur von $r = |x|$ abhängig) und hat g dieselbe Eigenschaft, so kommt diese Eigenschaft auch dem Faltungsprodukt h zu.

Beweis. Für $h(Sx)$ erhält man mit der Substitution $y = Sz$ unter Beachtung von $|\det S| = 1$

$$h(Sx) = \int f(y)g(Sx - y)\,dy = \int f(Sz)g(Sx - Sz)\,dz$$

$$= \int f(z)g(x - z)\,dz = h(x) .$$

Rotationssymmetrie bedeutet, daß die Funktion gegenüber jeder orthogonalen Transformation invariant ist. $\qquad\qquad\qquad\qquad\qquad\qquad\qquad\qquad\quad\square$

Das folgende Ergebnis zeigt, daß sich die Glattheit von f auf das Faltungsprodukt überträgt.

(d) Ist $f \in C^k(\mathbb{R}^n)$ und supp g beschränkt oder $f \in C_0^k(\mathbb{R}^n)$ und g beliebig $(0 \leq k \leq \infty)$, so ist $f * g$ aus $C^k(\mathbb{R}^n)$ und

$$D^p(f * g) = (D^p f) * g \qquad \text{für } |p| \leq k .$$

Beweis. Es sei $h = f * g$. Im ersten Fall sei etwa supp $g \subset B_r$. In der Darstellung (*) $h(x) = \int f(x - y)g(y)\,dy$ genügt es dann, über B_r zu integrieren, und die Behauptung folgt sofort aus Corollar 7.14. Im zweiten Fall sei supp $f \subset B_r$. Für festes x erstreckt sich dann die Integration in (∗) auf alle y mit $|x - y| < r$, d.h. auf die Kugel $B_r(x)$. Beschränkt man zunächst x auf die Kugel $|x| < s$, so genügt es also, über die Kugel $|y| < r + s$ zu integrieren. Die Behauptung folgt nun wieder aus Corollar 7.14, jedenfalls für $x \in B_s$. Da man aber s beliebig wählen kann, gilt der Satz allgemein.   □

Sind beide Funktionen glatt, so „addiert" sich die Glattheit beim Faltungsprodukt, und man kann wahlweise den ersten oder den zweiten Faktor differenzieren. Genauer besteht der folgende

Hilfssatz. *Ist $f \in C^k(\mathbb{R}^n)$ und $g \in C_0^l(\mathbb{R}^n)$ $(0 \le k, l \le \infty)$, so ist $f * g \in C^{k+l}(\mathbb{R}^n)$ und*

$$D^{p+q}(f * g) = (D^p f) * (D^q g) \quad \text{für } |p| \le k, |q| \le l \ .$$

Beweis. Aus (d) folgt zunächst, daß $h = f * g$ aus $C^k(\mathbb{R}^n)$ ist. Nun sei p mit $|p| \le k$ gegeben und $f_1 = D^p f$, also $D^p h = h_1 = f_1 * g$. Nun wenden wir erneut (d) an, und zwar mit (g, f_1) anstelle von (f, g). Es folgt $h_1 \in C^l(\mathbb{R}^n)$ und $D^q h_1 = D^q g * f_1 = D^p f * D^q g$ für $|q| \le l$. Damit ist der Hilfssatz bewiesen.   □

Die Faltung ist ein vorzügliches Hilfsmittel, um gegebene Funktionen durch glatte Funktionen zu approximieren. Die Grundlage dazu bildet der folgende

Satz. *Die Funktionen f und ψ seien stetig; f habe einen kompakten Träger, und ψ sei über den $\mathbb{R}^n$ integrierbar mit $\int \psi(y) \, dy = 1$. Dann ist für $\alpha > 0$ die Funktion*

$$(1) \qquad f_\alpha(x) := \alpha^{-n} \int f(y) \, \psi\left(\frac{x - y}{\alpha}\right) dy = \int f(x - \alpha y) \psi(y) \, dy$$

stetig im $\mathbb{R}^n$ und

$$\lim_{\alpha \to 0+} f_\alpha(x) = f(x) \quad \text{gleichmäßig im } \mathbb{R}^n \ .$$

Die zweite Form des Integrals folgt aus der ersten durch die Substitution $y' = \frac{1}{\alpha}(x - y)$, $dy = \alpha^n dy'$. Die Funktion $\psi^\alpha(x) = \alpha^{-n}\psi(\frac{x}{\alpha})$ hat dieselben Eigenschaften wie ψ, insbesondere ist $\int \psi^\alpha(y) \, dy = 1$, wie sich aus der Gleichheit der beiden Integrale für $f(y) \equiv 1$, $x = 0$ ergibt. Das erste Integral in (1) läßt sich als Faltung

$$(1') \qquad\qquad f_\alpha = f * \psi^\alpha \quad \text{mit} \quad \psi^\alpha(x) = \alpha^{-n}\psi\left(\frac{x}{\alpha}\right)$$

schreiben. Die Stetigkeit von f_α ist also eine unmittelbare Folge des Hilfssatzes.

Beweis der Limesrelation. Da $\int \psi(y) \, dy = 1$ ist, kann man die Differenz $f_\alpha - f$ als Integral

$$f_\alpha(x) - f(x) = \int [f(x - \alpha y) - f(x)]\psi(y) \, dy$$

schreiben. Nun sei $\varepsilon > 0$ vorgegeben und $R > 0$ so bestimmt, daß $\int_{|y|>R} |\psi| \, dy < \varepsilon$ wird. Da f beschränkt ist, etwa $|f(x)| \le A$, läßt sich das Integral über den Bereich

$|y| > R$ dem Betrag nach durch $2A\varepsilon$ abschätzen. Wir kommen zum Integral über die Kugel $|y| \leq R$. Zu dem gewählten ε gibt es ein $\delta > 0$ mit $|f(x+h) - f(x)| < \varepsilon$ für $|h| < \delta$ und alle $x \in \mathbb{R}^n$ (f ist gleichmäßig stetig, da supp f kompakt ist). Nun sei $\alpha < \delta/R$, also $|\alpha y| < \delta$ und deshalb $|f(x - \alpha y) - f(x)| < \varepsilon$. Das Integral über $|y| \leq R$ ist also, wenn wir $\int |\psi| \, dy = B$ setzen, dem Betrag nach $< B\varepsilon$. Insgesamt erhalten wir

$$|f_\alpha(x) - f(x)| < \varepsilon(2A + B) \qquad \text{für} \quad 0 < \alpha < \delta/R \,.$$

Damit ist die gleichmäßige Konvergenz bewiesen. $\qquad\qquad\qquad\qquad\qquad$ □

Unter wesentlicher Benutzung dieses Satzes werden wir nun einige Approximationsaufgaben lösen.

7.23 Approximation durch C^∞-Funktionen. Mittelwerte. Wir benutzen hier eine Funktion ψ mit den folgenden Eigenschaften:

(M) $\qquad \psi \in C_0^\infty(\mathbb{R}^n), \ \psi \geq 0, \ \text{supp } \psi \subset \overline{B}_1 \quad$ und natürlich $\quad \displaystyle\int \psi(x) \, dx = 1 \,.$

(a) Man kann etwa $\psi(x) = c\phi(1 - x^2)$ setzen, wobei ϕ die Funktion von 7.22 (a) ist und $c > 0$ so bestimmt wird, daß das Integral den Wert 1 erhält.

Für die gemäß Gleichung (1') von 7.22 zugehörige Funktion $\psi^\alpha(x) = \alpha^{-n}\psi(\frac{x}{\alpha})$ ist supp $\psi^\alpha \subset \overline{B}_\alpha$. Das Faltungsprodukt $f_\alpha = f * \psi^\alpha$ kann als bewichteter Integralmittelwert von f aufgefaßt werden, wobei zur Bildung von $f_\alpha(x)$ nur die Funktionenwerte aus der Kugel $B_\alpha(x)$ herangezogen werden. Es gilt nämlich

(b) Aus $m \leq f(y) \leq M$ für $y \in B_\alpha(x)$ folgt $m \leq f_\alpha(x) \leq M$.

(c) Es sei $A = \text{supp } f$. Dann ist supp $f_\alpha \subset \overline{A}_\alpha = \{x : \text{dist } (x, A) \leq \alpha\}$.

Wegen $\psi \geq 0$ ist nämlich $m\psi(y) \leq f(x - \alpha y)\psi(y) \leq M\psi(y)$ für $|y| < 1$, und durch Integration ergibt sich (b), wenn man supp $\psi \subset \overline{B}_1$ beachtet. Ist nun dist $(x, A) > \alpha$, so kann man in (b) $m = M = 0$ wählen und erhält (c).

Ist f eine stetige Funktion mit kompaktem Träger, so ist f_α aus C^∞ nach dem vorangehenden Hilfssatz und damit die Möglichkeit der Approximation von f durch C^∞-Funktionen bereits nachgewiesen. Da wir aber beliebige stetige Funktionen zulassen und außerdem auch die Ableitungen von f, soweit sie vorhanden sind, approximieren wollen, bedarf es einiger zusätzlicher Überlegungen.

Approximationssatz. *Die Funktion f sei aus $C^m(\mathbb{R}^n)$ $(0 \leq m < \infty)$. Dann gibt es zu jedem $\varepsilon > 0$ eine Funktion $g \in C^\infty(\mathbb{R}^n)$ mit*

$$|D^p f(x) - D^p g(x)| < \varepsilon \qquad \text{für} \quad |p| \leq m \quad \text{und} \quad x \in \mathbb{R}^n \,.$$

Insbesondere kann jede in $\mathbb{R}^n$ stetige Funktion durch C^∞-Funktionen beliebig gut approximiert werden.

Beweis. Zunächst sei $f \in C_0^m(\mathbb{R}^n)$. Dann ist $f_\alpha = f * \psi^\alpha$ aus $C^\infty(\mathbb{R}^n)$ und $\lim_{\alpha \to 0} f_\alpha(x) = f(x)$ gleichmäßig in $\mathbb{R}^n$ aufgrund des vorangehenden Hilfssatzes und Satzes. Ist nun $m > 0$, so läßt sich diese Überlegung wegen $D^p(f_\alpha) = (D^p f) * \psi^\alpha$ auch auf die Ableitungen der Ordnung $\leq m$ anwenden. Für $\alpha \to 0$ streben also alle diese Ableitungen von f_α gleichmäßig gegen die entsprechenden Ableitungen von f. Die Funktion $g = f_\alpha$ hat also, wenn α hinreichend klein ist, die im Satz verlangten Eigenschaften.

Den allgemeinen Fall führen wir auf diesen Spezialfall zurück und benutzen dabei eine Beweismethode, welche unter dem Namen *Zerlegung der Eins* (oder *der Einheit*) bekannt geworden ist und wichtige Anwendungen in der Analysis hat. Im vorliegenden Fall handelt es sich um die folgende Aussage.

(d) Es gibt Funktionen $h_1, h_2, \ldots$ aus $C_0^\infty(\mathbb{R}^n)$ mit den Eigenschaften supp $h_k \subset \bar{B}_{k+1} \setminus B_{k-1}$ und $\sum_1^\infty h_k(x) = 1$ in $\mathbb{R}^n$. Offenbar sind für jeden Punkt x höchstens zwei Funktionswerte $h_k(x)$ von Null verschieden.

Der Name ‚Zerlegung der Eins' leitet sich von der letzten Gleichung ab: die Funktion $h(x) \equiv 1$ wird in glatte Funktionen mit kompaktem Träger „zerlegt". Wir benutzen zur Konstruktion der h_k die Funktion ϕ von 7.22 (a) und setzen

$$u_1(x) = \phi(4 - x^2), \qquad u_k(x) = \phi((k+1)^2 - x^2)\phi(x^2 - (k-1)^2) \qquad \text{für} \quad k = 2, 3, \ldots.$$

Offenbar haben die u_k die erste Eigenschaft von (d), und es ist $u(x) = \sum u_k(x) > 0$ in $\mathbb{R}^n$. Da die Summe in beschränkten Bereichen endlich ist, gehört u zu $C^\infty(\mathbb{R}^n)$, und die Funktionen $h_k = u_k/u$ besitzen alle in (d) genannten Eigenschaften.

Nun sei $\varepsilon > 0$ gegeben. Wir setzen $f_k = f h_k$ und bestimmen $\alpha_k < 1$ derart, daß die Ungleichung des Satzes für f_k und $g_k = f_k * \psi^{\alpha_k}$ gilt. Wegen $\alpha_k < 1$ ist supp $g_k \subset B_{k+2} \setminus B_{k-2}$ nach (c). Nun ist $f(x) = \sum f_k(x)$, und für die Funktion $g = \sum g_k \in C^\infty(\mathbb{R}^n)$ gilt

$$|D^p f(x) - D^p g(x)| \leq \sum |D^p f_k(x) - D^p g_k(x)| < 4\varepsilon \qquad \text{für} \quad |p| \leq m,$$

da jeder Summand $< \varepsilon$ ist und für festes x höchstens vier Summanden $\neq 0$ sind. Die gliedweise Differentiation ist erlaubt, da die Summen für f und g in beschränkten Bereichen nur endlich viele Summanden $\neq 0$ haben.   □

Noch ein paar Variationen zum Thema Approximation.

(e) Ist $A \subset \mathbb{R}^n$ eine abgeschlossene Menge und $f : A \to \mathbb{R}$ stetig, so gibt es zu jedem $\varepsilon > 0$ eine Funktion $g \in C^\infty(\mathbb{R}^n)$ mit $|f(x) - g(x)| < \varepsilon$ für $x \in A$.

Zum *Beweis* wird f zunächst als stetige Funktion auf den $\mathbb{R}^n$ fortgesetzt; dafür haben wir in § 2 mehrere Methoden kennengelernt. Eine nach dem Approximationssatz existierende ε-Approximation der Fortsetzung hat die verlangten Eigenschaften.   □

(f) Es sei G eine offene und $B \subset G$ eine kompakte Menge im $\mathbb{R}^n$. Es gibt dann eine Funktion $g \in C_0^\infty(\mathbb{R}^n)$ mit supp $g \subset G$, $0 \leq g \leq 1$ und $g(x) \equiv 1$ in einer Umgebung von B.

Beweis. Wir können o.B.d.A. annehmen, daß G beschränkt ist. Die abgeschlossene Menge $C = \mathbb{R}^n \setminus G$ und die kompakte Menge B haben einen positiven Abstand, etwa 3α. Es sei $d(x) = \text{dist}\,(x, C)$ und $h(t)$ die stetige Funktion, welche $= 0$ für $t \leq \alpha$ und $= 1$ für $t \geq 2\alpha$ sowie linear für $\alpha \leq t \leq 2\alpha$ ist. Die Funktion

$f(x) := h(d(x))$ ist dann, wenn wir die ε-Umgebung von C mit C_ε bezeichnen, $\equiv 0$ in C_α und $\equiv 1$ außerhalb $C_{2\alpha}$, insbesondere in B_α. Sie ist ferner stetig, und ihre Werte liegen zwischen 0 und 1. Der mit f gebildete Mittelwert $g = f_{\alpha/2}$ hat alle verlangten Eigenschaften: Er verschwindet in $C_{\alpha/2}$, ist gleich 1 in $B_{\alpha/2}$ und gehört zu $C_0^\infty(\mathbb{R}^n)$. $\qquad\qquad\qquad\qquad\qquad\qquad\qquad\qquad\qquad\qquad\qquad\quad\square$

Wir wenden uns nun der Frage zu, inwieweit man stetige Funktionen durch Polynome approximieren kann. Wenn es um die Approximation im $\mathbb{R}^n$ oder in einer unbeschränkten Menge geht, so sind Polynome dafür ungeeignet. Jedes nichtkonstante Polynom ist unbeschränkt, taugt also nicht zur Approximation von beschränkten Funktionen. Daß man andererseits stetige Funktionen auf kompakten Mengen durch Polynome approximieren kann, ist der Inhalt eines berühmten und wichtigen Satzes, den wir jetzt beweisen werden.

7.24 Der Weierstraßsche Approximationssatz. *Die reellwertige Funktion f sei auf der kompakten Menge $B \subset \mathbb{R}^n$ stetig. Dann gibt es zu jedem $\varepsilon > 0$ ein Polynom $P(x)$ derart, daß für $x \in B$ immer $|f(x) - P(x)| < \varepsilon$ bleibt.*

Anders formuliert: Es gibt eine Folge von Polynomen (P_k), welche für $k \to \infty$ gleichmäßig in B gegen f konvergiert.

Beweis. Vorbereitung. Wir setzen zunächst f als stetige Funktion auf den $\mathbb{R}^n$ fort (vgl. 2.19), und zwar so, daß f außerhalb der Kugel B_r verschwindet; das letztere läßt sich durch Multiplikation mit einer stetigen Funktion, welche auf B gleich 1 und außerhalb einer großen Kugel B_r gleich 0 ist, erreichen.

Es sei also f stetig im $\mathbb{R}^n$ und supp $f \subset B_r$. Wir benutzen wieder Satz 7.22 und greifen für ψ auf das Beispiel 2 von 7.21 zurück,

$$\psi(x) = \pi^{-n/2} e^{-x^2} \quad \text{mit} \quad \int \psi(x)\, dx = 1.$$

Die Formel (1) von 7.22 lautet für diesen Fall

$$(1) \qquad f_\alpha(x) = (f * \psi^\alpha)(x) = \frac{1}{(\alpha\sqrt{\pi})^n} \int f(y) e^{-\left(\frac{x-y}{\alpha}\right)^2} dy,$$

wobei es genügt, über die Kugel B_r zu integrieren. Es sei $p_m(t)$ die m-te Teilsumme der Potenzreihe von e^t und, in Analogie zu (1),

$$(2) \qquad P_m(x) = \frac{1}{(\alpha\sqrt{\pi})^n} \int f(y) p_m\left(-\left(\frac{x-y}{\alpha}\right)^2\right) dy.$$

Anhand der Gleichung $|x-y|^{2k} = [\sum(x_i^2 - 2x_i y_i + y_i^2)]^k$ überzeugt man sich leicht, daß $P_m(x)$ ein Polynom ist. Betrachten wir nur die Werte x mit $|x| < r$, so gilt, da man in (1) und (2) $|y| < r$ annehmen kann, $(x-y)^2/\alpha^2 < (2r)^2/\alpha^2 =: R$. Da die Folge $(p_m(t))$ gleichmäßig im Intervall $[-R, R]$ gegen e^t strebt, konvergiert $p_m(-(x-y)^2/\alpha^2)$ gleichmäßig für $x, y \in B_r$ gegen $\exp(-(x-y)^2/\alpha^2)$ und deshalb $P_m(x)$ gleichmäßig in B_r gegen $f_\alpha(x)$.

Der Rest des Beweises ist einfach. Wird $\varepsilon > 0$ vorgegeben, so bestimmt man zunächst $\alpha > 0$ derart, daß im $\mathbb{R}^n$ die Ungleichung $|f_\alpha(x) - f(x)| < \varepsilon$ besteht, und dann m so, daß $|f_\alpha(x) - P_m(x)| < \varepsilon$ in B_r gilt. Es ist dann $|f(x) - P_m(x)| < 2\varepsilon$ in B_r. Damit ist der Beweis abgeschlossen. $\square$

Bemerkungen. 1. Der Beweis benutzt in seinem vorbereitenden Teil die stetige Fortsetzung einer Funktion auf den ganzen Raum, welche nicht so einfach zu beweisen ist. In vielen Anwendungen des Satzes ist die Menge B jedoch von einfacher Gestalt, etwa eine Kugel oder ein n-dimensionales Intervall oder allgemeiner eine konvexe Menge. In diesem Fall existiert eine stetige Projektion $x \mapsto Px$ auf B, und die Funktion $x \mapsto f(Px)$ stellt eine stetige Fortsetzung von f dar; vgl. dazu 2.19.

2. Die Frage, ob man ähnlich wie im vorangehenden Satz auch gleichzeitig Ableitungen approximieren kann, ist einfach zu beantworten, wenn $f \in C_0^k(\mathbb{R}^n)$ ist. Zunächst folgt aus $D^p f_\alpha = (D^p f) * \psi^\alpha$ genau wie dort, daß $D^p f_\alpha$ für $\alpha \to 0+$ gleichmäßig gegen $D^p f$ konvergiert. Bezeichnen wir die oben konstruierten Polynome mit $P_m(x; f)$, so zeigt der Beweis, daß auch $D^p P_m(x; f) = P_m(x; D^p f)$ in B_r gleichmäßig gegen $D^p f_\alpha$ strebt. Es gibt also zu jedem $\varepsilon > 0$ ein Polynom P, für welches die Ungleichungen $|D^p f(x) - D^p P(x)| < \varepsilon$ in B_r gelten, falls $|p| \leq k$ ist.

Interessanter ist der Fall, daß $G \subset \mathbb{R}^n$ eine beschränkte offene Menge und f aus $C^k(\overline{G})$ ist. Gibt es ein Polynom, welches in $\overline{G}$ auch die Ableitungen im eben genannten Sinn approximiert? Die Antwort lautet ja, wenn die Definition von $C^k(\overline{G})$ in 3.6 etwas abgeändert wird. Es existiert dann nach einem zuerst von H. WHITNEY (Transac. Amer. Math. Soc. 36 (1934), S. 63–89) bewiesenen Satz eine Fortsetzung von f von der Klasse $C_0^k(\mathbb{R}^n)$, mit der man wie oben beschrieben verfahren kann. Einfach ist die Sache dagegen für $n = 1$. Man konstruiert erst eine Fortsetzung aus der Klasse $C_0^k(\mathbb{R})$ nach der in Aufgabe 5 von I.10 angegebenen Methode und erhält so das

Corollar. *Es sei $I = [a, b] \subset \mathbb{R}$ ein kompaktes Intervall und $f \in C^k(I)$. Dann existiert zu $\varepsilon > 0$ ein Polynom P mit*

$$|f^{(i)}(t) - P^{(i)}(t)| < \varepsilon \qquad \text{für } t \in I \text{ und } i \leq k.$$

Historisches zur Approximation von Funktionen. Solange die von den Mathematikern betrachteten Funktionen durch einfache analytische Ausdrücke gegeben und ‚gutartig' waren, war das Problem ihrer Approximation nicht dringend. Das Bedürfnis, stetige Funktionen durch glatte Funktionen zu approximieren, stellte sich erst, nachdem der moderne Stetigkeitsbegriff formuliert war und an Beispielen sichtbar wurde, daß in der Klasse der stetigen Funktionen höchst bizarre und seltsame, z.B. nirgendwo differenzierbare Exemplare anzutreffen sind. Der 1885 von WEIERSTRASS (Sitzungsber. d. Königl. Akad. Wiss. zu Berlin, S. 633–639 und 785–805 = *Math. Werke*, Bd. 3, S. 1–37) bewiesene Approximationssatz ist ein fundamentales Ergebnis der Analysis, das sofort die Aufmerksamkeit der Mathematiker geweckt hat. E. BOREL beschreibt 1905 in seinem Buch *Leçons sur les fonctions des variables réelles* bereits sechs inzwischen gefundene Beweise und urteilt über den ursprünglichen Beweis von Weierstraß, er sei sehr einfach und sein Prinzip sei für viele andere Fragen nützlich (S. 51). Die weitere Entwicklung hat zu Approximationssätzen in anderen Funktionenklassen und mit anderen Normen geführt (der Weierstraßsche Satz behandelt die punktweise Abschätzung mit der Maximumnorm) und sich zu einem neuen Zweig der Mathematik, der Approximationstheorie, ausgeweitet.

Wir sind hier im wesentlichen den Überlegungen von Weierstraß gefolgt. Wie nützlich sie werden sollten, konnte Borel nur ahnen. KURT OTTO FRIEDRICHS (1901–1982, deutscher Mathematiker, 1937 nach USA emigriert) verwendet 1939 in einer für die moderne Theorie der partiellen Differentialgleichungen grundlegenden Arbeit *On differential operators in Hilbert space* (Amer. J. Math. 61, 523–544) als wesentliches Hilfsmittel die durch

Faltung definierten Glättungsoperatoren $f \mapsto f_\alpha = f * \psi^\alpha$, wobei ψ die Eigenschaft (M) von 7.23 hat (ein wichtiger Unterschied zu der von Weierstraß benutzten Glättung besteht darin, daß der Träger der Funktion nur wenig vergrößert wird; vgl. 7.23 (c)). Friedrichs nennt seine Operatoren *mollifiers*. Heute spricht man auch von der *Regularisierung* von f, um den Übergang zu f_α zu beschreiben. Dieser Begriff und die daraus resultierenden C^∞-Approximationen von Funktionen sind u.a. für die Theorie der Distributionen grundlegend; vgl. etwa Walter [1973].

Zum Schluß sei darauf hingewiesen, daß das Weierstraßsche Integral (1) eine Grundaufgabe aus der Theorie der partiellen Differentialgleichungen löst, das *Cauchyproblem für die Wärmeleitung*. Dieses Integral ist auch in bezug auf den Parameter α unter dem Integralzeichen differenzierbar, und aus $\Delta \psi^{2\sqrt{t}}(x) = \frac{\partial}{\partial t} \psi^{2\sqrt{t}}(x)$ und Satz 7.22 folgt, daß $u(x,t) = f_{2\sqrt{t}}(x)$ eine Lösung der Wärmeleitungsgleichung $u_t = \Delta u$ mit den Anfangswerten $u(x,0) = f(x)$ ist; in 8.7 wird diese Gleichung abgeleitet.

Wir behandeln nun einige physikalische Anwendungen der Integralrechnung.

7.25 Masse und Schwerpunkt. Die in 6.11 benutzten Formeln $M = \sum m_i$, $S = \frac{1}{M} \sum m_i \xi_i$ für die Masse und den Schwerpunkt eines endlichen Systems von Massen m_i am Ort $\xi_i \in \mathbb{R}^3$ übertragen sich durch eine einfache Überlegung auf kontinuierlich verteilte Massen; vgl. I.11.11. Ist $B \subset \mathbb{R}^3$ ein quadrierbarer Bereich und $\rho(x)$ eine über B integrierbare Funktion, die wir als Dichte einer Massenverteilung auf B interpretieren, so ergeben sich für die Masse M und den Schwerpunkt S dieses ‚Körpers‘

(MS) $$M = \int_B \rho(x)\, dx \quad \text{und} \quad S = \frac{1}{M} \int_B x \rho(x)\, dx \,.$$

Bei der zweiten Formel handelt es sich um die Vektorschreibweise von drei skalaren Integralen $\int_B x_i \rho(x)\, dx$ ($i = 1, 2, 3$). Die Formeln (MS) gelten auch im zwei- und eindimensionalen Fall, wenn B ein ebener oder in $\mathbb{R}$ gelegener Bereich und ρ eine ebene bzw. lineare Dichte einer Massenbelegung auf B ist. Wir formulieren deshalb den folgenden Hilfssatz, der die Berechnung von M und S manchmal erleichtert, für beliebiges n.

Hilfssatz. *Durch den Vektor $a \in \mathbb{R}^n$ und die invertierbare $n \times n$-Matrix R sei eine affine Abbildung*

$$x \mapsto y = Tx = a + Rx$$

im $\mathbb{R}^n$ definiert. Die Abbildung T führe den Bereich B in den Bildbereich $A = T(B)$ und die Dichte $\rho(x)$ auf B in die Dichte $\sigma(y) = \rho(R^{-1}(y - a)) = \rho(x)$ auf A über. Dann besteht zwischen den Massen und Schwerpunkten der Bereiche A und B die Beziehung

$$M_A = |\det R|\, M_B \quad \text{und} \quad S_A = T(S_B).$$

Der *Beweis* beruht auf der linearen Substitution $y = a + Rx$ in den Formeln (MS),

$$M_A = \int_A \sigma(y)\, dy = |\det R| \int_B \rho(x)\, dx = |\det R|\, M_B \,,$$

$$S_A = \frac{1}{M_A} \int_A y\sigma(y)\,dy = \frac{1}{M_B} \int_B (a + Rx)\rho(x)\,dx$$

$$= a + R\left(\frac{1}{M_B} \int_B x\rho(x)\,dx\right) = T(S_B)\,. \qquad \square$$

Bemerkung. Ist f eine Funktion mit Werten im $\mathbb{R}^n$, so kann man ihr Integral entweder durch die Integrale der Komponenten $\int f_i\,dx$ oder auch direkt als Limes der vektorwertigen Riemann-Summen $\sigma(Z, \xi; f)$ definieren. Beides führt aufgrund von 5.4 zum selben Ergebnis. Legt man den zweiten Gesichtspunkt zugrunde, so ist eine Gleichung $\int Rf\,dx = R(\int f\,dx)$ (R $n \times n$-Matrix), wie sie im obigen Beweis auftrat, eine Folge der Gleichung $\sigma(Z, \xi; Rf) = R\sigma(Z, \xi; f)$.

Beispiel. Der allgemeine Kegel. Aufgrund des Hilfssatzes kann man die Bestimmung des Schwerpunktes von Ellipsoiden, schiefen Zylindern und Kegeln,... auf einfache Sonderfälle zurückführen. Betrachten wir den Fall des Kegels. Unser ,normierter' Kegel im dreidimensionalen xyz-Raum ist definiert durch eine in der xy-Ebene gelegene (quadrierbare) Grundfläche G vom Flächeninhalt $|G| = 1$ mit dem Schwerpunkt im Nullpunkt und der Spitze im Punkte $(0, 0, 1)$. Für die Schnittmenge $K(z) = \{(x, y) : (x, y, z) \in K\}$ ergibt sich $K(z) = (1 - z)G$, also $|K(z)| = (1 - z)^2$ $(0 \leq z \leq 1)$. Ist K homogen mit Masse der Dichte $\rho \equiv 1$ belegt, so ist die Gesamtmasse gleich dem Volumen von K, $M = \frac{1}{3}$, und für den Schwerpunkt $S = (S_x, S_y, S_z)$ erhält man

$$S_x = 3\int_K x\,d(x, y, z) = 3\int_0^1 \int_{K(z)} x\,d(x, y)\,dz = 0$$

wegen $\int_G x\,d(x, y) = 0$, ebenso $S_y = 0$ und

$$S_z = 3\int_K z\,d(x, y, z) = 3\int_0^1 \int_{K(z)} z\,d(x, y)\,dz = 3\int_0^1 z(1 - z)^2\,dz = \frac{1}{4}\,.$$

Aus dem Hilfssatz ergibt sich nun:

   Der Schwerpunkt eines allgemeinen Kegels liegt auf der vom Schwerpunkt der Grundfläche zur Kegelspitze führenden Strecke; sein Abstand zur Kegelspitze beträgt drei Viertel der Länge dieser Strecke.

7.26 Potential einer Massenbelegung.

7.26 Potential einer Massenbelegung. Eine am Ort $a \in \mathbb{R}^3$ befindliche Masse m erzeugt ein Graviationsfeld K, welches ein Potential $P(x) = -cm/|x - a|$ mit grad $P = -K$ besitzt; vgl. 6.18. Die positive Gravitationskonstante c hängt vom zugrundeliegenden Maßsystem ab. In der mathematischen „Potentialtheorie" wird eine absolute Konstante $c = 1/4\pi$ gewählt. Für endlich viele mit den Massen m_i belegte Massenpunkte $x_i \in \mathbb{R}^3$ ergibt sich das Potential durch Überlagerung,

$$P(x) = -\frac{1}{4\pi} \sum \frac{m_i}{|x - x_i|}\,.$$

Ein mit Masse der (integrierbaren) Dichte ρ belegter quadrierbarer Körper $B \subset \mathbb{R}^3$ erzeugt dann aufgrund des geläufigen Übergangs von Riemannschen Summen zum Integral das Potential

(1) $$P(x) = -\frac{1}{4\pi} \int_B \frac{\rho(y)}{|x - y|}\, dy \qquad \textit{Newtonsches Potential} \,.$$

Zunächst dehnen wir den Begriff des Potentials auf eine beliebige Dimensionszahl $n \geq 1$ aus und beschreiben den Zusammenhang mit der *Laplaceschen Differentialgleichung* (vgl. Beispiel 2 in 3.7)

(2) $$\Delta u = (D_1^2 + D_2^2 + \cdots + D_n^2)u = 0 \qquad \left(D_i = \frac{\partial}{\partial x_i}\right)$$

für $u(x) = u(x_1, \ldots, x_n)$. Eine Lösung dieser Gleichung wird auch *harmonische Funktion* genannt. Wir bestimmen zunächst alle rotationssymmetrischen harmonischen Funktionen. Für $r = |x|$ ist $D_i r = x_i/r$, und für $u(x) = \phi(r)$ erhält man dann

$$D_i u = \frac{\phi' x_i}{r}\,, \qquad D_i^2 u = \frac{\phi'' x_i^2}{r^2} + \frac{\phi'}{r} - \frac{\phi' x_i^2}{r^3}$$

und

(3) $$\Delta u = \phi'' + \frac{n-1}{r}\phi' = r^{1-n}(r^{n-1}\phi')' \,.$$

Die Gleichung $\Delta u = 0$ ist also gleichwertig mit $(r^{n-1}\phi')' = 0$ oder $\phi' = \mathrm{const.} \cdot r^{1-n}$. Die allgemeine rotationssymmetrische Lösung von $\Delta u = 0$ lautet somit $u(x) = \phi(|x|)$ mit

(4) $$\phi(r) = \begin{cases} A + Br^{2-n} & \text{für } n \neq 2 \\ A + B\log r & \text{für } n = 2 \,, \end{cases}$$

wobei A und B beliebige reelle Konstanten sind. Wir betrachten eine spezielle Lösung $\gamma(x) = \bar{\gamma}(|x|)$ mit

(5) $$\bar{\gamma}(r) = \begin{cases} \dfrac{1}{(2-n)\omega_n}r^{2-n} & \text{für } n \neq 2 \\[2mm] \frac{1}{2\pi}\log r & \text{für } n = 2 \,, \end{cases}$$

wobei ω_n die Oberfläche der n-dimensionalen Einheitskugel ist. Die Lösung $\gamma(x)$ wird *Grundlösung* der Differentialgleichung $\Delta u = 0$ genannt; die Wahl der Konstante wird sich später als zweckmäßig erweisen. (In der Literatur wird häufig zwischen γ und $\bar{\gamma}$ nicht unterschieden, wobei dann r je nach dem Zusammenhang eine reelle Variable oder die Norm von x bedeutet.) Im Fall $n = 3$ ist $\bar{\gamma}(r) = -\frac{1}{4\pi r}$. Ist nun $B \subset \mathbb{R}^n$ ein quadrierbarer Bereich und $\rho \in R(B)$, so wird die Funktion

(6) $$P(x) = \int_B \rho(y)\gamma(x - y)\, dy \qquad \textit{Potential der Belegung } \rho$$

genannt. Für $n = 3$ geht (6) in (1) über. Das Potential ist also, wenn man $\rho(x) = 0$ für $x \notin B$ setzt, eine Faltung

(6') $$P = \rho * \gamma \,.$$

Hier tritt allerdings gegenüber 7.22 die Schwierigkeit auf, daß es sich für $x \in B$ um ein uneigentliches Integral handelt. Die Konvergenz des Integrals folgt aus Beispiel 5 von 7.21.

Satz. *Die Menge $B \subset \mathbb{R}^n$ sei kompakt und quadrierbar, und ρ sei über B integrierbar. Dann ist das zugehörige Potential P stetig im $\mathbb{R}^n$ und beliebig oft stetig differenzierbar in $\mathbb{R}^n \setminus B$, und es ist*

$$\Delta P = 0 \quad in \quad \mathbb{R}^n \setminus B .$$

Kurz gesagt: Das Potential ist überall stetig und außerhalb B harmonisch.

Beweis. Zu $\delta > 0$ konstruieren wir eine Funktion $\alpha(x) \in C^\infty(\mathbb{R}^n)$ mit den Eigenschaften $\alpha(x) = 1$ für $|x| < \delta$, $\alpha(x) = 0$ für $|x| > 2\delta$ und $0 \le \alpha(x) \le 1$; vgl. 7.23 (f). Damit zerlegen wir das Potential P in zwei Faltungsprodukte

$$P = \rho * \gamma = \rho * \alpha\gamma + \rho * (1 - \alpha)\gamma =: P_1 + P_2 .$$

Hierbei ist $(1 - \alpha)\gamma \in C^\infty(\mathbb{R}^n)$, also $P_2 \in C^\infty(\mathbb{R})$ nach 7.22 (d). Ist $|\rho(x)| \le M$, so läßt sich P_1 durch

$$|P_1(x)| \le M \int_{B_{2\delta}(x)} |\gamma(x - y)| \, dy = M \int_0^{2\delta} \omega_n r^{n-1} |\overline{\gamma}(r)| \, dr = M_1 \delta^2$$

abschätzen (für $n = 2$ steht rechts $\le M_1 \delta^2 |\log \delta|$).

Nun sei $\varepsilon > 0$ vorgegeben und $\delta > 0$ so gewählt, daß $|P_1| < \varepsilon$ ist. Für festes x ist

$$|P(x + h) - P(x)| \le |P_2(x + h) - P_2(x)| + |P_1(x)| + |P_1(x + h)| .$$

Wegen der Stetigkeit von P_2 gibt es ein $\eta > 0$ derart, daß die P_2-Differenz auf der rechten Seite für $|h| < \eta$ kleiner als ε, also $|P(x + h) - P(x)| < 3\varepsilon$ ist. Damit ist die Stetigkeit von P an der Stelle x nachgewiesen.

Nun sei $x_0 \notin B$ und etwa dist $(x_0, B) = 2r > 0$. Für alle $x \in B_r(x_0)$ und $y \in B$ ist $|x - y| \ge r$, also der Integrand $\rho(y)\gamma(x - y)$ von (6) eine bezüglich des Parameters x beliebig oft stetig differenzierbare Funktion. Nach Corollar 7.14 ist $P \in C^\infty(B_r(x_0))$, und die Differentiation unter dem Integralzeichen ergibt wegen $\Delta_x \gamma(x - y) = 0$ die Gleichung $\Delta P(x) = 0$ in $B_r(x_0)$. $\qquad\Box$

7.27 Rotationssymmetrische Massenbelegungen. In diesem Abschnitt ist $n \ge 3$ und B eine Kugel oder Kugelschale $R_1 \le |x| \le R_2$ ($0 \le R_1 < R_2$) und $\rho(x) = \overline{\rho}(|x|)$ eine rotationssymmetrische Belegung von B. Da auch γ rotationssymmetrisch ist, ergibt sich aus 7.22 (c):

(a) Das Potential einer rotationssymmetrischen Belegung ist rotationssymmetrisch.

Der dortige Beweis gilt offenbar auch dann, wenn es sich um ein uneigentliches Integral handelt. Wir schreiben im folgenden $P(x) = \overline{P}(|x|)$.

Mit Hilfe von Satz 7.26 kann man das Potential der rotationssymmetrischen Belegung $\overline{\rho}(|x|)$ ganz ohne explizite Rechnung vollständig bestimmen. Zunächst ergibt sich als Masse

$$M = \int_B \rho(y)\, dy = \int_{R_1}^{R_2} \omega_n r^{n-1} \overline{\rho}(r)\, dr \ .$$

Wir teilen den Raum in drei Bereiche

(I) $|x| < R_1$; (II) $R_1 \leq |x| \leq R_2$, (also B) ; (III) $|x| > R_2$

auf. Nach dem genannten Satz ist $P(x)$ in den Bereichen (I) und (III) harmonisch, also nach 7.26 (4) von der Form

$$P(x) = A_1 + A_2 \gamma(x) \ .$$

Im Bereich (I) folgt $A_2 = 0$, da P im Nullpunkt glatt ist, also $P(x) = $ const. $= P(0)$ oder

(I) $$P(x) = \int_B \rho(y)\gamma(y)\, dy = \int_{R_1}^{R_2} \omega_n r^{n-1} \overline{\rho}(r)\overline{\gamma}(r)\, dr = \frac{1}{2-n} \int_{R_1}^{R_2} r\overline{\rho}(r)\, dr \ .$$

Ist $r = |x| > R_2$ und $y \in B$, so ist $r - R_2 \leq |x - y| \leq r + R_2$, also (man beachte, daß $\overline{\gamma}$ negativ, also monoton wachsend ist)

$$\overline{\gamma}(r - R_2) \leq \gamma(x - y) \leq \overline{\gamma}(r + R_2) \ .$$

Nehmen wir für den Augenblick $\rho \geq 0$ an, so führt die Multiplikation der obigen Ungleichung mit $\rho(y)$ und anschließender Integration über B auf

$$M\overline{\gamma}(r - R_2) \leq \overline{P}(r) = A_1 + A_2\overline{\gamma}(r) \leq M\overline{\gamma}(r + R_2) \ .$$

Für $r \to \infty$ ergibt sich zunächst $A_1 = 0$ und dann, wenn man durch $\overline{\gamma}(r)$ dividiert und $\lim\limits_{r \to \infty} \overline{\gamma}(r \pm R_2)/\overline{\gamma}(r) = 1$ beachtet, $M = A_2$. Es ist also

(III) $$\overline{P}(r) = M\overline{\gamma}(r) \qquad \text{für } r \geq R_2 \ .$$

Die Formel (III) gilt auch ohne die Voraussetzung $\rho \geq 0$, da man ρ als Differenz zweier nichtnegativer Funktionen darstellen kann.

Der Bereich (II) läßt sich auf (I) und (III) zurückführen. Ist $R_1 < r < R_2$, so denken wir uns B in zwei Kugelschalen $B_1 : R_1 \leq |x| \leq r$ und $B_2 : r \leq |x| \leq R_2$ zerlegt. Das Potential im Punkt x ist also als Summe eines Innenraumpotentials (nach (I)) und eines Außenraumpotentials (nach (III)) darstellbar. Dabei ist es wichtig, daß diese Formeln aus Stetigkeitsgründen (Satz 7.26) auch noch auf dem Rand der entsprechenden Bereiche gelten. Man erhält so

(II) $$\overline{P}(r) = \frac{1}{2-n} \int_r^{R_2} s\overline{\rho}(s)\, ds + M(r)\overline{\gamma}(r) \ ,$$

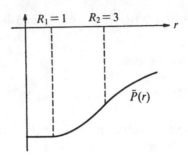

Potential einer homogen mit Masse belegten Kugelschale ($R_1 = 1$, $R_2 = 3$, $\rho = 1$)

wobei $M(r) = \int_{R_1}^r \omega_n s^{n-1} \bar{\rho}(s)\, ds$ die im Teilbereich $R_1 \le |x| \le r$ befindliche Masse ist.

Satz. *Das Potential einer integrierbaren rotationssymmetrischen Belegung* $\rho(x) = \bar{\rho}(|x|)$ *der Kugel bzw. Kugelschale* $0 \le R_1 \le |x| \le R_2$ *wird durch die Formeln* (I)–(III) *angegeben. Sie enthalten zwei physikalisch wichtige Aussagen:*

(a) *Im Innenraum ist das Potential konstant; auf einen dort befindlichen Massenpunkt wird also keine Kraft ausgeübt.*

(b) *Im Außenraum ist das Potential so, als wäre die Gesamtmasse im Zentrum der Kugel(schale) vereinigt.*

Zur Illustration betrachten wir den Fall $n = 3$, $\rho(x) \equiv 1$. Es ergibt sich

$$\bar{P}(r) = \begin{cases} -\dfrac{1}{2}(R_2^2 - R_1^2) & \text{für } 0 \le r \le R_1, \\[2mm] -\dfrac{1}{2}(R_2^2 - r^2) - \dfrac{1}{3r}(r^3 - R_1^3) & \text{für } R_1 < r < R_2, \\[2mm] -\dfrac{1}{3r}(R_2^3 - R_1^3) & \text{für } r \ge R_2. \end{cases}$$

In den Anwendungen treten auch flächenhafte Belegungen auf. Dazu ein

Beispiel. Die in der xy-Ebene gelegene Kreisscheibe $B_R : x^2 + y^2 \le R^2$ sei mit Masse der stetigen Flächendichte $\rho(x, y) = \bar{\rho}(r)$ mit $r = \sqrt{x^2 + y^2}$ belegt. Wir betrachten das Potential nur auf der positiven z-Achse,

$$P(0, 0, z) = -\frac{1}{4\pi} \int_{B_R} \frac{\rho(x, y)}{\sqrt{x^2 + y^2 + z^2}}\, d(x, y) = -\frac{1}{2} \int_0^R \frac{r\bar{\rho}(r)}{\sqrt{r^2 + z^2}}\, dr.$$

Für die Komponenten des Kraftfeldes $K = -\operatorname{grad} P$ erhält man, da $P(x, y, z) = P(-x, -y, -z)$ ist, $K_x(0, 0, z) = K_y(0, 0, z) = 0$ und

$$(1) \qquad\qquad K_z(0, 0, z) = -\frac{1}{2} \int_0^R \frac{zr\, \bar{\rho}(r)}{(r^2 + z^2)^{3/2}}\, dr.$$

Im Spezialfall $\rho(x, y) \equiv \rho_0$ ergibt sich (wegen $z > 0$)

$$P(0, 0, z) = -\frac{1}{2}\rho_0 \left. \sqrt{r^2 + z^2}\, \right|_0^R = -\frac{1}{2}\rho_0 \left[\sqrt{R^2 + z^2} - z \right]$$

und

(2) $$K_z(0,0,z) = -\frac{1}{2}\rho_0 \left[1 - \frac{z}{\sqrt{R^2 + z^2}} \right] .$$

Interessant ist das Verhalten des Kraftfeldes, wenn man sich auf der z-Achse dem Null-punkt nähert. Als Grenzwert ergibt sich im Spezialfall $-\frac{1}{2}\rho_0$ und allgemein der Wert

$$K_z(0,0,0+) = \lim_{z \to 0+} K_z(0,0,z) = -\frac{1}{2}\rho(0) .$$

Für den *Beweis* sei $|\bar{\rho}(r) - \rho(0)| < \varepsilon$ im Intervall $0 \le r \le \delta$. Zerlegt man die rechte Seite von (1) in ein Integral I_1 von 0 bis δ und ein Integral I_2 von δ bis R, so hat I_2 offenbar den Grenzwert 0, und für I_1 ergibt sich aus der Abschätzung $\rho(0) - \varepsilon \le \bar{\rho}(r) \le \rho(0) + \varepsilon$ unter Verwendung von (2) (angewandt auf die Scheibe B_δ)

$$\frac{1}{2}(\rho(0) - \varepsilon) \left[1 - \frac{z}{\sqrt{\delta^2 + z^2}} \right] \le -I_1(0,0,z)$$

$$\le \frac{1}{2}(\rho(0) + \varepsilon) \left[1 - z\sqrt{\delta^2 + z^2} \right] .$$

Für kleine positive z ist also $\frac{1}{2}(\rho(0) - 2\varepsilon) < -I_1(0,0,z) \le \frac{1}{2}(\rho(0) + 2\varepsilon)$. □

Dieses Ergebnis wird überraschen. Die Anziehungskraft, welche die Scheibe auf einen Massenpunkt auf der positiven z-Achse ausübt, hängt in der Grenze für $z \to 0$ weder vom Radius der Scheibe noch von der Art der Massenverteilung für $r > 0$, sondern lediglich von der Dichte im Nullpunkt ab.

Historische Bemerkungen. NEWTON war sich schon während seiner ‚goldenen' Jugendjahre (um 1666) über die Zentrifugalkraft und das Gravitationsgesetz im klaren, doch hat er nichts darüber publiziert. Eine erste, noch vage Ankündigung eines allgemeinen Weltsystems, „das sich in vielen Einzelheiten von allem bisher Bekannten unterscheidet und den Gesetzen der mechanischen Bewegungen voll entspricht", gab 1674 ROBERT HOOKE [1] (1635–1703, Professor am Gresham Col-lege in London, 1677–1682 Sekretär der Royal Society, bekannt u.a. durch das Hookesche Gesetz der Elastizitätstheorie). Um 1680 wurde das allgemeine Gravi-tationsgesetz, wonach sich zwei Körper mit einer Kraft anziehen, die umgekehrt proportional zum Quadrat ihres Abstandes ist, von führenden Wissenschaftlern diskutiert. Dazu gehörten im Umkreis der Londoner Royal Society EDMOND HALLEY (1656–1742, Professor in Oxford, ab 1721 königlicher Astronom und Di-rektor der Sternwarte Greenwich), der das Wiedererscheinen des „Halleyschen" Kometen von 1682 voraussagte, CHRISTOPHER WREN (1632–1723, Naturforscher und Baumeister, 1680 Präsident der Royal Society), der als Generalarchitekt nach dem Brand von London 1666 die St. Paul's Cathedral, 51 weitere Kirchen und andere Gebäude erbaute, und natürlich Hooke. Zum einen war die Annahme, daß die von einem Körper ausgehende Kraft, ähnlich wie die von einer Licht-quelle ausgehende Lichtintensität, sich auf die Kugeloberfläche (von der Größe

---

[1] Das Zitat ist dem Buch *Die Kopernikanische Revolution* von Thomas S. Kuhn (Vieweg Verlag 1981), S. 257, entnommen, welches eine hervorragende Darstellung der tieferen Zusammenhänge gibt.

const. $\cdot r^2$) „verteilt" und deshalb wie $1/r^2$ abnimmt, natürlich. Zum anderen hatte HUYGENS 1673 in seinem *Horologium oscillatorium* die bei einer gleichförmigen Bewegung auf einem Kreis auftretende „Zentrifugalkraft" beschrieben, welche proportional zum Radius und zum Quadrat der Geschwindigkeit ist. In heutiger, komplexer Notation ist das in den Gleichungen

$$x(t) = re^{i\omega t}, \qquad \ddot{x}(t) = -r\omega^2 e^{i\omega t}$$

enthalten. Nun sagt das dritte Keplersche Gesetz, angewandt auf kreisförmige Planetenbewegungen, daß zwischen der Umlaufszeit T und dem Radius r der Bewegung die Beziehung $T^2 : r^3 = $ const. oder gleichbedeutend $r^3\omega^2 = $ const. gilt. Wenn man also annimmt, daß die kreisförmige Bewegung des Planeten durch eine von der Sonne ausgehende (von Newton in Anlehnung an Huygens so genannte) „Zentripetalkraft" $f(r)$ erzwungen wird, so folgt aus den beiden Gleichungen $r\omega^2 = f(r)$ und $r^3\omega^2 = $ const. sofort $f(r) = $ const./r^2. Wir erwähnen, daß Newton diese einfachen Gedanken in Prop. IV (insbesondere Corollar 6) im ersten Buch der *Principia* darlegt und im anschließenden Scholium Wren, Hooke und Halley nennt.

Das Problem, auch die Keplerschen Ellipsenbahnen aus dem reziproken Quadratgesetz abzuleiten, ist demgegenüber von ganz anderer Größenordnung. Es wurde in London diskutiert, und Hooke behauptete auch, er habe einen Beweis. Seine Gesprächspartner waren jedoch nicht überzeugt. Newton, damals etwa 40 Jahre alt, war Lucasian Professor in Cambridge. Von seinen mathematischen Entdeckungen war noch nichts veröffentlicht, aber einiges war bei der Royal Society deponiert und kursierte in Abschriften. Vor diesem Hintergrund ist die Reise zu sehen, die Halley wahrscheinlich im August 1684 nach Cambridge machte, um Newton zu sehen. Auf seine Frage, welche Bahnen die Planeten beschreiben würden, falls sie von der Sonne nach dem inversen Quadratgesetz angezogen werden, gibt Newton sofort die Antwort, daß es Ellipsen sind und daß er dies berechnet habe. Da er den Beweis nicht finden kann, verspricht er, ihm die Sache aufzuschreiben. Als Halley die Newtonsche Beweisführung erhält und studiert, ist er so begeistert, daß er einen zweiten Besuch bei Newton macht und ihn bedrängt, diese Dinge, die an mathematischer Brillanz offenbar weit über alles Bekannte hinausgingen, zu publizieren.

So beginnt die Geschichte jenes Buches, das 1687 unter dem Titel *Philosophiae naturalis principia mathematica* erschien. Es enthält die Grundgesetze der Mechanik, die Ableitung der Keplerschen Gesetze und die Erklärung von Ebbe und Flut aus dem Gravitationsgesetz, Untersuchungen über die Bewegung im reibenden Medium, über Strömung und Schwingung und daneben eine Fülle weiterer bewundernswerter mathematischer Deduktionen. In Sektion XII von Buch I *De corporum sphaericorum viribus attractivis* (Über die Anziehungskraft sphärischer Körper) wird auch der obige Satz bewiesen. Um seine Bedeutung zu erfassen, müssen wir etwas weiter ausholen. Bei der Bestimmung der Planetenbahnen konnte man mit gutem Gewissen die Himmelskörper als Punktmassen behandeln. Ganz anders liegen die Dinge, wenn man das Fallen eines Steins oder des sprichwörtlichen Newtonschen Apfels mit Hilfe der Erdanziehung erklären

will. Warum sollte es erlaubt sein, die von allen Masseteilchen der Erde ausgehende Anziehung durch die Erdmasse im Erdmittelpunkt zu ersetzen, wo
doch die unmittelbare Umgebung vieltausendfach näher lag als der Erdmittelpunkt und die weiter entfernten Teile der Erde und die von der Umgebung
ausgehende Anziehung damit millionenfach stärker war? Kurz, die Aussage (b)
des Satzes mag aus großer Entfernung einsichtig erscheinen, in unmittelbarer
Nähe der Kugeloberfläche wird man erhebliche Zweifel haben. Den Beweis, daß
diese Zweifel unangebracht sind, haben wir durch Betrachten der entsprechenden
Differentialgleichung geführt. In vielen Büchern wird das Potential direkt als
Integral ausgerechnet. Auch Newtons Beweisgang läuft auf eine direkte Berechnung hinaus. Mit diesem Ergebnis in der Hand konnte Newton einen Schluß
von grandioser Universalität ziehen: die Bewegung himmlischer Körper und das
Fallen eines Steins sind Ausfluß eines einzigen, für den ganzen Kosmos gültigen
Naturgesetzes. Wir wissen nicht genau, wann Newton diese letzte Beweislücke
geschlossen hat. Es gibt Hinweise, daß dies erst in den 80er Jahren geschah. Das
wäre eine natürliche Erklärung dafür, daß er nicht viel früher seine Entdeckungen wenigstens der Royal Society kundgetan hat. Mit dieser Entdeckung erhält
das aristotelische Weltbild mit seiner Zweiteilung des Kosmos in eine irdische
„sublunare" Welt und die himmlische Welt „jenseits des Mondes" endgültig den
Todesstoß. Im Bild des Geschützes, das von einem Berggipfel aus Kanonen-
kugeln in waagrechter Richtung abschießt, wobei die Kugel bei Erhöhung der
Abschußgeschwindigkeit immer weiter fliegt und schließlich die Erde umrundet
und zu einem „Himmelskörper" wird, findet die Einheit von irdischer und himmlischer Physik eine eindringliche Darstellung. Auf dem letzten Portrait Newtons,
das kurz vor seinem Tode gemalt wurde, hält er die soeben erschienene dritte
Auflage der *Principia* in der Hand. Aufgeschlagen ist die Seite, auf welcher die
Anziehung von Kugeln berechnet wird, und er weist mit dem Daumen auf die
entsprechende Figur.

Aufgaben

1. *Innerer und äußerer Inhalt.* Es sei M eine beschränkte Menge im $\mathbb{R}^n$. Man zeige:

    (a) Für ein Intervall $I \supset M$ gilt $|M|_a + |I \setminus M|_i = |I|$.

    (b) Für beschränkte Mengen M, N mit dist $(M, N) > 0$ ist

$$|M \cup N|_i = |M|_i + |N|_i \quad \text{und} \quad |M \cup N|_a = |M|_a + |N|_a \,.$$

    (c) Für $\varepsilon > 0$ sei $M_{-\varepsilon}$ die Menge aller Punkte $x \in M$, für die sogar $B_\varepsilon(x) \subset M$ gilt.
Man zeige: Für $\varepsilon \to 0+$ strebt $|M_{-\varepsilon}|_i$ gegen $|M|_i$.

    2. *Innerer Inhalt von offenen Mengen.* Der innere Inhalt läßt sich für beliebige, nicht
notwendig beschränkte Mengen auf die frühere Weise definieren,

$$|M|_i = \sup \{|S| : S \subset M\} \,,$$

wobei S nach wie vor eine (endliche) Intervallsumme ist; der innere Inhalt kann jetzt den
Wert ∞ annehmen. Man zeige nacheinander:

    (a) *Additivität:* Für zwei disjunkte offene Mengen G, $H \subset \mathbb{R}^n$ ist $|G|_i + |H|_i = |G \cup H|_i$.

(b) *σ-Additivität*: Ist G die Vereinigung von abzählbar vielen paarweise disjunkten offenen Mengen G_k, so ist

$$|G|_i = \sum |G_k|_i \, .$$

Bei (a) verwende man 7.5 (a). Aus (b) folgt übrigens, daß der innere Jordan-Inhalt einer offenen Menge gleich dem Lebesgue-Maß ist.

3. *Mengen vom Cantorschen Typ.* Wir gehen vom kompakten Intervall $I = [0,1]$ aus und nehmen aus diesem nacheinander offene Intervalle heraus. Zunächst wird ein in der Mitte gelegenes offenes Teilintervall (= „Mittelstück') I_{11} herausgenommen, dann aus jedem der beiden Reste ein Mittelstück I_{21} bzw. I_{22}, darauf aus jedem der verbleibenden vier Reste ein Mittelstück $I_{31}, \ldots, I_{34}$, usw. Die Vereinigung G aller I_{ij} ($i = 1, 2, \ldots$; $j = 1, \ldots, 2^{i-1}$) ist offen, die kompakte Restmenge $C = I \setminus G$ wird als Menge vom Cantorschen Typ bezeichnet. Wählt man speziell $|I_{ij}| = 3^{-i}$ für $j = 1, \ldots, 2^{i-1}$, so spricht man von „der" *Cantorschen Menge* (vgl. Abb.).

Man zeige, daß die Mengen C nirgends dicht sind (eine Menge C heißt nirgends dicht, wenn jedes Intervall ein zu C disjunktes Teilintervall enthält). Die bedeutende Rolle der nirgends dichten Mengen in der historischen Entwicklung wird in der Einleitung zu §9 beschrieben.

Die Mengen I_{ij} für $\alpha = \frac{1}{3}$.

Man berechne für $0 < \alpha \le 1/3$ den inneren und äußeren Inhalt der Mengen G_α und C_α, die man erhält, wenn man $|I_{ij}| = \alpha^i$ setzt. Das Resultat zeigt, daß nur $G_{1/3}$ und $C_{1/3}$ (die Cantorsche Menge) quadrierbar sind.

Mit Hilfe dieser Mengen kann man nicht quadrierbare Gebiete in der Ebene angeben. Man betrachte etwa die Menge

$$K_\alpha = G_\alpha \times (0,1) \cup (0,1) \times (0, \tfrac{1}{4})$$

(ein Kamm mit unendlich vielen Zähnen), überlege sich, daß die Menge zusammenhängend ist und berechne $|K_\alpha|_i$ und $|K_\alpha|_a$.

4. *Faltung in $\mathbb{R}_+$.* Für eine Funktion $F : \mathbb{R} \to \mathbb{R}$ definieren wir $F_+(t) = F(t)$ für $t > 0$ und $F_+(t) = 0$ für $t \le 0$. Demnach ist 1_+ die Heaviside-Funktion und $F_+ = F \cdot 1_+$. Wir betrachten die Faltung in der Menge $C_+ := \{F_+ : F \in C(\mathbb{R})\}$. Für $f, g \in C_+$ ist offenbar

$$(f * g)(t) = \int_0^t f(s) g(t-s) \, ds \qquad \text{für} \quad t > 0$$

und $(f * g)(t) = 0$ für $t \le 0$. Man zeige:

(a) C_+ ist eine „Faltungsalgebra", d.h. ein Vektorraum, in dem eine kommutative und assoziative Multiplikation * definiert ist, für die auch das Distributivgesetz gilt (es ist auch zu zeigen, daß $f * g$ aus C_+ ist!).

(b) Man berechne die Faltungen ($a, b \in \mathbb{R}$, $n \in \mathbb{N}$)

$$e_+^{at} * e_+^{bt} \qquad \text{und} \qquad 1_+ * t_+^n \, .$$

(c) Der Satz von Taylor I.10.15 lautet für den Entwicklungspunkt $a = 0$ (und $t > 0$)

$$f(t) = T_n(t;0) + R_n(t;0) \quad \text{mit} \quad R_n(t;0) = \frac{1}{n!}\, t_+^n * f^{(n+1)}\,.$$

Man führe unter Benutzung von (b) einen Induktionsbeweis durch Anwendung der Formel $g(t) = g(0) + 1_+ * g'$ auf die Funktion $f^{(n+1)}$.

5. *Mittelwerte.* Es sei $f_\alpha = f * \psi^\alpha$, wobei ψ die Eigenschaft (M) von 7.23 hat und nur von $r = |x|$ abhängig ist.

(a) Man zeige, daß für die Funktionen $f(x) = 1$; x_i; $x_i x_j$ der Mittelwert f_α von der Form $f_\alpha(x) = f(x) + c_\alpha$ ist und bestimme c_α.

(b) Man zeige, daß für die Funktionen $f(t) = \sin t$; $\cos t$; e^t eine Beziehung $f_\alpha(t) = c_\alpha f(t)$ besteht, bestimme c_α und beweise die Abschätzung $|1 - c_\alpha| \le A\alpha^2$.

6. *Die Differentialgleichung von Poisson.* Das Potential P einer Massenbelegung des Körpers B von der Dichte ρ genügt in den inneren Punkten von B der nach dem französischen Mathematiker SIMÉON DENIS POISSON (1781–1840) benannten Differentialgleichung

$$\Delta P = \rho(x) \quad \text{für } x \in B^\circ\,,$$

wenn ρ etwa hölderstetig in B ist. Man beweise dies für den in 7.27 betrachteten Fall der kugelsymmetrischen Belegung einer Kugelschale unter der Voraussetzung, daß $\overline{\rho}$ in $[R_1, R_2]$ stetig ist. Man benutze die Formel (3) von 7.26. Der Beweis im allgemeinen Fall ist schwieriger.

7. *Anziehung zweier Kugeln.* Man zeige: Zwei mit rotationssymmetrisch verteilter Masse belegte Kugeln ziehen sich mit derselben Kraft an, wie wenn die Massen jeweils im Kugelmittelpunkt vereinigt wären.

8. *Approximation durch C^∞-Funktionen.* (a) Es sei $I = [a, b] \subset \mathbb{R}^n$ ein kompaktes Intervall. Man zeige, daß es eine Folge (ϕ_k) mit $\phi_k \in C_0^\infty(\mathbb{R}^n)$, supp $\phi_k \subset I^\circ$, $0 \le \phi_k \le 1$ und $\lim \int_I \phi_k(x)\, dx = |I|$ gibt. [Man kann Aufgabe 4 in § I.10 verwenden.]

(b) Man zeige: Ist f über $A \subset \mathbb{R}^n$ eigentlich oder uneigentlich integrierbar, so gibt es zu jedem $\varepsilon > 0$ eine Funktion $\phi \in C_0^\infty(\mathbb{R}^n)$ mit supp $\phi \subset A^\circ$, $|\phi(x)| \le |f(x)|$ und $\int_A |f - \phi|\, dx < \varepsilon$.

Anleitung: Es gibt eine Würfelsumme $W \subset A^\circ$ mit $\int_{A \setminus W} |f|\, dx < \varepsilon$. Für das Integral über W betrachtet man, wenn $f \ge 0$ ist, eine Zerlegung $W = \bigcup I_i$ und die entsprechende Untersumme $s = \sum m_i |I_i|$. Approximiert man c_{I_i} durch Funktionen ϕ_k^i gemäß (a), so strebt $\int_W \sum_i m_i \phi_k^i\, dx \to s$ für $k \to \infty$.

9. Es sei $(\alpha_k)_0^\infty$ eine streng monoton fallende Folge positiver Zahlen und $K_i \subset \mathbb{R}^n$ die Kugelschale $\alpha_{2i+1} \le |x| \le \alpha_{2i}$ ($i = 0, 1, 2, \ldots$). Man untersuche, ob die Menge $M = K_0 \cup K_1 \cup K_2 \cup \cdots$ quadrierbar ist, und bestimme gegebenenfalls ihren Inhalt.

10. Es sei $J = [a, b]$ ein n-dimensionales Intervall ($a, b \in \mathbb{R}^n$, $a < b$). Wir bezeichnen mit $\int_a^x$ ein Integral über das Intervall $[a, x]$, $x \in J$. Im Raum $C^0(J)$ betrachten wir den Operator S,

$$(Sf)(x) := \int_a^x f(\xi)\, d\xi \quad \text{für } x \in J,\ f \in C^0(J)\,;$$

vgl. Beispiel 3 in 2.8 für $n = 1$. Man zeige: S ist ein linearer Operator in $C^0(J)$ mit der Norm $\|S\| = |J|$ in bezug auf die Maximumnorm $\|f\|_\infty$. Legt man jedoch die bewichtete Maximumnorm

$$\|f\|_\alpha = \max\left\{|f(x)| e^{-\alpha s(x)} : x \in J\right\} \quad \text{mit} \quad s(x) = x_1 + \cdots + x_n,\ \alpha > 0\,,$$

zugrunde, so ergibt sich $\|S\|_\alpha < \frac{1}{\alpha^n}$.

11. Man berechne die folgenden Integrale:

(a) $\int_B x^2 y \, d(x,y)$, $B = [-1,1] \times [0,1]$;

(b) $\int_B y^2 \, d(x,y)$, $B = $ Inneres der Ellipse $4x^2 + y^2 = 4$;

(c) $\int_B xy \, d(x,y)$, $B = $ Bereich zwischen der Parabel $y = x^2$ und der Geraden $y = x + 2$.

12. Man berechne den Inhalt der folgenden Teilmengen des $\mathbb{R}^4$:

$$M_1 = \{(t,x,y,z) : t - x^2 - y^2 - z^2 \geq 0, \, 0 \leq t \leq 1\},$$

$$M_2 = \{(t,x,y,z) : t^2 - x^2 - 2y^2 - z^2 \geq 0, \, 0 \leq t \leq a\}.$$

13. Es sei $Q(x) = x^\top A x$ eine positiv definite quadratische Form ($x \in \mathbb{R}^n$, A symmetrische $n \times n$-Matrix). Man berechne das uneigentliche Integral $\int_{\mathbb{R}^n} e^{-Q(x)} \, dx$ in Abhängigkeit von den Eigenwerten $\lambda_1, \ldots, \lambda_n$ von A.

14. (a) Zwei gerade Kreiszylinder vom gleichen Radius R liegen so, daß ihre Achsen sich rechtwinklig schneiden. Man bestimme das Volumen der innerhalb beider Zylinder liegenden Menge.

(b) Man löse die entsprechende Aufgabe für $n > 3$: Gesucht ist der Inhalt der durch die Ungleichungen $x_1^2 + x_3^2 + \cdots + x_n^2 \leq R^2$, $x_2^2 + x_3^2 + \cdots + x_n^2 \leq R^2$ bestimmten Menge M im $\mathbb{R}^n$.

15. Für welche Werte von $\alpha, \beta \in \mathbb{R}$ ist das uneigentliche, über den ersten Quadranten $P = (0,\infty)^2$ erstreckte Integral

$$I = \int_P \frac{d(x,y)}{x^\alpha y^\beta (1 + x + y)}$$

konvergent? Man drücke den Wert des Integrals mit der Gammafunktion aus.

Anleitung: Man berechne zunächst das Integral $\int_0^\infty x^{-\gamma}(a + x)^{-\delta} \, dx$.

16. Es sei $I = [a,b]$, $\phi, \psi \in C^1(I)$, $\phi \leq \psi$ in I und $B^\bullet = \{(x,y) : x \in I, \, \phi(x) \leq y \leq \psi(x)\}$. Man zeige: Sind f und f_x in $B^\bullet$ stetig, so ist das Integral

$$F(x) = \int_{\phi(x)}^{\psi(x)} f(x,y) \, dy \text{ aus } C^1(I) \text{ und}$$

$$F'(x) = \int_{\phi(x)}^{\psi(x)} f_x(x,y) \, dy + f(x, \psi(x)) \psi'(x) - f(x, \phi(x)) \phi'(x).$$

17. *Uneigentliche Integrale ad libitum.* Zu $A \subset \mathbb{R}^n$ bilden wir (falls möglich) ein System S von quadrierbaren Teilmengen von A mit den Eigenschaften (i) es gibt eine erschöpfende Folge (C_k) aus S; (ii) zu $C_1, C_2 \in S$ gibt es $C \in S$ mit $C \supset C_1 \cup C_2$. Die Definition $C_1 < C_2 \iff C_1 \subset C_2$ macht S zu einer gerichteten Menge. Die Funktion $f : A \to \mathbb{R}$ heiße über A bezüglich S *uneigentlich integrierbar*, $f \in R_S(A)$, falls $f \in R(C)$ für alle $C \in S$ und das Integral als Limes (in S) der Integrale $\int_C f(x) \, dx$ existiert. Offenbar ist $R_S(A)$ ein Funktionenraum, und für quadrierbares A ist $R(A) \subset R_S(A)$.

Ist z.B. $A = \mathbb{R}^n$ und $S = \{[a,b] : a < b\}$ mit $a, b \in \mathbb{R}^n$, so erhält man für $n = 1$ genau das in I.12.1 eingeführte uneigentliche Integral. Für $n = 2$ wurde dieses Integral, bei dem Konvergenz ohne absolute Konvergenz auftreten kann, von Hardy (1903) untersucht.

§ 8. Die Integralsätze von Gauß, Green und Stokes

Die Integralsätze der Vektoranalysis stellen ein klassisches Beispiel eines von der Physik inspirierten neuen Gebiets dar. Gegen Ende des 18. Jahrhunderts war eine verwirrende Fülle elektrischer und magnetischer Phänomene bekannt. Ihre mathematische Beschreibung beginnt mit den beiden von CHARLES AUGUSTIN DE COULOMB (1736–1806, französischer Physiker) gefundenen Coulombschen Gesetzen für die Anziehung bzw. Abstoßung elektrischer Ladungen (1785) und magnetischer Pole (1786). Diese Naturgesetze haben dieselbe Gestalt wie das Newtonsche Gravitationsgesetz: die Kraft ist proportional zur Stärke der beteiligten Ladungen bzw. Pole, und sie nimmt wie $1/r^2$ ab. Hieraus entwickelt sich mit innerer Notwendigkeit eine Potentialtheorie der elektrischen und magnetischen Erscheinungen. Sie beginnt (nach Vorarbeiten von Poisson) mit GEORGE GREEN, einer erstaunlichen Gestalt, geboren 1793 in Nottingham (England) als Sohn eines Bäckers, der später Müller wurde. Green ging nur kurze Zeit zur Schule, arbeitete im Geschäft seines Vaters und erwarb seine Kenntnisse im Selbststudium. Seine wichtigste Arbeit *An Essay on the Application of Mathematical Analysis to the Theories of Electricity and Magnetism* erschien 1828 als Privatdruck, unterstützt von 52 Subskribenden. Sie führt den Begriff der Potentialfunktion und die später so genannte Greensche Funktion ein und enthält die Greenschen Formeln. Als Green 1841 starb, war sein Werk in England kaum und auf dem Kontinent gar nicht bekannt.

1840 erscheint die für die Potentialtheorie grundlegende Arbeit *Allgemeine Lehrsätze in Beziehung auf die im verkehrten Verhältnisse des Quadrats der Entfernung wirkenden Anziehungs- und Abstoßungskräfte* von C.F. GAUSS. Hier und auch bei anderen Forschern finden sich viele der von Green gefundenen Resultate wieder. Dies veranlaßte WILLIAM THOMSON (Lord KELVIN), Greens Essay im *Journal für die Reine und Angewandte Mathematik* nachzudrucken (1850–54). Die wesentlichen Ergebnisse von Green und Gauß gehören in das Gebiet der partiellen Differentialgleichungen und können hier nicht geschildert werden. Der Divergenzsatz 8.6 und seine unmittelbaren Folgerungen bilden ein wesentliches Hilfsmittel dieser Theorie. In der Literatur wird er nach GAUSS, GREEN oder OSTROGRADSKY (Mem. Acad. Sci. St. Petersb. (6) 1 (1831), 39–53) benannt. Hier spiegelt sich wieder, daß die zugrundeliegende Beweisidee der Integration einer Ableitung nach der entsprechenden Variablen nicht tief liegt; die eigentliche Schwierigkeit besteht darin, das notwendige Instrumentarium für eine solide Formulierung und einen strengen Beweis bereitzustellen.

Der Satz von Stokes verwandelt ein Flächenintegral in ein Wegintegral über die Berandung der Fläche. GEORGE GABRIEL STOKES wurde 1819 in eine anglo-irische Familie geboren. Der 30jährige wurde 1849 Lucasian Professor in Cambridge und blieb auf diesem berühmten Lehrstuhl, der einmal von Newton besetzt war, bis er 1903 als 84jähriger starb. Stokes bearbeitete fast alle Gebiete der Physik. Am bedeutendsten sind seine Entdeckungen und Theorien in der Hydrodynamik. Hier war es auch, wo er seinen Integralsatz fand, mit dem er ganz konkrete physikalische Vorstellungen verband. Stokes machte den Satz zunächst als Problem für den Smith-Preis in Cambridge 1854 bekannt. Mit dem Stokesschen Satz ist der Begriff der Rotation eines Vektorfeldes aufs engste verbunden (in der physikalischen Literatur wird gelegentlich die Rotation über das entsprechende Wegintegral definiert). Damit waren die Werkzeuge zur Behandlung der Strömung von Flüssigkeiten und Gasen und ebenso zur Beschreibung der Wechselwirkung zwischen veränderlichen elektrischen und magnetischen Feldern bereitgestellt. JAMES CLERK MAXWELL (1831–1879, britischer Physiker) formulierte um 1860 die Maxwellschen Gleichungen und entwickelte auf dieser Grundlage eine Theorie des elektromagnetischen Feldes. Ihre glänzende Rechtfertigung fand diese Theorie in der Entdeckung der elektromagnetischen Wellen, die HEINRICH HERTZ (1857–1894, deutscher Physiker) im Jahre 1887 an der Technischen Hochschule Karlsruhe gelang.

Wir behandeln hier die Integralsätze in der Ebene und im dreidimensionalen Raum. Dazu müssen zunächst der Flächenbegriff sowie der Flächeninhalt und das Oberflächenintegral entwickelt werden. Es schließt sich eine kurzgefaßte Theorie des m-dimensionalen Inhalts im n-dimensionalen Raum an. Eine allgemeine Theorie der Differentialformen im $\mathbb{R}^n$ wird nicht entwickelt.

8.1 Gaußscher Integralsatz in der Ebene. Eine in der xy-Ebene gelegene Menge B heißt *Normalbereich* in y-Richtung, wenn es zwei in einem Intervall $[a, b]$ stetige Funktionen α, β mit $\alpha < \beta$ in (a, b) gibt, so daß

$$B = \{(x, y) : a \leq x \leq b, \ \alpha(x) \leq y \leq \beta(x)\}$$

ist. Nach Corollar 7.12 ist B quadrierbar, und nach Satz 7.15 gilt für eine Funktion $f \in C(B)$

(1) $$\int_B f(x, y) \, d(x, y) = \int_a^b \int_{\alpha(x)}^{\beta(x)} f(x, y) \, dy \, dx$$

(genau genommen wird der Satz auf ein Intervall $I = [a, b] \times [c, d] \supset B$ und die Funktion f_B angewendet). Nun parametrisieren wir die geschlossene Randkurve ∂B durch vier Jordanwege $\phi_1, \dots, \phi_4$:

$$\phi_1(t) = (t, \alpha(t)) \quad (a \leq t \leq b) \ ; \qquad \phi_2(t) = (b, t) \quad (\alpha(b) \leq t \leq \beta(b)) \ ;$$
$$\phi_3^-(t) = (t, \beta(t)) \quad (a \leq t \leq b) \ ; \qquad \phi_4^-(t) = (a, t) \quad (\alpha(a) \leq t \leq \beta(a)) \ .$$

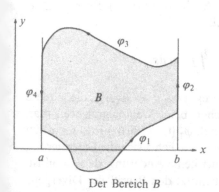

Der Bereich B

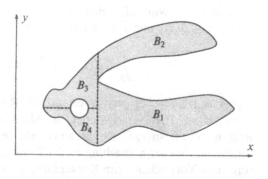

Zerlegung eines allgemeineren Bereiches

In der zweiten Zeile wurde eine Darstellung von ϕ_3^- und ϕ_4^- aufgeschrieben, um einerseits die in der Abbildung angegebene Orientierung zu erzeugen, andererseits die Formeln einfach zu halten. Offenbar ist $\phi = \phi_1 \oplus \phi_2 \oplus \phi_3 \oplus \phi_4$ ein geschlossener Jordanweg, der das Gebiet B° im positiven Sinn umläuft (d.h. so, daß das Gebiet zur Linken liegt). Wir merken an, daß die Parameterintervalle der Wege ϕ_i nicht aneinander anschließen, wie es die Definition von $\oplus$ in 5.11 verlangt; aber dieser Mangel läßt sich leicht beheben, indem man t durch $t + $ const. ersetzt. Nun sei vorausgesetzt, daß $f, f_y \in C(B)$ und ϕ rektifizierbar (also $\alpha, \beta \in BV[a,b]$ nach 5.22) ist. Ersetzt man in (1) f durch f_y, so ergibt sich eine erste Fassung des Gaußschen Integralsatzes

$$(2) \qquad \int_B f_y \, d(x,y) = \int_a^b \{f(x,\beta(x)) - f(x,\alpha(x))\} \, dx = - \overset{\phi}{\int} f \, dx \, .$$

Denn auf ϕ_2 und ϕ_4 ist $dx = 0 \cdot dt$, auf ϕ_1 und ϕ_3^- ist $dx = dt$. Die Wegintegrale über ϕ_2 und ϕ_4 verschwinden also, und nach 6.12 (a) und 6.13 (e) ist

$$\overset{\phi_3}{\int} f \, dx = - \overset{\phi_3^-}{\int} f \, dx = - \int_a^b f(t, \beta(t)) \, dt \, .$$

Mit einer ähnlichen Formel für den Weg ϕ_1 ergibt sich dann (2). $\qquad\qquad \square$

Wir transformieren ϕ auf die Bogenlänge als Parameter; das Resultat sei $\psi(s) = (\xi(s), \eta(s))$, $0 \le s \le L$. Wir nehmen an, daß die Randkurve ∂B (also der Weg ψ) stückweise glatt ist. Es sei $\tau = \psi' = (\xi', \eta')$ die Tangente und $v = (\eta', -\xi')$ die *äußere Normale*; beide sind auf die Länge 1 normiert, und sie existieren bis auf endlich viele Ausnahmepunkte. Wegen $\phi \sim \psi$ läßt sich das Kurvenintegral in (2) auch bezüglich ψ ausrechnen, und aus $f \, dx = f(\psi(s))\xi'(s) \, ds$ erhält man eine zweite Form des Gaußschen Satzes

$$(2') \qquad \int_B f_y(x,y) \, d(x,y) = \overset{\partial B}{\int} f \cdot v_2 \, ds \, ,$$

wobei $v_2 \ (= -\xi')$ die zweite Komponente der äußeren Normale ist. Hierbei wurde das Wegintegral in ein (von der Orientierung unabhängiges) Kurvenintegral verwandelt.

Für einen Normalbereich bezüglich der x-Achse $B = \{(x, y) : c \leq y \leq d,$
$\overline{\alpha}(y) \leq x \leq \overline{\beta}(y)\}$ und $f, f_x \in C(B)$ gilt entsprechend

$$
(3) \qquad \int_B f_x \, d(x, y) = {}^\phi\!\!\int f \, dy = {}^{\partial B}\!\!\int f \cdot v_1 \, ds \,,
$$

wobei ϕ wieder der positiv orientierte Randweg und $v = (v_1, v_2)$ die äußere
Normale ist. Hier verschwindet das Minuszeichen beim Wegintegral, weil man
jetzt, um die positive Orientierung zu erhalten, z.B. $\phi_1^-(t) = (\overline{\alpha}(t), t)$ $(c \leq t \leq d)$ zu
setzen hat (bei der Spiegelung an der Diagonale $x = y$ kehrt sich die Orientierung
um). Das Vorzeichen beim Kurvenintegral erfährt keine Änderung, da $v_1 = \eta'$ ist.

Die folgende Form des Gaußschen Satzes benutzt den Begriff der Divergenz
einer Vektorfunktion $f = (u, v)$:

$$
\operatorname{div} f = \operatorname{Spur} \frac{\partial(u, v)}{\partial(x, y)} = u_x + v_y \qquad \textit{Divergenz von } f \,.
$$

Gaußscher Integralsatz. *Es sei B ein Normalbereich in x- und y-Richtung mit einer
stückweise glatten Randkurve ∂B und $f = (u, v) : B \to \mathbb{R}^2$ stetig differenzierbar.
Dann gilt*

$$
\int_B \operatorname{div} f \, d(x, y) = {}^{\partial B}\!\!\int f \cdot v \, ds \,,
$$

*wobei v die äußere Normale und $f \cdot v = f_v$ die äußere Normalenkomponente von f
ist.*

Denn nach (3) und (2′) ist das Randintegral über $f \cdot v = uv_1 + vv_2$ gleich dem
Gebietsintegral über $u_x + v_y$.

Allgemeinere Bereiche. Die B betreffenden Voraussetzungen sind z.B. erfüllt, wenn
B eine konvexe Menge mit einer stückweise glatten Randkurve ist, also für Dreiecke, Rechtecke, Kugeln,... Der Satz bleibt auch dann gültig, wenn sich B durch
glatte Jordanwege $\overline{\phi}_k$ in endlich viele Bereiche mit den im Satz genannten Eigenschaften zerlegen läßt. Beim Zusammensetzen der Wegintegrale in (2) und (3)
heben sich jene über $\overline{\phi}_k$ heraus, weil diese Wege doppelt, mit entgegengesetzter
Orientierung, durchlaufen werden; vgl. Abb. So ist etwa ein von einem geschlossenen, sich nicht überschneidenden Polygon beranderter Bereich zulässig, da er
durch gerade Schnitte in Dreiecke zerlegbar ist.

Bemerkung. Die Formel (2′) hat eine einfache geometrische Bedeutung. Zerlegt
man B in schmale vertikale Streifen, so ist das Integral von f_y über einen
solchen Streifen der Breite Δx etwa gleich $\delta = \Delta x \cdot [f(x, \beta(x)) - f(x, \alpha(x))]$.
Nun ist $\Delta x = v_2 \Delta s$ beim oberen und $\Delta x = -v_2 \Delta s$ beim unteren Randstück,
also $\delta \approx f(x, \beta(x)) v_2 \Delta s + f(x, \alpha(x)) v_2 \Delta s$. Durch Aufsummieren dieser Ausdrücke
erhält man also Näherungssummen für das Bereichsintegral bzw. Kurvenintegral.
Entsprechend läßt sich (3) interpretieren.

Anwendung auf die Flächenberechnung im $\mathbb{R}^2$. Setzt man in (2) $f = y$ bzw. in (3)
$f = x$, so steht auf der linken Seite dieser Gleichung $\int_B d(x, y) = |B|$. Es ist also

$$|B| = \oint x \, dy = -\oint y \, dx = \frac{1}{2} \oint (x \, dy - y \, dx),$$

wobei ϕ ein geschlossener Jordanweg ist, der den Bereich B im positiven Sinn umläuft (nach 6.13 (d) ist das Wegintegral unabhängig vom Weg, solange die Orientierung nicht geändert wird; ϕ muß also nicht die früher betrachtete Darstellung von ∂B sein).

Zwei Beispiele. 1. Für das von der Ellipse $\phi(t) = (a \cos t, b \sin t)$ $(0 \le t \le 2\pi)$ umschlossene Gebiet E erhält man fast ohne Rechnung $x \, dy - y \, dx = (ab \cos^2 t + ab \sin^2 t) \, dt = ab \, dt$, also $|E| = \pi ab$.

2. Auf einem Strahl $\phi(t) = (\alpha t, \beta t)$ ist $x \, dy - y \, dx = 0$. Das von einem Hyperbelstück $\phi(t) = (\cosh t, \sinh t)$, $0 \le t \le t_0$, der x-Achse und dem Strahl vom Nullpunkt zum Punkt $\phi(t_0)$ begrenzte Gebiet G hat die Fläche $|G| = \frac{1}{2} t_0$ (in I.7.18 befindet sich ein Bild). Auf der Hyperbel ist nämlich $x \, dy - y \, dx = dt$. Damit haben wir die in I.7.18 behauptete geometrische Bedeutung des Parameters t nachgewiesen.

Der Gaußsche Integralsatz im dreidimensionalen Raum verwandelt – in Analogie zum ebenen Fall – Integrale über räumliche Bereiche in Integrale über die Randfläche. Zur Vorbereitung müssen die Begriffe Fläche, Flächeninhalt und Oberflächenintegral entwickelt werden. Am Anfang steht wieder eine elementare Aufgabe, die Berechnung der Fläche eines Parallelogramms.

8.2 Vektorprodukt und Parallelogrammfläche. Im folgenden sind $a = (a_1, a_2, a_3)$, $b = (b_1, b_2, b_3)$, $c = (c_1, c_2, c_3)$ Vektoren im $\mathbb{R}^3$; insbesondere bilden e_1, e_2, e_3 die Standardbasis. Unsere Abmachung, daß eine Festlegung auf Zeilen- oder Spaltenvektoren i.a. irrelevant ist und deshalb unterbleibt, daß aber im Zusammenhang mit Matrizenprodukten Vektoren aus $\mathbb{R}^3$ Spaltenvektoren sind, gilt auch hier. So ist z.B. $a \cdot b = a^{\mathsf{T}} b$. Unter dem *Vektorprodukt* (auch Kreuzprodukt) $a \times b$ versteht man den Vektor

$$a \times b = (a_2 b_3 - a_3 b_2, a_3 b_1 - a_1 b_3, a_1 b_2 - a_2 b_1).$$

Das Bildungsgesetz läßt sich leicht merken, indem man die folgende ‚symbolische Determinante‘ nach den üblichen Regeln nach der ersten Spalte entwickelt,

$$a \times b = \begin{vmatrix} e_1 & a_1 & b_1 \\ e_2 & a_2 & b_2 \\ e_3 & a_3 & b_3 \end{vmatrix} = e_1 \begin{vmatrix} a_2 & b_2 \\ a_3 & b_3 \end{vmatrix} - e_2 \begin{vmatrix} a_1 & b_1 \\ a_3 & b_3 \end{vmatrix} + e_3 \begin{vmatrix} a_1 & b_1 \\ a_2 & b_2 \end{vmatrix}.$$

Für das Vektorprodukt gelten die folgenden Rechenregeln

$$a \times b = -b \times a, \quad \text{insbesondere } a \times a = 0,$$

$$(\lambda a + \mu b) \times c = \lambda(a \times c) + \mu(b \times c),$$

$$a \times (\lambda b + \mu c) = \lambda(a \times b) + \mu(a \times c).$$

Es ist also auf die Reihenfolge der Vektoren zu achten, ihre Vertauschung führt auf einen Vorzeichenwechsel.

Die folgenden Rechenregeln werden u.a. in [LA; Kap. 7, § 1] bewiesen.

(a) $\qquad a \times (b \times c) = (a \cdot c)b - (a \cdot b)c \qquad$ *Graßmann-Identität* .

(b) $\qquad (a \times b) \cdot c = \begin{vmatrix} a_1 & b_1 & c_1 \\ a_2 & b_2 & c_2 \\ a_3 & b_3 & c_3 \end{vmatrix} = \det(a, b, c)$,

(beim letzten Ausdruck sind a, b, c Spaltenvektoren). Hieraus folgt $a \cdot (a \times b) = b \cdot (a \times b) = 0$, d.h., *der Vektor $a \times b$ steht auf den beiden Vektoren a und b senkrecht*.

(c) $\qquad |a \times b|^2 = |a|^2 |b|^2 - (a \cdot b)^2 = \det \begin{pmatrix} a \cdot a & a \cdot b \\ a \cdot b & b \cdot b \end{pmatrix}$.

(d) Für eine orthogonale 3×3-Matrix S ist $Sa \times Sb = \varepsilon S(a \times b)$, $\varepsilon = \det S = \pm 1$, insbesondere $|a \times b| = |Sa \times Sb|$. Beweis mit (b): $(Sa \times Sb) \cdot Sc = \varepsilon \det(a, b, c)$.

(e) Faßt man die Spaltenvektoren a, b zu einer 3×2-Matrix $A = (a, b)$ zusammen und ist C eine 2×2-Matrix, so genügen die Spalten der 3×2-Matrix $AC = (\bar{a}, \bar{b})$ der Gleichung $\bar{a} \times \bar{b} = (a \times b) \det C$. Im Fall $\det C \neq 0$ spannen a, b und $\bar{a}$, $\bar{b}$ denselben Unterraum auf.

Das folgt aus $\bar{a} = c_{11}a + c_{21}b$, $\bar{b} = c_{12}a + c_{22}b$ durch Ausmultiplizieren.

(f) In 1.18 haben wir den Winkel zwischen zwei Vektoren a, b durch $a \cdot b = |a| \, |b| \cos \theta$, $0 \leq \theta \leq \pi$, eingeführt. Aus (c) folgt dann wegen $\sin \theta \geq 0$

$$|a \times b| = |a| \, |b| \sin \theta .$$

(g) *Orientierung.* Im $\mathbb{R}^n$ betrachten wir eine geordnete Basis $b_1, \ldots, b_n$ (d.h. linear unabhängige Spaltenvektoren unter Beachtung der Reihenfolge), der wir die Matrix $B = (b_1, \ldots, b_n)$ zuordnen. Ist $\det B > 0$, so nennt man die Basis *positiv orientiert*, im Fall $\det B < 0$ *negativ orientiert*. Ist A eine $n \times n$-Matrix mit $\det A > 0$, so haben die Basen $b_1, \ldots, b_n$ und $Ab_1, \ldots, Ab_n$ dieselbe Orientierung; das ergibt sich aus $(Ab_1, \ldots, Ab_n) = AB$ mit dem Determinantenmultiplikationssatz. Ist dagegen $\det A < 0$, so wechselt die Orientierung. Die Standardbasis $e_1, \ldots, e_n$ ist offenbar positiv orientiert.

Kommen wir wieder zum $\mathbb{R}^3$. Bilden die Vektoren a, b, c eine positiv orientierte Basis, so bedeutet das bei der üblichen Anordnung von e_1 e_2, e_3: Schaut man von c aus auf die durch a und b aufgespannte Ebene, so geht der durch a bestimmte Halbstrahl durch Drehung im positiven Sinn (entgegen dem Uhrzeigersinn) um einen Winkel $< \pi$ in den Halbstrahl von b über. Man kann nämlich a, b durch eine orthogonale Abbildung mit positiver Determinante auf die Gestalt $a = (a_1, 0, 0)$, $b = (b_1, b_2, 0)$ bringen. Dann ist $\det(a, b, c) = a_1 b_2 c_3 > 0$, woraus sich leicht die Behauptung ergibt.

Sind a, b linear unabhängig, so bilden $a, b, c = a \times b$ eine positiv orientierte Basis. Nach (b) ist nämlich $\det(a, b, c) = |a \times b|^2 > 0$.

(h) *Parallelogramme.* Unter dem von den Vektoren a und b aufgespannten Parallelogramm versteht man die Punktmenge $P(a, b) = \{\lambda a + \mu b : 0 \leq \lambda \leq 1, \ 0 \leq \mu \leq 1\}$. Dieses hat nach (f) den Flächeninhalt

$$|P(a, b)| = |a \times b| .$$

Genau genommen handelt es sich hier um eine Definition. Wir wissen ja noch gar nicht, was man unter dem Flächeninhalt (oder 2-dimensionalen Inhalt) einer Punktmenge im $\mathbb{R}^3$ zu verstehen hat. Wir lassen uns von dem folgenden einleuchtenden Prinzip leiten.

Die Punktmenge $B \subset \mathbb{R}^3$ sei ganz in der (x_1, x_2)-Ebene gelegen, also von der Form $B = B' \times \{0\}$ mit $B' \subset \mathbb{R}^2$. Dieser Menge schreiben wir, wenn B' quadrierbar ist, den Flächeninhalt $J(B) := |B'|$ zu, und jede Menge, welche aus B durch eine Bewegung im $\mathbb{R}^3$ hervorgeht, soll denselben Flächeninhalt haben. Kurz gesagt: Liegt B in einer Hyperebene, so bildet man diese durch eine Bewegung auf die (x_1, x_2)-Ebene ab und nimmt als Flächeninhalt von B den Jordan-Inhalt der Bildmenge, aufgefaßt als Menge im $\mathbb{R}^2$.

Unsere obige Formel für $|P|$ entspricht diesem Prinzip. Liegen a und b in der (x_1, x_2)-Ebene, so ist der elementargeometrische Inhalt von $P(a, b)$ gleich $|a| \, |b| \sin \theta = |a \times b|$ (dies folgt übrigens auch aus Beispiel 2 von 7.9), und der Ausdruck $|a \times b|$ ist nach (d) invariant gegenüber orthogonalen Abbildungen.

8.3 Flächen im $\mathbb{R}^3$. Ähnlich wie früher eine Kurve definieren wir eine Fläche mit Hilfe einer Parameterdarstellung, wobei der Parameterbereich jetzt zweidimensional ist.

Definition. Es sei G eine quadrierbare offene Menge in der Parameterebene (uv-Ebene). Die Abbildung $\Phi : \overline{G} \to \mathbb{R}^3$ sei in G injektiv und stetig differenzierbar, und es gelte

$$\text{Rang } \Phi' = 2 \quad \text{in } G \, .$$

Ferner sei Φ in $\overline{G}$ lipschitzstetig, und die Mengen $\Phi(G)$ und $\Phi(\partial G)$ seien disjunkt. Dann nennen wir die Menge $F = \Phi(G)$ eine (offene) Fläche und Φ eine Parameterdarstellung von F. Dafür schreiben wir auch kurz $\Phi | G$.

Gelegentlich betrachtet man auch die ‚abgeschlossene‘ Fläche $\Phi(\overline{G})$ und nennt $\Phi(\partial G)$ den Rand und $\Phi(G)$ das Innere der Fläche. (Man beachte: $\Phi(G)$ ist keine offene Menge im $\mathbb{R}^3$.)

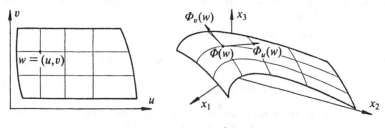

Fläche im $\mathbb{R}^3$

Die Punkte der Parameterebene werden mit $w = (u, v)$, die des $\mathbb{R}^3$ mit $x = (x_1, x_2, x_3)$, gelegentlich (insbesondere bei Beispielen) auch mit (x, y, z) bezeichnet. Es ist also $\Phi = \Phi(u, v)$ und $\Phi' = (\Phi_u, \Phi_v)$ (nach der Konvention von 3.5 ist Φ ein Spaltenvektor). Hält man den Parameter v fest, so ist die Funktion $u \mapsto \Phi(u, v)$ die

Parameterdarstellung einer Kurve auf F; sie wird auch *Koordinatenlinie* (*u*-Linie) genannt. Ihr Tangentialvektor ist Φ_u. Entsprechend ist Φ_v Tangentialvektor an die *v*-Linien $u = \text{const}$. Die Rangbedingung in der Definition bedeutet, daß in jedem Flächenpunkt $x_0 = \Phi(w_0)$, $w_0 = (u_0, v_0) \in G$, die Vektoren Φ_u und Φ_v linear unabhängig sind. Sie spannen die

(1)   *Tangentialebene* $x = x_0 + \lambda\Phi_u(w_0) + \mu\Phi_v(w_0)$ $(\lambda, \mu \in \mathbb{R})$

im Punkt x_0 auf. Jeder auf dieser Ebene senkrecht stehende, nicht verschwindende Vektor heißt *Normalenvektor* oder *Normale* an F im Punkt x_0. Hat er die Länge 1, so wird er *normiert* oder *Normaleneinheitsvektor* genannt. Insbesondere ist nach 8.2 (b) $\Phi_u(w_0) \times \Phi_v(w_0)$ eine Normale, aus der sich ein

(2)   *Normaleneinheitsvektor* $v = \dfrac{\Phi_u \times \Phi_v}{|\Phi_u \times \Phi_v|}(w_0)$

im Punkt $x_0 = \Phi(w_0)$ gewinnen läßt. Jeder Punkt auf F besitzt genau zwei normierte Normalen v und $-v$. Mit den Abkürzungen

$$g_{11} = |\Phi_u|^2, \qquad g_{12} = g_{21} = \Phi_u \cdot \Phi_v, \qquad g_{22} = |\Phi_v|^2$$

und der Formel 8.2 (c) erhält man für die Länge von $\Phi_u \times \Phi_v$

(3) $|\Phi_u \times \Phi_v| = \sqrt{|\Phi_u|^2 |\Phi_v|^2 - (\Phi_u \cdot \Phi_v)^2} = \sqrt{\det(g_{ij})}$.

Die 2×2-Matrix (g_{ij}) wird auch *Maßtensor* genannt.

Beispiel. Die Kugeloberfläche. Durch die Abbildung ($r > 0$ fest, $(u, v) = (\phi, \theta)$)

$$(x, y, z) = \Phi(\phi, \theta) = (r\cos\phi\sin\theta, r\sin\phi\sin\theta, r\cos\theta)$$

wird die Menge $G : 0 < \phi < 2\pi, 0 < \theta < \pi$, injektiv auf die Kugel $x^2 + y^2 + z^2 = r^2$ ohne den vom Nordpol $(0, 0, r)$ über den Punkt $(r, 0, 0)$ zum Südpol $(0, 0, -r)$ führenden Halbkreis K abgebildet (die Kurve K ergibt sich für $\phi = 0$ oder $= 2\pi$ und $0 \leq \theta \leq \pi$). Die dargestellte offene Fläche F ist also die entlang K aufgeschnittene Kugel, während man als abgeschlossene Fläche $\Phi(\overline{G})$ die ganze Kugeloberfläche erhält.

Für die beiden Tangentialvektoren erhält man

$$\Phi_\phi = (-r\sin\phi\sin\theta, r\cos\phi\sin\theta, 0) ,$$

$$\Phi_\theta = (r\cos\phi\cos\theta, r\sin\phi\cos\theta, -r\sin\theta) ,$$

$\Phi_\phi \times \Phi_\theta = -r^2(\cos\phi\sin^2\theta, \sin\phi\sin^2\theta, \sin\theta\cos\theta) = -r\sin\theta \cdot \Phi$. Die Normale ist, wie zu erwarten war, gleich $\lambda\Phi$. Wegen $|\Phi| = r$ ist $|\Phi_\phi \times \Phi_\theta| = r^2\sin\theta$.

Explizite Darstellung einer Fläche. Punkte im Raum werden im folgenden mit (x, y, z) bezeichnet. Hat Φ die spezielle Gestalt $(x, y, z) = \Phi(u, v) = (u, v, f(u, v))$, so liegt eine explizite Darstellung von F vor:

$$z = f(x, y) \quad \text{mit } (x, y) \in G ,$$

und es ist $F = \text{graph } f$. In diesem Fall wird die Tangentialebene im Punkt $(x, y, f(x, y)) \in F$ von den beiden Tangentialvektoren $(1, 0, f_x)$ und $(0, 1, f_y)$ aufgespannt, und die Gleichung (2) lautet

$$(4) \qquad\qquad v = \frac{(-f_x, -f_y, 1)}{\sqrt{1 + f_x^2 + f_y^2}} \; .$$

(a) Eine explizite Darstellung einer Fläche F (eventuell mit permutierten x, y, z) kann im Kleinen stets hergestellt werden.

Zum *Beweis* sei $\Phi|G$ eine Parameterdarstellung von F und $w_0 = (u_0, v_0) \in G$, $P_0 = (x_0, y_0, z_0) = \Phi(w_0) \in F$. Wegen Rang $\Phi' = 2$ hat $\Phi'(w_0)$ eine von Null verschiedene zweireihige Unterdeterminante; es sei etwa $\det \dfrac{\partial(\Phi_1, \Phi_2)}{\partial(u, v)} \neq 0$ in w_0. Der Kürze halber schreiben wir $\Phi_{12} = (\Phi_1, \Phi_2)$. Nach Satz 4.6 besitzt die Abbildung $(x, y) = \Phi_{12}(u, v)$ in einer offenen Umgebung $U = U(w_0) \subset G$ eine stetig differenzierbare Umkehrabbildung $\Phi_{12}^{-1}(x, y) =: (u(x, y), v(x, y))$ mit einer im offenen Definitionsbereich $W = \Phi_{12}(U)$ nicht verschwindenden Funktionaldeterminante. Die Teilfläche $F_U = \Phi(U)$ besitzt dann die explizite Darstellung

$$z = \Phi_3(u(x, y), v(x, y)) =: f(x, y) \in C^1(W) \; .$$

Dabei ist W eine Umgebung von (x_0, y_0). Die Mengen $\overline{G} \setminus U$ und $M = \Phi(\overline{G} \setminus U)$ sind kompakt. Also ist $A = \mathbb{R}^3 \setminus M$ offen, $P_0 \in A$ (wegen $P_0 \notin \Phi(\partial G)$) und $F_U = A \cap F$ (dies wird im nächsten Beweis benutzt). $\qquad\square$

Eine Fläche kann auf mannigfache Weise parametrisiert werden. Ist etwa F durch $\Phi : G \to \mathbb{R}^3$ dargestellt und führt man neue Parameter $r = (s, t)$ gemäß $(u, v) = h(s, t)$ ein, wobei h die offene Menge H diffeomorph auf G abbildet, so wird F auch durch die Funktion $\Psi = \Phi \circ h : H \to \mathbb{R}^3$ dargestellt (falls Lipschitzstetigkeit vorliegt). Nach 8.2 (e) spannen die Spaltenvektoren von $\Phi'(w)$ und $\Psi'(r) = \Phi'(w)h'(r)$ (mit $w = h(r)$) denselben zweidimensionalen Unterraum auf (es ist $\det h' \neq 0$). Hieraus folgt sowohl die Rangbedingung für Ψ als auch – in Verbindung mit dem nächsten Satz – die Unabhängigkeit des Tangentialraumes von der Parameterdarstellung.

Satz. *Sind $\Phi : G \to \mathbb{R}^3$ und $\Psi : H \to \mathbb{R}^3$ zwei Parameterdarstellungen der Fläche F (mit den in der Definition genannten Voraussetzungen), so gibt es einen Diffeomorphismus $h : H \to G = h(H)$ mit $\Psi = \Phi \circ h$.*

Beweis. Wir benutzen dieselbe Beweisanordnung wie beim entsprechenden Satz 5.13 für Kurven und fassen uns deshalb kurz. Die Funktion $h := \Phi^{-1} \circ \Psi : H \to G$ ist eine Bijektion. Es bleibt zu zeigen, daß h C^1-invertierbar ist. Dazu sei $(x_0, y_0, z_0) = \Phi(u_0, v_0) = \Psi(s_0, t_0)$ ein willkürlicher Flächenpunkt, und es liege etwa die im Beweis von (a) angenommene Situation vor. Wir übernehmen die dortigen Bezeichnungen $U = U(u_0, v_0)$, W, F_U, A, $\Phi_{12} = (\Phi_1, \Phi_2)$ sowie $\Psi_{12} = (\Psi_1, \Psi_2)$. Mit A ist auch die Menge $V = \Psi^{-1}(A) = \Psi^{-1}(F_U)$ offen. Da F_U eine explizite Darstellung besitzt, ist die Abbildung Ψ_{12} in V injektiv und $W = \Phi_{12}(U) = \Psi_{12}(V)$. Es ist also

$$(u,v) = \Phi_{12}^{-1} \circ \Psi_{12}(s,t) = h(s,t) \quad \text{für } (s,t) \in V \, .$$

Hieraus folgt die stetige Differenzierbarkeit von h in einer Umgebung von (s_0, t_0), also in H. Aus Symmetriegründen ist auch h^{-1} stetig differenzierbar. $\qquad\square$

Bemerkungen zum Flächenbegriff. 1. Der Parameterbereich G ist nicht notwendig zusammenhängend. Damit sind auch Flächen, die man anschaulich als stückweise glatt bezeichnet, abgedeckt. Ein Beispiel: Es sei G' ein offenes Quadrat und F die Oberfläche einer über G' errichteten Pyramide. Zieht man in G' die Diagonalen, so entstehen vier offene Dreiecke mit der Vereinigung G. Es ist $\overline{G} = \overline{G'}$, und man erkennt, daß die Pyramidenoberfläche ein abgeschlossenes Flächenstück ist.

2. Liegen endlich viele abgeschlossene Flächen $F_i : \Phi_i | \overline{G}_i$ ohne gemeinsame innere Punkte vor, so ist auch $F = \bigcup F_i$ eine abgeschlossene Fläche. Man kann nämlich durch einfache Verschiebung in der (u,v)-Ebene erreichen, daß die Mengen $\overline{G}_i$ disjunkt sind. Setzt man $G = \bigcup G_i$, so wird $\overline{G} = \bigcup \overline{G}_i$. Wird Φ gemäß $\Phi(u,v) = \Phi_i(u,v)$ für $(u,v) \in \overline{G}_i$ definiert, so ist $\Phi | \overline{G}$ eine Parameterdarstellung von F. Durch unsere Definition, bei der nicht vorausgesetzt wird, daß der Parameterbereich zusammenhängend ist, werden wir der Mühe enthoben, zunächst „Flächenstücke" mit zusammenhängendem Parameterbereich einzuführen und später Flächen zu betrachten, welche aus Flächenstücken zusammengesetzt sind.

3. Die Bedingung, daß das Innere und der Rand der Fläche disjunkt sind, ist für die Gültigkeit des Satzes wesentlich. Man betrachte etwa das Beispiel

$$\Phi(u,v) = (\sin u, \sin 2u, v) \quad \text{in } G : 0 < u < 2\pi, \ 0 < v < 1$$

(ein über einer Kurve von der Form ∞ errichteter Zylinder; vgl. Aufgabe 8). Hier ist $\Phi(G) \cap \Phi(\partial G) = \{(0,0,v) : 0 < v < 1\}$. Setzt man $\Psi(u,v) := \Phi(u,v)$ in $H : -\pi < u < \pi, \ 0 < v < 1$, so ist $F = \Phi(G) = \Psi(H)$. Jedoch ist die Bijektion $h = \Phi^{-1} \circ \Psi$ nicht stetig.

4. In der Literatur wird häufig verlangt, daß Φ auf einer offenen Menge $U \supset \overline{G}$ injektiv ist, während andererseits in wichtigen Beispielen (Kugel- und Zylinderkoordinaten,...) die Injektivität auf ∂G verletzt ist. Unsere Flächendefinition umfaßt diese Beispiele.

5. Wir schreiben $\Phi | G \sim \Psi | H$, wenn die Voraussetzungen des Satzes erfüllt sind. In der Menge aller Parameterdarstellungen offener Flächen ist $\sim$ eine Äquivalenzrelation, und jeder Restklasse entspricht genau eine offene Fläche F und umgekehrt (man könnte die Flächen auch als Restklassen bezüglich dieser Relation *definieren*). Wichtig ist, daß die Begriffe Tangentialebene, Normaleneinheitsvektor $\pm v$ und später Flächeninhalt und -integral unabhängig von der speziellen Darstellung (innerhalb einer Klasse) sind.

8.4 Der Inhalt einer Fläche im $\mathbb{R}^3$. Als Flächeninhalt einer offenen Fläche F mit der Parameterdarstellung $\Phi : G \to F = \Phi(G)$ definieren wir

(1) $$J(F) := \int_G |\Phi_u \times \Phi_v| \, d(u,v) \qquad \textit{Flächeninhalt von } F \, .$$

Das Integral existiert nach 7.10 (l), da die Ableitungen von Φ beschränkt sind. Der abgeschlossenen Fläche $\Phi(\overline{G})$ schreiben wir denselben Inhalt zu (ist Φ auch auf ∂G differenzierbar, so kann man auch über $\overline{G}$ integrieren; da ∂G eine Jordansche Nullmenge ist, erfährt das Integral dadurch keine Änderung).

In expliziter Darstellung von $F : z = f(x, y)$, $(x, y) \in \overline{G}$ lautet die Formel

$$(1') \qquad J(F) = \int_G \sqrt{1 + f_x^2 + f_y^2} \, d(x, y) \, .$$

Dabei ist vorausgesetzt, daß $f \in C^1(G)$ in $\overline{G}$ lipschitzstetig ist.

Die folgenden Betrachtungen dienen der Rechtfertigung dieser Definition.

(a) Der Flächeninhalt ist invariant gegenüber Bewegungen.

Zum Beweis sei S eine orthogonale 3×3-Matrix und $x \mapsto Tx = a + Sx$ eine Bewegung im $\mathbb{R}^3$. Die Fläche $T(F)$ wird durch $\Psi(u, v) = T \circ \Phi(u, v)$ dargestellt, und aus $\Psi' = S\Phi'$ folgt $|\Psi_u \times \Psi_v| = |\Phi_u \times \Phi_v|$ nach 8.2 (d). Also ist $J(F) = J(T(F))$.

(b) Liegt F in einer Ebene, so ist $J(F)$ der zweidimensionale Jordaninhalt von F (wenn man F als Menge in dieser Ebene auffaßt).

Beim Beweis darf man wegen (a) annehmen, daß F in der xy-Ebene gelegen, d.h. Φ von der Form $(\Phi_1, \Phi_2, 0)$ ist. Schreiben wir $\Phi_{12} = (\Phi_1, \Phi_2)$, so wird $|\Phi_u \times \Phi_v| = |\det \Phi'_{12}|$, und aus Satz 7.18 mit Zusatz ergibt sich $|\Phi_{12}(G)| = \int_G |\det \Phi'_{12}| \, d(u, v)$.

(c) *Plausibilitätsbetrachtung.* Betrachten wir ein kleines Rechteck $R = [u_0, u_0 + h] \times [v_0, v_0 + k]$ $(h, k > 0)$. Nach der Taylor-Entwicklung ist für die Punkte in R

$$\Phi(u_0 + \lambda h, v_0 + \mu k) \approx \Phi(u_0, v_0) + \lambda h \Phi_u(u_0, v_0) + \mu k \Phi_v(u_0, v_0)$$

mit $0 \le \lambda, \mu \le 1$. Stünde hier das Gleichheitszeichen, so wäre die Bildmenge gerade das von den Vektoren $h\Phi_u$ und $k\Phi_v$ aufgespannte, um den Vektor $\Phi(u_0, v_0)$ verschobene Parallelogramm. Dieses hat den Flächeninhalt $hk|\Phi_u \times \Phi_v|$. Mit anderen Worten: Zerlegt man den Bereich G in kleine Rechtecke R_i, so kann die entsprechende Riemannsche Summe gedeutet werden als Summe der Flächeninhalte der den einzelnen Rechtecken entsprechenden Bild-Parallelogramme, welche annähernd gleich den Flächen $\Phi(R_i)$ sind.

Satz. *Der Flächeninhalt ist unabhängig von der Parameterdarstellung der Fläche.*

Bei unserem allgemeinen Flächenbegriff ist der Beweis nicht einfach. Setzt man voraus, wie dies häufig geschieht, daß Φ in einer Umgebung U von $\overline{G}$ injektiv und stetig differenzierbar ist, so endet der Beweis bereits bei der Gleichung (2).

Beweis. (i) Zunächst sei F eine offene Fläche mit den Parameterdarstellungen $\Phi : G \to F$ und $\Psi : H \to F$. Nach Satz 8.3 existiert ein Diffeomorphismus $h : H \to G$ mit $\Psi = \Phi \circ h$. Aus $\Psi' = \Phi'(h)h'$ und der Formel 8.2 (e) folgt $|\Psi_s \times \Psi_t| = |\Phi_u \times \Phi_v| \, |\det h'|$ (wie früher werden Punkte aus H mit (s, t) bezeichnet), und die Substitutionsregel 7.18 liefert dann die Unabhängigkeit des Flächeninhalts,

$$(2) \qquad \int_G |\Phi_u \times \Phi_v| \, d(u, v) = \int_H |\Psi_s \times \Psi_t| \, d(s, t) \, .$$

Dieser Schluß hat einen Haken: In 7.18 wurde die Substitutionsformel nur unter der Voraussetzung bewiesen, daß h lipschitzstetig ist. Wir benutzen die Abkürzung qk für quadrierbar und kompakt. Nach 3.11 (c) ist h auf qk-Teilmengen von H lipschitzstetig, und nach den Sätzen 2.9 und 7.8 werden durch h qk-Teilmengen von H in qk-Teilmengen von G abgebildet; Entsprechendes gilt für h^{-1}. Zu $\varepsilon > 0$ wählen wir qk-Mengen $D \subset H$ mit $|H \setminus D| < \varepsilon$ und $C \subset G$ mit $|G \setminus C| < \varepsilon$. Diese Ungleichungen gelten dann auch für die qk-Mengen $D_1 = D \cup h^{-1}(C)$ und $C_1 = h(D_1)$. Die Gleichung (2) gilt für (C_1, D_1) und nach 7.10 (k) dann auch für (G, H) (man beachte: h' ist möglicherweise unbeschränkt, die Integranden in (2) sind nach unserer Voraussetzung jedoch beschränkt).

Nun sei $F = \Phi(\overline{G}) = \Psi(\overline{H})$ eine abgeschlossene Fläche (ohne die Voraussetzung $\Phi(G) = \Psi(H)$). Es sei $F_0 = \Phi(G) \cap \Psi(H)$ und $G_0 = \Phi^{-1}(F_0)$, $H_0 = \Psi^{-1}(F_0)$. Zum Beweis der Gleichung (2) zeigen wir, daß $G_0 \subset G$ offen und $|G \setminus \overline{G}_0| = 0$ ist und daß Entsprechendes für H gilt. Zur Schreibweise: $w = (u, v) \in \overline{G}$, $r = (s, t) \in \overline{H}$.

(ii) *Offenheit von G_0 und H_0.* Für die kompakte Menge $M = \Phi(\partial G) \cup \Psi(\partial H)$ ist $F \setminus M = F_0$. Also ist $A = \mathbb{R}^3 \setminus M$ offen und $F_0 = A \cap F$. Hieraus folgt sofort, daß $G_0 = \Phi^{-1}(A)$ und $H_0 = \Psi^{-1}(A)$ offene Mengen sind.

(iii) $G' = G \setminus G_0$ *ist eine Nullmenge.* Ist $w \in G'$ und $\Phi(w) = \Psi(r)$, so folgt $r \in \partial H$. Ein Punkt $w_0 \in G'$ besitzt nach den Überlegungen von 8.3 (a) eine offene Umgebung $U \subset G$ derart, daß (z.B.) $\Phi_{12} : U \to W = \Phi_{12}(U)$ eine diffeomorphe Abbildung ist. Dabei ist $\Phi_{12} = (\Phi_1, \Phi_2)$ und später $\Psi_{12} = (\Psi_1, \Psi_2)$. Wir nehmen weiter an, daß Φ_{12}^{-1} auf W lipschitzstetig ist (eventuell wird U verkleinert). Nach Hilfssatz 7.8 sind $W' = \Psi_{12}(\partial H)$ und $U' = \Phi_{12}^{-1}(W \cap W')$ Nullmengen, und außerdem ist $U \cap G' \subset U'$. Jeder Punkt $w_0 \in G'$ besitzt also eine Umgebung U mit $|U \cap G'| = 0$.

Ist die Menge $C \subset G$ quadrierbar und kompakt, so ist $C \setminus G_0 = C \cap G'$ kompakt, und aus dem Borelschen Überdeckungssatz ergibt sich , daß auch $|C \cap G'| = 0$ ist. Nun wählt man, wenn $\varepsilon > 0$ vorgegeben wird, C so, daß $|G \setminus C| < \varepsilon$ ist. Wegen $G' \subset (G \setminus C) \cup (C \cap G')$ ist dann $|G'|_a < \varepsilon$. Damit haben wir sowohl die Gleichung $|G'| = 0$ als auch die Quadrierbarkeit von G_0 bewiesen. Wieder hat auch H_0 diese Eigenschaften.

(iv) *Abschluß des Beweises.* Für die beiden Darstellungen $\Phi|G_0$ und $\Psi|H_0$ der offenen Fläche F_0 haben die entsprechenden Integrale in (2) über G_0 und H_0 nach Teil (i) denselben Wert. Da sich diese Mengen nur um Nullmengen von G bzw. H unterscheiden, ist die Gleichung (2) bewiesen. Es ist übrigens leicht zu zeigen, daß $\overline{G}_0 = \overline{G}$ und $\overline{H}_0 = \overline{H}$ gilt.   □

Beispiele. 1. *Kugelzone.* Es sei $F_{\alpha\beta}$ die durch $x^2 + y^2 + z^2 = r^2$, $\alpha \le z \le \beta$ mit $-r \le \alpha < \beta \le r$, definierte Kugelzone. Diese Menge hat eine Parameterdarstellung in Kugelkoordinaten, wobei der Parameterbereich durch

$$G : 0 \le \phi \le 2\pi, \qquad \theta_0 \le \theta \le \theta_1 \qquad \text{mit } r\cos\theta_0 = \beta, \ r\cos\theta_1 = \alpha$$

definiert ist. Im Beispiel von 8.3 wurde $|\Phi_\phi \times \Phi_\theta| = r^2 \sin\theta$ bereits ausgerechnet. Man erhält also

$$J(F_{\alpha\beta}) = \int_0^{2\pi} \int_{\theta_0}^{\theta_1} r^2 \sin\theta \, d\theta \, d\phi = 2\pi r^2 (\cos\theta_0 - \cos\theta_1) = 2\pi hr \,,$$

wobei $h = \beta - \alpha$ die Höhe der Kugelzone ist. Die Kugelzone hat also dieselbe Fläche wie ein Kreiszylinder vom Radius r und der Höhe h (das war bereits Archimedes bekannt). Für $\alpha = -r$, $\beta = r$, ergibt sich die volle Kugeloberfläche. Ihr Inhalt ist $4\pi r^2$.

2. *Schraubenfläche*. Ein zur Zeit $t = 0$ auf der x-Achse liegender Stab rotiere mit der Winkelgeschwindigkeit 1 um die z-Achse und bewege sich gleichzeitig mit der Geschwindigkeit a nach oben. Die dabei überstrichene ‚Schraubenfläche' besitzt die Parameterdarstellung

$$\Phi(s,t) = (s\cos t, s\sin t, at) \qquad \text{mit} \qquad \alpha \le s \le \beta, \, 0 \le t \le t_0$$

(wenn der Stab zur Zeit $t = 0$ die Strecke $\alpha \le s \le \beta$ einnimmt).

Hier ist $|\Phi_s| = 1$, $|\Phi_t|^2 = s^2 + a^2$, $\Phi_s \cdot \Phi_t = 0$, also nach Formel (3) von 8.3

$$J(F) = t_0 \int_\alpha^\beta \sqrt{a^2 + s^2} \, ds = \frac{1}{2} t_0 \left[s\sqrt{s^2 + a^2} + a^2 \log\left(s + \sqrt{s^2 + a^2}\right)\right]\Big|_\alpha^\beta \,.$$

Z.B. ergibt sich für $\alpha = 0$, $\beta = 1$, $t_0 = 2\pi$, $a = 1/2\pi$ (d.h. nach einer vollen Umdrehung ist der Stab auf der Höhe 1)

$$J = \pi \left[\sqrt{1 + 1/4\pi^2} + \frac{1}{4\pi^2} \log\left(1 + \sqrt{1 + 1/4\pi^2}\right) + \frac{1}{4\pi^2} \log 2\pi\right]$$

$$= 1,07686\,\pi = 3,38304 \,.$$

Für $a = 0$ erhält man den Einheitskreis mit dem Inhalt π. Durch das ‚Hochfahren' auf die Höhe 1 vergrößert sich die Fläche also um knapp 8 % .

8.5 Oberflächenintegrale. Es sei F eine Fläche im $\mathbb{R}^3$ mit der Parameterdarstellung $\Phi|G$ und f eine auf F erklärte reellwertige Funktion. Das *Oberflächenintegral* von f über die Fläche F ist erklärt durch

$$\overset{F}{\int\!\!\!\int} f \, do := \int_G f(\Phi(u,v)) |\Phi_u \times \Phi_v| \, d(u,v) \,,$$

falls das rechts stehende Integral existiert. Diese Formel gilt auch für eine abgeschlossene Fläche (da ∂G eine Nullmenge ist, kann über G oder $\overline{G}$ integriert werden). Der Wert des Integrals ist unabhängig von der speziellen Darstellung von F; das erkennt man genau wie in Satz 8.4 beim Flächeninhalt.

Ist $\pi = (B_i)$ eine Partition von G und $F_i = \Phi(B_i)$, so ist das über B_i erstreckte Integral ungefähr gleich $f(\Phi(w_i))J(F_i)$ mit $w_i = (u_i, v_i) \in B_i$. Das Oberflächenintegral kann man also deuten als Limes von Zwischensummen der Form $\sum f(x_i)J(F_i)$ mit $x_i \in F_i$, wobei (F_i) eine Zerlegung von F in Teilflächen ist.

Ist F in expliziter Form $z = \alpha(x,y)$, $(x,y) \in G$ gegeben, so lautet die Formel

$$\overset{F}{\int\!\!\!\int} f \, do = \int_G f(x, y, \alpha(x,y)) \sqrt{1 + \alpha_x^2 + \alpha_y^2} \, d(x,y) \,.$$

Beispiel. Wir integrieren die Funktion $f(x,y,z) = x^2$ über die Kugeloberfläche ∂B_r:

$$\overset{\partial B_r}{\int\!\!\!\int} x^2 \, do = \int_0^{2\pi} \int_0^\pi (r\cos\phi\sin\theta)^2 r^2 \sin\theta \, d\theta \, d\phi = \frac{4}{3}\pi r^4$$

(beim Integral über θ substituiere man $\cos\theta = t$). Das Ergebnis läßt sich einfacher ableiten. Aus Symmetriegründen sind die Integrale über die Funktionen x^2, y^2 und z^2 gleich. Die Funktion $g = x^2 + y^2 + z^2$ hat auf ∂B_r den konstanten Wert r^2, ihr Integral ist also gleich $r^2 J(\partial B_r) = 4\pi r^4$.

Physikalische Anwendungen. Wir betrachten eine Massenbelegung der Fläche F von der (Flächen-) Dichte ρ. Die *Masse* M_F und der *Schwerpunkt* S_F dieser Massenverteilung auf F berechnen sich dann gemäß

$$(1) \qquad M_F = {}^F\!\!\int \rho\, do\,, \qquad S_F = (S_x, S_y, S_z) = \frac{1}{M_F}\, {}^F\!\!\int (x, y, z)\rho\, do\,.$$

In der letzten Formel handelt es sich um drei skalare Gleichungen.

In I.11.12 wurde das *Trägheitsmoment* J rotierender Massen eingeführt, aus dem sich die Rotationsenergie $E = \frac{1}{2} J\omega^2$ (ω Winkelgeschwindigkeit der Bewegung) berechnet. Für einen Massenpunkt der Masse m im Abstand r von der Rotationsachse ist $J = mr^2$. Eine rotierende, mit Masse der Dichte ρ belegte Fläche F besitzt also das Trägheitsmoment

$$(2) \qquad J_F = {}^F\!\!\int \rho r^2\, do\,,$$

wobei r den Abstand des Flächenpunktes von der Rotationsachse bezeichnet.

Rotationsflächen. Eine in der oberen Hälfte der xy-Ebene gelegene, eventuell geschlossene Jordankurve $C : (x, y) = (\xi(t), \eta(t))$, $t \in I = [a, b]$, rotiere um die x-Achse. Dabei sei C stückweise glatt und $\eta(t) > 0$ bis auf endlich viele t-Werte. Die entstehende Rotationsfläche F besitzt die Parameterdarstellung

$$\Phi(t, \lambda) = \begin{pmatrix} \xi(t) \\ \eta(t)\cos\lambda \\ \eta(t)\sin\lambda \end{pmatrix} \quad \text{in } \overline{G} : a \le t \le b,\ 0 \le \lambda \le 2\pi\,.$$

Es handelt sich um eine abgeschlossene Fläche im Sinne unserer Definition. Bezeichnet N die endliche Menge der t-Werte, für die η verschwindet oder C keine Tangente besitzt, so ist $\Phi|G$ mit $G = (I^0 \setminus N) \times (0, 2\pi)$ eine offene Fläche, die übrigens die Meridiankurve C nicht enthält.

Hier ist $|\Phi_t|^2 = \xi'^2 + \eta'^2$, $|\Phi_\lambda|^2 = \eta^2$, $\Phi_t \cdot \Phi_\lambda = 0$, nach Formel (3) von 8.3 also $|\Phi_t \times \Phi_\lambda| = \eta\sqrt{\xi'^2 + \eta'^2}$. Der Flächeninhalt der Rotationsfläche beträgt

$$J(F) = 2\pi \int_a^b \eta\sqrt{\xi'^2 + \eta'^2}\, dt\,.$$

Dasselbe Integral tritt auf, wenn man den Schwerpunkt $\sigma = (\sigma_x, \sigma_y)$ der Kurve C bei konstanter Massenbelegung ρ berechnet. Nach 6.11 ist

$$\sigma_y = \frac{1}{M} \int_a^b \rho\eta\sqrt{\xi'^2 + \eta'^2}\, dt \quad \text{mit } M = \rho L\,,$$

wobei L die Länge von C ist. Damit haben wir die in I.11.11 bereits angekündigte zweite Guldinsche Regel bewiesen.

Zweite Guldinsche Regel. *Wenn eine ebene Kurve um eine in der Ebene gelegene, die Kurve nicht schneidende Achse rotiert, so ist der Inhalt der erzeugten Rotationsfläche gleich der Länge der Kurve multipliziert mit dem Umfang des Kreises, den ihr Schwerpunkt beschreibt.*

Beispiel. Durch Rotation eines Kreises vom Radius r um eine in der Kreisebene gelegene Achse, die einen Abstand $R \geq r$ vom Kreismittelpunkt hat, entsteht ein Torus. Sein Flächeninhalt ist $2\pi r \cdot 2\pi R = 4\pi^2 rR$; vgl. Aufgabe 1 (b) für den Fall $R < r$.

Nun betrachten wir auf der Rotationsfläche $F = \Phi(\overline{G})$ eine Massenverteilung mit einer konstanten Dichte ρ. Für die *Masse M* und den *Schwerpunkt S* erhält man

$$M = 2\pi\rho \int_a^b \eta\sqrt{\xi'^2 + \eta'^2}\, dt\,, \qquad S_x = \frac{2\pi\rho}{M} \int_a^b \xi\eta\sqrt{\xi'^2 + \eta'^2}\, dt\,, \qquad S_y = S_z = 0\,.$$

Das *Trägheitsmoment* bei einer Rotation um die x-Achse errechnet sich aus

$$J = 2\pi\rho \int_a^b \eta^3\sqrt{\xi'^2 + \eta'^2}\, dt\,.$$

8.6 Gaußscher Integralsatz im $\mathbb{R}^3$. Die Menge $G \subset \mathbb{R}^2$ sei offen und quadrierbar, und für die Funktionen $\alpha, \beta \in C(\overline{G})$ gelte $\alpha < \beta$ in G. Wir integrieren im folgenden über den (nach Corollar 7.12 quadrierbaren) Bereich

$$V = M(\alpha, \beta) = \{(x, y, z) : (x, y) \in G,\ \alpha(x, y) < z < \beta(x, y)\}\,.$$

Die Funktion f sei in $\overline{V}$ stetig, und ihre Ableitung $f_z = \partial f/\partial z$ sei in V stetig und beschränkt, also über V integrierbar nach 7.10 (l). Dann ergibt sich aus Satz 7.15

(1)
$$\int_V f_z\, d(x, y, z) = \int_G \int_{\alpha(x,y)}^{\beta(x,y)} f_z\, dz\, d(x, y)$$
$$= \int_G \{f(x, y, \beta) - f(x, y, \alpha)\}\, d(x, y)\,.$$

Wir wandeln das letzte Integral in ein Flächenintegral um und nehmen dazu an, daß die Funktionen α, β in G stetig differenzierbar und lipschitzstetig sind. Dann sind die Mengen $F^- = \text{graph } \alpha$ und $F^+ = \text{graph } \beta$ Flächen im Sinne unserer Definition (geometrisch gesprochen sind es die Boden- und Deckfläche des Zylinders V). Auf F^+ und F^- betrachten wir die in das Äußere von V weisende Einheitsnormale $v = (v_1, v_2, v_3)$, das ist jene mit $v_3 > 0$ bei F^+ und $v_3 < 0$ bei F^-. Diese Normalen sind nach 8.3 (4) gegeben durch

$$v = \frac{(-\beta_x, -\beta_y, 1)}{\sqrt{1 + \beta_x^2 + \beta_y^2}} \qquad \text{äußere Normale an } F^+\,,$$

$$v = \frac{(\alpha_x, \alpha_y, -1)}{\sqrt{1 + \alpha_x^2 + \alpha_y^2}} \qquad \text{\textit{äußere Normale an} } F^- \, .$$

Für das Flächenintegral der Funktion $f \cdot v_3$ erhält man somit

(2)
$$\overset{F^+}{\int} f v_3 \, do = \int_G f(x, y, \beta(x, y)) \, d(x, y) \, ,$$

$$\overset{F^-}{\int} f v_3 \, do = - \int_G f(x, y, \alpha(x, y)) \, d(x, y) \, .$$

Nun kann es vorkommen, daß die Menge F^+ zwar eine Fläche, die explizite Darstellung $z = \beta(x, y)$ aber nicht erlaubt ist. Ein Beispiel ist die obere Hälfte der Einheitssphäre; ihre Darstellung $z = \beta(x, y) = \sqrt{1 - x^2 - y^2}$ ist in $G : x^2 + y^2 < 1$ nicht lipschitzstetig. Wir wissen jedoch, daß es andere, erlaubte Darstellungen gibt. Daß die Formeln (2) auch in solchen Fällen richtig sind, zeigt eine einfache Rechnung. Es sei $\Phi : H \to \mathbb{R}^3$ eine Parameterdarstellung von $F^+ = \text{graph } \beta$ und $\Phi_{12} = (\Phi_1, \Phi_2)$. Da zu jedem $(x, y) \in G$ genau ein Flächenpunkt $(x, y, z) \in F^+$ existiert, ist Φ_{12} injektiv und $\Phi_{12}(H) = G$ sowie $\beta(\Phi_{12}(u, v)) = \Phi_3(u, v)$. Aus der Formel (2) in 8.3 und der Forderung $v_3 > 0$ folgt $v_3 = |\det \Phi_{12}'| / |\Phi_u \times \Phi_v|$, also

$$\overset{F^+}{\int} f v_3 \, do = \int_H (f \circ \Phi) \, |\det \Phi_{12}'| \, d(u, v) = \int_G f(x, y, \beta(x, y)) \, d(x, y) \, .$$

Die zweite Gleichung ist nichts anderes als die Substitutionsformel 7.18, angewandt auf $g(x, y) = f(x, y, \beta(x, y))$ und die Substitution $(x, y) = \Phi_{12}(u, v)$; für diese ist $g \circ \Phi_{12} = f \circ \Phi$. Entsprechend behandelt man die Bodenfläche F^-.

Nun betrachten wir die Mantelfläche F_M von V. Vorausgesetzt wird, daß der Rand von G aus endlich vielen glatten Jordankurven $C_1, \ldots, C_m$ besteht, welche höchstens Endpunkte gemeinsam haben. Es sei etwa $(x, y) = \phi(t)$, $a < t < b$, eine (glatte) Parameterdarstellung von C_1. Der entsprechende Teil F^1 von F_M wird durch

$$\Phi(t, z) := (\phi_1(t), \phi_2(t), z) \text{ in } H^1 : a < t < b, \; \alpha(\phi(t)) < z < \beta(\phi(t))$$

dargestellt. Es ist geometrisch evident und aus dem Vektorprodukt der beiden Tangentialvektoren $\Phi_t = (\phi_1'(t), \phi_2'(t), 0)$ und $\Phi_z = (0, 0, 1)$ leicht ableitbar, daß die dritte Komponente jeder Normale an F^1 verschwindet. Das Integral von $f v_3$ über F^1 ist also gleich 0.

Versteht man unter $F^+, F^-, F^1, \ldots, F^m$ die entsprechenden abgeschlossenen Flächen, so bleiben die Gleichungen (2) erhalten, und es ist $F^+ \cup F^- \cup F^1 \cup \cdots \cup F^m = \partial V$. Unter unseren Voraussetzungen ist also ∂V eine Fläche (vgl. Bemerkung 2 in 8.3), und es ist

(3)
$$\int_V f_z \, d(x, y, z) = \overset{\partial V}{\int} f v_3 \, do \, .$$

Dies ist eine erste Form des Gaußschen Integralsatzes. Wenn die obigen Voraussetzungen erfüllt sind (V von der Form $M(\alpha, \beta)$, ∂V eine Fläche), so sagen wir,

V sei ein *Normalgebiet* bezüglich der z-Achse. Entsprechend sind Normalgebiete bezüglich der x- und y-Achse definiert.

Gaußscher Integralsatz. *Der offene Bereich $V \subset \mathbb{R}^3$ sei ein Normalgebiet bezüglich aller drei Achsen. Die Vektorfunktion $f = (f_1, f_2, f_3) : V \to \mathbb{R}^3$ sei in $\overline{V}$ stetig, ihre Ableitungen $\partial f_1/\partial x$, $\partial f_2/\partial y$, $\partial f_3/\partial z$ seien in V stetig und beschränkt. Dann ist*

$$(4) \qquad \int_V \operatorname{div} f \, d(x, y, z) = {}^{\partial V}\!\!\int f \cdot v \, do \;.$$

Dabei ist v die äußere Einheitsnormale an V, also $f \cdot v = f_v$ die äußere Normalkomponente von f, und

$$\operatorname{div} f = \frac{\partial f_1}{\partial x} + \frac{\partial f_2}{\partial y} + \frac{\partial f_3}{\partial z} \quad \text{die Divergenz von } f \;.$$

Dies ergibt sich, indem man die Gleichung (3) auf die Funktion f_3 anwendet und entsprechende Formeln für f_1 und f_2 aufstellt und addiert.

Bemerkung. Den Anforderungen an V genügen z.B. alle offenen Kugeln und 3-dimensionalen Intervalle (a, b), ebenso gedrehte Intervalle, allgemeiner alle offenen, beschränkten und konvexen Mengen, wenn der Rand eine Fläche im Sinne von 8.3 ist. Wie im Fall $n = 2$ liegt es auch hier nahe, allgemeinere Bereiche durch Hyperebenen oder auch krumme Flächen in Normalbereiche zu zerlegen. Bei einer solchen Zerlegung heben sich die Beiträge der inneren Schnittflächen gegenseitig auf, weil über jede solche Schnittfläche genau zweimal integriert wird, wobei sich die Integranden nur im Vorzeichen unterscheiden (die äußere Normale bezüglich des einen Gebietes ist innere Normale bezüglich des anderen angrenzenden Gebietes).

Die Greenschen Formeln. Der Bereich V genüge den obigen Voraussetzungen für den Gaußschen Integralsatz. Die reellwertigen Funktionen u, v seien aus $C^1(\overline{V})$ und $C^2(V)$, und ihre partiellen Ableitungen zweiter Ordnung seien in V beschränkt. Es ist $\operatorname{grad} u = u' = (u_x, u_y, u_z)$ und

$$\Delta u = u_{xx} + u_{yy} + u_{zz} = \operatorname{div} \operatorname{grad} u \;.$$

Dann gelten die beiden *Greenschen Formeln*

$$(5) \qquad \int_V \{u \, \Delta v + (\operatorname{grad} u) \cdot (\operatorname{grad} v)\} \, d(x, y, z) = {}^{\partial V}\!\!\int u \frac{\partial v}{\partial v} \, do \;,$$

$$(6) \qquad \int_V \{u \, \Delta v - v \, \Delta u\} \, d(x, y, z) = {}^{\partial V}\!\!\int \left(u \frac{\partial v}{\partial v} - v \frac{\partial u}{\partial v}\right) do \;.$$

In diesen Formeln ist v die äußere Einheitsnormale und $\partial u/\partial v = (\operatorname{grad} u) \cdot v$ die *äußere Normalableitung* von u.

Die erste Formel erhält man, indem man den Gaußschen Satz auf $f = u \operatorname{grad} v$ anwendet, die zweite, indem von der ersten Formel die entsprechende Formel für das Paar (v, u) subtrahiert wird. Der Sonderfall $u = 1$ der ersten Formel lautet

(7)
$$\int_V \Delta v \, d(x, y, z) = {}^{\partial V}\!\!\int \frac{\partial v}{\partial v} \, do \, .$$

8.7 Physikalische Bedeutung des Gaußschen Satzes. Geschwindigkeitsfelder. Die Funktion $f = (f_1, f_2, f_3)$ fassen wir als Geschwindigkeitsfeld einer Strömung auf. Das soll heißen, daß der Bereich V von einer Flüssigkeit (oder einem Gas) durchflossen wird und daß dabei die momentane Geschwindigkeit eines zur Zeit t am Ort (x, y, z) befindlichen Flüssigkeitsteilchens gleich $f(t, x, y, z)$ ist. Weiterhin bezeichne $\rho = \rho(t, x, y, z)$ die von Zeit und Ort abhängige Dichte der Flüssigkeit. Betrachten wir ein kleines Flächenelement ΔF der Randfläche ∂V mit der äußeren Einheitsnormale v. Bezeichnet ϕ den Winkel zwischen den Vektoren v und f, so ist $\cos \phi = (v \cdot f)/|f|$. Pro Sekunde tritt durch dieses Flächenstück eine Flüssigkeitsmenge, die einen Zylinder von der Höhe $|f|$ und dem Querschnitt $J(\Delta F) \cos \phi$ ausfüllt, nach außen (bzw. nach innen, wenn $f \cdot v$ negativ ist). Ihre Masse beträgt

$$\rho |f| J(\Delta F) \cos \phi = \rho(f \cdot v) J(\Delta F) \, .$$

Hieran erkennt man, daß das Integral ${}^{\partial V}\!\!\int \rho f \cdot v \, do$ die pro Sekunde durch die Oberfläche ∂V nach außen dringende Flüssigkeitsmasse, genauer den Überschuß der nach außen gegenüber der nach innen fließenden Flüssigkeitsmasse, angibt. Um diesen Betrag nimmt also die Masse in V pro Sekunde ab. Da sich die Masse durch Integration von ρ berechnen läßt, erhält man mit dem Gaußschen Satz die Gleichung

$$^{\partial V}\!\!\int \rho f \cdot v \, do = \int_V \operatorname{div} (\rho f) \, d(x, y, z) = -\frac{d}{dt} \int_V \rho \, d(x, y, z) \, .$$

Diese Betrachtung trifft auch für jede in V gelegene Kugel zu. Da man die Differentiation nach t unter das Integral ziehen darf, verschwindet das Integral der Funktion $\operatorname{div} (\rho f) + \rho_t$ über jede Kugel. Man erhält so die

$$\textit{Kontinuitätsgleichung} \qquad \operatorname{div} (\rho f) = -\frac{\partial \rho}{\partial t} \, .$$

Für eine homogene, inkompressible Flüssigkeit ist die Dichte konstant, und die Gleichung lautet in diesem Fall

$$\operatorname{div} f = 0 \qquad \textit{Kontinuitätsgleichung inkompressibler Flüssigkeiten} \, .$$

Ist insbesondere f ein Potentialfeld, d.h. existiert eine skalare Funktion u mit $f = \operatorname{grad} u$, so nimmt die Kontinuitätsgleichung die Form $\operatorname{div} \operatorname{grad} u = \Delta u = 0$ an. Man spricht dann von einer *Potentialströmung*. Wir erwähnen, daß man Flüssigkeiten wie Wasser, Oel,... in weiten Druckbereichen als inkompressibel annehmen kann, nicht jedoch Luft und andere Gase.

Bei dieser Betrachtung wurde stillschweigend angenommen, daß sich in V weder Quellen noch Senken befinden, daß also in V keine Flüssigkeit entsteht oder verschwindet. Wenn wir dies aber zulassen und weiterhin Kompressibilität ausschließen, so rührt die Massenänderung einzig und allein von vorhandenen Quellen her. Es ist also

$$\rho \operatorname{div} f \quad \text{die \textit{Ergiebigkeit} oder \textit{Quellendichte}}$$

der durch das Geschwindigkeitsfeld f beschriebenen inkompressiblen Strömung (Ergiebigkeit = Massenzuwachs pro Zeiteinheit und Raumeinheit).

Beispiel. Es sei $f(x, y, z) = (x, y, z)$ und $\rho = 1$, d.h. die Flüssigkeit fließt vom Ursprung in radialer Richtung mit der Geschwindigkeit $r = \sqrt{x^2 + y^2 + z^2}$ weg. Hier ist $\operatorname{div} f = 3$, die Quellendichte ist also überall (nicht nur im Ursprung) gleich 3.

Wärmeleitung. Die Temperaturverteilung $u = u(t, x, y, z)$ in einem festen Körper V von der Dichte ρ wird durch zwei von der Erfahrung gestützte physikalische Annahmen bestimmt.

(i) Um die Masse $\Delta m = \rho \Delta V$ von der Temperatur u auf die Temperatur $u + h$ zu erwärmen, wird die Wärmemenge (Energie) $E = ch\Delta m = ch\rho\Delta V$ benötigt, wobei c die *spezifische Wärme* ist.

(ii) Temperaturdifferenzen gleichen sich aus, es findet eine Wärmeströmung von Orten höherer nach Orten tieferer Temperatur statt. Dieser Wärmefluß ist am stärksten in der Richtung $-\operatorname{grad} u$ der stärksten Temperaturabnahme. Die zweite Annahme besagt, daß durch ein Flächenelement ΔF in Richtung der äußeren Normale v pro Sekunde die Wärmemenge

$$E = -k(v \cdot \operatorname{grad} u) \, J(\Delta F)$$

fließt, wobei k die *Wärmeleitfähigkeit* des Stoffes bezeichnet. Durch den Körper V fließt also pro Sekunde die Wärmemenge $+^{\partial V}\!\int k(v \cdot \operatorname{grad} u) \, do$ nach innen. Die resultierende Temperaturzunahme pro Sekunde ist gleich $u_t = \partial u / \partial t$, die Änderung der Wärmemenge in V also gleich $\int_V \rho c u_t \, d(x, y, z)$. Aus der Energiebilanz

$$k \,^{\partial V}\!\!\int v \cdot \operatorname{grad} u \, do = k \int_V \operatorname{div} \operatorname{grad} u \, d(x, y, z) = \rho c \int_V u_t \, d(x, y, z)$$

(die erste Gleichung kommt vom Gaußschen Integralsatz) ergibt sich mit $\operatorname{div} \operatorname{grad} u = \Delta u$ ähnlich wie oben, da man auch Teilbereiche von V betrachten kann, die

$$\text{\textit{Gleichung der Wärmeleitung}} \quad u_t = \frac{k}{\rho c} \Delta u \, .$$

Sie gilt unter der Annahme, daß im Innern von V keine Prozesse ablaufen, welche eine Erwärmung oder Abkühlung bewirken.

Wir wenden uns nun dem allgemeinen Problem des m-dimensionalen Inhalts im $\mathbb{R}^n$ zu. Dazu werden einige Sätze aus der Matrizentheorie benötigt, die wir zunächst ableiten wollen.

8.8 Gramsche Matrizen und Determinanten. Es sei $1 \le m \le n$ und

$$B = \begin{pmatrix} b_{11} & \cdots & b_{1m} \\ \vdots & \vdots & \vdots \\ b_{n1} & \cdots & b_{nm} \end{pmatrix} = (b_1, \ldots, b_m)$$

eine reelle $n \times m$-Matrix und $b_k = (b_{1k}, \ldots, b_{nk})^\top$ der k-te Spaltenvektor von B. Ist $A = (a_{ij}) = (a_1, \ldots, a_m)$ eine Matrix vom gleichen Format mit den Spaltenvektoren a_i, so ist

(1) $A^\top B = (a_i \cdot b_j)^m_{i,j=1} \, .$

Satz. *Es sei P die Menge aller m-Tupel $p = (p_1, p_2, \ldots, p_m)$ mit $1 \le p_1 < p_2 < \cdots < p_m \le n$. Für $p \in P$ bezeichne B_p die aus den Zeilen mit den Nummern $p_1, p_2, \ldots, p_m$ gebildete quadratische Matrix $B_p = (b_{p_i,j})^m_{i,j=1}$, und A_p sei entsprechend definiert. Dann besteht die folgende Identität*

$$\det A^\top B = \sum_p \det A_p \cdot \det B_p \, ,$$

wobei über alle $p \in P$ summiert wird.

Im Fall $m = n$ enthält P nur ein Element $p = (1, \ldots, n)$, und wir haben den Determinantenmultiplikationssatz vor uns.

Beweis. Wir halten A fest und bezeichnen die linke Seite der Identität mit $\phi(B)$, die rechte Seite mit $\psi(B)$. Die folgenden Beweisschritte sind leicht zu verifizieren.

(i) Vertauscht man in B die i-te Spalte b_i mit der k-ten Spalte b_k, so werden auch in den Matrizen B_p und $A^\top B$ die i-te und k-te Spalte vertauscht. Bei dieser Operation wechseln also ϕ und ψ das Vorzeichen. Insbesondere verschwinden $\phi(B)$ und $\psi(B)$, wenn zwei Spalten gleich sind.

(ii) Ersetzt man in B die i-te Spalte b_i durch $\lambda b'_i + \mu b''_i$ und läßt die übrigen Spalten ungeändert, so erhält man

$$\phi(\ldots, \lambda b'_i + \mu b''_i, \ldots) = \lambda \phi(\ldots, b'_i, \ldots) + \mu \phi(\ldots, b''_i, \ldots) \, ,$$

und dasselbe gilt für ψ.

(iii) Es sei $e_1, \ldots, e_n$ die Standardbasis im $\mathbb{R}^n$. Ist $q \in P$ und $E^q = (e_{q_1}, \ldots, e_{q_m})$, so ist $A^\top E^q = (A_q)^\top$ und $\det (E^q)_p = 1$ für $p = q$ und $= 0$ sonst, also $\phi(E^q) = \det A_q = \psi(E^q)$.

(iv) Aus der Darstellung $b_1 = \sum_1^n b_{i1} e_i$ und (ii) folgt $\phi(B) = \sum_1^n b_{i1} \phi(e_i, b_2, \ldots, b_m)$. Setzt man diese Zerlegung mit $b_2, \ldots$ fort, so erhält man schließlich die Formel

$$\phi(B) = \sum_r b_{r_1,1} \cdot b_{r_2,2} \cdots b_{r_m,m} \cdot \phi(e_{r_1}, e_{r_2}, \ldots, e_{r_m}) \, ,$$

wobei über alle m-Tupel $r = (r_1, r_2, \ldots, r_m)$ mit $1 \le r_i \le n$ summiert wird. Eine entsprechende Gleichung gilt für ψ.

Bezeichnen wir für den Augenblick die Matrix $(e_{r_1}, \ldots, e_{r_m})$ mit E'. Wenn es zwei Indizes $i \neq j$ mit $r_i = r_j$ gibt, so ist $\phi(E') = \psi(E') = 0$ nach (i). Anderenfalls kann E' durch Spaltenvertauschungen in die Form E^q mit $q \in P$ gebracht werden. Aus (i) und (iii) folgt also $\phi(E') = \psi(E')$ und damit $\phi(B) = \psi(B)$. $\qquad\square$

Für uns ist der Fall $A = B$ von Interesse. Die Matrix $B^\top B$ bezeichnet man als die von den Vektoren $b_1, \ldots, b_m$ erzeugte *Gramsche Matrix* und ihre Determinante als die *Gramsche Determinante* dieser Vektoren. Diese mit gr B bezeichnete Determinante hat nach dem Satz die Darstellungen

$$(2) \qquad \text{gr } B := \det B^\top B = \det (b_i \cdot b_j) = \sum_{p \in P} (\det B_p)^2 .$$

(a) Für eine orthogonale $n \times n$-Matrix S ist gr B = gr (SB). Wegen $SB = (Sb_1, \ldots, Sb_m)$ kann man das auch so ausdrücken: Die Gramsche Determinante ist invariant gegenüber einer orthogonalen Transformation der Vektoren $b_1, \ldots, b_m$.

(b) Genau dann ist gr $B \neq 0$, wenn die Vektoren $b_1, \ldots, b_m$ linear unabhängig sind.

(c) Für eine $m \times m$-Matrix C ist

$$\text{gr } (BC) = (\det C)^2 \text{ gr } B .$$

Ist $\det C \neq 0$, so spannen die Spaltenvektoren von B denselben Unterraum wie die Spaltenvektoren von BC auf.

Hier folgt (a) aus $(SB)^\top SB = B^\top S^\top SB = B^\top B$, während (b) sich aus der Darstellung (2) und der Tatsache ergibt, daß die b_i genau dann linear unabhängig sind, wenn eine quadratische Matrix B_p mit $\det B_p \neq 0$ existiert. Aus $(BC)^\top BC = C^\top B^\top BC = C^\top (B^\top B) C$ und dem Determinantenmultiplikationssatz ergibt sich die erste Behauptung von (c). Da die i-te Spalte d_i von $D = BC$ gleich $c_{1i} b_1 + \cdots + c_{mi} b_m$ ist und wegen $B = DC^{-1}$ auch die b_i durch die d_j darstellbar sind, gilt die zweite Behauptung von (c).

Für $m = 1$ ist gr $B = |b_1|^2$. Im Fall $m = 2, n = 3$ besteht P aus den Paaren $(1, 2), (1, 3)$ und $(2, 3)$. Ein Vergleich mit der Definition des Vektorprodukts zeigt, daß gr $B = |b_1 \times b_2|^2$ ist. Die Formeln 8.2 (c) und (e) erweisen sich nun als Sonderfälle von (2) und (b).

8.9 Der Inhalt von m-dimensionalen Flächen im $\mathbb{R}^n$.

Eine m-dimensionale Fläche F im $\mathbb{R}^n$ $(m < n)$ ist im wesentlichen wie in 8.3 definiert. Sie ist analytisch gegeben als Bildmenge $F = \Phi(G)$ einer Parameterdarstellung $\Phi : \overline{G} \to \mathbb{R}^n$, wobei $G \subset \mathbb{R}^m$ offen und quadrierbar, Φ in G injektiv, stetig differenzierbar und lipschitzstetig mit

$$\text{Rang } \Phi'(u) = m \quad \text{für} \quad u = (u_1, \ldots, u_m) \in G$$

ist und die beiden Mengen $\Phi(G)$ und $\Phi(\partial G)$ disjunkt sind. Hieraus folgt, daß in jedem Punkt von F die Tangentialvektoren Φ_{u_i} der u_i-Linien $(i = 1, \ldots, m)$ linear unabhängig sind; sie spannen den m-dimensionalen *Tangentialraum* auf. Für ihre Innenprodukte führt man die Abkürzungen

$$g_{ik} = \Phi_{u_i} \cdot \Phi_{u_k} \qquad (i, k = 1, \ldots, m)$$

ein. Dann ist nach Formel (2) von 8.8

$$g = \det(g_{ik}) = \operatorname{gr} \Phi' .$$

Wir werden die so definierte Fläche gelegentlich auch als offene Fläche bezeichnen und von einer abgeschlossenen Fläche $F = \Phi(\overline{G})$ mit den Untermengen $\Phi(G)$ (Inneres) und $\Phi(\partial G)$ (Rand von F) sprechen.

Definition. Unter dem m-dimensionalen Inhalt der Fläche F im $\mathbb{R}^n$ verstehen wir die Größe

$$J_n^m(F) := \int_G \sqrt{g}\, du \quad \text{mit} \quad g = \operatorname{gr} \Phi' .$$

Die folgenden Bemerkungen dienen der Erläuterung und Rechtfertigung dieser Definition.

(i) Für $m = 1$, $n \geq 2$ und $G = [a,b]$ stellt $F = \Phi(\overline{G})$ eine glatte Jordankurve dar. Nach Definition 5.14 und wegen $g = |\Phi'|^2$ ist $J_n^1(F)$ die Länge der Kurve F.

(ii) Für $m = 2$, $n = 3$ ergibt sich der in 8.4 behandelte Flächeninhalt, da $g = \operatorname{gr} \Phi' = |\Phi_{u_1} \times \Phi_{u_2}|^2$ ist; vgl. die Schlußbemerkung zur vorangehenden Nummer.

(iii) Der Inhalt J_n^m ist invariant gegenüber Bewegungen im $\mathbb{R}^n$. Denn wird durch $x \mapsto T(x) = a + Sx$ (S orthogonale $n \times n$-Matrix) eine Bewegung dargestellt, so ist $\Psi(u) = a + S\Phi(u)$ eine Parameterdarstellung des Bildes $T(F)$, und aus $\Psi' = S\Phi'$ folgt $\operatorname{gr} \Psi' = \operatorname{gr} \Phi'$ nach 8.8 (a).

(iv) Der m-dimensionale Inhalt ist unabhängig von der Parameterdarstellung. Für diese wichtige Eigenschaft läßt sich der Beweis von Satz 8.4 übertragen. Zunächst sei $\Psi : H \to F$ eine zweite Parameterdarstellung mit den oben von Φ geforderten Eigenschaften. Dann gibt es eine injektive C^1-Abbildung $h : H \to G = h(H)$ derart, daß $\Psi = \Phi \circ h$ ist (Beweis wie in 8.3). Aus $\Psi' = \Phi'(h)h'$ folgt mit 8.8 (c) die Gleichung $\operatorname{gr} \Psi' = (\det h')^2 \operatorname{gr} \Phi'(h)$. Die Unabhängigkeit ergibt sich nun, indem man die Substitutionsregel 7.18 auf die Substitution $u = h(v)$ ($v \in \mathbb{R}^m$) anwendet,

$$J_n^m(F) = \int_G \sqrt{\operatorname{gr} \Phi'}\, du = \int_H \sqrt{\operatorname{gr} \Phi'(h(v))}\, |\det h'|\, dv = \int_H \sqrt{\operatorname{gr} \Psi'}\, dv .$$

Daß auch für abgeschlossene Flächen $F = \Phi(\overline{G})$ diese Formel besteht, bedarf zusätzlicher Überlegungen, wie sie im Beweis von Satz 8.4 durchgeführt wurden.

(v) Die Fläche F sei in dem von $e_1, \ldots, e_m$ aufgespannten m-dimensionalen Unterraum gelegen. Es ist dann $\Phi_i = 0$ für $i > m$ und, wenn Φ^* die Funktion $\Phi^* = (\Phi_1, \ldots, \Phi_m)$ bezeichnet, $\operatorname{gr} \Phi' = (\det \Phi^{*\prime})^2$. Ein Blick auf den Zusatz 7.18 zeigt nun, daß $J_n^m(F)$ gleich dem m-dimensionalen Inhalt der Menge $F^* = \Phi^*(G) \subset \mathbb{R}^m$ ist, die mit F durch die Gleichung $F = F^* \times \{0\}$ ($0 \in \mathbb{R}^{n-m}$) verbunden ist.

(vi) Als elementaren Spezialfall betrachten wir das von m linear unabhängigen Vektoren $b_1, \ldots, b_m$ aufgespannte Parallelotop P,

$$P(b_1, \ldots, b_m) = \{u_1 b_1 + u_2 b_2 + \cdots + u_m b_m : 0 \leq u_1 \leq 1, \ldots, 0 \leq u_m \leq 1\} .$$

Setzt man $B = (b_1, \ldots, b_m)$ und $u = (u_1, \ldots, u_m)^\top$, so ist die in der Definition auftretende Summe gleich Bu. Deshalb hat $P(b_1, \ldots)$ die Parameterdarstellung $\Phi(u) := Bu$, wobei u im m-dimensionalen Einheitswürfel $W = [0, 1]^m$ variiert, $P(b_1, \ldots) = B(W)$. Aufgrund unserer Formel ergibt sich für den Inhalt des Parallelotops mit $\Phi' = B$

$$J_n^m(P(b_1, \ldots, b_m)) = \sqrt{\operatorname{gr} B} .$$

Es handelt sich also um den elementargeometrischen Inhalt von $P(b_i)$; vgl. etwa [LA; Abschnitt 5.4.7] und Beispiel 2 von 7.9.

(vii) Wir betrachten ein kleines Intervall $I = [a, a + h] \subset G$; dabei sind a und h aus $\mathbb{R}^n$ und $h > 0$. In I wird Φ durch eine lineare Abbildung approximiert,

$$\Phi(a_1 + v_1 h_1, \ldots, a_m + v_m h_m) \approx \Phi(a) + \sum_{i=1}^m v_i h_i \Phi_{u_i}(a) , \qquad 0 \le v_i \le 1 .$$

Das Bild von I unter der linearen Abbildung ist das verschobene Parallelotop $\Phi(a) + P(h_1 \Phi_{u_1}(a), \ldots, h_m \Phi_{u_m}(a))$, sein m-dimensionaler Inhalt wird nach (vi) durch $|I| \sqrt{\operatorname{gr} \Phi'(a)}$ bestimmt, wobei $|I| = h_1 \cdots h_m$ der Inhalt von I ist. Die zu einer Zerlegung von G in Intervalle I^k gehörige Riemannsche Summe $\sum |I^k| \sqrt{\operatorname{gr} \Phi'(a^k)}$ mit $a^k \in I^k$ kann also gedeutet werden als Inhaltssumme von m-dimensionalen Polytopen, welche die Teilflächen $\Phi|I^k$ approximieren.

Das *Integral* über eine m-dimensionale Fläche F mit der Parameterdarstellung $\Phi : G \subset \mathbb{R}^m \to \mathbb{R}^n$ ist in völliger Analogie zu 8.5 definiert als

$$\int\limits^F f \, do := \int_G f(\Phi(u)) \sqrt{\operatorname{gr} \Phi'(u)} \, du .$$

Die früheren Bemerkungen über die Unabhängigkeit von der Parameterdarstellung gelten auch hier.

8.10 Der Fall $m = n - 1$. Eine $(n - 1)$-dimensionale Fläche wird in Analogie zur Hyperebene auch *Hyperfläche* genannt. Hierunter fallen die Randmengen von n-dimensionalen Bereichen, etwa von Kugeln oder Intervallen. Hyperflächen entstehen z.B., wenn man in einer Abbildung $u \mapsto x = \Phi(u)$ mit $u, x \in \mathbb{R}^n$ (vom Typus $\mathbb{R}^n \to \mathbb{R}^n$) eine Koordinate festhält und etwa die Funktion $\Phi(u_1, \ldots, u_{n-1}, \alpha)$ als Parameterdarstellung benutzt. Ein Beispiel sind die n-dimensionalen Polarkoordinaten; hält man r fest, so erhält man eine Parameterdarstellung der Kugeloberfläche ∂B_r. Zur Berechnung der Gramschen Determinante in solchen Fällen kann der folgende Satz hilfreich sein.

(a) Aus den Spaltenvektoren $b_1, \ldots, b_n \in \mathbb{R}^n$ bilden wir die beiden Matrizen $B = (b_1, \ldots, b_{n-1})$ und $B' = (b_1, \ldots, b_n)$. Ist $U = \operatorname{span}(b_1, \ldots, b_{n-1})$ der von $b_1, \ldots, b_{n-1}$ aufgespannte Unterraum und $d(x, U)$ der Abstand des Punktes x von U (vgl. 1.19), so gilt

$$(\det B')^2 = d(b_n, U)^2 \operatorname{gr} B.$$

Beweis. Unterwirft man die Vektoren b_i einer orthogonalen Abbildung, so ändert sich keine der in der Formel auftretenden Größen. Man kann also annehmen, daß

$U = \text{span}\,(e_1, \ldots, e_{n-1})$ ist. Die n-te Zeile von B besteht dann aus lauter Nullen. Ist B^0 die durch Streichen dieser Zeile entstehende $(n-1) \times (n-1)$-Matrix, so ist $\operatorname{gr} B = (\det B^0)^2$, und durch Entwicklung von $\det B'$ nach der letzten Spalte ergibt sich $\det B' = b_{nn} \det B^0$. Ferner ist $|b_{nn}| = d(b_n, U)$. Aus diesen Gleichungen erhält man die Behauptung. $\qquad\square$

Beispiel: Die Oberfläche der Kugel B_r im $\mathbb{R}^n$. Zur Darstellung von ∂B_r benutzen wir die in Beispiel 4 von 7.19 definierten n-dimensionalen Polarkoordinaten $x = \Phi_n(r, \phi, \theta_1, \ldots, \theta_{n-2})$, wobei r festgehalten wird. In den Bezeichnungen von (a) ist $B' = \Phi'_n = \partial\Phi_n/\partial(r, \phi, \theta_1, \ldots, \theta_{n-2})$, $B = \partial\Phi_n/\partial(\phi, \theta_1, \ldots, \theta_{n-2})$ und $b_1 = \partial\Phi_n/\partial r = \frac{1}{r}\Phi_n$ (daß wir, anders als in (a), die erste Spalte auszeichnen, spielt offenbar keine Rolle). Wegen $|\Phi_n| = r$ ist $|b_1| = 1$. Nach 3.16 steht der Gradient $2x^\top$ der Funktion $f(x) = x \cdot x$ auf der Niveaufläche $f(x) = r^2$ senkrecht. Also ist b_1 senkrecht zu den übrigen b_i und ferner $d(b_1, U) = |b_1| = 1$. Aus (a) erhält man nun mit Beispiel 4 von 7.19

$$\left(\operatorname{gr} \frac{\partial \Phi_n}{\partial(\phi, \theta_1, \ldots, \theta_{n-2})} \right)^{1/2} = |\det \Phi'_n| = r^{n-1} \sin\theta_1 \cdots (\sin\theta_{n-2})^{n-2}.$$

Um den Inhalt $J_n^{n-1}(\partial B_r)$ zu berechnen, muß über $0 \le \phi \le 2\pi$, $0 \le \theta_i \le \pi$ $(i = 1, \ldots, n-2)$ integriert werden. Mit der in 7.19 durchgeführten Rechnung ergibt sich der Wert $r^{n-1}\omega_n$. Damit ist auch die in Beispiel 4 von 7.19 aufgestellte Behauptung, daß ω_n die Oberfläche der Einheitssphäre $|x| = 1$ ist, bewiesen.

Ist $\Phi : G \subset \mathbb{R}^{n-1}$ eine Parameterdarstellung einer $(n-1)$-dimensionalen Fläche, so spannen die $n-1$ Tangentialvektoren $\Phi_{u_1}, \ldots, \Phi_{u_{n-1}}$ den Tangentialraum (oder: die Tangentialebene) im Flächenpunkt $x = \Phi(u)$ auf. Wegen Rang $\Phi' = n-1$ sind sie linear unabhängig. Es gibt genau zwei zu allen Tangentialvektoren senkrechte Einheitsvektoren, die sich nur im Vorzeichen unterscheiden; vgl. 1.21. Dies sind die beiden Einheitsnormalen.

Nun läßt sich der Gaußsche Integralsatz auf den $\mathbb{R}^n$ übertragen. Eine Menge V von der Form $(x = (x', x_n)$ mit $x' = (x_1, \ldots, x_{n-1}))$

$$V = M(\alpha, \beta) = \{x \in \mathbb{R}^n : x' \in G,\ \alpha(x') < x_n < \beta(x')\}$$

nennen wir *Normalbereich* bezüglich der x_n-Achse, wenn $G \subset \mathbb{R}^{n-1}$ offen und quadrierbar und ∂V eine $(n-1)$-dimensionale Fläche ist. Ist V Normalbereich bezüglich aller n Achsen, so ist der

$$\text{Gaußsche Integralsatz} \qquad \int_V \operatorname{div} f\, dx = {}^{\partial V}\!\!\!\int f \cdot v\, do$$

gültig. Dabei ist f eine in $\overline{V}$ stetige Vektorfunktion mit in V stetigen und beschränkten ersten Ableitungen,

$$\operatorname{div} f := \frac{\partial f_1}{\partial x_1} + \cdots + \frac{\partial f_n}{\partial x_n} \qquad \text{die *Divergenz* von } f$$

und v die äußere Einheitsnormale bezüglich V. Im Fall der expliziten Darstellung $x_n = \beta(x_1, \ldots, x_{n-1})$ sind die Tangentenvektoren $(1, 0, \ldots, 0, \beta_{x_1}), \ldots, (0, \ldots, 1, \beta_{x_{n-1}})$ offenbar orthogonal zum Vektor

$$b = (-\beta_{x_1}, \ldots, -\beta_{x_{n-1}}, 1) \, ,$$

und $v = b/|b|$ ist die äußere Einheitsnormale auf graph $\beta \subset \partial V$ mit $v_n > 0$.

8.11 Die Rotation eines Vektorfeldes. Alle folgenden Betrachtungen spielen sich im $\mathbb{R}^3$ ab. Die mathematische Physik benutzt neben der Divergenz eine weitere Vektoroperation, die Rotation. Ist $f = (f_1, f_2, f_3)$ eine in einem Gebiet des $\mathbb{R}^3$ definierte C^1-Vektorfunktion, so wird die Vektorfunktion

$$\text{rot } f := \left(\frac{\partial f_3}{\partial x_2} - \frac{\partial f_2}{\partial x_3}, \frac{\partial f_1}{\partial x_3} - \frac{\partial f_3}{\partial x_1}, \frac{\partial f_2}{\partial x_1} - \frac{\partial f_1}{\partial x_2} \right) \qquad \text{Rotation von } f$$

genannt. Mit dem Nabla-Operator $\nabla = (D_1, D_2, D_3)$ kann man kurz schreiben

$$\text{rot } f = \nabla \times f \, .$$

Beispiel. Wir benutzen die xyz-Schreibweise. Die Funktion $f = (-\omega y, \omega x, \phi(z))$ beschreibt das Geschwindigkeitsfeld einer Drehung um die z-Achse mit der Winkelgeschwindigkeit ω, der eine Bewegung in z-Richtung von der Geschwindigkeit $\phi(z)$ überlagert ist. Hier ist rot $f = (0, 0, 2\omega)$ ein Vektor in der Drehachse, der mit dem Drehsinn eine Rechtsschraube bildet. Das Ergebnis ist von ϕ unabhängig.

Rechenregeln. Für die Vektorfunktionen f, g und eine reellwertige Funktion u gilt unter entsprechenden Differenzierbarkeitsbedingungen

(a) $\text{rot } (\lambda f + \mu g) = \lambda \text{ rot } f + \mu \text{ rot } g$,

(b) $\text{rot } (uf) = u \text{ rot } f + (\text{grad } u) \times f$,

(c) $\text{rot grad } u = 0$,

(d) $\text{div rot } f = 0$,

Die Beweise hierzu sind nicht schwierig.

Nach (c) ist die Rotation eines Gradientenfeldes $f = \text{grad } u$ immer gleich Null. Umgekehrt zeigt ein Vergleich mit 6.17, daß die Gleichung rot $f = 0$ identisch mit der Integrabilitätsbedingung ist. Aus Satz 6.17 folgt also

(e) In einem Sterngebiet ist eine C^1-Vektorfunktion genau dann ein Gradientenfeld, wenn ihre Rotation verschwindet.

8.12 Der Satz von Stokes. Der klassische Stokessche Satz – nur dieser wird hier behandelt – verwandelt ein Integral über eine Fläche F im $\mathbb{R}^3$ in ein Wegintegral über den Flächenrand. Zur Formulierung müssen die Anforderungen an die Parameterdarstellung verschärft werden, da auch auf dem Rand Differenzierbarkeit benötigt wird. In der uv-Ebene betrachten wir ein Gebiet G, das von einer stückweise glatten geschlossenen Jordankurve $\gamma = \partial G$ berandet wird (G hat also keine Löcher). Es sei $w(s) = (u(s), v(s))$, $0 \leq s \leq L = L(\gamma)$ eine Parameterdarstellung von γ mit der Bogenlänge als Parameter, welche eine positive Orientierung von γ erzeugt; vgl. 5.17. Die Funktion Φ sei in einer offenen Menge $U \supset \overline{G}$ injektiv und $\Phi \in C^2(U)$ mit Rang $\Phi' = 2$ in U. Wir betrachten die (abgeschlossene)

Fläche $F = \Phi(\overline{G})$. Der Rand von F ist dann eine geschlossene, stückweise glatte Jordankurve C mit der Parameterdarstellung $x = \phi(s) := \Phi(w(s))$, $0 \leq s \leq L$.

Stokesscher Satz. *Über die Fläche F mit der Parameterdarstellung $\Phi|\overline{G}$ mögen die obigen Voraussetzungen gelten. Die Vektorfunktion $f = (f_1, f_2, f_3)$ sei auf einem Gebiet V, das die Fläche F enthält, stetig differenzierbar. Bezeichnet v wie in 8.3 die Normale $v = (\Phi_u \times \Phi_v)/|\Phi_u \times \Phi_v|$, so lautet der Stokessche Satz*

$$(S) \qquad \int\limits^{F}\!\!\!\int v \cdot \operatorname{rot} f \, do = {}^{\phi}\!\!\!\int\!\!\!\int f \cdot dx \equiv {}^{\phi}\!\!\!\int\!\!\!\int f_1 \, dx_1 + f_2 \, dx_2 + f_3 \, dx_3 \;,$$

also

$$\int_G ((\operatorname{rot} f) \circ \Phi) \cdot (\Phi_u \times \Phi_v) \, d(u,v) = \int_0^L f(\phi(s)) \cdot \phi'(s) \, ds \;.$$

Dabei ist der Rand von G positiv orientiert, und diese Orientierung wird durch Φ auf den Rand von F übertragen.

Der *Beweis* wird geführt durch Zurückführung auf den Gaußschen Integralsatz für das Gebiet G in der uv-Ebene. Zur Abkürzung werden die Bezeichnungen $f_{ij} = \partial f_i/\partial x_j$, $\Phi = (x_1(u,v), x_2(u,v), x_3(u,v))$, $x_{iu} = \partial x_i/\partial u$, $x_{iv} = \partial x_i/\partial v$ eingeführt. Betrachten wir etwa das letzte Wegintegral in (S),

$$^{\phi}\!\!\!\int\!\!\!\int f_3 \, dx_3 = \int_0^L f_3(\phi(s))(x_{3u}u' + x_{3v}v') \, ds.$$

Die normierte Tangente an γ ist durch (u', v'), die äußere Normale bezüglich G durch $v_a = (v', -u')$ gegeben (γ ist positiv orientiert). Wegen $x_{3u}u' + x_{3v}v' = (x_{3v}, -x_{3u}) \cdot v_a$ läßt sich das Wegintegral als Kurvenintegral für die Kurve γ und den Integranden $(f_3 \circ \Phi)(x_{3v}, -x_{3u}) \cdot v_a$ schreiben, und man erhält mit dem Gaußschen Integralsatz 8.1

$$^{\phi}\!\!\!\int\!\!\!\int f_3 \, dx_3 = {}^{\gamma}\!\!\!\int\!\!\!\int f_3(\Phi)(x_{3v}, -x_{3u}) \cdot v_a \, ds = \int_G \operatorname{div} (f_3 x_{3v}, -f_3 x_{3u}) \, d(u,v).$$

Hier handelt es sich um die Divergenz bezüglich (u, v). Aus $\partial f_3/\partial u = f_{31}x_{1u} + f_{32}x_{2u} + f_{33}x_{3u}$ und einer entsprechenden Gleichung für $\partial f_3/\partial v$ erhält man wegen $x_{3uv} = x_{3vu}$

$$(*) \qquad \operatorname{div} (\ldots) = (f_{31}x_{1u} + f_{32}x_{2u})x_{3v} - (f_{31}x_{1v} + f_{32}x_{2v})x_{3u}.$$

Wenden wir uns nun der linken Seite von (S) zu. Der Integrand $\operatorname{rot} f \cdot (\Phi_u \times \Phi_v)$ besteht aus drei Termen, von denen wir den ersten vollständig aufschreiben und die beiden anderen nur durch die Indizes angeben (sie sind jeweils um 1 (mod 3) erhöht):

$$\operatorname{rot} f \cdot (\Phi_u \times \Phi_v) = (f_{32} - f_{23})(x_{2u}x_{3v} - x_{3u}x_{2v}) \;.$$

$$
\begin{array}{ccccc}
13 & 31 & 3 \; 1 & & 1 \; 3 \\
21 & 12 & 1 \; 2 & & 2 \; 1
\end{array}
$$

Wir sammeln die Glieder, welche f_3 betreffen, und erhalten

$$f_{32}(x_{2u}x_{3v} - x_{3u}x_{2v}) - f_{31}(x_{3u}x_{1v} - x_{1u}x_{3v}) \;.$$

Genau denselben Ausdruck haben wir oben in (∗) bei der Umwandlung von
$^\phi\!\int f_3\,dx_3$ erhalten. Die entsprechende Übereinstimmung zwischen der linken und
rechten Seite von (S) ergibt sich auch bei den Komponenten f_1 und f_2. Damit ist
der Satz bewiesen.   □

Bemerkungen. Die folgenden Bemerkungen dienen dazu, die Rolle der Parameterdarstellung bei der Formulierung des Satzes und den Zusammenhang zwischen
der ausgewählten Normale v und der Orientierung des Randes von F zu klären.

1. Wir wollen uns zunächst davon überzeugen, daß der Satz von der Parameterdarstellung unabhängig ist. Eine zweite Parameterdarstellung Ψ ist nach
Satz 8.3 von der Form $\Psi = \Phi \circ h$, wobei h eine offene Menge $V \subset \mathbb{R}^2$ diffeomorph auf U abbildet. Setzen wir $g = h^{-1}$ und $H = g(G)$, so ist $F = \Psi(\overline{H})$
und $\partial H = g(\partial G) =: \delta$ eine geschlossene Jordankurve mit der Parameterdarstellung $z(s) = g(w(s))$. Zunächst sei $\det h' > 0$, also auch $\det g' > 0$. Nach 8.2 (e)
erhält man mit Ψ dieselbe Flächennormale v auf F, also denselben Wert für
das Flächenintegral. Wir zeigen nun, daß die Kurve δ durch z ebenfalls positiv
orientiert wird. Es sei a ein Kurvenpunkt von γ mit der Tangente α, der positiven
Normale $\beta = \alpha^{\perp}$ und dem Bildpunkt $b = g(a) \in \delta$. Nach Voraussetzung gehören
die Punkte $a + s\beta$ für kleine positive s zu G. Also ist $g(a + s\beta) \approx b + sg'(a)\beta \in H$.
Es sei $A = g'(a)$ und $\alpha' = A\alpha$, $\beta' = A\beta$. Nach 8.2 (g) sind α', β' ebenfalls positiv
orientiert. Da α' die Tangente an δ im Punkt b ist und β' ins Innere von H
zeigt, weist auch die positive Normale im Punkt b nach innen. Der Weg z ist
also bezüglich H positiv orientiert, und für das Wegintegral ergibt sich wegen
$\Psi \circ z = \Phi \circ h \circ g \circ w = \phi$ derselbe Wert. Ist dagegen $\det h' < 0$, so wechselt
das Flächenintegral das Vorzeichen, da man als Flächennormale jetzt $-v$ erhält.
Ein Vorzeichenwechsel tritt auch beim Wegintegral ein, da der Weg z negativ
orientiert ist und man deshalb zu z^- übergehen muß.

2. Nach 6.13 (f) kann man das Wegintegral in ein Kurvenintegral $^C\!\int f_\tau\,ds$
umformen, wobei f_τ die Tangentialkomponente von f ist. Hier geht also die
durch die positive Orientierung von γ erzeugte Orientierung der Kurve C über
ihre Tangente $\tau = \phi'(s)/|\phi'(s)|$ in die Formel ein.

3. Der Satz bleibt richtig, wenn die Fläche ‚Löcher' hat. In diesem Fall besteht
der Rand von G aus einer äußeren und einer oder mehreren inneren geschlossenen
Jordankurven, die so orientiert sein müssen, daß das Gebiet G zur Linken liegt.
Der Beweis erfährt keine wesentliche Änderung.

4. Im Flächenintegral hat man in der Normale v und im Weg- bzw. Kurvenintegral bei der Orientierung von C zwei Wahlmöglichkeiten, die sich im Vorzeichen
des Integrals auswirken; vgl. dazu 6.13 (d)(e). Die ‚richtige' Kombination erhalten
wir hier, indem wir v und ϕ aus derselben Parameterdarstellung Φ berechnen
und die positive Orientierung von γ verlangen. Ganz unabhängig von einer Parameterdarstellung läßt sie sich auch anhand der Fläche anschaulich beschreiben.
Durch die Wahl von v wird eine Seite der Fläche ausgezeichnet. Wandert man
auf dieser Seite der Fläche entlang des Randes in Richtung der Orientierung, so
liegt die Fläche zur Linken. Dies ist die Bedingung für die richtige Orientierung.
Im folgenden wird eine präzisere Darstellung dieser Bemerkung gegeben.

5. *Orientierbare Flächen.* Man nennt eine Fläche F *orientierbar,* wenn es möglich ist, auf ihr eine (in bezug auf den Flächenpunkt) stetige, auf die Länge 1 normierte Normalenfunktion $v : F \to \mathbb{R}^3$ zu definieren. Durch die Normalenfunktion v wird, anschaulich gesprochen, eine Seite der Fläche ausgezeichnet und die Fläche orientiert. Man kann dann, ähnlich wie bei Hyperebenen (vgl. 1.21) von einer positiven und einer negativen Seite der Fläche sprechen.

Ein Beispiel einer nicht orientierbaren Fläche ist das bekannte *Möbius-Band,* das man erhält, wenn man einen Papierstreifen zu einem Ring zusammenklebt, nachdem man zuvor ein Ende um 180° gedreht hat. Das Möbius-Band ist eine abgeschlossene Fläche im Sinne unserer Definition in 8.3; vgl. Aufgabe 5.

Unter den am Anfang dieser Nr. gemachten schärferen Voraussetzungen ist die Fläche F orientierbar. Es gibt eine auf F stetige Einheitsnormalenfunktion v, und jede andere stetige Einheitsnormale ist entweder gleich v oder gleich −v.

Zum *Beweis* betrachten wir die Normalenfunktion $\bar{v}(w) = (\Phi_u \times \Phi_v)/|\Phi_u \times \Phi_v|$ von Gleichung (2) in 8.3. Sie ist in $\bar{G}$ stetig. Da $\Phi^{-1} : F \to \bar{G}$ nach Satz 2.12 stetig ist, wird durch $x \mapsto v(x) = \bar{v}(\Phi^{-1}(x))$ eine auf F stetige Normalenfunktion definiert. Ist μ eine weitere solche Funktion, so ist $\mu(x) = \pm v(x)$, also $\rho(x) = |\mu(x) - v(x)| = 0$ oder $= 2$. Wir wählen einen festen Punkt $\xi \in F$. Da G zusammenhängend ist, kann man einen beliebigen Punkt $x \in F$ mit ξ durch eine in F verlaufende Kurve $\alpha(t)$ verbinden. Die Funktion $\rho(\alpha(t))$ ist stetig; da sie nur die Werte 0 oder 2 annehmen kann, ist sie konstant. Hieraus folgt $\rho(x) = \text{const.} = \rho(\xi)$ auf F. Im Falle $\rho(\xi) = 0$ ist $\mu = v$, im Fall $\rho(\xi) = 2$ ist $\mu = -v$. $\qquad\qquad\square$

6. *Positive Normale.* Eine Flächennormalenfunktion bezeichnen wir als *positive Normale,* wenn sie mit der Orientierung des Flächenrandes eine Rechtsschraube bildet (z.B. bildet der Einheitsvektor e_3 mit der im positiven Sinn umlaufenen Einheitskreislinie in der x_1x_2-Ebene eine Rechtsschraube; vgl. etwa [LA; Abschnitt 7.3.1]). Genauer: In einem Punkt $w(s) = (u(s), v(s))$ von $\gamma = \partial G$ betrachten wir den Tangentenvektor $\alpha = (u', v')$ und den positiven Normalenvektor $\beta = \alpha^\perp = (-v', u')$ (vgl. 5.17), der wegen der positiven Orientierung der Randkurve ins Innere von G weist. Wir nennen die Normalenfunktion v auf F eine positive Normale (bezüglich der Orientierung des Randes), wenn die drei Vektoren

$$\frac{\partial \Phi}{\partial \alpha} = \Phi_u u' + \Phi_v v', \qquad \frac{\partial \Phi}{\partial \beta} = -\Phi_u v' + \Phi_v u' \qquad \text{und} \qquad v$$

(in dieser Reihenfolge) in jedem Punkt des Flächenrandes C eine positiv orientierte Basis bilden (vgl. dazu 8.2 (g)). Hier ist $\partial \Phi/\partial \alpha = \phi'(s)$ der Tangentenvektor an die Kurve C, und $\partial \Phi/\partial \beta$ kann als eine ins Innere von F weisende Richtungsableitung gedeutet werden. Nun ist

$$\frac{\partial \Phi}{\partial \alpha} \times \frac{\partial \Phi}{\partial \beta} = (\Phi_u \times \Phi_v)(u'^2 + v'^2) = \Phi_u \times \Phi_v \, .$$

Hieraus und aus der in 8.2 (g) bewiesenen Tatsache, daß für linear unabhängige a, b die Vektoren $a, b, a \times b$ eine positiv orientierte Basis bilden, folgt:

In bezug auf die (durch die positive Orientierung von γ erzeugte) Orientierung von C ist $v = (\Phi_u \times \Phi_v)/|\Phi_u \times \Phi_v|$ eine positive Normale. Im Stokesschen Satz wird also verlangt, daß v die bezüglich der Orientierung des Flächenrandes positive Normale ist.

7. *Physikalische Anwendungen. Fluß und Zirkulation.* In der Physik bezeichnet man das Integral $^F\!\!\int\! f \cdot v \, do$ als den *Fluß* des Vektorfeldes f durch die Fläche F (Kraftfluß, magnetischer Fluß,...) und das über einen geschlossenen Jordanweg $\phi|I$ erstreckte Wegintegral $^\phi\!\!\int\! f \cdot dx$ als die *Zirkulation* des Feldes f längs des Weges ϕ (oder längs der orientierten Jordankurve $C = \phi(I)$). In dieser Sprechweise lautet der Satz von Stokes:

Die Zirkulation des Feldes f längs einer geschlossenen Kurve ist gleich dem Fluß des Feldes rot f *durch eine in die Kurve eingespannte Fläche.*

Ist f ein Kraftfeld, so mißt die Zirkulation die bei der Verschiebung eines Massenpunktes längs des Weges aufgewandte Arbeit. Ist das Feld rotationsfrei, also ein Potentialfeld, so ergibt sich für diese Arbeit der Wert 0, wie wir schon in 6.15 festgestellt haben. Der Stokessche Satz liefert dasselbe Ergebnis (falls eine Fläche F mit der Berandung C existiert).

Die Zirkulation tritt u.a. in der Aerodynamik auf, wo mit ihrer Hilfe der Auftrieb von Tragflügeln berechnet wird (Kutta-Jukowskische Formel). Als Beispiel aus der elektromagnetischen Theorie betrachten wir die Induktionsgleichung

$$\oint^\phi E \cdot dx = -\frac{1}{c}\frac{d}{dt} \int^F \mu H \cdot v \, do \; .$$

Dabei ist E die elektrische und H die magnetische Feldstärke, μ die magnetische Permeabilität und c die Lichtgeschwindigkeit. Das Wegintegral ist nach dem Stokesschen Satz gleich dem Flächenintegral der Funktion rot $E \cdot v$. Die obige Gleichung gilt für jede Fläche, und man erhält so in üblicher Weise die sog. *Zweite Hauptgleichung des elektromagnetischen Feldes*

$$\text{rot } E = -\frac{\mu}{c}\frac{\partial H}{\partial t} \; .$$

8. In der physikalischen Literatur wird vielfach ein vektorielles Flächenelement $d\mathbf{o} = v \cdot do$ betrachtet. Dies ist ein Vektor, dessen Richtung durch v und dessen Länge durch den Inhalt des Flächenelements bestimmt wird. Ebenso wird manchmal unter $d\mathbf{s}$ das vektorielle Bogenelement verstanden, welches wir mit dx bezeichnen. In dieser Schreibweise lautet der Satz von Stokes

$$\int^F \text{rot } f \cdot d\mathbf{o} = \oint^C f \cdot d\mathbf{s} \; .$$

Das ist nichts weiter als eine Schreibweise, die durch anschauliche Überlegungen nahegelegt wird. An der Definition des Integrals ändert sich dabei nichts.

Aufgaben

1. *Rotationsflächen.* Die in der oberen Hälfte der xy-Ebene gelegene Kurve C rotiere um die x-Achse. Man bestimme den Flächeninhalt der entstehenden Rotationsfläche für die Fälle:

(a) C ist ein gleichseitiges Dreieck der Seitenlänge s, dessen eine Seite parallel zur x-Achse verläuft und den Abstand r von der x-Achse hat (die gegenüberliegende Ecke kann oberhalb oder unterhalb dieser Seite, soll jedoch in der oberen Halbebene liegen).

(b) C ist der in der oberen Halbebene gelegene Teil der Kreislinie vom Radius 1, wobei der Kreismittelpunkt die Koordinaten $(0, a)$ hat $(-1 < a < 1)$.

2. *Allgemeine Schraubenfläche.* Eine in der xz-Ebene gelegene glatte Kurve $C : (x, z) = (\xi(u), \zeta(u))$ rotiere mit der Winkelgeschwindigkeit 1 um die z-Achse und bewege sich mit der Geschwindigkeit a nach oben. Man gebe eine Parameterdarstellung der bei einem einmaligen Umlauf um die z-Achse entstehenden Fläche an (unter welcher zusätzlichen Bedingung ist es eine Fläche?) und stelle die Formel für ihren Flächeninhalt auf. Man berechne den Flächeninhalt, wenn C die Verbindungsstrecke der Punkte 0 und $(1, b)$ in der xz-Ebene ist. Der Fall $b = 0$ führt auf die in Beispiel 2 von 8.4 behandelte Schraubenfläche.

3. (a) Man berechne das Integral

$$\int_G (xy + yz + zx)\, d(x, y, z)\,, \qquad G = \{(x, y, z) : x, y, z \geq 0,\ x^2 + y^2 + z^2 \leq 1\}$$

(i) direkt und (ii) mit Hilfe des Gaußschen Integralsatzes.

(b) Man berechne das Oberflächenintegral

$$\overset{\partial Q}{\int} (x, y^2, z^3) \cdot v\, do\,, \qquad Q = [-1, 1]^3\,, \qquad v \text{ äußere Normale}\,,$$

(i) direkt und (ii) mit Hilfe des Gaußschen Integralsatzes.

4. *Die Fläche von* VICENZO VIVIANI (1622–1703, italienischer Mathematiker und Physiker, Schüler Galileis) entsteht als Durchschnitt der Sphäre $x^2 + y^2 + z^2 = r^2$ mit dem Kreiszylinder $x^2 - rx + y^2 \leq 0$ (Zylinderachse parallel zur z-Achse, Kreismittelpunkt $(r/2, 0, 0)$, Kreisradius $r/2$). Man berechne den Inhalt der Fläche.

5. *Möbius-Band.* Wir betrachten die Funktion $\Phi : G \to \mathbb{R}^3$,

$$(x, y, z) = \Phi(r, t) = \left(\left(R - r\sin\frac{t}{2} \right)\cos t, \left(R - r\sin\frac{t}{2} \right)\sin t, r\cos\frac{t}{2} \right),$$

in der Menge $G = (-\rho, \rho) \times (0, 2\pi)$, wobei $0 < \rho < R$ ist. Man zeige:

(a) Φ ist auf G injektiv, $\Phi_r \cdot \Phi_t = 0$, Rang $\Phi' = 2$, $\Phi(\partial G) \cap \Phi(G) = \emptyset$, d.h. $\Phi|G$ stellt eine offene und $\Phi|\overline{G}$ eine abgeschlossene Fläche dar.

(b) $\Phi(r, t) = R(\cos t, \sin t, 0) + ra(t)$ mit $|a(t)| = 1$.

Faßt man t als Zeit auf, so beschreibt der erste Summand auf der rechten Seite eine Drehung eines Punktes in der xy-Ebene um den Nullpunkt mit der Winkelgeschwindigkeit 1, an dem ein Stab der Länge 2ρ angeheftet ist (2. Summand), der bei einem Umlauf seine Richtung umkehrt, $a(0) = -a(2\pi) = e_3$. Hieran erkennt man, daß es sich um ein Möbius-Band handelt.

(c) Es ist $\Phi(r, 2\pi) = \Phi(-r, 0)$, und für die Normale $v = (\Phi_r \times \Phi_t)/|\Phi_r \times \Phi_t|$ ist $v(r, 2\pi) = -v(-r, 0)$. Bei einem Umlauf der Fläche kommt man wieder auf die Anfangsstrecke $\Phi([-\rho, \rho], 0)$ zurück, und dabei hat die Normale v ihr Vorzeichen geändert. Diese Fläche ist also nicht orientierbar.

6. Man berechne den Inhalt des von der Kurve

$$|x|^p + |y|^p = 1 \qquad (p > 0)$$

in der xy-Ebene begrenzten Gebietes G_p nach der aus dem Gaußschen Integralsatz abgeleiteten Formel in 8.1 (bequem ist eine Parameterdarstellung mit $y = t^{1/p}$). Für $p = 1/k$ und $p = 2/(2k+1)$ ($k = 1, 2, \ldots$) gebe man $|G_p|$ in geschlossener Form an. Im Fall $p = 2/3$ handelt es sich um die *Astroide*.

7. Man berechne die Fläche $F(h)$ und den Schwerpunkt $S(h)$ (bei konstanter Massenverteilung) der durch Rotation der Kurve $y = x^2$ ($0 \leq x \leq h$) um die x-Achse entstehenden Rotationsfläche. Man gebe die Werte für $h = 1$ an und bestimme den Limes der Verhältnisse $F(h) : \pi h^4$ (πh^4 ist die Fläche der Öffnung) und $S_x(h) : h$ für $h \to 0+$ und $h \to \infty$.

8. Man zeige: Die Funktion $t \mapsto \phi(t) = (\sin t, \sin 2t)$ bildet das offene Intervall $I = (0, 2\pi)$ bijektiv auf die kompakte Menge $\phi(I) \subset \mathbb{R}^2$ ab; die Umkehrfunktion ist im Punkt $(0, 0)$ unstetig. Skizze! Das Gegenbeispiel in Bemerkung 3 von 8.3 benutzt diese Kurve.

9. *Integrale über Kugeln im* $\mathbb{R}^n$. Man beweise für $f \in C^0(\mathbb{R}^n)$ die Formel

$$\int_{B_R} f(x)\, dx = \int_0^R \int^{\partial B_r} f(x)\, do_x\, dr = \int_0^R r^{n-1} \int^{\partial B_r} f(rx)\, do_x\, dr \; ;$$

vgl. dazu 7.19 und das Beispiel in 8.10.

10. Man bestimme einen Normaleneinheitsvektor in jedem Punkt des hyperbolischen Paraboloids $z = xy$ und berechne den Flächeninhalt dieser Fläche, wenn (x, y) im Einheitskreis variiert.

11. Es sei B der durch $x^2 - 1 \leq y \leq x - x^3$, $|x| \leq 1$ definierte Bereich in der xy-Ebene und ϕ ein positiv orientierter (Jordanscher) Randweg. Man berechne das Wegintegral

$$\int^\phi y^2\, dx + (2xy + x)\, dy$$

sowie den Inhalt von B und begründe die Übereinstimmung der Werte mit dem Gaußschen Integralsatz.

12. Die Kurve C sei der Teil der Kreisevolvente vom Anfangspunkt $(1, 0)$ bis zum ersten Schnittpunkt mit der x-Achse. Man berechne den Inhalt der von der x-Achse und der Kurve C berandeten Menge. Vgl. dazu Aufgabe 5.16 und benutze den Wert von t_1.

13. Man berechne $\iint \operatorname{rot} f \cdot v\, do$ für die Funktion $f(x, y, z) = (z, x, y)$ und die Fläche $x + y + z = 1$, $x \geq 0$, $y \geq 0$, $z \geq 0$

(a) direkt,

(b) mit Hilfe des Integralsatzes von Stokes.

§ 9. Das Lebesgue-Integral

Um 1870 kam Bewegung in die reelle Analysis, verursacht u.a. durch den 1872 endlich wohlfundierten Begriff der reellen Zahl und genährt durch die sich ausbreitende Mengenlehre. Die Darstellung willkürlicher Funktionen durch trigonometrische Reihen war ein zentrales, stimulierendes Problem. Da die Fourierkoeffizienten einer Funktion durch Integrale bestimmt sind, tritt die Integration ganz natürlich ins Rampenlicht. Schon DIRICHLET hatte 1829 in einer berühmten Arbeit über die Konvergenz trigonometrischer Reihen (Crelles J. 4, 157–169) versucht, die Cauchysche Integraldefinition (vgl. die Einleitung zu § I.9) auf Funktionen zu erweitern, deren Unstetigkeitsstellen eine nirgends dichte Menge bilden (eine Menge heißt nirgends dicht, wenn es in jedem Intervall ein Teilintervall gibt, das frei von Punkten dieser Menge ist). RIEMANNS Integraldefinition aus seiner Habilitationsschrift von 1854 über trigonometrische Reihen wurde erst um 1870 allgemein bekannt (die Habilitationsschrift erschien erst 1867 im Druck). Riemann gab dort ein Beispiel einer integrierbaren Funktion, deren Unstetigkeitsstellen überall dicht liegen, wodurch die Allgemeinheit seines Integralbegriffs überzeugend demonstriert wurde. Um so dringender war es, die unstetigen Funktionen zu klassifizieren und Kriterien für die Integrierbarkeit zu finden. Riemanns Schüler HERMANN HANKEL (1839–1873, Professor in Tübingen) schrieb 1870 einen Essay *Untersuchungen über die unendlich oft oszillierenden und unstetigen Funktionen* (OK 153 = Math. Ann. 20, 63–112). Darin nennt er eine Menge ‚diskret', wenn sie durch endlich viele Intervalle von beliebig kleiner Gesamtlänge überdeckt werden kann (also den Inhalt 0 hat), und er zeigt auch, daß eine Funktion integrierbar ist, wenn ihre Unstetigkeitsstellen eine diskrete Menge bilden. Nun unterläuft ihm ein Irrtum, der die folgende Entwicklung belebte: Er meint, daß nirgends dichte Mengen diskret seien (die Umkehrung ist leicht zu beweisen). Der Fehler wurde 1875 von H.J.S. SMITH (1826–1883, Savilian Professor in Oxford) gefunden. Smith konstruierte nirgends dichte Mengen von positivem äußerem Inhalt, und zwar nach dem in Aufgabe 7.3 geschilderten Verfahren; er nahm also die Cantorschen Mengen vorweg. Diese nicht-quadrierbaren Mengen S produzieren nicht-integrierbare Funktionen c_S. Auf dem Kontinent, wo der Beitrag von Smith unbekannt blieb, wurde Hankels Fehlschluß erst in den 80er Jahren offenbar. Es wurde damit auch deutlich, daß man dem Phänomen der Integrierbarkeit weniger mit topologischen (nirgends dicht), sondern eher mit metrischen Begriffen (Inhalt 0) beikommen kann. Dies wurde zu Beginn unseres Jahrhunderts auf das glänzendste bestätigt, als Lebesgue, Vitali und W.H. Young unabhängig voneinander erkannten, daß eine beschränkte Funktion genau dann Riemann-integrierbar ist, wenn sie fast überall stetig ist.

Nach 1875 erscheinen die oberen und unteren Riemannschen Summen (Darboux und andere) und als Konsequenz das obere und untere Riemann-Integral, Dini-Derivierte zur genaueren Untersuchung stetiger Funktionen auf Differenzierbarkeit, im Zusammenhang damit Fragen nach der Gültigkeit des Hauptsatzes $\int_a^b f' \, dt = f(b) - f(a)$, schließlich nach Vorarbeiten von O. STOLZ und A. HARNACK (Math. Ann. 23 (1884) 152–156 und 25 (1885) 241–250) die Inhaltstheorie von PEANO (1887). Sie wurde von den oberen und unteren Integralen angeregt. Nun konnte man die alte Vorstellung, daß Flächeninhalt und Integral im Wesen dasselbe sind, als Satz (7.12) formulieren.

Doch kaum war das analytische Gebäude aus Integral und Inhalt vollendet, da zeigten sich erste Risse, und schuld waren die nirgends dichten Mengen. VOLTERRA hatte 1881 noch als Student mit ihrer Hilfe eine überall differenzierbare Funktion konstruiert, deren Ableitung beschränkt, aber nicht integrierbar ist. CANTOR war es 1884 (Acta Math. 4, p. 385 = Werke S. 255) unter Benutzung seiner ‚Cantorschen Menge' (s. Aufgabe 7.3) gelungen, eine im Intervall [0, 1] stetige, nichtkonstante und monotone Funktion anzugeben, deren Ableitung auf einer offenen Menge vom Inhalt 1 gleich 0 ist. Das Beispiel ist in Aufgabe 9.4 beschrieben. Es widerlegte einen Satz von Harnack (Math. Ann. 19, S. 241, Lehrsatz 5) und machte deutlich, daß die damals versuchten Erweiterungen des Integrals nichts einbrachten: der Hauptsatz war dann nicht mehr gültig. Kurz, für die subtilen Betrachtungen der 80er Jahre waren Inhalt und Riemann-Integral zu grobe Werkzeuge. Schließlich war die Theorie ja nicht einmal imstande, den offenen Mengen, die bei der Konstruktion der Cantor-Mengen auftraten (Aufgabe 7.3), einen Inhalt zuzuschreiben. Dabei lag doch gerade für offene Mengen eine ganz natürliche Festlegung des Inhalts (oder Maßes, wie man später sagte) auf der Hand. Jede offene Menge in $\mathbb{R}$ besitzt eine eindeutige Darstellung als disjunkte Vereinigung von endlich oder abzählbar vielen offenen Intervallen (Aufgabe 15); als ihr Maß nehme man die Summe der Intervallängen.

Dies ist der Ausgangspunkt für EMILE BOREL (1871–1956, französischer Mathematiker und Politiker, einer der Begründer der Theorie der reellen Funktionen und der Maßtheorie, 1909 Professor an der Faculté des Sciences, Paris, ab 1934 Präsident der Akademie und des Collège de France, 1924–36 Vertreter der Radikalsozialisten im Abgeordnetenhaus, kurzzeitig Marineminister). Ist die Menge E die Vereinigung einer Folge (I_i) von nicht-überlappenden Intervallen, so wird ihr das Maß $s = \sum |I_i|$ zugeschrieben. Für die Differenz $E_2 \setminus E_1$ zweier Mengen $E_1 \subset E_2$ mit den Maßen s_1, s_2 wird als Maß $s_2 - s_1$, schließlich für die Vereinigung einer disjunkten Folge (E_i) von Mengen E_i mit den Maßen s_i als Maß die Summe $s_1 + s_2 + \cdots$ festgelegt. Alle Mengen, denen man durch wiederholte Anwendung dieser Regeln ein Maß zuschreiben kann, nennt Borel meßbar. Die Durchführung dieses Programms hat ihre Schwierigkeiten.

Wir kommen zum eigentlichen Begründer der modernen Integrationstheorie, HENRI LEBESGUE (1875–1941, französischer Mathematiker, Professor am Collège de France). Lebesgues erstes Ziel, das er in seiner Thèse (Doktorarbeit) von 1902 axiomatisch formuliert und auch erreicht, ist es, einer Klasse von beschränkten

Mengen $E \subset \mathbb{R}$, die er ‚meßbar' nennt, ein ‚Maß' $m(E)$ mit den folgenden Eigenschaften zuzuschreiben (wir benutzen moderne Termini):

(i) Die in einem Intervall $I = [a, b]$ gelegenen meßbaren Mengen bilden eine σ-Algebra, und das Maß ist σ-additiv, d.h. aus $E_i \subset I$, E_i paarweise disjunkt, $E = \bigcup E_i$ folgt $m(E) = m(E_1) + m(E_2) + \cdots$.

(ii) Translationsinvarianz: $m(E) = m(a + E)$ für $a \in \mathbb{R}$.

(iii) Intervalle sind meßbar, $m(I) = |I|$.

Lebesgue definiert nun ein äußeres Maß $m_a(E)$ wie in 9.4 als Infimum aller Zahlen $\sum |I_i|$, wobei die I_i Intervalle mit $E \subset \bigcup I_i$ sind. Das ist sozusagen eine Erweiterung des äußeren Jordan-Inhalts auf abzählbare Überdeckungen und wird durch Borels Arbeiten nahegelegt. Um aber die ‚gutartigen' meßbaren Mengen zu finden, braucht er auch eine Approximation von innen. Sie ist i.a. mit Intervallen nicht zu schaffen (man denke an $\mathbb{Q}$), und hier bringt er eine wesentlich neue Idee ins Spiel. Er nimmt ein Intervall $I \supset E$ und definiert das innere Maß $m_i(E)$ mit Hilfe des äußeren Maßes von $I \setminus E$:

$$m_i(E) = |I| - m_a(I \setminus E) \quad \text{inneres Lebesgue-Maß}.$$

Anders gesagt: Da man E nicht von innen approximieren kann, wird die Komplementärmenge $I \setminus E$ von außen approximiert. Meßbar werden jene beschränkten Mengen genannt, für die $m_i(E) = m_a(E) =: m(E)$ ist. Es bestehen dann die Aussagen (i) bis (iii).

Das Integral $\int_a^b f(t) \, dt$ einer beschränkten, meßbaren Funktion mit $m \le f(t) \le M$ definiert Lebesgue nun, indem er, anders als Riemann, nicht die Abszisse, sondern die Ordinate zerlegt, etwa $P : m = y_0 < y_1 < \cdots < y_p = M$. Lebesgue bildet nun die Mengen $E_k = \{t \in [a, b] : y_k \le f(t) < y_{k+1}\}$ und betrachtet die Summen $s_P = \sum_0^{p-1} y_k m(E_k)$ und $S_P = \sum_0^{p-1} y_{k+1} m(E_k)$. Wenn $f \ge 0$ ist, kann man diese Summen als Maß einer der Ordinatenmenge einbeschriebenen bzw. umschriebenen ‚Rechtecksumme' ansehen. Er zeigt dann, daß die Summen s_P und S_P, wenn $|P| = \max(y_{k+1} - y_k)$ gegen 0 strebt, ein und demselben Grenzwert zustreben, den er als Wert des Integrals $\int_a^b f(t) \, dt$ festlegt. Mit diesem Integralbegriff beweist Lebesgue dann die wesentlichen Sätze der Theorie, wie sie im folgenden dargestellt werden.

Etwa gleichzeitig und vollständig unabhängig von Lebesgue entwickelt WILLIAM HENRY YOUNG (1863–1942, britischer Mathematiker, 1929 Präsident der International Union of Mathematicians) einen anderen Zugang zum „Lebesgueschen" Maß und Integral. Er knüpft (Philos. Transac. Royal Soc. London, Ser. A, 204 (1905) 221–258) an die Riemannsche Definition des Integrals an, insbesondere an die von C. Jordan entwickelte Variante, bei welcher der Integrationsbereich nicht in Teilintervalle, sondern allgemeiner in quadrierbare Teilbereiche aufgespalten wird, mit denen dann die Ober- und Untersummen definiert werden. Young definiert das obere und untere Integral, indem er *abzählbare* Zerlegungen des Integrationsbereiches in meßbare Mengen betrachtet und die zugehörigen Unter- und Obersummen bildet. Die Integrierbarkeit wird durch die Gleichheit dieser beiden Integrale festgelegt.

Die Beziehung zum Lebesgueschen Zugang ist leicht herzustellen. Die obigen Summen s_P und S_P sind (beinahe) Unter- und Obersummen bezüglich der endlichen Zerlegung (E_k) von $[a, b]$. Übrigens betrachtet auch Lebesgue, wenn f unbeschränkt ist, entsprechende unendliche Zerlegungen der ganzen Ordinatenachse.

Die fundamentalen Sätze der Lebesgueschen Theorie gehen meist auf Lebesgue selbst zurück. Von den am weiteren Ausbau der Theorie beteiligten Mathematikern nennen wir BEPPO LEVI (1875–1961), der 1906 (Milano Ist. Lomb. Rend. (2) 39, 775–80) den nach ihm benannten Satz 9.13 bewies, GUIDO FUBINI (1879-1943, Professor in Turin), der 1907 (Rend. R. Accad. Lincei (5) 16_1, 608–14) unter Benutzung dieses Satzes das alte und schwierige Problem der Zurückführung eines mehrdimensionalen Integrals auf eindimensionale Integrale in der vollen Allgemeinheit von Satz 9.18 löste, und schließlich PIERRE FATOU (1878–1929, französischer Mathematiker, wirkte in Paris), dessen Lemma 9.15 aus seiner Thèse von 1906 (Acta Math. 30, 335–400) sich als ein nützliches Werkzeug erwies. Eine eingehende historische Darstellung gibt Th. Hawkins in seinem Buch *Lebesgue's theory of integration, its origins and development* (Univ. of Wisconsin Press 1970).

In modernen Lehrbüchern der Maß- und Integrationstheorie wird vielfach ein Zugang gewählt, der durch das einflußreiche Lehrbuch von S. SAKS [1937] populär geworden ist. Man betrachtet zunächst nichtnegative Funktionen und approximiert nur von unten durch *endliche* Untersummen à la Young. Die Approximation von oben kann man entbehren, weil zuvor die nicht meßbaren Funktionen, bei denen die Prozedur keine brauchbaren Sätze liefert, ausgesondert werden. So erspart man sich die beidseitige Approximation, indem man die Bedingung für den Erfolg des Verfahrens (die Meßbarkeit) vorwegnimmt, ohne dies begründen zu können.

Wir benutzen hier die Youngsche Definition mit der Variante, daß „Riemannsche" Zwischensummen herangezogen werden. Die Beweise der elementaren Eigenschaften des Integrals verlaufen dann fast wörtlich wie beim Riemann-Integral. Die Linearität des Integrals schrumpft zu einer Trivialität; die Meßbarkeit fällt nicht mehr vom Himmel, sondern sie ergibt sich aus der Integrierbarkeit.

Die Lebesguesche Theorie hat die moderne Analysis und Funktionalanalysis überhaupt erst ermöglicht, und die daraus entstandene allgemeine Maß- und Integrationstheorie ist für viele Zweige der Mathematik unentbehrlich geworden. Die Theorie wird hier so dargestellt, daß die Übertragung auf allgemeine Maßräume über weite Strecken problemlos ist; vgl. 9.32.

9.1 Mathematische Vorbereitung. Das Rechnen in $\overline{\mathbb{R}}$. Die Lebesguesche Theorie unterscheidet nicht zwischen eigentlichen und uneigentlichen Integralen, sie läßt vielmehr von vornherein unendliche Funktionswerte und unbeschränkte Gebiete zu. Aus diesem Grund erinnern wir zunächst an die Rechenregeln in der Menge $\overline{\mathbb{R}} = \mathbb{R} \cup \{\infty, -\infty\}$ und erweitern sie in einem wesentlichen Punkt.

Die in I.1.8 eingeführten Rechenregeln lauten $-\infty < a < \infty$ für $a \in \mathbb{R}$, $a + \infty = \infty$ für $a > -\infty$, $a \cdot \infty = \infty$ für $a > 0$, $a/\infty = 0$ für $a \in \mathbb{R}$, ergänzt durch jene Regeln, die sich hieraus durch Vertauschen der Operanden und Anwendung der Vorzeichenregeln ergeben. Neu hinzu kommt jetzt die Regel

$$0 \cdot \infty = 0$$

mit seinen Derivaten wie $(-\infty) \cdot 0 = 0$. Damit ist die Multiplikation in $\overline{\mathbb{R}}$ immer definiert. Zur Deutung der Gleichung $0 \cdot \infty = 0$ greifen wir den Dingen etwas vor und betrachten z.B. die Formel $\int_B \alpha \, dx = \alpha \cdot \lambda(B)$. Die Regel kommt hier auf zwei verschiedene Arten ins Spiel: Das Integral hat den Wert 0, wenn $\alpha = 0$ und $\lambda(B) = \infty$ (z.B. $B = \mathbb{R}^n$) ist, und ebenso, wenn $\alpha = \infty$ und $\lambda(B) = 0$ ist. Es sei erwähnt, daß man zu dieser Regel gezwungen wird, wenn man allgemeine Sätze über den Grenzübergang unter dem Integralzeichen aufstellen will. Ausdrücke der Form $\infty - \infty$ sind nach wie vor nicht definiert.

(a) *Unendliche Reihen.* Wir betrachten jetzt auch Reihen $\sum a_k$ mit $0 \le a_k \le \infty$. Die Summe dieser Reihe ist in diesem Fall immer definiert. Sie hat den Wert ∞, wenn die Folge (s_n) der Teilsummen gegen ∞ strebt, insbesondere dann, wenn ein Glied $a_p = \infty$ ist (es ist dann $s_n = \infty$ für $n \ge p$). Die Formel $\lambda \sum a_k = \sum \lambda a_k$ gilt für beliebige $\lambda \in \overline{\mathbb{R}}$.

Man kann noch weiter gehen und für beliebige $a_k \in \overline{\mathbb{R}}$ die Reihensumme durch $\sum a_k = \sum a_k^+ - \sum a_k^-$ erklären, falls die rechte Seite definiert ist; vgl. dazu I.5.16. Dies wird hier nicht benötigt.

(b) *Der Doppelreihensatz*

$$\sum_{i,j} a_{ij} = \sum_i \left(\sum_j a_{ij} \right) = \sum_j \left(\sum_i a_{ij} \right)$$

spielt eine wichtige Rolle, da die beim Integral auftretenden Obersummen,... unendliche Reihen sind. Nach Satz I.5.14 ist er gültig, falls eine der drei auftretenden Reihen absolut konvergent ist. Er gilt aber auch unter der Voraussetzung $0 \le a_{ij} \le \infty$. Ist nämlich eine der drei Reihen endlich, so sind alle a_{ij} endlich, und es liegt Absolutkonvergenz vor.

(c) *Limes superior und inferior.* Für $a_k \in \overline{\mathbb{R}}$ gelten die Formeln

$$\limsup_{k \to \infty} a_k = \inf_p \left\{ \sup_{k \ge p} a_k \right\}, \qquad \liminf_{k \to \infty} a_k = \sup_p \left\{ \inf_{k \ge p} a_k \right\}.$$

Da die Größen $\alpha_p = \sup_{k \ge p} a_k$, $\beta_p = \inf_{k \ge p} a_k$ eine monoton fallende bzw. wachsende Folge bilden, ist auch

$$\limsup_{k \to \infty} a_k = \lim_{p \to \infty} \alpha_p, \qquad \liminf_{k \to \infty} a_k = \lim_{p \to \infty} \beta_p.$$

Diese Formeln wurden bereits in Aufgabe 3 von § I.4 angegeben. Für den Beweis setzen wir $A = \limsup a_k$ und $B = \inf \alpha_p$. Zunächst sei $A \in \mathbb{R}$. Nach I.4.13 ist, wenn $\varepsilon > 0$ vorgegeben wird, $a_k > A + \varepsilon$ höchstens für endlich viele k, jedoch $a_k > A - \varepsilon$ für unendlich viele k. Daraus folgt $A - \varepsilon \le \alpha_p \le A + \varepsilon$ für große p und deshalb $A - \varepsilon \le B \le A + \varepsilon$, d.h. $A = B$. Die Fälle $A = \pm\infty$ möge der Leser erledigen.

9.2 Intervalle. Beim Jordan-Inhalt wurde mit abgeschlossenen Intervallen gearbeitet. Das hatte zur Folge, daß Intervalle nicht in disjunkte Intervalle, sondern nur in „fremde" Intervalle ohne gemeinsame innere Punkte zerlegt werden können. Beim Lebesgue-Maß ist es manchmal günstig (bei allgemeineren Maßen sogar notwendig), disjunkte Zerlegungen zu betrachten. Man muß dann beliebige Intervalle zulassen.

Es sei $\mathscr{I}_n$ die Menge aller beschränkten Intervalle im $\mathbb{R}^n$, also aller n-fachen kartesischen Produkte von eindimensionalen Intervallen der Form (a,b), $(a,b]$, $[a,b)$ oder $[a,b]$ mit $-\infty < a \le b < \infty$. Für Intervalle $I, J \in \mathscr{I}_n$ gilt

(a) $I \cap J \in \mathscr{I}_n$;

(b) es gibt endlich viele paarweise disjunkte $I_i \in \mathscr{I}_n$ mit $I \setminus J = \bigcup I_i$.

Beweis. Für $n = 1$ beweist man (a) und (b) ohne Mühe. Nun sei $n = 2$ und $I = I^1 \times I^2$, $J = J^1 \times J^2$ mit $I^1, I^2, \ldots \in \mathscr{I}_1$. Dann ist $I \cap J$ das cartesische Produkt der Intervalle $I^1 \cap J^1$ und $I^2 \cap J^2$. Also gilt (a). Bei (b) bemerken wir zunächst, daß $I \setminus J = I \setminus I_0$ mit $I_0 = I \cap J \subset I$ ist. Setzt man $I_0 = I_0^1 \times I_0^2$, so gibt es nach (b; $n = 1$) disjunkte Darstellungen $I^1 = I_0^1 \cup I_1^1 \cup \cdots \cup I_p^1$ und $I^2 = I_0^2 \cup \cdots \cup I_q^2$ durch eindimensionale Intervalle. Also ist I die disjunkte Vereinigung aller Intervalle $I_i^1 \times I_j^2$ $(0 \le i \le p, 0 \le j \le q)$, und für $i = j = 0$ erhält man I_0. Hieraus folgt (b) für $n = 2$. Dieses Beweisschema läßt sich fortführen. Ist $n = 3$, so bezeichnen $I^1, J^1, \ldots$ zweidimensionale und $I^2, J^2, \ldots$ eindimensionale Intervalle, und der Beweis bleibt gültig, usw.   □

Unter Intervallen verstehen wir im folgenden Intervalle aus $\mathscr{I}_n$.

(c) *Disjunkte Darstellung.* Jede endliche bzw. abzählbare Vereinigung von Intervallen $G = \bigcup I_i$ besitzt eine disjunkte Darstellung $G = \bigcup J_j$ durch endlich bzw. abzählbar viele Intervalle J_j.

Beweis. Die Menge G hat eine disjunkte Darstellung

$$G = \bigcup K_i \quad \text{mit} \quad K_1 = I_1, \ K_p = I_p \setminus (I_1 \cup \cdots \cup I_{p-1}) \quad \text{für} \quad p > 1 \,.$$

Es genügt also zu zeigen, daß jede Menge K_p Vereinigung von endlich vielen, paarweise disjunkten Intervallen ist. Das ist für K_1 trivial und für K_2 eine Folge von (b). Für $K_3 = (I_3 \setminus I_1) \setminus I_2$ benutzt man zunächst eine disjunkte Darstellung von $I_3 \setminus I_1$ durch Intervalle J_i und sodann für jedes i eine disjunkte Darstellung von $J_i \setminus I_2$ durch Intervalle J_{ij}. Dann ist K_3 die disjunkte Vereinigung aller Intervalle J_{ij}, usw.   □

Als Anwendung beweisen wir einen Darstellungssatz.

Satz. *Jede offene Menge $G \subset \mathbb{R}^n$ besitzt eine Darstellung $G = \bigcup I_i$ durch höchstens abzählbar viele, paarweise disjunkte Intervalle I_i mit $\bar{I}_i \subset G$.*

Für den *Beweis* betrachten wir Intervalle $I^r = [a,b] \subset \mathbb{R}^n$ mit rationalen Eckpunkten $a, b \in \mathbb{Q}^n$. Es gibt abzählbar viele solche „rationale" Intervalle I^r. Da zu jedem Punkt $x \in G$ ein $\varepsilon > 0$ mit $B_\varepsilon(x) \subset G$ existiert, gibt es auch ein Intervall $I^r \subset G$ mit $x \in I^r$. Also ist G die Vereinigung aller in G enthaltenen rationalen

Intervalle. Die Behauptung folgt nun aus (c) (nach dem Beweis ist jedes I_i in einem I^r enthalten, also $\overline{I}_i \subset G$). □

Bemerkung. Die obigen Überlegungen lassen sich auch durchführen, wenn man anstelle von $\mathscr{J}_n$ die Menge $\mathscr{J}_n^-$ aller halboffenen Intervalle der Form $I = (a, b]$ mit $a, b \in \mathbb{R}^n$ und $a \leq b$ zugrunde legt. Auch in dieser Intervallmenge gelten die Aussagen (a) und (b) (es genügt, sich dies für $n = 1$ zu überlegen, da der Induktionsbeweis gültig bleibt). Insbesondere existiert für jede offene Menge G eine disjunkte Darstellung $G = \bigcup I_i$ mit $I_i \in \mathscr{J}_n^-$.

9.3 Mengen. Algebren und σ-Algebren. Eine Folge $(A_i)_1^\infty$ von Mengen wird *monoton wachsend* bzw. *fallend* genannt, wenn $A_i \subset A_{i+1}$ bzw. $A_i \supset A_{i+1}$ für $i = 1, 2, \ldots$ gilt. Ist die Menge A Teilmenge einer ‚Grundmenge' X, so wird das Komplement von A mit $A' = X \setminus A$ bezeichnet.

Ein nichtleeres System $\mathscr{S}$ von Teilmengen einer Grundmenge X heißt *Algebra* (in X), wenn es die Eigenschaften

(i) $A \in \mathscr{S} \Rightarrow A' \in \mathscr{S}$,

(ii) $A, B \in \mathscr{S} \Rightarrow A \cup B \in \mathscr{S}$

besitzt. Gilt außerdem

(iii) $A_1, A_2, \ldots \in \mathscr{S}$, A_i paarweise disjunkt $\Rightarrow \bigcup\limits_{i=1}^\infty A_i \in \mathscr{S}$,

so nennt man $\mathscr{S}$ eine *σ-Algebra*.

Satz. *Eine Algebra $\mathscr{S}$ enthält die leere Menge und die Grundmenge X und mit A, B auch die Mengen $A \cap B$ und $A \setminus B$.*

Sind $A_1, A_2, \ldots$ Elemente der σ-Algebra $\mathscr{S}$, so folgt

$$\bigcup_{i=1}^\infty A_i \in \mathscr{S} \quad \text{und} \quad \bigcap_{i=1}^\infty A_i \in \mathscr{S}.$$

Beweis. Da $\mathscr{S}$ nichtleer ist, gibt es ein $C \in \mathscr{S}$. Wegen (i)(ii) ist $X = C \cup C'$ und $\emptyset = X'$ aus $\mathscr{S}$. Die Behauptung über A, B folgt aus den Darstellungen $A \cap B = (A' \cup B')'$, $A \setminus B = A \cap B'$ unter Zuhilfenahme von (i)(ii). Beim zweiten Teil benutzt man die disjunkte Darstellung

$$\bigcup A_i = \bigcup C_i \quad \text{mit} \quad C_1 = A_1, C_2 = A_2 \setminus A_1, C_3 = A_3 \setminus (A_1 \cup A_2), \ldots$$

Da die C_i zu $\mathscr{S}$ gehören, ist auch $\bigcup A_i \in \mathscr{S}$ wegen (iii). Der Durchschnitt läßt sich gemäß $\bigcap A_i = \left(\bigcup A_i' \right)'$ auf Komplement und Vereinigung zurückführen. □

Eine Algebra ist also abgeschlossen gegenüber den Operationen Differenz sowie Durchschnitt und Vereinigung von endlich vielen Mengen, während eine σ-Algebra auch noch in bezug auf Durchschnitt und Vereinigung von abzählbar vielen Mengen abgeschlossen ist. Z.B. ist die Menge $P(X)$ aller Teilmengen von X eine σ-Algebra. Ein weiteres Beispiel: Ist $X \subset \mathbb{R}^n$ eine quadrierbare Menge, so bilden die quadrierbaren Untermengen von X eine Algebra. Das ist der Inhalt von Satz 7.6.

9.4 Das äußere Lebesgue-Maß. Intervalle sind im folgenden beschränkte Intervalle im $\mathbb{R}^n$, die wir mit $I, I_k, \ldots \in \mathcal{J}_n$ bezeichnen; vgl. 9.2. Es ist $|I|$ der elementare Inhalt des Intervalls I. Das äußere Lebesgue-Maß ist ähnlich wie der äußere Jordan-Inhalt durch überdeckende ‚Intervallsummen' definiert. Neu ist, daß wir zur Überdeckung auch abzählbar viele Intervalle zulassen. Wir definieren also für eine beliebige, nicht notwendig beschränkte Menge $A \subset \mathbb{R}^n$

$$\lambda(A) = \inf \left\{ \sum |I_i| : A \subset \bigcup I_i \right\} \qquad \text{\textit{äußeres Lebesgue-Maß}},$$

kurz *äußeres L-Maß* oder *äußeres Maß*. Zugelassen sind dabei alle endlichen oder abzählbaren Folgen (I_i) von Intervallen, deren Vereinigung A überdeckt. Eine solche Vereinigung $\bigcup I_i$ wird wieder Intervallsumme genannt. Die Intervallsummen von § 7 sind dann endliche Intervallsummen von kompakten Intervallen. Aus $I \subset \bar{I}$, $|I| = |\bar{I}|$ folgt, daß man sich auch hier auf kompakte Intervalle beschränken kann. Offenbar läßt sich der $\mathbb{R}^n$ als Intervallsumme darstellen; z.B. ist $\mathbb{R}^n = \bigcup (p + W)$, wo $W = (0, 1]^n$ ein halboffener Einheitswürfel ist und die Summe sich über alle Multiindizes $p \in \mathbb{Z}^n$ erstreckt, eine disjunkte Darstellung. Zu jeder Menge A existieren also überdeckende Intervallsummen.

Bei den folgenden Aussagen sind A, B, A_i beliebige Mengen im $\mathbb{R}^n$, und $|A|_i$, $|A|_a$ bezeichnet den inneren oder äußeren Jordan-Inhalt von A.

(a) $0 \le \lambda(A) \le \infty$ für $A \subset \mathbb{R}^n$, $\lambda(\emptyset) = 0$.

(b) *Monotonie.* Aus $A \subset B$ folgt $\lambda(A) \le \lambda(B)$.

(c) *σ-Subadditivität.* Für endliche oder abzählbare Folgen (A_i) ist

$$\lambda \left(\bigcup A_i \right) \le \sum \lambda(A_i).$$

(d) $|A|_i \le \lambda(A) \le |A|_a$ für beschränkte Mengen A. Für quadrierbare Mengen stimmt also das äußere Maß mit dem Inhalt überein.

(e) Das äußere Lebesgue-Maß ist invariant gegenüber Bewegungen.

Beweis. (a) und (b) ergeben sich unmittelbar aus der Definition. Beim Beweis von (c) nehmen wir an, daß die rechte Seite konvergiert (sonst ist nichts zu beweisen). Es sei $\varepsilon > 0$ vorgegeben und (ε_i) eine Folge positiver Zahlen mit $\sum \varepsilon_i = \varepsilon$ (z.B. $\varepsilon_i = \varepsilon \cdot 2^{-i}$). Nach der Definition gibt es zu jedem i eine Folge $(I_j^i)_{j=1}^{\infty}$ mit

$$A_i \subset \bigcup_j I_j^i \quad \text{und} \quad \sum_j |I_j^i| \le \lambda(A_i) + \varepsilon_i.$$

Die Doppelfolge aller Intervalle I_j^i überdeckt die Menge $A = \bigcup A_i$, und daraus ergibt sich dann

$$\lambda(A) \le \sum_{i,j} |I_j^i| = \sum_i \sum_j |I_j^i| \le \sum_i (\lambda(A_i) + \varepsilon_i) = \sum_i \lambda(A_i) + \varepsilon.$$

Damit ist (c) bewiesen. Hier wurde zum ersten Mal der Doppelreihensatz angewandt. Er wird noch mehrmals in ähnlichen Situationen benutzt werden.

(d) (i) Zunächst betrachten wir die zweite Ungleichung von (d). Der äußere Jordan-Inhalt $|A|_a$ war definiert als Infimum der Zahlen $|T|$, wobei $T = \bigcup I_i$ eine endliche, die Menge A überdeckende Intervallsumme ist; vgl. 7.3. Da jetzt auch abzählbare Intervallsummen zugelassen sind, folgt sofort $\lambda(A) \leq |A|_a$.

(ii) Zum Beweis der ersten Ungleichung zeigen wir zunächst, daß für eine endliche Intervallsumme S im Sinne von 7.3 die Ungleichung $|S| \leq \lambda(S)$ gilt. Dazu geben wir $\varepsilon = \sum \varepsilon_i > 0$ vor und wählen eine (abzählbare) Überdeckung $\bigcup I_i$ von S mit $\sum |I_i| < \lambda(S) + \varepsilon$. Zu jedem Intervall I_i bilden wir nun ein etwas größeres *offenes* Intervall $J_i \supset I_i$ mit $|J_i| \leq |I_i| + \varepsilon_i$. Dann gilt $S \subset \bigcup J_i$, und aus dem Borelschen Überdeckungssatz folgt, da S kompakt ist, $S \subset J_1 + \cdots + J_p$ für ein geeignetes p. Nach 7.3 (c)(e) ist dann

$$|S| \leq |J_1| + \cdots + |J_p| \leq \sum_i (|I_i| + \varepsilon_i) = \sum |I_i| + \varepsilon \leq \lambda(S) + 2\varepsilon \,.$$

Damit ist die Ungleichung $|S| \leq \lambda(S)$ bewiesen.

Nun sei A eine beschränkte Menge und $S \subset A$ eine endliche Intervallsumme. Aus (b) folgt dann

$$|S| \leq \lambda(S) \leq \lambda(A) \,.$$

Geht man hier zum Supremum für alle $S \subset A$ über, so erhält man $|A|_i \leq \lambda(A)$. Damit ist (d) vollständig bewiesen.

(e) Die Invarianz gegenüber Translationen ergibt sich mühelos, da hierbei Intervalle wieder in Intervalle vom gleichen Inhalt überführt werden. Nun sei S eine orthogonale $n \times n$-Matrix; die zugehörige lineare Abbildung wird ebenfalls mit S bezeichnet. Aus $A \subset \bigcup I_i$ folgt $S(A) \subset \bigcup S(I_i)$, und nach (c) und (d) ist $\lambda(S(A)) \leq \sum \lambda(S(I_i)) = \sum |I_i|$ wegen der Invarianz des Jordan-Inhalts (Corollar 7.9). Da die A überdeckende Intervallsumme beliebig ist, folgt $\lambda(A) \geq \lambda(S(A))$. Dasselbe gilt auch für die Abbildung $S^\top$: $\lambda(S(A)) \geq \lambda(S^\top S(A)) = \lambda(A)$ wegen $S^\top S = E$ (Einheitsmatrix). Beide Ungleichungen zusammen ergeben $\lambda(A) = \lambda(S(A))$.   □

Nullmengen und „fast überall"-Aussagen. Eine besondere Rolle spielen in der Lebesgueschen Theorie die Mengen vom äußeren Maß Null. Sie werden (*Lebesguesche*) *Nullmengen* genannt. Wenn eine Eigenschaft, welche die Punkte einer Menge $A \subset \mathbb{R}^n$ betrifft, für alle Punkte von A mit Ausnahme einer Nullmenge gilt, so sagt man, diese Eigenschaft gelte *fast überall* in A, abgekürzt f.ü. Ein Beispiel: Die Aussage „$f(x) > 0$ f.ü. in A" bedeutet, daß es eine Menge $N \subset A$ mit $\lambda(N) = 0$ gibt, so daß $f(x) > 0$ für $x \in A \setminus N$ gilt. Aus (c) ergibt sich, daß aus $\lambda(N_i) = 0$ folgt $\lambda(\bigcup N_i) = 0$. Da dieser Fall bei Anwendungen häufig auftritt, wollen wir ihn festhalten:

(f) Die Vereinigung von höchstens abzählbar vielen Nullmengen ist wieder eine Nullmenge. Insbesondere haben abzählbare Mengen das Maß 0.

Beispiele. 1. Die Menge Q aller rationalen Zahlen im Intervall $[0, 1]$ hat nach dem Beispiel von 7.4 die Inhalte $|Q|_i = 0$, $|Q|_a = 1$, während nach (f) $\lambda(Q) = 0$ ist.

Wir ziehen daraus eine Konsequenz, welche anschaulich kaum nachvollziehbar ist. Es sei etwa $Q = \{r_1, r_2, \ldots\}$ und $U_i = (r_i - \varepsilon_i, r_i + \varepsilon_i)$ die ε_i-Umgebung von r_i ($\varepsilon_i > 0$). Die Vereinigung $G = \bigcup U_i$ ist eine offene Menge, und man wird vermuten, daß $G \supset [0, 1]$ ist. Es ist aber, wenn man z.B. $\varepsilon_i = \varepsilon \cdot 2^{-i}$ setzt, $\lambda(G) \le \sum |U_i| = 2\varepsilon \sum 2^{-i} = 2\varepsilon$!

2. Jede Hyperebene im $\mathbb{R}^n$ hat das äußere Maß 0. Wegen (e) genügt es, den Fall $H = \{x \in \mathbb{R}^n : x_n = 0\}$ zu betrachten. Ist $\mathbb{R}^{n-1} = \bigcup I_i$ eine Darstellung durch $(n-1)$-dimensionale Intervalle I_i, so folgt $H = \bigcup I_i \times \{0\}$, und aus $\lambda(I_i \times \{0\}) = 0$ folgt die Behauptung mit (f).

Als nächstes wäre nun die σ-Additivität des äußeren Maßes, also die Gleichung

(∗) $\qquad \lambda\left(\bigcup A_i\right) = \sum \lambda(A_i)$, $\qquad$ falls die A_i paarweise disjunkt sind,

an der Reihe. Anhand von Gegenbeispielen läßt sich aber zeigen, daß diese Beziehung nicht für alle Mengen im $\mathbb{R}^n$ gelten kann (in Aufgabe 5 ist ein solches Gegenbeispiel angegeben). Es kann sich also nur darum handeln, aus allen Teilmengen von $\mathbb{R}^n$ eine Klasse $\mathscr{L}$ von „meßbaren" Mengen so auszuwählen, daß (i) $\mathscr{L}$ eine die quadrierbaren Mengen enthaltende σ-Algebra ist und (ii) für meßbare Mengen A_i die Aussage (∗) besteht. Dafür sind mehrere spezielle Methoden, welche auf den vorliegenden Fall zugeschnitten sind, entwickelt worden. Daneben gibt es ein allgemeines, von CONSTANTIN CARATHÉODORY (1873–1950, deutscher Mathematiker griechischer Abstammung, lehrte u.a. in Berlin und München) ersonnenes Verfahren, welches nicht an eine Topologie gebunden ist. Es ist einerseits nicht komplizierter als die speziellen Zugänge, andererseits stellt es einen fundamentalen Bestandteil der Maßtheorie dar, und so werden wir es bevorzugen.

9.5 Das Lebesguesche Maß. Wir sagen, die Menge $A \subset \mathbb{R}^n$ sei im *Lebesgueschen Sinn meßbar*, kurz *Lebesgue-meßbar* oder *meßbar*, und schreiben $A \in \mathscr{L}$, wenn die Beziehung

(M) $\qquad \lambda(E) = \lambda(E \cap A) + \lambda(E \cap A')$ $\quad$ für alle Mengen $E \subset \mathbb{R}^n$

gilt ($A' = \mathbb{R}^n \setminus A$ ist das Komplement von A). Die Zahl $\lambda(A)$ wird dann kurz das *(Lebesguesche) Maß* von A genannt. Bei dieser Definition wird die fest gewählte Menge A benutzt, um jede Menge E in zwei Teile aufzuspalten, die Menge $E \cap A$ der Punkte innerhalb A und die Menge $E \cap A'$ der Punkte außerhalb A. Die Bedingung (M) sagt dann aus, daß der durch A hervorgerufene Schnitt von E bezüglich λ additiv ist. Die Bedeutung der Bedingung ist nicht recht einsichtig, aber der Erfolg heiligt die Mittel. Zunächst merken wir an, daß man (M) durch

(M′) $\qquad \lambda(E) \ge \lambda(E \cap A) + \lambda(E \cap A')$ $\quad$ für alle Mengen E

ersetzen kann, denn die umgekehrte Ungleichung besteht nach 9.4 (c).
Wir beginnen mit drei einfachen Aussagen über meßbare Mengen.

(a) Aus $\lambda(A) = 0$ folgt $A \in \mathscr{L}$, d.h. jede Nullmenge ist meßbar.

(b) Die Menge $\mathscr{L}$ ist eine Algebra (vgl. 9.3).

(c) Jede quadrierbare Menge ist meßbar.

Beweis. (a) Aus $\lambda(A) = 0$ folgt $\lambda(E \cap A) = 0$, und (M') reduziert sich auf die Monotonieungleichung 9.4 (b).

(b) Unmittelbar aus der Definition (M) folgt, daß mit A auch A' meßbar ist. Es bleibt noch zu zeigen, daß aus $A, B \in \mathscr{L}$ folgt $A \cup B \in \mathscr{L}$. Dazu muß die Gleichung

$$(*) \qquad \lambda(E) = \lambda(E \cap (A \cup B)) + \lambda(E \cap (A \cup B)') \qquad (E \subset \mathbb{R}^n \text{ beliebig})$$

bewiesen werden. Da A meßbar ist, gilt

$$(**) \qquad \begin{aligned} \lambda(E \cap (A \cup B)) &= \lambda(E \cap (A \cup B) \cap A) + \lambda(E \cap (A \cup B) \cap A') \\ &= \lambda(E \cap A) + \lambda(E \cap B \cap A') \,. \end{aligned}$$

Ferner ist $(A \cup B)' = A' \cap B'$, also der letzte Summand in (*) gleich $\lambda(E \cap A' \cap B')$. Die rechte Seite von (*) ist also gleich

$$\lambda(E \cap A) + \lambda(E \cap A' \cap B) + \lambda(E \cap A' \cap B') = \lambda(E \cap A) + \lambda(E \cap A') = \lambda(E) \,;$$

in der ersten Gleichung wurde (M) mit $E \cap A'$ statt E und B statt A benutzt, während die zweite Gleichung mit (M) identisch ist. Damit ist (*) bewiesen.

(c) Es seien eine quadrierbare Menge A, eine beliebige Menge E und $\varepsilon > 0$ gegeben. Wir wählen eine Intervallsumme $\bigcup I_i \supset E$ mit $\sum |I_i| \le \lambda(E) + \varepsilon$. Da die Mengen $J_i = I_i \cap A$ und $K_i = I_i \cap A'$ quadrierbar und disjunkt sind und $E \cap A$ durch $\bigcup J_i$ sowie $E \cap A'$ durch $\bigcup K_i$ überdeckt wird, haben wir nach 9.4 (c) mit $|I_i| = |J_i| + |K_i|$

$$\lambda(E \cap A) + \lambda(E \cap A') \le \sum |J_i| + \sum |K_i| = \sum |I_i| \le \lambda(E) + \varepsilon.$$

Es besteht also die Ungleichung (M'), und (c) ist bewiesen. $\qquad\square$

Wir benötigen noch ein weiteres Zwischenergebnis.

(d) Die Mengen $A_1, A_2, \ldots$ seien paarweise disjunkt und meßbar, und $S = \bigcup A_i$ sei ihre Vereinigung. Dann gilt

$$(\sigma) \qquad \lambda(E) = \sum_{i=1}^{\infty} \lambda(E \cap A_i) + \lambda(E \cap S') \qquad \text{für jede Menge } E \,.$$

Beweis. Sind die Mengen $A, B \in \mathscr{L}$ disjunkt, so ist nach (**) $\lambda(E \cap (A \cup B)) = \lambda(E \cap A) + \lambda(E \cap B)$ wegen $B \cap A' = B$. Durch vollständige Induktion ergibt sich daraus für $S_p = A_1 \cup \cdots \cup A_p$ die Gleichung

$$\lambda(E \cap S_p) = \lambda(E \cap A_1) + \cdots + \lambda(E \cap A_p) \,.$$

Nach (b) ist $S_p \in \mathscr{L}$, und wir erhalten

$$\lambda(E) = \lambda(E \cap S_p) + \lambda(E \cap S_p') \geq \lambda(E \cap S_p) + \lambda(E \cap S')$$

$$= \lambda(E \cap A_1) + \cdots + \lambda(E \cap A_p) + \lambda(E \cap S') \,.$$

Läßt man hier $p \to \infty$ streben, so erhält man (σ) mit $\geq$. Die entsprechende Ungleichung mit $\leq$ folgt aus 9.4 (c).   □

Aus den bisherigen Resultaten ergibt sich nun ohne Mühe der

Hauptsatz über das Lebesguesche Maß. *Die Familie $\mathscr{L}$ aller meßbaren Mengen im $\mathbb{R}^n$ ist eine σ-Algebra, welche die quadrierbaren Mengen umfaßt. Die Funktion λ ist ein bewegungsinvariantes Maß auf $\mathscr{L}$, welches für quadrierbare Mengen mit dem Jordan-Inhalt übereinstimmt.*

U.a. heißt das: Sind die Mengen A, B und alle Mengen der Folge $(A_i)_1^\infty$ meßbar, so sind auch die Mengen A', $A \cup B$, $A \cap B$ und $A \setminus B$ sowie $\bigcup A_i$ und $\bigcap A_i$ meßbar. Ferner gilt

$$\lambda(A \setminus B) = \lambda(A) - \lambda(B) \,, \qquad \textit{falls } B \subset A \textit{ und } \lambda(B) < \infty \textit{ ist} \,,$$

$$\lambda \left(\bigcup A_i \right) = \sum \lambda(A_i) \,, \qquad \textit{falls die } A_i \textit{ paarweise disjunkt sind} \,,$$

$$\lambda \left(\bigcup A_i \right) = \lim \lambda(A_i) \,, \qquad \textit{falls die Folge } (A_i) \textit{ monoton wachsend ist} \,,$$

$$\lambda \left(\bigcap A_i \right) = \lim \lambda(A_i) \,, \qquad \textit{falls die Folge } (A_i) \textit{ monoton fallend}$$
$$\textit{und } \lambda(A_1) < \infty \textit{ ist} \,.$$

Beweis. Nach (b) ist $\mathscr{L}$ eine Algebra. Sind die $A_i \in \mathscr{L}$ paarweise disjunkt und ist $S = \bigcup A_i$, so ist zunächst $\sum \lambda(E \cap A_i) \geq \lambda(E \cap S)$ nach 9.4 (c), und aus der Gleichung (σ) von (d) ergibt sich

$$\lambda(E) \geq \lambda(E \cap S) + \lambda(E \cap S') \,,$$

d.h. S ist meßbar. Demnach ist $\mathscr{L}$ eine σ-Algebra; vgl. 9.3 (iii). Setzt man in (σ) $E = S$ ein, so ergibt sich wegen $E \cap A_i = A_i$ und $E \cap S' = \emptyset$ die σ-Additivität $\lambda(S) = \sum \lambda(A_i)$. Die erste Formel folgt aus der Additivität, die beiden letzten Formeln werden in der bekannten Weise auf die σ-Additivität zurückgeführt. Ist (A_i) monoton wachsend, so sind die Mengen $B_1 = A_1$, $B_i = A_i \setminus A_{i-1}$ $(i > 1)$ meßbar und paarweise disjunkt. Aus $A_p = B_1 \cup \cdots \cup B_p$ folgt also $\lambda(A_p) = \lambda(B_1) + \cdots + \lambda(B_p)$, und aus $S = \bigcup B_i$ ergibt sich $\lambda(S) = \sum \lambda(B_i) = \lim \lambda(A_p)$.

Nun sei (A_i) monoton fallend. Für $A \subset A_1$ schreiben wir $A^c = A_1 \setminus A$ (Komplement bezüglich A_1). Für $D = \bigcap A_i$ ist $D^c = \bigcup A_i^c$, also $\lambda(D^c) = \lim \lambda(A_i^c)$, da die A_i^c eine monoton wachsende Folge bilden. Die Behauptung ergibt sich daraus, indem man die Identität $\lambda(A^c) = \lambda(A_1) - \lambda(A)$ auf D und A_i anwendet.

Die Verbindung zum Jordan-Inhalt wurde bereits in (c) und 9.4 (d) hergestellt.
                                                                        □

Bemerkungen zum Maßbegriff. Unsere Bezeichnungen ordnen sich den folgenden Begriffen der allgemeinen Maßtheorie unter.

1. *Äußeres Maß.* Es sei X eine beliebige Menge (Grundmenge). Eine auf der Potenzmenge $P(X)$ erklärte Funktion μ heißt *äußeres Maß* (*im Sinne von Carathéodory*), wenn

(i) $\mu(\emptyset) = 0$, $0 \leq \mu(A) \leq \infty$ für alle $A \subset X$,

(ii) $\mu(A) \leq \mu(B)$ für $A \subset B \subset X$,

(iii) $\mu(\bigcup A_i) \leq \sum \mu(A_i)$ für jede Folge (A_i) aus $P(X)$

gilt, kurz, wenn μ nicht negativ, monoton und σ-subadditiv ist. Das in 9.4 konstruierte äußere Maß ist ein äußeres Maß in diesem Sinn.

2. *Meßbarer Raum und Maßraum.* Es sei $\mathscr{S}$ eine σ-Algebra von Teilmengen der Grundmenge X. Das Paar $(X, \mathscr{S})$ wird dann als *meßbarer Raum* und die Mengen aus $\mathscr{S}$ werden als meßbare Mengen bezeichnet. Ist μ eine auf $\mathscr{S}$ definierte nichtnegative, σ-additive Funktion, d.h. gilt

(iv) $\mu(\emptyset) = 0$, $0 \leq \mu(A) \leq \infty$ für $A \in \mathscr{S}$,

(v) $\mu(\bigcup A_i) = \sum \mu(A_i)$ für jede disjunkte Folge (A_i) aus $\mathscr{S}$,

so nennt man μ ein *Maß* auf $\mathscr{S}$ und das Tripel $(X, \mathscr{S}, \mu)$ einen *Maßraum*. In dieser Terminologie ist $(\mathbb{R}^n, \mathscr{L}, \lambda)$ der *n-dimensionale Lebesguesche Maßraum*.

9.6 Offene Mengen und G_δ-Mengen. Da $\mathscr{L}$ eine σ-Algebra ist, sind alle Intervallsummen und wegen Satz 9.2 insbesondere alle offenen Mengen meßbar. Eine Menge der Form

$$H = \bigcap_{k=1}^{\infty} G_k \, , \quad \text{wobei die } G_k \text{ offen sind} \, ,$$

wird G_δ-Menge genannt (zur Bezeichnung: G steht für offen, δ für Durchschnitt). Da man hier G_k durch $G_1 \cap \cdots \cap G_k$ ersetzen kann, darf man annehmen, daß die Folge (G_k) monoton fallend ist. Die Klasse der G_δ-Mengen enthält u.a. alle abgeschlossenen Mengen und alle (beliebigen) Intervalle; s. Aufgabe 1. Halten wir fest:

(a) Offene Mengen, abgeschlossene Mengen und G_δ-Mengen sind meßbar.

Die Meßbarkeit und das äußere Maß einer Menge lassen sich mit Hilfe von offenen Mengen und auch durch G_δ-Mengen erklären. Der nächste Satz beschreibt dies genauer.

Satz. *Für eine beliebige Menge $A \subset \mathbb{R}^n$ ist*

$$\lambda(A) = \inf \{ \lambda(G) : G \supset A \text{ offen} \} \, .$$

Die Menge A ist genau dann meßbar, wenn zu jedem $\varepsilon > 0$ eine offene Menge $G \supset A$ mit $\lambda(G \setminus A) < \varepsilon$ existiert.

Corollar. *Zu jeder Menge A existiert eine G_δ-Menge $H \supset A$ mit $\lambda(A) = \lambda(H)$. Die Menge A ist genau dann meßbar, wenn eine G_δ-Menge $H \supset A$ mit $\lambda(H \setminus A) = 0$ existiert.*

Beweis. Wir beweisen Satz und Corollar gleichzeitig, und zwar in (i) die erste Behauptung, während in (ii) und (iii) gezeigt wird, daß die genannte Bedingung hinreichend bzw. notwendig für die Meßbarkeit von A ist.

(i) Zu $\varepsilon > 0$ gibt es eine Intervallsumme $\bigcup I_i \supset A$ mit $\sum |I_i| \leq \lambda(A) + \varepsilon$. Wie im Beweisteil (ii) zu 9.4 (d) bilden wir etwas größere offene Intervalle $J_i \supset I_i$ mit $|J_i| \leq |I_i| + \varepsilon_i$, $\sum \varepsilon_i = \varepsilon$. Für die offene Menge $G = \bigcup J_i \supset A$ ist dann

$$\lambda(G) \leq \sum \lambda(J_i) \leq \sum (|I_i| + \varepsilon_i) \leq \lambda(A) + 2\varepsilon \,.$$

Andererseits ist für jede offene Obermenge G von A aufgrund der Monotonie $\lambda(A) \leq \lambda(G)$, also $\lambda(A) = \inf\{\lambda(G) : G \supset A\}$. Bestimmt man nun zu jedem $k = 1, 2, \ldots$ eine offene Menge $G_k \supset A$ mit $\lambda(G_k) \leq \lambda(A) + \frac{1}{k}$, so ist $H = \bigcap G_k \supset A$ eine G_δ-Menge und $\lambda(A) \leq \lambda(H) \leq \lambda(G_k) \leq \lambda(A) + \frac{1}{k}$, also $\lambda(A) = \lambda(H)$.

(ii) Wenn zu jedem $\varepsilon > 0$ eine offene Menge $G \supset A$ mit $\lambda(G \setminus A) < \varepsilon$ existiert, so gibt es eine Folge (G_k) von solchen Mengen mit $\lambda(G_k \setminus A) < \frac{1}{k}$, und für die G_δ-Menge $H = \bigcap G_k$ ist dann $\lambda(H \setminus A) \leq \lambda(G_k \setminus A) \leq \frac{1}{k}$, also $\lambda(H \setminus A) = 0$. Als Nullmenge ist $H \setminus A$ meßbar, und nach 9.5 (b) ist dann auch $A = H \setminus (H \setminus A)$ meßbar.

(iii) Nun sei umgekehrt A meßbar und $\varepsilon > 0$ vorgegeben. Wir benutzen eine Darstellung $A = \bigcup A_k$, wobei die A_k meßbar und beschränkt sind, und schreiben $\varepsilon = \sum \varepsilon_k$ mit $\varepsilon_k > 0$. Zu jedem k gibt es eine offene Menge $G_k \supset A_k$ mit $\lambda(G_k) < \lambda(A_k) + \varepsilon_k$, also $\lambda(G_k \setminus A_k) < \varepsilon_k$. Die Menge $G = \bigcup G_k \supset A$ ist offen. Da $G \setminus A$ in der Vereinigung der Mengen $G_k \setminus A_k$ enthalten ist, erhält man $\lambda(G \setminus A) \leq \sum \lambda(G_k \setminus A_k) < \sum \varepsilon_k = \varepsilon$. Der Satz ist damit vollständig bewiesen. Beim Corollar fehlt noch der Beweis, daß aus der Meßbarkeit von A die Existenz einer G_δ-Menge $H \supset A$ mit $\lambda(H \setminus A) = 0$ folgt. Man erhält eine solche Menge, indem man offene Mengen $G_k \supset A$ mit $\lambda(G_k \setminus A) < 1/k$ bestimmt und $H = \bigcap G_k$ setzt. □

Damit ist der erste Teil unseres Programms vollendet. Aufbauend auf dem Begriff des Lebesgueschen Maßes führen wir nun das Lebesguesche Integral ein und lassen uns dabei von denselben allgemeinen Gesichtspunkten leiten, die zum Riemannschen Integral geführt haben.

9.7 Das Lebesguesche Integral im $\mathbb{R}^n$. Wir definieren das Integral, ebenso wie früher das Riemann-Integral, als Limes von Unter- und Obersummen bzw. Zwischensummen. An die Stelle von Partitionen des Integrationsbereiches in quadrierbare Mengen treten jetzt Partitionen in meßbare Mengen. Wesentlich neu ist dabei, daß wir auch unendliche Partitionen zulassen. Das hat zur Folge, daß die Untersummen, ... unendliche Reihen werden.

Unser Integrationsbereich ist eine beliebige meßbare Menge B im $\mathbb{R}^n$. Wir nennen $\pi = (A_i)_{i=1}^\infty$ eine *Partition* von B und schreiben dafür $\pi \in P_B$, wenn die Mengen $A_i \in \mathscr{L}$ paarweise disjunkt sind und die Menge B zur Vereinigung haben. Zugelassen sind auch endliche Partitionen $\pi = (A_1, \ldots, A_p)$; man kann sie als Sonderfall auffassen, indem man $A_i = \emptyset$ für $i > p$ setzt. Wir erinnern daran, daß die in § 7 beim Riemann-Integral eingeführte Klasse von Partitionen mit Q_B bezeichnet wurde. Eine Partition ohne nähere Kennzeichnung ist im folgenden immer eine Partition aus P_B.

Die Partition $\pi = (A_i)$ wird *Verfeinerung* von $\pi' = (B_j)$ genannt, in Zeichen $\pi' \prec \pi$ (oder $\pi \succ \pi'$), falls jedes A_i in einem B_j enthalten ist. Für zwei beliebige Partitionen $\pi = (A_i)$ und $\pi' = (B_j)$ ist

$$\pi \cdot \pi' := (A_i \cap B_j) \qquad (i, j = 1, 2, \ldots)$$

eine gemeinsame Verfeinerung von π und π'. Die Menge P_B aller Partitionen von B wird also durch $<$ gerichtet.

Es sei eine Funktion $f : B \to \overline{\mathbb{R}} = \mathbb{R} \cup \{\pm\infty\}$ vorgegeben. In Analogie zum Vorgehen in 7.10 führt man, wenn $\pi = (A_i)_1^\infty$ eine Partition von B und $\xi = (\xi_i)_1^\infty$ ein erlaubter Satz von Zwischenpunkten, d.h. $\xi_i \in A_i$ ist, die

Zwischensumme $\qquad \sigma(\pi, \xi) := \sum_{i=1}^\infty f(\xi_i)\lambda(A_i)$,

Untersumme $\qquad\qquad s(\pi) := \sum_{i=1}^\infty m_i\lambda(A_i) \qquad$ mit $\quad m_i = \inf f(A_i)$,

Obersumme $\qquad\qquad S(\pi) := \sum_{i=1}^\infty M_i\lambda(A_i) \qquad$ mit $\quad M_i = \sup f(A_i)$,

ein. Wenn es notwendig ist, auf die Funktion f oder den Bereich B besonders hinzuweisen, werden auch Bezeichnungen wie $\sigma(\pi, \xi; f)$, $s(\pi; f, B)$,... benutzt. Ist A_i die leere Menge, so folgt $\lambda(A_i) = 0$. Wir vereinbaren, ohne uns mit der Definition von $f(\xi_i)$, m_i oder M_i aufzuhalten, daß in diesem Fall der i-te Summand in jeder der drei Summen gleich Null ist.

Da eine Umnummerierung der A_i zu einer Umordnung der entsprechenden unendlichen Reihe führt und da die obigen Summen unempfindlich gegen eine solche Manipulation sein sollen, verlangen wir, daß die Reihen absolut konvergent sind. Das braucht jedoch nicht für alle Partitionen zu gelten, sondern nur von einer Stelle an, also für alle $\pi > \pi^*$ mit einem geeigneten π^*. Ist $S(\pi^*; |f|) < \infty$, so sind für $\pi > \pi^*$ alle Zwischensummen und ebenso alle Ober- und Untersummen absolut konvergent. Umgekehrt folgt aus der absoluten Konvergenz von $\sigma(\pi^*, \xi; f)$ für jede erlaubte Wahl von ξ die Ungleichung $S(\pi^*; |f|) < \infty$; vgl. dazu (d). Wir setzen also voraus:

(AC) Es gibt eine Partition $\pi^* = (A_j^*) \in P_B$ mit

$$S(\pi^*; |f|) = \sum \mu_j\lambda(A_j^*) < \infty , \qquad \mu_j = \sup \{|f(x)| : x \in A_j^*\} .$$

Was die Forderung der Absolutkonvergenz „von einer Stelle an" im Einzelfall bedeutet, sei an einem Beispiel erläutert. Es sei $n = 1$, $B = (0, 1]$ und $f(x) = 1/\sqrt{x}$. Im allgemeinen wird sich $S(\pi; 1/\sqrt{x}) = \infty$ ergeben (das gilt insbesondere für jede endliche Partition). Für die Partition $\pi^* = ((\frac{1}{i+1}, \frac{1}{i}])$ $(i = 1, 2, \ldots)$ ist jedoch $S(\pi^*; 1/\sqrt{x}) = \sum(\frac{1}{i} - \frac{1}{i+1})\sqrt{i+1} = \sum \frac{1}{i\sqrt{i+1}} < \infty$; vgl. I.5.10 (a).

Ist in (AC) $\mu_j = \infty$, so folgt $\lambda(A_j^*) = 0$; vgl. die Rechenregeln von 9.1. Die Menge $U_f = \{x \in B : f(x) = \pm\infty\}$ ist also in der Vereinigung von höchstens abzählbar vielen Nullmengen enthalten und damit nach 9.4 (f) eine Nullmenge:

(a) Aus (AC) folgt $\lambda(U_f) = 0$ mit $U_f = \{x \in B : f(x) = \pm\infty\}$.

Die folgenden Sätze sind alte Bekannte.

(b) Aus $\pi^* < \pi < \pi'$ folgt $-\infty < s(\pi) \leq s(\pi') \leq S(\pi') \leq S(\pi) < \infty$.

(c) Für beliebige $\pi_1, \pi_2 > \pi^*$ ist $s(\pi_1) \leq S(\pi_2)$.

(d) Für $\pi > \pi^*$ ist

$$s(\pi) \leq \sigma(\pi, \xi) \leq S(\pi) ,$$

und zu $\varepsilon > 0$ existieren $\eta = (\eta_i)$ und $\zeta = (\zeta_i)$ derart, daß

$$S(\pi) - \sigma(\pi, \eta) < \varepsilon \quad \text{und} \quad \sigma(\pi, \zeta) - s(\pi) < \varepsilon \, .$$

Beweis der beiden letzten Ungleichungen. Man wähle $\varepsilon_i > 0$ so, daß $\sum \varepsilon_i < \varepsilon$ ist, und für jedes i mit $0 < \lambda(A_i) < \infty$ die Punkte η_i, ζ_i derart, daß

$$M_i - f(\eta_i) < \frac{\varepsilon_i}{\lambda(A_i)} \quad \text{und} \quad f(\zeta_i) - m_i < \frac{\varepsilon_i}{\lambda(A_i)}$$

ist (es war $M_i = \sup f(A_i)$, $m_i = \inf f(A_i)$). Aus $\lambda(A_i) = \infty$ folgt $f = 0$ auf A_i, denn andernfalls wäre $S(\pi; |f|) = \infty$. Summanden mit $\lambda(A_i) = 0$ oder $\lambda(A_i) = \infty$ haben also den Wert 0. Es ist dann etwa

$$\sigma(\pi, \zeta) - s(\pi) = \sum (f(\zeta_i) - m_i)\lambda(A_i) \le \sum \varepsilon_i = \varepsilon \, . \qquad \square$$

Das Integral definieren wir genau wie früher das Riemann-Integral als Netzlimes bezüglich der natürlichen Ordnung $<$ in der gerichteten Menge P_B bzw. der zugehörigen Menge aller zulässigen Paare (π, ξ), deren Ordnung wie in 5.6 durch

$$(\pi, \xi) < (\pi', \xi') \Longleftrightarrow \pi < \pi'$$

gegeben ist. Für den Netzlimes schreiben wir in beiden Fällen $\lim_\pi$, wobei nur Partitionen $\pi > \pi^*$ betrachtet werden.

Definition. Die Menge $B \subset \mathbb{R}^n$ sei meßbar. Die Funktion $f : B \to \overline{\mathbb{R}}$ heißt über B *im Lebesgueschen Sinn integrierbar*, kurz *Lebesgue-integrierbar* oder auch nur *integrierbar*, wenn (AC) gilt und der Limes

$$J(f) \equiv \int_B f(x)\, dx := \lim_\pi \sigma(\pi, \xi) \qquad \textit{Lebesgue-Integral}$$

existiert. Die Menge der integrierbaren Funktionen wird mit $L(B)$ bezeichnet.

Das untere bzw. obere Integral wird in gewohnter Weise eingeführt:

$$J_* = \int_{*B} f(x)\, dx := \sup \{s(\pi) : \pi > \pi^*\} = \lim_\pi s(\pi) \qquad \textit{unteres Integral} \, .$$

$$J^* = \int_B^* f(x)\, dx := \inf \{S(\pi) : \pi > \pi^*\} = \lim_\pi S(\pi) \qquad \textit{oberes Integral} \, .$$

Zunächst ein paar einfache Sätze.

(e) Es ist $f \in L(B)$ und $J(f) = \alpha$ genau dann, wenn $J_*(f) = J^*(f) = \alpha$ ist.

(f) *Integrabilitätskriterium* (à la Riemann). Es ist $f \in L(B)$ genau dann, wenn (AC) gilt und zu $\varepsilon > 0$ eine Partition $\pi \in P_B$ existiert mit

$$S(\pi) - s(\pi) < \varepsilon \, .$$

(g) *Monotonie*. Aus $f, g \in L(B)$ und $f \le g$ in B folgt $J(f) \le J(g)$. Dasselbe gilt auch für das obere und untere Integral.

Diese Sätze werden wie in 7.10 bewiesen. Anders ist es mit

(h) Ist $f \in L(B)$ und $f(x) = g(x)$ f.ü. in B, so ist $g \in L(B)$ und $J(f) = J(g)$.

Beweis. Die Menge $V = \{x \in B : f(x) \neq g(x)\}$ ist eine Nullmenge. Für $\pi = (A_i) \succ (V, B \setminus V)$ ist entweder $A_i \subset V$ oder $A_i \subset V'$. Im ersten Fall ist $\lambda(A_i) = 0$, und der entsprechende Summand tritt nicht auf, im zweiten Fall ist $f(\xi_i) = g(\xi_i)$. Es folgt also $\sigma(\pi, \xi; f) = \sigma(\pi, \xi; g)$.   □

Man darf also den Integranden auf Nullmengen abändern, ohne daß das Integral davon betroffen wird. Insbesondere kann man nach (a) annehmen, daß f nur endliche Werte annimmt. Diese Bemerkung ist wichtig, wenn man die Summe $h = f + g$ zweier integrierbarer Funktionen bildet. Sie ist nicht definiert auf der Menge W aller Punkte $x \in B$ mit $f(x) = -g(x) \in \{\infty, -\infty\}$. Für $x \in W$ setzen wir $h(x)$ irgendwie fest, etwa $h(x) = 0$; da W eine Nullmenge ist, spielt die Art der Festsetzung keine Rolle. Übrigens ist das Produkt λf immer definiert. Mit dieser Festsetzung ist das Integral ein lineares Funktional.

(i) *Linearität.* Aus $f, g \in L(B)$ und $\lambda, \mu \in \mathbb{R}$ folgt $\lambda f + \mu g \in L(B)$ und

$$\int_B (\lambda f(x) + \mu g(x)) \, dx = \lambda \int_B f(x) \, dx + \mu \int_B g(x) \, dx .$$

Beweis. Es sei U die Menge aller $x \in B$ mit $|f|(x) = \infty$ oder $|g|(x) = \infty$. Ähnlich wie unter (h) sieht man, daß für $\pi = (A_i) \succ (U, B \setminus U)$

$$\sigma(\pi, \xi; \lambda f + \mu g) = \lambda \sigma(\pi, \xi; f) + \mu \sigma(\pi, \xi; g)$$

ist, da der i-te Summand im Fall $A_i \subset U$ wegen $\lambda(A_i) = 0$ in allen drei Summen verschwindet. Die Behauptung folgt nun aus Satz 5.4 (b) (wenn π_f^*, π_g^* die in (AC) auftretenden Partitionen für f bzw. g sind, wählt man $\pi^* \succ \pi_f^*, \pi_g^*$ und betrachtet nur Partitionen $\pi \succ \pi^*$).   □

(j) Ist $f \in L(B)$ und $\varphi : \mathbb{R} \to \mathbb{R}$ lipschitzstetig mit $\varphi(0) = 0$, so ist $\varphi \circ f \in L(B)$ (unabhängig davon, wie die Funktion auf der Nullmenge U_f von (a) definiert ist). Speziell sind $f^+ = \max(f, 0)$, $f^- = \max(-f, 0)$ und $|f| = f^+ + f^-$ aus $L(B)$.

Beweis. Nach (h) können wir annehmen, daß $|f(x)| < \infty$ ist. Aus $|\phi(s) - \phi(t)| \leq \alpha|s - t|$ folgt zunächst $|\phi(s)| \leq \alpha|s|$, also $S(\pi^*; |\phi \circ f|) \leq \alpha S(\pi^*; |f|) < \infty$. Nach (f) gibt es zu $\varepsilon > 0$ eine Partition π mit $S(\pi; f) - s(\pi; f) < \varepsilon$. Wegen

$$M_i(\phi \circ f) - m_i(\phi \circ f) \leq \alpha(M_i(f) - m_i(f))$$

ist dann $S(\pi; \phi \circ f) - s(\pi; \phi \circ f) < \alpha\varepsilon$ und damit $\phi \circ f \in L(B)$ nach (f). Die speziellen Fälle erhält man mit $\phi(s) = |s|, s^+, s^-$.   □

Über den Zusammenhang mit dem Riemann-Integral besteht der folgende

Satz. *Ist die Funktion f über die quadrierbare Menge B Riemann-integrierbar, so ist f über B auch Lebesgue-integrierbar, und die entsprechenden Integrale haben denselben Wert.*

Damit ist auch gerechtfertigt, daß wir für das Lebesguesche Integral dieselbe Bezeichnung $\int_B f(x) \, dx$ verwenden.

Beweis. Der Satz reduziert sich bei unserer Darstellung auf eine Trivialität. Da jede endliche disjunkte Partition von B in quadrierbare Teilmengen zu P_B gehört, ist nach Folgerung 7.13 das Riemannsche untere Integral nicht größer als das Lebesguesche untere Integral und das Riemannsche obere Integral nicht kleiner als das Lebesguesche obere Integral. Daraus folgt die Behauptung. □

9.8 Nichtnegative Funktionen. Aus 9.7 (i)(j) ergibt sich:

(a) Die Funktion $f : B \to \overline{\mathbb{R}}$ ist genau dann über B integrierbar, wenn f^+ und f^- über B integrierbar sind, und es besteht dann die Gleichung $\int_B f \, dx = \int_B f^+ \, dx - \int_B f^- \, dx$.

Das Integral läßt sich also auf Integrale über nichtnegative Funktionen zurückführen. Das bietet manchmal beweistechnische Vorteile.

Es sei f eine beliebige, auf der meßbaren Menge B erklärte nichtnegative Funktion (der Wert ∞ ist zugelassen). Ober- und Untersummen sind dann *immer* definiert (vgl. die Ausführungen in 9.1 (a) über unendliche Reihen), sie können jedoch den Wert ∞ annehmen. Nach wie vor ist $s(\pi) \le s(\pi') \le S(\pi') \le S(\pi)$ für $\pi < \pi'$. Das (untere, obere) Integral ist wie bisher definiert, und wir schreiben $J(f) = \int_B f(x) \, dx$ auch dann, wenn $J_* = J^* = \infty$ ist; in diesem Fall ist jedoch $f \notin L(B)$.

(b) Die Funktion $f : B \to [0, \infty]$ ist genau dann integrierbar, wenn $J_*(f) = J^*(f) < \infty$ ist.

Das ist nicht völlig trivial, weil wir jetzt die Konvergenzbedingung (AC) von 9.7 nicht vorausgesetzt haben. Sie ergibt sich aber sofort aus $J^*(f) < \infty$.

(c) Sind B und $A \subset B$ meßbar, so ist $\int_B \gamma c_A(x) \, dx = \gamma \lambda(A)$ für $0 \le \gamma \le \infty$. Im Fall $\lambda(A) < \infty$ ist also $c_A \in L(B)$.

Beweis. Für $\pi^* = (A, B \setminus A)$ ist $s(\pi^*) = S(\pi^*) = \gamma \lambda(A)$, und das Entsprechende gilt dann für alle $\pi \succ \pi^*$ nach der obigen Bemerkung hinter (a). □

(d) Ist $f \in L(B)$, $f \ge 0$ und $J(f) = 0$, so ist $f = 0$ f.ü. in B.

Beweis. Es sei $\alpha > 0$ und $B_\alpha = \{x \in B : f(x) \ge \alpha\}$. Zu $\varepsilon > 0$ gibt es eine Partition $\pi = (A_i)$ mit $S(\pi) < \varepsilon$. Bezeichnet C_α die Vereinigung aller A_i von π mit $M_i \ge \alpha$, so ist $B_\alpha \subset C_\alpha$, also

$$\alpha \lambda(B_\alpha) \le \alpha \lambda(C_\alpha) \le S(\pi) < \varepsilon .$$

Da man ε beliebig vorgeben kann, ist B_α eine Nullmenge. Die Menge P aller $x \in B$ mit $f(x) > 0$ ist die Vereinigung der Mengen $B_1, B_{1/2}, B_{1/3}, \ldots$, also ebenfalls eine Nullmenge. Damit ist (d) bewiesen. □

Satz. *Es sei* (B_k) *eine (endliche oder unendliche) Partition der meßbaren Menge* B *und* $f : B \to [0, \infty]$ *eine beliebige Funktion. Dann gilt die Gleichung*

(1) $$\int_B f(x) \, dx = \sum \int_{B_k} f(x) \, dx$$

für das obere und das untere Integral.

Beweis. Aus Partitionen $\pi_k = (A_i^k)_i$ von B_k läßt sich eine Partition $\pi = (A_i^k)_{i,k}$ von B zusammenbauen, und umgekehrt induziert jede Partition $\pi = (A_j)$ von B, welche Verfeinerung von (B_k) ist, Partitionen π_k von B_k, wobei π_k alle $A_j \subset B_k$ enthält. Aufgrund des Doppelreihensatzes gilt dann

(*) $s(\pi; B) = \sum s(\pi_k; B_k)$ und $S(\pi; B) = \sum S(\pi_k; B_k)$.

Wir schreiben im folgenden einfach $s(\pi)$ und $s(\pi_k)$ und J_*, J_*^k für die unteren Integrale. Aus (*) folgt sofort $s(\pi) \le \sum J_*^k$, also $J_* \le \sum J_*^k$, da π beliebig ist. Umgekehrt erhält man aus (*) für beliebig vorgegebenes p

$$J_* \ge s(\pi_1) + \cdots + s(\pi_p) \ .$$

Da hierin $\pi_1, \ldots, \pi_p$ willkürlich wählbar sind, ist $J_* \ge J_*^1 + \cdots + J_*^p$. Demnach ist $J_* \ge \sum J_*^k$. Damit ist die Gleichung $J_* = \sum J_*^k$ bewiesen. Die oberen Integrale werden auf ähnliche Weise behandelt.   □

Aufgrund von (a) lassen sich die obigen Aussagen auf Funktionen von beliebigem Vorzeichen übertragen. Wir zeigen dies am Beispiel des Satzes.

Corollar. *Es sei (B_k) eine Partition von $B \in \mathscr{L}$. Die Funktion $f : B \to \overline{\mathbb{R}}$ gehört genau dann zu $L(B)$, wenn $f \in L(B_k)$ für alle k und $\sum \int_{B_k} |f| \, dx < \infty$ ist. Trifft dies zu, so besteht die Gleichung (1) des Satzes.*

Beweis. Bezeichnet man mit a, a_k die unteren und mit A, A_k die oberen Integrale von f^+ über B bzw. B_k, so ist $a = \sum a_k$ und $A = \sum A_k$ nach dem Satz. Mit f ist nach 9.7 (j) auch f^+ aus $L(B)$, und aus $a = A < \infty$ und $a_k \le A_k$ folgt $a_k = A_k$ für alle k und $\sum a_k < \infty$. Ist umgekehrt $a_k = A_k$ für alle k und $\sum a_k < \infty$, so folgt $a = A < \infty$, also $f^+ \in L(B)$. Der entsprechende Sachverhalt besteht auch für f^-, und aus (b) und (a) ergibt sich dann die Behauptung.   □

Als ein Beispiel für die Anwendung des Corollars übertragen wir die Aussage 7.10 (i) auf Lebesgue-Integrale.

(e) Die Mengen A und $B \supset A$ seien meßbar. Die Funktion f ist genau dann aus $L(A)$, wenn die (mit dem Wert 0 fortgesetzte Funktion) f_A zu $L(B)$ gehört. Es ist dann $\int_B f_A \, dx = \int_A f \, dx$.

9.9 Meßbare Funktionen. Wir führen hier einen neuen grundlegenden Begriff der Maßtheorie ein. Der Zusammenhang mit dem Integral wird sich bald ergeben. Für Funktionen $f, g, \ldots : B \to \overline{\mathbb{R}}$ werden abkürzende Bezeichnungen $\{f > \alpha\} = \{x \in B : f(x) > \alpha\}$, $\{f \le g\} = \{x \in B : f(x) \le g(x)\}, \ldots$ benutzt.

Definition. Die Funktion $f : B \to \overline{\mathbb{R}}$ heißt *meßbar* (auf B), kurz $f \in M(B)$, falls B meßbar und eine der folgenden vier gleichwertigen Bedingungen erfüllt ist:

   (i) $\{f > \alpha\} \in \mathscr{L}$ für alle $\alpha \in \mathbb{R}$,   (ii) $\{f \ge \alpha\} \in \mathscr{L}$ für alle $\alpha \in \mathbb{R}$,

   (iii) $\{f < \alpha\} \in \mathscr{L}$ für alle $\alpha \in \mathbb{R}$,   (iv) $\{f \le \alpha\} \in \mathscr{L}$ für alle $\alpha \in \mathbb{R}$.

Die Gleichwertigkeit von (i) und (iv) folgt aus $\{f \le \alpha\} = B \setminus \{f > \alpha\}$, jene von (ii) und (iii) aus $\{f < \alpha\} = B \setminus \{f \ge \alpha\}$. Aus $\{f \ge \alpha\} = \bigcap \{f > \alpha - \frac{1}{k}\}$ und

$\{f > \alpha\} = \bigcup \{f \geq \alpha + \frac{1}{k}\}$ (jeweils $k = 1, 2, \ldots$) erhält man die Äquivalenz von (i) und (ii). Hier und im folgenden benutzen wir die Eigenschaften der σ-Algebra ohne besonderen Hinweis.

(a) Ist f meßbar, so gelten (i) bis (iv) auch für $\alpha = \pm\infty$. Hieraus folgt dann die Meßbarkeit von Mengen wie $\{f = \alpha\}$, $\{\alpha < f < \beta\}, \ldots$ für beliebige $\alpha, \beta \in \overline{\mathbb{R}}$.

Beweis. Es ist z.B. $\{f < \infty\} = \bigcup \{f < k\}$, $\{f \geq -\infty\} = B$. Ferner ist $\{f = \alpha\} = \{f \geq \alpha\} \cap \{f \leq \alpha\}$. Der letzte Fall sei dem Leser überlassen. □

Die folgenden Sätze über meßbare Funktionen ergeben sich meist unmittelbar aus einer der Defintionen (i)–(iv).

(b) Die Funktionen $f_1, f_2, \ldots$ seien meßbar in B. Dann sind auch die Funktionen

$$f(x) = \inf_k f_k(x) , \qquad F(x) = \sup_k f_k(x)$$

meßbar; das gilt auch für das Maximum und Minimum von endlich vielen Funktionen f_k. Daraus folgt die Meßbarkeit der Funktionen

$$g(x) = \liminf_{k \to \infty} f_k(x) , \qquad G(x) = \limsup_{k \to \infty} f_k(x) .$$

Im Falle der (punktweisen) Konvergenz ist also $x \mapsto \lim f_k(x)$ eine meßbare Funktion.

(c) Ist $f \in M(B)$ und $A \subset B$ meßbar, so ist $f \in M(A)$. Umgekehrt gilt:

(d) Ist (B_k) eine endliche oder unendliche Folge meßbarer Mengen mit der Vereinigung B und ist $f \in M(B_k)$ für alle k, so ist $f \in M(B)$.

(e) Ist $f \in M(B)$ und $f = g$ f.ü. in B, so ist $g \in M(B)$.

(f) Eine stetige Funktion $f : B \to \mathbb{R}$ ist meßbar, wenn B meßbar ist.

Beweis. (b) Aufgrund der Relationen $\{F > \alpha\} = \bigcup \{f_k > \alpha\}$ und $\{f < \alpha\} = \bigcup \{f_k < \alpha\}$ erweisen sich f und F als meßbar, und aus den Darstellungen von 9.1 (c), z.B. $g(x) = \sup_k (\inf_{i \geq k} f_i(x))$, ergeben sich die übrigen Behauptungen.

(c) folgt aus $\{x \in A : f(x) > \alpha\} = \{f(x) > \alpha\} \cap A$ und (d) aus der Bemerkung, daß $\{f > \alpha\}$ gleich der Vereinigung der meßbaren Mengen $\{x \in B_k : f(x) > \alpha\}$ ist. Zum Beweis von (e) sei N eine Nullmenge und $f = g$ auf $B \setminus N$. Also ist g auf $B \setminus N$ meßbar. Da auf einer Nullmenge jede Funktion meßbar ist (die zugehörigen Mengen $\{f > \alpha\}$ sind Nullmengen, also meßbar nach 9.5 (a)), ist g auch auf N meßbar, und die Behauptung folgt aus (d).

(f) Aus $f(x) > \alpha$ folgt $f(y) > \alpha$ in einer Umgebung von x. Die Menge $\{f > \alpha\}$ ist also offen in B, d.h. Durchschnitt einer offenen Menge mit B. Die Behauptung folgt nun aus 9.6 (a). □

9.10 Treppenfunktionen und Elementarfunktionen. Die Funktion $f : B \to \overline{\mathbb{R}}$ heißt *Treppenfunktion*, wenn sie höchstens abzählbar viele Werte annimmt. Es sei etwa $f(B) = \{\gamma_1, \gamma_2, \ldots\}$ und $B_i = \{f = \gamma_i\}$. Die B_i sind paarweise disjunkt, und es ist $B = \bigcup B_i$ sowie $f = \sum \gamma_i c_{B_i}$ (die Summe ist definiert, da an jeder Stelle höchstens ein Summand $\neq 0$ ist).

(a) Die Treppenfunktion $f = \sum \gamma_i c_{B_i}$ mit $B_i = f^{-1}(\gamma_i)$ ist genau dann meßbar, wenn alle Mengen B_i meßbar sind. Ist dies der Fall, so gilt

$$\int_B \sum \gamma_i c_{B_i} \, dx = \sum \gamma_i \lambda(B_i)$$

in den Fällen (i) $0 \le \gamma_i \le \infty$ und (ii) $\sum |\gamma_i| \lambda(B_i) < \infty$.

Beweis. Ist f meßbar, so sind die Mengen B_i meßbar. Sind umgekehrt die B_i meßbar, so ist $\{f > \alpha\} = \bigcup\{B_i : \gamma_i > \alpha\}$ meßbar. Das Integral wird im Fall (i) mit Hilfe des Satzes 9.8, im Fall (ii) mit Hilfe des Corollars von 9.8 berechnet; dabei wird 9.8 (c) benötigt. $\qquad\qquad\square$

Wir nennen eine Funktion $t : B \to \mathbb{R}$ *Elementarfunktion*, wenn sie meßbar ist, nur endlich viele Werte annimmt und einen beschränkten Träger hat. Ist etwa $t(B) = \{\alpha_1, \ldots, \alpha_p\} \subset \mathbb{R}$ und $A_i = \{f = \alpha_i\}$, so ist $t(x) = \sum_1^p \alpha_i c_{A_i}$, wobei die Mengen A_i paarweise disjunkt, meßbar und im Fall $\alpha_i \ne 0$ beschränkt sind. Analog sind komplexe Elementarfunktionen (mit $\alpha_i \in \mathbb{C}$) definiert. Offenbar bilden die reellen bzw. komplexen Elementarfunktionen einen Funktionenraum.

(b) Je zwei Elementarfunktionen s, t besitzen eine gemeinsame Darstellung $s(x) = \sum_1^p \alpha_i c_{A_i}$, $t(x) = \sum_1^p \beta_i c_{A_i}$, wobei die A_i paarweise disjunkt, meßbar und für $\alpha_i \ne 0$ beschränkt sind (beide Darstellungen benutzen also dieselben Mengen A_i).

Für den *Beweis* sei $s(x) = \sum \delta_i c_{D_i}$, $t(x) = \sum \varepsilon_j c_{E_j}$. Man kann davon ausgehen, daß $\pi = (D_i)$ und $\pi' = (E_j)$ endliche Partitionen von B sind, indem man eventuell einen weiteren Term mit $\delta_i = 0$ bzw. $\varepsilon_j = 0$ hinzufügt. Man schreibt dann die obigen Darstellungen auf die Partition $\pi \cdot \pi' = (A_{ij}) = (D_i \cap E_j)$ um; z.B. ist $c_{D_i} = \sum_j c_{A_{ij}}$. $\qquad\qquad\square$

Approximationssatz. *Zu jeder meßbaren Funktion $f : B \to [0, \infty]$ gibt es eine monoton wachsende Folge (t_k) von nichtnegativen Elementarfunktionen mit $\lim t_k(x) = f(x)$ (punktweise) in B. Zu jeder meßbaren Funktion $f : B \to \overline{\mathbb{R}}$ gibt es eine Folge (t_k) von Elementarfunktionen mit $|t_k(x)| \le |f(x)|$, welche in B punktweise gegen f strebt.*

Beweis. Zunächst sei $f \ge 0$ und meßbar. Für $\varepsilon > 0$ konstruieren wir, ähnlich wie es ursprünglich Lebesgue getan hat (vgl. die Einleitung), eine Partition $\pi_\varepsilon = (A_k, U)$ von B mit $A_k = \{\varepsilon k \le f < \varepsilon(k+1)\}$ $(k = 0, 1, 2, \ldots)$, $U = \{f = \infty\}$ und bilden die meßbare Treppenfunktion

$$t^\varepsilon = \sum_{k=0}^{\infty} m_k c_{A_k} + \infty \cdot c_U \,, \qquad m_k = \inf f(A_k) \,.$$

Für sie gilt

$$0 \le t^\varepsilon \le f \le t^\varepsilon + \varepsilon \quad \text{in } B \,.$$

Wir führen dieselbe Konstruktion mit $\varepsilon/2$ aus und erhalten $\pi_{\varepsilon/2} = (B_k, U)$ mit $B_k = \{\frac{\varepsilon}{2} \le f < \frac{\varepsilon}{2}(k+1)\}$. Wegen $A_k = B_{2k} \cup B_{2k+1}$ ist $\pi_{\varepsilon/2}$ eine Verfeinerung von π_ε, und daraus folgt auf einfache Weise $t^\varepsilon \le t^{\varepsilon/2}$. Bezeichnet g_p die auf diese

Weise für $\varepsilon = 2^{-p}$ erhaltene Treppenfunktion ($p = 1, 2, \ldots$), so gilt $g_p \leq g_{p+1}$ und $\lim g_p = f$ in B. Die Funktionenfolge (t_p) mit

$$t_p(x) = \min\{p, g_p(x)\} \quad \text{für } |x| \leq p, \ t_p(x) = 0 \quad \text{für } |x| > p$$

hat dann die im Satz geforderten Eigenschaften. Es handelt sich offenbar um Elementarfunktionen, und sie streben monoton wachsend gegen f (auf $U \cap \overline{B_p}$ ist $t_p(x) = p$).

Hat f Werte in $\overline{\mathbb{R}}$, so bestimmt man die Elementarfunktionen t_k^+, t_k^- mit $t_k^+ \nearrow f^+, t_k^- \nearrow f^-$ und setzt $t_k = t_k^+ - t_k^-$. Es gilt dann $|t_k| \leq |f|$ und $t_k \to f$. □

Als erste Anwendung des Approximationssatzes beweisen wir einen allgemeinen Satz über Meßbarkeit.

Satz. *Sind die Koordinatenfunktionen f_i von $f = (f_1, \ldots, f_p) : B \to \mathbb{R}^p$ meßbar und ist $\phi : \mathbb{R}^p \to \mathbb{R}$ stetig, so ist $\phi \circ f$ meßbar in B.*

Beweis. Zunächst sei $T = (t_1, \ldots, t_p)$, wobei die t_i Elementarfunktionen sind. Nach (b) gibt es eine Darstellung $T = \sum \gamma_i c_{A_i}$, wobei $\gamma_i \in \mathbb{R}^p$ und (A_i) eine Partition von B ist. Dann ist $\{\phi \circ T > \alpha\} = \bigcup \{A_i : \phi(\gamma_i) > \alpha\}$. Hieraus folgt die Meßbarkeit von $\phi \circ T$. Nach dem Approximationssatz gibt es eine Folge (T_k) von solchen vektorwertigen Elementarfunktionen mit $\lim T_k = f$. Wegen der Stetigkeit von ϕ ist $\lim \phi \circ T_k = \phi \circ f$, und aus 9.9 (b) folgt dann $\phi \circ f \in M(B)$. □

Es ergeben sich sofort einige wichtige

Folgerungen. *Mit $f, g : B \to \overline{\mathbb{R}}$ sind auch die Funktionen $f^+, f^-, |f|^r$ für $r > 0$ (mit der Definition $\infty^r = \infty$), λf für $\lambda \in \mathbb{R}$, $1/f$ (falls $f \neq 0$ in B), $f + g$ (falls die Summe definiert ist) und fg in B meßbar.*

Beweis. Die Mengen $B' = \{|f| < \infty\}$, $F^+ = \{f = \infty\}$, $F^- = \{f = -\infty\}$ sind meßbar. Die Meßbarkeit der Funktionen $f^+, f^-, |f|^r, \lambda f, 1/f$ auf B' ergibt sich aus dem Satz für $\phi(s) = s^+, s^-, |s|^r, \lambda s, 1/s$ (offenbar genügt es, wenn ϕ auf der Wertemenge von f stetig ist). Auf den Mengen F^+ und F^- hat jede der obigen Funktionen einen konstanten Wert. Also sind diese Funktionen aus $M(B)$. Ähnlich ergibt sich die Meßbarkeit von $f + g$ und fg auf der Menge $B'' = \{|f| + |g| < \infty\}$, indem man im Satz $\phi(s_1, s_2) = s_1 + s_2$ bzw. $s_1 s_2$ setzt. Die Mengen F^+, F^- und die ebenso definierten Mengen G^+, G^- behandelt man wieder gesondert, was keine Mühe macht. □

Im folgenden untersuchen wir den Zusammenhang zwischen

9.11 Meßbarkeit und Integrierbarkeit. Wir beginnen mit einem

Hilfssatz. *Ist $f : B \to [0, \infty]$ meßbar, so gilt $J_*(f) = J^*(f)$. Ist zusätzlich $J_*(f) < \infty$, so folgt $f \in L(B)$.*

Beweis. Der Fall $J_*(f) = \infty$ ist trivial, man kann also $J_*(f) < \infty$ annehmen. Zunächst sei $\lambda(B) < \infty$. Es sei $\varepsilon > 0$ und $A_k = \{\varepsilon k \leq f < \varepsilon(k + 1)\}$ für $k = 0, 1, 2, \ldots$, $U = \{f = \infty\}$. Die (meßbaren) Mengen A_k und U bilden eine

Partition π_ε von B, und für die zugehörigen Suprema M_k und Infima m_k gilt $\varepsilon k \leq m_k \leq M_k \leq \varepsilon(k+1)$ sowie $\inf f(U) = \infty$, also $\lambda(U) = 0$ wegen $J_*(f) < \infty$. Es ist also

$$S(\pi_\varepsilon) = \sum M_k \lambda(A_k) \leq \sum (m_k + \varepsilon)\lambda(A_k) \leq s(\pi_\varepsilon) + \varepsilon\lambda(B) .$$

Nach 9.7 (f) ist also f integrierbar.

Im allgemeinen Fall sei (B_k) eine Partition von B mit $\lambda(B_k) < \infty$. Nach 9.9 (c) ist f auf B_k meßbar, also $f \in L(B_k)$ nach dem schon bewiesenen Teil. Die Behauptung folgt dann aus Satz 9.8. □

Satz über Meßbarkeit. *Die Funktion $f : B \to \overline{\mathbb{R}}$ (B meßbar) ist genau dann über B integrierbar, wenn f auf B meßbar und das untere Integral $J_*(|f|; B) < \infty$ ist. Ist also f meßbar, $|f| \leq g$ in B und $g \in L(B)$, so ist $f \in L(B)$.*

Beweis. Ist f integrierbar, so gibt es eine Partition $\pi^* = (A_j^*)$ mit $S(\pi^*; |f|) < \infty$. Jeder Partition $\pi = (A_i) > \pi^*$ von B ordnen wir die beiden Treppenfunktionen $g(x) = \sum m_i c_{A_i}$ und $G(x) = \sum M_i c_{A_i}$ zu. Nach 9.10 (a) sind diese Funktionen meßbar, und es ist $s(\pi; f) = s(\pi; g)$, $S(\pi; f) = S(\pi; G)$. Nun bestimmen wir nacheinander Partitionen π_k mit $\pi^* \prec \pi_1 \prec \pi_2 \prec \cdots$ und $S(\pi_k) - s(\pi_k) < \frac{1}{k}$. Es ist dann $\lim s(\pi_k) = \lim S(\pi_k) = J(f)$. Die zugehörigen Funktionen (g_k) und (G_k) bilden eine monoton wachsende bzw. fallende Folge von meßbaren Funktionen. Ihre Grenzwerte $h = \lim g_k$ und $H = \lim G_k$ sind meßbar, es ist $h \leq f \leq H$, und aus

$$s(\pi_k; f) = s(\pi_k; g_k) \leq s(\pi_k; h) \leq s(\pi_k; H) \leq S(\pi_k; H_k) = S(\pi_k; f)$$

ergibt sich $h, H \in L(B)$ und $J(f) = J(h) = J(H)$. Aus $0 \leq H - h \in L(B)$ und $J(H - h) = 0$ folgt $H - h = 0$ f.ü. nach 9.8 (d), also $h = f$ f.ü. Nach 9.9 (e) ist f meßbar.

Ist umgekehrt f meßbar, so sind f^+ und f^- meßbar und wegen $J_*(f^\pm) \leq J_*(|f|) < \infty$ auch integrierbar nach dem Hilfssatz. Damit ist auch $f = f^+ - f^-$ integrierbar; vgl. 9.8 (a). □

9.12 Funktionen mit Werten in $\mathbb{R}^p$ und $\mathbb{C}$. Unsere Integraldefinition überträgt sich ohne irgendwelche Änderung auf Funktionen mit Werten in einem Banachraum X mit der Norm $|\cdot|$. Ist $f : B \to X$ integrierbar, so schreiben wir wieder $f \in L(B)$ oder, wenn es der Klarheit dienlich ist, $f \in L(B; X)$. Für uns sind nur die Spezialfälle $X = \mathbb{R}^p$ und $X = \mathbb{C}$ wichtig.

(a) Die Funktion $f = (f_1, \ldots, f_p) : B \to \mathbb{R}^p$ ist genau dann integrierbar, wenn die Funktionen $f_1, \ldots, f_p$ integrierbar sind, und für die zugehörigen Integrale gilt $J(f) = (J(f_1), \ldots, J(f_p))$.

(b) Eine komplexe Funktion $f = u + iv$ ist genau dann über B integrierbar, wenn u und v integrierbar sind, und es gilt $J(f) = J(u) + iJ(v)$. Das Integral ist ein im komplexen Sinn lineares Funktional auf dem komplexen Funktionenraum $L(B; \mathbb{C})$.

Beides erhält man aus den Rechenregeln 5.4 ohne weitere Mühe.

Ein wichtiges Hilfsmittel für Abschätzungen ist die Dreiecksungleichung, die wir schon früher, zum ersten Mal in I.9.12, kennengelernt haben.

Dreiecksungleichung. *Ist die Funktion* $f : B \to \mathbb{R}^p$ *integrierbar und bezeichnet* $| \cdot |$ *eine Norm im* $\mathbb{R}^p$, *so ist auch* $|f|$ *integrierbar, und es besteht die Abschätzung*

$$\left| \int_B f(x)\,dx \right| \leq \int_B |f(x)|\,dx .$$

Die Ungleichung gilt auch für Funktionen $f : B \to \overline{\mathbb{R}}$.

Beweis. Es sei $f = (f_1, \dots, f_p)$. Die f_i sind nach (a) integrierbar, aufgrund von Satz 9.11 also meßbar. Aus Satz 9.10 folgt die Meßbarkeit von $|f|$, da $\phi(s) = |s|$ ($s \in \mathbb{R}^p$) eine stetige Funktion ist. Da alle Normen im $\mathbb{R}^p$ äquivalent sind, besteht eine Abschätzung $|f| \leq C\{|f_1| + \cdots + |f_p|\}$. Nach Satz 9.11 ist also $|f| \in L(B)$. Die behauptete Ungleichung folgt nun aus der Abschätzung $|\sigma(\pi, \xi; f)| \leq \sigma(\pi, \xi; |f|)$ und der Monotonie des Netzlimes; vgl. 5.4 (c). Im Fall $f : B \to \overline{\mathbb{R}}$ wird der Beweis einfacher.   □

Wir kommen nun zu den zentralen Konvergenzsätzen der Lebesgueschen Theorie.

9.13 Satz von Beppo Levi. *Es sei* (f_k) *eine monoton wachsende Folge von auf* B *meßbaren, nichtnegativen Funktionen und* $f(x) = \lim f_k(x)$. *Dann gilt*

$$\int_B f(x)\,dx = \lim_{k \to \infty} \int_B f_k(x)\,dx .$$

Ist der Limes auf der rechten Seite endlich, so ist $f \in L(B)$.

Beweis. Nach 9.9 (b) ist f meßbar. Aus $f \geq f_k$ folgt, wenn die entsprechenden Integrale mit J und J_k bezeichnet werden, $J \geq J_k$, also $J \geq \lim J_k =: R$. Im Fall $R = \infty$ ist der Satz bewiesen. Es bleibt also zu zeigen, daß aus $R < \infty$ folgt $J \leq R$. Wir zeigen zunächst, daß für jede meßbare Menge $A \subset B$ und $0 \leq m \leq \infty$

$$(*) \qquad \text{aus } m \leq f(x) \text{ in } A \text{ folgt } m\lambda(A) \leq \lim_{k \to \infty} \int_A f_k\,dx =: R(A) .$$

Für $m = 0$ ist das trivial. Es sei also m positiv, $0 < \alpha < m$ und $Q_k = \{f_k > \alpha\} \cap A$. Dann ist

$$\alpha\lambda(Q_k) \leq \int_{Q_k} f_k\,dx \leq R(A) .$$

Die Folge (Q_k) ist monoton wachsend mit $\bigcup Q_k = A$. Für $k \to \infty$ ergibt sich dann nach dem Hauptsatz 9.5 $\alpha\lambda(A) \leq R(A)$ und schließlich, da $\alpha < m$ beliebig ist, $(*)$. Nun sei $\pi = (A_i)$ eine Partition von B und $s(\pi) = \sum m_i\lambda(A_i)$ die zugehörige Untersumme. Wendet man $(*)$ auf $A_1, \dots, A_p$ an, so erhält man mit der Bezeichnung $B_p = A_1 \cup \cdots \cup A_p$

$$\sum_{i=1}^{p} m_i\lambda(A_i) \leq \sum_{i=1}^{p} \lim_{k \to \infty} \int_{A_i} f_k\,dx = \lim_{k \to \infty} \int_{B_p} f_k\,dx \leq R .$$

Für $p \to \infty$ folgt $s(\pi) \leq R$ und daraus die Behauptung $J \leq R$, da π beliebig ist. □

Corollar 1. *Für eine Folge $(g_k)_1^\infty$ nichtnegativer meßbarer Funktionen ist die Summe*

$$S(x) = \sum_{k=1}^\infty g_k(x) \text{ meßbar und}$$

$$\int_B S(x)\,dx = \sum_{k=1}^\infty \int_B g_k(x)\,dx \;.$$

Corollar 2. *Ist (f_k) eine monotone Folge von integrierbaren Funktionen und ist die Folge ihrer Integrale $\int_B f_k(x)\,dx$ beschränkt, so ist der Limes $f(x) = \lim\limits_{k\to\infty} f_k(x)$ integrierbar und*

$$\int_B f(x)\,dx = \lim_{k\to\infty} \int_B f_k(x)\,dx \;.$$

Beweis. Corollar 1 ist trivial, wenn ein Integral $J(g_p) = \infty$ ist. Andernfalls sind die g_k und ebenso die Teilsummen $f_k = g_1 + \cdots + g_k$ integrierbar, und die Behauptung ergibt sich wegen $J(f_k) = J(g_1) + \cdots + J(g_k)$ aus dem Satz von Levi (hier und im folgenden wird 9.7 (i) benutzt).

Beim Corollar 2 ist $U = \{|f_1| = \infty\}$ nach 9.7 (a) eine Nullmenge. Durch $h_k(x) = f_k(x) - f_1(x)$ in $B \setminus U$, $h_k(x) = 0$ in U wird, falls die Folge (f_k) wachsend ist, eine monoton wachsende Folge nichtnegativer, integrierbarer Funktionen definiert. Die zugehörige Folge der Integrale $J(h_k) = J(f_k) - J(f_1)$ ist beschränkt, und nach dem Satz von Levi ist $h = \lim h_k$ integrierbar, also auch $f = h + f_1$ integrierbar. Die Limesbeziehung des Satzes ergibt sich aus $J(f) = J(h) + J(f_1)$, $J(f_k) = J(h_k) + J(f_1)$ und $J(h_k) \to J(h)$. Ist die Folge (f_k) fallend, so betrachtet man die Folge $(-f_k)$. □

Der wichtigste und am häufigsten benutzte Konvergenzsatz ist der folgende, auf Lebesgue zurückgehende

9.14 Satz von der majorisierten Konvergenz. *Die Funktionen $f_k : B \to \overline{\mathbb{R}}$ seien meßbar, und es sei $|f_k(x)| \le g(x)$ in B für $k = 1, 2, \ldots$ mit $g \in L(B)$. Der Limes $f(x) := \lim\limits_{k\to\infty} f_k(x)$ existiere (punktweise) f.ü. in B. Dann sind die Funktionen f_k und f über B integrierbar, und es ist*

$$\int_B f(x)\,dx = \lim_{k\to\infty} \int_B f_k(x)\,dx \;.$$

Der Satz gilt auch für komplexe und vektorwertige Funktionen.

Beweis. Man kann wieder annehmen, daß g und die f_k überall endlich sind und daß die Folge der f_k überall gegen f konvergiert. Die Funktion f ist meßbar, und wegen $|f_k(x)|, |f(x)| \le g(x)$ sind f, f_k nach Satz 9.11 auch integrierbar. Die Funktionen

$$h_p(x) = \sup\{|f_k(x) - f(x)| : k \ge p\}$$

sind nach 9.9 (b) meßbar, wegen $|h_p(x)| \le 2g(x)$ also integrierbar, und sie streben monoton fallend gegen 0. Nach Corollar 2 zum Satz von B. Levi und der Dreiecksungleichung ist

$$|J(f_k) - J(f)| = |J(f_k - f)| \le J(|f_k - f|) \le J(h_k) \to 0 \quad \text{für} \quad k \to \infty. \quad \square$$

Als letzten Satz in dieser Reihe beweisen wir das

9.15 Lemma von Fatou. *Für nichtnegative, auf B meßbare Funktionen f_k ist*

$$\int_B \liminf_{k \to \infty} f_k(x)\, dx \le \liminf_{k \to \infty} \int_B f_k(x)\, dx \ .$$

Beweis. Nach 9.9 (b) sind die Funktionen $g_p(x) = \inf\{f_k(x) : k \ge p\}$ und $\lim g_p(x) = \liminf f_k(x)$ meßbar, und aus $g_p \le f_k$ für $k \ge p$ folgt $J(g_p) \le \liminf J(f_k) =: L$. Da die Folge (g_p) monoton wachsend ist, ergibt sich $\lim J(g_p) = J(\lim g_p) = J(\liminf f_k) \le L$ aus dem Satz von B. Levi. $\qquad\square$

Wir kommen nun zu jenem Teil der Theorie, der von iterierten Integralen handelt. Das Ziel ist der Satz von Fubini, welcher den entsprechenden Satz 7.15 verallgemeinert.

9.16 Das Prinzip von Cavalieri. In dieser und den nächsten drei Nummern benutzen wir die folgende Bezeichnungsweise: $x \in \mathbb{R}^p$, $y \in \mathbb{R}^q$ und $z = (x, y) \in \mathbb{R}^n$ mit $p + q = n$. Für eine Menge $A \subset \mathbb{R}^n$ betrachten wir die *Schnitte*

$$A_y = \{x \in \mathbb{R}^p : (x, y) \in A\} \quad \text{mit} \quad y \in \mathbb{R}^q \ .$$

(a) Sind die Mengen $B \subset \mathbb{R}^p$, $C \subset \mathbb{R}^q$ offen bzw. G_δ-Mengen, so ist $A = B \times C \subset \mathbb{R}^n$ offen bzw. eine G_δ-Menge.

(b) Ist $A \subset \mathbb{R}^n$ offen bzw. eine G_δ-Menge, so sind auch die Schnitte A_y offen bzw. G_δ-Mengen.

Für offene Mengen sind beide Aussagen leicht zu beweisen. Für G_δ-Mengen folgen sie dann aus den Formeln ($B_i \subset \mathbb{R}^p$, $C_j \subset \mathbb{R}^q$, $A_i \subset \mathbb{R}^n$)

$$\left(\bigcap_i B_i\right) \times \left(\bigcap_j C_j\right) = \bigcap_{i,j} B_i \times C_j \ , \qquad \left(\bigcap_i A_i\right)_y = \bigcap_i (A_i)_y \ .$$

Zur Verdeutlichung wird im Raum $\mathbb{R}^m$ das (äußere) Maß mit λ^m und die Klasse der meßbaren Mengen mit $\mathscr{L}_m$ bezeichnet.

Satz (Prinzip von Cavalieri). *Ist die Menge $A \subset \mathbb{R}^n$ meßbar, so ist für fast alle $y \in \mathbb{R}^q$ der Schnitt A_y in $\mathbb{R}^p$ meßbar. Ferner ist die (überall definierte) Funktion $y \mapsto \lambda^p(A_y)$ im $\mathbb{R}^q$ meßbar und*

$$(1) \qquad\qquad \lambda^n(A) = \int_{\mathbb{R}^q} \lambda^p(A_y)\, dy \ .$$

Beweis. Wir unterteilen ihn in mehrere Schritte und diskutieren dabei die folgende Aussage E über Mengen $A \subset \mathbb{R}^n$

$E(A)$: $A \in \mathcal{L}_n$, $A_y \in \mathcal{L}_p$ für fast alle y, $\lambda^p(A_y)$ meßbar, es gilt (1) .

(i) Sind I_1, I_2 beschränkte Intervalle im $\mathbb{R}^p$ bzw. $\mathbb{R}^q$, so gilt $E(I)$ für $I = I_1 \times I_2$.
Es ist nämlich $I_y = I_1$ für $y \in I_2$ und $I_y = \emptyset$ sonst, also $\lambda^p(I_y) = |I_1|$ für $y \in I_2$
und $\lambda^p(I_y) = 0$ für $y \notin I_2$. Hieraus und aus $\lambda^n(I) = |I_1|^p \cdot |I_2|^q$ folgt $E(I)$.

(ii) Gilt $E(A^k)$ für $k = 1, 2, \ldots$ und sind die Mengen A^k paarweise disjunkt, so
gilt $E(\bigcup A^k)$.

Denn zunächst ist $A = \bigcup A^k$ meßbar. Ist A_y^k für $y \notin N^k$ meßbar, wobei N^k
eine Nullmenge ist, so ist $A_y = \bigcup A_y^k$ für $y \notin N = \bigcup N^k$ meßbar, und hierbei
ist N eine Nullmenge. Aus der σ-Additivität folgt nun, da die A_y^k paarweise
disjunkt sind, $\lambda^p(A_y) = \sum \lambda^p(A_y^k)$ für $y \notin N$. Aus 9.9 (b) und (e) folgt zunächst die
Meßbarkeit der Funktion $\lambda^p(A_y)$ und sodann, indem man (1) für A^k aufschreibt
und über k summiert und $\lambda^n(A) = \sum \lambda^n(A^k)$ benutzt, die Gültigkeit von $E(A)$.
Beim letzten Schritt wird Corollar 1 zum Satz 9.13 von B. Levi benutzt.

(iii) Gilt $E(A^k)$ für $k = 1, 2, \ldots$ und bilden die A^k eine monoton fallende Folge
beschränkter Mengen, so gilt $E(A)$ für $A = \bigcap A^k$.

Das wird ähnlich wie in (ii) bewiesen. Wieder ist $A_y = \bigcap A_y^k$ für fast
alle y meßbar, und aus Corollar 2 von 9.13 folgt, daß mit $\lambda^p(A_y^k)$ auch
$\lambda^p(A_y) = \lim \lambda^p(A_y^k)$ integrierbar ist und daß man in der Gleichung (1) für
A^k den Grenzübergang $k \to \infty$ durchführen kann. In der obigen Gleichung für
$\lambda^p(A_y)$ und ebenso in der Gleichung $\lambda^n(A) = \lim \lambda^n(A^k)$ wird die letzte Formel im
Hauptsatz 9.5 benötigt.

(iv) Aufgrund von (i)(ii) und Satz 9.2 gilt $E(G)$ für jede offene Menge G
und wegen (iii) auch für jede *beschränkte* G_δ-Menge $H = \bigcap G_k$. Nun sei A eine
beschränkte meßbare Menge. Nach Corollar 9.6 gibt es eine beschränkte G_δ-
Menge $H \supset A$ mit $\lambda(H \setminus A) = 0$ sowie eine beschränkte G_δ-Menge $K \supset H \setminus A$
mit $\lambda(K) = 0$. Es ist also

$$\lambda^n(K) = \int \lambda^p(K_y) \, dy = 0 \implies \lambda^p(K_y) = 0 \quad \text{f.ü. in } \mathbb{R}^q ,$$

letzteres nach 9.8 (d). Wegen $(H \setminus A)_y = H_y \setminus A_y \subset K_y$ ist auch $\lambda^p(H_y \setminus A_y) = 0$
für fast alle y. Die Mengen H_y und K_y sind gemäß 9.16 (b) G_δ-Mengen, und
aus Corollar 9.6 ergibt sich nun die Meßbarkeit von A_y und die Gleichung
$\lambda^p(H_y) = \lambda^p(A_y)$ für fast alle y. Die Funktion $\lambda^p(A_y)$ ist also meßbar. Da die
Gleichung (1) für H gilt und da $\lambda^n(A) = \lambda^n(H)$, $\lambda^p(A_y) = \lambda^p(H_y)$ ist, bleibt sie
auch für A gültig.

Nachdem nun die Eigenschaft $E(A)$ für beschränkte meßbare Mengen nachgewiesen ist, ergibt sich die Aussage des Satzes für unbeschränkte Mengen durch
Zerlegung in beschränkte Mengen und eine erneute Anwendung von (ii). $\square$

9.17 Die Produktformel. *Ist die Menge $A = A_1 \times A_2$ mit $A_1 \subset \mathbb{R}^p$ und $A_2 \subset \mathbb{R}^q$
meßbar, so gilt (mit $n = p + q$)*

$$\lambda^n(A) = \lambda^p(A_1) \cdot \lambda^q(A_2) \qquad \text{Produktformel} .$$

Ist dabei $\lambda^n(A) > 0$, so sind die Mengen A_1 und A_2 meßbar. Umgekehrt folgt aus der Meßbarkeit von A_1 und A_2, daß auch A meßbar ist.

Beweis. Offenbar ist $A_y = A_1$ für $y \in A_2$ und $= \emptyset$ sonst, also $\lambda^p(A_y) = \lambda^p(A_1)c_{A_2}$. Die Produktformel folgt nun aus dem vorangehenden Satz mit 9.8 (c). Ist hierbei $\lambda^n(A)$ positiv, so ist auch $\lambda^q(A_2)$ positiv, und aus der Meßbarkeit fast aller Schnitte A_y folgt, daß A_1 meßbar ist. Dasselbe gilt dann auch für A_2.

Nun seien A_1 und A_2 meßbar. Nach Corollar 9.6 gibt es G_δ-Mengen $H_1 \supset A_1$ und $K_1 \supset H_1 \setminus A_1$ mit $\lambda^p(H_1 \setminus A_1) = 0$, $\lambda^p(K_1) = 0$. Werden die Mengen H_2, K_2 entsprechend gewählt, so gilt für $H = H_1 \times H_2$

$$H \setminus A \subset K_1 \times \mathbb{R}^q \cup \mathbb{R}^p \times K_2 \,.$$

Da auf der rechten Seite nach 9.16 (a) zwei G_δ-Mengen stehen, für welche die Produktformel gültig ist (vgl. den Beginn des Beweises), ist $H \setminus A$ eine Nullmenge und deshalb A meßbar nach Corollar 9.6. $\qquad\square$

9.18 Satz von Fubini (1. Form). *Die Funktion $f : \mathbb{R}^n \to [0, \infty]$ sei meßbar. Dann gilt*

(a) *Die Funktion $f(\cdot, y) : x \mapsto f(x, y)$ ist meßbar in $\mathbb{R}^p$ für fast alle $y \in \mathbb{R}^q$.*

(b) *Die Funktion $F(y) := \int_{\mathbb{R}^p} f(x, y) \, dx$ ist (fast überall erklärt und) meßbar in $\mathbb{R}^q$.*

(c) $\int_{\mathbb{R}^n} f(z) \, dz = \int_{\mathbb{R}^q} F(y) \, dy \equiv \int_{\mathbb{R}^q} (\int_{\mathbb{R}^p} f(x, y) \, dx) \, dy.$

Dabei wird ‚stillschweigend' angenommen, daß die Funktion F dort, wo das Integral nicht existiert, irgendwie festgelegt wird (die Art der Festlegung hat keinen Einfluß auf (b) und (c)).

Beweis. Integrale bezüglich x, y oder $z = (x, y)$ erstrecken sich im folgenden über $\mathbb{R}^p$, $\mathbb{R}^q$ oder $\mathbb{R}^n$. Ist $f = c_A$ mit $A \in \mathcal{L}_n$, so gelten (a)–(c) nach dem Cavalieri-Prinzip. Aus $A_y \in \mathcal{L}_p$ folgt nämlich nach 9.10 (a) wegen $c_A(x, y) = c_{A_y}(x)$ die Meßbarkeit der Funktion $x \mapsto c_A(x, y)$ und die Gleichung $F(y) = \int c_A(x, y) \, dx = \lambda^p(A_y)$.

Die Behauptung gilt damit auch für Elementarfunktionen $t(z) = \sum \gamma_i \cdot c_{A_i}(z)$. Ist nun f meßbar und nichtnegativ, so gibt es nach dem Approximationssatz 9.10 eine monoton wachsende Folge (t_k) von Elementarfunktionen mit $\lim t_k = f$. Mit geeigneten Nullmengen N_k gilt also

(a_k) $t_k(\cdot, y)$ ist meßbar für $y \notin N_k$;

(b_k) $T_k(y) = \int t_k(x, y) \, dx$ ist meßbar;

(c_k) $\int t_k(z) \, dz = \int (\int t_k(x, y) \, dx) \, dy = \int T_k(y) \, dy$

(wobei zuvor $T_k(y)$ auf N_k zu definieren ist). Nun ist $N = \bigcup N_k$ eine Nullmenge. Aus dem Satz 9.13 von B. Levi, den wir im folgenden mit (BL) abkürzen, ergibt sich nun wegen $t_k \nearrow f$ die Meßbarkeit der Funktion $f(\cdot, y)$ und die Gleichung $\lim T_k(y) = F(y) \equiv \int f(x, y) \, dx$ für $y \notin N$. Setzt man z.B. $T_k(y) = F(y) = 0$ für $y \in N$, so zeigt eine erneute Anwendung von (BL), daß mit T_k auch $F = \lim T_k$ meßbar und $\lim \int T_k(y) \, dy = \int F(y) \, dy$ ist. Damit sind insbesondere (a) und (b) bewiesen. Die rechte Seite von (c_k) strebt also gegen die rechte Seite von (c), während die linke Seite nach (BL) gegen die linke Seite von (c) strebt. Damit ist auch (c) bewiesen.   □

Corollar (Zweite Form des Satzes von Fubini). *Ist* $f : \mathbb{R}^n \to \overline{\mathbb{R}}$ *meßbar und ist eines der beiden (nach der 1. Form existierenden) Integrale*

$$\int_{\mathbb{R}^n} |f(z)| \, dz, \qquad \int_{\mathbb{R}^q} \left(\int_{\mathbb{R}^p} |f(x,y)| \, dx \right) dy$$

endlich, so gelten die Aussagen (a) bis (c), wobei „meßbar" durch „integrierbar" zu ersetzen ist, und f ist aus $L(\mathbb{R}^n)$.

Beweis. Die Anwendung des Satzes auf f^+ und f^- ergibt

$$\int f^\pm(z) \, dz = \int F^\pm(y) \, dy \quad \text{mit } F^\pm(y) = \int f^\pm(x,y) \, dx \, .$$

Die beiden ersten Integrale sind wegen $0 \leq f^\pm \leq |f|$ endlich, und das dritte Integral ist nach 9.7 (a) für fast alle y endlich. Insbesondere ist $f^\pm \in L(\mathbb{R}^n)$. Aus den Aussagen (a)–(c) für f^+ und f^- ergibt sich nun auf einfache Weise die Behauptung.   □

Bemerkungen. 1. Natürlich bleibt der Satz von Fubini in beiden Formen gültig, wenn man die Rollen von x und y vertauscht. Man darf insbesondere die Reihenfolge der Integration vertauschen. Ebenso ist klar, daß man im Fall $p > 1$ das innere Integral mit Hilfe des Satzes durch wiederholte Integration berechnen und durch mehrfache Anwendung dieses Schlusses ein Integral in $\mathbb{R}^n$ auf n eindimensionale Integrationen zurückführen kann. Die entstehenden Formeln sind völlig analog zu jenen in 7.15. Wir verzichten deshalb darauf, sie nochmals aufzuschreiben.

2. Wir haben der Einfachheit halber den Satz für Funktionen formuliert, die auf ganz $\mathbb{R}^n$ definiert sind. Dadurch wird die Allgemeinheit nicht eingeschränkt. Ist $f \in L(B)$, so ist $f_B \in L(\mathbb{R}^n)$, und in der Formel (c) wird über B und die entsprechenden Schnitte integriert. Das folgt aus 9.8 (e).

Die Kette von Schlüssen, welche zum Satz von Fubini geführt hat, ist auch sonst nützlich. Als Beispiel verallgemeinern wir die Substitutionsregel 7.18 auf Lebesgue-Integrale. Die früheren Voraussetzungen über das Gebiet (beschränkt und quadrierbar) und das Verhalten von Φ am Rande werden dabei entbehrlich.

9.19 Die Substitutionsregel. *Es sei* $H \subset \mathbb{R}^n$ *offen und* $\Phi : H \to \mathbb{R}^n$ *eine injektive* C^1-*Abbildung mit* $\det \Phi' \neq 0$ *in* H. *Die Funktion* $f : G \to [0, \infty]$ *mit* $G = \Phi(H)$ *genau dann meßbar, wenn* $F = (f \circ \Phi) |\det \Phi'|$ *in* H *meßbar ist, und es gilt dann*

$$(S) \qquad\qquad \int_G f(x) \, dx = \int_H f(\Phi(u)) |\det \Phi'(u)| \, du \, .$$

Die Aussage gilt auch für Funktionen $f : G \to \overline{\mathbb{R}}$, *wenn man „meßbar" durch „integrierbar" ersetzt.*

Beweis. Nach den Sätzen 4.6 und 4.7 ist G offen und die Abbildung $\Psi = \Phi^{-1}$: $G \to H$ ebenfalls aus C^1. Ähnlich wie im Beweis von 9.18 betrachten wir eine Aussage $E(A)$ (wir schreiben λ für λ^n):

$$A \subset G \text{ meßbar}, \quad B = \Psi(A) \text{ meßbar}, \quad \lambda(A) = \int_H c_B(u) |\det \Phi'(u)| \, du \,.$$

Nach Satz 7.18 gilt (i) $E(I)$, wenn I ein Intervall mit $\overline{I} \subset H$ ist (Φ und Ψ sind auf I lipschitzstetig). Die Schlüsse (ii) $E(A_i) \Longrightarrow E(\bigcup A_i)$ bei einer disjunkten Vereinigung und (iii) $E(A_i) \Longrightarrow E(\bigcap A_i)$ bei einer monoton fallenden Folge mit $\lambda(A_1) < \infty$ machen keine Mühe; man benötigt dabei Corollar 1 bzw. 2 aus 9.13. Damit gilt $E(A)$ für offene Mengen (Satz 9.2) und für G_δ-Mengen mit $\lambda(A) < \infty$. Nach Satz 4.7 sind Φ und Ψ offene Abbildungen, und deshalb werden auch G_δ-Mengen in G_δ-Mengen übergeführt. Nun läßt sich der Schritt (iv) (Approximation durch G_δ-Mengen) durchführen, und man erhält $E(A)$ für meßbare Mengen mit $\lambda(A) < \infty$. Mit Hilfe von (ii) kann man sich dann von dieser Endlichkeitsbedingung befreien.

Die Formel in $E(A)$ ist identisch mit der Gleichung (S) für $f = c_A$, also $f \circ \Phi = c_B$. Damit gilt (S) für nichtnegative Elementarfunktionen $f = t = \sum \gamma_i c_{A_i}$, wobei auch $T = (t \circ \Phi) |\det \Phi'|$ meßbar ist. Ist f meßbar und (t_k) eine Folge von Elementarfunktionen mit $t_k \nearrow f$, so folgt $T_k \nearrow F$. Die Funktion F ist also meßbar, und aus dem Satz von B. Levi folgt (S).

Ist umgekehrt F meßbar, so läßt sich jetzt auf die rechte Seite von (S) die Substitution $u = \Psi(x)$ anwenden, und aus $\Phi(\Psi(x)) = x$, $\det \Phi'(\Psi) \cdot \det \Psi' = 1$ folgt $F \circ \Psi = f/|\det \Psi'|$, also die Meßbarkeit von f und die Gleichung (S) (dieser Trick wurde auch in 7.18 benutzt!). Hat schließlich f beliebiges Vorzeichen, so wird die Zerlegung $f = f^+ - f^-$ bemüht.   □

9.20 Die L^p-Räume. Es sei B eine meßbare Menge im $\mathbb{R}^n$ und $1 \leq p < \infty$. Wir betrachten im folgenden sowohl reell- als auch komplexwertige Funktionen f, konzentrieren uns bei Beweisen und Erklärungen jedoch auf den komplexen Fall, weil der reelle Fall einfacher (und überdies ein Sonderfall Im $f = 0$) ist. Der Leser möge sich den Abschnitt 9.12 über das Integral und über die Meßbarkeit komplexer Funktionen ansehen. Aus der Meßbarkeit von $f = u + iv$ (in B) folgt die Meßbarkeit von $|f|^p$ nach Satz 9.10. Die sog.

$$L^p\text{-Norm von } f \quad \|f\|_p := \left(\int_B |f(x)|^p \, dx \right)^{1/p} \quad (1 \leq p < \infty)$$

ist also wohldefiniert, jedoch möglicherweise unendlich.

Der reelle bzw. komplexe Raum $L^p(B)$ enthält alle auf B meßbaren Funktionen mit endlicher L^p-Norm,

$$L^p(B) = \{f : B \to \overline{\mathbb{R}} \text{ bzw. } \mathbb{C} : f \text{ meßbar und } \|f\|_p < \infty\} \,.$$

Insbesondere ist $L(B) = L^1(B)$.

(a) Mit f und g sind auch $f + g$ und λf aus $L^p(B)$, d.h. $L^p(B)$ ist ein reeller bzw. komplexer Funktionenraum.

(b) Ist f in B meßbar, $g \in L^p(B)$ und $|f(x)| \leq |g(x)|$ in B, so ist $f \in L^p(B)$ und $\|f\|_p \leq \|g\|_p$.

Beweis. Aus der Ungleichung $|f + g|^p \leq 2^p(|f|^p + |g|^p)$ und Satz 9.11 ergibt sich, daß mit f und g auch $f + g$ aus $L^p(B)$ ist. Entsprechendes gilt offenbar auch für λf, und (b) folgt ebenfalls aus Satz 9.11.   □

Zunächst übertragen wir die beiden klassischen Integralungleichungen, welche für eindimensionale Riemann-Integrale bereits in I.11.23–24 aufgestellt wurden, auf Lebesgue-Integrale.

Höldersche Ungleichung. *Es sei $f \in L^p(B)$, $g \in L^q(B)$, wobei $p, q > 1$ und $\frac{1}{p} + \frac{1}{q} = 1$ ist. Dann ist $fg \in L(B)$ und*

$$\int_B |fg|\, dx \leq \left(\int_B |f|^p\, dx \right)^{1/p} \left(\int_B |g|^q\, dx \right)^{1/q} ,$$

anders geschrieben $\|fg\|_1 \leq \|f\|_p \cdot \|g\|_q$.

Minkowskische Ungleichung. *Für $f, g \in L^p(B)$ $(1 \leq p < \infty)$ ist*

$$\|f + g\|_p \leq \|f\|_p + \|g\|_p .$$

Beweis. Zunächst beweisen wir beide Ungleichungen für positive Elementarfunktionen und benutzen dabei die entsprechenden Ungleichungen für Summen aus I.11.23–24

$$\sum a_i b_i \leq \left(\sum a_i^p \right)^{1/p} \left(\sum b_i^q \right)^{1/q}$$

und

$$\left(\sum (a_i + b_i)^p \right)^{1/p} \leq \left(\sum a_i^p \right)^{1/p} + \left(\sum b_i^p \right)^{1/p} ,$$

wobei $a_i, b_i \geq 0$ ist. Es seien also $s(x) = \sum \alpha_i c_{A_i}$, $t(x) = \sum \beta_i c_{A_i}$ $(\alpha_i, \beta_i \geq 0)$ zwei beliebige Elementarfunktionen in gemeinsamer Darstellung von 9.10 (b). Definiert man nun

$$\text{Hölder:} \qquad a_i = \alpha_i \lambda_i^{1/p} , \quad b_i = \beta_i \lambda_i^{1/q} \qquad \text{mit } \lambda_i = \lambda(A_i) ,$$

$$\text{Minkowski:} \quad a_i = \alpha_i \lambda_i^{1/p} , \quad b_i = \beta_i \lambda_i^{1/p} \qquad \text{mit } \lambda_i = \lambda(A_i) ,$$

so erhält man mit elementarer Rechnung gerade die beiden Ungleichungen für $f = s$ und $g = t$ (z.B. ist bei der Hölder-Ungleichung $\int st\, dx = \sum \alpha_i \beta_i \lambda_i = \sum a_i b_i$, bei der Minkowski-Ungleichung $\int (s + t)^p\, dx = \sum (\alpha_i + \beta_i)^p \lambda_i = \sum (a_i + b_i)^p$). In beiden Ungleichungen können wir f, g durch $|f|$, $|g|$ ersetzen und deshalb annehmen, daß f und g nichtnegativ sind (bei der Minkowski-Ungleichung ist $|f + g| \leq |f| + |g|$). Wählt man, gestützt auf den Approximationssatz 9.10, Folgen (s_k), (t_k) von Elementarfunktionen mit $0 \leq s_k \nearrow f$, $0 \leq t_k \nearrow g$, so gilt $s_k + t_k \nearrow f + g$, $s_k t_k \nearrow fg$, und beide Ungleichungen für (f, g) ergeben sich aus den entsprechenden Ungleichungen für (s_k, t_k), indem man $k \to \infty$ streben läßt und den Satz von B. Levi 9.13 heranzieht. (Hier wird sichtbar, wie vorteilhaft eine Formulierung dieses Satzes ist, welche den Integralwert ∞ zuläßt. Da beim Grenzübergang die rechte Seite der Hölder-Ungleichung endlich bleibt, ergibt sich $\int fg\,dx < \infty$, also $fg \in L(B)$). $\square$

Unser Hauptziel ist der Nachweis, daß $L^p(B)$ ein Banachraum ist; vgl. 1.7. Dies ist jedoch nicht ganz einfach und bedarf einiger Vorbereitungen. Die Minkowski-Ungleichung ist nichts anderes als die Dreiecksungleichung für die L^p-Norm. Offenbar besteht auch Homogenität, $\|\lambda f\|_p = |\lambda|\,\|f\|_p$. Dagegen gilt die Positivität nur mit Einschränkung: Aus $\|f\|_p = 0$ folgt nach 9.8 (d) nur $f = 0$ f.ü. Um diesem Übelstand abzuhelfen, vereinbart man, daß Funktionen, welche f.ü. gleich sind, identifiziert werden. Wir wissen ohnehin aus 9.7 (h) und 9.9 (e), daß f.ü. gleiche Funktionen in bezug auf Meßbarkeit, Integrierbarkeit und Integralwert nicht unterscheidbar sind.

Genau genommen führt man in der Menge $L^p(B)$ eine Relation $\sim$ ein: $f \sim g \Leftrightarrow f = g$ f.ü. Dies ist eine Äquivalenzrelation, welche die Klassen $\langle f \rangle = \{g \in L^p(B) : f = g \text{ f.ü.}\}$ erzeugt. Aus $f \sim g, f_i \sim g_i$ folgt $\lambda f \sim \lambda g, f_1 + f_2 \sim g_1 + g_2$, $\limsup f_i \sim \limsup g_i, \ldots, \|f\|_p = \|g\|_p$. Der „wahre" L^p-Raum ist der aus diesen Klassen $\langle f \rangle$ gebildete normierte Raum, wobei die algebraischen Operationen und die Norm durch „Vertreterwahl" $\lambda \langle f \rangle + \mu \langle g \rangle := \langle \lambda f + \mu g \rangle$, $\|\langle f \rangle\|_p = \|f\|_p$ eindeutig definiert sind. Es ist jedoch allgemeiner Brauch, die Elemente dieses Raumes weiterhin als „Funktionen" f, g,... und konsequenterweise den Raum selbst mit $L^p(B)$ zu bezeichnen.

Im folgenden ist zu unterscheiden zwischen der punktweisen Konvergenz und der Konvergenz im Raum L^p. Wir erinnern daran, daß $\lim f_k = f$ bzw. $g = \sum_1^\infty f_k$ „in $L^p(B)$" bedeutet, daß die Folge der Zahlen $\|f_k - f\|_p$ bzw. $\|g - (f_1 + \cdots + f_k)\|_p$ gegen 0 strebt für $k \to \infty$.

Hilfssatz. *Es sei (u_k) eine Folge in $L^p(B)$ mit $\sum_1^\infty \|u_k\|_p < \infty$. Dann gibt es ein $u \in L^p(B)$ derart, daß die Gleichung $u = \sum_1^\infty u_k$ in $L^p(B)$ und ebenso (punktweise) f.ü. in B besteht.*

Beweis. Wir schreiben einfach L^p für den Raum, $\|\cdot\|$ für die Norm, $\int \cdots dx$ für das Integral über B und $\sum$ für $\sum_1^\infty$. Es sei $A = \sum \|u_k\|$. Nach (a)(b) und der Minkowski-Ungleichung ist $v_k = |u_1| + \cdots + |u_k| \in L^p$ und $\|v_k\| \le \|u_1\| + \cdots + \|u_k\| \le A$, also $\int v_k^p\,dx \le A^p$. Die Funktion $v = \lim v_k = \sum |u_k|$ ist meßbar, und aus dem Satz von B. Levi folgt $\int v^p\,dx \le A^p$. Also ist $v \in L^p$ mit $\|v\| \le A$ und insbesondere $v(x) < \infty$ auf $B \setminus N$, wobei N eine Nullmenge ist. Hieraus folgt bereits die absolute Konvergenz der Reihe $u(x) = \sum u_k(x)$ auf $B \setminus N$. Aus der Ungleichung $|u| \le v$ (f.ü.) folgt $u \in L^p$ nach (b). Für die Teilsummen $s_k = u_1 + \cdots + u_k$ ist $|u - s_k| \le |u| + |s_k| \le 2v$. Wegen $|u - s_k|^p \le 2^p v^p \in L(B)$ kann man den Satz von der majorisierten Konvergenz 9.14 anwenden und den Schluß

$$\lim_{k \to \infty} |u - s_k|^p = 0 \quad \text{f.ü.} \implies \lim_{k \to \infty} \int |u - s_k|^p\,dx = 0$$

ziehen. Damit ist auch die letzte Behauptung $\|s_k - u\| \to 0$ bewiesen. $\square$

Satz. *Der Raum $L^p(B)$ ist vollständig, also ein Banachraum ($1 \le p < \infty$).*

Beweis. Wir benutzen die Bezeichnungen im Beweis des Hilfssatzes. Es ist zu zeigen, daß zu jeder Cauchy-Folge (f_k) in L^p ein Element $f \in L^p$ mit $f_k \to f$ existiert. Es sei (ε_k) eine Folge positiver Zahlen mit $\sum \varepsilon_k < 1$. Dazu gibt es eine Indexfolge (i_k) mit $i_k \nearrow \infty$ und

$$\|f_i - f_j\| < \varepsilon_k \quad \text{für} \quad i, j \ge i_k \, .$$

Wir betrachten die Teilfolge $(g_k) = (f_{i_k})$ und setzen $u_1 = g_1$, $u_k = g_k - g_{k-1}$ für $k = 2, 3, \dots$. Wegen $\sum \|u_k\| \le \|g_1\| + \sum \varepsilon_k < \infty$ läßt sich der Hilfssatz anwenden. Es ist also $f = \sum u_k \in L^p$, und wegen $s_k = u_1 + \cdots + u_k = g_k$ gilt $\|f - g_k\| \to 0$. Aus der Abschätzung

$$\|f_i - f\| \le \|f_i - g_k\| + \|g_k - f\| < \varepsilon_k + \|g_k - f\| \quad \text{für} \quad i \ge i_k$$

ergibt sich nun leicht die Behauptung $\lim f_i = f$. Zu vorgegebenem $\varepsilon > 0$ wählt man k so groß, daß $\varepsilon_k < \varepsilon$ und $\|g_k - f\| < \varepsilon$ ist. Es folgt dann $\|f_i - f\| < 2\varepsilon$ für $i \ge i_k$. $\qquad\qquad\qquad\qquad\qquad\qquad\qquad\qquad\qquad\qquad\qquad\qquad\qquad\qquad\qquad$ □

Der Beweis liefert in Verbindung mit dem Hilfssatz auch das folgende Resultat, welches unabhängig vom Satz Bedeutung hat.

Corollar. *Ist (f_k) eine Folge aus $L^p(B)$ mit $\lim f_k = f$ in $L^p(B)$, so existiert eine Teilfolge (g_k), welche f.ü. in B punktweise gegen f konvergiert.*

Für viele Anwendungen, u.a. in der Theorie der partiellen Differentialgleichungen, ist es wichtig zu wissen, ob man Funktionen aus L^p durch glatte Funktionen approximieren kann. Darüber besteht der folgende Satz. Zur Bezeichnung: Der Raum $C_0^k(G)$ (G offen, $0 \le k \le \infty$) enthält die Funktionen $\phi \in C^k(\mathbb{R}^n)$ mit kompaktem, in G gelegenem Träger.

9.21 Dichtesatz. *Es sei $G \subset \mathbb{R}^n$ eine offene Menge. Dann ist die Menge $C_0^\infty(G)$ dicht im Raum $L^p(G)$, d.h. zu $f \in L^p(G)$ gibt es, wenn man $\varepsilon > 0$ vorgibt, eine Funktion $\phi \in C_0^\infty(G)$ mit $\|f - \phi\|_p < \varepsilon$. Auch die Menge der Elementarfunktionen mit Träger in G ist dicht in $L^p(G)$.*

Beweisskizze. Es bezeichnen f eine Funktion aus $L^p(G)$, t, t_k Elementarfunktionen mit Träger in G und ϕ, ϕ_k Funktionen aus $C_0^\infty(G)$. Zu f gibt es nach dem Approximationssatz 9.10 eine Folge (t_k) mit $|t_k| \le |f|$ und $t_k \to f$ (punktweise). Wegen $|f - t_k|^p \le |2f|^p \in L(G)$ und $\lim(f - t_k) = 0$ punktweise folgt $\|f - t_k\|_p \to 0$ nach dem Satz von der majorisierten Konvergenz 9.14. Man kann also f durch Funktionen t beliebig gut approximieren, und aufgrund der Dreiecksungleichung genügt es, t durch ϕ zu approximieren. Da t eine endliche Linearkombination von charakteristischen Funktionen c_A ($A \subset G$ beschränkt und meßbar) ist, reicht es hin, c_A durch ϕ zu approximieren. Nach 9.6 gibt es zu $\varepsilon > 0$ eine beschränkte offene Menge H mit $A \subset H \subset G$ und $\lambda(H \setminus A) < \varepsilon^p$, und hieraus folgt $\|c_H - c_A\|_p < \varepsilon$. Man braucht also lediglich c_H durch ϕ zu approximieren. Es sei also $H \subset G$ beschränkt und offen und $H_k = \{x \in H : \text{dist}(x, \partial H) \ge 1/k\}$. Die Mengen H_k

sind kompakt mit $H = \bigcup H_k$. Gemäß 7.23 (f) gibt es zu H_k eine Funktion ϕ_k mit $0 \le \phi_k \le 1$, $\phi_k(x) = 1$ in H_k und supp $\phi_k \subset H$. Es besteht also die Ungleichung $|\phi_k(x)| \le c_H(x)$ und die Limesrelation $\lim \phi_k(x) = c_H(x)$ (beides im $\mathbb{R}^n$). Wieder gilt $|c_H - \phi_k|^p \le 2^p c_H \in L(G)$, woraus $\|c_H - \phi_k\|_p \to 0$ für $k \to \infty$ folgt. Jede Funktion c_H läßt sich also durch Funktionen ϕ beliebig gut approximieren. Damit ist dieser wichtige Satz bewiesen.   □

Das Lebesgue-Integral in $\mathbb{R}$

Für das eindimensionale Lebesgue-Integral verwendet man die vom Riemann-Integral geläufigen Bezeichnungsweisen. Ist also $I = [a, b]$ ein kompaktes Intervall und $f \in L(I)$, so wird

$$\int_I f(t)\,dt = \int_a^b f(t)\,dt$$

geschrieben. Da es auf die Randpunkte nicht ankommt (sie bilden Nullmengen), werden Integrale über (a, b), $(a, b]$ oder $[a, b)$ ebenso bezeichnet und die Räume $L[a, b]$, $L(a, b)$,... nicht unterschieden. Die Definitionen aus I.9.15 über $a \ge b$ ($\int_a^a = 0$, $\int_b^a = -\int_a^b$) werden übernommen, und Corollar I.9.15 bleibt erhalten, da die Existenz der Integrale über Teilintervalle durch Corollar 9.8 gesichert wird: $\int_\alpha^\beta + \int_\beta^\gamma + \int_\gamma^\alpha = 0$.

Ein wesentliches Problem ist die Formulierung des Hauptsatzes der Differential- und Integralrechnung im Rahmen der Lebesgueschen Theorie. Es handelt sich dabei, wie in I.10.12 erklärt wurde, um zwei Aussagen

(H1) $$F(t) = \int_a^t f(s)\,ds \Longrightarrow F'(t) = f(t)\,,$$

(H2) $$F(b) - F(a) = \int_a^b F'(t)\,dt\,.$$

die unter möglichst allgemeinen Voraussetzungen über f in (H1) bzw. über F in (H2) verifiziert werden sollen. Der Begriff der Absolutstetigkeit liefert den Schlüssel zur Lösung beider Probleme.

9.22 Absolutstetige Funktionen. Es sei $J \subset \mathbb{R}$ ein beliebiges Intervall. Die Funktion $f : J \to \mathbb{R}$ heißt *absolutstetig* (oder *totalstetig*) in J, kurz $f \in AC(J)$, falls zu $\varepsilon > 0$ ein $\delta > 0$ angegeben werden kann, so daß für jedes endliche System $((\alpha_i, \beta_i))_{i=1}^p$ von paarweise disjunkten offenen Teilintervallen von J

(*) $$\text{aus} \quad \sum_{i=1}^p (\beta_i - \alpha_i) < \delta \quad \text{folgt} \quad \sum_{i=1}^p |f(\beta_i) - f(\alpha_i)| < \varepsilon\,.$$

Setzt man hier $p = 1$, so hat man gerade die Definition der gleichmäßigen Stetigkeit vor sich. Absolutstetige Funktionen sind also gleichmäßig stetig.

   (a) Die Menge $AC(J)$ ist ein Funktionenraum, bei kompaktem J eine Funktionenalgebra.

(b) Ist $f \in AC(J)$ und ϕ auf der Menge $f(J)$ lipschitzstetig, so ist $\phi \circ f \in AC(J)$.

(c) Ist f auf J lipschitzstetig, so ist $f \in AC(J)$.

Die Beweise sind einfach. Etwas tiefer liegt das folgende Resultat.

Hilfssatz. *Ist f auf dem kompakten Intervall I absolutstetig, so ist f auf I von beschränkter Variation. In der durch Satz 5.21 gegebenen Jordan-Darstellung von f durch monotone Funktionen, $f = g - h$ mit $g(t) = V_a^t(f)$, sind g und h absolutstetig.*

Beweis. Die Zahl $\delta > 0$ sei so gewält, daß für $\varepsilon = 1$ die Beziehung (*) gilt. Hat das Teilintervall $I' = [\alpha, \beta] \subset I$ eine Länge $< \delta$ und ist $Z : \alpha = t_0 < t_1 < \cdots < t_p = \beta$ eine Zerlegung von I', so ist $\sum_1^p |f(t_i) - f(t_{i-1})| < 1$, also $f \in BV(I')$ und $V_\alpha^\beta(f) \leq 1$. Zerlegt man also das Intervall I in Teilintervalle der Länge $< \delta$, so ist f in jedem Teilintervall von beschränkter Variation. Nach 5.20 (c) gehört f zu $BV(I)$.

Nun sei $\varepsilon > 0$ vorgegeben und $\delta > 0$ so gewählt, daß für f die Aussage (*) gilt. Wir werden zeigen, daß (*) auch für g zutrifft. Es seien also (α_i, β_i) Intervalle mit einer Gesamtlänge $< \delta$. Nach 5.20 (c) ist $g(\beta_i) - g(\alpha_i) = V_{\alpha_i}^{\beta_i}(f)$. Wählt man nun in jedem dieser Teilintervalle eine Zerlegung $\alpha_i = \tau_{i0} < \tau_{i1} < \cdots < \tau_{iq_i} = \beta_i$, so ist $\sum_{i,j}(\tau_{i,j} - \tau_{i,j-1}) < \delta$, also $\sum_{i,j} |f(\tau_{i,j}) - f(\tau_{i,j-1})| < \varepsilon$. Da die über j genommene Summe $\sum_j |f(\tau_{i,j}) - f(\tau_{i,j-1})|$ bei geeigneter Wahl der Zerlegung die Totalvariation $V_{\alpha_i}^{\beta_i}(f)$ beliebig gut approximiert, ist auch $\sum_i(g(\beta_i) - g(\alpha_i)) = \sum_i V_{\alpha_i}^{\beta_i}(f) \leq \varepsilon$. Damit ist die Absolutstetigkeit von g nachgewiesen, und nach (a) ist auch $h = g - f$ absolutstetig.   □

Die beiden Aussagen des Hauptsatzes erhalten nun eine gleichermaßen prägnante und allgemeine Form.

9.23 Hauptsatz der Differential- und Integralrechnung. *Ist die Funktion F im Intervall $I = [a, b]$ absolutstetig, so ist F f.ü. in I differenzierbar, $F' \in L(I)$, und es besteht die Gleichung (H2).*

Ist die Funktion f aus $L(I)$, so ist die zugehörige Funktion $F(t) = \int_a^t f(s)\,ds$ absolutstetig, und es ist $F' = f$ f.ü. in I, d.h. es gilt (H1).

Die absolutstetigen Funktionen sind also genau die aus integrierbaren Funktionen f entstehenden Integralfunktionen F.

Dies ist ein tiefliegender Satz, und sein Beweis ist nicht einfach. Ein wesentliches Hilfsmittel dazu ist der folgende, 1907 von GIUSEPPE VITALI (1875–1932, italienischer Mathematiker, Professor in Bologna) gefundene Überdeckungssatz.

9.24 Überdeckungssatz von Vitali. Es sei E eine beliebige Menge in $\mathbb{R}$. Man sagt, ein System $\mathcal{M}$ von kompakten Intervallen mit positiver Länge bildet eine *Vitali-Überdeckung* von E (oder *überdeckt E im Sinne von Vitali*), wenn zu $x \in E$ und $\varepsilon > 0$ ein $I \in \mathcal{M}$ mit $x \in I$ und $|I| < \varepsilon$ existiert, wenn es also zu jedem Punkt aus E beliebig kleine, diesen Punkt enthaltende Intervalle aus $\mathcal{M}$ gibt.

Satz. *Ist $E \subset \mathbb{R}$ eine beschränkte Menge und $\mathcal{M}$ ein die Menge E im Sinne von Vitali überdeckendes Intervallsystem, so gibt es eine (eventuell endliche) disjunkte*

Folge von Intervallen $I_1, I_2, \ldots$ *aus* $\mathcal{M}$ *und eine Nullmenge* N *mit*

$$E \subset \left(\bigcup I_i \right) \cup N \, .$$

Ist G *eine offene Obermenge von* E, *so lassen sich die* I_i *so bestimmen, daß zusätzlich* $I_i \subset G$ *für alle* i *gilt.*

Beweis. Es sei G eine beschränkte, offene Obermenge von E. Man erkennt leicht, daß das System $\mathcal{M}_0 = \{ I \in \mathcal{M} : I \subset G \}$ ebenfalls eine Vitali-Überdeckung von E bildet. Wir beschreiben zunächst grob die Prozedur zur Gewinnung der Intervalle I_k: I_1 sei das größte Intervall aus $\mathcal{M}_0$, I_2 das größte zu I_1 disjunkte Intervall aus $\mathcal{M}_0$, I_3 das größte zu I_1 und I_2 disjunkte Intervall aus $\mathcal{M}_0$, usw. Nun wird es ein größtes Intervall i.a. nicht geben. Wir wählen vielmehr bei jedem Schritt ein möglichst großes Intervall, genauer: Sind I_1 bis I_{k-1} bereits bestimmt und ist α_k das Supremum der Längen aller zu I_1 bis I_{k-1} disjunkten Intervalle aus $\mathcal{M}_0$, so soll $|I_k| > \frac{1}{2} \alpha_k$ sein. Bezeichnet man mit S_m die Vereinigung $I_1 \cup \cdots \cup I_m$, so gilt also:

(i) Es ist $I_k \cap S_{k-1} = \emptyset$, und für $I \in \mathcal{M}_0$ mit $I \cap S_{k-1} = \emptyset$ ist $|I| < 2|I_k|$.

Nun gibt es zwei Möglichkeiten. Entweder bricht das Verfahren nach p Schritten ab, weil keine zu S_p disjunkten Intervalle mehr vorhanden sind, oder es läßt sich ad infinitum fortsetzen. Im ersten Fall ist $E \subset S_p$ und der Satz bewiesen. Denn gäbe es ein $x \in E \setminus S_p$, so wäre dist $(x, S_p) = \beta > 0$, da S_p kompakt ist. Ein nach Voraussetzung vorhandenes Intervall $I \in \mathcal{M}_0$ mit $x \in I$ und $|I| < \beta$ liefert einen Widerspruch. Wir kommen zum zweiten Fall und schreiben $S = \bigcup_1^\infty I_k$. Zu jedem Intervall I_k bilden wir nun ein *konzentrisches* Intervall $J_k \supset I_k$ mit $|J_k| = 5|I_k|$. Es wird behauptet:

(ii) Für jedes p gilt $E \subset S_p \cup R_p$ mit $R_p = \bigcup_{k=p+1}^\infty J_k$.

Zum Beweis sei $x \in E$, aber $x \notin S_p$. Wegen dist $(x, S_p) > 0$ gibt es ein $I \in \mathcal{M}_0$ mit $x \in I$ und $I \cap S_p = \emptyset$. Nun kann I nicht zu S disjunkt sein, denn in diesem Fall würde (i) für alle k gelten. Wegen $\sum |I_k| \leq \lambda(G) < \infty$ strebt aber $|I_k| \to 0$ für $k \to \infty$, und es würde sich $|I| = 0$ ergeben (dies ist in der Definition von $\mathcal{M}$ ausdrücklich verboten!). Es ist also $I \cap S$ nichtleer, und es gibt einen kleinsten Index $q > p$ mit $I \cap I_q \neq \emptyset$. Nach (i) ist dann $|I| < 2|I_q|$, und daraus folgt auf einfache Weise $I \subset J_q$, also $x \in R_p$. Demnach gilt (ii).

Nun strebt $\lambda(R_p) \leq \sum_{p+1}^\infty |J_k| = 5 \sum_{p+1}^\infty |I_k|$ gegen 0 für $p \to \infty$. Aus $E \subset S \cup R_p$ für alle p folgt $E \subset S \cup N$, wobei $N = \bigcap R_p$ eine Nullmenge ist. Damit ist dieser elegante, auf S. BANACH (Fund. Math. 5 (1924) 130–136) zurückgehende Beweis abgeschlossen.   □

Ist f eine im Intervall I monoton wachsende und differenzierbare Funktion und ist $f' < \alpha$ in I, so gilt für das Bildintervall $f(I)$ nach dem Mittelwertsatz $|f(I)| < \alpha |I|$. Der folgende Satz bringt eine außerordentlich weitgehende Verallgemeinerung dieses einfachen Sachverhalts und dient im weiteren Verlauf als Schlüssel zum Beweis des Hauptsatzes. Er benutzt die in I.12.23 eingeführten Dini-Derivierten D^+, D_+, D^-, D_-.

9.25 Satz. *Es sei $I = [a, b]$ ein kompaktes Intervall, $\alpha > 0$, f eine in I stetige und streng monoton wachsende Funktion und $E \subset I$ eine (ansonsten beliebige) Menge mit der Eigenschaft, daß in jedem Punkt $t \in E$ eine Dini-Ableitung $Df(t) < \alpha$ [bzw. $Df(t) > \alpha$] ist (es braucht nicht in allen Punkten dieselbe Dini-Ableitung zu sein). Dann ist*

$$\lambda(f(E)) \leq \alpha\lambda(E) \qquad [\text{bzw.}\quad \lambda(f(E)) \geq \alpha\lambda(E)].$$

Beweis. Wir bezeichnen mit Q den Differenzenquotienten $Q(s, t) = [f(s) - f(t)]/(s - t)$ und, wenn $I_k = [\alpha_k, \beta_k]$ ein Intervall ist, mit J_k das Bildintervall $f(I_k)$. Für jedes $t \in E$ gibt es, wenn $Df(t) < \alpha$ ist, eine gegen t konvergierende Folge (t_k) mit $t \neq t_k$ und $Q(t, t_k) < \alpha$. Für die Intervalle $I_k^t = [t, t_k]$ bzw. $[t_k, t]$ und die zugehörigen Intervalle J_k^t gilt dann $|I_k^t| \to 0$ und $0 < |J_k^t| < \alpha |I_k^t|$. Das System aller Intervalle $\mathscr{M} = \{I_k^t : t \in E, \ k = 1, 2, \ldots\}$ bildet eine Vitali-Überdeckung von E, und ebenso bildet das Intervallsystem $\mathscr{M}' = \{J_k^t\}$ eine Vitali-Überdeckung von $f(E)$. Dasselbe bleibt richtig, wenn wir zu gegebenem $\varepsilon > 0$ eine offene Menge $G \supset E$ mit $\lambda(G) < \lambda(E) + \varepsilon$ konstruieren und nur die in G gelegenen Intervalle I_k^t zu $\mathscr{M}$ rechnen. Nach dem vorangehenden Satz von Vitali gibt es eine disjunkte Folge (J_k) aus $\mathscr{M}'$ mit $f(E) \subset (\bigcup J_k) \cup N$, wo N eine Nullmenge ist. Da auch die zugehörige Folge (I_k) disjunkt ist, erhält man

$$\lambda(f(E)) \leq \sum |J_k| \leq \alpha \sum |I_k| \leq \alpha\lambda(G) < \alpha(\lambda(E) + \varepsilon) \,.$$

Damit ist die erste Ungleichung des Satzes bewiesen.

Man erhält die zweite Ungleichung, indem man die erste Ungleichung auf die Umkehrfunktion $g = f^{-1} : [f(a), f(b)] \to I$ anwendet. Für den zu g gehörenden Differenzenquotienten ist $Q_g(f(s), f(t)) = 1/Q_f(s, t)$. Ist also $Df(t_0) > \alpha$, so ist $D_1 g(f(t_0)) < \frac{1}{\alpha}$ für eine geeignete Dini-Ableitung D_1. Für die Menge $F = f(E)$ ist also $\lambda(g(F)) \leq \frac{1}{\alpha}\lambda(F)$, und dies ist wegen $g(F) = E$ gerade die behauptete zweite Ungleichung. □

Als eine überraschende Folgerung aus diesem Ergebnis erhält man einen berühmten, auf LEBESGUE (1904) zurückgehenden Satz über die Differenzierbarkeit monotoner Funktionen.

9.26 Satz. *Eine im Intervall I stetige und monotone Funktion ist f.ü. in I differenzierbar (mit endlicher Ableitung!).*

Beweis. Wir werden o.B.d.A. annehmen, daß I ein kompaktes Intervall und f streng monoton wachsend ist (man kann von f zur Funktion $t \mapsto f(t) + t$ übergehen). Für $t \in I$ sei $D_1 f(t)$ bzw. $D_2 f(t)$ die Dini-Ableitung mit dem kleinsten bzw. größten Wert. Nun seien r, s rationale Zahlen mit $0 < r < s$ und

$$E_{rs} = \{t \in I : D_1 f(t) < r < s < D_2 f(t)\} \,.$$

Aus dem vorangehenden Satz ergibt sich

$$(*) \qquad\qquad \lambda(f(E_{rs})) \leq r\lambda(E_{rs}) \quad \text{und} \quad \geq s\lambda(E_{rs}) \,.$$

Die Menge E_{rs} ist also eine Nullmenge, und auch die über alle rationalen Zahlen r, s mit $0 < r < s$ erstreckte Vereinigung $E = \bigcup E_{rs} = \{t \in I : D_1 f(t) < D_2 f(t)\}$ hat dann das Maß 0. Auch die Menge $U = \{t \in I : f'(t) = \infty\}$ ist eine Nullmenge, da für sie die Abschätzung $\lambda(f(U)) \geq s\lambda(U)$ für beliebiges $s > 0$ gilt, andererseits $f(U)$ in $[f(a), f(b)]$ enthalten ist. An fast allen Stellen in I haben also die vier Dini-Ableitungen denselben endlichen Wert. Daraus folgt die Behauptung. - Aus (∗) folgt, daß auch die Mengen $f(E_{rs})$ und ihre Vereinigung $f(E)$ Nullmengen sind. Das wird im nächsten Satz benutzt.   □

Corollar. *Jede absolutstetige Funktion ist f.ü. differenzierbar.*

Das ergibt sich aus dem Satz und Hilfssatz 9.22.

9.27 Satz. *Ist f im kompakten Intervall $I = [a, b]$ stetig und streng monoton wachsend, so ist $f' \in L(I)$ und, wenn $U = \{t \in I : f'(t) = \infty\}$ gesetzt wird,*

$$f(b) - f(a) - \lambda(f(U)) \leq \int_a^b f'(t)\, dt \leq f(b) - f(a) .$$

Bemerkungen. Der Satz gilt auch dann, wenn f nur schwach monoton wachsend ist. Unser Beweis der zweiten Ungleichung bleibt für diesen Fall gültig, für die erste Ungleichung vergleiche man Aufgabe 3.

Hier und im folgenden wird stillschweigend angenommen, daß die nach dem vorangehenden Satz nur f.ü. in I definierte Ableitung f' zu einer in ganz I erklärten Funktion ergänzt ist. Ferner sei darauf hingewiesen, daß der Differenzenquotient $Q(t, t+h)$ einer stetigen Funktion f bezüglich t stetig, also meßbar ist, woraus dann die Meßbarkeit von $\liminf\limits_{k\to\infty} Q(t, t + \frac{1}{k}) = f'(t)$ (f.ü.) folgt.

Beweis. Setzt man $f(t) = f(b)$ für $t > b$, so ist für $h > 0$

$$\int_a^b Q(t, t+h)\, dt = \int_a^b \frac{f(t+h) - f(t)}{h}\, dt = \frac{1}{h}\int_b^{b+h} f\, dt - \frac{1}{h}\int_a^{a+h} f\, dt .$$

Für $h \to 0+$ strebt die rechte Seite gegen $f(b) - f(a)$ wegen der Stetigkeit von f. Setzt man etwa $h = h_k = 1/k$, so strebt $f_k(t) = Q(t, t+h_k)$ f.ü. in I gegen $f'(t)$ für $k \to \infty$. Aus dem Lemma von Fatou 9.15 folgt

$$\int_a^b \lim f_k(t)\, dt = \int_a^b f'(t)\, dt \leq \lim \int_a^b f_k(t)\, dt = f(b) - f(a) .$$

Damit ist die zweite Ungleichung bewiesen, und wegen $f' \geq 0$ ist $f' \in L(I)$.

Zum Beweis der ersten Ungleichung bilden wir, wenn $\varepsilon > 0$ vorgegeben ist, (mit den abkürzenden Bezeichnungen von 9.9) die Mengen $A_k = \{k\varepsilon \leq f' < (k+1)\varepsilon\}$ ($k = 0, 1, 2, \ldots$), die zusammen mit der Menge V aller Punkte, an denen f nicht differenzierbar ist, eine Partition π_ε von I bilden. Wegen $\lambda(V) = 0$ ist $\sum \lambda(A_k) = b - a$, und nach Satz 9.25 ist $\lambda(f(A_k)) \leq \varepsilon(k+1)\lambda(A_k)$. Für die zum Integral gehörende Untersumme ist also

$$s(\pi_\varepsilon) \geq \sum \varepsilon k \lambda(A_k) = \sum \varepsilon(k+1)\lambda(A_k) - \varepsilon(b-a)$$

$$\geq \sum \lambda(f(A_k)) - \varepsilon(b-a) \geq f(b) - f(a) - \lambda(f(V)) - \varepsilon(b-a) \, ,$$

letzteres wegen $(\bigcup f(A_k)) \cup f(V) = [f(a), f(b)]$ und der σ-Subadditivität 9.4 (c) des äußeren Maßes. Die Menge V setzt sich zusammen aus der im vorangehenden Beweis eingeführten Menge E und der Menge $U = \{t \in I : f'(t) = \infty\}$. Wie dort bewiesen wurde, ist $\lambda(f(E)) = 0$, also $\lambda(f(U)) = \lambda(f(V))$. Hieraus folgt die Behauptung. □

9.28 Abschluß des Beweises. Aus dem eben bewiesenen Satz ergibt sich die Gleichung (H2), falls $f(U)$ eine Nullmenge ist. Im nächsten Lemma wird bewiesen, daß absolutstetige Funktionen diese Eigenschaft haben.

Lemma. *Eine im Intervall J absolutstetige Funktion bildet Nullmengen auf Nullmengen ab.*

Beweis. Es sei $N \subset J$ eine Nullmenge, $\varepsilon > 0$ beliebig vorgegeben und $\delta > 0$ so gewählt, daß für f die Aussage (∗) in 9.22 gilt. Nach 9.2 (c) gibt es eine disjunkte Folge von Intervallen $I_i \subset J$ mit $N \subset \bigcup I_i$ und $\sum |I_i| < \delta$. Wir betrachten nur die Intervalle mit $|I_i| > 0$; die restlichen Intervalle seien zu einer abzählbaren Menge C zusammengefaßt. Da f in $\bar{I}_i$ sein Maximum und Minimum annimmt, gibt es ein offenes Intervall $I_i' = (\gamma_i, \delta_i) \subset I_i$ mit $\lambda(f(I_i)) = |f(\gamma_i) - f(\delta_i)|$. Für jedes $p > 1$ ist

$$\sum_{i=1}^{p} (\delta_i - \gamma_i) < \delta \, , \quad \text{also} \quad \sum_{i=1}^{p} |f(\gamma_i) - f(\delta_i)| < \varepsilon \, .$$

Da N durch die Intervalle I_i mit $|I_i| > 0$ und C überdeckt wird, folgt

$$\lambda(f(N)) \leq \sum_{i=1}^{\infty} \lambda(f(I_i)) = \sum_{i=1}^{\infty} |f(\gamma_i) - f(\delta_i)| \leq \varepsilon \, .$$

Demnach ist $f(N)$ eine Nullmenge. □

Aus den Ergebnissen von 9.27 und 9.28 folgt nun der erste Teil des Hauptsatzes 9.23. Ist F auf I absolutstetig, so benutzen wir die Darstellung $F = g - h$ von Hilfssatz 9.22. Die Funktionen $F_1(t) = g(t) + t$ und $F_2(t) = h(t) + t$ sind absolutstetig und streng monoton wachsend. Für beide gilt also die Formel (H2), und durch Differenzbildung erhält man die entsprechende Formel für F.

Für den *Beweis* des zweiten Teils muß zunächst die Funktion $F(t) = \int_a^t f(s)\, ds$ untersucht werden.

(a) Für $f \in L(I)$ ist $F \in AC(I)$.

Zum Beweis bestimmt man, wenn $\varepsilon > 0$ gegeben ist, eine Funktion $\phi \in C_0^\infty(a, b)$ mit $\int_a^b |f - \phi|\, dt < \varepsilon$; vgl. Satz 9.21. Setzt man $\Phi(t) = \int_a^t \phi(s)\, ds$, so erhält man wegen $F(t) - \Phi(t) = \int_a^t (f - \phi)\, ds$

$$|F(\beta) - F(\alpha)| \leq |\Phi(\beta) - \Phi(\alpha)| + \int_\alpha^\beta |f(t) - \phi(t)|\, dt \, .$$

Es sei etwa $|\phi(t)| \leq M$ in I, also $|\Phi(\beta) - \Phi(\alpha)| \leq M(\beta - \alpha)$. Für ein endliches disjunktes System von offenen Intervallen $(\alpha_i, \beta_i) \subset I$ ist deshalb

$$\sum |F(\alpha_i) - F(\beta_i)| \leq M \sum (\beta_i - \alpha_i) + \int_a^b |f - \phi| \, dt \,.$$

Ist also $\sum (\beta_i - \alpha_i) < \delta := \varepsilon/M$, so erhält die linke Seite der vorangehenden Ungleichung einen Wert $< 2\varepsilon$. Damit ist die Absolutstetigkeit von F bewiesen.

Da F absolutstetig ist, haben wir nun aufgrund der Formel (H2), die natürlich auch in jedem Teilintervall von I gültig bleibt, eine zweite Integraldarstellung $F(t) = \int_a^t F' \, ds$ mit $F' \in L(I)$. Für die Funktion $h = f - F' \in L(I)$ ist also $\int_a^t h(s) \, ds = 0$ für alle $t \in I$. Der zweite Teil des Hauptsatzes ist bewiesen, wenn wir zeigen können, daß $h = 0$ ist.

(b) Ist $h \in L(I)$ und $\int_a^t h(s) \, ds = 0$ für $t \in I$, so ist

$$\int_A h \, dt = \int_a^b h c_A \, dt = 0 \quad \text{für jede meßbare Menge } A \subset I \,.$$

Nehmen wir für den Augenblick an, daß (b) bewiesen sei. Setzt man $A = \{h \geq 0\}$, so folgt $h = 0$ f.ü. in A nach 9.8 (d). Derselbe Schluß läßt sich auf die Menge $\{h < 0\}$ anwenden, und man erhält $h = 0$ f.ü. in I.

Es bleibt also lediglich (b) zu beweisen. Offenbar gilt (b), wenn A ein Intervall mit den Endpunkten α und β ist ($\int_\alpha^\beta = \int_a^\beta - \int_a^\alpha$). Nach Satz 9.8 gilt (b) auch, wenn $A = G$ offen ist, da G nach 9.2 (c) eine disjunkte Darstellung als Intervallsumme hat. Ist $A = H = \bigcap G_i$ eine G_δ-Menge (G_i offen, $G_i \supset G_{i+1}$), so ist $c_H = \lim c_{G_i}$ sowie $|h c_{G_i}| \leq |h|$, und man kann den Satz 9.14 von der majorisierten Konvergenz anwenden; (b) gilt also auch in diesem Fall. Ist schließlich A meßbar und $H \supset A$ eine G_δ-Menge mit $\lambda(H \setminus A) = 0$, so ist $h c_A = h c_H$ f.ü. Damit ist (b) für jede meßbare Menge A richtig.

Die Aussage (b) war der letzte Baustein, der den Beweis des Hauptsatzes vollständig macht.   □

Aus den letzten Sätzen läßt sich eine bemerkenswerte Folgerung ziehen.

9.29 Satz. *Die Funktion f sei im Intervall $I = [a, b]$ stetig, und es bestehe eine Abschätzung $-K < Df(t) < \infty$ in $I \setminus C$, wobei K eine Konstante, C eine höchstens abzählbare „Ausnahmemenge" und D eine (fest gewählte) Dini-Ableitung ist. Dann ist f in I absolutstetig, also $Df = f'$ f.ü.*

Beweis. Für die Funktion $g(t) = f(t) + Kt$ ist $Dg = Df + K > 0$ in $I \setminus C$ nach Lemma I.12.23. Nach Satz I.12.24 ist g streng monoton wachsend, und aus Satz 9.27 ergibt sich, da die Menge $U = \{f' = \infty\}$ als Untermenge von C höchstens abzählbar ist, die Gleichung $g(b) = g(a) + \int_a^b g'(s) \, ds$ mit $g' \in L(I)$ (es ist $Dg = g'$ f.ü.). Da man diese Überlegung auch auf das Teilintervall $[0, t]$ anwenden kann, besteht die obige Gleichung auch mit t statt b. Nach 9.28 (a) ist dann $g \in AC(I)$, und $f(t) = g(t) - Kt$ ist ebenfalls absolutstetig in I.   □

Wir behandeln zum Schluß die beiden Rechenregeln der klassischen Integrationstheorie im Rahmen der Lebesgueschen Theorie.

9.30 Partielle Integration. In der Formulierung von I.11.3 wird vorausgesetzt, daß f und g differenzierbar sind. Hier genügt es, wenn diese Funktionen im Intervall $I = [a, b]$ absolutstetig sind. Nach 9.22 (a) ist dann auch $fg \in AC(I)$. Die Produkte $f'g$ und fg' sind meßbar, und aus $f', g' \in L(I)$ und der Beschränktheit von f und g folgt auch ihre Integrierbarkeit. Aus der Gleichung $(fg)' = f'g + fg'$ ergibt sich nun mit dem Hauptsatz die Formel von I.11.3

$$\int_a^b fg'\,dt = fg\big|_a^b - \int_a^b f'g\,dt \quad \text{für } f, g \in AC(I).$$

9.31 Die Substitutionsregel für $n = 1$. Sie lautet wie in I.11.4

$$\int_a^b f(s)\,ds = \int_\alpha^\beta f(\phi(t))\phi'(t)\,dt \quad \text{mit } a = \phi(\alpha),\ b = \phi(\beta)$$

und ergibt sich aus Satz 9.19 unter den folgenden Voraussetzungen (mit $I = [a, b]$, $J = [\alpha, \beta]$): $f \in L(I)$, $\phi \in C^1(J)$, $\phi' > 0$ (oder < 0) in J, $\phi(J) = I$. Insbesondere ist $(f \circ \phi)\phi' \in L(J)$, also $f \circ \phi$ in J meßbar.

Man kann die Formel ausdehnen auf den Fall, daß ϕ nur absolutstetig ist, doch wollen wir dies hier nicht ausführen.

9.32 Ausblicke. Unsere Darstellung der Lebesgueschen Theorie wurde von dem Gesichtspunkt geleitet, so weit wie möglich allgemeine Methoden zu verwenden, welche sich übertragen lassen auf (i) die Integrationstheorie in beliebigen Maßräumen und (ii) die Integration von Funktionen mit Werten in einem Banachraum. In den folgenden Bemerkungen gehen wir auf beide Problemkreise ein.

1. Integration in abstrakten Maßräumen. Es liege ein Maßraum $(X, \mathscr{A}, \mu)$ vor, wie er in der Bemerkung von 9.5 eingeführt wurde. Das Integral $\int_X f\,d\mu$ wird wie in 9.7 definiert, und die sich anschließenden Sätze bis 9.15 übertragen sich mit Beweis. Der Satz 9.11 über den Zusammenhang zwischen Meßbarkeit und Integrierbarkeit gilt indessen nur, wenn der Maßraum vollständig ist, d.h. wenn Teilmengen von meßbaren Mengen vom Maß 0 ebenfalls meßbar sind. Im allgemeinen Fall ist eine integrierbare Funktion nur f.ü. gleich einer meßbaren Funktion. Beim Satz von Fubini tritt eine neue Situation auf, weil das Produktmaß zunächst konstruiert werden muß und nicht, wie im Fall des Lebesgue-Maßes, bereits vorhanden ist. Wir belassen es bei dieser Andeutung.

Liegt in der Menge X ein äußeres Maß μ vor (vgl. die Bemerkung in 9.5), so läßt sich daraus nach dem in 9.5 beschriebenen Vorgehen von Carathéodory ein Maßraum $(X, \mathscr{A}, \mu)$ konstruieren.

2. Das Lebesgue-Stieltjes-Maß im $\mathbb{R}^n$. In der Menge $\mathscr{I}_n^-$ aller halboffenen Intervalle $I = (a, b]$ mit $a, b \in \mathbb{R}^n$ und $a \leq b$ sei eine Funktion μ_0 mit den Eigenschaften

(i) $\mu_0(\emptyset) = 0$, $0 \le \mu_0(I) < \infty$ für $I \in \mathscr{I}_n^-$,

(ii) $\mu_0(\bigcup I_i) = \sum \mu_0(I_i)$ für disjunkte Folgen (I_i) aus $\mathscr{I}_n^-$ mit $\bigcup I_i \in \mathscr{I}_n^-$ erklärt. Man nennt μ_0 ein *Prämaß*. Bei der σ-Additivität (ii) ist vorausgesetzt, daß $\bigcup I_i$ zu $\mathscr{I}_n^-$ gehört. Definiert man nun wie in 9.4 für beliebige Mengen $A \subset \mathbb{R}^n$ ein *äußeres Lebesgue-Stieltjes-Maß*

$$\mu(A) := \inf \left\{ \sum \mu_0(I_i) : I_i \in \mathscr{I}_n^-, \ A \subset \bigcup I_i \right\},$$

so gelten für μ die Aussagen (a)(b)(c) von 9.4 sowie $\mu(I) = \mu_0(I)$ für $I \in \mathscr{I}_n^-$. Beim Beweis wird von der Bemerkung in 9.2 Gebrauch gemacht, wonach in $\mathscr{I}_n^-$ die Aussagen 9.2 (a)(b) gelten. Mit der Carathéodory-Prozedur von 9.5 wird eine σ-Algebra $\mathscr{L}_\mu$ von „meßbaren" Mengen gewonnen, für welche die Aussagen des Hauptsatzes 9.5 gelten. Diese σ-Algebra enthält alle Intervalle und deshalb alle Borelschen Mengen (vgl. Aufgabe 8). Die Einschränkung $\mu|\mathscr{L}_\mu$ wird ein *Lebesgue-Stieltjes-Maß* und das darauf aufgebaute Integral ein *Lebesgue-Stieltjes-Integral* genannt. Es besitzt die in den Sätzen von 9.7 bis 9.15 niedergelegten Eigenschaften.

3. Der Fall $n = 1$. Ist $\alpha : \mathbb{R} \to \mathbb{R}$ eine monoton wachsende, rechtsseitig stetige Funktion, so wird durch die Definition

$$\mu_0^\alpha((a,b]) := \alpha(b) - \alpha(a)$$

auf $\mathscr{I}_1^-$ ein Prämaß μ_0^α definiert, welches ein (äußeres) Lebesgue-Stieltjes-Maß μ^α erzeugt. Umgekehrt läßt sich jedes Lebesgue-Stieltjes-Maß μ auf $\mathbb{R}$ auf die angegebene Weise erzeugen, indem man etwa

$$\alpha(x) = \mu((0,x]) \ \text{für} \ x \ge 0, \ \alpha(x) = -\mu((x,0]) \ \text{für} \ x < 0$$

setzt. Diese Funktion ist monoton und rechtsseitig stetig, und es ist $\mu = \mu^\alpha$.

4. Integration im Banachraum. Das Bochner-Integral. Das Lebesgue-Integral einer Funktion $f : B \to Y$, wobei B eine meßbare Menge im $\mathbb{R}^n$ und Y ein Banachraum ist, wird wie in 9.7 eingeführt, worauf bereits in 9.12 hingewiesen wurde. Im Unterschied zum Fall $Y = \mathbb{R}^n$ folgt i.a. aus der Integrierbarkeit von f nicht die Meßbarkeit der reellen Funktion $|f|$. Diesem Mangel begegnet man, indem zusätzlich die sog. „starke" Meßbarkeit von f gefordert wird: Es gibt eine Folge (t_k) von meßbaren Treppenfunktionen mit $\lim t_k(x) = f(x)$ (Normkonvergenz) für $x \in B$. Eine meßbare Treppenfunktion hat wie in 9.10 die Form $t = \sum_1^\infty \gamma_i c_{A_i}$ mit $A_i \in \mathscr{L}$, $\gamma_i \in Y$. Ist f in diesem Sinne meßbar, so ist die Funktion $|f| : B \to [0, \infty)$ meßbar. Die Sätze aus 9.7 und der Satz 9.14 von der majorisierten Konvergenz übertragen sich dann mit Beweis. Dieses Integral wurde 1933 von S. BOCHNER eingeführt. Man verfährt ganz entsprechend, wenn B ein beliebiger Maßraum ist.

Aufgaben

1. *F_σ-Mengen und G_δ-Mengen.* Eine Menge, welche Vereinigung von höchstens abzählbar vielen abgeschlossenen Mengen ist, wird F_σ-Menge genannt. Man zeige, daß im $\mathbb{R}^n$ jede abgeschlossene Menge eine G_δ-Menge und jede offene Menge eine F_σ-Menge ist.

2. *Inneres Maß.* Nach 9.6 ist das äußere Maß der Menge $A \subset \mathbf{R}^n$ gleich dem Infimum der Maße aller offenen Obermengen. Analog definiert man ein

$$\text{Inneres Maß} \qquad \lambda_i(A) = \sup\{\lambda(F) : F \subset A \text{ und abgeschlossen}\}.$$

Man zeige:

(a) $\lambda_i(A) \le \lambda(A)$ für $A \subset \mathbf{R}^n$.

(b) Eine Menge A von endlichem äußerem Maß ist genau dann meßbar, wenn $\lambda_i(A) = \lambda(A)$ ist.

(c) Eine Menge A ist genau dann meßbar, wenn es eine F_σ-Menge E und eine G_δ-Menge H mit den Eigenschaften

$$E \subset A \subset H \quad \text{und} \quad \lambda(H \setminus E) = 0$$

gibt. Es folgt dann $\lambda(E) = \lambda(A) = \lambda(H)$.

3. Die Funktion f sei im Intervall $I = [a, b]$ stetig und monoton wachsend, und es sei $f_\alpha(t) = f(t) + \alpha t$ ($\alpha > 0$). Man zeige:

$$\lambda(f(A)) \le \lambda(f_\alpha(A)) \le \lambda(f(A)) + \alpha\lambda(A) \qquad \text{für } A \subset I.$$

Hieraus leite man ab, daß die Sätze 9.25 und 9.27 auch für schwach monoton wachsende Funktionen gelten.

Anleitung: Für Intervalle $J \subset I$ ist $|f_\alpha(J)| = |f(J)| + \alpha|J|$, und die entsprechende Gleichung gilt für offene Mengen.

4. *Cantorsche Funktionen.* Es sei $I = [0, 1]$ und $C = I \setminus G$, $G = \bigcup I_{ij}$, eine Menge vom Cantorschen Typ in der Bezeichnungsweise von Aufgabe 7.3. Auf I definieren wir eine Funktion f, indem wir $f = \frac{1}{2}$ auf I_{11}, $f = \frac{1}{4}$ auf I_{21}, $f = \frac{3}{4}$ auf $I_{22},\ldots$, allgemein $f = (2j - 1)2^{-i}$ auf I_{ij} setzen. Ferner sei $f(0) = 0$ sowie, wenn $t \in C$ ist, $f(t) = \sup\{f(s) : s \in G \text{ und } s < t\}$. Man zeige:

Die Funktion f ist in I stetig und monoton wachsend, es ist $f' = 0$ auf G und $f(C) = [0, 1]$.

Bemerkung. Wählt man für C die Cantorsche Menge $C_{1/3}$, so ist $\lambda(G_{1/3}) = 1$, d.h. es ist $f' = 0$ f.ü. in I. Man kann zeigen, daß in Satz 9.27 für dieses Beispiel $\lambda(f(U)) = 1$ ist und demnach in der ersten Ungleichung das Gleichheitszeichen steht.

Cantorsche Mengen und Funktionen wurden 1884 von G. Cantor konstruiert (Acta Math. 4, 381–392 = Ges. Abhandlungen, 252–260).

5. *Eine nicht-meßbare Menge.* In $\mathbf{R}$ wird durch $x \sim y \iff x - y \in \mathbf{Q}$ eine Äquivalenzrelation definiert. Die zugehörigen Klassen sind die Mengen $a + \mathbf{Q}$ mit $a \in \mathbf{R}$, und es ist $a + \mathbf{Q} = b + \mathbf{Q} \iff a - b \in \mathbf{Q}$. Man wähle aus jeder Klasse einen Vertreter vom Betrag < 1. Es sei $A \subset (-1, 1)$ die Menge dieser Vertreter (hier wird das Auswahlaxiom benutzt). Im folgenden sind r, s rationale Zahlen. Man zeige:

(a) $(r + A) \cap (s + A) = \emptyset$ für $r \ne s$;

(b) $\bigcup_r (r + A) = \mathbf{R}$;

(c) für die Menge $S = \bigcup_{|r| < 2} (r + A)$ ist $(-1, 1) \subset S \subset (-3, 3)$.

Man zeige, daß A nicht meßbar ist.

Anleitung: Mit Hilfe von (a) und (c) leite man aus der Meßbarkeit der Mengen $r + A$ einen Widerspruch ab; dabei sind die Fälle $\lambda(A) = 0$ und $\lambda(A) > 0$ zu unterscheiden.

6. *Erzeugung von σ-Algebren.* (a) In der Grundmenge $X \ne \emptyset$ seien σ-Algebren $\mathscr{A}_\alpha$ ($\alpha \in A$) gegeben. Man zeige, daß $\mathscr{A} = \bigcap\{\mathscr{A}_\alpha : \alpha \in A\}$ eine σ-Algebra in X ist.

(b) Man zeige, daß zu jedem Mengensystem $\mathscr{C} \subset P(X)$ eine kleinste σ-Algebra $\mathscr{A}$ mit $\mathscr{C} \subset \mathscr{A}$ existiert. Man nenne $\mathscr{A}$ „die von $\mathscr{C}$ erzeuge σ-Algebra".

7. Borelsche Mengen. Es sei $\mathscr{B}_n \subset P(\mathbb{R}^n)$ die von den offenen Mengen in $\mathbb{R}^n$ erzeugte σ-Algebra. Die Mengen aus $\mathscr{B}_n$ werden Borelsche Mengen genannt. Man zeige:

(a) $f : B \subset \mathbb{R}^n \to \mathbb{R}$ ist genau dann meßbar, wenn $f^{-1}(A) \in \mathscr{L}$ für jede Borelmenge $A \subset \mathbb{R}$ gilt (wie läßt sich diese Ergebnis auf Funktionen $f : B \to \overline{\mathbb{R}}$ ausdehnen?).

(b) Aus $B \in \mathscr{B}_n$ folgt (mit den Bezeichnungen von 9.16) $B_y \in \mathscr{B}_p$ für alle $y \in \mathbb{R}^q$.

Bemerkung. Allgemein wird in einem metrischen Raum X die von den offenen Mengen erzeugte σ-Algebra $\mathscr{B}$ als *σ-Algebra der Borelschen Mengen* bezeichnet.

8. Äußeres Maß. Es sei μ ein äußeres Maß in einem metrischen Raum X (vgl. Bemerkung 9.5), welches die folgende Additivitätseigenschaft besitzt ($d(A, B)$ bezeichnet den Abstand der beiden Mengen):

(A) $\qquad\qquad \mu(A \cup B) = \mu(A) + \mu(B)$, $\quad$ falls $d(A, B) > 0$.

Wie in 9.5 wird die Menge $A \subset X$ meßbar genannt, wenn

(M') $\qquad\qquad \mu(E) \geq \mu(E \cap A) + \mu(E \cap A')$ $\quad$ für alle $E \subset X$

gilt ($A' = X \setminus A$). Nach der in 9.5 dargestellten Theorie von Carathéodory bilden die meßbaren Mengen eine σ-Algebra $\mathscr{S}$, auf der μ σ-additiv ist. Man beweise den

Satz. *Hat das äußere Maß μ die Eigenschaft* (A), *so sind alle Borelschen Mengen (vgl. Aufgabe 7) meßbar.*

Dazu beweise man zunächst ein

Lemma. *Es sei $G \neq X$ eine offene Menge, $G' = X \setminus G$ und G_k die Menge aller Punkte $x \in G$ mit $d(x, G') \geq 1/k$, $k = 1, 2, \dots$. Für eine beliebige Menge $E \subset G$ ist dann*

$$\mu(E) = \lim \mu(E \cap G_k).$$

Anleitung: Man kann $G_k \neq \emptyset$ annehmen. Es sei $R_k = G_{k+1} \setminus G_k$, $E_k = E \cap G_k$ und $F_k = E \cap R_k$. Man zeige nacheinander: $d(G_k, G'_{k+1}) > 0$, $d(R_k, G'_{k+2}) > 0$, also $d(E_k, E \setminus E_{k+1}) > 0$, $d(F_k, F_{k+2}) \geq d(F_k, E \setminus E_{k+2}) > 0$ (falls keine leere Menge auftritt). Aus $\sum \mu(F_k) = \infty$ folgt $\sum \mu(F_{2k}) = \infty$ oder $\sum \mu(F_{2k+1}) = \infty$, und hieraus ergibt sich mit (A), angewandt auf endliche Teilsummen, $\lim \mu(E_k) = \mu(E) = \infty$. Sind die beiden Summen konvergent, so strebt $\mu(E \setminus E_k) \to 0$, und aus $\mu(E) \leq \mu(E_k) + \mu(E \setminus E_k)$ folgt die Behauptung.

Mit Hilfe des Lemmas läßt sich nun die Ungleichung (M') für eine offene Menge $A = G$ auf (A) zurückführen.

9. Überdeckungsmaße. Es sei X eine beliebige Menge, $\mathscr{A}$ ein System von Teilmengen von X und $m : \mathscr{A} \to [0, \infty]$ eine beliebige Funktion. Die Funktion $\mu : P(X) \to [0, \infty]$ sei definiert durch $\mu(\emptyset) = 0$,

$$\mu(E) = \inf \left\{ \sum m(A_i) : A_i \in \mathscr{A}, \ \bigcup A_i \supset E \right\} \qquad \text{für } \emptyset \neq E \subset X$$

(wobei alle endlichen oder abzählbaren Überdeckungen von E zugelassen sind) und $\mu(E) = \infty$, falls keine abzählbare Überdeckung von E durch Mengen aus $\mathscr{A}$ existiert. Man zeige, daß μ ein äußeres Maß auf X ist.

10. Hausdorff-Maße. Es sei X ein metrischer Raum, $\mathscr{A}_\varepsilon = \{A \subset X : \operatorname{diam} A < \varepsilon\}$ und $m(A) = h(\operatorname{diam} A)$, wobei h eine in $[0, \infty)$ stetige, monoton wachsende und nicht negative Funktion mit $h(0) = 0$ ist. Wir bezeichnen das gemäß Aufgabe 9 durch das Mengensystem $\mathscr{A}_\varepsilon$ erzeugte äußere Maß mit μ_ε und setzen

$$\mu(E) = \lim_{\varepsilon \to 0+} \mu_\varepsilon(E) \qquad \text{für} \quad E \subset X \,.$$

Der Limes existiert, da die Funktion μ_ε offenbar monoton fallend in ε ist. Man zeige, daß μ ein äußeres Maß ist, welches die Eigenschaft (A) von Aufgabe 8 besitzt. Alle Borelschen Mengen sind also meßbar.

Setzt man speziell $h(s) = s^\alpha$ (α reell und positiv), so wird das erzeugte Maß $\mu = \mu^\alpha$ das α-*dimensionale Hausdorff-Maß* genannt. Das eindimensionale Hausdorff-Maß ist also durch

$$\mu^1(E) = \lim_{\varepsilon \to 0} \inf \left\{ \sum \operatorname{diam} A_i : E \subset \bigcup A_i, \operatorname{diam} A_i < \varepsilon \right\}$$

definiert. Man zeige: Für rektifizierbare Jordankurven im $\mathbb{R}^n$ ($= X$) ist das eindimensionale Hausdorff-Maß μ^1 die Kurvenlänge.

Anleitung: Die Jordankurve von der Länge L sei durch $C = \phi(I)$ dargestellt (Bezeichnungen wie in 5.11). Es sei $(t_0, \ldots, t_p)$ eine Zerlegung von I derart, daß die Kurvenstücke $C_k = \phi|[t_{k-1}, t_k]$ alle die gleiche Länge $\varepsilon = L/p$ haben. Dann ist $C = \bigcup C_k$ und diam $C_k \le \varepsilon$. Hieraus folgt $\mu^1(C) \le L$.

Zum Beweis der umgekehrten Ungleichung bestimme man, wenn $\alpha > \mu^1(C)$ fest gewählt und $\varepsilon > 0$ vorgegeben wird, eine Folge (A_i) von Mengen mit $\sum \operatorname{diam} A_i < \alpha$, $\bigcup A_i \supset C$ und diam $A_i < \varepsilon$. Beide Ungleichungen bleiben erhalten, wenn man geeignete Umgebungen der Mengen A_i wählt, d.h. annimmt, daß die A_i offen sind. Damit wird C bereits von $A_1, \ldots, A_p$ überdeckt. Die Mengen $G_i = \phi^{-1}(A_i \cap C)$ sind offen in I. Es gibt eine Zerlegung $Z = (t_i)$ von I derart, daß zu jedem k ein i mit $t_{k-1}, t_k \in G_i$ existiert. Es folgt $\ell(Z) < \alpha$, also $L < \alpha$, d.h. $L \le \mu^1(C)$. Dabei ist zu zeigen, daß mit diam A_i auch diam G_i klein wird und daß $L = \lim_{|Z| \to 0} \ell(Z)$ ist.

Bemerkung. In jüngster Zeit hat das Hausdorff-Maß bei der Theorie der *Fraktale* Bedeutung gewonnen. Diese Mengen treten u.a. bei der Untersuchung der zu einer Fixpunktgleichung $z = f(z)$ in $\mathbb{C}$ gehörenden Iterationsfolgen auf; vgl. 4.1 (I). M. Barnsley gibt in dem Buch *Fractals everywhere* (Academic Press 1988) eine Einführung in den Gegenstand. Der Band *The Beauty of Fractals* von H.-O. Peitgen und P.H. Richter (Springer 1986) enthält u.a. zahlreiche schöne Bilder.

11. Aus $1 \le p < q$ folgt $L^p(B) \supset L^q(B)$, falls $\lambda(B) < \infty$ ist.

12. Für Funktionen $f : \mathbb{R}^n \to \mathbb{R}$ definieren wir $f_h(x) = f(x + h)$ ($x, h \in \mathbb{R}^n$). Man zeige:

(a) Ist f meßbar und A eine invertierbare $n \times n$-Matrix, so ist auch die Funktion $x \mapsto f(h + Ax)$ (also insbesondere f_h) meßbar.

(b) Ist $f \in L^p(\mathbb{R}^n)$ ($1 \le p < \infty$), so ist $f_h \in L^p(\mathbb{R}^n)$ sowie

$$\|f\|_p = \|f_h\|_p \qquad \text{und} \qquad \lim_{h \to 0} \|f - f_h\|_p = 0.$$

Für die Limesrelation benutze man den Dichtesatz 9.21.

13. *Die Faltung.* Man zeige:

(a) Sind $f, g : \mathbb{R}^n \to \mathbb{R}$ meßbar, so sind die Funktionen $(x, y) \mapsto f(x)g(y)$ und $(x, y) \mapsto f(x - \alpha y)g(y)$ ($\alpha \in \mathbb{R}$) im $\mathbb{R}^{2n}$ meßbar.

(b) Sind $f, g \in L^1(\mathbb{R}^n)$, so existiert das Faltungsintegral (vgl. 7.22)

$$(f * g)(x) = \int_{\mathbb{R}^n} f(y)g(x - y) \, dy = \int_{\mathbb{R}^n} f(x - y)g(y) \, dy$$

für fast alle x. Ferner ist $f * g \in L^1(\mathbb{R}^n)$ und $\|f * g\|_1 \le \|f\|_1 \cdot \|g\|_1$.

(c) Ist $f \in L^p(\mathbb{R}^n)$, $g \in L^q(\mathbb{R}^n)$ mit $\frac{1}{p} + \frac{1}{q} = 1$ $(p, q > 1)$, so ist $f * g$ beschränkt und gleichmäßig stetig in $\mathbb{R}^n$ und $\|f * g\|_\infty \leq \|f\|_p \|g\|_q$.

Anleitung: Bei (a) beginne man mit charakteristischen Funktionen, bei (c) wird Aufgabe 12 (b) benutzt.

14. *Mollifiers.* Ähnlich wie in 7.23 sei $f^\alpha = f * \psi^\alpha$, wobei ψ die Eigenschaften (M) von 7.23 besitzt. Man zeige: Für $f \in L^p(\mathbb{R}^n)$ $(1 \leq p < \infty)$ ist $f^\alpha \in L^p(\mathbb{R}^n) \cap C^\infty(\mathbb{R}^n)$ und

$$\|f^\alpha\|_p \leq \|f\|_p, \qquad \lim_{\alpha \to 0+} \|f^\alpha - f\|_p = 0 .$$

15. Man zeige: Jede offene Menge $G \subset \mathbb{R}$ läßt sich in eindeutiger Weise als Vereinigung von endlich oder abzählbar vielen paarweise disjunkten offenen Intervallen darstellen.

Anleitung: Man konstruiere zu jedem $c \in G$ das größte offene Intervall $(a, b) \subset G$ mit $a < c < b$. Man kann auch die in 1.20 beschriebene Zerlegung in Zusammenhangskomponenten benutzen.

16. *Die Jensensche Ungleichung.* Die Funktion ϕ sei im Intervall $J \subset \mathbb{R}$ konvex. Ist $f \in L(B)$, wobei $f(B) \subset J$ und $\lambda(B) < \infty$ ist, so gilt

$$\phi\left(\frac{1}{\lambda(B)} \int_B f(x)\, dx\right) \leq \frac{1}{\lambda(B)} \int_B \phi(f(x))\, dx.$$

Anleitung: Man zeigt zunächst, daß die Ungleichung $\phi\left(\sum \lambda_i y_i\right) \leq \sum \lambda_i \phi(y_i)$ $(\lambda_i \geq 0$, $\sum \lambda_i = 1$, $y_i \in J)$ auch für unendliche Summen gilt, wende diese Ungleichung auf Zwischensummen an und führe den Grenzübergang durch. Der Fall, daß J einen Randpunkt a besitzt, ϕ in diesem Punkt unstetig ist und der Integralmittelwert $= a$ ist, ist einfach zu erledigen.

§ 10. Fourierreihen

Naturwissenschaft als rationale Erklärung der Natur beginnt im 6. vorchristlichen Jahrhundert in Griechenland, in Jonien, und sie beginnt bei der Musik. PYTHAGORAS (570?–497? v.Chr.), Urvater der abendländischen Kultur, entdeckt an einem Musikinstrument, dem Monochord, das erste mathematische Naturgesetz.

„Er spannte eine Saite über einen Maßstab und teilte ihn in zwölf Teile. Dann ließ er zunächst die ganze Saite ertönen, dann die Hälfte ..., und er fand, daß die ganze Saite zu ihrer Hälfte konsonant sei, und zwar nach dem Zusammenklang der Oktave. Nachdem er darauf die ganze Saite, dann Dreiviertel von ihr hatte erklingen lassen, erkannte er die Konsonanz der Quarte und analog für die Quinte".

So jedenfalls berichtet Gaudentius. Die Pythagoräer wußten von den Babyloniern, daß sich die Himmelskörper nach strengen zahlenmäßigen Gesetzen bewegen. Nun entdeckten sie, daß auch die Musik, jene geheimnisvolle Macht, die die Gemüter besänftigen oder bis zur Ekstase erregen und in ihren Bann ziehen kann, von Zahlenverhältnissen bestimmt ist. Überwältigt von dieser Erkenntnis, zogen sie einen wahrhaft grandiosen Schluß: Das Wesen der Dinge sind Zahlen, die Vorgänge am Himmel und auf Erden werden von mathematischen Verhältnissen beherrscht – sie gilt es zu finden. So entsteht eine musikalische, von Harmonien beherrschte Vision der Welt. Ihre Grundlage ist eine mathematische Musiktheorie, aufgebaut auf ein paar einfachen Postulaten (den Tönen werden Zahlen zugeordnet, gleichen Intervallen entsprechen dabei gleiche Verhältnisse,...). Sie beschreibt die einzelnen Tonleitern und Tongeschlechter durch Zahlenverhältnisse und entwickelt dabei die Elemente der Arithmetik, der Mittelbildung und der Zahlentheorie. Der älteste erhaltene Text, das Archytas-Fragment, etwa 100 Jahre vor Euklid, beginnt so: Es gibt *in der Musik* drei Mittel, erstens das arithmetische, zweitens das geometrische, drittens das reziproke, welches man auch das harmonische nennt.

Aber es blieb nicht bei der Musiktheorie. Der Begriff der Harmonie durchdringt die ganze griechische Naturphilosophie; er überdauert die Zeit und wirkt bis in unsere Tage. Er wird auf das Universum projiziert und führt zur Harmonie der Sphären. „Der Himmel ist Harmonie und Zahl", lehren die Pythagoräer. Sie verwerfen die primitive Vorstellung von der Erde als Scheibe. Ihre Erde ist eine Kugel. Um sie drehen sich, an verschiedenen Sphären befestigt, Sonne, Mond und Planeten in konzentrischen Kreisen. Ihre Umdrehungen erzeugen in der Luft Töne von verschiedener Höhe. Sie bilden Intervalle nach den Gesetzen der Harmonie, entsprechend den Zahlenverhältnissen der einzelnen Bahnen. Erde und

Mond summen im Ganztonabstand, Mond und Merkur im Halbton, Venus und
Sonne in der kleinen Terz, ähnlich die anderen Sterne, schließlich Saturn und
die Fixsternsphäre in einer großen Terz. So jedenfalls berichtet uns Plinius. Die
himmlische Musik der Sphären zu hören war unter allen Sterblichen allein dem
Meister (Pythagoras) vergönnt.

CLAUDIUS PTOLEMÄUS (85?–168?, wirkte in Alexandrien), Astronom, Geo-
graph und Musiktheoretiker, berechnet nicht nur die Planetenbahnen, sondern
auch die Tongeschlechter und Intervalle der Sphärenmusik. Und KEPLER begibt
sich, nachdem er 1609 die alte Astronomie der Sphären zum Einsturz gebracht
und die beiden elliptischen Bahngesetze der Planeten entdeckt hat, auf die Suche
nach den wahren himmlischen Harmonien. Als er endlich fündig wird, am 15. Mai
1618, eine Woche vor dem Ausbruch des 30jährigen Krieges, bricht er in Jubel
aus: „Ich fühle mich hingerissen und besessen von einem unsäglichen Entzücken
über die göttliche Schau der himmlischen Harmonien", schreibt er nach der Entdeckung des 3. Keplerschen Gesetzes. Von den Komponisten seiner Zeit fordert
er kunstgerechte Motetten zum Lobpreis des Schöpfers. „Doch merkt wohl, daß
am Himmel nicht mehr als sechs Stimmen zusammenklingen [die sechs Planeten].
Liefert eure Beiträge; daß die Partitur sechsstimmig wird, darüber verspreche ich
eifrig Wächter zu sein." Mit seinem letzten großen Werk, der „Weltharmonik",
welches die neue Sphärenmusik enthält, findet eine Epoche der Naturwissenschaft
ihren Höhepunkt und Abschluß.

Knapp 20 Jahre später legt DESCARTES in der analytischen Geometrie das
Fundament für eine neue Mathematik zur Beschreibung der Natur. Die Zahlenverhältnisse werden von den Funktionen verdrängt, die Sphärenharmonie wird zu
den Akten der Geschichte gelegt. Nicht so die Musik. Das Monochord des Pythagoras beeinflußt Mathematik und Mechanik in ungeahnter Weise. Die Theorie
der Saitenschwingung führt zur „harmonischen Analyse", der Entwicklung von
Funktionen in trigonometrische Reihen. Dieses Problem hat die Analysis durch
die folgenden Jahrhunderte angeregt, mehr als jeder andere mathematische Gegenstand. Wir schauen uns einige Stationen auf diesem Weg durch die Geschichte
an.

Das Problem besteht in seiner einfachsten Form darin, die Bewegung einer
an beiden Enden eingespannten Saite von der Länge L durch eine Funktion u zu
beschreiben, wobei $u = u(t, x)$ die Auslenkung senkrecht zur Ruhelage zur Zeit t
am Ort x beschreibt (dabei ist angenommen, daß die Bewegung in einer Ebene
verläuft). Nach Vorarbeiten von JOHANN BERNOULLI (u.a.) gelang es D'ALEMBERT
1747 (Hist. de l'Acad. de Berlin 3, 214–219 und 220–249), die *Gleichung der
schwingenden Saite*

$$(1) \qquad u_{tt} = a^2 u_{xx} \quad \text{für } 0 < x < L, t > 0$$

für die Funktion u herzuleiten und die allgemeine Lösung

$$(2) \qquad u(t, x) = g(x + at) + h(x - at)$$

anzugeben, wobei g und h ganz beliebige Funktionen (mit entsprechenden Dif-
ferenzierbarkeitseigenschaften) sind (der Leser überzeuge sich, daß u tatsächlich

eine Lösung ist). Dazu kommen Anfangsbedingungen: Zu einer festen Zeit $t = 0$ werden die Lage und die Geschwindigkeit der Saite vorgegeben,

(3) $u(0, x) = u_0(x) , \quad u_t(0, x) = v_0(x) \quad$ für $0 < x < L$.

Das Einspannen der Saite an den Enden wird durch die Randbedingung

(4) $u(t, 0) = u(t, L) = 0 \quad$ für $t > 0$

beschrieben.

Der Spezialfall $v_0 = 0$ (die Saite ist zur Zeit $t = 0$ ausgelenkt, aber in Ruhe) führt auf $g = h = \frac{1}{2} u_0$, also

$$u(t, x) = u_0(x + at) + u_0(x - at).$$

Schon bald danach begannen die Auseinandersetzungen, vornehmlich zwischen EULER und D'ALEMBERT, um die Allgemeinheit der „allgemeinen" Lösung (2). Hier stand die Mathematik im Widerstreit mit der Physik. Als Anfangslage mußte man offenbar Funktionen mit Ecken zulassen (man denke an die gezupfte Saite), die dem alten Funktionenbegriff des analytischen Ausdrucks nicht entsprachen und von d'Alembert ausgeschlossen wurden. Euler, der kurz zuvor in seiner *Introductio* diesem Funktionsbegriff ein Denkmal gesetzt hatte, gab schließlich dem Druck der physikalischen Notwendigkeit nach und schuf (1755) den modernen Begriff einer Funktion als einer beliebigen Zuordnung zwischen Variablen (vgl. die Einleitung zu § I.6).

Besonders einfache Lösungen der Gleichung (1) sind die Sinusschwingungen, Funktionen der Form $u = \sin \alpha(x - \beta) \cdot \sin a\alpha(t - \delta)$. Ihr musikalisches Äquivalent, die Obertöne, war schon über 100 Jahre früher von Pater MERSENNE entdeckt worden. „Saiten ... machen drei oder vier verschiedene Töne zur gleichen Zeit, und diese sind harmonisch", schreibt er 1636 in seinem Buch über die *Universelle Harmonie*, und RAMEAU, der große Komponist, baut die wahrnehmbaren Obertöne in sein *Neues System der theoretischen Musik* von 1726 ein. Angeregt durch diese Entdeckungen, stellte DANIEL BERNOULLI (1700–1782, Sohn von Johann Bernoulli, 1725–1733 an der Akademie in St. Petersburg, später Professor in Basel) 1753 die Lösung u durch „mathematische Superposition" von einfachen harmonischen Schwingungen als unendliche Reihe dar. Im Fall $v_0 = 0$ hat sie die Form

(5) $$u(t, x) = \sum_{n=1}^{\infty} a_n \sin \frac{n\pi x}{L} \cos \frac{na\pi t}{L} .$$

Die Randbedingung (4) ist erfüllt, und die Anfangsbedingung lautet

(6) $$u_0(x) = \sum_{n=1}^{\infty} a_n \sin \frac{n\pi x}{L} .$$

Damit erfuhr der Streit um den richtigen Funktionsbegriff eine neue Wendung: Welche Funktionen sind in Sinusreihen entwickelbar, oder anders gefragt, kann man alle Lösungen der Schwingungsgleichung in der Bernoullischen Form (5) darstellen? Euler, d'Alembert, D. Bernoulli, später auch Lagrange, bemühten sich um eine Klärung, oft in kontroversen Beiträgen. So findet Euler 1777 (Opera, Bd. I, 16, Teil 1, S. 333–355) die Integraldarstellung 10.1(5) der Fourierkoeffizienten. Die Vorstellung, daß man beliebige Funktionen durch Sinusreihen darstellen kann, lehnte er ab.

Die ersten wesentlichen Fortschritte kamen von JOSEPH FOURIER (1768–1830). Er war ein enger Vertrauter Napoleons, begleitete ihn auf der ägyptischen Expedition, wurde Sekretär des ägyptischen Instituts in Kairo und später Präfekt des Départements Isère in Grenoble. Ab 1822 war er Sekretär der Académie des Sciences. In seinem Klassiker *Théorie analytique de la chaleur* (1822) behandelt Fourier eine Fülle von Problemen der Wärmeleitung durch Reihenentwicklungen. Dabei spielt die Entwicklung willkürlicher Funktionen in trigonometrische Reihen eine tragende Rolle. So führt etwa das Problem der Temperatur $T(x,t)$ eines eindimensionalen Stabes von der Länge L auf das Randwertproblem der Wärmeleitungsgleichung

$$T_{xx} = k^2 T_t \quad \text{in } (0,L) \times (0,\infty) \, ,$$

$$T(0,t) = T(L,t) = 0 \quad \text{in } (0,\infty) \, , \qquad T(x,0) = f(x) \quad \text{in } (0,L) \, .$$

Fourier löst es durch eine Reihe der Form (5) mit $\exp(-n^2\pi^2 t / k^2 L^2)$ anstelle des Cosinus-Faktors. Für $t = 0$ tritt das alte Problem von Bernoulli auf, die Anfangstemperatur f in eine Sinusreihe zu entwickeln. Fourier gibt zwar nirgendwo einen befriedigenden Beweis, daß eine ‚beliebige' Funktion in eine solche Reihe entwickelbar ist, doch ist er davon zutiefst überzeugt. Der steinige Weg von der Überzeugung zum Beweis erfordert exakte und möglichst allgemeine Begriffe und Sätze. So erklärt sich, warum die harmonische Analyse im 19. Jahrhundert die Rolle des großen Anregers übernommen hat. Da ist zunächst der Funktionsbegriff (DIRICHLET 1829). RIEMANN beginnt seine Habilitationsschrift über trigonometrische Reihen mit seiner Integraldefinition, und auch spätere Autoren einschließlich Lebesgue haben denselben Ausgangspunkt. Grundfragen über Konvergenz, gleichmäßige Konvergenz und die gliedweise Integration einer unendlichen Reihe stellen sich hier, und CANTOR wird bei der Beschäftigung mit dem Eindeutigkeitsproblem der trigonometrischen Reihen zur Mengenlehre geführt. ERNST ZERMELO, einer der Großen auf diesem Gebiet, schreibt als Herausgeber von Cantors Werken, daß wir „in der Theorie der trigonometrischen Reihen die Geburtsstätte der Cantorschen ‚Mengenlehre' zu erblicken" haben. Dieser Prozeß setzt sich im 20. Jahrhundert bis in unsere Zeit fort.

Einen grundlegenden Beitrag zur Theorie der Fourierreihen lieferte Dirichlet 1829. Insbesondere leitete er eine geschlossene Integraldarstellung der Teilsummen ab, welche als Ausgangspunkt für Konvergenzuntersuchungen benutzt wird. Dieser Zusammenhang wird in zahlreichen Lehrbüchern beschrieben. Wir benutzen hier im ersten „klassischen" Teil der Theorie eine neue Idee, welche von P.R. Chernoff (*Pointwise convergence of Fourier series*, Amer. Math. Monthly 87 (1980) 399–400) gefunden und von R. Redheffer (*Convergence of Fourier series at a discontinuity*, SIAM J. Math. Anal. 15 (1984) 1007–1009) vervollkommnet wurde. Sie führt in überraschend einfacher Weise zu Konvergenzaussagen, welche zwar nicht so allgemein wie jene der Dirichletschen Theorie sind, jedoch für praktische Bedürfnisse ausreichen. Eine Weiterentwicklung dieser Idee gestattet es, auch die gleichmäßige Konvergenz einzubeziehen.

Im zweiten Teil wird dann die L^2-Theorie der Fourierreihen dargestellt.

Leser, die nur mit dem Riemann-Integral vertraut sind, benötigen die entsprechende Version des Dichtesatzes 9.21; vgl. Aufgabe 8 in § 7. Die Beweise können dann ‚à la Riemann' gelesen werden, bei der L^2-Theorie aus sachlichen Gründen jedoch nur in beschränktem Umfang.

10.1 Trigonometrische Reihe und Fourierreihe. Unter einer trigonometrischen Reihe versteht man einen Ausdruck der Form

$$(1) \qquad \frac{1}{2}a_0 + \sum_{n=1}^{\infty}(a_n \cos nt + b_n \sin nt)$$

oder in komplexer Schreibweise

$$(2) \qquad \sum_{n=-\infty}^{\infty} c_n e^{int} := \lim_{p\to\infty} \sum_{n=-p}^{p} c_n e^{int},$$

wobei die Koeffizienten durch die Gleichungen

$$(3) \qquad c_0 = \frac{1}{2}a_0, \quad c_n = \frac{1}{2}(a_n - ib_n), \quad c_{-n} = \frac{1}{2}(a_n + ib_n) \qquad (n = 1, 2, 3, \ldots)$$

oder äquivalent

$$(3') \qquad a_0 = 2c_0, \quad a_n = c_n + c_{-n}, \quad b_n = i(c_n - c_{-n}) \qquad (n = 1, 2, 3, \ldots)$$

gekoppelt sind. Es ist dann

$$a_n \cos nt + b_n \sin nt = c_n e^{int} + c_{-n} e^{-int} \qquad (n = 1, 2, 3, \ldots).$$

Die p-ten Teilsummen der beiden Reihen sind also identisch,

$$(4) \qquad s_p(t) = \frac{1}{2}a_0 + \sum_{n=1}^{p}(a_n \cos nt + b_n \sin nt) = \sum_{n=-p}^{p} c_n e^{int}.$$

Aus diesem Grunde wurde in (2) nicht die übliche Aufspaltung $\sum_{-\infty}^{\infty} \alpha_n := \sum_{0}^{\infty} \alpha_n + \sum_{1}^{\infty} \alpha_{-n}$, sondern die oben angegebene Summationsvorschrift gewählt. Im Falle der Absolutkonvergenz ist das jedoch irrelevant.

Eine in $\mathbb{R}$ definierte, 2π-periodische Funktion f ist aus der Klasse C_π^k bzw. AC_π bzw. L_π, wenn sie in $\mathbb{R}$ k-mal stetig differenzierbar bzw. in $[-\pi, \pi]$ absolutstetig bzw. aus $L(-\pi, \pi)$ ist. Es ist also $C_\pi^1 \subset AC_\pi \subset C_\pi^0 \equiv C_\pi \subset L_\pi$. Leser, welche nur mit dem Riemann-Integral vertraut sind, können im folgenden AC_π durch C_π^1 ersetzen und L_π als die Klasse der 2π-periodischen Funktionen interpretieren, welche über $[0, 2\pi]$ Riemann-integrierbar sind.

Für eine Funktion $f \in L_\pi$ bilden wir nun die Integrale

(5) $a_n = \dfrac{1}{\pi} \displaystyle\int_{-\pi}^{\pi} f(t) \cos nt\, dt \ (n \geq 0)$, $b_n = \dfrac{1}{\pi} \displaystyle\int_{-\pi}^{\pi} f(t) \sin nt\, dt \ (n \geq 1)$,

$$c_n = \frac{1}{2\pi} \int_{-\pi}^{\pi} f(t) e^{-int}\, dt \qquad (n \in \mathbb{Z}) \ .$$

Die Formeln (5) heißen die *Euler-Fourierschen Formeln*, die a_n, b_n bzw. c_n werden die *Fourierkoeffizienten* von f genannt. Wenn es notwendig ist, die Abhängigkeit von f auszudrücken, werden die Bezeichnungen $a_n(f), \ldots, c_n(f), s_p(t; f)$ angewandt. Die mit diesen Koeffizienten gemäß (1) oder (2) gebildete trigonometrische Reihe heißt *die von f erzeugte Fourierreihe*. Sie wird mit $S(t; f)$ bezeichnet,

$$S(t; f) = \sum_{n=-\infty}^{\infty} c_n e^{int} \ .$$

Dabei ist zunächst nichts über die Konvergenz der Reihe oder den Zusammenhang zwischen f und der von f erzeugten Fourierreihe gesagt (das Letztere ist gerade der Gegenstand der Theorie). Jedoch bedeutet die Gleichung $S(t; f) = c$, daß die Fourierreihe gemäß der Definition (2) an der Stelle t gegen c konvergiert.

Hier und im folgenden kann f reell- oder komplexwertig sein. In beiden Fällen genügen die durch (5) definierten Koeffizienten den Gleichungen (3); im komplexen Fall sind dann die a_n, b_n aus $\mathbb{C}$. Es ist vielfach üblich, im reellen Fall die reelle und nur dann, wenn f komplexwertig ist, die komplexe Fourierreihe zu betrachten. Eine sachliche Notwendigkeit dazu besteht nicht. Wir werden im theoretischen Teil meist mit der komplexen Form arbeiten, bei der Berechnung von Beispielen jedoch die reelle Form bevorzugen.

Rechenregeln. Es ist immmer $f, g \in L_\pi$ (insbesondere 2π-periodisch) vorausgesetzt. Mit f_a bezeichnen wir eine *Translation* von f, $f_a(t) := f(a + t)$, und mit $\|f\|_1$ die L^1-Norm $\int_{-\pi}^{\pi} |f(t)|\, dt$.

(a) $\int_{-\pi}^{\pi} f(t)\, dt = \int_{-\pi}^{\pi} f(a + t)\, dt \equiv \int_{-\pi}^{\pi} f_a(t)\, dt$, speziell $\|f\|_1 = \|f_a\|_1$.

(b) *Linearität.* $c_n(\lambda f + \mu g) = \lambda c_n(f) + \mu c_n(g)$ und entsprechend für a_n, b_n, s_p und S (im Fall der Konvergenz).

(c) $c_n(f_a) = e^{ina} c_n(f)$.

(d) $s_p(t; f_a) = s_p(a+t; f)$, also $S(t; f_a) = S(a+t; f)$, falls eine Reihe konvergiert.

(e) $c_n(e^{it} f) = c_{n-1}(f)$.

(f) $c_n(e^{imt}) = \delta_{mn}$ (d.h. $= 1$ für $n = m$ und $= 0$ sonst).

(g) Für $f \equiv$ const. $= \lambda$ ist $s_p(t; \lambda) = \lambda$, also $S(t; \lambda) = \lambda$.

(h) $|c_n(f)| \leq \|f\|_1 / 2\pi$ für alle $n \in \mathbb{Z}$.

(i) Ist die Funktion f gerade bzw. ungerade, so ist $b_n(f) = 0$ bzw. $a_n(f) = 0$ für alle n.

(j) Für $f \in AC_\pi$ ist $c_n(f') = in c_n(f)$, d.h., man erhält die Fourierkoeffizienten von f', indem man die Fourierreihe von f gliedweise differenziert.

(k) Für $f \in C_\pi^2$ ist $|c_n(f)| \leq K/n^2$ für $n \neq 0$ mit $K = \|f''\|_1/2\pi$. Hieraus folgt, daß die Fourierreihe von f absolut und damit gleichmäßig in $\mathbb{R}$ konvergiert.

Beweis. Wir schreiben $\int$ für $\int_{-\pi}^{\pi}$. (a) ist eine bekannte Formel für periodische Funktionen; vgl. Aufgabe I.9.2.

(b) ist trivial, (c) erhält man aus der Formel

$$2\pi c_n(f_a) = \int f(a+t)e^{-int}\, dt = e^{ina} \int f(a+t)e^{-in(a+t)}\, dt = 2\pi e^{ina}c_n(f)$$

(hier wird (a) benutzt), und (d) aus der Gleichung $e^{in(a+t)}c_n(f) = e^{int}c_n(f_a)$ durch Summation. (e) läßt sich unmittelbar aus der Definition ablesen. Hinter (f) steckt ebenfalls eine elementare Rechnung

$$2\pi c_n(e^{imt}) = \int e^{imt}e^{-int}\, dt = \left.\frac{e^{i(m-n)t}}{i(m-n)}\right|_{-\pi}^{\pi} = 0 \qquad \text{für} \quad m \neq n\,,$$

während sich für $m = n$ der Wert 2π ergibt. Hieraus folgt (g), während man (h) sofort aus $|e^{-int}| = 1$ erhält. Ist in (i) f gerade, so ist $g(t) = f(t)\sin nt$ ungerade und deshalb $\int g(t)\, dt = 0$; entsprechendes gilt im zweiten Fall.

Bei (j) hilft partielle Integration (vgl. 9.30),

$$\int f'(t)e^{-int}\, dt = f(t)e^{-int}\big|_{-\pi}^{\pi} + in \int f(t)e^{-int}\, dt\,.$$

Da die Funktion $f(t)e^{-int}$ 2π-periodisch ist, verschwindet der erste Ausdruck auf der rechten Seite, und es folgt (j).

(k) Nach (j) ist $c_n(f'') = -n^2 c_n(f)$. Die Abschätzung folgt nun aus (h). Aus $|c_n e^{int}| = |c_n|$ und $\sum 1/n^2 < \infty$ ergibt sich die absolute und in Verbindung mit dem Weierstraß-Kriterium I.7.5 die gleichmäßige Konvergenz.   □

Unsere Untersuchung über die Beziehungen zwischen einer Funktion und der von ihr erzeugten Fourierreihe beginnt mit einem einfachen

Satz. *Vorgelegt sei eine trigonometrische Reihe $\sum_{-\infty}^{\infty} \gamma_n e^{int}$, welche in $[-\pi, \pi]$ (also in $\mathbb{R}$) gleichmäßig konvergiert. Bezeichnen wir mit f ihre Summe, so ist $f \in C_\pi^0$, und die Zahlen γ_n sind gerade die Fourierkoeffizienten dieser Funktion, $\gamma_n = c_n(f)$. Mit anderen Worten: Eine gleichmäßig konvergente trigonometrische Reihe ist die Fourierreihe ihrer Summe.*

Beweis. Die Stetigkeit von f folgt aus der gleichmäßigen Konvergenz, und natürlich ist f auch periodisch. Für die Teilsumme $\sigma_p(t) = \sum_{-p}^{p} \gamma_n e^{int}$ ist nach (b) und (e)

$$(*) \qquad\qquad c_k(\sigma_p) = \sum_{-p}^{p} \gamma_n c_k(e^{int}) = \gamma_k \qquad \text{für} \quad |k| \leq p.$$

Da die Teilsummen $\sigma_p(t)$ für $t \to \infty$ gleichmäßig gegen $f(t)$ konvergieren, darf man in den Formeln (5) unter dem Integralzeichen zum Limes übergehen, d.h. es ist $c_k(f) = \lim_{p \to \infty} c_k(\sigma_p) = \gamma_k$.   □

Der obige Satz geht aus von einer trigonometrischen Reihe. Er macht Aussagen über die Reihensumme f bzw. ihre Fourierreihe, gibt uns aber kein Mittel in die Hand, f wirklich zu bestimmen. Interessanter ist das umgekehrte Problem. Vorgelegt sei eine Funktion f. Wir bilden die Fourierreihe $S(f)$ und sind dann mit der Konvergenzfrage konfrontiert: Ist diese Reihe konvergent und ist f ihre Summe? Für unsere Konvergenztheorie ist der folgende Satz entscheidend.

10.2 Satz von Riemann-Lebesgue. *Für $f \in L_\pi$ ist $\lim\limits_{n \to \pm\infty} c_n(f) = 0$, d.h. die Fourierkoeffizienten a_n, b_n bzw. c_n, c_{-n} bilden Nullfolgen.*

Beweis. Zu $\varepsilon > 0$ gibt es nach Satz 9.21 eine Funktion $\phi \in C_0^2(-\pi, \pi)$ mit $\|f - \phi\|_1 < \varepsilon$. Setzt man ϕ 2π-periodisch auf $\mathbb{R}$ fort, so ist $\phi \in C_\pi^2$ (weil ϕ in einer Umgebung von $\pm\pi$ verschwindet), also $|c_n(\phi)| \leq K/n^2$ nach (k). Aus der Abschätzung (h) ergibt sich $|c_n(f - \phi)| < \varepsilon/2\pi$. Wegen $c_n(f) = c_n(\phi) + c_n(f - \phi)$ ist also $|c_n(f)| < \varepsilon$ für große Werte von $|n|$.   □

Wir ziehen eine erste Folgerung.

10.3 Satz. *Ist $f \in L_\pi$ und $f(t)/t \in L(-\delta, \delta)$ für ein $\delta > 0$, so konvergiert die Fourierreihe von f an der Stelle 0 gegen 0, $S(0; f) = \lim\limits_{p \to \infty} s_p(0; f) = 0$.*

Beweis. Offenbar ist $f(t)/t \in L(-\pi, \pi)$. Wir leiten zunächst die folgende Aussage

$$g(t) := \frac{f(t)}{1 - e^{it}} \in L_\pi$$

ab. Die Funktion $\phi(t) = it/(e^{it} - 1)$ ist auf der Menge $0 < |t| \leq \pi$ stetig, und sie strebt für $t \to 0$ gegen 1 (wegen $(e^s - 1)/s \to 1$ für (komplexes) $s \to 0$). Also ist ϕ beschränkt, etwa $|\phi(t)| \leq K$ in $[-\pi, \pi]$. Aus der Abschätzung

$$|g(t)| = \left| \frac{f(t)}{t} \cdot \frac{t}{e^{it} - 1} \right| \leq K \left| \frac{f(t)}{t} \right| \qquad \text{für} \ \ 0 < |t| \leq \pi$$

und der Periodizität von g folgt $g \in L_\pi$. Zwischen den Fourierkoeffizienten von f und g besteht nach 10.1 (e) die Beziehung

$$f(t) = (1 - e^{it})g(t) \implies c_n(f) = c_n(g) - c_{n-1}(g) \ .$$

Die Summe $\sum_{-p}^{p} c_n(f)$ ist also eine Teleskopsumme,

$$s_p(0; f) = \sum_{n=-p}^{p} c_n(f) = c_p(g) - c_{-p-1}(g) \ ,$$

und nach dem Satz von Riemann-Lebesgue strebt die rechte Seite gegen 0 für $p \to \infty$.   □

Eine einfache Transformation führt nun auf einen

10.4 Konvergenzsatz. *Es sei $f \in L_\pi$, $a \in [-\pi, \pi]$ und c eine (reelle bzw. komplexe) Zahl mit der Eigenschaft, daß die Funktion*

$$\frac{f(t) - c}{t - a} \in L(a - \delta, a + \delta) \quad \text{für ein } \delta > 0$$

ist. Dann konvergiert die Fourierreihe von f an der Stelle a gegen den Wert c,
$$S(a; f) = c.$$

Beweis. Die Funktion $g(t) = f(a + t) - c$ hat die Eigenschaft $g(t)/t \in L(-\delta, \delta)$; für sie ist also $S(0; g) = 0$. Nach 10.1 (b), (d) und (g) ergibt sich

$$c = c + S(0; g) = S(0; g + c) = S(0; f_a) = S(a; f) . \qquad \Box$$

Corollar. *Genügt $f \in L_\pi$ an der Stelle a einer Hölderbedingung*

$$|f(t) - f(a)| \leq K |t - a|^\alpha \quad \text{für } |t - a| < \delta \quad (0 < \alpha \leq 1) ,$$

so gilt $S(a; f) = f(a)$. Ist also $f \in C_\pi^0$ hölderstetig (d.h. $|f(s) - f(t)| \leq K|s - t|^\alpha$ für $s, t \in \mathbb{R}$ mit $0 < \alpha \leq 1$), so konvergiert die Fourierreihe von f an jeder Stelle gegen f. Das gilt insbesondere für Funktionen aus C_π^1 und für lipschitzstetige Funktionen. Für Funktionen aus C_π^2 ist die Konvergenz nach 10.1 (k) gleichmäßig.

Beweis. Der Konvergenzsatz ist mit $c = f(a)$ anwendbar,

$$\left| \frac{f(t) - f(a)}{t - a} \right| \leq K |t - a|^{\alpha - 1} \in L(a - \delta, a + \delta) \quad \text{wegen } \alpha - 1 > -1 . \qquad \Box$$

Beispiele. Im folgenden wird $f(t)$ nur für $|t| \leq \pi$ angegeben und sodann als 2π-periodische Funktion für alle $t \in \mathbb{R}$ fortgesetzt, ohne daß darauf besonders hingewiesen wird. Es ist bequem, jeweils die reellen Fourierkoeffizienten zu berechnen. Außerdem beachte man 10.1 (i).

1. *Der Absolutbetrag.* Es sei $A(t) = |t|$ für $|t| \leq \pi$.

Da A eine gerade Funktion ist, wird $b_n = 0$ für $n = 1, 2, \ldots$, und man erhält nach einfacher Rechnung

$$A(t) = \frac{\pi}{2} - \frac{4}{\pi} \left[\cos t + \frac{\cos 3t}{3^2} + \frac{\cos 5t}{5^2} + \cdots \right] \quad \text{für } t \in \mathbb{R} .$$

Da $A(t)$ lipschitzstetig ist, konvergiert die Reihe in $\mathbb{R}$ gegen A nach dem Corollar. Die Konvergenz ist offenbar gleichmäßig.

2. *Die Vorzeichen-Funktion.* Es sei $V(t) = \operatorname{sgn} t$ für $|t| < \pi$, $V(-\pi) = V(\pi) = 0$.

Nach 10.1 (j) wird die Fourier-Entwicklung von $V(t) = A'(t)$ (für $t \neq k\pi$) durch gliedweise Differentiation der obigen Reihe erhalten:

$$V(t) = \frac{4}{\pi} \left[\sin t + \frac{\sin 3t}{3} + \frac{\sin 5t}{5} + \cdots \right] \quad \text{für } t \in \mathbb{R} .$$

Die Gleichung ergibt sich für $t \neq k\pi$ aus dem Corollar. Für $t = k\pi$ verschwindet jedes Reihenglied. Man *muß* also $V(k\pi) = 0$ für $k \in \mathbb{Z}$ setzen, um die Gleichung für diese Werte zu retten.

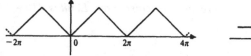

Der Absolutbetrag $A(t)$

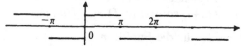

Die Vorzeichen-Funktion $V(t)$

3. *Die Sägezahnfunktion.* Es sei $Z(t) = t$ für $|t| < \pi$ und $Z(-\pi) = Z(\pi) = 0$. Die Fourierreihe von Z lautet

$$Z(t) = 2\left[\sin t - \frac{\sin 2t}{2} + \frac{\sin 3t}{3} - \frac{\sin 4t}{4} + - \cdots\right] \quad \text{für } t \in \mathbb{R}.$$

Wie im vorangehenden Beispiel zeigt das Corollar, daß die Gleichung für $t \neq k\pi$ besteht, während für $t = k\pi$ die Reihe ebenso wie Z den Wert 0 hat.

Wir geben diesen drei Resultaten eine etwas andere Form:

(1)
$$\cos t + \frac{\cos 3t}{3^2} + \frac{\cos 5t}{5^2} + \cdots = \frac{\pi^2}{8} - \frac{\pi}{4}|t| \quad \text{für } -\pi \leq t \leq \pi.$$

(2)
$$\sin t + \frac{\sin 3t}{3} + \frac{\sin 5t}{5} + \cdots = \begin{cases} -\frac{\pi}{4} & \text{für } -\pi < t < 0 \\ \frac{\pi}{4} & \text{für } 0 < t < \pi \\ 0 & \text{für } t = 0, -\pi, \pi \end{cases}$$

(3)
$$\sin t - \frac{\sin 2t}{2} + \frac{\sin 3t}{3} - \frac{\sin 4t}{4} + - \cdots = \begin{cases} \frac{1}{2}t & \text{für } -\pi < t < \pi \\ 0 & \text{für } t = \pm\pi \end{cases}$$

In den Beispielen 2 und 3 konvergiert die Fourierreihe an den Sprungstellen gegen den Mittelwert aus den einseitigen Limites der Funktion. Das gilt ganz allgemein und folgt ohne Schwierigkeit aus den bisherigen Betrachtungen. In (1) ist übrigens für $t = 0$ die $\pi^2/8$-Reihe von Aufgabe 3 in §I.8, in (2) für $t = \pi/2$ die Leibnizsche $\pi/4$-Reihe von I.9.18 enthalten.

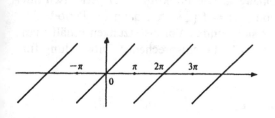

Die Sägezahnfunktion $Z(t)$

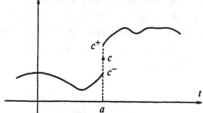

Konvergenz an einer Sprungstelle

10.5 Konvergenzsatz für Sprungstellen. *Es seien $f \in L_\pi$, $a \in \mathbb{R}$ und zwei Zahlen c^+, c^- gegeben. Ist*

$$\frac{f(t) - c^-}{t - a} \in L(a - \delta, a) \quad \text{und} \quad \frac{f(t) - c^+}{t - a} \in L(a, a + \delta) \quad \text{für ein } \delta > 0,$$

so konvergiert die Fourierreihe von f an der Stelle a gegen $c := \frac{1}{2}(c^+ + c^-)$.

Handelt es sich bei c^- und c^+ insbesondere um die einseitigen Limites $f(a-)$ und $f(a+)$, so ist $S(a;f) = \frac{1}{2}[f(a+) + f(a-)]$.

Beweis. Für die Funktion

$$g(t) = f(t) - \lambda V(t - a) \quad \text{mit} \quad \lambda = \frac{1}{2}(c^+ - c^-)$$

(V aus Beispiel 2 von 10.4) ist $f(t) - c^- = g(t) - c$ für $t < a$ und $f(t) - c^+ = g(t) - c$ für $t > a$, also $(g(t) - c)/(t - a) \in L(a - \delta, a + \delta)$, und nach Satz 10.4 ist $S(a;g) = c$. Nach Beispiel 2 und 10.1 (d) ist $S(a; V(t - a)) = S(0; V) = 0$, also $S(a;f) = S(a;g) + \lambda S(0; V) = c$. □

10.6 Gerade und ungerade Fortsetzung. Eine im Intervall $(0, \pi)$ erklärte Funktion f läßt sich derart auf $\mathbb{R}$ fortsetzen, daß sich eine gerade bzw. ungerade 2π-periodische Funktion ergibt. Bezeichnet man die Fortsetzung mit f_g bzw. f_u, so ist

$$f_g(t) = f(-t) \quad \text{bzw.} \quad f_u(t) = -f(-t) \quad \text{für} \quad -\pi < t < 0 \,.$$

Bei der geraden Fortsetzung unterliegen die Werte $f_g(0)$ und $f_g(\pi) = f_g(-\pi)$ keiner Einschränkung, falls sie nicht von vornherein gegeben sind. Dagegen führt die Forderung, daß f_u ungerade und 2π-periodisch ist, mit Notwendigkeit auf die Funktionswerte $f_u(0) = 0$ und $f_u(\pi) = f_u(-\pi) = 0$. Wird die Funktion anschließend 2π-periodisch auf $\mathbb{R}$ fortgesetzt, so bleibt sie gerade bzw. ungerade.

Die Fourierreihe von f_g ist nach 10.1 (i) eine Cosinusreihe, jene von f_u eine Sinusreihe. Beide Reihen stellen f im Intervall $(0, \pi)$ dar! Für $f \equiv 1$ in $(0, \pi)$ ergibt sich z.B. $f_g \equiv 1$, während f_u die Vorzeichen-Funktion V ist; für $f(t) = t$ in $(0, \pi)$ ist $f_g = A$ der Absolutbetrag und $f_u = Z$ die Sägezahnfunktion; vgl. 10.4. Weitere Beispiele enthält Aufgabe 4.

10.7 Umrechnung auf andere Periodenlängen. Die Funktion f sei periodisch mit der Periode $2T$ ($T > 0$). Die Funktion $g(s) = f\left(\frac{T}{\pi}s\right)$ hat dann die Periode 2π, und unter geeigneten, die Konvergenz sichernden Voraussetzungen erhält man aus der Fourier-Entwicklung $g(s) = \sum c_n e^{ins}$ die entsprechende Entwicklung für f. Sie lautet

$$f(t) = \sum_{n=-\infty}^{\infty} c_n e^{in\pi t/T} \quad \text{mit} \quad c_n = \frac{1}{2T} \int_{-T}^{T} f(t) e^{-in\pi t/T} \, dt$$

oder in reeller Form

$$f(t) = \frac{1}{2}a_0 + \sum_{n=1}^{\infty} \left(a_n \cos \frac{n\pi}{T} t + b_n \sin \frac{n\pi}{T} t \right) ,$$

$$a_n = \frac{1}{T} \int_{-T}^{T} f(t) \cos \frac{n\pi}{T} t \, dt \ (n \geq 0) , \qquad b_n = \frac{1}{T} \int_{-T}^{T} f(t) \sin \frac{n\pi}{T} t \, dt \ (n \geq 1) .$$

Wir beschließen die klassische Konvergenztheorie mit einem berühmten und auch überraschenden Ergebnis.

10.8 Riemannscher Lokalisationssatz. *Stimmen zwei Funktionen $f, g \in L_\pi$ in einer Umgebung der Stelle a überein, so haben ihre Fourierreihen an der Stelle a dasselbe Konvergenzverhalten und, wenn sie konvergieren, denselben Summenwert.*

Obwohl die Fourierkoeffizienten $c_n(f)$ als Integrale von dem Verlauf von f im ganzen Intervall $[-\pi, \pi]$ abhängen, sind für die Konvergenz der Fourierreihe an der Stelle a nur die Funktionswerte nahe bei a maßgebend – das ist das Überraschende an dieser Aussage.

Der *Beweis* ist höchst einfach. Da die Funktion $h = f - g \in L_\pi$ in einem Intervall $(a - \delta, a + \delta)$ verschwindet, konvergiert nach Satz 10.4 die Teilsumme $s_p(a; h) = s_p(a; f) - s_p(a; g)$ für $p \to \infty$ gegen 0, woraus die Behauptung folgt. $\square$

Der Lokalisationssatz erlaubt eine Ausdehnung auf die gleichmäßige Konvergenz.

10.9 Gleichmäßige Konvergenz. Satz. *Stimmen die Funktionen $f, g \in L_\pi$ im offenen Intervall J überein und ist die Fourierreihe von f in einem kompakten Intervall $I \subset J$ gleichmäßig konvergent, so ist auch die Fourierreihe von g in I gleichmäßig konvergent.*

Beweis. Aufgrund von 10.1 (d) kann man annehmen, daß $I = [-\gamma, \gamma]$ und $J = (-\delta, \delta)$ mit $0 < \gamma < \delta < \pi$ ist (im Fall $\delta \geq \pi$ ist $f \equiv g$). Zu der in J verschwindenden Funktion $h = f - g$ und zu vorgegebenem $\varepsilon > 0$ bestimmen wir eine Funktion ϕ mit den Eigenschaften

$$\phi \in C_\pi^1, \ \phi = 0 \ \text{in} \ J, \quad \|h - \phi\|_1 < \alpha\varepsilon \quad \text{mit} \quad \alpha = |1 - e^{i(\delta - \gamma)}| \ .$$

Dazu approximiert man h gemäß Satz 9.21 im Intervall $J^- = (-\pi, -\delta)$ durch eine Funktion aus $C_0^1(J^-)$, verfährt mit dem Intervall $J^+ = (\delta, \pi)$ ebenso und definiert ϕ als Summe dieser beiden Funktionen, 2π-periodisch fortgesetzt. Nun betrachten wir wie im Beweis von Satz 10.3 die Funktionen

$$r(t) = \frac{h(a + t)}{1 - e^{it}} \quad \text{und} \quad \rho(t) = \frac{\phi(a + t)}{1 - e^{it}} \quad \text{für} \ |a| \leq \gamma \ .$$

Beide Funktionen verschwinden (wegen der Beschränkung von a) für $|t| \leq \delta - \gamma$. Man kann also annehmen, daß der Nenner $E(t) = 1 - e^{it}$ dem Betrag nach $\geq \alpha$ ist. Unser Ziel ist es, eine für alle a gültige Abschätzung von $c_n(r)$ zu finden. Zunächst ist $c_n(r) = c_n(r - \rho) + c_n(\rho)$. Die Abschätzung

$$|c_n(r - \rho)| \leq \|r - \rho\|_1 \leq \frac{1}{\alpha}\|h_a - \phi_a\|_1 < \frac{1}{\alpha} \cdot \alpha\varepsilon = \varepsilon$$

benutzt 10.1 (a) und (h), während sich aus $\rho' = \phi_a'/E + ie^{it}\phi_a/E^2$ und 10.1 (j) die von a unabhängige Abschätzung

$$|n| \, |c_n(\rho)| = |c_n(\rho')| \leq \frac{1}{\alpha}\|\phi'\|_1 + \frac{1}{\alpha^2}\|\phi\|_1 =: K \ ,$$

also insgesamt

$$|c_n(r)| < \varepsilon + \frac{K}{|n|} < 2\varepsilon \quad \text{für} \quad |n| > \frac{K}{\varepsilon}$$

ergibt. Die Fourierkoeffizienten von $r(t)$ streben also gleichmäßig für $|a| \leq \gamma$ gegen 0, wenn $|n| \to \infty$ strebt. Wie im Beweis von Satz 10.3 ist $c_n(h_a) = c_n(r) - c_{n-1}(r)$, also

$$s_p(a; f) - s_p(a; g) = s_p(a; h) = s_p(0; h_a) = \sum_{n=-p}^{p} c_n(h_a) = c_p(r) - c_{-p-1}(r) .$$

Da die rechte Seite für $p \to \infty$ gleichmäßig in $a \in [-\gamma, \gamma]$ gegen 0 strebt, ist der Satz bewiesen.   □

In 10.16 wird ein weiterer Satz über die gleichmäßige Konvergenz hergeleitet.

Beispiele. 1. Für die Vorzeichen-Funktion $f = V$ ergibt sich, wenn man $g = 1$ bzw. $g = -1$ setzt, die gleichmäßige Konvergenz der in Beispiel 2 von 10.4 angegebenen Fourierreihe in den Intervallen $[\varepsilon, \pi - \varepsilon]$ und $[-\pi + \varepsilon, -\varepsilon]$ ($\varepsilon > 0$).

2. Nach 10.1 (k) konvergiert die Fourierreihe einer Funktion der Klasse C_π^2 gleichmäßig. Ist also $f \in L_\pi$ in einem offenen Intervall J gleich einer C_π^2-Funktion, so konvergiert ihre Fourierreihe in jedem kompakten Teilintervall von J gleichmäßig gegen f. Damit kann man z.B. zeigen, daß die Fourierreihe der Sägezahnfunktion $Z(t)$ in jedem Intervall $[-\pi + \varepsilon, \pi - \varepsilon]$ ($\varepsilon > 0$) gleichmäßig konvergiert.

Die Hilbertraumtheorie der Fourierreihen

Die außerordentliche Allgemeinheit und Eleganz dieser Theorie wird besonders augenfällig, wenn man die Grundprinzipien zunächst ohne den speziellen Bezug für einen ‚abstrakten' Hilbertraum schildert.

10.10 Orthonormalfolgen im Hilbertraum. Es sei H ein reeller oder komplexer Hilbertraum mit dem Innenprodukt $\langle u, v \rangle$ und der Norm $\|u\| = \sqrt{\langle u, u \rangle}$ (dem Leser sei empfohlen, den Abschnitt 1.9 anzusehen). Zwei Elemente $u, v \in H$ heißen *orthogonal*, $u \perp v$, wenn $\langle u, v \rangle = 0$ ist.

Für alles weitere ist der Begriff der *Orthonormalfolge* (ON-Folge) fundamental. Die Folge $(u_n)_0^\infty$ aus H heißt Orthonormalfolge, wenn die u_n paarweise orthogonal und auf die Länge 1 normiert sind, wenn also $\langle u_m, u_n \rangle = \delta_{mn}$ ist. Weiter erinnern wir an den in 1.10 eingeführten Hilbertschen Folgenraum l^2. Er besteht aus allen reellen bzw. komplexen Zahlenfolgen $\alpha = (\alpha_n)_0^\infty$ mit konvergenter Quadratsumme, $\sum_0^\infty |\alpha_n|^2 < \infty$. Das Skalarprodukt zweier Elemente $\alpha, \beta \in l^2$ ist im komplexen Fall durch $\langle \alpha, \beta \rangle_{l^2} = \sum_0^\infty \alpha_n \overline{\beta}_n$ definiert. Für die Norm in l^2 schreiben wir $\|\alpha\|_{l^2}$.

Im folgenden betrachten wir komplexe Hilberträume; damit ist auch der reelle Fall erfaßt. Die Koeffizienten $\alpha_n, \beta_n, \ldots$ sind also komplexe Zahlen.

(a) Es sei $A \subset \mathbb{N}$ eine endliche Indexmenge, und $\sum_A$ bezeichne die über die Indizes $n \in A$ erstreckte endliche Summe. Für $g = \sum_A \alpha_n u_n$, $h = \sum_A \beta_n u_n$ ist

$$\langle g, h \rangle = \sum_A \alpha_n \overline{\beta}_n , \quad \text{insbesondere} \quad \|g\|^2 = \sum_A |\alpha_n|^2 .$$

Das ergibt sich aus einer einfachen Rechnung

$$\langle \textstyle\sum_A \alpha_m u_m, \sum_A \beta_n u_n \rangle = \sum_{m,n \in A} \alpha_m \overline{\beta}_n \langle u_m, u_n \rangle = \sum_A \alpha_n \overline{\beta}_n \ .$$

Wir dehnen nun (a) auf unendliche Summen aus. Dabei spielt die Vollständigkeit des Raumes H eine entscheidende Rolle.

Satz. *Die Reihe $\sum_0^\infty \alpha_n u_n$ ist genau dann in H konvergent, wenn $\alpha = (\alpha_n)_0^\infty$ aus l^2 ist. Sind α und β aus l^2, so gelten für $g = \sum_0^\infty \alpha_n u_n$, $h = \sum_0^\infty \beta_n u_n$ die Gleichungen*

$$\langle g, h \rangle = \sum_{n=0}^{\infty} \alpha_n \overline{\beta}_n = \langle \alpha, \beta \rangle_{l^2} \quad und \quad \|g\|^2 = \sum_{n=0}^{\infty} |\alpha_n|^2 = \|\alpha\|_{l^2}^2 \ .$$

Speziell ist $\langle g, u_n \rangle = \alpha_n$.

Beweis. Ist die Reihe $\sum \alpha_n u_n$ konvergent, so sind ihre Teilsummen beschränkt, etwa $\|s_p\|^2 \le C$. Aus (a) folgt dann, daß auch die Teilsummen der Reihe $\sum |\alpha_n|^2$ die Schranke C haben. Also ist $\alpha \in l^2$. Dies sei nun vorausgesetzt. Wir betrachten die Teilsummen $s_p = \sum_0^p \alpha_n u_n$. Wendet man (a) auf $A = \{p+1, \ldots, q\}$ an, so erhält man $\|s_q - s_p\|^2 = \sum_{p+1}^q |\alpha_n|^2$. Wegen der Konvergenz der Reihe $\sum |\alpha_n|^2$ gibt es zu $\varepsilon > 0$ einen Index N derart, daß $\sum_{p+1}^q |\alpha_n|^2 < \varepsilon$ ausfällt, wenn nur $q > p \ge N$ ist. Für solche Indizes p, q ist also $\|s_q - s_p\|^2 < \varepsilon$, und hieraus ersieht man, daß die Teilsummen eine Cauchyfolge in H bilden. Wegen der Vollständigkeit von H konvergieren die Teilsummen gegen ein Element $g \in H$.

Der Rest folgt in einfacher Weise aus (a). Für s_p und $t_p = \sum_0^p \beta_n u_n$ ist $\langle s_p, t_p \rangle = \sum_0^p \alpha_n \overline{\beta}_n$, und aus $s_p \to g$ und $t_p \to h$ folgt mit 1.9 (a) $\lim \langle s_p, t_p \rangle = \langle g, h \rangle = \sum_0^\infty \alpha_n \overline{\beta}_n$. Der Spezialfall ergibt sich, wenn man $\beta_n = 1$, $\beta_i = 0$ für $i \ne n$ setzt. $\square$

10.11 Fourierreihen bezüglich einer Orthonormalfolge. Für ein Element $f \in H$ werden die Zahlen

$$\gamma_n := \langle f, u_n \rangle \qquad \textit{Fourierkoeffizienten von } f$$

bezüglich der ON-Folge $(u_n)_0^\infty$ genannt. Zunächst befassen wir uns mit dem Problem, f durch eine Summe $\sum_A \alpha_n u_n$ möglichst gut zu approximieren; dabei ist A wie oben in 10.10 (a) eine endliche Indexmenge. Es besteht dann die folgende *Approximationsformel*

$$\|f - \textstyle\sum_A \alpha_n u_n\|^2 = \|f\|^2 - \sum_A |\gamma_n|^2 + \sum_A |\alpha_n - \gamma_n|^2 \ .$$

Zum *Beweis* sei $g = \sum_A \alpha_n u_n$. Es ist dann

$$\|f - g\|^2 = \langle f - g, f - g \rangle = \|f\|^2 + \|g\|^2 - \langle f, g \rangle - \langle g, f \rangle \ .$$

Setzt man hier die Werte

$$\langle f, g \rangle = \textstyle\sum_A \overline{\alpha}_n \langle f, u_n \rangle = \sum_A \overline{\alpha}_n \gamma_n \ , \qquad \langle g, f \rangle = \sum_A \alpha_n \overline{\gamma}_n$$

und $\|g\|^2 = \sum_A |\alpha_n|^2$ (nach 10.10 (a)) ein, so ergibt sich die Formel, wenn man $|\alpha_n - \gamma_n|^2 = |\alpha_n|^2 + |\gamma_n|^2 - \alpha_n \overline{\gamma}_n - \overline{\alpha}_n \gamma_n$ beachtet. $\square$

Aus der Approximationsformel kann man den folgenden Satz, der die spezielle Rolle der Fourierkoeffizienten bei der Approximationsaufgabe deutlich macht, direkt ablesen.

Approximationssatz. *Es sei A eine endliche Indexmenge. Unter allen Linearkombinationen $\sum_A \alpha_n u_n$ stellt das Element $f_A = \sum_A \gamma_n u_n$ und nur dieses die beste Approximation von f dar. Es ist*

$$\|f - f_A\|^2 = \|f\|^2 - \sum_A |\gamma_n|^2 \leq \|f - \sum_A \alpha_n u_n\|^2 \ .$$

Die Koeffizienten der besten Approximation sind also die von der Menge A ganz unabhängigen Fourierkoeffizienten γ_n. Wir ziehen eine weitere Folgerung. Wegen $\|f - f_A\| \geq 0$ haben alle endlichen Summen $\sum_A |\gamma_n|^2$ die obere Schranke $\|f\|^2$. Die Folge $\gamma = (\gamma_n)_0^\infty$ gehört also zum Raum l^2. Die Reihe $\sum_0^\infty \gamma_n u_n$ ist dann nach Satz 10.10 konvergent. Diese Reihe wird

$$\textit{Fourierreihe von } f \qquad \sum_{n=0}^{\infty} \gamma_n u_n \qquad \text{mit} \quad \gamma_n = \langle f, u_n \rangle$$

bezüglich der ON-Folge $(u_n)_0^\infty$ genannt.

10.12 Konvergenzsatz. *Für jedes Element $f \in H$ ist die zugehörige Fourierreihe konvergent (in H). Mit der Bezeichnung $f^* = \sum_0^\infty \gamma_n u_n$, $\gamma_n = \langle f, u_n \rangle$ ist*

$$\|f - f^*\|^2 = \|f\|^2 - \sum_0^{\infty} |\gamma_n|^2 = \|f\|^2 - \|\gamma\|_{l^2}^2$$

sowie $\langle f - f^*, u_n \rangle = 0$ für alle n. Insbesondere ist $(\gamma_n) \in l^2$.

Das ergibt sich aus dem Approximationssatz für $A = \{0, 1, \ldots, p\}$ durch Grenzübergang $p \to \infty$; die Gleichung $\langle f^*, u_n \rangle = \gamma_n$ wurde bereits in Satz 10.10 bewiesen.

Unser Hauptinteresse gilt natürlich der Frage, wann $f = f^*$ ist, d.h. wann f durch seine Fourierreihe dargestellt wird. Dazu führen wir den Begriff der Vollständigkeit einer ON-Folge ein.

10.13 Vollständigkeit einer Orthonormalfolge. Die ON-Folge $(u_n)_0^\infty$ wird *vollständig* (oder *maximal*) genannt, wenn aus $\langle f, u_n \rangle = 0$ für alle $n = 0, 1, \ldots$ folgt $f = 0$, anders gesagt, wenn 0 das einzige zu allen u_n orthogonale Element aus H ist.

Mit diesem Begriff können wir nun als Höhepunkt und Abschluß der allgemeinen Theorie den folgenden Satz beweisen.

Darstellungssatz. *Ist die Orthonormalfolge $(u_n)_0^\infty$ vollständig, so wird jedes Element $f \in H$ durch seine Fourierreihe dargestellt,*

$$f = \sum_{n=0}^{\infty} \gamma_n u_n \qquad \text{mit} \quad \gamma_n = \langle f, u_n \rangle \ .$$

Zwischen f und der Folge der Fourierkoeffizienten $\gamma = (\gamma_n)_0^\infty$ *besteht die*

$$\text{Besselsche Gleichung} \quad \|f\|^2 = \sum_{n=0}^{\infty} |\gamma_n|^2 \,, \quad \text{d.h.} \quad \|f\| = \|\gamma\|_{l^2}$$

sowie, wenn $g \in H$ *die Fourierkoeffizienten* $\delta_n = \langle g, u_n \rangle$ *besitzt, die*

$$\text{Parsevalsche Gleichung} \quad \langle f, g \rangle = \sum_{n=0}^{\infty} \gamma_n \overline{\delta}_n = \langle \gamma, \delta \rangle_{l^2} \,.$$

Denn nach dem vorigen Satz ist $\langle f - f^*, u_n \rangle = 0$ für alle n, woraus aufgrund der Vollständigkeit der ON-Folge $f - f^* = 0$ folgt. Die Besselsche und die Parsevalsche Gleichung wurden bereits in Satz 10.10 bewiesen.

Bemerkung. Eine vollständige ON-Folge $(u_n)_0^\infty$ vermittelt eine lineare, bijektive und *isometrische* Abbildung U von H nach l^2,

$$U : H \to l^2 \,, \quad Uf = (\langle f, u_n \rangle)_0^\infty$$

mit der Umkehrabbildung

$$U^{-1} : l^2 \to H \,, \quad U^{-1}\alpha = \sum_0^{\infty} \alpha_n u_n \,.$$

Es ist $\langle f, g \rangle = \langle Uf, Ug \rangle_{l^2}$ für $f, g \in H$, also $\|f\| = \|Uf\|_{l^2}$. Das ist der wesentliche Inhalt des Darstellungssatzes. Um diesen abstrakten Satz zu realem Leben zu erwecken, müssen für spezielle Hilberträume vollständige ON-Folgen gefunden werden. Wir geben nun im Hilbertraum $L^2(-\pi, \pi)$ die den klassischen Fourierreihen entsprechenden ON-Folgen an.

10.14 Der Hilbertraum L_π^2. Der Banachraum $L^2(-\pi, \pi)$ wurde in 9.20 definiert; er wird im folgenden mit L_π^2 bezeichnet. Wir betrachten sowohl den reellen als auch den komplexen Raum, also reell- bzw. komplexwertige Funktionen. Für $f, g \in L_\pi^2$ führen wir das Innenprodukt

$$\langle f, g \rangle := \int_{-\pi}^{\pi} f(t)\overline{g}(t)\, dt$$

ein (im reellen Fall ist $\overline{g} = g$). Die Funktion $f\overline{g}$ ist aufgrund der Hölderschen Ungleichung aus 9.20 über $(-\pi, \pi)$ integrierbar. Man erkennt leicht, daß die Klammer $\langle \cdot, \cdot \rangle$ den Anforderungen von 1.9 genügt und daß $\sqrt{\langle f, f \rangle} = \|f\|_2$ ist. Der Raum L_π^2 ist also ein Hilbertraum. Die Konvergenz in diesem Raum wird auch *Konvergenz im quadratischen Mittel* genannt. Damit soll an die Definition erinnert werden,

$$\lim_{n \to \infty} f_n = f \quad \text{in} \quad L_\pi^2 \iff \int_{-\pi}^{\pi} |f(t) - f_n(t)|^2\, dt \to 0 \quad \text{für} \quad n \to \infty \,.$$

Wir führen nun im reellen bzw. komplexen Raum L_π^2 ON-Folgen ein:

(a) *Reeller Fall:* $(u_n)_0^\infty = \frac{1}{\sqrt{\pi}} \left(\frac{1}{2}\sqrt{2}, \cos t, \sin t, \cos 2t, \sin 2t, \cos 3t, \ldots \right)$,

(b) *Komplexer Fall:* $(v_n)_0^\infty = \frac{1}{\sqrt{2\pi}} \left(1, e^{it}, e^{-it}, e^{2it}, e^{-2it}, e^{3it}, \ldots \right)$.

Offenbar gilt

(c) $v_{2n-1} + v_{2n} = \sqrt{2}\, u_{2n-1} = \sqrt{\frac{2}{\pi}} \cos nt, \qquad v_{2n-1} - v_{2n} = i\sqrt{2}\, u_{2n} = i\sqrt{\frac{2}{\pi}} \sin nt$

für $n = 1, 2, \ldots$ und $u_0 = v_0$.

Daß $(v_n)_0^\infty$ eine ON-Folge ist, ergibt sich aus einer einfachen, im Beweis von 10.1 (f) durchgeführten Rechnung. Der Nachweis für $(u_n)_0^\infty$ kann ohne große Mühe durch zweimalige partielle Integration geführt werden.

Die mit diesen Funktionen u_n bzw. v_n gebildeten Fourierkoeffizienten sind nur bis auf multiplikative Konstanten gleich den früheren Zahlen a_n, b_n bzw. c_n. Die in den entsprechenden Fourierreihen auftretenden Produkte sind jedoch gleich,

$$a_n(f) \cos nt + b_n(f) \sin nt = c_n(f)e^{int} + c_{-n}(f)e^{-int}$$
$$= \langle f, u_{2n-1}\rangle u_{2n-1} + \langle f, u_{2n}\rangle u_{2n} = \langle f, v_{2n-1}\rangle v_{2n-1} + \langle f, v_{2n}\rangle v_{2n}$$

für $n \geq 1$ sowie $\frac{1}{2}a_0(f) = c_0(f) = \langle f, u_0\rangle u_0 = \langle f, v_0\rangle v_0$.

Die n-ten Teilsummen der früheren Fourierreihen (1) oder (2) von 10.1 (beide sind gleich nach 10.1 (4)) sind also gleich den $2n$-ten Teilsummen der Fourierreihen $\sum_0^\infty \langle f, u_n\rangle u_n$ und $\sum_0^\infty \langle f, v_n\rangle v_n$ (auch diese sind gleich).

Satz (Vollständigkeit der trigonometrischen Orthonormalfolgen). *Die in den Formeln* (a) *und* (b) *angegebenen Orthonormalfolgen sind vollständig.*

Beweis. Da die u_n durch die v_n ausgedrückt werden können, genügt es, den komplexen Fall zu betrachten. Es sei also f eine Funktion aus L_π^2, welche zu allen v_n orthogonal ist. Es muß dann nachgewiesen werden, daß $f = 0$ ist. Nach Satz 9.21 (mit $G = (-\pi, \pi)$) gibt es zu $\varepsilon > 0$ eine Funktion $\phi \in C_\pi^2$ mit $\|f - \phi\|_2 < \varepsilon$. Die Teilsummen $s_p(t) := s_p(t; \phi)$ konvergieren nach Corollar 10.4 gleichmäßig gegen ϕ. Aus $\langle f, v_n\rangle = 0$ folgt $\langle f, s_p\rangle = 0$. Wegen der gleichmäßigen Konvergenz gibt es ein $K > 0$ mit $|s_p(t)| \leq K$ für alle p, also $|f(t)\bar{s}_p(t)| \leq K|f(t)|$ für alle p. Nach dem Satz von der majorisierten Konvergenz kann man also im Integral $\langle f, s_p\rangle$ unter dem Integralzeichen zum Limes übergehen und erhält $\langle f, \phi\rangle = 0$. Nun bestimmen wir eine Folge von Funktionen ϕ_k aus C_π^2 mit $\|f - \phi_k\|_2 < 1/k$ für $k = 1, 2, \ldots$ Aus $\langle f, \phi_k\rangle = 0$ folgt durch Grenzübergang $\langle f, f\rangle = 0$ nach 1.9 (a). Also ist $f = 0$, was zu zeigen war. $\square$

Der Darstellungssatz 10.13 kann nun auf die klassischen Fourierreihen angewandt werden. Wir formulieren den dadurch gewonnenen Satz und benutzen dabei die in 10.1 definierten Fourierkoeffizienten.

10.15 Satz. *Es sei f eine Funktion aus L_π^2 mit den Fourierkoeffizienten c_n nach 10.1 (5). Dann konvergieren die Teilsummen der Fourierreihe von f im quadratischen Mittel gegen f,*

$$\lim_{p\to\infty} \int_{-\pi}^{\pi} |f(t) - \sum_{n=-p}^{p} c_n e^{int}|^2 \, dt = 0 \,,$$

und es ist

$$\sum_{n=-\infty}^{\infty} |c_n|^2 = \frac{1}{2\pi} \int_{-\pi}^{\pi} |f(t)|^2 \, dt \qquad \textit{Besselsche Gleichung} \,.$$

Ist f reellwertig und sind a_n, b_n die reellen Fourierkoeffizienten von f, so bleibt die Limesrelation mit den reellen Teilsummen erhalten (vgl. 10.1 (4)), und die Besselsche Gleichung lautet

$$\frac{1}{2}a_0^2 + \sum_{n=1}^{\infty}(a_n^2 + b_n^2) = \frac{1}{\pi}\int_{-\pi}^{\pi} f^2(t) \, dt \,.$$

Hieraus ergibt sich sofort ein

Eindeutigkeitssatz. *Haben zwei Funktionen $f, g \in L_\pi^2$ dieselben Fourierkoeffizienten, so sind sie als Elemente des Hilbertraumes L_π^2 gleich. Daraus folgt, daß $f(x) = g(x)$ für fast alle $x \in [-\pi, \pi]$ ist.*

10.16 Nochmals Absolutkonvergenz. Mit Hilfe der Besselschen Gleichung lassen sich schärfere Kriterien für die Absolutkonvergenz von Fourierreihen gewinnen.

Satz. *Ist f aus AC_π und ist die Ableitung f' sogar aus L_π^2, so konvergiert die Fourierreihe von f in $\mathbb{R}$ absolut und gleichmäßig gegen f. Diese Aussage gilt insbesondere für lipschitzstetige Funktionen, z.B. für $f \in C_\pi^1$.*

Beweis. Bezeichnet man die Fourierkoeffizienten von f und f' mit c_n und c_n', so ist $|c_n'| = |nc_n|$ nach 10.1 (j). Mit der Cauchyschen Ungleichung I.11.24 ergibt sich für die über $n \neq 0$ erstreckte Summe

$$\left(\sum |c_n|\right)^2 = \left(\sum \frac{|c_n'|}{|n|}\right)^2 \leq \sum |c_n'|^2 \cdot \sum \frac{1}{n^2} \,.$$

Die rechte Seite ist aufgrund der Besselschen Gleichung für f' endlich. Damit ist die gleichmäßige Absolutkonvergenz bewiesen.

Die Funktion $g(t) = \lim s_p(t; f)$ ist also stetig. Da aus der gleichmäßigen Konvergenz die L^2-Konvergenz folgt, ergibt sich aus Satz 10.15, daß $f = g$ in L_π^2, also $f(t) = g(t)$ f.ü. ist. Die Funktionen f, g sind aber stetig, und deshalb gilt diese Gleichung für alle t.   □

Mit Satz 10.9 ziehen wir daraus eine für viele praktische Fälle nützliche

Folgerung. *Ist die Funktion $f \in L_\pi$ in einem offenen Intervall J absolutstetig und $f' \in L^2(J)$, so konvergiert die Fourierreihe von f in jedem kompakten Teilintervall von J gleichmäßig gegen f.*

Zum *Beweis* verschafft man sich, wenn etwa I kompakt und $I \subset J \subset (-\pi, \pi)$ ist, eine Funktion $\phi \in AC[-\pi, \pi]$ mit supp $\phi \subset J$, welche in I gleich 1 ist (z.B. einen Streckenzug). Die Funktion $g = \phi \cdot f$ hat dann, wenn man sie noch 2π-periodisch fortsetzt, die im Satz 10.9 von f verlangten Eigenschaften. Die Behauptung folgt nun aus Satz 10.9. □

Beispiel. Es sei $f(t) = 1/|t|^{\alpha}$ mit $\alpha < 1$ für $0 < |t| \leq \pi$, $f(0) = 0$ sowie f 2π-periodisch fortgesetzt. Die Fourierreihe von f konvergiert auf jeder Menge $\varepsilon \leq |t| \leq \pi$ ($\varepsilon > 0$) gleichmäßig gegen f. Zum Beweis wendet man die Folgerung auf das Intervall $J = (\frac{1}{2}\varepsilon, 2\pi - \frac{1}{2}\varepsilon)$ an.

Aufgaben

1. Man verifiziere die folgenden Entwicklungen:

(a) $t^2 = \dfrac{\pi^2}{3} + 4 \displaystyle\sum_{n=1}^{\infty} \dfrac{(-1)^n}{n^2} \cos nt$ für $|t| \leq \pi$;

(b) $\cos \alpha t = \dfrac{\sin \alpha \pi}{\pi} \left(\dfrac{1}{\alpha} - \dfrac{2\alpha}{\alpha^2 - 1^2} \cos t + \dfrac{2\alpha}{\alpha^2 - 2^2} \cos 2t - \dfrac{2\alpha}{\alpha^2 - 3^2} \cos 3t + - \dots \right)$
für $\alpha \notin \mathbb{Z}$, $|t| \leq \pi$;

(c) $\cos t + \dfrac{\cos 2t}{2} + \dfrac{\cos 3t}{3} + \dots = -\log \left| 2 \sin \dfrac{t}{2} \right|$ für $0 < |t| \leq \pi$.

(d) $\sin t + \dfrac{\sin 2t}{2} + \dfrac{\sin 3t}{3} + \dots = \begin{cases} -(\pi + t)/2 & \text{für } -\pi \leq t < 0 \\ 0 & \text{für } t = 0 \\ (\pi - t)/2 & \text{für } 0 < t \leq \pi \, . \end{cases}$

Bei (a) kann man 10.1 (j) benutzen, bei (d) hilft Beispiel 3 von 10.4. Aus (b) folgt übrigens für $t = \pi$ die Partialbruchzerlegung des Cotangens aus I.8.12.

2. Man zeige: Ist $f \in C_{\pi}^0$ hölderstetig mit dem Hölder-Koeffizienten $\alpha \in (0, 1]$, so ist $|c_n(f)| \leq K/|n|^{\alpha}$.
Anleitung: Nach 10.1 (c) ist $c_n(f - f_a) = 2c_n(f)$ für $a = \pi/n$.

3. Mit der Folge $(c_n)_0^{\infty}$ aus l^2 wird die Potenzreihe $f(z) = \sum_{n=0}^{\infty} c_n z^n$ gebildet. Ihr Konvergenzradius ist offenbar ≥ 1. Man zeige: Die Fourierreihe $g_r(t) = \sum_0^{\infty} c_n r^n e^{int}$ ist für $0 < r \leq 1$ in L_{π}^2 konvergent, und es gilt $\|g_r - g_1\|_2 \to 0$ für $r \to 1-$.
Man setze $c_0 = 0$, $c_n = 1/n$ für $n > 0$ und zeige unter Verwendung der Potenzreihenentwicklung des Logarithmus (Beispiel 3 in 4.6), daß $g_1(t) = \log(1 - e^{it})$ (Hauptwert) ist. Daraus leite man die Formeln (c)(d) von Aufgabe 1 ab.

4. *Gerade und ungerade Fortsetzung.* Man berechne die Fourierreihe der geraden und ungeraden Fortsetzung der Funktionen $f(t) = (t - c)^+$ und $h(t) = f^2(t)$, $0 < t < \pi$. Dabei ist $0 < c < \pi$ und $u^+ = \max\{u, 0\}$. Man bestimme das Konvergenzverhalten (auch bezüglich der absoluten Konvergenz) und die Summe der Reihen.

5. *Fourierreihen und Potenzreihen.* Es sei $f(z) = \sum_{n=0}^{\infty} c_n z^n$ eine Potenzreihe mit dem Konvergenzradius $R > 0$. Für $0 < r < R$ hat dann die 2π-periodische Funktion $f(re^{it})$ die Darstellung $f(re^{it}) = \sum_{n=0}^{\infty} r^n c_n e^{int}$ als Fourierreihe. Man benutze diesen Zusammenhang zur Bestimmung der Summe der Fourierreihen

(a) $\displaystyle\sum_{n=0}^{\infty} \dfrac{\cos nt}{n!}$,   (b) $\displaystyle\sum_{n=1}^{\infty} \dfrac{\sin nt}{n!}$,   (c) $\displaystyle\sum_{n=0}^{\infty} \dfrac{\cos 2nt}{(2n)!}$,   (d) $\displaystyle\sum_{n=1}^{\infty} \dfrac{\sin 2nt}{(2n)!}$.

6. Die Fourierreihe einer Funktion $f \in L_\pi^2$ konvergiere punktweise für alle $x \in A \subset [-\pi, \pi]$. Man zeige, daß die Fourierreihe für fast alle $x \in A$ gegen $f(x)$ konvergiert.
Anleitung: Man benutze Satz 10.15 und Corollar 9.20.

Bemerkung. A.N. KOLMOGOROV gab 1926 (C.R. Acad. Sci. Paris 183, 1327–8) ein Beispiel einer Funktion $f \in L_\pi$ an, deren Fourierreihe an jeder Stelle divergent ist. Ob dasselbe für die Fourierreihe einer stetigen Funktion eintreten kann, war lange Zeit ein berühmtes ungelöstes Problem. L. CARLESON bewies 1966, daß dies nicht der Fall ist, noch mehr, daß die Fourierreihe einer Funktion f aus L_π^2 f.ü. punktweise gegen f konvergiert (Acta Math. 116, 135–157). Das Ergebnis wurde 1967 von R.A. HUNT auf Funktionen der Klasse L_π^p mit $p > 1$ ausgedehnt. In dem Buch *The Carleson-Hunt theorem in Fourier series* von O.G. Jørsboe und L. Mejlbro (Lecture Notes in Math., Vol. 911, Springer Verlag 1982) sind die schwierigen Beweise dargestellt.

Lösungen und Lösungshinweise zu ausgewählten Aufgaben

Aufgaben in § 1. *1.* (a) $\mathbb{R}$; (b) $\left\{0, 1, \frac{1}{2}, \frac{1}{3}, \dots\right\}$; (c) $0 \cup \left\{\frac{1}{m}\right\} \cup \left\{\frac{1}{m} + \frac{1}{n}\right\}$ (m, n ganz und ungerade).

2. Die Menge wird mit M bezeichnet.
  (a) $M° = \emptyset$, $\partial M = \overline{M} = \mathbb{N} \times \mathbb{R}$;
  (b) $M° = M$, $\overline{M} = \bigcup \left[\frac{1}{n+1}, \frac{1}{n}\right] \times [0, n] \cup \{0\} \times [0, \infty)$;
  (c) $M° = \emptyset$, $\overline{M} = \partial M = N \times N$ mit $N = \left\{0, \pm 1, \pm\frac{1}{2}, \pm\frac{1}{3}, \dots\right\}$;
  (d) $M° = \bigcup B_n$, $\overline{M} = \bigcup \overline{B}_n$, wobei $n \geq 1$ und $B_n := B_{1/n}\left(\left(\frac{1}{n}, n\right)\right)$ ist.
Allgemein ist $\partial M = \overline{M} \setminus M°$. Man beachte, daß im Fall (d) $\partial M \neq \bigcup \partial B_n$ ist.

3.(a) Aus $A \subset \overline{A}$ folgt $d(A, B) \geq d(\overline{A}, B)$. Nun gibt es zu jedem $\varepsilon > 0$ und $\overline{a} \in \overline{A}$ ein $a \in A$ mit $d(a, \overline{a}) < \varepsilon$, woraus mit der Dreiecksgleichung

$$d(a, b) \leq d(\overline{a}, b) + \varepsilon \implies d(A, B) \leq d(\overline{A}, B) + \varepsilon \leq d(A, B) + \varepsilon$$

folgt. Es ist also, da ε beliebig ist, $d(A, B) = d(\overline{A}, B)$ und deshalb auch $d(\overline{A}, B) = d(\overline{A}, \overline{B})$.
  (b) Aus $x \in \overline{A}$ folgt $d(x, \overline{A}) = 0 = d(x, A)$ nach (a), aus $x \notin \overline{A}$ dagegen $d(x, A) = d(x, \overline{A} > 0)$, da $\overline{A}$ abgeschlossen ist.
  (c) Für beliebige Punkte $a \in A$, $c \in C$ und $b_1, b_2 \in B$ ist

$$d(a, c) \leq d(a, b_1) + d(b_1, b_2) + d(b_2, c),$$

woraus man nach Definition

$$d(A, C) \leq d(a, b_1) + d(c, b_2) + \operatorname{diam} B$$

erhält. Bildet man hier bei festgehaltenem (c, b_2) das infinum von $d(a, b_1)$ über $A \times B$ und verfährt dann ebenso mit $d(c, b_2)$, so sieht man, daß die beiden mittleren Terme durch $d(A, B)$ und $d(B, C)$ ersetzt werden können. Man erhält dann die behauptete Ungleichung.
  (d) Für $A = \mathbb{N}$ und $B = \{n + \frac{1}{n} : n = 2, 3, \dots\}$ ist offenbar $d(A, B) = 0$, jedoch $d(a, b) > 0$ für beliebige $a \in A$ und $b \in B$. Die Mengen A und B sind abgeschlossen.

4. (a) Wir benutzen die Abschätzung

$$(*) \quad |d(x, A) - d(y, A)| \leq d(x, y) \text{ für } x, y \in X, A \subset X.$$

Sie ergibt sich aus der vorangehenden Aufgabe 3.(c), wenn man dort $B = x$ und $C = y$ setzt (und dann x, y vertauscht).

Zum Beweis der Gleichung in (a) bezeichnen wir die linke Seite cl A_ε mit A' und die rechte Seite mit D. Zu jedem $x \in A'$ gibt es eine Folge (x_n) aus A_ε mit $\lim x_n = x$ (Satz 1.14), woraus sich nach (*) $\lim d(x_n, A) = d(x, A) \leq \varepsilon$ wegen $d(x_n, A) < \varepsilon$ ergibt. Es ist also $A' \subset D$. Angenommen, es gibt ein $y \in D$, $y \notin A'$, also $d(y, A) = \varepsilon$. Da A' abgeschlossen ist, ist $d(y, A') = \delta > 0$, und wegen $d(y, A) = \varepsilon$ gibt es ein $a \in A$ mit $d(y, a) < \varepsilon + \frac{\delta}{2}$. Durch Verschiebung von y um $\frac{\delta}{2}$ in Richtung a erhält man einen Punkt $z = y + \left(\frac{\delta}{2}\right)(a - y)$ mit den Eigenschaften $z \notin A'$ und $d(z, a) < \varepsilon$, also $z \in A_\varepsilon$. Aus diesem Widerspruch folgt $A' = D$.

(b) Es genügt, die Aussage

$$(*) \quad d(x, A_\varepsilon) = d(x, A) - \varepsilon \quad \text{(falls rechte Seite positiv, sonst } = 0)$$

zu beweisen (dies sei dem Leser überlassen). Nun gilt offenbar nach Definition $d(C, B) = \inf\{d(x, B) : x \in C\}$ für beliebige Mengen B. Angewandt auf (*) ergibt sich $d(C, A_\varepsilon) = d(C, A) - \varepsilon$ (falls positiv, ...) und damit auch $d(C_\delta, A_\varepsilon) = d(C, A_\varepsilon) - \delta$ (falls positiv, ...).

(c) Zu $a, b \in \overline{A}$ gibt es Folgen (a_n), (b_n) aus A mit $\lim a_n = a$, $\lim b_n = b$, also $\lim d(a_n, b_n) = d(a, b)$. Wegen $d(a_n, b_n) \leq \operatorname{diam} A$ ist $d(a, b) \leq \operatorname{diam} A$ und damit auch $\operatorname{diam} \overline{A} \leq \operatorname{diam} A$. Die umgekehrte Gleichung ist trivial.

Für die zweite Gleichung wählen wir $a, b \in A_\varepsilon$ und dazu die Punkte a', b' aus A mit $d(a, a'), d(b, b') < \varepsilon$. Der Weg von a über a', b' nach b ist $< \operatorname{diam} A + 2\varepsilon$, und hieraus folgt $\operatorname{diam} A_\varepsilon \leq \operatorname{diam} A + 2\varepsilon$. Umgekehrt gibt es zu $a, b \in A$ Punkte a', b' auf der Geraden durch a, b mit $d(a, a'), d(b, b') < \varepsilon$ derart, daß $d(a', b')$ beliebig nahe an $d(a, b) + 2\varepsilon$, also bei geeigneter Wahl von a, b beliebig nahe an $\operatorname{diam} A + 2\varepsilon$ kommt. Hieraus folgt dann die zu beweisende Ungleichung.

5. Die Beweise sind einfach und stützen sich auf Satz 1.14 mit Corollar (vgl. auch Definition 1.16). Mit a, a_n werden Punkte aus A, mit b, b_n solche aus B bezeichnet.

(a) Ist U eine Umgebung von a, so ist $U + b$ eine Umgebung von $a + b$.

(b) In der Folge $(a_n + b_n)$ kann man durch Übergang zu einer Teilfolge (in zwei Schritten) annehmen, daß $a_n \to a$ und $b_n \to b$ strebt. Also strebt $(a_n + b_n)$ gegen $a + b \in A + B$.

(c) Strebt $a_n + b_n \to c$, so ist zu zeigen, daß $c \in A + B$ ist. Man kann $b_n \to b$ annehmen (Teilfolge), also $a_n \to a = c - b \in A$, da A abgeschlossen ist.

(d) Allgemeiner Fall: Zu $a' \in \overline{A}$ und $b' \in \overline{B}$ gibt es Folgen (a_n) und (b_n) mit Limes a' bzw. b'. Es strebt also $(a_n + b_n) \to a' + b' \in \overline{A + B}$, da diese Menge abgeschlossen ist. Nun sei B kompakt. Es sei $c = \lim(a_n + b_n)$ ein Element aus $\overline{A + B}$. Wir können annehmen, daß $b_n \to b$ und $a_n \to c - b \in \overline{A}$, d.h. $c \in \overline{A} + \overline{B}$.

6. Man benutzt die Angaben in Beispiel 4 von 1.12 und die folgenden Formeln: Für nichtleere Mengen $A, B \subset X$ ist

$A_\varepsilon = A$ für $\varepsilon \leq 1$ und $= X$ für $\varepsilon > 1$;

$\operatorname{diam} A = 1$, wenn A mindestens zwei Elemente hat, sonst $= 0$;

$d(A, B) = 1$, wenn A, B disjunkt sind, sonst $= 0$.

7. Offen sind alle Mengen, welche 0 nicht enthalten, und alle Obermengen von (euklidischen) Nullumgebungen $B_\varepsilon(0)$ ($\varepsilon > 0$).

8. (a) Die Aussage ist richtig für $p = 1$ und für $p = 2$, wo die Konvexkombination auf der Strecke von x_1 nach x_2 liegt. Für den Schluß von p nach $p + 1$ sei (i läuft von 1 nach p)

$$z = \sum \lambda_i x_i + \lambda y \quad \text{mit} \quad x_i, y \in K, \ \lambda, \lambda_i \geq 0, \sum \lambda_i = 1 - \lambda.$$

Dann ist

$$x = \frac{1}{1 - \lambda} \sum \lambda_i x_i \in K \quad \text{(Induktionsvoraussetzung) und}$$

$z = (1 - \lambda)x + \lambda y \in K$ (Fall $p = 2$).

(b) Wir schreiben $\sum^p$ für Summation bis $i = p$ und betrachten $x = \sum^p \lambda_i x_i$ und $y = \sum^q \mu_i y_i$ ($x_i, y_i \in M$, Konvexkombinationen). Durch Umbenennung kann man x und y als Summen $\sum'$ für $i = 1, ..., p + q$ schreiben,

$$x = \sum{}' \lambda_i x_i (\lambda_i = 0 \text{ für } i > p), \quad y = \sum{}' \mu_i x_i (y_i = x_{p+i}, \mu; \text{ entsprechend})$$

mit $\sum' \lambda_i = \sum' \mu_i = 1$. In dieser Schreibweise ist

$$z = (1 - \lambda)x + \lambda y = \sum{}' v_i x_i \text{ mit } v_i = (1 - \lambda)\lambda_i + \lambda\mu_i, \sum{}' v_i = 1.$$

Zu der angegebenen Menge conv M gehören x und y und auch z für $0 < \lambda < 1$, d.h., sie ist konvex. Ist K eine konvexe Obermenge von M, so zeigt (a), daß conv $M \subset K$ ist. Also ist conv M die kleinste konvexe Obermenge von M.

(c) Es sei $a_i \in A$, $b_i \in B$ und $\sum \lambda_i = \sum \mu_i = 1$. Für $x \in \text{conv}(A + B)$ ist

$$x = \sum \lambda_i(a_i + b_i) = \sum \lambda_i a_i + \sum \lambda_i b_i,$$

also $x \in \text{conv } A + \text{conv } B$. Umgekehrt ist für $y \in \text{conv } A + \text{conv } B$

$$y = \sum_i \lambda_i a_i + \sum_j \mu_j b_j = \sum_i \sum_j \lambda_i \mu_j (a_i + b_j) \in \text{conv}(A + B),$$

da die Doppelsumme $\sum_i \sum_j \lambda_i \mu_j = 1$ ist.

(d) Für $M = \{a_1, a_2, a_3\}$ ist offenbar conv $M = D$, und $x = \sum_1^3 \lambda_i a_i$ liegt auf einer Dreiecksseite, wenn ein $\lambda_i = 0$ ist (sind es zwei, so ist x ein Eckpunkt).

9. (a) Das abgeschlossene Fünfeck mit den Eckpunkten $(0, 0)$, $(0, 1)$, $(1, 0)$, $\left(\frac{1}{2}, 1\right)$, $\left(1, \frac{1}{2}\right)$ ohne die Punkte auf den Koordinatenachsen;
(b) $\mathbb{R}^2$; (c) $\left\{(x, y) : \frac{1}{1+x} \leq y < 1\right\} \cup \{(0, 1)\}$.

10. Die Überlegungen spielen sich in den drei Räumen $\mathbb{R}^p$, $\mathbb{R}^q$ und $\mathbb{R}^n (n = p + q)$ mit den entsprechenden Normen und Umgebungen ab, die wir alle mit $|\cdot|$, $B_\varepsilon(\cdot)$, $U(\cdot)$ bezeichnen (es kommt also darauf an, in welchem Raum der Punkt liegt). So ist etwa

$|x|^2 + |y|^2 = |(x, y)|^2$ für $x \in \mathbb{R}^p$, $y \in \mathbb{R}^q$, also $(x, y) \in \mathbb{R}^n$.

Für die zugehörigen Einheitskugeln B^p, B^q, B^n folgt $B^n \subset B^p \times B^q \subset \sqrt{2}B^n$, und hieraus dann

$$B_\varepsilon((a, b)) \subset B_\varepsilon(a) \times B_\varepsilon(b) \subset B_\alpha((a, b)) \text{ mit } a \in A, b \in B, \alpha = \sqrt{2}\varepsilon.$$

Für Umgebungen gilt dann: $U(a) \times U(b)$ ist eine Umgebung von (a, b), und zu $U((a, b))$ gibt es Umgebungen mit $U(a) \times U(b) \subset U((a, b))$. Hieraus folgt die Gleichung über Inneres. Einfacher ist die erste Gleichung. Dazu seien $a, a_n \in A$, $b, b_n \in B$ sowie $\bar{a} \in \bar{A}$ und $\bar{b} \in \bar{B}$. Es gibt dann Folgen mit $a_n \to \bar{a}$ und $b_n \to \bar{b}$, woraus $(a_n, b_n) \to (\bar{a}, \bar{b}) \in \bar{A} \times \bar{B}$ folgt. Mit einem ähnlichem Schluß in umgekehrter Richtung erhält man die Gleichung. In der letzten Gleichung stelle man den Rand durch $\bar{A}$ und A^0 dar.

11. (c) Die Gesetze (N1) – (N3) von 1.7 sind für $\|u\|_r$ leicht nachprüfbar. Ist $u(x) = \sum u_k x^k$ und $v(x) = \sum v_k x^k$, so hat $w = uv$ die Entwicklung $w(x) = \sum w_k x^k$ mit $w_k = \sum_0^k u_i v_{k-i}$ (Cauchy-Produkt; vgl. I.7.8). Nach Satz I.5.15 ist die Reihe für w für $x = r$ absolut konvergent, also $w \in H_r$. Zum Beweis der Vollständigkeit sei (u^n) mit $u^n(z) = \sum_k c_k^n z^k$ eine Cauchyfolge. Aus $|c_k^m - c_k^n|r^k \leq \|u^m - u^n\|$ folgt, daß $\lim\limits_{n \to \infty} c_k^n = d_k$ existiert. Für jede endliche Summe $\sum'_k$ ist $\sum'_k |c_k^m - c_k^n|r^k \leq \|u^m - u^n\| < \varepsilon$ für $m, n > n_0(\varepsilon)$, also $\sum'_k |c_k^m - d_k|r^k \leq \varepsilon$. Für $v(z) = \sum d_k z^k$ ist also $\|u^m - v\| \leq \varepsilon$ für $m > n_0(\varepsilon)$, insbesondere $u^m - v \in H_r$ und damit $v \in H_r$. Hieraus folgt $u_m \to v$ in H_r, d.h. H_r ist vollständig. Die Abschätzung

$$\|w\|_r = \sum_k |w_k|r^k \leq \sum_k r^k \sum_{i=0}^k |u_i|\,|v_{k-i}| = \sum r^k|u_k| \cdot \sum r^k|v_k| = \|u\|_r\|v\|_r$$

zeigt, daß H_r eine Banachalgebra ist.

14. Für den ersten Teil (Banachraum) braucht man den Satz: Für eine Folge (f_n) aus $C^1(I)$ mit $f_n \to g$, $f'_n \to h$ (gleichmäßig) ist $h = g'$ (Beweis mit Hauptsatz I.10.12). Im zweiten Teil (Banachalgebra mit Norm $\|f\|^*$) ist $\|fg\|^* \leq \|f\|^*\|g\|^*$ zu beweisen. Wir beschränken uns auf $k = 2$, d.h. $f, g \in C^2(I)$, und schreiben $|\cdot|$ für die Maximumnorm. Dann lautet die Ungleichung

$$|fg| + |(fg)'| + \frac{1}{2}|(fg)''| \leq (|f| + |f'| + \frac{1}{2}|f''|)(|g| + |g'| + \frac{1}{2}|g''|).$$

Man benutzt dazu $|fg| \leq |f||g|$ und $|f + g| \leq |f| + |g|$.

15. Die Menge $X = C_A(I)$ ist ein normierter Raum, da aus $f, g \in X$ folgt $f + g$, $\lambda f \in X$, wie man sofort sieht. Eine Cauchyfolge (f_n) aus X konvergiert gleichmäßig gegen eine Funktion $f \in C(I)$. Da für alle $t \in A$ alle $f_n(t) = 0$ sind, ist auch $f(t) = 0$, d.h. f gehört zu X.

16. Wir schreiben X für $C_\delta(D)$. Offenbar ist für $f \in X$

$$L_f = \sup\left\{\frac{|f(x) - f(y)|}{\delta(|x - y|)} : x, y \in D, x \neq y\right\}$$

die kleinste Konstante L mit $|f(x) - f(y)| \leq L\delta(|x - y|)$ für $x, y \in D$. Es ist $L_{\lambda f} = |\lambda| L_f$, wie man leicht sieht, und für $f, g \in X$

$$L_{f+g} \leq L_f + L_g \text{ wegen}$$
$$|(f + g)(x) - (f + g)(y)| \leq |f(x) - f(y)| + |g(x) - g(y)|.$$

Hieraus folgt, daß X ein Vektorraum ist ($f, g \in X \Rightarrow f + g, \lambda f \in X$) und daß die Normregeln (N1–N3) gültig sind.

Für die Vollständigkeit nehmen wir eine Cauchyfolge (f_n). Zu beliebigem $\varepsilon > 0$ gibt es dann ein N mit $\|f_n - f_m\| < \varepsilon$ für $m, n > N$, woraus man

$$|f_n(x) - f_m(x)| < \varepsilon\delta(|x - a|) \text{ für } m, n > N$$

erhält.

Da ε beliebig ist, erhält man aus Satz I.7.2 oder (um vorzugreifen) Satz 2.15: Die Folge (f_n) konvergiert gleichmäßig in beschränkten Teilmengen von D, und der Limes $f(x) = \lim f_n(x)$ ist stetig in D. Es bleibt zu zeigen, daß f aus X ist und $\|f_n - f\|$ gegen 0 strebt für $n \to \infty$. Nun gilt $|g(x) - g(y)| \leq \|g\|\delta(|x - y|)$, also

$$|(f_n - f_m)(x) - (f_n - f_m)(y)| < \varepsilon\delta(|x - y|) \text{ für } m, n > N.$$

Läßt man hier m gegen ∞ streben, so erhält man dieselbe Ungleichung mit f statt f_m und damit $L_{f_n-f} < \varepsilon$ für $n > N$. Hieraus folgt zunächst, daß $f_n - f$ aus X, also auch f aus X ist. Ferner ist $|f_n(a) - f(a)| < \varepsilon$ für große n und damit $\|f_n - f\| < 2\varepsilon$ für $n > N$ (wobei evtl. N zu vergrößern ist), d.h. $\|f_n - f\| \to 0$ für $n \to \infty$.

17. Offenbar ist $X = BC(R)$ ein Banachraum mit der Maximumnorm in $\mathbb{R}$, und C_1, C_2 und C_0 sind Unterräume von X, also normierte Räume. Angenommen die Folge (f_n) aus C_2 kovergiere gegen $f \in X$ in der Norm. Zu $\varepsilon > 0$ gibt es ein N mit $\|f_n - f\| < \varepsilon$ für $n > N$ und ein R mit $|f_N(t)| < \varepsilon$ für $|t| > R$. Für diese t ist $|f(t)| \leq |f_N(t)| + \varepsilon < 2\varepsilon$, d.h. $f(t) \to 0$ für $t \to \infty$ und somit $f \in C_2$; also ist C_2 ein Banachraum. Ähnlich schließt man im Fall C_1.

Wir definieren eine Folge (f_n) aus C_0 gemäß $f_n(t) = \mathrm{e}^{-t}$ in $[0, n]$ und $= 0$ in $[n + 1, \infty)$ sowie linear in $[n, n + 1]$ derart, daß f in $[0, \infty)$ stetig ist, und ferner $f(t) = f(-t)$ für $t < 0$. Man zeigt leicht, daß $\|f_n - f_m\| \leq \mathrm{e}^{-m}$ für $n > m$ ist. Also ist (f_n) eine Cauchyfolge in X mit dem Limes $\mathrm{e}^{-|t|}$, der nicht zu C_0 gehört, d.h. dieser Unterraum ist kein Banachraum.

18. Es ist $d(x, g) = \min_\lambda |a + \lambda b - x|$. Die Funktion $\phi(\lambda) = |a + \lambda b - x|^2$ ist quadratisch in λ, hat also ein Minimum genau an einer Stelle $\lambda_{\min}$. Aus $\phi'(\lambda) = 2\langle a + \lambda b - x, b\rangle = 0$ erhält man $d(x, g) = |a + \langle x - a, b\rangle b - x|$.

19. Die Normgesetze (N1–N3) für $\|x\|$ sind einfach nachzuweisen. Aus $|x_i| \leq \alpha$ für alle $i \geq 1$ folgt $\|x\| \leq \alpha$, also $\|x\| \leq \|x\|_\infty$. Die Nichtäquivalenz der beiden Normen läßt sich an den 'Einheitsvektoren' $e^k = (e_i^k : i \geq 1)$ mit $e_k^k = 1$ und $e_i^k = 0$ sonst zeigen: $\|e^k\|_\infty = 1$ und $\|e^k\| = \frac{1}{k}$ für $k = 1, 2, \dots$. Für die Folge $x = (0, 0, \dots, 0, 1, 0, 0, \dots)$ mit 1 an der k-ten Stelle ist $\|x\|_\infty = 1$ und $\|x\| = \frac{1}{k}$. Da k beliebig ist, sind die Normen nicht äquivalent.

20. Die Gesetze (N1) und (N2) sind leicht nachzuprüfen. Bei der Dreiecksungleichung $|x + y| \leq |x| + |y|$ gibt es zwei Fälle. Ist $|x + y| = |x_1 + y_1|$, so folgt sie aus $|x_1| \leq |x|$, $|y_1| \leq |y|$, und ähnlich behandelt man den zweiten Fall.

Aufgaben in § 2. 2. Ist f in $\mathbb{R}^n$ lipschitzstetig, $|f(x) - f(y)| \leq L|x - y|$, so folgt

$$|f(x)| \leq |f(x) - f(0)| + |f(0)| \leq |f(0)| + L|x|,$$

d.h. $\frac{f(x)}{|x|}$ bleibt beschränkt für $|x| \to \infty$. Für ein Polynom vom Grad k (Bezeichnung in 2.6, Summation über $|p| \leq k$) $P(x) = \sum a_p x^p$ mit dem Hauptteil $P_k(x) = \sum a_p x^p$, summiert über $|p| = k$, ist $P_k(tx) = t^k P_k(x)$. Wählt man ein $c \in \mathbb{R}^n$ mit $P_k(c) \neq 0$, so strebt $\frac{P_k(ct)}{t}$ für $t \to \infty$ gegen $\pm\infty$, wenn $k > 1$ ist, und dasselbe Verhalten hat dann auch $\frac{P(ct)}{t}$. Ist also $P(x)$ lipschitzstetig, so ist $k \leq 1$.

3. Aus der Vorzeichenverteilung von f_y und wegen $f(x, y) = f(x, -y)$ ergibt sich sofort

$$F(x) = \begin{cases} f(x, x) = 2x^2 e^{-x-x^2} & \text{für} \quad -2 \leq x \leq -\frac{1}{2}\sqrt{2} \\ f(x, -\sqrt{1 - x^2}) = e^{-x+x^2-1} & \text{für} \quad -\frac{1}{2}\sqrt{2} \leq x \leq 1 \\ f(x, 0) = x^2 e^{-x} & \text{für} \quad 1 \leq x \leq 2 . \end{cases}$$

Man erhält $\max f = \max F = F(\alpha) = f(\alpha, \alpha) = 2{,}2898$ mit $\alpha = -(1 + \sqrt{17})/4 = -1{,}2808$.

4. Da $d(x, A_n)$ stetig in D ist (Bsp. 1 in 2.1) und D kompakt ist, wird das Maximum in D angenommen. Die Konstruktion ist also wohldefiniert. Da der Abstand bei der Vergrößerung von A_n abnimmt, ist die Folge $d(a_{n+1}, A_n)$ abnehmend; ist ihr Limes $\alpha > 0$, so ist $d(a_{n+1}, A_n) \geq \alpha$ für alle n und damit $d(a_m, a_n) \geq \alpha$ für $m \neq n$. Die Folge (a_n) und jede Teilfolge davon kann also nicht konvergieren im Widerspruch zur Kompaktheit von D. Damit ist der Limes $\alpha = 0$, und es gibt zu beliebigem $r > 0$ ein p mit $d(x, A_p) < r$ für alle x, d.h. die Kugeln $B_r(a_n)$ für $n = 1, 2, \ldots, p$ überdecken D.

5. Ist $D \subset \mathbb{R}$ ein Retrakt und P eine zugehörige Retraktion, so folgt aus $P(\mathbb{R}) = D$ und dem Zwischenwertsatz I.6.12, daß D ein Intervall ist. Strebt eine Folge (t_n) aus D gegen a, so strebt auch $P(t_n) = t_n$ gegen a, und es ist $P(a) = a \in D$, d.h. D ist abgeschlossen.

6. Vorbemerkung. Ist $u \in C^1[0, \infty)$, $u(0) \geq 0$ und u' fallend, so gilt

(*) $\quad u(s + t) \leq u(s) + u(t)$ für $s, t \geq 0$,

denn bei festem t gilt (*) für $s = 0$, und für $s > 0$ stehen die Ableitungen der linken und rechten Seite von (*) in der Relation $u'(t + s) \leq u'(s)$.

Nun sei L die Menge der linearen Funktionen $h(t) = \alpha + \beta t$ mit $\alpha \geq 0, \beta > 0$ und der Eigenschaft, daß $h(t) \geq \delta(t)$ in $[0, 2]$ ist. Für den neuen Modul $\delta^*(t) = \inf\{h(t) : h \in L\}$ ist (*) nachzuweisen. Dazu gibt man $s, t, \varepsilon > 0$ vor und bestimmt Funktionen $h_1, h_2 \in L$ derart, daß

$$h_1(t) < \delta^*(t) + \varepsilon \text{ und } h_2(s) < \delta^*(s) + \varepsilon \text{ ist.}$$

Offenbar haben h_1 und h_2 die Eigenschaft (*). Das gilt auch für $k(t) = \min\{h_1(t), h_2(t)\}$ und ist trivial, wenn z.B. $h_1 < h_2$ ist; wenn sie sich aber schneiden, so ist $k'(t)$ links von der Schnittstelle größer als rechts (siehe Vorbemerkung). Damit ist

$$\delta^*(s+t) \le k(s+t) \le k(s) + k(t) \le h_1(t) + h_2(s) < \delta^*(t) + \delta^*(s) + 2\varepsilon.$$

7. Zu $\varepsilon > 0$ gibt es nach 2.2(c) eine Umgebung U von ξ derart, daß $L_* - \varepsilon < f(x) < L^* + \varepsilon$ in $U \cap D$ gilt; hieraus folgt $\omega(\xi) < L^* - L_* + 2\varepsilon$. Nach 2.2(a) gibt es zu $\varepsilon > 0$ in jeder Umgebung von ξ Punkte $a, b \in D$ mit $f(a) < L_* + \varepsilon$ und $f(b) > L^* - \varepsilon$, woraus man $\omega(\xi) > L^* - L_* - 2\varepsilon$ ableitet.

8.(a) Im folgenden sind $x, z \in X$ und $y \in D$. Aus der Lipschitzbedingung in D und der Dreiecksungleichung folgt für $a \in D$

$$f(y) \le f(a) + L|y - a| \le f(a) + L|y - x| + L|x - a|$$

und, wenn man den Term $L|y - x|$ nach links bringt,

$$F(x) \le f(a) + L|x - a| < \infty;$$

$F(x)$ ist also wohldefiniert in X. Für $x = a$ ergibt sich $F(a) \le f(a)$; andererseits erhält man $F(a) \ge f(a)$, wenn man in der Definition $x = y = a$ wählt. Es ist also $f(a) = F(a)$ und damit $f = F$ in D.

Für beliebige Punkte x, z ist

$$F(z) \ge f(y) - L|y - z| \ge f(y) - L|y - x| - L|x - z|,$$

und für das Supremum über $y \in D$ erhält man

$$F(z) \ge F(x) - L|x - z| \Rightarrow F(x) - F(z) \le L|x - z| \text{ für } x, z \in X.$$

Durch Vertauschen von x und z ergibt sich $|F(x) - F(z)| \le L|x - z|$.

(b) Der Beweis von (a) kann übernommen werden.

(c) Der Abstand $d(x, A) = d(x, D)$ ist lipschitzstetig mit Konstante 1 (vgl. Aufgabe 1.3(a) und Bsp. 1 in 2.1) und positiv in D', da D' offen ist. Wir wählen $\phi(t) = (1 - t)^+$; dann ist $\phi(t) = 0$ für $t \ge 1$, und $\mu_n(x)$, $\mu(x)$ und $\lambda_n(x)$ sind stetig in D'.

Zum Beweis des Satzes von Dugundji sei $c \in \partial D$ und $\varepsilon > 0$, und $\delta > 0$ sei so gewählt, daß

$$|f(y) - f(c)| < \varepsilon \text{ für } |y - c| \le \delta, y \in D \text{ ist.}$$

Im folgenden ist $x \in D'$ und $|x - c| < \frac{\delta}{2}$. Es gilt dann

$$d(x, D) \le |x - c| \le \frac{\delta}{2} \text{ und } |a_n - x| \ge \frac{\delta}{2} \text{ für } |a_n - c| > \delta.$$

Es ist also $\frac{|x - a_n|}{d(x, D)} \ge 1$ und deshalb $\lambda_n(x) = 0$ für $|a_n - c| > \delta$. In der Summe für $F(x)$ treten demnach nur Summanden mit $|a_n - c| < \delta$ auf, und für diese ist $|f(a_n) - f(c)| < \varepsilon$. Wegen $\sum \lambda_n(x) = 1$ erhält man

$$|F(x) - f(c)| = \left|\sum \lambda_n(x)(f(a_n) - f(c))\right| < \varepsilon \text{ für } |x - c| < \frac{\delta}{2}.$$

9. (a) Konvergenz nach der Maximumnorm ist gleichmäßige Konvergenz – man benutze Satz 2.15.

(b) $\alpha|f(x)| \le p(x)|f(x)| \le \beta|f(x)| \Rightarrow \alpha\|f\|_\infty \le \|f\| \le \beta\|f\|_\infty$.

11. Für die beiden Mengen schreiben wir $\{f > \alpha\}$ und $\{f < \alpha\}$.

(i) Ist f stetig und $a \in \{f > \alpha\}$, so gilt die Ungleichung $f(x) > \alpha$ auch in einer Umgebung von a, d.h. a ist innerer Punkt von $\{f > \alpha\}$, diese Menge ist also offen (entsprechend für $\{f < \alpha\}$).

(ii) Nun sei $a \in D$ und $f(a) = \alpha$. Dann ist $a \in \{f > \alpha - \varepsilon\}$ ($\varepsilon > 0$) und, da diese Menge offen ist, $f(x) > \alpha - \varepsilon$ in einer Umgebung von a. Ebenso zeigt man, daß $f(x) < \alpha + \varepsilon$ in einer Umgebnng von a gilt, d.h. in einer Umgebung von a ist $|f(x) - f(a)| < \varepsilon$. Das bedeutet, da ε beliebig ist, daß f in a stetig ist.

12. *Halbstetige Funktionen.* Das sind, kurz gesagt, reelle Funktionen, welche die ε-δ-Bedingung für Stetigkeit nur in einer Richtung erfüllen. Man kann $D = X$ voraussetzen, da D selbst ein metrischer Raum ist. Genauer: Die Funktion $f : X \to \mathbb{R}$ ist im Punkt ξ

> *nach oben halbstetig*, ..ε-δ.. $f(x) < f(\xi) + \varepsilon$ für alle $x \in B_\delta(\xi)$ gilt, und
>
> *nach unten halbstetig*, ..ε-δ.. $f(x) > f(\xi) - \varepsilon$ für alle $x \in B_\delta(\xi)$ gilt.

Dabei steht "..ε-δ.." für "wenn es zu jedem $\varepsilon > 0$ ein $\delta < 0$ gibt derart, daß". Diese Definition stimmt, wie man erkennen kann, mit jener von Aufgabe 12 überein. Hier und im folgenden schließen wir zunächst den Fall $f(x) \pm \infty$ aus.

(a) Das ist in der obigen Form sofort erkennbar.

(b) Das wird ähnlich bewiesen wie in Aufgabe 11.

(c) Ist $f(\xi) = \inf f_\alpha(\xi) > -\infty$, so gibt es zu $\varepsilon > 0$ ein α mit $f_\alpha(\xi) < f(x) + \varepsilon$ und eine Umgebung U von ξ mit der Eigenschaft $f_\alpha(x) < f_\alpha(\xi) + \varepsilon$ in U. Zusammen ergibt das $f(x) < f(\xi) + 2\varepsilon$ in U, d.h. f ist in ξ nach oben halbstetig.

Die folgenden nützlichen Eigenschaften seien dem Leser überlassen.

(d) f ist genau dann in ξ nach oben halbstetig, wenn $\limsup\limits_{x \to \xi} f(x) \le f(\xi)$ ist, oder gleichwertig, wenn $\limsup f(x_n) \le f(\xi)$ ist für jede Folge (x_n) aus X mit $\lim x_n = \xi$. Die entsprechende Bedingung für Halbstetigkeit nach unten ist $\liminf\limits_{x \to \xi} f(x) \ge f(\xi)$.

(e) f ist genau dann nach oben halbstetig, wenn $-f$ nach unten halbstetig ist. *Bemerkung zu unendlichen Werten.* Aus der Definition (Aufg. 12) folgt:

$f(\xi) = \infty$: f ist immer nach oben halbstetig. (In dem Buch *Real and Abstract Analysis* von Hewitt-Stromberg (Springer-Verlag 1969) wird Halbstetigkeit nach oben nur für $-\infty \le f(\xi) < \infty$ definiert.)

$f(\xi) = -\infty$: f ist nach unten halbstetig, wenn es zu $n = 1, 2, 3, \dots$ eine Umgebung U_n von ξ mit $f(x) < -n$ in U_n gibt, (so auch bei Hewitt-Stromberg).

13. Zu ε ist ein passendes δ gesucht, so daß

$$D(x, y) = |x^2 - y^2| < \varepsilon \text{ gilt, wenn } |x - y| < \delta \text{ ist.}$$

Fall 1: $D(x, y) = 0$, wenn $\delta < 1$ ist (da $x = y$ ist).

Fall 2: Im Intervall $I_n = [n, \frac{n+1}{n^2}]$ ist die Schwankung $\omega(I_n) = \frac{2}{n} + \frac{1}{n^4}$, und der Abstand $d(I_n, I_{n+1})$ ist $> \frac{1}{2}$ für $n > 2$. Zu ε gibt es ein p mit $\omega(I_p) < \varepsilon$. Man wählt δ so, daß $D(x, y) < \varepsilon$ ist für $x, y \in [1, p]$ mit $|x - y| < \delta$. Das gilt dann auch für $x, y \in I_n$, $n \geq p$.

Fall 3: Hier ist $I_n = [n, n + \frac{1}{n}]$ und $\omega(I_n) > 2$. Zu jedem $\delta > 0$ gibt es ein n mit $\frac{1}{n} < \delta$, und in I_n gibt es x, y mit $D(x, y) > 2$, $|x - y| = \frac{1}{n} < \delta$.

Der Stetigkeitsmodul ist im Fall 1 durch $\delta(s) = 0$ in $[0, 1)$ und ∞ für $s \geq 1$ gegeben.

14. (a) Aus $(S^k f)(t) = \frac{1}{(k-1)!} \int_0^t f(s)(t - s)^{k-1} \, ds$ folgt $\|S^k\| = \frac{a^k}{k!}$;

(b) $\|S\|_{(\alpha)} = \frac{1 - e^{-\alpha\alpha}}{\alpha} < \frac{1}{\alpha}$.

15. Für den Durchschnitt der Mengen F_α mit $\alpha \in E$, wobei $E \subset A$ eine endliche Indexmenge ist, schreiben wir $\underset{E}{\cap} F_\alpha$. Wenn der Durchschnitt $\underset{A}{\cap} F_\alpha$ leer ist, so ist $\underset{A}{\cup} F_\alpha' = \mathbb{R}^n$ (Formel von de Morgan in 1.3; $F_\alpha' = \mathbb{R}^n \setminus F_\alpha$ ist das Komplement von F_α). Wir wählen eine kompakte Menge F_β aus F. Nach dem Satz von Heine-Borel gibt es dann eine endliche Indexmenge E derart, daß F_β von der Menge $G = \underset{E}{\cup} F_\alpha'$ überdeckt wird. Also sind F_β und $G' \underset{E}{\cap} F_\alpha$ disjunkt. Das ist ein Widerspruch zur endlichen Durchschnittseigenschaft von F.

16. Die Verbindungsstrecke $\overline{ab} = \{a(1-\lambda)+\lambda b; 0 \leq \lambda \leq 1\}$ (vgl. 1.2) sei in G gelegen, und es sei etwa $f(a) < f(b)$. Die Funktion

$$\phi(\lambda) = f(a(1 - \lambda) + \lambda b) \text{ mit } \phi(0) = f(a) \text{ und } \phi(1) = f(b)$$

ist stetig in $[0, 1]$. Nach dem Zwischenwertsatz nimmt ϕ alle Werte zwischen $f(a)$ und $f(b)$ an, und das gilt auch für die Werte von f auf der Strecke $\overline{ab}$. Hat also die Wertmenge $f(G)$ keine inneren Punkte, so ist f auf jeder Strecke in G konstant. Das gilt dann auch für Streckenzüge in G, und da man zwei beliebige Punkte aus G durch einen Streckenzug verbinden kann, folgt die Behauptung.

17. Es bezeichne L den Limes und L_* bzw. L^* den Limes inferior bzw. Limes superior. (a) $L_* = 1, L^* = \sqrt{3}$; (b) $L = 0$; (c) $L = 1$. Bei (a) hilft die Cauchysche Ungleichung.

18. Die Aussage ist richtig für offene Mengen und für kompakte Mengen, dagegen falsch für abgeschlossene Mengen (abgesehen vom trivialen Fall $n = 1$). Gegenbeispiel im $\mathbb{R}^2$: $A = \{(\frac{1}{n}, n) : n \geq 1\}$.

19. Mit den Potenzreihen

$$P(t) = \frac{1 - \cos t}{t^2} = \frac{1}{2} - \frac{1}{24}t^2 + - \cdots, \quad Q(t) = \frac{\sin t}{t} = 1 - \frac{1}{6}t^2 + - \cdots$$

läßt sich f in der Form $f(x, y, z) = zP(xy)Q(xz)$ schreiben. Damit ist die stetige Fortsetzung bestimmt. Es ist $f(x, 0, z) = \frac{1}{2}zQ(xz)$ und $f(0, y, z) = \frac{1}{2}z$.

20. $f(x, y) = \frac{1}{1-x(1+y)}$. Die Reihe ist absolut konvergent für $|x|(1 + |y|) < 1$.

Aufgaben in § 3. *1.* Die Aussage 3.15(c) ist ein Spezialfall des Darstellungssatzes; er führt auf die geometrische Reihe. Bei der Aussage 3.15(d) kann man $\gamma = 1$ annehmen (betrachte $\frac{f(x)}{\gamma}$). Setzt man in die Taylor-Reihe $T(x; f)$ die Abschätzung $|D^p f(0)| \leq C^{|p|}$ und, wenn $|x|_\infty \leq s$ ist, $|x^p| \leq s^{|p|}$ ein, so erhält man

$$|T(x; f)| \leq \sum_{p \geq 0} \frac{(Cs)^{|p|}}{p!} = \sum_{p \geq 0} \frac{x^p}{p!} \text{ mit } x = Cse, e = (1, 1, ..., 1).$$

Die zweite Summe ist die Exponentialreihe (Bsp. 2 in 2.18). Dieser Beweis der absoluten Konvergenz von $T(x; f)$ gilt für alle $s > 0$.

Das Restglied $R_{m-1}(x)$, wie es im Beweis des Darstellungssatzes erscheint, behandelt man auf dieselbe Weise; so erhält man

$$|R_{m-1}(x)| \leq \sum_{|p|=m} \frac{c^m s^m}{p!} =: A_m \text{ für } |x|_\infty \leq s < r.$$

Die Summe $\sum_1^\infty A_m$ ist nichts anderes als die obige Exponentialreihe; aus ihrer Konvergenz folgt $A_m \to 0$ für $m \to \infty$.

2. Aus $|x_i| \leq |b_i|$ folgt $|x^p| \leq |b^p|$ und $|a_p x^p| \leq |a_p||b^p| = |a_p b^p|$; hieraus erhält man die Behauptung.

3. (a) $P(1)$, $|xy| < 1$; (b) $P(1)$, $|x| < 1$, $|y| < 1$; (c) $P\left(\frac{1}{3}\right)$, $|x| + |y| + |z| < 1$.

4. grad arg $(x, y) = \left(\frac{-y}{x^2+y^2}, \frac{x}{x^2+y^2}\right)$. Offenbar ist arg $(x, y) = \arctan \frac{y}{x}$ $(x \neq 0)$ oder auch $= \text{arccot} \frac{x}{y}$ $(y \neq 0)$ aus $C^\infty(G)$; vgl. etwa Beispiel 4 von I.9.14.

5. Zu $x, y \in G$ gibt es Punkte $x_0 = x, x_1, \ldots, x_p = y$, so daß der Polygonzug $P(x_0, \ldots, x_p)$ in G verläuft und eine Länge $< 2d_G(x, y) \leq 2K|x - y|$ hat. Aus $|f'| \leq L$ folgt $|f(x_i) - f(x_{i-1})| \leq L|x_i - x_{i-1}|$ (Mittelwertsatz), also $|f(x) - f(y)| \leq |f(x_1) - f(x_0)| + \cdots + |f(x_p) - f(x_{p-1})| \leq L|x_1 - x_0| + \cdots + L|x_p - x_{p-1}| \leq 2KL|x - y|$.

6. Auch die Funktion $v = u_{x_1}$ (z.B.) wird durch $v(0) = \lim_{x \to 0} u_{x_1}(x)$ stetig auf B_r fortgesetzt, und aus Hilfssatz I.10.18 folgt $v(0) = u_{x_1}(0)$. Entsprechend für höhere Ableitungen.

7. Es sei H_q die Klasse aller Funktionen der Form $f(x) = R(x)/|x|^j$, wobei R ein homogenes Polynom vom Grad i und $i - j = q$ ist. Aus $f \in H_q$ folgt $f_{x_i} \in H_{q-1}$ und allgemein $D^p f \in H_{q-|p|}$. Ist f aus H_q mit $q > 0$ und setzt man $f(0) = 0$, so ist f stetig in $\mathbb{R}^n$. Mit Aufgabe 6 folgt, daß dann sogar $f \in C^{q-1}(\mathbb{R}^n)$ ist. Unter den Voraussetzungen der Aufgabe ist $f = P/|x|^m$ aus H_q mit $q = k - m$, und die erste Behauptung ist bewiesen. Ist sogar $f \in C^q(\mathbb{R}^n)$, so ist jede q-te Ableitung g von f konstant. Denn g ist stetig und aus H_0, also konstant längs Strahlen, die vom Nullpunkt ausgehen. Es ist also $(D^p f)(0) = 0$ für $|p| < q$ und $D^p f = $ const. für $|p| = q$. Aus dem Taylorschen Satz 3.13 (mit $\xi = 0$) folgt dann, daß f ein Polynom vom Grad q ist, d.h. daß der Ausnahmefall vorliegt.

8. Aus $u(t, 0, \dots, 0) =: v(t) \in C^2(-R, R)$ und $v(t) = \phi(|t|)$ ergibt sich ohne Mühe $\phi \in C^2[0, R)$ und $\phi'(0) = 0$. Unter dieser Annahme strebt $\phi'(t)/t \to \phi''(0)$ für $t \to 0+$, und aus der Darstellung

$$u_{x_i x_j}(x) = \delta_{ij}\frac{\phi'(r)}{r} + \frac{x_i x_j}{r^2}\left(\phi''(r) - \frac{\phi'(r)}{r}\right), \quad r = |x|,$$

folgt $u \in C^2(\dot{B}_R)$ und $u_{x_i} \to 0$, $u_{x_i x_j} \to \delta_{ij}\phi''(0)$ für $x \to 0$, also $u \in C^2(B_R)$; vgl. Aufgabe 6.

9. $u_x = -\frac{2x}{r^4}\sin A + \frac{3x^2}{r^2}\cos A$, $u_y = -\frac{2y}{r^4}\sin A + \frac{4y^3}{r^2}\cos A$ mit $A = x^3 + y^4$. Die Grenzwerte von u_x und u_y für $(x, y) \to 0$ existieren nicht (man betrachte etwa die Fälle $x = 0$, $y = 0$, $x = y$), d.h. u ist in $\mathbb{R}^2$ stetig, aber im Nullpunkt nicht differenzierbar. Für v kann man die mühsame Berechnung der höheren Ableitungen vermeiden. Es ist $v(x, y) = v_0(x, y)\phi(x^3 + y^4)$ mit $v_0 = (x^3 + y^4)^2/r^2$, $\phi(t) = (\cos t - 1)/t^2 \in C^\infty(\mathbb{R})$. Also genügt es, v_0 zu untersuchen. Mit Aufgabe 7 (oder durch direktes Nachrechnen) ergibt sich $v_0 \in C^3(\mathbb{R}^2)$, $\notin C^4(\mathbb{R}^2)$, und dasselbe gilt für v.

10. $\Delta r^\alpha = r^{\alpha-2}\alpha(\alpha + n - 2)$,

$$\Delta \frac{1}{r}e^{\alpha r} = \frac{1}{r}e^{\alpha r}\left[\alpha^2 + \frac{\alpha}{r}(n-3) - \frac{1}{r^2}(n-3)\right],$$

$$\Delta \frac{\cos \alpha r}{r} = -\frac{\cos \alpha r}{r}\left[\alpha^2 + \frac{n-3}{r^2}\right] - \frac{\sin \alpha r}{r}\cdot\frac{\alpha(n-3)}{r},$$

$$\Delta \frac{\sin \alpha r}{r} = -\frac{\sin \alpha r}{r}\left[\alpha^2 + \frac{n-3}{r^2}\right] + \frac{\cos \alpha r}{r}\cdot\frac{\alpha(n-3)}{r}.$$

Es ist $\Delta u = 0$ für $u = r^{2-n}$ sowie, falls $n = 3$ ist, $\Delta u = \alpha^2 u$ für $u = \frac{1}{r}e^{\alpha r}$ und $\Delta u = -\alpha^2 u$ für $u = \frac{\sin \alpha r}{r}$ und $u = \frac{\cos \alpha r}{r}$.

11. Differentiation nach t !

12. Wegen $f(x, y) = f(\pm x, \pm y)$ kann man sich auf $x \geq 0$, $y \geq 0$ beschränken. Mit $r^2 = x^2 + y^2$, $E = e^{r^2}$ ist

$$f_x = 2xE - 16x, \quad f_y = 2yE - 16y^3,$$

$$f_{xx} = (2 + 4x^2)E - 16, \quad f_{xy} = 4xyE, \quad f_{yy} = (2 + 4y^2)E - 48y^2.$$

Stationäre Punkte: S_i : $f_x = 0 \iff$ (a) $x = 0$ oder (b) $E = 8$, $r^2 = \log 8$; $f_y = 0 \iff$ (c) $y = 0$ oder (d) $E = 8y^2$. Es gibt vier Fälle:

(ac): $S_0 = (0, 0)$
(bd): $E = 8$, $y^2 = 1 \implies S_1 = (\sqrt{\log 8 - 1}, 1) = (1, 0390; 1)$
(bc): $S_2 = (\sqrt{\log 8}, 0) = (1, 4420; 0)$

(ad): $x = 0$, $e^{y^2} = 8y^2$. Die Gleichung $e^t = 8t$ hat zwei Lösungen $t_1 = 0, 1444$ (Berechnung durch Iteration der Fixpunktgleichung $t = \frac{1}{8}e^t$) und $t_2 = 3, 2617$ (Iteration von $t = \log 8t$). Es ist

$$S_3 = (0, \sqrt{t_1}) = (0; 0,3800) \quad \text{und} \quad S_4 = (0, \sqrt{t_2}) = (0; 1,8060).$$

Die Potenzreihe von f um den Nullpunkt beginnt mit

$$f(x, y) = 1 - 7x^2 + y^2 + \frac{x^4}{2} + x^2y^2 - \frac{7}{2}y^4 + \frac{1}{6}(x^6 + y^6) + \frac{1}{2}(x^4y^2 + x^2y^4),$$

die Entwicklung um $S_1 = (a, 1)$ $(a = \sqrt{\log 8 - 1})$ mit

$$f(x, y) = f(S_1) + 16a^2(x - a)^2 + 32a(x - a)(y - 1), \quad f(S_1) = 12 - 8\log 8.$$

Klassifizierung der stationären Punkte (Aufgabe 4.11). Die Punkte S_0, S_1 sind Sattelpunkte, bei S_3 liegt ein lokales Maximum, bei S_2 ein lokales Minimum mit $f(S_2) = 8 - 8\log 8 = -8{,}6355$, bei S_4 das absolute Minimum mit $f(S_4) = 4t_2(2 - t_2) = -16{,}4609$ vor.

13. Wir wählen zwei Punkte $a, b \in S_r$ und schließen den Fall $b = -a$ aus. Die Funktion

$$\phi(t) = (1 - t)a + tb \text{ mit } \phi(0) = a, \phi(1) = b \text{ und } \phi(t) \neq 0 \text{ in } [0, 1]$$

läuft von a nach b entlang der Strecke $\overline{ab}$, wenn t sich von 0 nach 1 bewegt. Die Funktion

$$h(t) = \frac{r\phi(t)}{|\phi(t)|}$$

ist aus C^1 in $[0, 1]$ mit $h(0) = a$, $h(1) = b$. Die reelle Funktion $g(t) = f(h(t))$ hat nach Voraussetzung die Ableitung

$$g'(t) = f'(h(t)) \cdot h'(t) = \lambda(h(t))h'(t) \cdot h(t)$$

(f' ist grad f und der Punkt zeigt ein Innenprodukt an; vgl. 1.1). Durch Differentiation von $|h(t)|^2 = \text{const.} = r^2$ erhält man $h(t) \cdot h'(t) = 0$, d.h. $g'(t) = 0$ und damit $g(0) = f(a) = g(1) = f(b)$. Da a, b willkürlich sind, ist f auf S_r konstant. Den Sonderfall $b = -a$ möge der Leser klären.

14. Im Punkt $(x, y) = (\cos t, \sin t)$ hat die Richtungsableitung den Wert $-3e \sin 2t$; ihr Maximum $3e$ wird für $t = \frac{3}{4}\pi$ und $t = \frac{7}{4}\pi$, ihr Minimum $-3e$ für $t = \frac{1}{4}\pi$ und $t = \frac{5}{4}\pi$ angenommen.

15. Wir berechnen nacheinander den Gradienten und die Hessematrix von $f(tx)$ und $t^2 f(x)$ und benutzen die Bezeichnungen f' und f'':

$$\text{Voraussetzung: } f(tx) = t^2 f(x) \Rightarrow f(0) = 0 \quad (\text{setze } x = 0 \text{ in die Formel})$$
$$\text{grad: } tf'(tx) = t^2 f'(x) \Rightarrow f'(0) = 0 \quad (\text{ebenso})$$
$$\text{Hessematrix: } t^2 f''(tx) = t^2 f''(x) \Rightarrow f''(x) = f''(0)$$

(dividiere durch t^2 und lasse $t \to 0$ streben). Daraus folgt, daß alle Ableitungen der Ordnung > 2 verschwinden. Die Taylor-Formel der Ordnung 2 lautet (vgl. 3.17(b))

$$f(x) = f(0) + f'(0)x + \frac{1}{2}x^T f''(0)x + R_2.$$

Hier ist $f(0) = 0$, $f'(0)$ und $R_2 = 0$, vgl. (5) oder (5'). Es ist also $A = f''(0)$.

16.(a) Formal ist $F'(0) = f'(0)g(0) + f(0)g'(0)$, wobei aber $g'(0)$ nicht existiert, jedoch $f(0) = 0$ ist. So liegt der Ansatz $F'(0) = f'(0)g(0)$ nahe. In der Notation von 3.8(*) ist $h \in \mathbb{R}^n$,

$$F(h) - F(0) = L(h) + r(h) \text{ mit } L(h) = f'(0)g(0)h, \; F(0) = 0,$$

woraus man für $r(h)$

$$r(h) = g(h)[f(h) - f'(0)h] + f'(0)h[g(h) - g(0)] = D_1(h) + D_2(h)$$

erhält. Es ist zu zeigen, daß $\frac{r(h)}{|h|}$ gegen 0 strebt für $h \to 0$. Das folgt bei $D_1(h)$ aus der Differenzierbarkeit von f und bei $D_2(h)$ aus der Beschränktheit von $\frac{f'(0)h}{|h|}$ und der Stetigkeit von g. Man beachte: $f'(0)h$ ist ein Innenprodukt zweier Vektoren (oder das Matrizenprodukt eines Zeilenvektors mit einem Spaltenvektor).

(b) In der Zerlegung

$$f(x, y) - f(0, 0) = [f(x, y) - f(x, 0)] + [f(x, 0) - f(0, 0)] = D_1 + D_2$$

lassen sich die beiden Terme abschätzen wie folgt (es ist $0 < \theta < 1$):

$$D_1 = y f_y(x, \theta y) = y[f_y(0.0) + o(1)] \text{ (der Term } o(1) \text{ strebt } \to 0)$$
$$D_2 = x[f_x(0, 0) + o(1)] \, (o(1) \to 0 \text{ für } x \to 0).$$

Der lineare Term $L(h)$ mit $h = (x, y)$ lautet hier $y f_y(0, 0) + x f_x(0, 0)$. Offenbar strebt $f(x, y) - f(0, 0) - L(h)$, dividiert durch $|h|$, gegen 0 für $h \to 0$.

19. Für $\sin x$ und $\cos x$ schreiben wir S_x und C_x. Die Funktion $f = S_x + S_y - S_{x-y}$ ist 2π-periodisch in x und y, und entsprechend verhält sich die Menge der stationären Punkte und der Nullstellen.

Aus

$$f_x = C_x - C_{x-y} = 0, \qquad f_y = C_y + C_{x-y} = 0$$

folgt (jeweils modulo 2π) $x = \pm(x - y)$ bzw. $y = \pi \pm (x - y)$. In W_π verschwindet also f_x auf den Geraden $y = 0$, $y = 2x$, $y = 2x + 2\pi$, $y = 2x - 2\pi$ und f_y auf den Geraden $y = \frac{x}{2} + \frac{\pi}{2}$, $y = \frac{x}{2} - \frac{\pi}{2}$, $x = \pm\pi$. Die Schnittpunkte der Geraden $f_x = 0$ mit den Geraden $f_y = 0$ (Skizze!) sind die kritischen Punkte $S_{1,2} = (\pm\pi, 0)$ und $S_{3,4} = \pm\left(\frac{\pi}{3}, \frac{2\pi}{3}\right)$.

Aus $f(x, \alpha + x) = 0$ (für alle x) folgt $S_x + S_{\alpha+x} = S_\alpha$, also (Differentiation) $C_x + C_{\alpha+x} = 0 \Longrightarrow \alpha = \pm\pi$. Entsprechend erhält man $f(x, \alpha) = 0 \Longrightarrow S_x + S_\alpha = S_{x-\alpha} \Longrightarrow C_x = C_{x-\alpha} \Longrightarrow \alpha = 0$ und ebenso $f(\alpha, y) = 0 \Longrightarrow \alpha = \pm\pi$.

Die Gleichung der Tangentialebene lautet (a) $z = 2y$; (b) $z = y - x + 2$; (c) $z = \frac{3}{2}\sqrt{3}$; (d) $z = 0$.

Aufgaben in § 4. *9.* Hat f an der Stelle ξ ein Minimum, so ist nach 3.17(a)

$$f(\xi + h) - f(\xi) = \frac{1}{2} h^\top H_f(\xi + \theta h) h \geq 0 \quad \text{mit } 0 \leq \theta \leq 1.$$

Setzt man $h = tc$ mit $c \in \mathbb{R}^n$, $c \neq 0$, so erhält man $c^\mathsf{T} H_f(\xi + \theta tc)c \geq 0$. Für $t \to 0$ ergibt sich $c^\mathsf{T} H_f(\xi)c \geq 0$, d.h. die Hessematrix ist positiv semidefinit.

11. Vgl. die Lösung von Aufgabe 3.12.

14. (a) ist ein Sonderfall von (b). Im folgenden ist E die Einheitsmatrix, $a = (1, 1, \ldots, 1)$, $A = (a_{ij})$ mit $a_{ij} = 1$ für alle $i, j = 1, \ldots, n$. Wegen $f_{x_i} = (-2x_i + \alpha(1 - x^2))e^{\alpha s}$ ist

$$f'(x) = 0 \iff x = ta \quad \text{mit} \quad \alpha(1 - nt^2) = 2t, \quad t_{1,2} = \frac{1}{an}\left(-1 \pm \sqrt{1 + a^2 n}\right).$$

Die Hessematrix hat in den stationären Punkten die Werte

$$f''(t_i a) = e^{\alpha n t_i}[-E + A(\alpha^2(1 - nt_i^2) - 4\alpha t_i)] = -2e^{\alpha n t_i}(E + \alpha t A).$$

Die Matrix A hat den einfachen Eigenwert n mit dem Eigenvektor a und den $(n-1)$-fachen Eigenwert 0 mit den Eigenvektoren $e_1 - e_2, e_1 - e_3, \ldots, e_1 - e_n$. Wegen $f(x; \alpha) = f(-x; -\alpha)$ beschränkten wir uns im folgenden auf $\alpha > 0$ ($\alpha = 0$ ist trivial). Wegen $t_2 < -2/\alpha n < 0 < t_1$ sind die Eigenwerte von $E + \alpha t_1 A$ alle positiv, während der kleinste (einfache) Eigenwert von $E + \alpha t_2 A$ negativ und der $(n-1)$-fache Eigenwert positiv ist.

Zusammenfassung (unter der Annahme $\alpha > 0$):

$x = t_1 a$: Index p=0, absolutes Maximum $f(t_1 a) = (1 - nt_1^2)e^{\alpha n t_1}$;

$x = t_2 a$: Index p=1, kein Extremum, Sattelpunkt im Fall n=2.

Es ist $|t_1 a| < 1 < |t_2 a|$, für $\alpha \to \infty$ streben $|t_1 a|$ und $|t_2 a|$ gegen 1, für $\alpha \to 0$ strebt $|t_1 a| \to 0$ und $|t_2 a| \to \infty$.

15. Zu zeigen ist $f(x) = (1 + x_1) \cdots (1 + x_n) \geq L = (1 + q)^n$. Nun ist einerseits $f(q, \ldots, q) = L$, andererseits $f(x) > L$, falls ein $x_i \geq L$ ist. Das Minimum von f wird also in der kompakten Menge aller $x \in [0, L]^n$ mit $P(x) = x_1 \cdots x_n = q^n$ angenommen. Nach 4.14 sind die stationären Punkte von $H(x, \lambda) = f(x) + \lambda(P(x) - q^n)$ zu bestimmen. Aus

$$H_{x_i} = \frac{f(x)}{1 + x_i} + \lambda \frac{P(x)}{x_i} = 0 \quad \text{folgt} \quad \frac{x_i}{1 + x_i} = -\lambda \frac{P(x)}{f(x)},$$

d.h. alle x_i sind gleich, nämlich gleich q. Das Minimum wird also nur an der Stelle $(q, \ldots, q)$ angenommen, und es hat den Wert L.

16. Das Minimum der Funktion

$$\frac{1}{b f(x)} = \left(1 + \frac{a}{x_1}\right)\left(1 + \frac{x_1}{x_2}\right) \cdots \left(1 + \frac{x_{n-1}}{x_n}\right)\left(1 + \frac{x_n}{b}\right)$$

ergibt sich wegen $\frac{a}{x_1} \cdot \frac{x_1}{x_2} \cdots \frac{x_{n-1}}{x_n} \cdot \frac{x_n}{b} = q^{n+1}$ mit $q = \sqrt[n+1]{a/b}$ nach Aufgabe 15. Mit $\alpha = n + 1$ wird

$$\max f(x) = f\left(\frac{a}{q}, \frac{a}{q^2}, \ldots, \frac{a}{q^n}\right) = \frac{1}{b(1 + q)^\alpha} = \frac{1}{(a^{1/\alpha} + b^{1/\alpha})^\alpha}.$$

17. $0 < p < 2$: $m = 1$, $M = n^{1-p/2}$; $p = 2$: $m = M = S(x) = 1$; $p > 2$: $m = n^{1-p/2}$, $M = 1$.

Beachte: Für $0 < p < 2$ wird das Maximum, für $p > 2$ das Minimum im Punkt $(1/\sqrt{n}, \dots, 1/\sqrt{n})$ angenommen.

18. (a) $f'(0) = \begin{pmatrix} 1 & 1 & -1 \\ 0 & 0 & 0 \end{pmatrix}$, Rang $f'(0) = 1$, Satz 4.5 ist also nicht anwendbar.

Nun ist $y^3 = e^x - (x + 1) > 0$ für $x \neq 0$; also hat $y(x)$ $(\approx |x|^{2/3}/\sqrt[3]{2}$ für kleine $|x|)$ ein Minimum bei 0. Auch $\sin z = x + y(x)$ ist > 0 für $0 < |x| < \varepsilon$, und dasselbe gilt für $z(x) = \arcsin(x + y(x))$, d.h. z hat ebenfalls ein lokales Minimum bei 0.

(b) $f'(0) = \begin{pmatrix} 1, & 1, & -1 \\ -1, & 0, & 1 \end{pmatrix}$, eine Auflösung nach (y, z) ist also möglich. Es ist $y'(0) = 0$, $z'(0) = 1$, $y''(0) = z''(0) = -1$; also hat y ein lokales Maximum bei 0.

Ein Lösungsweg fast ohne Rechnung: Aus $y^3 = -x + e^z - 1 = -x + z + \frac{1}{2}z^2 + \cdots$ und $y = \alpha x + \beta x^2 + \cdots$, $z = \gamma x + \delta x^2 + \cdots$ folgt durch Koeffizientenvergleich $\gamma = 1$, $\delta = -\frac{1}{2}$ und dann aus der ersten Gleichung $y = -x + z - \frac{1}{6}z^3 + \cdots$, also $\alpha = 0$, $\beta = \delta$.

19. Unorthodoxe Lösung (mit Aufgabe 1): Mit $\eta = y + 1$ wird $y^2 - 1 + z^2 = \eta(\eta - 2) + z^2 = e^{xz} - xz = 1 + \frac{1}{2}x^2z^2 + \frac{1}{6}x^3z^3 + \cdots$, also

$$z^2 = \frac{1 + 2\eta - \eta^2 + \frac{1}{6}x^3z^3 + \cdots}{1 - \frac{1}{2}x^2} = (1 + 2\eta - \eta^2 + \cdots)\left(1 + \frac{1}{2}x^2 + \cdots\right)$$

$$= 1 + \frac{1}{2}x^2 + 2\eta - \eta^2 + \cdots .$$

Mit $\sqrt{1 + s} = 1 + \frac{1}{2}s - \frac{1}{8}s^2 + \cdots$ erhält man $z = 1 + \frac{1}{4}x^2 + (y + 1) - (y + 1)^2 + \cdots$.

20. Für die Ebene $E: \alpha x + \beta y + \gamma z = 1$ ist das Tetraedervolumen $V = 1/(6\alpha\beta\gamma)$. Man betrachte $H(\alpha, \beta, \gamma, \lambda) = V + \lambda(\alpha x + \beta y + \gamma z - 1)$. Für $E^*: \frac{x}{a} + \frac{y}{b} + \frac{z}{c} = 3$ erhält man das Minimum $V^* = \frac{9}{2}abc$.

21. Man benutze Aufgabe 3.15.

22. Nach Aufgabe 23 und Aufgabe 3.19 kommen nur die stationären Punkte $S_{1,2} = (\pm\pi, 0)$ und $S_{3,4} = \pm\left(\frac{\pi}{3}, \frac{2\pi}{3}\right)$ als Extremalstellen infrage: $\max_Q f(x, y) = f(S_3) = \frac{3}{2}\sqrt{3}$, $\min_Q f(x, y) = f(S_4) = -\frac{3}{2}\sqrt{3}$. Aus

$$H_f = \begin{pmatrix} -S_x + S_{x-y}, & -S_{x-y} \\ -S_{x-y}, & -S_y + S_{x-y} \end{pmatrix}$$

folgt

$$H_f(S_{1,2}) = 0, \quad H_f(S_3) = \frac{1}{2}\sqrt{3}\begin{pmatrix} -2, & 1 \\ 1, & -2 \end{pmatrix};$$

$H_f(S_3)$ ist negativ definit, $H_f(S_4) = -H_f(S_3)$ positiv definit.

23. Das Maximum von f bezüglich R ist auch Maximum bezüglich $\mathbb{R}^2$!

Aufgaben in § 5. *1.* (a) π; (b) $\frac{8}{3}(\sqrt{1+\pi^2}^3 - 1) = 92,8962$.

2. $\alpha > 3/2$.

3. Ellipse $x = a\cos t$, $y = b\sin t$. Mit $R(t) = a^2 \sin^2 t + b^2 \cos^2 t \ (= x'^2 + y'^2)$ ist

$$\kappa(t) = \frac{ab}{R(t)^{3/2}}, \quad \kappa(0) = \frac{a}{b^2}, \quad \kappa\left(\frac{\pi}{2}\right) = \frac{b}{a^2},$$

$$\mu(t) = \left(\left(a - \frac{1}{a}R(t)\right)\cos t, \left(b - \frac{1}{b}R(t)\right)\sin t\right).$$

Hyperbel $x = a\cosh t$, $y = b\sinh t$. Mit $R(t) = a^2 \sinh^2 t + b^2 \cosh^2 t$ ist

$$\kappa(t) = -\frac{ab}{R(t)^{3/2}}, \quad \kappa(0) = -\frac{a}{b^2},$$

$$\mu(t) = \left(\left(a + \frac{1}{a}R(t)\right)\cosh t, \left(b - \frac{1}{b}R(t)\right)\sinh t\right).$$

Für $a = b = 1$ wird $\kappa(t) = -1/\cosh 2t$ und
$\mu(t) = ((1 + \cosh 2t)\cosh t, (1 - \cosh 2t)\sinh t)$.

4. Die Lösung lautet $x(t) = a(t + b)^{2/3}$ mit $a^3 = \frac{9}{2}\gamma M$ und $x(0) = ab^{2/3} = R$. Es ist
$v_0 = \dot{x}(0) = \frac{2}{3}ab^{-1/3} = \sqrt{2\gamma M/R} = 11,2 \text{ km/sec}$. Diese Mindestgeschwindigkeit muß
ein senkrecht nach oben abgeschossener Körper haben, um dem Anziehungsbereich der
Erde zu entfliehen (bei Vernachlässigung anderer Himmelskörper).

8. $\lim L_k = 2$, $\lim S_k = \left(\frac{3}{4}, \frac{1}{4}\right)$.

10. (a) $1 + \frac{1}{2}\log\frac{3}{2}$; (b) 6; (c) 8.

11. (c) $\sqrt{2}$.

13. $x = \text{Arsinh } s = \log(s + \sqrt{1+s^2})$, $y = \sqrt{1+s^2}$;
$r(x) = \cosh^2 x$, $\mu(x) = (x - \sinh x \cdot \cosh x, 2\cosh x)$.

14. Es ist $|f(a)| \leq \|f\|_\infty$ und $|f(x)| \leq |f(a)| + |f(x) - f(a)| \leq |f(a)| + V_a^b(f)$, also
$\|f\|_\infty \leq |f(a)| + V_a^b(f)$ und damit $\|f\|^* \leq 2\|f\|$.
  Eine Cauchyfolge (f_k) konvergiert wegen $\|f\|_\infty \leq \|f\|^*$ gleichmäßig gegen eine
Funktion f. Ist $V_a^b(f_k - f_l) < \varepsilon$ für $k, l > N$, so folgt wegen $\lim_{l\to\infty}$ var $(Z; f_k - f_l) =$
var $(Z; f_k - f)$ für jede Zerlegung Z, daß $V_a^b(f_k - f) \leq \varepsilon$ ist. Also ist $f_k - f$ und damit
auch f aus $BV(I)$ sowie $\|f_k - f\|^* \leq \varepsilon + \|f_k - f\|_\infty < 2\varepsilon$ für große k.

15. (a) $\frac{2}{e} + 2\log 2$; (b) ∞ (Methode (i), $\int_0^1 \frac{1}{x}\cos\frac{1}{x}\,dx = \infty$, Substitution $u = \frac{1}{x}$); (c)
2π; (d) 4 (Methode (ii)); (e) $|a_1| + \cdots + |a_m|$; (f) $e^4 - 1$.

16. (b) $s(t) = \frac{1}{2}t^2$. (c) $t_1 \in \left(\pi, \frac{3}{2}\pi\right)$ (Skizze!), $t_1 = \tan t_1 \implies t_1 = \pi + \arctan t_1$,
$t_1 \approx 4,49341$.

Aufgaben in § 6. *1.* (a) $\ln 120$; (b) $-\frac{1}{2}(e^\pi + 1) = -12,0703$; (c) $\frac{1}{3}(b^3 - a^3)$.

2. Für die Masse M (Dichte $\rho = 1$) und den Schwerpunkt S ergibt sich:

(a) $S = \frac{1}{T}(\sin T, 1 - \cos T, \frac{1}{2}hT^2)$ oder $(S_x, S_y) = \frac{2}{T}\sin\frac{T}{2}\left(\cos\frac{T}{2}, \sin\frac{T}{2}\right), S_z = \frac{1}{2}hT$.
Die zweite Darstellung zeigt, daß (S_x, S_y) auf dem Nullpunktstrahl mit dem Winkel $T/2$
liegt. Es ist $M = T \cdot \sqrt{1 + h^2}$.

(b) $M = 2\sinh 1, S_x = 0, S_y = \frac{2 + \sinh 2}{4\sinh 1}$; (c) $M = 8a, S_x = \pi, S_y = \frac{4}{3}a$.

5. (a) 2; (b) 2π; (c) 0.

6. (a) $s(\phi) = 4\sin\frac{\phi}{2}$ für $0 \leq \phi \leq \pi$, Länge $L = 8$, Inhalt $J = \frac{3}{2}\pi$, Schwerpunkt
$S = (S_x, 0)$ mit $S_x = 0,8$;

(b) $m(\phi) = -\cot\frac{3}{2}\phi \to 0$ für $\phi \to \pi-$; (c) $2\sqrt{2\pi}$.

7. (a) Stammfunktion $F = \frac{1}{2}(x^2y^2 + x^2z^2 + y^2z^2) + x - z$, Integral $I = \frac{3}{2}$;

(b) keine Stammfunktion, $I = \frac{7}{2}$.

8. $\int_0^1 f\,df$ existiert nicht, $\int_0^1 f\,dg = \frac{7}{24}$, $\int_0^1 g\,df = \frac{5}{24}$, $\int_0^1 g\,dg = \frac{1}{2}$.

9. (a) Für $\alpha > \beta$, Wert $\beta(\alpha - \beta)^{-2}$.

(b) $\int_0^b f\,dg = \int_0^b f\,dx - [f(1) + \cdots + f(p)]$, $p = [b]$, also $\int_0^\infty f\,dg = \int_0^\infty f\,dx - \sum_{k=1}^\infty f(k)$, falls Integral und Summe konvergieren.

(c) $\int_0^b = e^{-1} + \cdots + e^{-p}$, $p = [b^2]$, $\int_0^\infty = \frac{1}{e-1}$. Benutze $[x^2] = K(x-1) + K(x - \sqrt{2}) + K(x - \sqrt{3}) + \cdots$ mit $K(x) = 1 - H(-t) = 0$ für $x < 0$ und $= 1$ für $x \geq 0$ und $\int_0^b f(x)\,dK(x - c) = f(c)$ für stetiges f und $0 < c \leq b$; vgl. Beispiel 1 in 6.1.

10. (a) Benutze $|\int_a^b (f - f_k)\,dg| \leq \|f - f_k\|_\infty V_a^b(g)$.

(b) Beweisskizze. Für jede Zerlegung von J strebt $\text{var}(Z; g_k) \to \text{var}(Z; g) \leq C$,
woraus $V_a^b(g) \leq C$ folgt. Es sei $I = \int_a^b f\,dg$, $I_k = \int_a^b f\,dg_k$ und $\sigma(Z; \xi)$ eine RS-Summe
bezüglich dg, $\sigma_k(Z, \xi)$ eine solche bezüglich dg_k.

Ist $|f(x) - f(x')| < \varepsilon$ für $|x - x'| < \delta$, so gilt für ein Teilintervall $[\alpha, \beta]$ mit
$\beta - \alpha < \delta$ nach dem 1. Mittelwertsatz $|\int_\alpha^\beta f\,dg - f(\xi)(g(\beta) - g(\alpha))| < \varepsilon|g(\beta) - g(\alpha)|$,
also für eine Zerlegung Z mit $|Z| < \delta$: $|I - \sigma(Z, \xi)| < \varepsilon V_a^b(g) \leq \varepsilon C$, und entsprechend
$|I_k - \sigma_k(Z, \xi)| < \varepsilon C$. Da ferner $\sigma_k(Z, \xi) \to \sigma(Z, \xi)$ strebt für $k \to \infty$, ist

$$|I - I_k| \leq |I - \sigma| + |\sigma - \sigma_k| + |\sigma_k - I_k| < 2\varepsilon C + \varepsilon \text{ für große } k. \qquad \square$$

11. $S = \left(\frac{\sin\phi}{\phi}, 0\right)$ und $J_x = \phi - \frac{1}{2}\sin 2\phi$, $J_y = \phi + \frac{1}{2}\sin 2\phi$.

Aufgaben in § 7. *3.* $|G_\alpha|_i = \frac{\alpha}{1-2\alpha}$, $|G_\alpha|_a = 1$, $|C_\alpha|_i = 0$, $|C_\alpha|_a = \frac{1-3\alpha}{1-2\alpha}$,
$|K_\alpha|_i = \frac{1}{4} + \frac{3\alpha}{4(1-2\alpha)}$, $|K_\alpha|_a = 1$.

4. $e_+^{at} * e_+^{bt} = \frac{1}{a-b}(e^{at} - e^{bt})_+$ für $a \neq b$ und $= te_+^{at}$ für $a = b$;
$1 * t_+^n = t_+^{n+1}/(n+1)$.

5. (a) $c_\alpha = 0$ bzw. 0 bzw. $\delta_{ij}\alpha^2 A$ mit $A = \int y_1^2\psi(y)\,dy < 1$;

(b) $c_\alpha = \int \psi(s)\cos\alpha s\,ds$ bzw. $\int \psi(s)\cos\alpha s\,ds$ bzw. $\int \psi(s)e^{-\alpha s}\,ds$.

Die Abschätzung folgt aus $|\cos \alpha s - 1| \leq A\alpha^2$, $|e^{-\alpha s} - 1 + \alpha s| \leq A\alpha^2$ für $|s| \leq 1$, $\alpha < 1$ (ψ ist gerade!).

9. $|M| = \Omega_n \sum_0^\infty (\alpha_{2i}^n - \alpha_{2i+1}^n)$.

11. (a) $\frac{1}{3}$; (b) 2π; (c) $\frac{45}{8}$.

12. $|M_1| = \frac{8}{15}\pi$; $|M_2| = \frac{1}{3\sqrt{2}}a^4\pi$.

13. Ist S eine orthogonale Matrix mit $S^\top A S = \text{diag}(\lambda_1, \ldots, \lambda_n)$, so geht das Integral durch die Variablentransformation $x = Sy$, $Q(x) = \sum \lambda_i y_i^2$ über in das Integral $\int \exp(-\sum \lambda_i y_i^2)\, dy$. Wegen $\int_{-\infty}^\infty e^{-\alpha t^2}\, dt = \sqrt{\frac{\pi}{\alpha}}$ hat das Integral den Wert $\pi^{n/2}/\sqrt{\lambda_1 \cdots \lambda_n}$.

14. O.B.d.A. sei $R = 1$.

(a) M sei durch die Ungleichungen $x^2 + z^2 \leq 1$, $y^2 + z^2 \leq 1$ beschrieben. Die Schnittmenge von M mit der Ebene $z = $ const. ist ein Quadrat mit der halben Seitenlänge $\sqrt{1 - z^2}$. So ergibt sich als Volumen $V = 4\int_{-1}^1 (1 - z^2)\, dz = \frac{16}{3}$.

(b) Mit der Bezeichnung $x = x_1$, $y = x_2$, $z = (x_3, \ldots, x_n) \in \mathbb{R}^{n-2}$ bleibt die obige Überlegung richtig mit der Änderung, daß z in der Einheitskugel B des $\mathbb{R}^{n-2}$ variiert. Es ergibt sich

$$|M| = 4\int_B (1 - z^2)\, dz = 4\omega_{n-2}\int_0^1 r^{n-3}(1 - r^2)\, dr$$

$$= 2\omega_{n-2}\int_0^1 (1 - s)s^{(n-4)/2}\, ds = 2\omega_{n-2}B\left(2, \frac{n}{2} - 1\right)$$

$$= 2 \cdot 2\pi^{\frac{n}{2}-1}\Gamma\left(\frac{n}{2} - 1\right)^{-1}\Gamma(2)\Gamma\left(\frac{n}{2} - 1\right)\Gamma\left(\frac{n}{2} + 1\right)^{-1}$$

$$= \frac{4\pi^{\frac{n}{2}-1}}{\Gamma\left(\frac{n}{2} + 1\right)}.$$

Für Zylinder vom Radius R ist das Ergebnis mit R^n zu multiplizieren.

15. Substituiert man im Integral $\int_0^\infty x^{-\gamma}(a + x)^{-\delta}\, dx$ zunächst $t = ax$ und danach $t = (1 - y)/y$, so erhält man $\int_0^1 \cdots dy = a^{1-\gamma-\delta}B(\gamma + \delta - 1, 1 - \gamma)$. Es ergibt sich dann $I = B(\alpha, 1 - \alpha)B(\alpha + \beta - 1, 1 - \beta) = \Gamma(1 - \alpha)\Gamma(1 - \beta)\Gamma(\alpha + \beta - 1)$, wobei $\alpha < 1$, $\beta < 1$, $\alpha + \beta > 1$ vorauszusetzen ist.

Aufgaben in § 8. *1.* (a) $6s\pi\left(r \pm \frac{s}{6}\sqrt{3}\right)$;

(b) $2\pi(2\sqrt{1 - a^2} + a(\pi + 2\,\overline{\text{arc}}\sin a))$.

2. $\Phi(u, t) = (\xi(u)\cos t, \xi(u)\sin t, \zeta(u) + at)$, $\alpha \leq u \leq \beta$, $0 \leq t \leq 2\pi$,

$$J(F) = 2\pi \int_\alpha^\beta \sqrt{\xi'^2(\xi^2 + a^2) + \xi^2\zeta'^2}\, du.$$

Speziell für $\xi(u) = u$, $\zeta(u) = bu$ erhält man

$$J(F) = 2\pi \int_0^1 \sqrt{(1 + b^2)u^2 + a^2}\, du$$

$$= \pi\sqrt{1 + b^2}\left[\sqrt{1 + \alpha^2} + \alpha^2 \log\left(1 + \sqrt{1 + \alpha^2}\right) - \alpha^2 \log\alpha\right]$$

mit $\alpha^2 = a^2/(1 + b^2)$. Für $a = 0$ handelt es sich um einen Kegelmantel mit der Fläche $\pi\sqrt{1 + b^2}$.

3. (a) $\frac{1}{5}$ (Integrand $= \frac{1}{2}$ div $(x^2 y, y^2 z, z^2 x)$); (b) 16.

4. $(2\pi - 4)r^2$. Die von der Halbkugelfläche $x \geq 0$ übrigbleibende Fläche hat also den nicht von π abhängenden Inhalt $4r^2$, d.h. denselben Inhalt wie das Quadrat über dem Kugeldurchmesser.

6. $|G_p| = 2\Gamma\left(\frac{1}{p}\right)\Gamma\left(1 + \frac{1}{p}\right)/\Gamma\left(\frac{2}{p}\right)$, insbesondere

$$p = \frac{1}{k}: \quad |G_p| = 2\frac{(k-1)!\,k!}{(2k-1)!}, \quad \text{etwa } |G_{1/2}| = \frac{2}{3},$$

$$p = \frac{2}{2k+1}: \quad |G_p| = \frac{(2k+1)}{(2k)!}\left[\frac{1}{2}\cdot\frac{3}{2}\cdots\frac{2k-1}{2}\right]^2 \pi,$$

etwa $G_{2/3} = \frac{3}{8}\pi = 1{,}1781$.

7. $F(h) = \frac{1}{32}\pi[2h(8h^2 + 1)\sqrt{1 + 4h^2} - \text{Arsinh}\,(2h)]$,
$S = (S_x, 0, 0)$, $S_x(h) = \frac{8}{15}\cdot\frac{(6h^2-1)(1+4h^2)^{3/2}+1}{2h(8h^2+1)\sqrt{1+4h^2}-\text{Arsinh}\,(2h)}$;
$F(h)/\pi h^4 \to 1$ für $h \to \infty$ und $\to \infty$ für $h \to 0+$,
$S_x(h)/h \to \frac{4}{5}$ für $h \to \infty$ und $\to \frac{3}{4}$ für $h \to 0+$.
Für $h = 1$ ist $F = \frac{\pi}{32}(18\sqrt{5} - \text{Arsinh}\,2) = 3{,}8097$ und $S_x = \frac{8}{15}\cdot\frac{25\sqrt{5}+1}{18\sqrt{5}-\text{Arsinh}\,2} = 0{,}7820$.

10. $n = \dfrac{\pm 1}{\sqrt{1 + x^2 + y^2}}(y, x, -1)$, $|F| = \frac{2}{3}\pi(\sqrt{8} - 1)$.

11. $I = |B| = \frac{19}{12}$. Begründung hat mit div $(2xy + x, -y^2)$ zu tun!

12. Inhalt $= \frac{1}{6}t_1^3 \approx 15{,}1208$.

13. $v = \frac{1}{\sqrt{3}}(1, 1, 1)$, rot $f = (1, 1, 1)$, $I = \frac{3}{2}$.

Aufgaben in § 9. *11.* Für $s \geq 0$ ist $s^p \leq 1 + s^q$, also $|f(x)|^p \leq 1 + |f(x)|^q$. Daraus folgt die Behauptung.

12. (a) ist in Satz 9.19 enthalten. Die erste Formel in (b) ist trivial, bei der zweiten Formel bestimmt man, wenn $\varepsilon > 0$ gegeben ist, ein $\phi \in C_0^\infty(\mathbb{R}^n)$ mit $\|f - \phi\| < \varepsilon$ (L^p-Norm). Es sei supp $\phi \subset B_r$. Wegen $\phi_h \to \phi(x)$ für $h \to 0$ gleichmäßig im $\mathbb{R}^n$ und supp $\phi_h \subset B_{r+1}$ für $|h| \leq 1$ ist $\lim\limits_{h\to 0}\|\phi_h - \phi\| = 0$, also $\|f - f_h\| \leq \|f - \phi\| + \|\phi - \phi_h\| + \|\phi_h - f_h\| < 2\varepsilon + \|\phi - \phi_h\| < 3\varepsilon$ für kleine $|h|$.

13. (a) Für $A, B \in \mathcal{L}_n$ folgt nach Satz 9.17 $A \times B \in \mathcal{L}_{2n}$. Also ist $f(x)g(y)$ meßbar, wenn f und g meßbare charakteristische Funktionen sind. Das gilt dann auch für Elementarfunktionen und durch Grenzübergang mit Hilfe des Approximationssatzes 9.10 für nicht negative meßbare Funktionen und schließlich für beliebige meßbare Funktionen f, g.

(b) Wegen $\int (\int |f(y)g(x-y)| \, dx) \, dy = \int |f(y)| \, \|g\|_1 \, dy = \|f\|_1 \|g\|_1 < \infty$ folgt aus dem Corollar 9.18 die Integrierbarkeit der Funktion $x \mapsto f(y)g(x-y)$ für fast alle y sowie die Integrierbarkeit von $(f * g)(x) = \int f(y)g(x-y) \, dy$. Die Ungleichung wurde bereits nachgewiesen.

(c) Aus der Hölderschen Ungleichung in 9.20 erhält man für $\phi = f * g$ die Abschätzung $|\phi(x)| \le \|f\|_p \|g\|_q$. Geht man in der Darstellung $\phi(x+h) - \phi(x) = \int f(y)(g(x + h - y) - g(x - y)) \, dy$ zu Absolutbeträgen über, so erhält man $|\phi(x + h) - \phi(x)| \le \|f\|_p \|g_h - g\|_q$. Die gleichmäßige Stetigkeit von ϕ ergibt sich nun aus Aufgabe 12 (b).

14. Daß das Integral $f^\alpha(x) = \int f(y)\psi^\alpha(x - y) \, dy$ bezüglich des Parameters x stetig ist bzw. unter dem Integralzeichen nach x differenziert werden kann, sieht man im wesentlichen wie in 7.14 beim Riemann-Integral, wobei man sich jetzt auf den Satz von der majorisierten Konvergenz beruft. Die Differenzen $\psi^\alpha(x + h) - \psi^\alpha(x)$ bzw. die Differenzenquotienten $(\psi^\alpha(x + te_i) - \phi^\alpha(x))/t$ sind unabhängig von h bzw. t beschränkt. Ist $x \in B_r$, so genügt es, über B_{r+1} zu integrieren, und nach Aufgabe 11 ist const. $\cdot |f(y)|$ eine integrierbare Majorante für die den Differenzen $f^\alpha(x + h) - f^\alpha(x)$ bzw. $(f^\alpha(x + te_i) - f^\alpha(x))/t$ entsprechenden Integranden (entsprechend für höhere Ableitungen).

Wendet man auf die Darstellung $f^\alpha(x) = \int \psi(y) f(x - \alpha y) \, dy$ die Hölder-Ungleichung an, so ergibt sich mit $\lambda + \mu = 1$, $\psi = \psi^\lambda \cdot \psi^\mu$ (hier zeigen λ, μ Potenzen an!)

$$\|f^\alpha\|_p^p \le \int \left(\int |\psi(y) f(x - \alpha y)| \, dy \right)^p dx$$

$$\le \int \left(\int |f(x - \alpha y)|^p \psi^{\lambda p} \, dy \right) \left(\int \psi^{\mu q}(y) \, dy \right)^{p/q} dx \, .$$

Für $\lambda = 1/p$, $\mu = 1/q$ erhält man mit dem Satz von Fubini

$$\|f^\alpha\|_p^p \le \int \psi(y) \int |f(x - \alpha y)|^p \, dx \, dy = \|f\|_p^p \cdot 1 \, .$$

Schätzt man $\|f^\alpha - f\|_p^p$ genauso ab, so ist $|f(x - \alpha y)|^p$ durch $|f(x - \alpha y) - f(x)|^p$ zu ersetzen. Da man bezüglich y nur über B_1 zu integrieren braucht, ergibt sich

$$\|f^\alpha - f\|_p \le \|f_{-\alpha y} - f\|_p \quad \text{mit } |\alpha y| \le \alpha \, ,$$

und die Behauptung folgt aus Aufgabe 12(b).

Aufgaben in § 10. *4.* Für $0 \leq c < \pi$ ist

$$\frac{(\pi - c)^2}{2\pi} + \frac{2}{\pi} \sum_{n=1}^{\infty} \frac{(-1)^n - \cos nc}{n^2} \cos nt = \begin{cases} 0 & \text{für } |t| \leq c \\ |t| - c & \text{für } c < |t| \leq \pi \, , \end{cases}$$

$$\frac{2}{\pi} \sum_{n=1}^{\infty} \left((-1)^{n+1} \frac{\pi - c}{n} - \frac{\sin nc}{n^2} \right) \sin nt = \begin{cases} 0 & \text{für } |t| \leq c \text{ und } |t| = \pi \\ t - c & \text{für } c \leq t < \pi \\ t + c & \text{für } -\pi < t \leq c \, . \end{cases}$$

5.

$$\sum_{n=0}^{\infty} \frac{\cos nt}{n!} = e^{\cos t} \cos(\sin t) \, , \quad \sum_{n=1}^{\infty} \frac{\sin nt}{n!} = e^{\cos t} \sin(\sin t)$$

$$\sum_{n=0}^{\infty} \frac{\cos 2nt}{(2n)!} = \cosh(\cos t) \cdot \cos(\sin t) \, , \quad \sum_{n=1}^{\infty} \frac{\sin 2nt}{(2n)!} = \sinh(\cos t) \cdot \sin(\sin t) \, .$$

Literatur

LA = KOECHER, M.: Lineare Algebra und analytische Geometrie, 2. Aufl. Grundwissen Mathematik 2, Springer 1985

OK = Ostwald's Klassiker der exakten Wissenschaften. W. Engelmann Verlag, Leipzig (vgl. Band I)

BARNER, M., FLOHR, F.: Analysis I, II. W. de Gruyter Verlag 1982–1983

BIEBERBACH, L.: Galilei und die Inquisition. München 1938

CANTOR, M.: Vorlesungen über die Geschichte der Mathematik I–IV, 2. Aufl. Teubner 1898–1924. Nachdruck Johnson Reprint Corp., New York 1965

DIEUDONNÉ, J.: History of Functional Analysis. North Holland, Amsterdam 1981

DIEUDONNÉ, J.: Geschichte der Mathematik 1700–1900. Friedr. Vieweg u. Sohn, Braunschweig 1985

EDWARDS, JR., C.H.: The Historical Development of the Calculus. Springer 1979

EULER, L.: Institutiones calculi differentialis (1755). Übersetzung „Vollständige Anleitung zur Differentialrechnung" von J.A.Chr. Michelsen 1790

FICHTENHOLZ, G.M.: Differential- und Integralrechnung I–III. VEB Deutscher Verlag der Wissenschaften, Berlin 1964

FRÉCHET, M.: Sur quelques points du calcul fonctionnel. Thèse, Paris 1906 = Rend. Circ. Mat. Palermo 22 (1906) 1–74

GERICKE, H.: Mathematik in Antike und Orient. Springer 1984

GREEN, G.: Mathematical Papers, ed. by N.M. Ferrers. Chelsea Publ. Co., New York 1970

HARDY, G.H.: Notes on some points in the integral calculus (1903). Collected Papers of G.H. Hardy, Vol. V, 325–330, sowie andere Arbeiten in diesem Band

HAUSDORFF, F.: Grundzüge der Mengenlehre. Berlin 1914

HAWKINS, TH.: Lebesgue's Theory of Integration, Its Origins and Development. Univ. of Wisconsin Press, Madison 1970

HEUSER, H.: Funktionalanalysis, 3. Aufl. Teubner, Stuttgart 1992

HEUSER, H.: Lehrbuch der Analysis, Teil 1 und 2, 9. bzw. 6. Aufl. Teubner, Stuttgart 1991

HEWITT, E., STROMBERG, K.: Real and abstract analysis, 2nd ed. Springer 1969

JORDAN, C.: Cours d'Analyse, tome 1, 2. éd. Paris 1893, tome 2, 2éd. Paris 1894

V.MANGOLDT, H., KNOPP, K.: Einführung in die Höhere Mathematik 1–3, 13. Aufl. S. Hirzel Verlag, Stuttgart 1967

OSTROWSKI, A.: Vorlesungen über Differential- und Integralrechnung I–III, 2. Aufl. Birkhäuser Verlag, Basel 1967–1968

REMMERT, R.: Funktionentheorie I. Grundwissen Mathematik 5, Springer 1984

SAKS, S.: Theory of Integral. Monografie Matematyczne VII, Warszawa 1937

STOLZ, O.: Grundzüge der Differential- und Integralrechnung, Bd. 3. Leipzig 1899

WALTER, W.: Einführung in die Theorie der Distributionen, 3. Aufl. B.I. Wissenschaftsverlag 1994

WALTER, W.: Gewöhnliche Differentialgleichungen, 7. Aufl. Springer 2000

Bezeichnungen

Bezeichnugen aus Band I und Grundbegriffe wie Integral, partielle Ableitung, ... wurden in die Liste nicht aufgenommen. Mit dx wird sowohl das Volumenelement im $\mathbb{R}^n$ als auch das Wegelement bei Wegintegralen bezeichnet.

Namen- und Sachverzeichnis

Die *kursiv* gesetzte Seitenzahl hinter einem Eigennamen weist auf Lebensdaten hin.